BRYOPHYTE FLORA OF SHANDONG

山东苔藓志

任昭杰 赵遵田

主编

青岛出版社
QINGDAO PUBLISHING HOUSE

图书在版编目(CIP)数据

山东苔藓志/任昭杰,赵遵田主编. —青岛:青岛出版社,2016.4
ISBN 978 - 7 - 5552 - 3835 - 5

Ⅰ.①山… Ⅱ.①任… ②赵… Ⅲ.①苔藓植物—植物志—山东省 Ⅳ.①Q949.35

中国版本图书馆 CIP 数据核字(2016)第 077178 号

书　　名	山东苔藓志
主　　编	任昭杰　赵遵田
出版发行	青岛出版社(青岛市海尔路 182 号,266061)
本社网址	http://www.qdpub.com
邮购电话	13335059110　(0532)85814750(兼传真)　(0532)68068026
策　　划	高继民
责任编辑	董建国
装帧设计	祝玉华
照　　排	青岛新华出版照排有限公司
印　　刷	青岛国彩印刷有限公司
出版日期	2016 年 5 月第 1 版　2016 年 5 月第 1 次印刷
开　　本	16 开(889mm×1194mm)
插　　页	76
印　　张	29.5
书　　号	ISBN 978 - 7 - 5552 - 3835 - 5
定　　价	258.00 元

编校印装质量、盗版监督服务电话　4006532017　(0532)68068638
印刷厂服务电话:(0532)88194567
本书建议陈列类别:植物学

《山东苔藓志》编委会

主要工作单位

任昭杰 REN Zhao-jie   山东博物馆

赵遵田 ZHAO Zun-tian   山东师范大学

于宁宁 YU Ning-ning   中国科学院植物研究所

张璐璐 ZHANG Lu-lu   山东师范大学

韩国营 HAN Guo-ying   贵阳市防震减灾服务中心

张永清 ZHANG Yong-qing   山东中医药大学

刘红权 LIU Hong-quan   济南市园林花卉苗木培育中心

序

　　生物多样性通常被理解为物种多样性、基因多样性和生态多样性三个层次。基因本身在生物个体之外是没有生存价值的,因为生物个体是基因的载体,基因的生存价值依赖于其载体生物个体繁殖的成败。因此,一个物种一个基因库,没有物种便没有基因,没有物种多样性便没有基因多样性,也就无法进行结构基因组学和功能基因组学的研究、开发和利用。所以,生物多样性实际上是指生存于地球生物圈内多种多样生态系统中的、含有多种多样基因的物种多样性;亦即,生物多样性是指在多样性的生态系统中生存着丰富的物种多样性。

　　各类生物志的编前研究以及在研究基础上的编写正是各类生物物种的重要信息来源,是生物经济时代资源研发的基础。苔藓植物是植物界中配子体占优势、孢子体依附在配子体上、只有茎叶分化的、由水生到陆生的过渡类型,也是生物多样性的重要组成部分。

　　中国的苔藓植物十分丰富。《中国苔藓志》各卷在中国孢子植物志编辑委员会的主持下已经陆续出版,其英文版 Moss Flora of China 各卷在中国孢子植物志编辑委员会与美国密苏里植物园的合作主持下也陆续出版,而苔类植物志的中英文版尚在持续编写之中。

　　全国各省区苔藓志的编前研究以及在研究基础上的编写是对全国苔藓志的重要补充,也是《中国苔藓志》中英文版将来再版修订的重要基础。

　　赵遵田教授自 1983 年开始对山东省域苔藓植物进行研究以来已经有 30 余年的经历。在这期间,他曾于 1998 年编写完成了《山东苔藓植物志》初版;现在又在初版基础上完成了再版修订之作,其中收录 514 种,3 亚种和 16 变种,分隶于 180 属,77 科;比初版多了 146 种,35 属,22 科;《山东苔藓志》是迄今对山东苔藓植物最为系统而全面的研究成果,值得庆贺,特以为序,与读者共勉。

中国科学院院士

中国孢子植物志编辑委员会主编

于北京中关村

2016.03.05

Foreword

Biodiversity, a contraction of "biological diversity", is generally considered as species diversity (number of species), genetic diversity, and ecosystem diversity. Since the individual organism is the carrier of the gene, the survival value of the gene depends on the success or failure of its carrier's reproduction. Thus, a gene pool is the set of genes in a particular species. If it weren't for species, gene would not exist. If it weren't for species diversity, genetic diversity would not exist and structural genomics and functional genomics could not be studied. Biodiversity is actually the variability among living organisms from the diverse ecosystem.

Project about different kinds of flora develops important information bases for different kinds of living organisms, is also the foundation of the resource exploitation in bio - economy era. Bryophytes, which are gametophyte dominant and sporophytes remain attached to and nutritionally dependent on the gametophyte, are plants without flowers and regarded as transitional between aquatic plants and higher land plants, and also the important part of biodiversity.

China is very rich in bryophytes. Academically directed by the Editorial Committee of the Cryptogamic Flora of China, the volumes of the Flora Bryophytorum Sinicorum have been publishing in succession. The volumes of "Moss Flora of China (English version)", an international, collaborative program organized by the Missouri Botanical Garden and the Chinese Academy of Sciences, have also been publishing in succession. The Chinese and English versions for the liverworts flora of China are still being prepared.

The projects of bryophytes flora of different provinces are the important supplements for the bryophytes flora of the whole country, and also the significant foundation for the republication of Flora Bryophytorum Sinicorum.

Prof. Zhao Zun - tian has more than 30 years of experience working on the bryophytes of Shandong province since 1983. The first edition of "Flora Bryophytorum Shandongicorum" edited by Prof. Zhao was published in 1998. Now this second edition included 514 species, 3 varieties and 16 subspecies belonging to 180 genera, 77 families, which are 146 species, 35 genera and 22 families more than that in the first edition. This is by far the most systematic and comprehensive research for the bryophyte species in Shandong province. It is a great honor for me to make the foreword for this book.

Wei Jiang - Chun

Academician of Chinese Academy of Sciences

Editor - in - Chief

The Editorial Committee of the Cryptogamic Flora of China

March 5, 2016 in Zhongguancun, Beijing

前　言

　　山东位于中国东部沿海,黄河下游,总面积约 15.8 万平方公里。境内多山地丘陵,地形复杂。气候温暖湿润,受大陆性季风气候和海洋性季风气候的双重影响。复杂独特的地理环境,为苔藓植物的生存繁衍提供了有利条件,因此,山东苔藓植物资源丰富,且具有特殊性和独特性。

　　山东苔藓植物研究始于 20 世纪初。德国人在胶州湾沿岸采集标本,经 Brotherus 和 Irmscher 鉴定,1920 年由 Loesener 发表于 Prodromus Florae Tsingtauensis (青岛植物志)中;30 年代,刘继孟先生和粟作云先生先后到崂山采集标本;五六十年代,仝治国先生、郑亦津先生和钱澄宇先生先后到崂山采集过标本;1982 年,许安琪对蒙山苔藓植物进行了初步调查和报导;1983 年,赵遵田开始对山东苔藓植物进行研究,并在济南周边进行调查采集;1984 年,高谦和赵遵田等人对泰山、崂山、昆嵛山、曲阜孔林等地苔藓植物资源进行了调查采集;1985—1998 年,赵遵田等对全省各地苔藓植物进行了全面、系统的调查研究,共采得标本 10000 余号,并对泰山、昆嵛山、牙山、沂山和鲁山等地的苔藓植物资源进行了相关报导,同时,罗健馨和衣艳君等人分别对崂山和孔林苔藓植物以及山东凤尾藓属 Fissidens Hedw. 植物进行了相关研究报导。

　　1998 年,赵遵田、曹同主编的《山东苔藓植物志》(以下简称“前志”)出版,收录山东苔藓植物 55 科、145 属、368 种、3 亚种和 12 变种,这是首次对山东苔藓植物资源多样性、分布状况以及区系特征等方面做出的全面、系统的报导,标志着山东苔藓植物研究进入了崭新的阶段,也为后续的研究工作打下了坚实的基础。1999 年至今,赵遵田带领其学生继续对山东苔藓植物资源进行更加深入细致的调查研究,又采集标本 16000 余号,发表研究论文 20 余篇。同时,张艳敏和衣艳君等人也对山东苔藓植物做了部分研究。

　　基于赵遵田团队对山东苔藓植物 30 余年的研究成果,加之学界同仁的部分工作,《山东苔藓志》的编研得以顺利完成。本志将苔藓植物分为 3 个门,即苔类植物门(Marchantiophyta)、角苔类植物门(Anthocerotophyta)和藓类植物门(Bryophyta),采用 2009 年 Frey 提出的系统,对科进行排列,属、种按字母排序,根据《中国生物物种名录》(第一卷　植物　苔藓植物)对部分属的系统位置进行了处理,根据《中国苔藓志》第九卷,将管口苔属 Solenostoma Mitt. 置于叶苔属 Jungermannia L. 之下;收录山东苔藓植物 77 科、180 属、514 种、3 亚种、16 变种,苔类 27 科、35 属、79 种、3 亚种、3 变种,角苔类 1 科、1 属、1 种,藓类 49 科、144 属、434 种、13 变种,其中包括 2 个新种,3 个中国新记录种,以及 150 余个山东新分布。

　　本志对每个物种的主要特征进行了描述,收录了每个物种的接受名、基原异名以及在我国被广泛接受的异名。墨线图主要由任昭杰、于宁宁、付旭和李德利绘制,汪楣芝老师在叶状体苔类绘图方面给予了帮助,图片格式处理主要由于宁宁完成;生境照片主要由任昭杰和赵遵田拍摄;引证标本的地点,按照"县(区)+山+小地点"的格式按从东到西的顺序排列,每"县(区)+山"收录1~3号标本。

30年多来,赵遵田不畏艰辛,足迹遍及齐鲁大地,其团队共采集苔藓植物标本26000余号,存放于山东师范大学植物标本馆(SDNU);另外,借阅了存放于中国科学院北京植物研究所标本馆(PE)、中国科学院沈阳应用生态研究所标本馆(IFSBH)和山东农业大学植物标本馆(SDAU)的部分标本,相关借阅标本的存放地点已在文中标注。

在本志的编研过程中,得到了高谦、吴鹏程、曹同、汪楣芝、白学良、王幼芳、赵建成、熊源新、贾渝、张力、吴玉环、郭水良、何强、李微等专家老师的指导和帮助;同时,山东博物馆和山东师范大学的领导、同仁给予了诸多关心和帮助;本志的顺利完成得到了国家自然科学基金(30570122、30870012、31070010、31170187、31400015、31570017),我国水生、耐盐中药资源的合理利用研究,山东省第四次中药资源普查等科研课题的资助,在此一并表示感谢!

由于作者水平有限,书中谬误在所难免,敬请读者批评指正!

作　者
2015 年仲夏于济南

Preface

Shandong province is located on the eastern edge of the North China Plain and in the lower reaches of the Yellow River, covering an area of about 158,000 km^2. Complex geographical situation combined with warm and humid climate provide a favorite condition for the growth of Bryophytes, which display various and unique characteristics.

Shandong bryophytes research began in the early 20th century, the Germans, collected bryophyte specimensalong the coast of Jiaozhou Bay, and those specimenswere identified by Brotherus and Irmscher, then Loesener published them in Prodromus Florae Tsingtauensis in 1920; In the 1930s, Liu Ji - meng and Su Zuo - yun collected specimens in Mt. Lao respectively; in the 1950s and 1960s, Tong Zhi - guo, Zheng Yi - jin and Qian Cheng - yu collected specimens in Mt. Lao respectively; in 1982, Xu An - qi collected specimens in Mt. Meng and had a prelimenary report; in 1983, Zhao Zun - tian collected specimens in mountains nearby Jinan City; in 1984, Gao Qian, Zhao Zun - tian and so on made a investigation in Mt. Tai, Mt. Lao, Mt. Kunyu and Confucius Family Graveyard and collected a large number of specimens; from 1985 to 1998, Zhao Zun - tian and his team made comprehensive and systematicsurvey across the province and collected about 10,000 specimens and investigated the bryophyte resources of Mt. Tai, Mt. Kunyu, Mt. Ya, Mt. Yi and Mt. Lu respectively based on the studies of the specimens, while Luo Jian - xin and Yi Yan - jun did some researches on the bryophyte resources of Mt. Lao, Confucius Family Graveyard and the *Fissidens* Hwdw. in the province.

In 1998, Zhao Zun - tian and Cao Tong published "FLORA BRYOPHYTORUM SHANDONGICO-RUM", a collection of Shandong bryophytes 55 families, 145 genera and 368 kinds, 3 subspecies and 12 varieties. The monograph covered the bryophyte resources all over Shandong province comprehensively and systematically for the first time. Since 1999, Zhao Zun - tian and his team made more thorough and meticulous investigations across the province and collected about 16,000 bryophyte specimens and published more than 20 research articles. At the same time, Zhang Yan - min and Yi Yan - jun did some researches on the bryophyte resources in Shandong province.

Owing to the above efforts, the edition of BRYOPHYTE FLORA OF SHANDONG completed successfully. Bryophtes were divided into three sections including Marchantiophyta, Anthocerophyta and Bryophyta. The sequences of families are arranged in accordance with the system proposed by Frey in 2009, while that of genera and species are in accordance with alphabetical order. The systematic positions of some genera are disposed according to Species Catalogue of China Volume 1 Plants (BRYOPHYTES), while the genus *Solenostoma* Mitt. is placed under *Jungermannia* L. 514 species, 3 subspecies 16 varieties and 180 genera in 77 families are reported in this book, among them 79 species, 3 subspecies, 3 varieties and 35 genera in 27 families belong to Marchantiophyta, 1 species and 1 genera in 1 family belong to Anthocerophyta, 434 species, 13 varieties and 144 genera in 49 families belong to Bryophyta. At the same time it contains 2 new species, 3 species new records to China and more than 150 species new records in Shandong province.

The main characteristicsof each species have been described; the accepted name, basionym and synonym widely accepted in China were given; the ink drawings were mainly drawed by Ren Zhao – jie, Yu Ning – ning, Fu Xu and Li De – li; the habitat pictures were mainly taken by Ren Zhao – jie and Zhao Zun – tian. the site of quoted specimens were recorded in accordance with "county (District) + mountain + detailed site" format, sequentially arranged from east to west, while each "county (District) + mountain" contains 1 to 3 specimens.

For past 30 years, Zhao Zun – tian and his team collect more than 26,000 bryophyte specimens from all over Shandong province, all the specimens were deposited in Shandong Normal University (SDNU); in addition, they checked some relevant specimens deposited in PE, IFSBH and Shandong Agricultural University (SDNU).

We would like to express our heartfelt gratitude to the following people: Gao Qian, Wu Peng – cheng, Cao Tong, Wang Mei – zhi, Bai Xue – liang, Wang You – fang, Zhao Jian – cheng, Xiong Yuan – xin, Jia Yu, Zhang Li, Wu Yu – huan, Guo Shui – liang, He Qiang and Li Wei for their help and assistance in the compilation of this book; In the meantime, we thank the leaders and colleagues of Shandong Museum and Shandong Normal University for the help and support; we thank National Natural Science Foundation (30570122, 30870012, 31070010, 31170187, 31400015 and 3150017) and other scientific research funds for their funding.

Owing to the limitation of our knowledge, there must be some mistakes and errors in this book, you are welcomed to give us commentsand corrections!

Summer, 2015

目　　录

一、苔类植物门 MARCHANTIOPHYTA

1. 疣冠苔科 AYTONIACEAE ································· （ 3 ）

　　1. 花萼苔属 *Asterella* P. Beauv. Dict. Sci. Nat. 3：257. 1805. ················· （ 3 ）

　　2. 紫背苔属 *Plagiochasma* Lehm. & Lindenb. Nov. Stirp. Pug. 4：13. 1832. ········· （ 4 ）

　　3. 石地钱属 *Reboulia* Raddi Opusc. Sci. 2：357. 1818. ················· （ 5 ）

2. 蛇苔科 CONOCEPHALACEAE ·········· （ 7 ）

　　1. 蛇苔属 *Conocephalum* F. H. Wigg. Gen. Nat. Hist. 2：118. 1780. ············· （ 7 ）

3. 地钱科 MARCHANTIACEAE ··············· （ 9 ）

　　1. 地钱属 *Marchantia* L. Sp. Pl. 2：1137. 1753. ···················· （ 9 ）

4. 星孔苔科 CLEVEACEAE ················· （11）

　　1. 克氏苔属 *Clevea* Lindb. Not. Sällsk. Fauna Fl. Fenn. Förh. 9：289. 1868. ········· （11）

5. 钱苔科 RICCIACEAE ··················· （12）

　　1. 钱苔属 *Riccia* L. Sp. Pl. 2：1138. 1753. ······················· （12）

6. 小叶苔科 FOSSOMBRONIACEAE ········ （16）

　　1. 小叶苔属 *Fossombronia* Raddi Jungermanniogr. Etrusca 29. 1818. ············ （16）

7. 南溪苔科 MAKINOACEAE ·············· （17）

　　1. 南溪苔属 *Makinoa* Miyake Hedwigia 38：202. 1899. ················· （17）

8. 带叶苔科 PALLAVICINIACEAE ·········· （18）

　　1. 带叶苔属 *Pallavicinia* Gray Nat. Arr. Brit. Pl. 1：775. 1821. ·············· （18）

9. 溪苔科 PELLIACEAE ··················· （19）

　　1. 溪苔属 *Pellia* Raddi Jungermanniogr. Etrusca 38. 1818. ················· （19）

10. 叶苔科 JUNGERMANNIACEAE ·········· （21）

　　1. 叶苔属 *Jungermannia* L. Sp. Pl. 1131. 1753. ···················· （21）

　　2. 无褶苔属 *Leiocolea* (K. Müller) H. Buch Mem. Soc. Fauna Fl. Fenn. 8：288. 1933. ········ （27）

11. 护蒴苔科 CALYPOGEIACEAE ·········· （28）

　　1. 护蒴苔属 *Calypogeia* Raddi Mem. Soc. Ital. Sci. Modena：31. 1818. ·········· （28）

12. 圆叶苔科 JAMESONIELLACEAE ········· （30）

　　1. 对耳苔属 *Syzygiella* Spruce J. Bot. 14：234. 1876. ················· （30）

13. 大萼苔科 CEPHALOZIACEAE ································· (31)

　　1. 大萼苔属 *Cephalozia*（Dumort.）Dumort. Recueil Observ. Jungerm. 18. 1835. ············· (31)

14. 拟大萼苔科 CEPHALOZIELLACEAE ························· (32)

　　1. 拟大萼苔属 *Cephaloziella*（Spruce）Schiffn. Cephalozia 62. 1882. ··············· (32)

15. 合叶苔科 SCAPANIACEAE ····································· (34)

　　1. 合叶苔属 *Scapania*（Dumort.）Dumort. Recueil Observ. Jungerm. 14. 1835. ············· (34)

16. 睫毛苔科 BLEPHAROSTOMATACEAE ···················· (36)

　　1. 睫毛苔属 *Blepharostoma*（Dumort.）Dumort. Recueil Observ. Jungerm. 18. 1835. ········ (36)

17. 绒苔科 TRICHOCOLEACEAE ·································· (37)

　　1. 绒苔属 *Trichocolea* Dumort. Comment. Bot. 113. 1822. ························· (37)

18. 指叶苔科 LEPIDOZIACEAE ···································· (38)

　　1. 指叶苔属 *Lepidozia*（Dumort.）Dumort. Recueil Observ. Jungerm. 19. 1835. ············· (38)

19. 剪叶苔科 HERBERTACEAE ····································· (39)

　　1. 剪叶苔属 *Herbertus* S. Gray Nat. Arr. Brit. Pl. 1：705. 1821. ···················· (39)

20. 羽苔科 PLAGIOCHILACEAE ··································· (41)

　　1. 羽苔属 *Plagiochila*（Dumort.）Dumort. Recueil Observ. Jungerm. 14. 1835. ············· (41)

21. 齿萼苔科 LOPHOCOLEACEAE ······························· (42)

　　1. 裂萼苔属 *Chiloscyphus* Corda in Opiz Naturalientausch 12（Beitr. Naturg. 1）：651. 1829. ··· (42)

22. 光萼苔科 PORELLACEAE ······································· (46)

　　1. 多瓣苔属 *Macvicaria* W. E. Nicholson Symb. Sin. 5：9. 1930. ···················· (46)

　　2. 光萼苔属 *Porella* L. Sp. Pl. 2：1106. 1753. ······························· (47)

23. 扁萼苔科 RADULACEAE ·· (54)

　　1. 扁萼苔属 *Radula* Dumort. Comment. Bot. 112. 1822. ·························· (54)

24. 耳叶苔科 FRULLANIACEAE ···································· (56)

　　1. 耳叶苔属 *Frullania* Raddi Jungermanniogr. Etrusca 9. 1818. ·················· (56)

25. 细鳞苔科 LEJEUNEACEAE ····································· (64)

　　1. 原鳞苔属 *Archilejeunea*（Spruce）Schiffn. Nat. Pflanzenfam. I(3)：130. 1893. ·········· (64)

　　2. 疣鳞苔属 *Cololejeunea*（Spruce）Schiffn. Nat. Pflanzenfam. I(3)：117. 1893. ·········· (65)

　　3. 细鳞苔属 *Lejeunea* Lib. Ann. Gén. Sci. Phys. 6：372. 1820. ·················· (66)

　　4. 瓦鳞苔属 *Trocholejeunea* Schiffn. Ann. Bryol. 5：160. 1932. ··················· (69)

26. 绿片苔科 ANEURACEAE ·· (70)

　　1. 绿片苔属 *Aneura* Dumort. Comment. Bot. 115. 1822. ·························· (70)

　　2. 片叶苔属 *Riccardia* Gray Nat. Arr. Brit. Pl. 1：679. 1821. ····················· (70)

27. 叉苔科 METZGERIACEAE ······································ (72)

　　1. 叉苔属 *Metzgeria* Raddi Jungerm. Etrusca 34. 1818. ························· (72)

二、角苔类植物门 ANTHOCEROTOPHYTA

1. 短角苔科 NOTOTHYLADACEAE ·· （75）

　1. 黄角苔属 *Phaeoceros* Prosk. Bull. Torrey Bot. Club 78：346. 1951. ·········· （75）

三、藓类植物门 BRYOPHYTA

1. 金发藓科 POLYTRICHACEAE ·· （79）

　1. 仙鹤藓属 *Atrichum* P. Beauv. Mag. Encycl. 5：329. 1804. ··················· （79）

　2. 小金发藓属 *Pogonatum* P. Beauv. Mag. Encycl. 5：329. 1804. ·············· （82）

　3. 拟金发藓属 *Polytrichastrum* G. L. Sm. Mem. New York Bot. Gard. 21 (3)：35. 1971. ····· （85）

2. 短颈藓科 DIPHYSCIACEAE ··· （86）

　1. 短颈藓属 *Diphyscium* D. Mohr Observ. Bot. 34. 1803. ······················· （86）

3. 美姿藓科 TIMMIACEAE ··· （87）

　1. 美姿藓属 *Timmia* Hedw. Sp. Musc. Frond. 176. 1801. ······················· （87）

4. 葫芦藓科 FUNARIACEAE ·· （88）

　1. 梨蒴藓属 *Entosthodon* Schwägr. Sp. Musc. Frond. , Suppl. 2 (1)：44. 1823. ······· （88）

　2. 葫芦藓属 *Funaria* Hedw. Sp. Musc. Frond. 172. 1801. ······················· （89）

　3. 立碗藓属 *Physcomitrium* (Brid.) Brid. Bryol. Univ. 2：815. 1827. ············ （91）

5. 木衣藓科 DRUMMONDIACEAE ··· （95）

　1. 木衣藓属 *Drummondia* Hook. in Drumm. Musci Amer. N. 62. 1828. ·········· （95）

6. 细叶藓科 SELIGERIACEAE ·· （96）

　1. 小穗藓属 *Blindia* Bruch & Schimp. Bryol. Eur. 2：7. 1845. ················· （96）

7. 缩叶藓科 PTYCHOMITRIACEAE ·· （97）

　1. 缩叶藓属 *Ptychomitrium* Fürnr Flora 12 (Erg.) 2：19. 1829, *nom. cons.* ······ （97）

8. 紫萼藓科 GRIMMIACEAE ·· （99）

　1. 无尖藓属 *Codriophorus* P. Beauv. Mém. Soc. Linn. Paris 1：445. 1822. ······· （99）

　2. 紫萼藓属 *Grimmia* Hedw. Sp. Musc. Frond. 75. 1801. ······················ （101）

　3. 长齿藓属 *Niphotrichum* (Bednarek-Ochyra) Bednarek-Ochyra & Ochyra Biodivers. Poland 3：137. 2003. ··· （103）

　4. 连轴藓属 *Schistidium* Bruch & Schimp. Bryol. Eur. 3：93 (Fasc. 25 – 28. Monogr. 1). 1845. ··· （105）

9. 无轴藓科 ARCHIDIACEAE ··· （106）

　1. 无轴藓属 *Archidium* Brid. Bryol. Univ. 1：747. 1826. ······················ （106）

10. 牛毛藓科 DITRICHACEAE ·· （107）

1. 角齿藓属 *Ceratodon* Brid. Bryol. Univ. 1：480. 1826. ·· (107)

2. 牛毛藓属 *Ditrichum* Hampe Flora 50：181. 1867，*nom. cons.* ····························· (108)

3. 丛毛藓属 *Pleuridium* Rabenh. Deutschl. Krypt. – Fl. 2(3)：79. 1848. ················ (111)

11. 小烛藓科 BRUCHIACEAE ··· (112)

1. 长蒴藓属 *Trematodon* Michx. Fl. Bor. Amer. 2：289. 1803. ······························ (112)

12. 小曲尾藓科 DICRANELLACEAE ·· (114)

1. 小曲尾藓属 *Dicranella* (Müll. Hal.) Schimp. Coroll. Bryol. Eur. 13. 1856. ········· (114)

2. 纤毛藓属 *Leptotrichella* (Müll. Hal.) Lindb. Öfvers. Förh. Kongl. Svenska Vetensk. – Akad.
   21：185. 1865. ··· (118)

13. 曲背藓科 ONCOPHORACEAE ·· (120)

1. 凯氏藓属 *Kiaeria* I. Hagen Kongel. Norske Vidensk. Selsk. Skr. (Trondheim) 1914 (1)：
   109. 1915. ··· (120)

2. 曲背藓属 *Oncophorus* (Brid.) Brid. Bryol. Univ. 1：189. 1826. ·························· (122)

3. 合睫藓属 *Symblepharis* Mont Ann. Sci. Nat., Bot., sér. 2, 8：252. 1837. ············· (122)

14. 树生藓科 ERPODIACEAE ·· (124)

1. 苔叶藓属 *Aulacopilum* Wilson London J. Bot. 7：90. 1848. ······························ (124)

2. 钟帽藓属 *Venturiella* Müll. Hal. Linnaea 39：421. 1875. ································· (125)

15. 曲尾藓科 DICRANACEAE ·· (127)

1. 曲尾藓属 *Dicranum* Hedw. Sp. Musc. Frond. 126. 1801. ································· (127)

2. 拟白发藓属 *Paraleucobryum* (Lindb. ex Limpr.) Loeske Allg. Bot. Z. Syst. 13：167. 1907.
   ··· (129)

16. 白发藓科 LEUCOBRYACEAE ··· (132)

1. 白氏藓属 *Brothera* Müll. Hal. Gen. Musc. Frond. 259. 1900. ···························· (132)

2. 曲柄藓属 *Campylopus* Brid. Muscol. Recent. Suppl. 4：71. 1819. ······················ (133)

3. 青毛藓属 *Dicranodontium* Bruch & Schimp. Bryol. Eur. 1：157 (Fasc. 41. Monogr. 1). 1847.
   ··· (138)

4. 白发藓属 *Leucobryum* Hampe Linnaea 13：42. 1839. ··································· (140)

17. 凤尾藓科 FISSIDENTACEAE ··· (142)

1. 凤尾藓属 *Fissidens* Hedw. Sp. Musc. Frond. 152. 1801. ································· (142)

18. 丛藓科 POTTIACEAE ·· (153)

1. 芦荟藓属 *Aloina* Kindb. Bih. Kongl. Svenska Vetensk. – Akad. Handl. 6 (19)：22. 1882. ······ (155)

2. 丛本藓属 *Anoectangium* Schwägr. Sp. Musc. Frond., Suppl. 1, 1：33. 1811，*nom. cons.* ········ (156)

3. 扭口藓属 *Barbula* Hedw. Sp. Musc. Frond. 115. 1801，*nom. cons.* ·············· (158)

4. 美叶藓属 *Bellibarbula* P. C. Chen Hedwigia 80：222. 1941. ····························· (164)

5. 红叶藓属 *Bryoerythrophyllum* P. C. Chen Hedwigia 80：4. 1941. ························ (164)

6. 陈氏藓属 *Chenia* R. H. Zander Phytologia 65：424. 1989. ······························· (167)

7. 对齿藓属 *Didymodon* Hedw. Sp. Musc. Frond. 104. 1801. ································ （167）

8. 疣壶藓属 *Gymnostomiella* M. Fleisch. Musci Buitenzorg 1：309. 1904. ········· （175）

9. 净口藓属 *Gymnostomum* Nees & Hornsch. Bryol. Germ. 1：153. 1823，*nom. cons.* ········· （176）

10. 立膜藓属 *Hymenostylium* Brid. Bryol. Univ. 2：181. 1827. ····················· （177）

11. 湿地藓属 *Hyophila* Brid. Bryol. Univ. 1：760. 1827. ·························· （178）

12. 芦氏藓属 *Luisierella* Thér. & P. de la Varde Bull. Soc. Bot. France 83：73. 1936. ········ （182）

13. 大丛藓属 *Molendoa* Lindb. Utkast. Eur. Bladmoss. 29. 1878. ················· （183）

14. 拟合睫藓属 *Pseudosymblepharis* Broth. Nat. Pflanzenfam.（ed. 2），10：261. 1924. ········ （185）

15. 仰叶藓属 *Reimersia* P. C. Chen Hedwigia 80：62. 1941. ······················ （186）

16. 舌叶藓属 *Scopelophila*（Mitt.）Lindb. Acta Soc. Sci. Fenn. 10：269. 1872. ········· （186）

17. 赤藓属 *Syntrichia* Brid. J. Bot.（Schrad.）1（2）：299. 1801. ················ （189）

18. 反纽藓属 *Timmiella*（De Not.）Limpr. Laubm. Dentschl. 1：590. 1888. ········· （190）

19. 纽藓属 *Tortella*（Lindb.）Limpr. in Rab. Laubm. Deutsch. 1：520. 1888. ········ （192）

20. 墙藓属 *Tortula* Hedw. Sp. Musc. Frond. 122. 1801. ·························· （194）

21. 毛口藓属 *Trichostomum* Bruch Flora 12：396. 1929. ························ （197）

22. 托氏藓属 *Tuerckheimia* Broth. Öfvers. Förh. Finska Vetensk. - Soc. 52 A（7）：1. 1910. ········ （202）

23. 小墙藓属 *Weisiopsis* Broth. Öfvers. Förh. Finska Vetensk. - Soc. 62 A（9）：7. 1921. ···· （202）

24. 小石藓属 *Weissia* Hedw. Sp. Musc. Frond. 64. 1801. ························ （204）

19. 虎尾藓科 HEDWIGIACEAE ··· （209）

　1. 虎尾藓属 *Hedwigia* P. Beauv. Mag. Encycl. 5：304. 1804. ··················· （209）

20. 珠藓科 BARTRAMIACEAE ··· （210）

　1. 泽藓属 *Philonotis* Brid. Bryol. Univ. 2：15. 1827. ·························· （210）

21. 壶藓科 SPLACHNACEAE ··· （217）

　1. 小壶藓属 *Tayloria* Hook. J. Sci. Arts（London）2（3）：144. 1816 ············ （217）

22. 寒藓科 MEESIACEAE ··· （218）

　1. 薄囊藓属 *Leptobryum*（Bruch & Schimp.）Wilson Bryol. Brit. 219. 1855. ········· （218）

23. 真藓科 BRYACEAE ··· （219）

　1. 银藓属 *Anomobryum* Schimp. Syn. Musc. Eur. 382. 1860. ···················· （219）

　2. 短月藓属 *Brachymenium* Schwägr. Sp. Musc. Frond., Suppl. 2, 2：131. 1824. ···· （221）

　3. 真藓属 *Bryum* Hedw. Sp. Musc. Frond. 178. 1801. ·························· （224）

　4. 平蒴藓属 *Plagiobryum* Lindb. Öfvers. Förh. Kongl. Svenska Vetensk. - Akad. 19：606. 1863. ········ （246）

　5. 大叶藓属 *Rhodobryum*（Schimp.）Hampe Laubm. Deutschl. 2：444. 1892. ········· （247）

24. 提灯藓科 MNIACEAE ··· （249）

　1. 小叶藓属 *Epipterygium* Lindb. Öfvers. Förh. Kongl. Svenska Vetensk. - Akad. 19：603. 1862. ········ （249）

2. 提灯藓属 *Mnium* Hedw. Sp. Musc. Frond. 188. 1801. ················ (250)

3. 匐灯藓属 *Plagiomnium* T. J. Kop. Ann. Bot. Fenn. 5：145. 1968. ················ (253)

4. 丝瓜藓属 *Pohlia* Hedw. Sp. Musc. Frond. 171. 1801. ················ (260)

5. 疣灯藓属 *Trachycystis* Lindb. Not. Sällsk. Fauna Fl. Fenn. Förh. 9：80. 1868. ············ (264)

25. 木灵藓科 ORTHOTRICHACEAE ················ (266)

1. 蓑藓属 *Macromitrium* Brid. Muscol. Recent. 4：132. 1819［1818］ ············ (266)

2. 木灵藓属 *Orthotrichum* Hedw. Sp. Musc. Frond. 162. 1801. ················ (269)

26. 油藓科 HOOKERIACEAE ················ (270)

1. 油藓属 *Hookeria* Sm. Trans. Linn. Soc. London 9：275. 1808. ················ (270)

27. 棉藓科 PLAGIOTHECIACEAE ················ (271)

1. 拟同叶藓属 *Isopterygiopsis* Z. Iwats. J. Hattori Bot. Lab. 33：379. 1970. ················ (271)

2. 棉藓属 *Plagiothecium* Bruch & Schimp. Bryol. Eur. 5：179. 1851. ················ (273)

3. 细柳藓属 *Platydictya* Berk. Handb. Brit. Mosses 145. 1863. ················ (274)

28. 碎米藓科 FABRONIACEAE ················ (276)

1. 碎米藓属 *Fabronia* Raddi Atti. Accad. Sci. Siena 9：231. 1808. ················ (276)

29. 腋苞藓科 PTERIGYNANDRACEAE ················ (278)

1. 叉肋藓属 *Trachyphyllum* A. Gepp. in Hiern Cat. Afr. Pl. 2（2）：298. 1901. ············ (278)

30. 柔齿藓科 HABRODONTACEAE ················ (279)

1. 柔齿藓属 *Habrodon* Schimp. Syn. Musc. Eur. 505. 1860. ················ (279)

31. 万年藓科 CLIMACIACEAE ················ (280)

1. 万年藓属 *Climacium* F. Weber & D. Mohr Naturh. Reise Schwedens 96. 1804. ············ (280)

32. 柳叶藓科 AMBLYSTEGIACEAE ················ (281)

1. 柳叶藓属 *Amblystegium* Bruch & Schimp. Bryol. Eur. 6：45. 1853. ················ (282)

2. 反齿藓属 *Anacamptodon* Brid. Muscol. Recent. Suppl. 4：136. 1819［1818］. ············ (284)

3. 拟细湿藓属 *Campyliadelphus*（Kindb.）R. S. Chopra. Taxon. Indian Mosses 442. 1975. ··· (284)

4. 细湿藓属 *Campylium*（Sull.）Mitt. J. Linn. Soc., Bot. 12：631. 1869. ············ (285)

5. 牛角藓属 *Cratoneuron*（Sull.）Spruce Cat. Musc. 21. 1867. ················ (289)

6. 镰刀藓属 *Drepanocladus*（Müll. Hal.）G. Roth Hedwigia 38（Beibl.）：6. 1899. ············ (290)

7. 湿柳藓属 *Hygroamblystegium* Loeske Moosfl. Harz. 298. 1903. ················ (291)

8. 水灰藓属 *Hygrohypnum* Lindb. Contr. Fl. Crypt. As. 277. 1872. ················ (292)

9. 薄网藓属 *Leptodictyum*（Schimp.）Warnst. Krypt. Fl. Brandenburg 2：840. 1906. ············ (294)

33. 湿原藓科 CALLIERGONACEAE ················ (297)

1. 湿原藓属 *Calliergon*（Sull.）Kindb. Canad. Rec. Sci. 6（2）：72. 1894. ················ (297)

34. 薄罗藓科 LESKEACEAE ················ (298)

1. 麻羽藓属 *Claopodium*（Lesq. & James）Renauld & Cardot Rev. Bryol. 20：16. 1893. ········ (298)

2. 薄罗藓属 *Leskea* Hedw. Sp. Musc. Frond. 211. 1801. ················ (300)

3. 细罗藓属 *Leskeella* （Limpr.） Loeske Moosfl. Harz. 255. 1903. ················ (301)

4. 细枝藓属 *Lindbergia* Kindb. Gen. Eur. N. Amer. Bryin. 15. 1897. ·············· (302)

5. 瓦叶藓属 *Miyabea* Broth. Nat. Pflanzenfam. I （3）: 984. 1907. ················ (304)

6. 拟草藓属 *Pseudoleskeopsis* Broth. Nat. Pflanzenfam. I （3）: 1002. 1907. ········ (304)

35. 拟薄罗藓科 PSEUDOLESKEACEAE ·· (307)

1. 多毛藓属 *Lescuraea* Bruch & Schimp. Bryol. Eur. 5: 101. 1851. ·············· (307)

36. 假细罗藓科 PSEUDOLESKEELLACEAE ·· (308)

1. 假细罗藓属 *Pseudoleskeella* Kindb. Gen. Eur. N. Amer. Bryin. 20. 1897. ········ (308)

37. 羽藓科 THUIDIACEAE ·· (309)

1. 小羽藓属 *Haplocladium* （Müll. Hal.） Müll. Hal. Hedwigia 38: 149. 1899. ······ (309)

2. 沼羽藓属 *Helodium* Warnst. Krypt. - Fl. Brandenburg, Laubm. 2: 675. 1905. *nom. cons.* ········ (312)

3. 鹤嘴藓属 *Pelekium* Mitt. J. Linn. Soc. , Bot. 10: 176. 1868. ················ (313)

4. 羽藓属 *Thuidium* Bruch & Schimp. Bryol. Eur. 5: 157. 1852. ················ (314)

38. 异枝藓科 HETEROCLADIACEAE ·· (319)

1. 异枝藓属 *Heterocladium* Bruch & Schimp. Bryol. Eur. 5: 151. 1852. ············ (319)

2. 小柔齿藓属 *Iwatsukiella* W. R. Buck & H. A. Crum J. Hattori Bot. Lab. 44: 351. 1978. ······ (320)

39. 青藓科 BRACHYTHECIACEAE ·· (321)

1. 青藓属 *Brachythecium* Bruch & Schimp. Bryol. Eur. 6: 5. 1853. ·············· (322)

2. 燕尾藓属 *Bryhnia* Kaurin Bot. Not. 1892: 60. 1892. ·························· (340)

3. 毛尖藓属 *Cirriphyllum* Grout Bull. Torrey Bot. Club 25: 222. 1898. ·········· (342)

4. 美喙藓属 *Eurhynchium* Bruch & Schimp. Bryol. Eur. 5: 217. 1854. ············ (344)

5. 同蒴藓属 *Homalothecium* Bruch & Schimp. Bryol. Eur. 5: 91. 1851. ············ (349)

6. 鼠尾藓属 *Myuroclada* Besch. Ann. Sci. Nat. , Bot. sér. 7, 17: 379. 1893. ······ (350)

7. 褶藓属 *Okamuraea* Broth. Orthomniopsis und Okamuraea 2. 1906. ·············· (350)

8. 褶叶藓属 *Palamocladium* Müll. Hal. Flora 82: 465. 1896. ···················· (352)

9. 细喙藓属 *Rhynchostegiella* （Bruch & Schimp.） Limpr. Laubm. Deutschl. 3: 207. 1896. ····· (352)

10. 长喙藓属 *Rhynchostegium* Bruch & Schimp. Bryol. Eur. 5: 197. 1852. ·········· (354)

40. 蔓藓科 METEORIACEAE ··· (361)

1. 蔓藓属 *Meteorium* Dozy & Molk. Musci Frond. Ined. Archip. Ind. 157. 1854. ······ (361)

2. 扭叶藓属 *Trachypus* Reinw. & Hornsch. Nova Acta Phys. - Med. Acad. Caes. Leop. - Carol. Nat. Cur. 14 （2）: 708. 1829. ······························· (362)

41. 灰藓科 HYPNACEAE ·· (363)

1. 扁灰藓属 *Breidleria* Loeske Stud. Morph. Syst. Laubm. 172. 1910. ············ (364)

2. 偏蒴藓属 *Ectropothecium* Mitt. J. Linn. Soc. Bot. 10: 180. 1868. ·············· (365)

3. 美灰藓属 *Eurohypnum* Ando Bot. Mag. （Tokyo） 79: 760. 1966. ················ (365)

4. 粗枝藓属 *Gollania* Broth. Nat. Pflanzenfam. ed. I （3）: 1054. 1908. ·········· (366)

5. 灰藓属 *Hypnum* Hedw. Sp. Musc. Frond. 236. 1801. ·················· （369）

6. 拟鳞叶藓属 *Pseudotaxiphyllum* Z. Iwats. J. Hattori Bot. Lab. 63：445. 1987. ·········· （374）

7. 鳞叶藓属 *Taxiphyllum* M. Fleisch. Musci Buitenzorg 4：1434. 192. ·········· （375）

8. 明叶藓属 *Vesicularia* （Müll. Hal.）Müll. Hal. Bot. Jahrb. 23：330. 1896. ········ （378）

42. 金灰藓科 PYLAISIACEAE ·················· （382）

1. 大湿原藓属 *Calliergonella* Loeske Hedwigia 50：248. 1911. ·········· （382）

2. 毛灰藓属 *Homomallium* （Schimp.）Loeske Hedwigia. 46：314. 1907. ·········· （383）

3. 金灰藓属 *Pylaisia* Bruck & Schimp. Bryol. Eur. 5：87. 1851. ·········· （385）

43. 毛锦藓科 PYLAISIADELPHACEAE ·················· （388）

1. 小锦藓属 *Brotherella* Loeske ex M. Fleisch. Nova Guinea 12 （2）：119. 1914. ········· （388）

2. 毛锦藓属 *Pylaisiadelpha* Cardot Rev. Bryol. 39：57. 1912. ·········· （389）

44. 锦藓科 SEMATOPHYLLACEAE ·················· （391）

1. 锦藓属 *Sematophyllum* Mitt. J. Linn. Soc., Bot. 8：5. 1865. ·········· （391）

45. 垂枝藓科 RHYTIDIACEAE ·················· （392）

1. 垂枝藓属 *Rhytidium* （Sull.）Kindb. Bih. Kongl. Svenska Vetensk. – Akad. Handl.
6 （19）：8. 1882. ·················· （392）

46. 绢藓科 ENTODONTACEAE ·················· （393）

1. 绢藓属 *Entodon* Müll. Hal. Linnaea 18：704. 1845. ·········· （393）

2. 螺叶藓属 *Sakuraia* Broth. Nat. Pflanzenfam. （ed. 2），11：392. 1925. ········ （404）

47. 白齿藓科 LEUCODONTACEAE ·················· （405）

1. 白齿藓属 *Leucodon* Schwägr. Sp. Musc. Frond., Suppl. 1, 2：1. 1816. ·········· （405）

48. 平藓科 NECKERACEAE ·················· （407）

1. 扁枝藓属 *Homalia* Brid. Bryol. Univ. 2：812. 1827. ·········· （407）

2. 拟扁枝藓属 *Homaliadelphus* Dixon & P. de la Varde Rev. Bryol. n. s., 4：142. 1932. ······ （408）

3. 平藓属 *Neckera* Hedw. Sp. Musc. Frond. 200. 1801. ·········· （409）

4. 木藓属 *Thamnobryum* Nieuwl. Amer. Midl. Naturalist 5：50. 1917. ·········· （409）

49. 牛舌藓科 ANOMODONTACEAE ·················· （411）

1. 牛舌藓属 *Anomodon* Hook. & Taylor Muscol. Brit. 79 pl. 3. 1818. ·········· （411）

2. 多枝藓属 *Haplohymenium* Dozy & Molk. Musc. Frond. Ined. Archip. Ind. 127. 1846. ····· （414）

3. 羊角藓属 *Herpetineuron* （Müll. Hal.）Cardot Beih. Bot. Centalbl. 19 （2）：127. 1905. ··· （415）

4. 拟附干藓属 *Schwetschkeopsis* Broth. Nat. Pflanzenfam. I （3）：877. 1907. ·········· （416）

主要参考文献 ·················· （417）

拉丁文索引 ·················· （422）

中文索引 ·················· （439）

一

苔类植物门
MARCHANTIOPHYTA

1. 疣冠苔科 AYTONIACEAE

叶状体小形至中等大小,带状,淡绿色至深绿色,多叉状分枝,腹面有时侧生新枝。气室多层,常具片状次级分隔;气孔单一型,常突起。中肋界线不明显,渐边渐薄。叶状体下部基本组织细胞较大,薄壁。鳞片近半月形,位于腹面,中肋两侧各一列,覆瓦状排列,有时具油细胞及黏液细胞疣,先端具 1 - 3 个附片,略呈披针形。雌雄同株或雌雄异株。雄器托无柄,着生于叶状体背面。雌器托柄具 1 条假根沟,或缺失。雌器托生于叶状体背面中肋处或前段缺齿处,边缘浅裂至深裂,或近于不裂,或退化;雌器托下方着生苞膜,膜状或两瓣裂;具假蒴萼,或无,深裂,裂片披针形,内含 1 个孢子体。孢蒴多球形,外包蒴被,成熟后伸出,盖裂或不规则裂。弹丝具 1 至多列螺纹加厚。孢子表面具疣或网纹。

本科全世界 5 属。中国有 5 属;山东有 3 属。

分属检索表

1. 具深裂片状假蒴萼 ·· 1. 花萼苔属 Asterella
1. 不具深裂片状假蒴萼 ··· 2
2. 雌器托柄无假根沟 ··· 2. 紫背苔属 Plagiochasma
2. 雌器托柄具 1 条假根沟 ··· 3. 石地钱属 Reboulia

Key to the genera

1. Deeply divided pseudoperianth present ································· 1. Asterella
1. Deeply divided pseudoperianth absent ···································· 2
2. ♀ receptacles without rhizoid furrow ···························· 2. Plagiochasma
2. ♀ receptacles with one rhizoid furrow ····························· 3. Reboulia

1. 花萼苔属 Asterella P. Beauv. Dict. Sci. Nat. 3:257. 1805.

本属全世界约 50 种。中国有 14 种;山东有 1 种。

1. 东亚花萼苔
Asterella yoshinagana(Horik.)Horik., Hikobia 1951.
Fimbraria yoshinagana Horik., Sci. Rep. Tôhoku Imp. Univ., ser. 4, Biol. 4:395. Pl. 16. 1929.
叶状体狭带状,小形至中等大小,质较薄,多叉状分枝。叶状体背面表皮细胞多边形,薄壁,无三角体;气室两到多层,气孔单一,口部周围 7 - 8 个细胞,呈 3 - 4 圈;中肋界线不明显。叶状体下部基本组织厚度约占一半。腹面鳞片先端具 1 条长舌形附片,具短尖。雌器托圆盘形,边缘不规则浅裂。假蒴萼半球形鞘状,先端圆锥形。孢子具网纹。

生境:生于岩面薄土上。

产地:泰安,泰山,赵遵田 33940。

分布:中国(吉林、山东、贵州、台湾)。日本。

赵遵田(1989)曾报道花萼苔 *A. tenella*(L.)P. Beauv. 在泰山有分布,但《山东苔藓植物志》(以下简称"前志")编写过程中,发现该种鉴定存在问题,故未收录该属和种,本次研究,经检视标本发现,该种系东亚花萼苔误定。

2. 紫背苔属 Plagiochasma Lehm. & Lindenb. Nov. Stirp. Pug. 4：13. 1832.

叶状体形小至中等大小,带状,多叉状分枝,绿色至深绿色,腹面多带紫色,质厚。叶状体背面有时具油细胞;气室多层;气孔单一,有时明显凸起,口部周围细胞单层;中肋界线不明显,渐边渐薄。叶状体下部基本组织较厚,细胞较大,薄壁。腹面鳞片较大,披针形或近半月形,带紫色;先端多具 1 - 3 个披针形附片,基部有时明显收缩。多雌雄同株。雄器托着生于叶状体背面中肋处,无柄。雌器托常退化,下方具贝壳状苞膜,内含孢子体。雌器托柄较短,无假根沟,着生于叶状体背面中肋的前端。孢蒴球形。弹丝具螺纹加厚或无。孢子表面具疣或网纹。

本属全世界现有 16 种。中国有 6 种;山东有 2 种。

分种检索表

1. 弹丝无螺纹加厚 ………………………………………………… 1. 无纹紫背苔 *P. intermedium*
1. 弹丝螺纹加厚 …………………………………………………… 2. 小孔紫背苔 *P. rupestre*

Key to the species

1. Elaters not helical thickening ………………………………………… 1. *P. intermedium*
1. Elaters helical thickening …………………………………………… 2. *P. rupestre*

1. 无纹紫背苔(见前志图 61)

Plagiochasma intermedium Lindenb. & Gottsche, Syn. Hepat. 513. 1846.

叶状体带状,叉状分枝,背面表皮细胞角隅加厚;气孔大,凸出;腹面紫红色,鳞片较大,半月形。雌雄同株。孢蒴球形,不凸出于总苞。弹丝无螺纹加厚。

生境:生于土表、岩面或岩面薄土上。

产地:蒙阴,蒙山,李林 20111372。青州,仰天山,千佛洞,海拔 500 m,黄正莉 20112204 - A。新泰,莲花山,海拔 500 m,李林 20110657。

分布:中国(黑龙江、辽宁、内蒙古、山西、山东、陕西、江苏、上海、江西、四川、贵州、云南、台湾)。日本和墨西哥。

本种气孔大,弹丝无螺纹加厚,可明显区别于小孔紫背苔 *P. rupestre*。

2. 小孔紫背苔(照片 1)

Plagiochasma rupestre (Forst.) Steph., Bull. Herb. Boissier 6：783 (Sp. Hepat. 1：80). 1898.

Aytonia rupestre Forst., Char. Gen. Pl. (ed. 2), 148. 1776.

叶状体带状,叉状分枝,背面表皮细胞圆多边形,薄壁,具三角体,有时具油细胞;气孔小,口部周围仅 1 圈 4 - 6 个非异形细胞,不呈放射状排列;中肋界线不明显。腹面鳞片先端具 1 - 2 条披针形附片,稀 3 条,有时边缘具黏液疣。雌器托退化;具 1 - 3 个苞膜,内有孢子体。弹丝螺纹加厚。

生境:生于土表、岩面或岩面薄土上。

产地:牟平,昆嵛山林场,海拔 260 m,赵遵田 84064。青岛,崂山,赵遵田 97111。黄岛,小珠山,任昭杰 20111695。黄岛,铁橛山,任昭杰 20110873。临朐,沂山,赵遵田 90078。蒙阴,蒙山,任昭杰 20111303、20111373。青州,仰天山,摩云山寨,海拔 900 m,黄正莉 20112219 - B、20112268。博山,鲁山,海拔 1000 m,李林 20112521 - A。博山,鲁山,海拔 650 m,郭萌萌 20112574 - A。新泰,莲花山,海拔200 m,黄正莉20110600 - A。枣庄,抱犊崮,赵遵田 Zh911360。曲阜,孔林,赵遵田84184。泰安,徂徕山,光华寺,海拔900 m,任昭杰20110743。泰安,徂徕山,海拔700 m,黄正莉20110751。泰安,泰山,赵遵田33912。济南,佛慧山,海拔200 m,赖桂玉 R20090033。

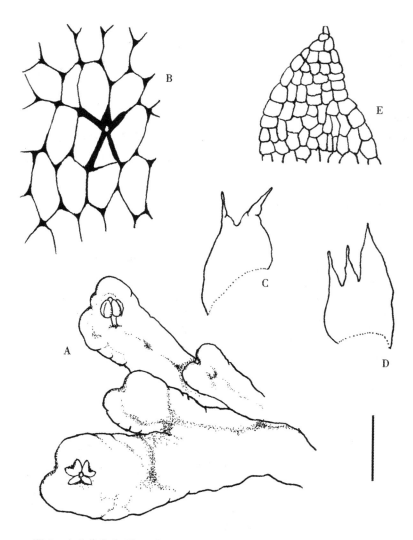

图1 小孔紫背苔 *Plagiochasma rupestre*（Forst.）Steph.，A. 叶状体；B. 叶状体背面细胞及气孔；C - D. 腹面鳞片；E. 鳞片的附片（汪楣芝、于宁宁 绘）。
标尺:A = 3.4 mm, B = 50 μm, C - D = 1.3 mm, E = 168 μm。

分布:中国(黑龙江、吉林、辽宁、内蒙古、山东、陕西、宁夏、新疆、安徽、上海、江西、四川、贵州、云南、福建、台湾)。日本、巴西、玻利维亚,欧洲和北美洲。

3. 石地钱属 Reboulia Raddi Opusc. Sci. 2:357. 1818.

叶状体中等大小,带状,叉状分枝,淡绿色至深绿色,质厚,干时边缘略背卷。叶状体背面表皮细胞具明显三角体,有时具油细胞;气室多层;气孔单一型,口部周围细胞单层;中肋界线不明显,渐边渐薄。腹面鳞片在中肋两侧各一列,覆瓦状排列,近半月形,带紫色,常具油细胞;先端具1 - 3条狭披针形附片。多雌雄同株。雄器托着生于叶状体背面前端,无柄。雌器托半球形,顶部平滑或凹凸不平,边缘5

-7深裂,裂瓣下面有苞膜,内含1个孢子体。雌器托柄上具1条假根沟。孢蒴球形。弹丝螺纹加厚。孢子四分体型,表面具疣和网纹。

本属全世界仅1种。山东有分布。

1. 石地钱(照片2)

Reboulia hemisphaerica (L.) Raddi, Opusc. Sci. 2 (6):357. 1818.

Marchantia hemisphaerica L.,Sp. Pl. 1138. 1753.

种特征同属。

生境:生于岩面。

产地:栖霞,牙山,赵遵田90819。临朐,沂山,赵遵田90423、90450。蒙阴,蒙山,赵遵田91293、91294。青州,仰天山,赵遵田88085。泰安,泰山,赵遵田34084、34123、34156。长清,灵岩寺,赵遵田87189。

分布:世界广布种。我国南北各省区均有分布。

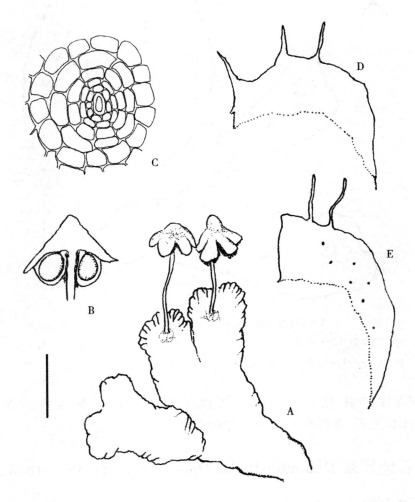

图2 石地钱 *Reboulia hemisphaerica* (L.) Raddi, A. 叶状体;B. 雌托的纵切面;C. 叶状体背面细胞及气孔;D
-E. 腹面鳞片(汪楣芝、于宁宁 绘)。标尺:A = 2.2 mm, B = 1.4 mm, C = 50 μm, D - E = 670 μm。

2. 蛇苔科 CONOCEPHALACEAE

　　叶状体小形至大形,浅绿色至深绿色,叉状分枝,具或不具光泽。叶状体背面表皮细胞多边形,薄壁;气室和气孔明显,气室单层,内具绿色球形细胞的营养丝,营养丝顶端着生无色透明的瓶状或梨形细胞;气孔口部周围6-7个细胞,5-8圈,放射状排列;中肋界线不明显,渐边渐薄。叶状体下部基本组织高约10个细胞。腹面鳞片弯月形,先端具1个近椭圆形附片。雌雄异株。无胞芽杯。雄器托椭圆形,无柄,着生于叶状体背面的前端。雌器托长圆锥形,边缘5-9浅裂,每一裂瓣的苞膜内具1个孢子体,托柄具1条假根沟。孢蒴长卵形,成熟时伸出,不规则8瓣开裂,蒴壁半环纹加厚。弹丝螺纹加厚。孢子近球形,具疣。

　　本科全世界仅1属。山东有分布。

1. 蛇苔属 Conocephalum F. H. Wigg. Gen. Nat. Hist. 2：118. 1780.

　　属特征同科。

　　本属全世界现有3种。中国有3种;山东有2种。

分种检索表

1. 叶状体较宽,0.5-2 cm 宽;气室的透明瓶状细胞具长颈 ………………… 1. 蛇苔 C. conicum
1. 叶状体较窄,3-5 mm 宽;气室的透明瓶状细胞具短颈 ………………… 2. 小蛇苔 C. japonicum

Key to the species

1. Thallus broader, ca. 0.5-2 cm in diameter; the hyline bottle-like cells with long neck in the air chamber ……………………………………………………… 1. C. conicum
1. Thallus narrower, ca. 3-5 mm in diameter; the hyline bottle-like cells with short neck in the air chamber ……………………………………………………… 2. C. japonicum

1. 蛇苔(见前志图63)

Conocephalum conicum（L.）Dumort. , Bot. Gaz. 20：67. 1895.

Marchantia conicum L. , Sp. Pl. 1138. 1753.

　　叶状体形大,绿色至深绿色,有时具光泽;背面具明显气孔和多边形气室;气室内营养丝顶端具无色透明长颈瓶状细胞;气孔单一,口部周围6-7个细胞,5-6圈,放射状排列。腹面鳞片半月形,先端具1个椭圆形附片。雌雄异株。雄器托无柄。雌器托长圆锥形,边缘5-9浅裂,雌器托柄较长,具1条假根沟。孢蒴不规则8瓣裂。弹丝螺纹加厚。

　　生境:生于岩面、土表或岩面薄土上。

　　产地:牟平,昆嵛山,泰礴顶途中,海拔300 m,任昭杰20110094。牟平,昆嵛山,水帘洞,海拔350

m,黄正莉 20100345。黄岛,大珠山,海拔 100 m,李林 20111521 – A、20111560 – A。黄岛,小珠山,南天门,海拔 500 m,黄正莉 20111685 – A。黄岛,铁橛山,付旭 R20130187 – B。五莲,五莲山,海拔 400 m,付旭 R20130188。临朐,沂山,赵遵田 90239 – B、90362 – A。蒙阴,蒙山,里沟,海拔 700 m,任昭杰 R20120061 – B。博山,鲁山,黄正莉 20112522、20112601。新泰,莲花山,海拔 700 m,黄正莉 20110562 – A、20110636 – A。泰安,泰山,黄正莉 20110490。

分布:广泛分布于全国各省区。印度、尼泊尔、不丹、朝鲜、日本、俄罗斯,欧洲和北美洲。

2. 小蛇苔(照片 3)(见前志图 64)

Conocephalum japonicum (Thunb.) Grolle, J. Hattori Bot. Lab. 55:501. 1984.

Lichen Japonicus Thunb., Fl. Jap. 344. 1784.

叶状体黄绿色至深绿色;背面具小型气室;气室内营养丝顶端细胞短梨形,无细长尖;气孔单一。腹面鳞片深紫色。雌雄异株。雄器托圆盘状,无柄。雌器托具透明长托柄,具 1 条假根沟。弹丝螺纹加厚。

生境:生于岩面、土表或岩面薄土上。

产地:牟平,昆嵛山,赵遵田 88054。牟平,昆嵛山,马腚,海拔 260 m,黄正莉 20101514 – A。黄岛,大珠山,海拔 100 m,黄正莉 20111524 – A、20111529 – A。蒙阴,蒙山,任昭杰 20111285。蒙阴,蒙山,赵遵田 91284、91418。费县,塔山,茶蓬峪,海拔 300 m,李林 R121039。

分布:中国(辽宁、山东、陕西、甘肃、上海、浙江、江西、湖南、重庆、贵州、云南、福建、台湾、香港)。印度、尼泊尔、不丹、柬埔寨、菲律宾、朝鲜、日本、俄罗斯(远东地区)和美国(夏威夷)。

本种植物体较小,叶状体边缘常着生芽胞,气室内瓶状细胞颈较短,以上特点可明显区别于蛇苔 *C. conicum*。

3. 地钱科 MARCHANTIACEAE

植物体多大形,浅绿色至深绿色,质较厚,带状,叉状分枝,有时腹面着生新枝。叶状体背面气室 1 层或退化,常具绿色营养丝;气孔烟突型,口部圆筒形;中肋界线不明显,渐边渐薄。叶状体下部基本组织厚,细胞较大,薄壁,常具大形黏液细胞和小形油细胞。腹面鳞片近半月形,在中肋两侧各具 1 – 3 列,覆瓦状排列,常具油细胞,先端具 1 个披针形、椭圆形或心形附片,边全缘、具齿突。中肋背面多着生杯状胞芽杯,边缘平滑或具齿,内生扁圆形芽胞。雌雄同株或异株。雌器托和雄器托伞形或圆盘形,均具长柄,柄具 2 条假根沟。雄器托边缘浅裂或深裂。雄器托边缘常深裂,下方具多数两瓣状苞膜,内含数个假蒴萼。孢蒴卵形,不规则开裂,蒴壁环纹加厚。弹丝螺纹加厚。孢子具疣或网纹。

本科全世界有 3 属。中国有 2 属;山东有 1 属。

1. 地钱属 Marchantia L. Sp. Pl. 2:1137. 1753.

属特点基本同科。

本属全世界现有 36 种。中国有 10 种和 3 亚种;山东有 2 种。

分种检索表

1. 叶状体腹面鳞片的附片边全缘或具少数齿突 ························· 1. 粗裂地钱 M. paleacea
1. 叶状体腹面鳞片的附片边缘具密齿突 ························· 2. 地钱 M. polymorpha

Key to the species

1. Appendage of ventral scales margins almost entire, rarely dentate ············· 1. M. paleacea
1. Appendage of ventral scales margins sharply dentate ············· 2. M. polymorpha

1. 粗裂地钱
Marchantia paleacea Bertol. , Opusc. Sci. 1:242. 1817.
本种叶状体腹面的附片边全缘或具少数齿突,雌器托裂瓣近扁平,不呈指状,一侧伸展或两侧对称,雌器托柄上常具狭长鳞片,以上特点明显区别与地钱 M. polymorpha。
生境:生于土表。
产地:蒙阴,蒙山,赵遵田 93445。平邑,蒙山,龟蒙顶,海拔 1100 m,张艳敏 244(SDAU)。
分布:广泛分布于全国各省区。印度、尼泊尔、不丹、日本、朝鲜、欧洲、北美洲和非洲。

2. 地钱(照片 4)
Marchantia polymorpha L. , Sp. Pl. 1137. 1753.
叶状体形大,绿色至深绿色,多回叉状分枝。气孔烟突型。腹面鳞片 4 – 6 列,覆瓦状排列,弯月形,紫色,先端附片阔三角形或阔卵形,边缘具密集齿突,常具大形黏液细胞和油细胞。雌雄异株。雄器托圆盘形,7 – 8 浅裂。雌器托 6 – 10 深裂,裂瓣指状,放射状排列,托柄较长,无狭长鳞片。
生境:生于土表。
产地:牟平,昆嵛山,苹果园,海拔 200 m,任昭杰 20101889。牟平,昆嵛山,三分场办公楼后,海拔 200 m,任昭杰 R20110350。栖霞,牙山,黄正莉 20111825、20111827。莱州,城南西朱村,任昭杰

R080033。青岛,中山公园,赖桂玉 R09003-1。日照,任昭杰 R09123。潍坊,火车站,任昭杰 R091222。临朐,沂山,赵遵田90332。蒙阴,蒙山,赵遵田91340、91343。博山,鲁山,赵遵田90525。枣庄,赖桂玉 R20110045。东营,赖桂玉 R20110048。博兴,任昭杰 R090377。曲阜,孔庙,赵遵田84190、84191。泰安,泰山,海拔300 m,赖桂玉 R20140156。济南,姚家庄,任昭杰 R20140169。齐河,赖桂玉 R20120187。德州,高铁站,任昭杰 R20120448。菏泽,牡丹园,赵遵田99354-1。

分布:广泛分布于全国各省区。世界广布种。

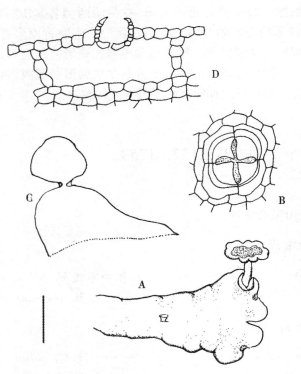

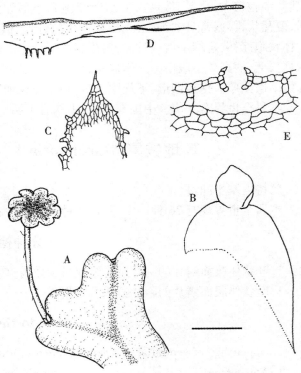

图3 粗裂地钱 Marchantia paleacea Bertol. , A. 叶状体;B. 叶状体背面细胞及气孔;C. 腹面鳞片;D. 叶状体横切面一部分(汪楣芝、于宁宁 绘)。标尺:A=3.4 mm,B=50 μm,C=510 μm,D=67 μm。

图4 地钱 Marchantia polymorpha L. , A. 叶状体;B. 腹面鳞片;C. 芽胞杯口部的一个齿;D. 叶状体横切面一部分;E. 气孔及气室的横切面(汪楣芝、于宁宁 绘)。标尺:A=4.0 mm,B=670 μm,C=126 μm,D=67 μm,E=100 μm。

4.星孔苔科 CLEVEACEAE

叶状体形小至中等大小,绿色、亮绿色至深绿色,质厚,带状,叉状分枝,有时腹面着生新枝。叶状体背面表皮有时具油细胞;气室较大,多层,稀单层;气孔单一型,口部周围细胞具放射状加厚的壁,多明显呈星状;中肋界线不明显,渐边渐薄。叶状体下部基本组织较厚,细胞较大,薄壁。腹面鳞片近三角形,无色或略带紫色;先端附片基部不收缩。雌雄异株或雌雄同株。精子器生于叶状体背面中肋处。雌器托退化,多具近圆柱形或略扁的裂瓣,裂瓣具 1-2 苞膜,每个苞膜内含一个孢子体。雌器托柄具 1-2 条假根沟,或缺失。孢蒴球形,不规则开裂。弹丝螺纹加厚。

本科全世界有 4 属。中国有 3 属;山东有 1 属。

1. 克氏苔属 Clevea Lindb. Not. Sällsk. Fauna Fl. Fenn. Förh. 9:289. 1868.

本属全世界现有 3 种。中国有 2 种;山东有 1 种。

1. 小克氏苔
Clevea pusilla(Steph.)Rubasinghe & D. G. Long, J. Bryol. 33(2):167. 2011.
Athalamia glauco-virens Shim. & S. Hatt., J. Hattori Bot. Lab. 12:56. 1954.

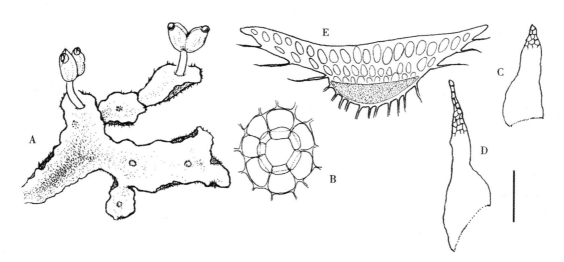

图5 小克氏苔 *Clevea pusilla*(Steph.)Rubasinghe & D. G. Long, A. 叶状体;B. 叶状体背面细胞及气孔;C-D. 腹面鳞片;E. 叶状体横切面(汪楣芝、于宁宁 绘)。标尺:A=3.4 mm, B=112 μm, C-D=1.3 mm, E=404 μm。

叶状体扁平带状,淡绿色,边缘带紫色;不规则叉状分枝。叶状体背面表皮细胞六边形;横切面上部气室 1-3 层,气孔较小,口部由 6-9 个细胞构成;腹面鳞片均匀排列,紫红色,三角状披针形至卵状披针形。雌雄同株。雌托退化。孢蒴黑褐色,球形。

生境:生于石墙石缝处。

产地:泰安,泰山,万仙楼,海拔 300 m,张艳敏 9001003(SDAU)。

分布:中国(黑龙江、吉林、山东、陕西、云南)。日本。

5. 钱苔科 RICCIACEAE

叶状体形小至中等大小,卵状三角形、卵状心形或带状,多紧密叉状分枝,放射状排列,形成圆形或莲座状群落。叶状体背面具气室、气孔,或缺失;基本组织多层细胞,腹面向下突起;少数种类腹面着生鳞片。通常具平滑或粗糙两种假根。雌雄异株或雌雄同株。精子器和颈卵器散生于叶状体组织中。孢蒴成熟后,蒴壁破碎。蒴柄和基足缺失。弹丝缺失。孢子四分体型,较大。

本科全世界 2 属。中国有 2 属;山东有 1 属。

1. 钱苔属 Riccia L. Sp. Pl. 2：1138. 1753.

属的特征基本同科。

罗健馨等(1991)报道黑鳞钱苔 *R. nigrella* DC. 在山东有分布,本次研究我们未见到引证标本,因此将该种存疑。

本属全世界约 155 种。中国有 19 种;山东有 5 种。

分种检索表

1. 叶状体无气室分化 ⋯⋯⋯⋯⋯⋯⋯⋯⋯⋯⋯⋯⋯⋯⋯⋯⋯⋯⋯⋯⋯⋯⋯⋯⋯⋯⋯ 2
1. 叶状体具气室分化 ⋯⋯⋯⋯⋯⋯⋯⋯⋯⋯⋯⋯⋯⋯⋯⋯⋯⋯⋯⋯⋯⋯⋯⋯⋯⋯⋯ 3
2. 叶状体横切面宽度为厚度的 4 – 6 倍 ⋯⋯⋯⋯⋯⋯⋯⋯⋯⋯ 3. 钱苔 *R. glauca*
2. 叶状体横切面宽度为厚度的 1 – 3 倍 ⋯⋯⋯⋯⋯⋯⋯⋯ 5. 肥果钱苔 *R. sorocarpa*
3. 雌雄异株 ⋯⋯⋯⋯⋯⋯⋯⋯⋯⋯⋯⋯⋯⋯⋯⋯⋯⋯⋯ 2. 小孢钱苔 *R. frostii*
3. 雌雄同株 ⋯⋯⋯⋯⋯⋯⋯⋯⋯⋯⋯⋯⋯⋯⋯⋯⋯⋯⋯⋯⋯⋯⋯⋯⋯⋯⋯⋯⋯ 4
4. 叶状体横切面宽度为厚度的 3 – 4 倍 ⋯⋯⋯⋯⋯⋯⋯⋯⋯ 1. 叉钱苔 *R. fluitans*
4. 叶状体横切面宽度为厚度的 1.5 – 2 倍 ⋯⋯⋯⋯⋯⋯⋯ 4. 稀枝钱苔 *R. huebeneriana*

Key to the species

1. Air-chambers undifferentiated ⋯⋯⋯⋯⋯⋯⋯⋯⋯⋯⋯⋯⋯⋯⋯⋯⋯⋯⋯⋯⋯⋯⋯ 2
1. Air-chambers differentiated ⋯⋯⋯⋯⋯⋯⋯⋯⋯⋯⋯⋯⋯⋯⋯⋯⋯⋯⋯⋯⋯⋯⋯⋯ 3
2. The width 4 – 6 times thickness of the thallus cross section ⋯⋯⋯⋯⋯⋯ 3. *R. glauca*
2. The width 1 – 3 times thickness of the thallus cross section ⋯⋯⋯⋯⋯ 5. *R. sorocarpa*
3. Dioecious ⋯⋯⋯⋯⋯⋯⋯⋯⋯⋯⋯⋯⋯⋯⋯⋯⋯⋯⋯⋯⋯⋯⋯⋯ 2. *R. frostii*
3. Monoicous ⋯⋯⋯⋯⋯⋯⋯⋯⋯⋯⋯⋯⋯⋯⋯⋯⋯⋯⋯⋯⋯⋯⋯⋯⋯⋯⋯⋯⋯⋯⋯ 4
4. The width 3 – 4 times thickness of the thallus cross section ⋯⋯⋯⋯⋯⋯ 1. *R. fluitans*
4. The width 1.5 – 2 times thickness of the thallus cross section ⋯⋯⋯⋯ 4. *R. huebeneriana*

1. 叉钱苔(见前志图 66)

Riccia fluitans L., Sp. Pl. 1139. 1753.

叶状体长带状,淡绿色,多回规则叉状分枝。叶状体先端楔形;背面表皮具不明显气孔,气室 2 – 3 层。腹面无鳞片。横切面宽度为厚度的 3 – 4 倍。

生境:生于潮湿土表。

产地:蒙阴,蒙山,赵遵田91155。济南,千佛山,赵遵田911592。

分布:中国(黑龙江、辽宁、内蒙古、山西、山东、甘肃、新疆、江苏、上海、浙江、湖北、云南、福建、台湾、香港、澳门)。朝鲜、日本、俄罗斯,欧洲和北美洲。

2. 小孢钱苔

Riccia frostii Austin, Bull. Torrey Bot. Club 6:17. 1875.

叶状体长带状,黄绿色至暗绿色,呈圆形群落。叶状体先端背面有沟,气室多角形。雌雄异株。

生境:生于土表。

产地:东营,孤岛,张艳敏890016(SDAU)。泰安,药乡林场,张艳敏89096(SDAU)。泰安,黄前水库,张艳敏89062(SDAU)。

分布:中国(吉林、辽宁、内蒙古、山东、新疆、云南)。俄罗斯,欧洲和北美洲。

3. 钱苔(照片5)

Riccia glauca L. Sp. Pl. 1139. 1753.

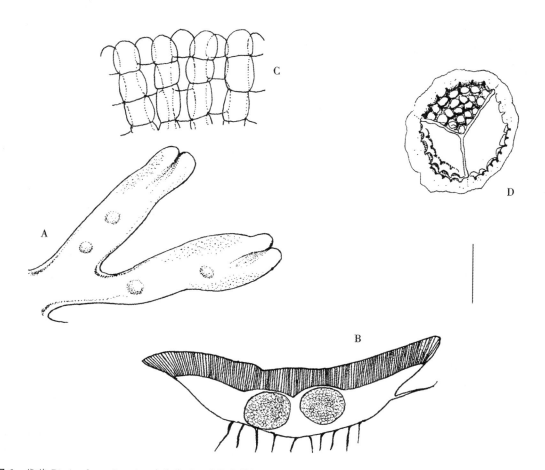

图6 钱苔 *Riccia glauca* L. , A. 叶状体;B. 叶状体横切面;C. 叶状体上表皮及邻近细胞横切面;D. 孢子(近极面)(汪楣芝、于宁宁 绘)。标尺:A = 2.0 mm, B = 144 μm, C = 78 μm, D = 40 μm。

叶状体长三角形,淡绿色或灰绿色,规则2-3回羽状分枝,多呈圆形群落。叶状体先端半圆形,中央具宽的浅沟槽。无气孔和气室的分化;背面具一层排列紧密的柱状细胞构成的同化组织,顶细胞圆形或半圆形。腹面有时具无色小形鳞片。横切面宽度为厚度的4-6倍。

生境:生于潮湿土表。

产地:黄岛,铁橛山,任昭杰20000979。黄岛,小珠山,南天门下,海拔500 m,黄正莉20111761 - A。临朐,嵩山,赵遵田90374。东营,赵遵田911584。曲阜,孔林,赵遵田84140、84158。新泰,莲花山,海拔400 m,黄正莉20110579 - A、20110582。泰安,徂徕山,海拔600 m,任昭杰20110767。泰安,泰山,赵遵田34127。泰安,泰山,黄正莉20110711。

分布:中国(黑龙江、辽宁、山东、甘肃、上海、浙江、江西、福建、云南、台湾、香港、澳门)。朝鲜、日本、俄罗斯,欧洲和北美洲。

前志收录的钱苔刺边变种 R. glauca var. subinermis (Lindb.) Warnst.,本次研究未见到标本,我们也未采到相关标本,故将该变种存疑。

4. 稀枝钱苔

Riccia huebeneriana Lindenb. , Nov. Actorum Acad. Caes. Leop. Carol. German. Nat. Cur. 18: 504. 1836 [1837].

叶状体三角形,灰绿色,边缘紫色,2 - 3回叉状分枝,多呈圆形群落。叶状体先端圆楔形,中央具宽的浅沟槽;背面具2 - 3层气室;腹面有时着生较大紫色鳞片。横切面宽度为厚度的1.5 - 2倍。

生境:生于潮湿土表。

产地:平度,大泽山,黄正莉20112055。蒙阴,蒙山,任昭杰20111194、20111324。

分布:中国(吉林、辽宁、内蒙古、山东、云南、广东、澳门)。日本、朝鲜、俄罗斯(远东地区),欧洲。

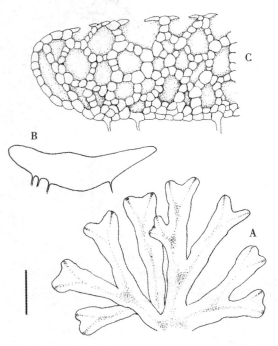

图7 稀枝钱苔 Riccia huebeneriana Lindenb. , A. 叶状体;B - C. 叶状体横切面(汪楣芝、于宁宁 绘)。标尺:A = 1.0 mm, B = 168 μm, C = 72 μm。

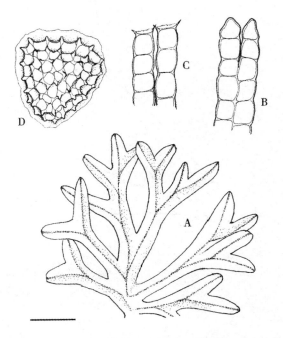

图8 肥果钱苔 Riccia sorocarpa Bischl. , A. 叶状体;B - C. 叶状体上表皮及邻近细胞横切面;D. 孢子(远极面)(汪楣芝、于宁宁 绘)。标尺:A = 2.5 mm, B - C = 67 μm, D = 51 μm。

5. 肥果钱苔

Riccia sorocarpa Bischl. , Nov. Actorum Acad. Caes. Leop. Carol. German. Nat. Cur. 17: 1053. 1835.

叶状体近三角形,淡绿色、灰绿色至暗绿色,2 - 3回叉状分枝,多呈圆形群落。叶状体先端钝尖;无气室和气孔分化;背面具一层排列紧密的柱状细胞构成的同化组织,顶细胞梨形或圆形,有时平截。腹面具无色鳞片,或缺失。横切面宽度为厚度的 2 - 3 倍。

生境:生于潮湿土表。

产地:栖霞,牙山,黄正莉 20111794、20111823、20111905。黄岛,铁槛山,海拔 200 m,黄正莉 R20130150 - A。黄岛,铁槛山,海拔 100 m,任昭杰 20110837、20110955。

分布:中国(吉林、辽宁、内蒙古、山东、宁夏、新疆、四川、云南)。日本、朝鲜,欧洲和北美洲。

6. 小叶苔科 FOSSOMBRONIACEAE

植物体形小,具两列斜生叶片的类型和呈叶状体的类型,柔弱,单一或分枝,腹面密生紫色假根。叶半圆形或近圆方形,叶边多全缘,波曲,基部相连。叶细胞大形,薄壁。雌雄同株,稀雌雄异株。精子器散生于茎背面,由雄苞叶部分覆盖。颈卵器丛生于茎顶,假蒴萼大形。孢蒴不规则开裂。孢子球形,较大,具疣或网纹。

本科全世界 2 属。中国有 1 属;山东有 1 属。

1. 小叶苔属 Fossombronia Raddi Jungermanniogr. Etrusca 29. 1818.

植物体柔弱,单一或分枝,腹面密生紫色假根。叶两列,蔽后式排列,近圆方形,斜列,前缘基部下延,叶边波曲,常瓣裂。叶细胞较大,薄壁,基部细胞两层至多层。精子器裸露或部分被雄苞叶包围。颈卵器顶生,假蒴萼钟形,较大。孢蒴球形,具蒴柄,不规则开裂或不完全四瓣裂,蒴壁双层。弹丝通常两列螺纹加厚。孢子球形或三角状球形,较大,表面具网纹。

本属全世界约 85 种。中国有 3 种;山东有 1 种。

1. 小叶苔(照片 6)

Fossombronia pusilla (L.) Dumort., Recueil Observ. Jungerm. 11. 1835.

Jungermannia pusilla L., Sp. Pl. 1136. 1753.

植物体形小,柔弱,淡绿色或灰绿色,单一或叉状分枝,腹面密生紫色假根。叶阔椭圆形、卵状椭圆形、肾形等,变化幅度较大,斜列;叶边全缘,波曲或不规则瓣裂。叶细胞长六边形,薄壁,内含多数叶绿体。假蒴萼钟形,口部深裂或波曲呈瓣状。孢蒴圆球形。

生境:生于土表、岩面或岩面薄土上。

产地:牟平,昆嵛山,三岔河,海拔 450 m,任昭杰 20100141。牟平,昆嵛山,三岔河,海拔 400 m,黄正莉 20100850 - B。栖霞,牙山,黄正莉 20111907。栖霞,艾山,海拔 350 m,黄正莉 20113065 - A。招远,罗山,海拔 600 m,李林 20111971 - A。青岛,崂山,土石屋,赵遵田 91580 - B。青岛,崂山,北九水,赵遵田 34089 - B。黄岛,大珠山,海拔 100 m,黄正莉 20111501 - A、20111545。黄岛,小珠山,幻住桥,海拔

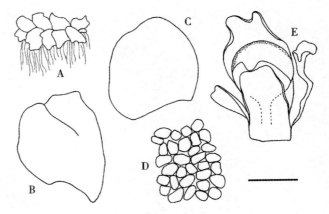

图 9 小叶苔 *Fossombronia pusilla* (L.) Dumort., A. 植物体一段;B - C. 叶;D. 叶中部细胞;E. 孢蒴(任昭杰、付旭 绘)。标尺:A = 3. 3 mm, B - C = 1. 1 mm, D = 110 μm, E = 440 μm。

500 m,黄正莉 20111747 - A。黄岛,铁橛山,海拔 150 m,付旭 R20130187 - A。五莲,五莲山,海拔 300 m,李林 R20130117 - A。蒙阴,蒙山,海拔 700 m,任昭杰 R20120061 - A。蒙阴,蒙山,冷峪,海拔 500 m,李林 R20123002。平邑,蒙山,海拔 900 m,赵遵田 91330 - A。新泰,莲花山,海拔 600 m,黄正莉 20110587 - A。

分布:中国(黑龙江、吉林、辽宁、河北、山东、甘肃、湖南、四川、云南、西藏、台湾)。朝鲜、日本、俄罗斯、巴布亚新几内亚、美国(夏威夷)、欧洲、北美洲和南美洲。

7. 南溪苔科 MAKINOACEAE

叶状体宽阔,深绿色至暗绿色,不规则二歧分枝,多呈片状生长;无气室和气孔分化;中肋宽阔,界线不明显;叶边全缘,波曲;中肋腹面着生红褐色假根。腹面鳞片较小,由数个线形细胞组成,宽1个细胞。叶状体表皮细胞薄壁,每个细胞含 5 – 15 个油体。雌雄异株。精子器多数,密生于叶状体先端半月形凹槽内。蒴柄筒状,先端边缘具齿。蒴柄细长。孢蒴长椭圆形,一侧开裂。弹丝细长。孢子黄褐色,具细网纹。

本科全世界仅1属。山东有分布。

1. 南溪苔属 Makinoa Miyake Hedwigia 38:202. 1899.

属特征同科。

本属全世界仅1种。山东有分布。

1. 南溪苔

Makinoa crispata(Steph.)Miyake, Bot. Mag.(Tokyo)13:21. 1899.

Pellia crispata Steph., Bull. Herb. Boissier 5:103. 1897.

种特征同科。

生境:生于阴湿岩面。

产地:青岛,崂山,潮音瀑,海拔 600 m,任昭杰 20112875。

分布:中国(辽宁、山东、安徽、浙江、江西、湖南、贵州、云南、福建、台湾、广东、广西、香港)。朝鲜、日本、菲律宾、印度尼西亚和巴布亚新几内亚。

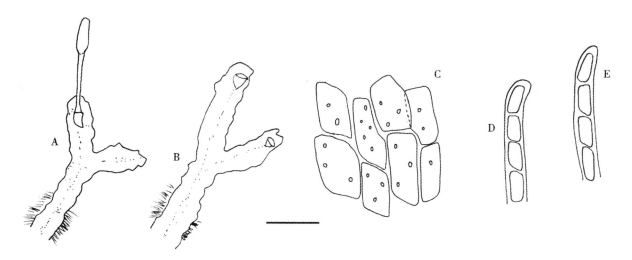

图 10 南溪苔 *Makinoa crispata*(Steph.)Miyake, A. 叶状体(雌株);B. 叶状体(雄株);C. 叶状体背面细胞;D – E. 鳞毛(任昭杰、付旭 绘)。标尺:A – B = 1.7 cm, C = 69 μm, D – E = 40 μm。

8. 带叶苔科 PALLAVICINIACEAE

叶状体黄绿色、淡绿色至深绿色,匍匐,或上部直立或倾立,单一或叉状分枝,具裂片,或无;叶边平展或波曲,具毛或不具毛;中肋界线明显,多层细胞,两翼宽,单层细胞,中轴单一或成双。腹面两侧具黏疣,2-3个细胞长,或具黏绒毛,7-8个细胞长。腹面密生假根,假根无色,稀锈红色。腹面具鳞片,由单层细胞或单个细胞组成。雌雄异株。精子器2列至数列,生于叶状体的背鳞片下。雌苞多杯状,着生于叶状体背面。假蒴萼棒状。蒴帽2层至多层细胞,不高出假蒴萼。弹丝有或无。

本科全世界有7属。中国有1属;山东有分布。

1. 带叶苔属 Pallavicinia Gray Nat. Arr. Brit. Pl. 1: 775. 1821.

叶状体淡绿色或鲜绿色,宽带状,匍匐,单一或叉状分枝,基部有柄或无柄;叶状体先端具小凹陷,凹陷处具黏液疣;叶边具毛或无;中肋界线明显,多层细胞,中轴单一,两翼单层细胞。中肋腹面密生假根;叶状体腹面具鳞片。雌雄异株。精子器球形,具短柄。颈卵器着生于叶状体背面或腹面短枝上。总苞短,杯状。假蒴萼圆柱状,高出苞片。蒴柄细长。孢蒴长卵形,不规则2-4瓣裂。弹丝较粗,具2-3条螺纹加厚。孢子表面平滑,或具疣或网纹。

本属全世界现有15种。中国有4种;山东有1种。

1. 带叶苔

Pallavicinia lyellii (Hook.) Gray, Nat. Arr. Brit. Pl. 1: 685. f. 775. 1821.

Jungermannia lyellii Hook., Brit. Jungerm. Pl. 77. 1816.

叶状体阔带状,二歧分枝;中肋粗壮,中轴分化;叶状体边缘不规则波曲,具1-2个细胞长的纤毛。中肋粗壮,常不及顶,两侧为单层细胞,细胞不规则六边形,薄壁。鳞片着生于腹面先端,单细胞构成,圆形。雌雄异株。假蒴萼圆筒形。蒴柄细长。孢蒴长圆柱形。

生境:喜生于阴湿环境。

产地:青岛,崂山,北九水,海拔400 m,任昭杰20112875。蒙阴,蒙山,赵遵田 Zh91284。

分布:中国(辽宁、山东、浙江、江西、湖南、四川、贵州、云南、福建、台湾、广东、广西、海南、香港、澳门)。日本、俄罗斯、尼泊尔、不丹、印度尼西亚、菲律宾、巴布亚新几内亚、澳大利亚、新西兰、巴西,北美洲和非洲。

9. 溪苔科 PELLIACEAE

叶状体带状,黄绿色至暗绿色,常叉状分枝,或不规则分枝,多成片相互贴生;叶片宽度不等,边缘波曲。叶状体表皮细胞较小,六边形,多具叶绿体,中部细胞大形,无色,有时厚壁;横切面中部厚达十多层细胞,渐边渐薄,边缘单层细胞;腹面着生于腹面中央;叶状体尖部具单列细胞组成的鳞片。雌雄同株或雌雄异株。精子器棒状,着生于叶状体先端背面中肋附近。颈卵器着生于叶状体背面圆形或袋形总苞内。孢蒴球形,四瓣纵裂。弹丝 3－4 列螺纹加厚。孢子球形,绿色。

本科全世界仅 1 属。山东有分布。

1. 溪苔属 Pellia Raddi Jungermanniogr. Etrusca 38. 1818.

属特征同科。

本属全世界现约 6 种。中国有 3 种;山东有 2 种。

分种检索表

1. 雌苞袋状;叶状体细胞常具紫红色边缘 ·· 1. 溪苔 *P. epiphylla*
1. 雌苞杯状;叶状体细胞无紫红色边缘 ·· 2. 花叶溪苔 *P. endiviifolia*

Key to the species

1. Perichaetium bursiform; thallus cell border usually purple-red ···················· 1. *P. epiphylla*
1. Perichaetium cup-shaped; thallus cell border not purple-red ···················· 2. *P. endiviifolia*

1. 溪苔(见前志图 58)

Pellia epiphylla(L.)Corda, Naturalientausch 12：654. 1829.

Jungermannia epiphylla L., Sp. Pl. 1135. 1753.

叶状体形大,黄绿色至深绿色,多叉状分枝;边缘波曲;中肋界线不明显。叶状体横切面中部厚约 10 层细胞,渐边渐薄,叶边为单层细胞,约 10 个细胞宽。叶状体表面细胞较小,长方形,中部细胞薄壁,常具紫红色边缘。雌雄同株。雌苞袋状。

生境:生于阴湿岩面或土表。

产地:栖霞,牙山,黄正莉 20111881、20111906。招远,罗山,黄正莉 20111980、20111989。黄岛,大珠山,溪光煮茗,海拔 200 m,黄正莉 20111591。蒙阴,蒙山,砂山,海拔 600 m,任昭杰 R20120029－A。博山,鲁山,海拔 700 m,李林 20112537－A、20112594。

分布:中国(黑龙江、内蒙古、山东、新疆、浙江、云南、西藏、福建、广西)。不丹、日本、朝鲜,欧洲和北美洲。

2. 花叶溪苔(照片 7)(见前志图 59)

Pellia endiviifolia(Dicks.)Dumort., Recueil Observ. Jungerm. 27. 1835.

Jungermannia endiviifolia Dicks. , Fas. Pl. Crypt. Brit. 4：19. 1801.

本种与溪苔 *P. epiphylla* 相似,但本种雌苞杯状,叶状体细胞边缘不呈红紫色,区别于后者。

生境:生于阴湿岩面或土表。

产地:青岛,崂山,任昭杰 20112868、20111883。临朐,沂山,黄正莉 20112708、20112713、20112724、20112732。蒙阴,蒙山,任昭杰 20111399。博山,鲁山,黄正莉 20112540、20112569、20112588、20112597。

分布:中国(黑龙江、吉林、山东、甘肃、新疆、浙江、江西、福建、台湾)。印度、尼泊尔、不丹、朝鲜、日本,欧洲和北美洲。

10. 叶苔科 JUNGERMANNIACEAE

植物体形小至中等大小,黄绿色至暗绿色,有时带褐色。茎匍匐、直立或倾立,侧枝生于茎腹面,稀具鞭状枝。假根无色、紫色或淡褐色,生于茎腹面、叶基部或叶腹面,有时束状下垂。侧叶蔽后式,斜列或近横生,叶边全缘,有时先端微凹,稀浅两裂,前缘基部常下延;腹叶多缺失,如存在,则呈三角状披针形或舌形,稀 2 裂。叶细胞方形、圆方形或圆多边形,多平滑,稀具疣,具三角体,或不明显,或不具三角体;油体球形、椭圆形或长条形。雌雄同株或雌雄异株或有序同苞。雄苞顶生或间生,雄苞叶 2 – 3 对。雌苞顶生或生于短侧枝上;雌苞叶与侧叶同形或略异形,稍大。蒴萼形状多变,卵形、圆柱形、梨形或纺锤形,平滑或上部具纵褶,部分种类茎先端膨大呈蒴囊,蒴萼生于蒴囊上。孢蒴多圆形或长椭圆形,四瓣裂,蒴壁细胞多层。弹丝多 2 列螺纹加厚。孢子褐色至红褐色,具细疣。

本科全世界有 28 属。中国有 7 属;山东有 2 属。

分属检索表

1. 腹叶缺失 ·· 1. 叶苔属 *Jungermannia*
1. 腹叶存在 ·· 2. 无褶苔属 *Leiocolea*

Key to the genera

1. Underleaves absent ································· 1. *Jungermannia*
1. Underleaves present ································ 2. *Leiocolea*

1. 叶苔属 Jungermannia L. Sp. Pl. 1131. 1753.

植物体小形至中等大小,黄绿色至暗绿色,有时带红色。茎匍匐、直立或倾立,不规则分枝,稀具鞭状枝,腹面着生假根,或束状沿茎下垂,无色或老时褐色,或紫色。腹叶缺失;侧叶蔽后式排列,卵形、圆形、肾形或长舌形,多不对称;叶边全缘、平滑。叶细胞薄壁,具三角体,明显或不明显。具形状多变的油体。雌雄异株或雌雄同株异苞。雌苞叶排列成穗状。雌苞多顶生,稀侧生。蒴萼纺锤形、棒槌形或圆形,具褶或无褶。孢蒴卵形或圆形,四瓣裂。弹丝具 2 列螺纹加厚。孢子具细疣。

前志收录直立管口苔 *Solenostoma erectum*（Amakawa）C. Gao = *Jungermannia erecta*（Amakawa）Amakawa,卵叶管口苔 *S. obovatum*（Nees）C. Massal. = *J. obovata* Nees 和梨蒴管口苔 *S. pyriflorum* Steph. = *J. pyriflora* Steph. 3 种,本次研究未见到引证标本,我们也未采到相关标本,因此将以上 3 种存疑。

本属全世界现约有 160 种。中国约有 80 种;山东有 10 种。

分种检索表

1. 假根多着生于叶基部 ································· 9. 卷苞叶苔 *J. torticalyx*
1. 假根多着生于茎腹面 ································· 2
2. 叶长明显大于宽 ···································· 8. 狭叶叶苔 *J. subulata*
2. 叶长小于宽、近等于宽或略长于宽 ·················· 3
3. 叶基明显下延 ······································ 4

3. 叶基不下延或略下延 ·· 5

4. 叶舌形;叶细胞表面无疣 ····································· 7. 舌叶叶苔 J. sublanceolata

4. 叶圆方形,卵形或卵舌形;叶细胞表面具条状疣 ············· 10. 截叶叶苔 J. truncata

5. 叶通常心形 ································· 2. 长萼叶苔心叶亚种 J. exsertifolia subsp. cordifolia

5. 叶卵形、椭圆形或半圆形 ··· 6

6. 叶长小于宽 ·· 4. 透明叶苔 J. hyalina

6. 叶长等于宽或略大于宽 ··· 7

7. 假根多数,无色或褐色 ·· 1. 深绿叶苔 J. atrovirens

7. 假根稀疏,多无色,偶带褐色 ·· 8

8. 叶细胞无三角体 ··· 6. 疏叶叶苔 J. sparsofolia

8. 叶细胞具三角体 ··· 9

9. 叶边缘细胞通常不小于中部细胞 ······························ 3. 梭萼叶苔 J. fusiformis

9. 叶边缘细胞明显小于中部细胞 ································· 5. 欧叶苔 J. schiffneri

Key to the species

1. Rhizoids originating from leaf base ······························· 9. J. torticalyx

1. Rhizoids originating ventral side of stem ······························· 2

2. Leaf length obviously longer than width ······························· 8. J. subulata

2. Leaf length shorter than width, nearly equal to width, or slightly longer than width ·············· 3

3. Leaf base obviously decurrent ······························· 4

3. Leaf base not decurrent, or slightly decurrent ······························· 5

4. Leaf lingulate; laminal cells without papillate ······················· 7. J. sublanceolata

4. Leaf ovate to square-round; laminal cells with line papillate ·············· 10. J. truncata

5. Leaves usually cordate ······················· 2. J. exsertifolia subsp. cordifolia

5. Leaves usually ovate, elliptic or semicircular ······························· 6

6. Leaf length shorter than width ······························· 4. J. hyalina

6. Leaf length nearly equal to width or slightly longer than width ······················ 7

7. Rhizoids numerous, colorless or brownish ······························· 1. J. atrovirens

7. Rhizoids few, usually colorless, sometimes brownish ······························· 8

8. Laminal cells trigonis absent ······························· 6. J. sparsofolia

8. Laminal cells trigonis present ······························· 9

9. Leaf margin cells usually not smaller than median cells ···················· 3. J. fusiformis

9. Leaf margin cells obviously smaller than median cells ···················· 5. J. schiffneri

1. 深绿叶苔

Jungermannia atrovirens Dumort. , Sylloge Jungerm. 51. 1831.

Jungermannia lanceolata L. , Sp. Pl. 1131. 1753.

Jungermannia tristis Nees, Naturgesch. Eur. Leberm. 2:448. 1836.

Solenostoma triste (Nees) K. Müller, Hedwigia 81: 117. 1942.

　　植物体形小至中等大小,黄绿色至暗绿色。茎匍匐至倾立,单一或叉状分枝。假根无色或浅褐色,散生于茎腹面。叶椭圆形、卵形至卵圆形,先端圆钝,基部不下延或略下延。叶细胞方形至六边形,薄壁,三角体小,有时不明显,角质层平滑。每个细胞具 2 - 3 个纺锤形或球形油体。

　　生境:生于岩面或土表。

产地：荣成,伟德山,海拔 500 m,李林 20112379。黄岛,大珠山,海拔 100 m,李林 20111514、20111523 - A。蒙阴,蒙山,望海楼,海拔 800 m,赵遵田 91299 - A。蒙阴,蒙山,赵遵田 R20140034。费县,塔山,茶蓬峪,海拔 350 m,李林 R121002 - C。

分布：中国(黑龙江、吉林、辽宁、河北、山东、甘肃、上海、浙江、江西、湖北、云南、西藏、福建、台湾)。日本、朝鲜,欧洲和北美洲。

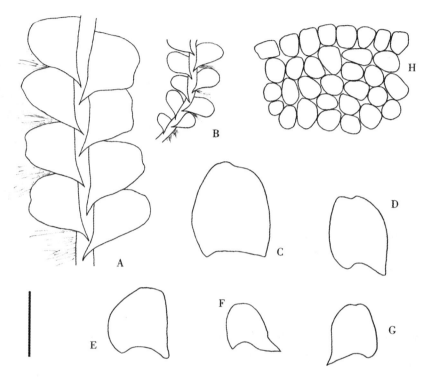

图 11 深绿叶苔 *Jungermannia atrovirens* Dumort., A. 植物体一段;B. 幼枝一段;C - G. 叶;H. 叶尖部细胞(任昭杰、付旭 绘)。标尺:A - B = 1.7 mm, C - G = 1.1 mm, H = 110 μm。

2. 长萼叶苔心叶亚种(见前志图 11)

Jungermannia exsertifolia Steph. subsp. **cordifolia**(Dumort.)Váňa, Folia Geobot. Phytotax. 8:268. 1973.

Aplozia cordifolia Dumort., Bull. Soc. Roy. Bot. Belgique 13:59. 1874.

Solenostoma cordifolia(Hook.)Steph., Sp. Hepat. 2:61. 1901.

植物体深绿色至褐绿色,有时紫红色。假根稀疏,无色或淡褐色。叶心形或圆三角形,基部收缩,背角略下延,先端圆钝。叶细胞六边形,较大,薄壁,角部不明显加厚。油体长椭圆形,常聚合成粒状。

生境：生于土表。

产地：牟平,昆嵛山,三林区,赵遵田 Zh84060 - 1。蒙阴,蒙山,赵遵田 Zh91174。

分布：中国(吉林、辽宁、山东)。欧洲。

3. 梭萼叶苔

Jungermannia fusiformis(Steph.)Steph., Sp. Hep. 2:77. 1901.

Nardia fusiformis Steph., Bull. Herb. Boissier 5:99. 1897.

植物体形小,淡绿色。茎匍匐,先端上升。假根稀少,无色。叶斜生或近横生,卵形至圆形,基部略下延。叶中部细胞圆方形,薄壁,三角体明显,每个细胞具 1 – 4 个卵形或圆形油体。孢子体未见。

  生境:生于土表。

  产地:黄岛,铁橛山,海拔 200 m,任昭杰 20110963。

  分布:中国(山东)。日本。

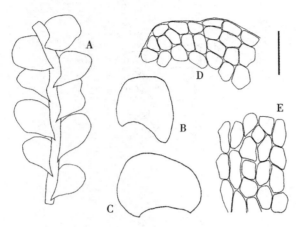 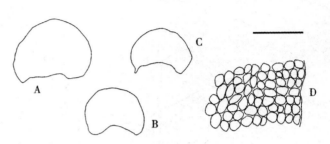

图 13 透明叶苔 *Jungermannia hyalina* Lyell. , A – C. 叶;D. 叶细胞(任昭杰、付旭 绘)。标尺:A – C = 1.7 mm, D = 220 μm。

图 12 梭萼叶苔 *Jungermannia fusiformis*(Steph.)Steph. , A. 植物体一段;B – C. 叶;D. 叶尖部细胞;E. 叶中部细胞(任昭杰、李德利 绘)。标尺:A = 2.4 mm, B – C = 1.7 mm, D – E = 340 μm。

4. 透明叶苔(照片 8)

Jungermannia hyalina Lyell. in Hook. , Brit. Jungerm. Pl. 63. 1814.

Solenostoma hyalinum(Lyell.)Mitt. in Godmell, Nat. Hist. Azores 319. 1870.

  植物体形小,淡黄绿色,略透明。茎匍匐,或倾立,单一。假根多数,较长,无色或淡褐色。叶卵形或半圆形,基部不下延或略下延。叶细胞矩圆形,薄壁,三角体大。每个细胞具 3 – 6 个长椭圆形油体。

  生境:生于岩面或土表。

  产地:荣成,伟德山,海拔 550 m,黄正莉 20112339、20112400。文登,昆嵛山,二分场,张学杰 R20155001。牟平,昆嵛山,三岔河,海拔 300 m,黄正莉 20110230。栖霞,牙山,海拔 450 m,李林 20111911。青岛,崂山,靛缸湾至黑风口途中,海拔 610 m,任昭杰、卞新玉 20150029。青岛,长门岩岛,赵遵田 89012 – C、89012 – B。黄岛,铁橛山,海拔 500 m,任昭杰 20120012、20110869。五莲,五莲山,海拔 400 m,任昭杰 R20123102。蒙阴,蒙山,前雕崖,海拔 600 m,黄正莉 20111250。蒙阴,蒙山,小天麻顶,海拔 950 m,赵遵田 91270、91434。平邑,蒙山,核桃涧,海拔 700 m,李林 20120059。

  分布:中国(辽宁、山东、江西、浙江、四川、重庆、贵州、云南、福建、广西、海南)。印度、朝鲜、日本、俄罗斯(堪察加半岛)、菲律宾、墨西哥、哥伦比亚、巴西、高加索地区。

5. 欧叶苔

Jungermannia schiffneri(Loitl.)A. Evans, the Bryologist. 20:21. 1917.

Aplozia schiffneri Loitl. Verh. K. K. Zool. – Bot. Ges. Wien. 1905:482. 1905.

  植物体形小,深绿色。茎匍匐,长不足 1 cm;横切面圆形,中轴不分化。假根多数,紫红色。叶宽卵圆形,全缘,叶边略呈波状。叶边缘细胞明显小于叶中部细胞,细胞长方形至六边形,薄壁,具三角体。

  生境:生于土表。

  产地:黄岛,铁橛山,海拔 200 m,任昭杰 20110827。

分布:欧亚大陆。

6.疏叶叶苔(见前志图12)

Jungermannia sparsofolia C. Gao & J. Sun, Bull. Bot. Res. 27:139. 2007.

Solenostoma microphyllum C. Gao, Fl. Hepat. Chin. Boreali-Orient. 206. pl. 23. 1981.

植物体形小,绿色至深绿色,有时带褐色。茎直立,不分枝,稀叉状分枝。假根稀疏,透明或淡褐色。叶斜列,卵状椭圆形,长等于或略长于宽。叶细胞矩圆形至圆多边形,薄壁,无三角体。每个细胞具1-2个椭圆形油体。

生境:生于岩面。

产地:青岛,崂山,北九水,赵遵田 20112889。黄岛,铁橛山,海拔 200 m,黄正莉 20120011、20120012。蒙阴,蒙山,海拔 600 m,李林 20111102。

分布:中国特有种(黑龙江、吉林、山东、湖南、西藏)。

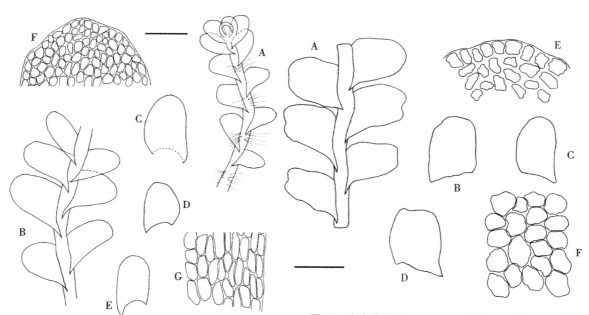

图14 舌叶叶苔 *Jungermannia sublanceolata*,A. 幼枝一段(腹面观);B. 植物体一段(腹面观);C-E. 叶;F. 叶尖部细胞;G. 叶基部细胞(任昭杰 绘)。标尺:A-E=0.8 mm,F-G=104 μm。

图15 狭叶叶苔 *Jungermannia subulata* A. Evans,A. 植物体一段;B-D. 叶;E. 叶尖部细胞;F. 叶中部细胞(任昭杰绘)。标尺:A-D=0.8 mm,E-F=93 μm。

7.舌叶叶苔

Jungermannia sublanceolata P. C. Wu, N. N. Yu & Z. J. Ren, sp. nov.

植物体形小,绿色至暗绿色。茎匍匐至倾立,单一或叉状分枝。假根稀疏。叶舌形,先端圆钝,基部明显下延。叶细胞长方形至长六边形,薄壁,近无三角体,表面平滑。孢子体未见。

生境:生于土表。

产地:黄岛,铁橛山,土生,付旭 R20120730(模式标本)。

分布:中国特有种(山东)。

8.狭叶叶苔

Jungermannia subulata A. Evans, Trans. Connecticut Acad. Arts 8:258. 1892.

植物体形小至中等大小,黄绿色至绿色,有时带红色。茎匍匐至倾立,单一或分枝。假根无色或淡褐色,着生于茎腹面。叶卵形、长椭圆形或舌形,长明显大于宽,先端圆钝,背基角略下延。叶细胞薄壁,三角体明显,常鼓起呈节状,角质层平滑。每个细胞具 6 – 10 个球形或长椭圆形的油体。

生境:生于岩面或土表。

产地:蒙阴,蒙山,小天麻顶,海拔 750 m,赵遵田 91275。蒙阴,蒙山,观峰台,海拔 850 m,赵遵田 20111387 – A。

分布:中国(黑龙江、吉林、辽宁、山东、浙江、江西、湖南、云南、福建、西藏、台湾、广西)。印度、不丹、尼泊尔、斯里兰卡、泰国、朝鲜、日本、俄罗斯(远东地区)、美国(夏威夷),高加索地区。

9. 卷苞叶苔

Jungermannia torticalyx Steph. , Sp. Hepat. 6:94. 1917.

Solenostoma torticalyx (Steph.) C. Gao, Fl. Hepat. Chin. Boreali-Orient. 69. 1981.

植物体绿色。茎先端上升,单一。假根淡紫色,着生于叶片基部。叶圆形或肾形,宽略大于长,先端圆钝,背侧基部略下延。叶细胞薄壁,三角体小,锐角形。每个细胞含 2 – 5 个长椭圆形油体。

生境:生于土表。

产地:五莲,五莲山,海拔 300 m,付旭 R20120731 – A。

分布:中国(辽宁、山东、陕西、江西、云南、福建)。日本、印度、斯里兰卡、不丹、泰国、马来西亚、印度尼西亚、菲律宾、巴布亚新几内亚,大洋洲。

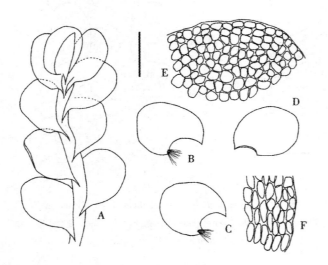

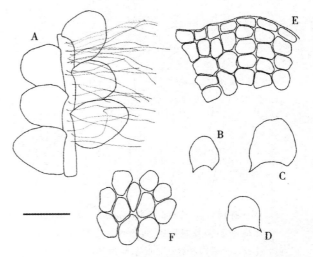

图 16　卷苞叶苔 *Jungermannia torticalyx* Steph. , A. 植物体一段;B – D. 叶;E. 叶尖部细胞;F. 叶基部细胞(任昭杰 绘)。标尺:A – D = 1.1 mm, E – F = 220 μm。

图 17　截叶叶苔 *Jungermannia truncata* Nees, A. 植物体一段(腹面观);B – D. 叶;E. 叶尖部细胞;F. 叶基部细胞(任昭杰 绘)。标尺:A – D = 1.1 mm, E – F = 110 μm。

10. 截叶叶苔

Jungermannia truncata Nees, Hepat. Jav. 29. 1830.

Solenostoma truncatum (Nees) Váňa & D. G. Long, Nova Hedwigia 89:509. 2009.

植物体形小至中等大小,淡黄褐色,稀紫红色。茎单一,或具分枝。假根多数,散生,无色或浅褐色,稀紫红色。叶卵形至卵舌形,稀舌形,先端平截或圆钝,背基角下延。叶细胞矩圆形或椭圆形,薄壁,三角体大或小。

生境:多生于土表。

产地:黄岛,大珠山,海拔 150 m,黄正莉 20111514。黄岛,铁橛山,海拔 200 m,黄正莉 20110824 –

A。蒙阴,蒙山,前梁南沟,海拔 600 m,黄正莉 20111252。

分布:中国(吉林、辽宁、山东、江苏、浙江、江西、湖南、四川、贵州、云南、西藏、福建、台湾、广西、海南、香港、澳门)。朝鲜、日本、尼泊尔、印度、孟加拉国、缅甸、泰国、柬埔寨、马来西亚、印度尼西亚、菲律宾、巴布亚新几内亚,大洋洲。

2. 无褶苔属 Leiocolea（K. Müller）H. Buch Mem. Soc. Fauna Fl. Fenn. 8：288. 1933.

本属全世界现有 12 种。中国有 4 种;山东有 1 种。

1. 小无褶苔
Leiocolea collaris（Nees）Jörg., Bergens Mus. Skr. 16：163. 1934.
Jungermannia collaris Nees, Fl. Crypt. Erlang. xv. 1817.
Lophozia collaris（Mart.）Dumort., Recueil Observ. Jungerm. 17. 1835.
植物体绿色。中等大小。茎匍匐,多单一,腹面着生假根。侧叶覆瓦状蔽后式排列,阔卵形或圆方形,先端 2 裂,裂达叶片的 1/4 – 1/3,裂瓣三角形,先端尖锐;腹叶较小,披针形,边缘具短齿。叶细胞圆六边形,薄壁,每个细胞具 2 – 5 个球形或椭圆形油体;三角体小。

生境:生于土表。
产地:青岛,崂山,仰口,海拔 90 m,任昭杰、杜超 20071208 – B。
分布:中国(黑龙江、吉林、山东、宁夏、重庆)。欧洲和北美洲。

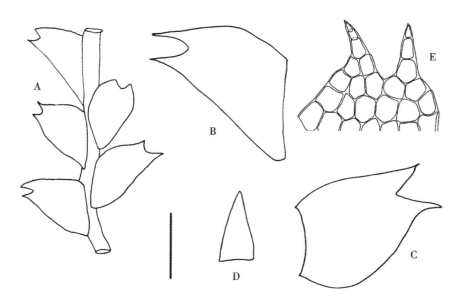

图18 小无褶苔 *Leiocolea collaris*（Nees）Jörg., A. 植物体一段(背面观);B – C. 侧叶;D. 腹叶;E. 侧叶尖部细胞(任昭杰 绘)。标尺:A – D = 1.7 mm, E = 170 μm。

11. 护蒴苔科 CALYPOGEIACEAE

植物体形小至中等大小,多柔弱,黄绿色至深绿色,有时带褐色。茎匍匐,稀疏分枝。侧叶斜列,近与茎平行,蔽前式排列,卵形、钝三角形、椭圆形至长椭圆形,一般中下部宽阔,渐上渐窄,先端圆钝或浅2裂;叶边全缘;腹叶较大,圆形或2-4瓣裂,形状变化幅度较大,基部着生假根,基部中央细胞厚2-3层。叶细胞较大,薄壁,具三角体或无,每个细胞具3-10个油体,球形或长椭圆形。雌雄同株或异株。雄苞穗状。雄苞叶膨起,上部2-3裂,每个雄苞叶中有1-3个精子器。雌苞在卵细胞受精后迅速膨大。蒴囊长椭圆形或圆筒形。孢蒴圆柱形或近椭圆形,4裂。弹丝具2列螺纹加厚,稀3列。孢子球形。

本科全世界有4属。中国有2属;山东有1属。

1. 护蒴苔属 Calypogeia Raddi Mem. Soc. Ital. Sci. Modena:31. 1818.

植物体多纤细,扁平,黄绿色至绿色,有时灰绿色。茎匍匐,单一或稀疏不规则分枝。常具椭圆形芽胞,生于茎枝先端。侧叶斜列,蔽前式排列,椭圆形至椭圆状三角形,先端圆钝、尖锐或浅2列;腹叶较大,近圆形或长椭圆形,基部着生假根,全缘或2-4裂,裂瓣外侧常具小齿。叶细胞多边形,薄壁,具不明显三角体或无,每个细胞含多数油体。雌雄同株,或雌雄异株。蒴囊长椭圆形。孢蒴圆柱形,纵裂,裂瓣披针形,扭曲。弹丝2列螺纹加厚。孢子圆球形。

本属全世界现有35种。中国有12种;山东有2种。

分种检索表

1. 植物体纤细;叶先端具两锐齿 ·· 1. 刺叶护蒴苔 *C. arguta*
1. 植物体较大;叶先端具两钝齿 ·· 2. 双齿护蒴苔 *C. tosana*

Key to the species

1. Plants delicate; leaves with two sharp teeth at the apex ················· 1. *C. arguta*
1. Plants rather large; leaves with two obtuse teeth at the apex ············· 2. *C. tosana*

1. 刺叶护蒴苔(照片9)

Calypogeia arguta Nees & Mont. ex Nees, Naturgesch. Eur. Leberm 3:24. 1838.

植物体形小,柔弱。茎匍匐,稀疏分枝,有时具鞭状枝。侧叶长卵形,先端略窄,具2锐齿,齿由2-3个细胞组成;腹叶较小,与茎近等宽,2裂,裂瓣外侧各具1个披针形裂片。叶细胞较大,多边形,薄壁。

生境:多生于阴湿岩面或土表。

产地:文登,昆嵛山,无染寺,海拔250 m,黄正莉20101183。文登,昆嵛山,二分场缓冲区,海拔350 m,任昭杰20101139。青岛,崂山,华严寺,海拔300 m,任昭杰R20130988。黄岛,铁橛山,海拔280 m,任昭杰R20130137-G。黄岛,大珠山,海拔200 m,黄正莉20111485-A。黄岛,大珠山,海拔150 m,黄正莉20111484、20111485。五莲,五莲山,海拔310 m,任昭杰20120031-A、R20130140-A。

分布:中国(辽宁、山东、江苏、上海、浙江、湖南、湖北、贵州、云南、福建、台湾、广东、广西、海南、香港、澳门)。日本、朝鲜,欧洲和北美洲。

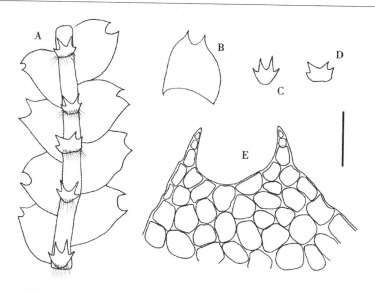

图 19 刺叶护蒴苔 *Calypogeia arguta* Nees & Mont. ex Nees，A. 植物体一段（腹面观）；B. 侧叶；
C – D. 腹叶；E. 侧叶尖部细胞（任昭杰 绘）。标尺：A – D = 0.8 mm，E = 170 μm。

2. 双齿护蒴苔

Calypogeia tosana（Steph.）Steph.，Sp. Hepat. 3：410. 1908.

Kantia tosana Steph.，Hedwigia 34：54. 1895.

植物体形小，黄绿色至淡绿色。茎匍匐，单一或稀疏不规则分枝；假根多，无色，多成束生于腹叶基部。侧叶三角形至阔卵形，全缘，先端多 2 裂；腹叶大，为茎宽的 2 – 3 倍，先端 2 裂，裂瓣三角形，边常具齿。叶细胞多边形，薄壁。

生境：多生于阴湿土表。

产地：牟平，昆嵛山，流水石，海拔 400 m，黄正莉 20101799 – B、20101833 – B。牟平，昆嵛山，三岔河，海拔 300 m，任昭杰 20110209。

分布：中国（山东、江苏、上海、浙江、江西、湖南、四川、重庆、贵州、云南、福建、台湾、广西、香港）。日本、朝鲜、美国（夏威夷）。

本种与刺叶护蒴苔 *C. arguta* 的主要区别是：本种植物体略粗壮，侧叶阔卵形或三角形，先端具 2 钝齿，腹叶较大，为茎宽的 2 – 3 倍。

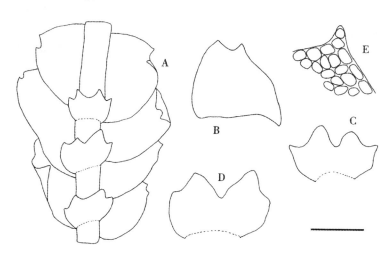

图 20 双齿护蒴苔 *Calypogeia tosana*（Steph.）Steph.，A. 植物体一段（腹面观）；B. 侧叶；C – D. 腹叶；
E. 侧叶尖部细胞（任昭杰 绘）。标尺：A = 1.1 mm，B = 0.8 mm，C – D = 340 μm，E = 170 μm。

12. 圆叶苔科 JAMESONIELLACEAE

植物体深绿色,有时深棕色。假根存在或缺失。侧叶蔽后式排列,近圆形、阔卵圆形,多不裂;腹叶钻状,不裂,较小,或缺失。雌雄异株。雌苞离生,或与 1 个或 2 个雌苞叶合生。雌苞叶腹叶较大。蒴萼突出。蒴囊缺失。孢蒴壁多 4 – 7 层,稀 2 – 3 层。

本科全世界有 11 属。中国有 4 属;山东有 1 属。

1. 对耳苔属 Syzygiella Spruce J. Bot. 14:234. 1876.

本属全世界现有 27 种。中国有 4 种;山东有 1 种。

1. 筒萼对耳苔(见前志图 7)

Syzygiella autumnalis(DC.)K. Feldberg, Váňa, Hentschel & J. Heinrichs, Cryptog. Bryol. 31(2):144. 2010.

Jungermannia autumnalis DC., Fl. France Suppl. 202. 1815.

Jamesoniella autumnalis(DC.)Steph., Sp. Hepat. 2:92. 1901.

植物体中等大小,绿色至暗绿色,有时带褐色。茎匍匐,不分枝,或在雌苞下部分枝。假根生于茎腹面。侧叶斜列,阔卵形或圆方形,先端圆钝或略内凹,基部略下延;腹叶在茎中下部缺失。叶中细胞圆形或长椭圆形,薄壁,基部细胞略长大,三角体明显。

生境:多生于岩面或土表。

产地:荣成,伟德山,海拔 500 m,李林 20112421 – A。牟平,昆嵛山,赵遵田 84094。栖霞,牙山,黄正莉 20111870、20111872。招远,罗山,黄正莉 20111933。青岛,崂山,滑溜口,海拔 500 m,李林 20112871 – A、20112910 – A。黄岛,大珠山,溪光煮茗,海拔 200 m,黄正莉 20111592 – A。黄岛,铁橛山,海拔 200 m,黄正莉 R20130177 – A。黄岛,小珠山,幻住桥,海拔 500 m,任昭杰 20111651 – D。五莲,五莲山,海拔 310 m,任昭杰 R20130164 – A。临朐,沂山,赵遵田 90311 – 2。蒙阴,蒙山,望海楼,海拔 850 m,赵遵田 91302 – A。蒙阴,蒙山,任昭杰 20111116、20111199、20111326。新泰,莲花山,黄正莉 20110599、20110560。泰安,徂徕山,海拔 800 m,黄正莉 20110720 – C。

分布:中国(黑龙江、吉林、内蒙古、河北、山西、山东、陕西、上海、浙江、湖南、四川、云南、台湾)。日本、朝鲜、俄罗斯,欧洲和北美洲。

13. 大萼苔科 CEPHALOZIACEAE

植物体形小,淡绿色或黄绿色,有时透明。茎匍匐,先端倾立,不规则分枝,皮部一层细胞较大,内部细胞较小,薄壁或厚壁。芽胞生于茎顶,黄绿色,由1-2个细胞组成。叶3列,侧叶2列,斜列,先端2裂,全缘;腹叶较小,或缺失。叶细胞方形至多边形,薄壁或厚壁,无色,或稍呈黄色,具油体或缺失。雌雄同株。雌苞生于茎顶端或腹面短枝上。蒴萼长筒形,上部具3条纵褶。蒴柄较粗。孢蒴卵圆形,蒴壁2层细胞。弹丝具2列螺纹。

本科全世界有16属。中国有8属;山东有1属。

1. 大萼苔属 Cephalozia (Dumort.) Dumort. Recueil Observ. Jungerm. 18. 1835.

本属全世界现有35种。中国有12种;山东有1种。

1. 钝瓣大萼苔

Cephalozia ambigua C. Massal., Malpighia 21:310. 1907.

植物体形小,浅绿色。茎匍匐,先端有时倾立。叶片近横生,圆形,先端2裂,裂至1/3-1/2处,裂瓣先端圆钝或具钝尖;腹叶披针形或2裂,有时缺失。叶细胞方形至多边形,略厚壁,黄色。

生境:多生于腐木上。

产地:荣成,伟德山,海拔450 m,李林20112337-A。蒙阴,蒙山,李林20120076。新泰,莲花山,黄正莉20110626、20110671。

分布:中国(黑龙江、辽宁、河北、山西、山东、甘肃、新疆、浙江、江西、湖南、贵州、福建)。亚洲北部、欧洲和北美洲。

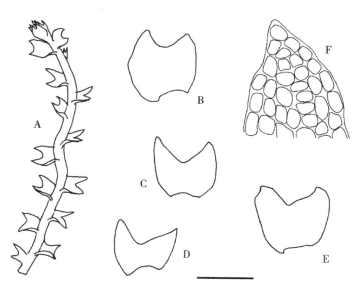

图21 钝瓣大萼苔 Cephalozia ambigua C. Massal., A. 植物体一段;B-E. 叶;F. 叶尖部细胞(任昭杰、付旭 绘)。标尺:A=560 μm, B-E=220 μm, F=80 μm。

14. 拟大萼苔科 CEPHALOZIELLACEAE

植物体形小,淡绿色,有时带红色,不规则分枝。茎横切面圆形至扁圆形,皮部细胞和内部细胞相似,腹面着生假根。有时具芽胞。叶3列,侧叶2列,互生,2裂,裂瓣等大或略有差异,横生茎上或腹侧略下延,叶边平滑,或具齿;腹叶多退化,或仅生于生殖枝上。叶细胞小,六边形,三角体缺失或不明显,油体球形,较小。雌雄同株异苞。雌、雄苞叶2列,叶边全缘或具齿。蒴萼长筒形,生于茎顶或侧枝先端,上部具4–5纵褶,口部宽阔,边缘具指状细胞。雄苞多穗状,生于侧短枝上。孢蒴短柱形或椭圆柱形,4瓣裂。弹丝2条螺纹加厚。

本科全世界8属。中国有2属;山东有1属。

1. 拟大萼苔属 Cephaloziella (Spruce) Schiffn. Cephalozia 62. 1882.

植物体形小,绿色,有时带红色。茎匍匐,不规则分枝。芽胞生于茎枝先端或叶尖上。叶3列,侧叶2列,横生茎上,先端2裂达1/3–1/2,叶边全缘或具齿;腹叶退化或极小。叶细胞小,圆六边形,油体小,球形。雌性同株。雌苞和雄苞均生于茎顶或侧短枝上,苞叶分化,叶边全缘或具齿。蒴萼大,长筒形,上部具4–5条纵褶,口部宽阔,边缘具指状细胞。孢蒴短柱形或椭圆柱形,4瓣裂。孢子小。

前志收录的刺苞叶拟大萼苔 C. spinophylla C. Gao 和鳞叶拟大萼苔 C. kiaeri (Austin) S. W. Arnell 两种,另外,《中国生物物种名录》(第一卷 植物 苔藓植物)记载红色拟大萼苔 C. rubella (Nees) Warnst. 在山东有分布,本次研究未见到相关标本,因此将以上三种存疑。

本属全世界约100种。中国有11种和1变种;山东有2种。

分种检索表

1. 侧叶边缘具粗齿或细齿 ⋯⋯⋯⋯⋯⋯⋯⋯⋯⋯ 1. 短萼拟大萼苔 *C. breviperianthia*
1. 侧叶边缘通常平滑 ⋯⋯⋯⋯⋯⋯⋯⋯⋯⋯ 2. 挺枝拟大萼苔 *C. divaricata*

Key to the species

1. Leaf margins denticulatus or serratus ⋯⋯⋯⋯⋯⋯⋯ 1. *C. breviperianthia*
1. Leaf margins usually smooth ⋯⋯⋯⋯⋯⋯⋯ 2. *C. divaricata*

1. 短萼拟大萼苔
Cephaloziella breviperianthia C. Gao, Fl. Hepat. Chin. Boreali. – Orient. 131. 1981.
本种侧叶通常2裂达1/2以上,裂瓣边缘具不规则齿突,明显区别于挺枝拟大萼苔 *C. divaricata*。
生境:生于土表或岩面薄土上。
产地:荣成,正棋山,海拔250 m,黄正莉20112961–A。蒙阴,蒙山,任昭杰20111167。博山,鲁山,海拔1100 m,李林20112524–C、20112608。
分布:中国特有种(黑龙江、吉林、内蒙古、山东、贵州、福建)。

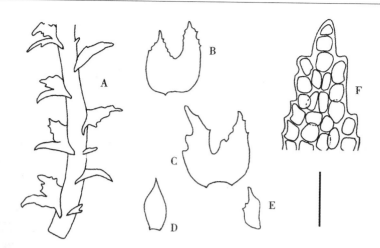

图22 短萼拟大萼苔 *Cephaloziella breviperianthia* C. Gao, A. 植物体一段；B-C. 侧叶；D-E. 腹叶；F. 侧叶尖部细胞(任昭杰、李德利 绘)。标尺：A = 250 μm, B-E = 120 μm, F = 60 μm。

2. 挺枝拟大萼苔

Cephaloziella divaricata（Sm.）Schiffn., Hepat.（Enggl.-Prantl). 99. 1893.

Jungermannia divaricata Sm., Engl. Bot. 10：719. 1800.

植物体形小,绿色至暗绿色。茎匍匐,不规则分枝。叶片3列,侧叶疏生,长方形,2裂达1/2,裂瓣三角形,渐尖,叶边通常全缘；腹叶常退化,仅生于不育枝或雌苞叶中。叶细胞圆多边形,薄壁。

生境：生于土表或岩面薄土上。

产地：荣成,伟德山,黄正莉 20112337。文登,昆嵛山,二分场缓冲区,海拔 350 m,任昭杰 20101231、20101357-C。牟平,昆嵛山,九龙池,海拔 300 m,任昭杰 20100218、20100288。黄岛,小珠山,任昭杰 20111650、20111711。黄岛,大珠山,海拔 150 m,黄正莉 20111528-A、20111579-A。蒙阴,蒙山,任昭杰 20111244。蒙阴,蒙山,望海楼,海拔 1000 m,赵遵田 911507。青州,仰天山,海拔 800 m,黄正莉 20112215-A、20112218。博山,鲁山,黄正莉 20112592、20112594。

分布：中国(黑龙江、山东、陕西、贵州)。朝鲜,亚洲北部、欧洲和北美洲。

经检视标本发现,前志收录的凤城钱袋苔 *Marsupella fengchengensis* C. Gao & G. C. Zhang 系本种误定。

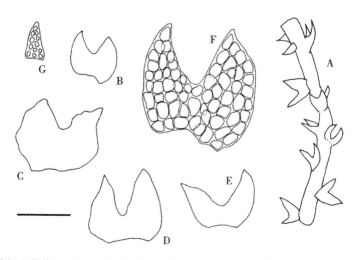

图23 挺枝拟大萼苔 *Cephaloziella divaricata*（Sm.）Schiffn., A. 植物体一段；B-F. 侧叶；G. 腹叶(任昭杰 绘)。标尺：A = 560 μm, B-E, G = 270 μm, F = 110 μm。

15. 合叶苔科 SCAPANIACEAE

　　植物体黄绿色至绿色,褐色至红褐色,有时带紫红色。茎匍匐,分枝直立至倾立;茎横切面皮部为1－4层小形厚壁细胞,中部为大形薄壁细胞。侧叶两列,蔽前式排列,斜生至横生于茎上,不等深2裂,稀浅2裂,多呈折合状,背瓣小于腹瓣,稀腹瓣呈囊状,两瓣的缝合线单层,或多层细胞突出成脊,裂瓣边缘具齿或全缘。叶细胞多厚壁,具三角体或无,角质层平滑或具疣,每个细胞具2－12个油体。腹叶缺失。无性芽胞多生于茎上部叶先端。雌雄异株,稀雌雄有序同苞或同株异苞。精子器生于雄苞叶叶腋。雌苞叶一般与茎叶同形,较大,叶边具粗齿。蒴萼生于茎顶端,与雌苞叶分离。孢蒴圆形或椭圆形,四瓣裂。弹丝通常2条螺纹加厚。孢子球形,表面具疣。

　　本科全世界有3属。中国有2属;山东有1属。

1. 合叶苔属 Scapania (Dumort.) Dumort. Recueil Observ. Jungerm. 14. 1835.

　　本属全世界约90种。中国有49种和1变种及1亚种;山东有1种和1亚种。

分种检索表

1. 叶缝合线短,一般为腹瓣的1/3;叶边具不规则粗齿
   ······················· 1. 舌叶合叶苔多齿亚种 S. ligulata subsp. stephanii
1. 叶缝合线长,约为腹瓣的1/2;叶边全缘或具稀齿 ·················· 2. 腐木合叶苔 S. massalongoi

Key to the species

1. Leaf keel short, about 1/3 length of ventral lobe; leaf margins dentate
   ······················· 1. S. ligulata subsp. stephanii
1. Leaf keel short, about 1/3 length of ventral lobe; leaf margins entire or sparsely teethed
   ······················· 2. S. massalongoi

1. 舌叶合叶苔多齿亚种

Scapania ligulata Steph. subsp. **stephanii** (K. Müller) Potemkin, Piippo & T. J. Kop., Ann. Bot. Fenn. 41: 423. 2004.

Scapania stephanii K. Müller, Nova Acta Acad. Caes. German. Nat. Cur. 83: 273. 1905.

　　植物体形小至中等大小。茎单一或稀疏分枝。侧叶不等两裂至叶长的1/3,缝合线约为腹瓣的1/3,呈脊状,腹瓣较大,卵形或宽卵形,基部略下延,先端钝或具锐尖,边缘具不规则粗齿,齿由1－3个细胞组成,基部宽1－2个细胞;背瓣基部不下延,长方形或卵形,为腹瓣的3/5－3/4,先

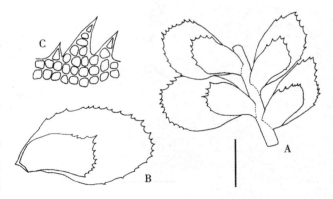

图 24　舌叶合叶苔多齿亚种 *Scapania ligulata* Steph. subsp. stephanii (K. Müller) Potemkin, A. 植物体一段(背面观);B. 叶;C. 叶尖部细胞(任昭杰 绘)。标尺:A－B＝0.8 mm, C＝80 μm。

端钝或锐尖,边缘具不规则齿突。叶尖部或边缘细胞圆方形,具三角体,中部细胞近方形,基部细胞略长;角质层平滑,或具细疣。

生境:生于岩面或土表。

产地:牟平,昆嵛山,马腚,海拔200 m,任昭杰 20101603 – C。牟平,昆嵛山,三岔河,海拔400 m 黄正莉 20100850 – C。

分布:中国(辽宁、山东、安徽、浙江、江西、湖南、四川、重庆、贵州、云南、西藏、福建、台湾、广西、香港)。尼泊尔、朝鲜和日本。

2. 腐木合叶苔

Scapania massalongoi K. Müller, Beih. Bot. Centralbl. 2:3. 1901.

植物体形小。茎单一,不分枝。侧叶不等两裂至叶长的1/2,缝合线约为腹瓣长的1/2,不突出成脊状,腹瓣较大,基部不下延,叶边全缘或上部边缘具单细胞齿突;背瓣矩形,为腹瓣的1/2 至2/3。叶中部细胞圆方形或短长方形,角部加厚,边缘2 – 3列方形透明细胞,较小,形成明显边缘。

生境:生于腐木上。

产地:牟平,昆嵛山,任昭杰 20101445 – C。

分布:中国(黑龙江、吉林、山东、湖南、四川、重庆、贵州、云南)。欧洲和北美洲。

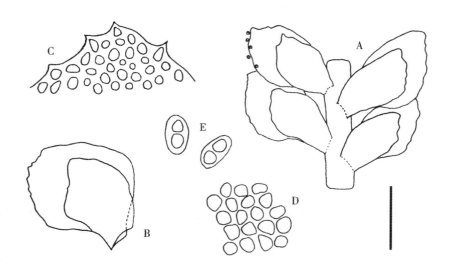

图25 腐木合叶苔 *Scapania massalongoi* K. Müller, A. 植物体一段(腹面观);B. 叶;C. 叶尖部细胞;D. 叶中部细胞;E. 芽胞(任昭杰 绘)。标尺:A – B = 0.8 mm, C = 46 μm, D = 93 μm, E = 56 μm。

16. 睫毛苔科 BLEPHAROSTOMATACEAE

植物体柔弱,刺毛状,淡绿色、黄绿色,半透明,具光泽,紧密或疏松丛生。茎匍匐或倾立,不规则分枝。叶3列,横生于茎上,侧叶稍大,腹叶稍小,2–4裂达基部,裂瓣单列细胞组成,刺毛状。叶细胞长方形,薄壁,无三角体,角质层平滑。雌雄异株。雌苞和雄苞皆顶生。蒴萼球形或短柱形,口部具毛,睫毛状。雌苞叶分裂呈毛状,裂瓣几达基部。孢蒴较小,圆形,蒴壁2层细胞。雄苞集生成穗状,每个苞叶具1–2个精子器。

本科全世界仅1属。山东有分布。

1. 睫毛苔属 Blepharostoma（Dumort.）Dumort. Recueil Observ. Jungerm. 18. 1835.

属特征同科。

《中国苔纲和角苔纲植物属志》记载睫毛苔 *B. trichophyllum*（L.）Dumort. 在山东有分布,我们未见到标本,因此将该种存疑。

本属全世界有3种。中国有2种;山东有1种。

1. 小睫毛苔

Blepharostoma minus Horik., Hikobia 1：104. 1952.

植物体形小,黄绿色或淡绿色。茎倾立,不规则分枝。叶3列,横生于茎上,多3裂至基部,裂片均由单列细胞组成,细胞壁角部加厚,呈竹节状。

生境:生于岩面。

产地:牟平,昆嵛山,任昭杰 20110195 – A。牟平,昆嵛山,黑龙潭,海拔 300 m,黄正莉 20110140 – A。

分布:中国(山东、陕西、浙江、四川、重庆、贵州、云南、西藏、福建、广西)。朝鲜和日本。

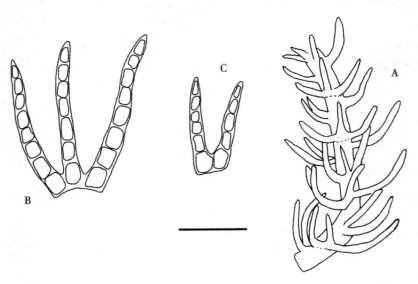

图 26　小睫毛苔 *Blepharostoma minus* Horik., A. 植物体一段;B. 侧叶;C. 腹叶（任昭杰、付旭 绘）。标尺:A =270 μm, B – C =110 μm。

17. 绒苔科 TRICHOCOLEACEAE

植物体淡绿色,干时带苍白色,通常 1–3 回羽状分枝,稀 4 回,交织成片,呈绒毛状。侧叶蔽后式排列,不等 3–4 深裂,裂瓣二次分裂为更多细小的裂瓣,裂瓣边缘具纤毛;腹叶一般 4 个裂瓣,裂瓣二次分裂,小裂瓣具纤毛。雌雄异株。雌苞通常位于长枝顶端。蒴萼明显至不明显,或缺失。弹丝不扭曲。孢蒴壁多层,表皮层透明。

本科全世界有 4 属。中国有 1 属;山东有分布。

1. 绒苔属 Trichocolea Dumort. Comment. Bot. 113. 1822.

植物体柔弱,黄绿色或灰绿色,交织生长,呈绒毛状。茎匍匐,或先端倾立,2–3 回羽状分枝。叶 3 列,侧叶 4–5 深裂至近基部,裂瓣不规则,边缘具毛状突起;腹叶与侧叶近同形,较侧叶小。叶细胞长方形,薄壁,透明。雌雄异株。雌苞生于茎枝顶端,颈卵器受精后由茎端膨大形成短柱形的茎鞘。孢蒴长卵圆形,蒴壁由 6–8 层细胞组成。弹丝 2 列螺纹加厚。孢子球形,较小。

本属全世界有 2 种。中国有 2 种;山东有 1 种。

1. 绒苔(见前志图 4)
Trichocolea tomentella (Ehrh.) Dumort., Syll. Jungerm. Europ. 67. 1831.
Jungermannia tomentella Ehrh., Beitr. Naturk. 2:150. 1785.
植物体淡绿色或灰绿色。茎匍匐,不规则羽状分枝或 2–3 回羽状分枝。侧叶 4 裂至近基部,裂瓣边缘具单列细胞组成的纤毛,腹叶与侧叶近同形,略小。叶细胞长方形,透明,薄壁。
生境:生于岩面或土表。
产地:牟平,昆嵛山,赵遵田 91655。青岛,崂山,下清宫,海拔 400 m,任昭杰 R130047。
分布:中国(黑龙江、山东、陕西、甘肃、新疆、浙江、江西、湖南、湖北、四川、重庆、贵州、云南、西藏、福建、台湾、广西、海南、香港)。不丹、俄罗斯、朝鲜、日本、菲律宾、印度尼西亚、巴布亚新几内亚、美属萨摩亚群岛、斐济、所罗门群岛,加罗林群岛,欧洲和北美洲。

18. 指叶苔科 LEPIDOZIACEAE

植物体直立或匍匐,淡绿色至褐绿色。茎不规则 1-3 回分枝,腹面具鞭状枝;假根常生于腹叶基部或鞭状枝上。茎叶多斜列着生,少数横生,先端多 3-4 瓣裂;腹叶较大,横生,先端多具裂瓣和齿,稀退化为 2-4 个细胞。叶细胞薄壁至稍加厚,三角体小或大或呈球状加厚雌雄异株或同株。雄苞生于短侧枝上。雌苞生于腹面短枝上。蒴萼长棒状或纺锤形,口部收缩,具毛。孢蒴卵圆形,4 瓣裂。弹丝具两列螺纹。孢子具疣。

本科全世界有 29 属。中国有 6 属;山东有 1 属。

1. 指叶苔属 Lepidozia (Dumort.) Dumort. Recueil Observ. Jungerm. 19. 1835.

植物体中等大小,淡绿色。茎匍匐或倾立,不规则羽状分枝,分枝着生腹面,鞭状,横切面圆形或椭圆形;假根生于鞭状枝上或腹叶基部。叶斜生,先端常 3-4 裂,裂瓣多三角形,直立或内曲;腹叶裂瓣较短。叶细胞多无三角体,具油体。雌雄同株或异株。雄苞生于短侧枝上,雄苞叶一般 3-6 对。雌苞生于腹面短枝上,内雌苞叶先端具纤毛或齿。蒴萼纺锤形或棒槌形。孢蒴卵圆形。

本属全世界约 60 种。中国有 12 种;山东有 1 种。

1. 指叶苔

Lepidozia reptans (L.) Dumort., Recueil Observ. Jungerm. 19. 1835.

Jungermannia reptans L., Sp. Pl. 1133. 1753.

植物体中等大小,淡绿色。茎匍匐,先端上仰,羽状分枝。叶斜列着生,近方形,内凹,前缘基部半圆形,先端 3-4 裂,裂瓣三角形,长约叶长的 1/3-1/2,基部宽 4-7 个细胞;腹叶 4 裂,裂瓣短,先端较钝。叶细胞六边形,无三角体。

生境:生于腐木上。

产地:青岛,崂山,崂顶下部,赵遵田 090335。泰安,泰山,后石坞,海拔 1450 m,任昭杰 R20150056。

分布:中国(黑龙江、吉林、辽宁、内蒙古、河北、山西、山东、陕西、甘肃、新疆、安徽、浙江、江西、湖南、四川、重庆、贵州、云南、西藏、福建、台湾)。印度、不丹、尼泊尔、朝鲜、日本,欧洲和北美洲。

19. 剪叶苔科 HERBERTACEAE

植物体小形至大形,多硬挺,绿色至褐绿色,有时红褐色丛生。茎直立或倾立,不规则分枝,枝生于茎腹面,呈鞭状。叶3列,侧叶斜列至近横生,2裂或3裂,裂瓣不对称,披针形、三角形或三角状披针形,多一侧偏曲,基部方形、圆方形或长方形盘状,叶边全缘或近全缘;腹叶与侧叶近同形,较小,2裂,直立,叶边全缘。叶细胞方形至长方形,不规则加厚,在叶中部多形成长细胞假肋,三角体明显,膨大呈节状。雌雄异株。雌雄苞顶生或间生,或生于短侧枝上,每个苞叶具2个精子器。雄苞叶多4-8对,呈穗状。雌苞叶较侧叶大。蒴萼卵形,具3脊,口部具齿。孢蒴球形,蒴壁4-7层细胞,4瓣裂。

本科全世界有3属,中国有1属;山东有分布。

1. 剪叶苔属 Herbertus S. Gray Nat. Arr. Brit. Pl. 1:705. 1821.

本属全世界约25种。中国有15种和1变种;山东有2种。

分种检索表

1. 叶裂达4/5,裂瓣与盘部连接处不收缩,基部边缘具齿,有黏液瘤 ………… 1. 剪叶苔 *H. aduncus*
1. 叶裂达3/5,裂瓣与盘部连接处有时收缩,基部全缘,有时波曲,稀具黏液瘤
…………………………………………………………………… 2. 长角剪叶苔 *H. dicranus*

Key to the species

1. Leaves bifid 4/5, segments base not contracted, basal disc margin dentate and slime papillar
…………………………………………………………………………… 1. *H. aduncus*
1. Leaves bifid 3/5, segments base contracted, basal disc marginentire or rare sessile slime papillae
…………………………………………………………………………… 2. *H. dicranus*

1. 剪叶苔
Herbertus aduncus (Dicks.) S. Gray, Nat. Arr. Brit. Pl. 1:105. 1821.
Jungermannia adunca Dicks., Fasc. Pl. Crypt. Brit. 3:12. 1793.
Herbertus minor Horik., J. Sci. Hiroshima Univ., ser. B, Div. 2, Bot. 2 (2):211. 1934.
Herbertus pusillus (Steph.) S. Hatt., Bot. Mag. 58:362. 1944.
本种叶裂达叶长的4/5,基盘与裂瓣连接处不收缩,基盘边缘具不规则齿,且多具黏液瘤,明显区别于长角剪叶苔 *H. dicranus*。
生境:生于岩面。
产地:青岛,崂山,赵遵田 Zh90283。青岛,崂山,柳树台,仝治国264a(PE)。临朐,沂山,赵遵田 Zh90346。
分布:中国(黑龙江、吉林、辽宁、山东、陕西、湖南、江西、重庆、贵州、四川、云南、西藏、福建、广西、香港、台湾)。日本、朝鲜、俄罗斯(远东地区)、菲律宾、印度尼西亚、加拿大、美国,欧洲。

2. 长角剪叶苔

Herbertus dicranus (Taylor) Trevis. , Mem. Real. Ist. Lombardo Sci. , Cl. Sci. Mat. 4：397. 1877.

Sendtnera dicrana Taylor, Syn. Hepat. 239. 1845.

Herbertus chinensis Steph. , Hedwigia 34：43. 1895, *nom. illeg.*

植物体中等大小,硬挺,黄褐色至深褐色。茎直立至倾立,不规则分枝。侧叶 2 裂,达叶长的 3/5,裂瓣披针形,先端渐尖,略偏曲;基盘卵形,与裂瓣连接处多收缩,边缘多全缘,稀具黏液瘤。叶细胞方形至长方形,三角体节状加厚,假肋达裂瓣中上部。腹叶与侧叶同形,略小。

生境:生于岩面。

产地:牟平,昆嵛山,赵遵田 Zh84123。青岛,崂山,赵遵田 Zh90104。

分布:中国(山东、河南、陕西、安徽、湖北、湖南、江西、贵州、四川、云南、西藏、福建、台湾、广东、广西、海南)。印度、尼泊尔、不丹、斯里兰卡、泰国、日本、加拿大,非洲东部。

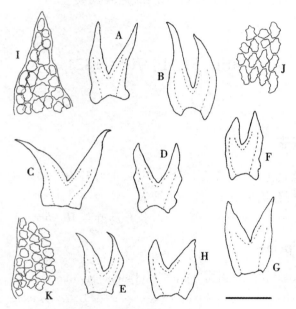

图 27　剪叶苔 *Herbertus aduncus* (Dicks.) S. Gray, A－E. 侧叶;F－H. 腹叶;I. 叶尖部细胞;J. 叶基中部细胞;K. 叶基边缘细胞(任昭杰 绘)。标尺:A－H＝0.8 mm, I－K＝110 μm。

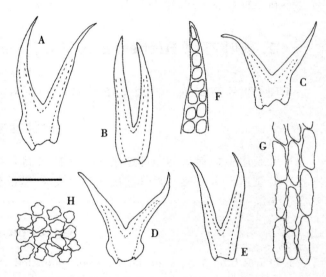

图 28　长角剪叶苔 *Herbertus dicranus* (Taylor) Trevis. , A－C. 茎叶;D－E. 腹叶;F. 叶尖部细胞;G. 叶中部假肋细胞;H. 叶基近假肋细胞(任昭杰 绘)。标尺:A－E＝1.0 mm, F－H＝98 μm。

20. 羽苔科 PLAGIOCHILACEAE

植物体形小至大形,黄绿色至深绿色,有时带褐色,疏生或密集丛生。茎匍匐、直立或倾立,不规则羽状分枝,或不规则二歧分枝,横切面椭圆形至圆形,皮部细胞 2－3 层,厚壁,内部细胞薄壁。叶 2 裂,蔽后式排列,卵圆形、舌形或披针形,先端圆钝或平截,稀锐尖;叶腹边多弧形背卷,基部稀下延,背边平直或略内卷,基部多下延。腹叶缺失,或仅存残痕。叶细胞多边形、圆多边形或蠕虫形,基部细胞略长,有时形成假肋,三角体明显,或无,角质层平滑或具疣。雌雄异株。雄苞顶生、间生或侧生,雄苞叶 3－10 对。雌苞顶生或间生,雌苞叶比茎叶大,边缘具密齿。蒴萼钟形、筒形或三角形,口部平截或弧形,平滑或具齿。蒴萼下方常具新生枝。孢蒴圆形,四瓣裂。

前志曾收录平叶苔属 Pedinophyllum（Lindb.）Lindb. 的大萼平叶苔 P. major-perianthium C. Gao,本次研究未见到引证标本,我们也未采到相关标本,因此将该属和种存疑。

本科全世界有 8 属,中国有 4 属;山东有 1 属。

1. 羽苔属 Plagiochila（Dumort.）Dumort. Recueil Observ. Jungerm. 14. 1835.

本属全世界约 400 种。中国有 84 种和 2 亚种;山东有 1 种。

1. 卵叶羽苔

Plagiochila ovalifolia Mitt. , Trans. Linn. Soc. London, Bot. 3：193. 1891.

植物体黄绿色至褐绿色。叶卵圆形至长卵圆形,先端圆钝,稀渐尖,后缘略内卷,基部下延,前缘弧形,略下延;叶边具 30－40 个齿,长 2－4 个细胞。腹叶退化。叶细胞圆方形,基部细胞较长,薄壁,三角体较小。

生境:生于岩面。

产地:牟平,昆嵛山,三岔河,海拔 350 m,任昭杰 20110255－A。牟平,昆嵛山,任昭杰 20110249－B。青岛,崂山,潮音瀑上,海拔 950 m,赵遵田 89374－C。黄岛,铁橛山,海拔 200 m,任昭杰 20110835－B。

分布:中国(吉林、辽宁、内蒙古、河北、山西、山东、陕西、甘肃、青海、新疆、安徽、湖南、湖北、浙江、江西、四川、贵州、云南、西藏、广西、福建、台湾)。日本、朝鲜和菲律宾。

经检视标本发现,罗健馨等(1991)报道的秦岭羽苔 P. biondiana C. Massal. 和前志收录的羽苔 P. asplenioides（L.）Dumort. 均系本种误定。

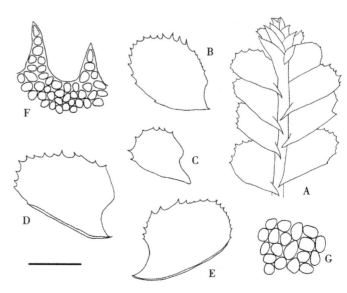

图 29 卵叶羽苔 Plagiochila ovalifolia Mitt. , A. 植物体一段(背面观);B－E. 叶;F. 叶边缘细胞;G. 叶中部细胞(任昭杰 绘)。标尺:A＝1.4 mm, B－E＝1.1 mm, F－G＝170 μm。

21. 齿萼苔科 LOPHOCOLEACEAE

植物体小形至大形,黄绿色至暗绿色,有时苍白色。茎通常顶生分枝或侧生短枝,稀具鞭状枝,横切面细胞不分化。假根生于茎枝腹面或腹叶基部。叶3列,覆瓦状蔽后式排列,侧叶斜列于茎枝上,圆方形或圆长方形,背基部常联生,基角下延,先端常具齿或不规则裂瓣,稀全缘或不裂。腹叶多2裂,边缘具齿,稀不裂,基部双基角或单基角与侧叶联生。叶细胞六边形或长六边形,具三角体或无,角质层平滑或具疣,每个细胞具2-15个球形或长椭圆形油体,稀更多。雌雄苞顶生或侧生。雄苞多生于叶腋中的短枝上,数对排列成穗状。雌苞顶生或侧生于短枝上。雌苞叶分化或不分化。孢蒴卵形或长椭圆形,蒴壁4-5层细胞,或更多,4瓣裂。弹丝具2条螺纹加厚。孢子小。有时具无性芽胞,多生于叶先端。

本科全世界有22属。中国有3属;山东有1属。

1. 裂萼苔属 Chiloscyphus Corda in Opiz Naturalientausch
12（Beitr. Naturg. 1）: 651. 1829.

植物体小形至大形,绿色至深绿色,有时带褐色,多丛生成小片。茎匍匐,不分枝或在蒴萼基部发出新枝,稀叉状分枝。假根生于腹叶基部。叶斜列于茎上,蔽后式排列,卵形或圆长方形,先端圆钝或2裂,背基角下延,叶边全缘;腹叶较小,2裂达叶的1/2-2/3,侧边平滑或具齿。叶细胞圆多边形,薄壁,无三角体或不明显,角质层平滑,油体较小,透明。雌雄同株或雌雄异株。雄苞生于茎枝先端或中部,集生呈穗状,雄苞叶较小,二裂瓣等大,或背瓣小囊状。雌苞生于茎顶或侧长枝或短枝上。雌苞叶深裂或不规则裂。蒴萼长椭圆形或三角形,高脚杯状,口部边缘具毛或齿。孢蒴卵形,孢壁4-5层。

本属全世界约100种。中国有21种和2变种;山东有4种。

分种检索表

1. 叶片先端2裂,裂瓣三角形 ················ 2. 芽胞裂萼苔 C. minor
1. 叶片先端圆钝或略微凹,稀2裂 ················ 2
2. 叶片先端圆钝、微凹或2裂 ················ 4. 异叶裂萼苔 C. profundus
2. 叶片先端圆钝不裂 ················ 3
3. 腹叶2裂达叶长的1/2,平滑或一侧具齿 ········· 1. 全缘裂萼苔 C. integristipulus
3. 腹叶2裂达叶长的1/2至2/3,两侧各具一锐齿 ········· 3. 裂萼苔 C. polyanthos

Key to the species

1. Leaves apex bi-lobed, lobes triangular ················ 2. C. minor
1. Leaves apex rounded, entire or sinuous, rarely bi-lobed ················ 2
2. Leaves apex rounded, sinuous or bi-lobed ················ 4. C. profundus
2. Leaves apex rounded, entire ················ 3
3. Underleaves bi-lobed to 1/2, smooth or teethed one side ················ 1. C. integristipulus
3. Underleaves bi-lobed to 1/2 to 2/3, each side with an acute tooth ················ 3. C. polyanthos

1. 全缘裂萼苔（照片 10）

Chiloscyphus integristipulus（Steph.）J. J. Engel & R. M. Schust., Nova Hedwigia 39：417. 1984.

Lophocolea integristipula Steph., Sp. Hepat. 3：121. 1906.

Lophocolea compacta Mitt., Trans. Linn. Soc. London, Bot. 3：198. 1891.

植物体较粗壮,黄绿色至绿色。茎匍匐,有时先端斜升,单一或不规则分枝。假根生于腹叶基部,束状,多数。叶密集覆瓦状排列,斜生于茎上,圆方形或卵圆形,先端圆钝或截形,叶边平滑;腹叶较小,与茎同宽,近方形,2 裂达叶长的 1/2,裂瓣三角形,先端锐尖,平滑或仅一侧具钝齿。叶细胞圆多边形,具小三角体。无芽胞。

生境:生于岩面或土表。

产地:招远,罗山,海拔 350 m,黄正莉 20112011 – B。招远,罗山,听泉,海拔 450 m,黄正莉 20111945 – C。平度,大泽山,赵遵田 91017 – C。青岛,崂山,滑溜口,海拔 500 m,李林 20112879 – B。黄岛,小珠山,赵遵田 89315 – C。黄岛,大珠山,海拔 100 m,李林 20111556 – A。临朐,沂山,黄正莉 20111939、20111945、20112007。蒙阴,蒙山,赵遵田 91301。平邑,蒙山,核桃涧,海拔 300 m,李超 R121031 – A。泰安,泰山,天烛峰天烛灵龟,海拔 1000 m,任昭杰、李法虎 R20141017。

分布:中国(黑龙江、吉林、辽宁、山东、陕西、上海、浙江、湖南、四川、重庆、贵州、云南、西藏、福建、广西)。北半球广布。

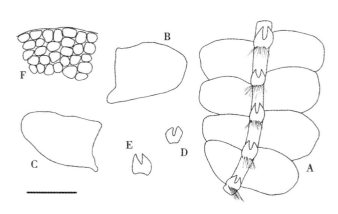

图 30 全缘裂萼苔 *Chiloscyphus integristipulus*（Steph.）J. J. Engel & R. M. Schust., A. 植物体一段(腹面观);B – C. 侧叶;D – E. 腹叶;F. 叶尖部细胞(任昭杰、付旭 绘)。标尺:A – E = 1.1 mm, F = 110 μm。

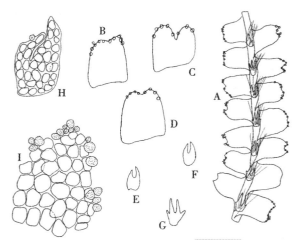

图 31 芽胞裂萼苔 *Chiloscyphus minor*（Nees）J. J. Engel & R. M. Schust., A. 植物体一段(腹面观);B – D. 侧叶;E – G. 腹叶;H. 腹叶细胞;I. 叶尖部细胞(具芽胞);(任昭杰 绘)。标尺:A = 1.1 mm, B – G = 550 μm, H = 170 μm, I = 110 μm。

2. 芽胞裂萼苔（照片 11）

Chiloscyphus minor（Nees）J. J. Engel & R. M. Schust., Nova Hedwigia 39：419. 1984.

Lophocolea minor Nees, Naturgesch. Eur. Leberm. 2：330. 1836.

植物体形小,黄绿色至绿色。茎匍匐,单一,稀分枝。假根生于腹叶基部。侧叶蔽后式斜生于茎上,长方形或长椭圆形,先端 2 裂达叶长的 1/4 – 1/3,稀圆钝,裂瓣渐尖,先端常具大量芽胞;腹叶较小,略宽于茎,长方形,2 裂近基部。叶细胞多边形,基部细胞略长,无三角体,角质层平滑,每个细胞含 4 – 10 个近球形油体。

生境:多生于岩面或土表,稀生于树上。

产地:荣成,正棋山,海拔 250 m,黄正莉 20112961 – B。荣成,伟德山,海拔 400 m,黄正莉 20112335

-A、20112425-A。文登,昆嵛山,二分场缓冲区,海拔350 m,任昭杰20101140、20101416。牟平,昆嵛山,五分场东山,海拔500 m,任昭杰20100829。栖霞,牙山,海拔659 m,黄正莉20111846-A。招远,罗山,海拔300 m,李超20111968-B。平度,大泽山,海拔450 m,李林20112079-A。青岛,崂山,下清宫,海拔300 m,李林20112941-A。青岛,崂山,北九水,海拔220 m,任昭杰、杜超R00371-A。黄岛,铁橛山,海拔300 m,任昭杰R20130161-A、R20130167-A。黄岛,小珠山,南天门,海拔500 m,任昭杰20111732、20111757。黄岛,大珠山,海拔150 m,黄正莉20111519-A。黄岛,灵山岛,赵遵田91143。五莲,五莲山,任昭杰20120009。临朐,沂山,李林20112816。蒙阴,蒙山,大畽,海拔600 m,李林R20123001。蒙阴,蒙山,任昭杰20111012、20111286、20111255。平邑,蒙山,核桃涧,海拔650 m,李林R20123003-A。费县,塔山,茶蓬峪,海拔350 m,李林R121002-B。博山,鲁山,李林20112481。博山,鲁山,海拔700 m,郭萌萌20112534-A。新泰,莲花山,黄正莉20110574、20110613。泰安,徂徕山,任昭杰20110693、20110705。

分布:中国(黑龙江、吉林、辽宁、内蒙古、河北、山西、山东、甘肃、新疆、江苏、上海、江西、湖南、湖北、重庆、贵州、云南、西藏、福建、广西、香港)。喜马拉雅西北部,尼泊尔、不丹、日本、朝鲜、蒙古、俄罗斯,欧洲和北美洲。

3. 裂萼苔(照片12)

Chiloscyphus polyanthos (L.) Corda, Opiz, Beitr. Natuf. 1:651. 1826.

Jungermannia polyanthos L., Sp. Pl. 1, 2:1131. 1753.

本种与全缘裂萼苔 *C. integristipulus* 类似,但本种腹叶2裂达叶长的1/2至2/3,两侧各具一锐齿,区别于后者。

生境:生于岩面或土表。

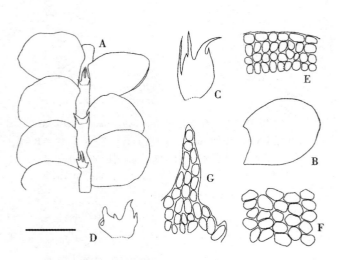

图32 裂萼苔 *Chiloscyphus polyanthos* (L.) Corda, A. 植物体一段(腹面观);B. 侧叶;C-D. 腹叶;E. 侧叶尖部细胞;F. 侧叶中部细胞;G. 腹叶尖部细胞(任昭杰 绘)。标尺:A-D=1.4 mm,E-G=208 μm。

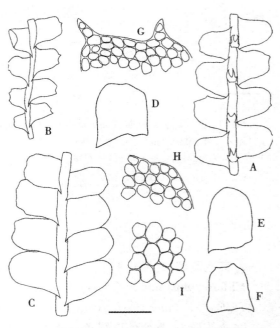

图33 异叶裂萼苔 *Chiloscyphus profundus* (Nees) J. J. Engel & R. M. Schust., A. 植物体一段(腹面观);B-C. 植物体一段(背面观);D-F. 侧叶;G-H. 叶尖部细胞;I. 叶中部细胞(任昭杰 绘)。标尺:A-C=1.1 mm,D-F=0.8 mm,G-I=110 μm。

产地:文登,昆嵛山,二分场缓冲区,海拔 400 m,任昭杰 20101178、20101354。牟平,昆嵛山,马腚,海拔 250 m,任昭杰 20101723 - B。牟平,昆嵛山,水帘洞,海拔 350 m,任昭杰 20100050 - B。招远,罗山,海拔 600 m,黄正莉 20111952 - A、20111992 - A。青岛,崂山,滑溜口,海拔 500 m,李林 20112931 - A。青岛,崂山,北九水大崂村,海拔 400 m,燕丽梅 20150135。

分布:中国(黑龙江、吉林、辽宁、内蒙古、山东、河南、陕西、甘肃、江苏、上海、浙江、江西、湖南、湖北、四川、贵州、云南、西藏、福建、台湾、香港)。印度、尼泊尔、不丹、朝鲜、日本、俄罗斯(远东地区),欧洲、北美洲和非洲北部。

前志曾收录多苞裂萼苔水生变种 C. polyanthos var. rivularis (Schrad.) Nees,本次研究未见到引证标本,我们也未采到相关标本,因此将该变种存疑。

4. 异叶裂萼苔

Chiloscyphus profundus (Nees) J. J. Engel & R. M. Schust. , Nova Hedwigia 39：421. 1984.

Lophocolea profunda Nees, Naturgesch. Eur. Leberm. 2：346. 1836.

植物体形小,黄绿色至绿色。茎匍匐,不分枝或稀疏分枝。假根着生于腹叶基部,无色,束状。侧叶通常异形,近方形或舌形,先端圆钝、截状、略内凹或呈 2 裂齿状,背角略下延;腹叶方形至长方形,先端 2 裂,两侧边缘各具一齿或仅一侧具齿,稀两侧均无齿。叶细胞六边形,薄壁,具小三角体或无三角体;角质层平滑。每个细胞具 4 - 5 个球形或椭圆形油体。

生境:生于岩面或土表。

产地:牟平,昆嵛山,马腚,海拔 300 m,任昭杰 20101462 - C。招远,罗山,海拔 550 m,李林 20111970 - A。

分布:中国(黑龙江、吉林、辽宁、内蒙古、河北、山东、河南、新疆、江苏、上海、浙江、江西、四川、贵州、云南、西藏、福建、台湾)。喜马拉雅西北部,不丹、日本、朝鲜、俄罗斯,欧洲和北美洲。

22. 光萼苔科 PORELLACEAE

植物体中等大小至大形,绿色至褐绿色,有时棕色。茎匍匐,硬挺,1-3回羽状分枝。假根着生于腹叶基部。叶3列,侧叶2列,蔽前式排列折叠式2裂,折合处龙骨极短,背瓣卵形或卵状披针形,平展或卷曲,先端圆钝、急尖或渐尖,叶边全缘或具齿;腹瓣较小,舌形,叶边平展或卷曲,全缘或具齿;腹叶较小,阔舌形,上部常背卷,基部两侧常沿茎下延,叶边全缘或具齿。叶细胞圆形、卵形或多边形,三角体明显或不明显,每个细胞具多数小形油体。雌雄异株。雄苞穗状,侧生。雌苞生于极度缩短的侧枝上。蒴萼背腹扁平,多具纵褶,口部宽阔或收缩,边缘具齿。孢蒴球形或卵形,蒴壁2-4层细胞。弹丝多具2条螺纹加厚。孢子颗粒状,较大。

本科全世界有3属。中国有3属;山东有2属。

分属检索表

1. 侧叶和腹叶强烈波状卷曲;孢蒴成熟时开裂至1/3-1/2处,具6-12个裂瓣;蒴萼具多数褶皱 ·· 1. 多瓣苔属 *Macvicaria*
1. 侧叶和腹叶不明显波状卷曲;孢蒴成熟时开裂至2/3处,几乎达基部,具4或略多裂瓣;蒴萼具稀齿 ·· 2. 光萼苔属 *Porella*

Key to the genera

1. Leaves and amphigastria strongly crispate; capsules dehiscent 1/3-1/2 the length into 6-12 valves; perianth strongly plicate ······························ 1. *Macvicaria*
1. Leaves and amphigastria weekly crispate; capsules dehiscent more than 2/3 the length or nearly to base into 4 or more valves; perianth rarely ciliate ··················· 2. *Porella*

1. 多瓣苔属 Macvicaria W. E. Nicholson Symb. Sin. 5:9. 1930.

植物体中等大小,暗绿色。茎匍匐,不规则分枝。侧叶背瓣卵形,先端圆钝,叶边全缘,强烈波状卷曲;腹瓣舌形,先端圆钝,叶边强烈波状卷曲,基部一侧条状下延。腹叶椭圆形,先端圆钝,基部两侧沿茎条状波曲下延;叶边全缘,强烈波状卷曲。叶细胞圆多边形,薄壁,三角体小。雌雄异株。雄苞着生于侧枝顶端。蒴萼梨形,具多数纵褶,口部具齿。蒴柄较短。孢蒴卵球形,成熟时开裂至1/3-1/2处,6-12裂瓣。弹丝环状加厚或1列螺纹加厚,稀2列螺纹加厚。孢子褐色,较大。

本属全世界仅1种。山东有分布。

1. 多瓣苔
Macvicaria ulophylla (Steph.) S. Hatt., J. Hattori Bot. Lab. 5:81. 1951.

Madotheca ulophylla Steph., Bull. Herb. Boissier 5:97. 1897.

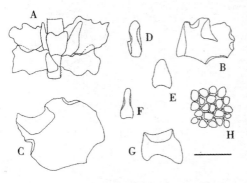

图 34 多瓣苔 *Macvicaria ulophylla* (Steph.) S. Hatt., A. 植物体一段(腹面观);B-C. 侧叶背瓣;D-F. 侧叶腹瓣;G. 腹叶;H. 叶中部细胞(任昭杰、付旭 绘)。标尺:A=1.7 mm, B-G=0.9 mm, H=170 μm。

种特征同属。

生境:生于树干上。

产地:牟平,昆嵛山,赵遵田84053。青岛,崂山,潮音瀑,海拔400 m,赵遵田89395 - C。

分布:中国(黑龙江、内蒙古、山东、湖南、四川、重庆、云南、福建)。朝鲜、日本和俄罗斯(远东地区)。

2. 光萼苔属 Porella L. Sp. Pl. 2：1106. 1753.

植物体中等大小至大形,绿色、棕色至褐色。茎匍匐,硬挺,1 - 3 回羽状分枝,分枝由侧叶基部伸出。假根着生于腹叶基部。叶3列,侧叶2列,蔽前式覆瓦状排列,背瓣卵形或卵状披针形,平展或内凹,先端圆钝、渐尖或急尖,叶边全缘或具齿;腹瓣较背瓣小,舌形,平展或边缘卷曲,叶边全缘,具齿或毛状齿;腹叶阔舌性,平展或上部卷曲,两侧基部常下延,叶边全缘、具齿或成囊状。叶细胞圆形、多边形或卵形,具三角体或不明显,油体小,多数。雌雄异株。雌苞生于短枝顶端。蒴萼上部具纵褶,口部收缩或宽阔,边缘具齿。孢蒴球形或卵形,蒴壁2 - 4 层细胞,不规则开裂。

前志曾收录中华光萼苔 P. chinensis (Steph.) S. Hatt.、海林光萼苔 P. heilingensis C. Gao & Aur 和日本光萼苔 P. japonica (Sande Lac.) Mitt.,本次研究未能见到相关标本,因此将以上三种存疑。

本属全世界约80 种。中国有39 种和12 变种及 3 亚种;山东有6 种和3 变种及 1 亚种。

分种检索表

1. 叶先端急尖至渐尖 …………………………………………………………………… 2
1. 叶先端圆钝 ………………………………………………………………………… 3
2. 叶先端具多数毛状齿 ……………………… 1. 尖瓣光萼苔东亚亚种 P. acutifolia subsp. tosana
2. 叶先端具稀齿或全缘 ……………………………………… 2. 丛生光萼苔 P. caespitans
3. 叶边具毛状齿 …………………………………………… 7. 毛缘光萼苔 P. vernicosa
3. 叶边全缘 …………………………………………………………………………… 4
4. 叶先端平展 ………………………………………………………………………… 5
4. 叶先端内卷 ………………………………………………………………………… 6
5. 叶长椭圆形;腹瓣大,基部下延;具三角体 ……………………… 3. 亮叶光萼苔 P. nitens
5. 叶卵圆形或近圆形;腹瓣小,基部不下延;无三角体 …………… 5. 光萼苔 P. pinnata
6. 腹瓣和腹叶近同形,等大 …………………………………… 4. 钝叶光萼苔 P. obtusata
6. 腹瓣和腹叶异形,腹瓣较腹叶狭小 ……………………… 6. 温带光萼苔 P. platyphylla

Key to the species

1. Leaf apices acute to acuminate ……………………………………………………… 2
1. Leaf apices rounded ……………………………………………………………… 3
2. Leaf apices with numerous ciliated teeth …………………… 1. P. acutifolia subsp. tosana
2. Leaf apices rarely dentate or entire ………………………………… 2. P. caespitans
3. Leaf margins with ciliated teeth …………………………………… 7. P. vernicosa
3. Leaf margins entire ……………………………………………………………… 4
4. Leaf apices plane ………………………………………………………………… 5
4. Leaf apices recurved ……………………………………………………………… 6
5. Leaf oblong-ellipse; loube larger, decurrent; with trigones ………………… 3. P. nitens
5. Leaf ovate-orbicular or suborbicular; loube smaller, not decurrent; without trigones …… 5. P. pinnata
6. Loube and underleaves almost in the same shape and size ……………… 4. P. obtusata

6. Loube and underleaves almost in the same shape, loube narrower and smaller than underleaves
.... 6. *P. platyphylla*

1. 尖瓣光萼苔东亚亚种
Porella acutifolia (Lehm. & Lindb.) Trevis. subsp. **tosana** (Steph.) S. Hatt., J. Hattori Bot. Lab. 44: 100. 1978.

Madotheca tosana Steph., Bull. Herb. Boissier 5: 97. 1897.

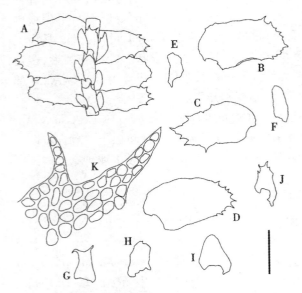

图35 尖瓣光萼苔东亚亚种 *Porella acutifolia* (Lehm. & Lindb.) Trevis. subsp. *tosana* (Steph.) S. Hatt., A. 植物体一段(腹面观);B–D. 侧叶背瓣;E–F. 侧叶腹瓣;G–J. 腹叶;K. 叶尖部细胞(任昭杰绘)。标尺:A–J=1.4 mm, K=140 μm。

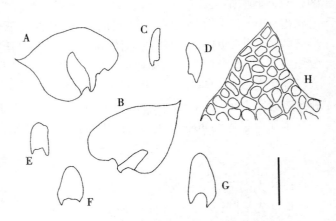

图36 丛生光萼苔原变种 *Porella caespitans* (Steph.) S. Hatt. var. *caespitans*, A–B. 侧叶背瓣和腹瓣;C–D. 侧叶腹瓣;E–G. 腹叶;H. 叶尖部细胞(任昭杰绘)。标尺:A–G = 1.1 mm, H = 110 μm。

植物体二回羽状分枝。侧叶背瓣长卵形或长椭圆形,先端尖锐,具多数毛状齿,叶边平展,具稀短齿;腹瓣舌状,全缘或顶端具不规则齿,基部耳状;腹叶三角形至狭三角形,先端多具2齿,有时全缘,基部不下延。叶细胞椭圆形,具三角体。

生境:生于岩面。

产地:牟平,昆嵛山,三工区,海拔600 m,赵遵田89932-1。平邑,蒙山,龟蒙顶,海拔1100 m,张艳敏51(PE)。

分布:中国(山东、湖南、四川、云南、西藏、福建、台湾)。朝鲜、日本和越南。

2. 丛生光萼苔
Porella caespitans (Steph.) S. Hatt., J. Hattori Bot. Lab. 33: 50. 1970.

Madotheca caespitans Steph., Mém. Soc. Sci. Nat. Cherbourg 29: 218. 1894.

2a. 丛生光萼苔原变种
Porella caespitans var. **caespitans**

植物体中等大小。茎匍匐,先端略倾立,2回羽状分枝。叶3列,侧叶2列,密集覆瓦状排列,背瓣卵形,后缘常内卷,先端急尖,叶边全缘,有时先端具稀齿;腹瓣长舌形,全缘,平展,先端钝,基部沿茎下延;腹叶舌形,先端钝或平截,基部沿茎下延,下延部分平滑。叶细胞圆方形,渐基趋大,薄壁,具明显三角体。

生境:生于岩面、土表或岩面薄土上。

产地:青岛,崂山,柳树台,全治国 243(PE)。蒙阴,蒙山,望海楼,海拔 1000 m,赵遵田 20111370、20111371 - G。泰安,泰山,南天门,海拔 1400 m,赵遵田 34061 - B。

分布:中国(山东、陕西、甘肃、浙江、湖北、四川、重庆、贵州、云南、西藏、广西)。印度、不丹、朝鲜和日本。

2b. 丛生光萼苔心叶变种

Porella caespitans var. **cordifolia** (Steph.) S. Hatt. ex T. Katagiri & T. Yamag. , Bryol. Res. 10 (5):133. 2011.

Madotheca cordifolia Steph. , Sp. Hepat. 4:315. 1910.

本变种区别于原变种的主要特点是:侧叶背瓣阔卵形或卵状心形,叶边全缘;腹叶先端常具 2 短齿,基部下延部分常具齿。

生境:生于岩面或土表。

产地:青岛,崂山,龙潭瀑布,赵遵田 91616 - 1 - A。青岛,崂山,全治国 25a - B(PE)。蒙阴,蒙山,望海楼,海拔 1000 m,赵遵田 20111033、20111370 - A。泰安,泰山,赵遵田 20110549 - E。

分布:中国(山东、浙江、湖南、湖北、四川、重庆、贵州)。印度、不丹、朝鲜、日本和菲律宾。

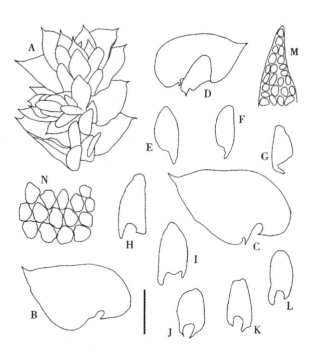

图 37 丛生光萼苔心叶变种 *Porella caespitans* (Steph.) S. Hatt. var. *cordifolia* (Steph.) S. Hatt. ex T. Katagiri & T. Yamag. , A. 幼枝一段(腹面观);B - C. 侧叶背瓣;D. 侧叶背瓣和腹瓣;E - G. 侧叶腹瓣;H - L. 腹叶;M. 叶尖部细胞;N. 叶基部细胞(任昭杰 绘)。标尺:A - L = 1.4 mm, M - N = 140 μm。

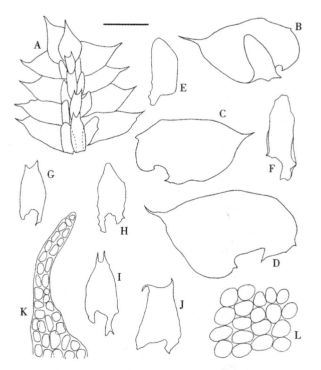

图 38 丛生光萼苔日本变种 *Porella caespitans* (Steph.) S. Hatt. var. *nipponica* S. Hatt. , A. 植物体一段(腹面观);B. 侧叶背瓣和腹瓣;C - D. 侧叶背瓣;E - F. 侧叶腹瓣;G - J. 腹叶;K. 叶尖部细胞;L. 叶中部细胞(任昭杰 绘)。标尺:A - G = 1.1 mm, K - L = 110 μm。

2c. 丛生光萼苔日本变种

Porella caespitans var. **nipponica** S. Hatt. , J. Hattori Bot. Lab. 33:57. 1970.

本变种区别于原变种的主要特点是:侧叶背瓣、腹瓣和腹叶具不规则疏毛状齿。

生境:生于土表。

产地:蒙阴,蒙山,海拔 870 m,赵遵田 20111033 – A。蒙阴,蒙山,望海楼,海拔 1000 m,赵遵田 20111390 – A。

分布:中国(山东、甘肃、浙江、湖南、湖北、四川、重庆、贵州、云南、西藏、福建、广西)。尼泊尔、印度、朝鲜、日本和菲律宾。

2d. 丛生光萼苔尖叶变种

Porella caespitans var. **setigera** (Steph.) S. Hatt. , J. Hattori Bot. Lab. 33:53. 1970.

Madotheca setigera Steph. , Bull. Herb. Boissier 5:96. 1897.

本变种区别于原变种的主要特点是:侧叶背瓣长卵形,先端具狭长尖或尾状尖。

生境:生于岩面。

产地:五莲,五莲山,张艳敏 553(SDAU)。平邑,蒙山,龟蒙顶,张艳敏 103(SDAU)。平邑,蒙山,大洼林场洼店,海拔 500 m,张艳敏 215(SDAU)。

分布:中国(黑龙江、山东、甘肃、安徽、四川、重庆、云南、台湾)。越南、缅甸、尼泊尔、不丹、印度、朝鲜和日本。

3. 亮叶光萼苔

Porella nitens (Steph.) S. Hatt. in Hara (ed.), Fl. E. Himalaya 525. 1966.

Madotheca nitens Steph. , Mém. Soc. Sci. Nat. Cherbourg 29:220. 1894.

植物体黄绿色或棕黄色。茎匍匐,2 回羽状分枝。叶 3 列,侧叶疏松覆瓦状排列,背瓣长椭圆形或舌形,略内凹,先端圆钝,叶边全缘,后缘略背卷;腹瓣长舌形,先端圆钝,基部下延,叶边全缘;腹叶长椭圆状舌形,先端圆钝,中下部背卷,基部下延,下延部分边缘平滑或具齿。叶细胞圆形,三角体大而明显。

生境:生于岩面或土表。

产地:牟平,昆嵛山,三岔河,赵遵田 89426 – D。牟平,昆嵛山,三林区,张艳敏 466 – A(PE)。栖霞,牙山,海拔 650 m,李林 20111836、20111869、20111908。青岛,崂山,赵遵田 89408 – B、91606 – A、20112858。黄岛,铁橛山,海拔 200 m,任昭杰 20110822。蒙阴,蒙山,海拔 600 m,任昭杰 20111032。

分布:中国(山东、湖南、湖北、四川、重庆、云南、西藏、广西)。尼泊尔、印度和不丹。

4. 钝叶光萼苔

Porella obtusata (Taylor) Trevis. , Mem. Reale Ist. Lombardo Sci. , ser. 3, Cl. Mat. Nat. 4:497. 1877.

Madotheca obtusata Taylor, London J. Bot. 5:380. 1846.

Porella macroloba (Steph.) S. Hatt. & Inoue, J. Jap. Bot. 34:209. 1959.

Madotheca macroloba Steph. , Sp. Hepat. 4:292. 1910.

植物体中等大小至大形,黄绿色或棕黄色。茎匍匐,1 – 2 回羽状分枝。叶 3 列,侧叶背瓣卵圆形,先端圆钝,强烈内卷,叶边全缘;腹瓣阔卵形,先端圆钝,强烈内卷,基部内侧宽下延,叶边全缘;腹叶卵形至长卵形,与腹瓣略同形,等大,先端强烈背卷,基部条状下延,叶边全缘。叶细胞卵形至圆形,基部细胞较大,具三角体。

生境:生于岩面。

产地:泰安,泰山,黄正莉 20111394、20111376。泰安,泰山,玉皇顶后坡,张艳敏 1906、1915、1924(SDAU)。

分布:中国(山东、甘肃、新疆、浙江、江西、湖南、湖北、四川、贵州、云南、西藏、福建、台湾、广西)。日本、印度,欧洲。

经检视标本发现,张艳敏等(2002 年)报道细光萼苔 *P. gracillima* Mitt. 系本种误定。

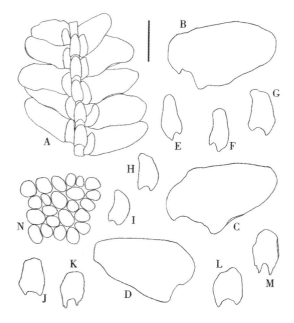

图 39　亮叶光萼苔 *Porella nitens*（Steph.）S. Hatt.，A. 植物体一段(腹面观)；B－D. 侧叶背瓣；E－I. 侧叶腹瓣；J－M. 腹叶；N. 叶中部细胞(任昭杰 绘)。标尺:A＝1.4 mm, B－M＝1.1 mm, N＝110 μm。

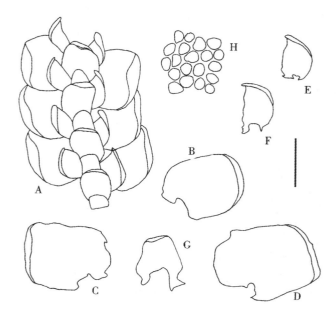

图 40　钝叶光萼苔 *Porella obtusata*（Taylor）Trevis.，A. 植物体一段(腹面观)；B－D. 侧叶背瓣；E－F. 侧叶腹瓣；G. 腹叶；H. 叶中部细胞(任昭杰 绘)。标尺:A－G＝0.8 mm, H＝80 μm。

5. 光萼苔(照片 13)

Porella pinnata L., Sp. Pl. 1106. 1753.

本种区别于亮叶光萼苔 *P. nitens* 的主要区别是:侧叶背瓣卵圆形或近圆形；腹瓣小,基部不下延或略下延；无三角体。

生境:生于岩面、土表、岩面薄土或树干上。

产地:威海,张家山,张艳敏 349(SDAU)。牟平,昆嵛山,三岔河,赵遵田 91701－1－A。牟平,昆嵛山,三林区,赵遵田 84066－1－D。青岛,崂山,赵遵田 20112849、20112881。青岛,崂山,靛缸湾至黑风口途中,海拔 550 m,任昭杰、卞新玉 20150013。黄岛,铁橛山,海拔 350 m,李林 2011875－A。

分布:中国(河北、山东、甘肃、浙江、江西、湖南、湖北、四川、贵州、西藏、福建)。欧洲和北美洲。

6. 温带光萼苔(照片 14)

Porella platyphylla（L.）Pfeiff., Fl. Niederhessen 2：234. 1855.

Jungermannia platyphylla L., Sp. Pl. 1134. 1753.

本种区别于钝叶光萼苔 *P. obtusata* 的主要特征是:腹瓣和腹叶异形,腹瓣较腹叶狭小。

生境:生于土表。

产地:青岛,崂山顶,海拔 1000 m,任昭杰 R20070199。蒙阴,蒙山,望海楼,海拔 1000 m,赵遵田 20111371－F。

分布:中国(黑龙江、吉林、内蒙古、河北、山东、陕西、甘肃、新疆、福建)。蒙古、俄罗斯(远东地区),欧洲和北美洲。

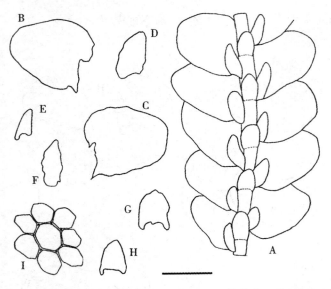

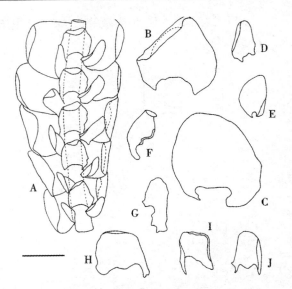

图41 光萼苔 *Porella pinnata* L., A. 植物体一段(腹面观);B-C. 侧叶背瓣;D-F. 侧叶腹瓣;G-H. 腹叶;I. 叶中部细胞(任昭杰 绘)。标尺:A-H = 1.1 mm, I = 110 μm。

图42 温带光萼苔 *Porella platyphylla* (L.) Pfeiff., A. 植物体一段(腹面观);B-C. 侧叶背瓣;D-G. 侧叶腹瓣;H-J. 腹叶(任昭杰、李德利 绘)。标尺:A-J = 0.8 mm。

7. 毛缘光萼苔

Porella vernicosa Lindb., Acta Soc. Sci. Fenn. 10:223. 1872.

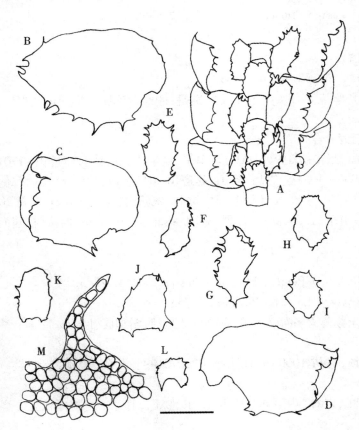

图43 毛缘光萼苔 *Porella vernicosa* Lindb., A. 植物体一段(腹面观);B-D. 侧叶背瓣;E-I. 侧叶腹瓣;J-L. 腹叶;M. 叶中部边缘细胞(任昭杰、李德利 绘)。标尺:A-L = 2.2 mm, M = 220 μm。

　　植物体形较大。茎匍匐,不规则羽状分枝。叶长卵形,先端圆钝,向腹面背卷,先端和后缘具 5－12 个毛状齿,基部不对称,具短下延,下延部有粗大的锐尖齿;腹瓣舌形,边缘具毛状齿,基部下延,下延部 具锐尖齿;腹叶卵形至宽卵形,具毛状齿。叶细胞圆六边形,薄壁,具小三角体或不明显。

　　生境:生于岩面或岩面薄土上。

　　产地:青岛,崂山,仝治国 12a、115－A、256(PE)。平邑,蒙山,龟蒙顶,张艳敏 76(SDAU)。

　　分布:中国(黑龙江、吉林、山东、云南、福建)。朝鲜和俄罗斯(远东地区)。

23. 扁萼苔科 RADULACEAE

植物体小形至大形,黄绿色至暗绿色,有时红褐色。茎匍匐,叉状分枝,不规则羽状分枝或1-2回羽状分枝,分枝多较短,部分种类具穗状小叶型枝,均生于叶基部背侧中线,茎横切面椭圆形或卵形,细胞分化或不分化。假根着生于腹瓣中央,呈束状,淡褐色至褐色。叶2列,互生,蔽前式排列,背瓣卵形至长卵形,平展或内凹,先端圆钝或具短尖头,基部不下延或略下延,抱茎,叶边全缘或具不规则齿;腹瓣较小,约为背瓣的1/4-1/3,卵形、舌形、三角形或长方形,多膨胀呈囊状,先端圆钝或具钝尖头;腹叶缺失。叶细胞六边形,薄壁或厚壁,具三角体或无,角质层平滑,有时具疣,每个细胞含1-3个大油体。雌雄异株,稀同株。雄苞顶生或间生,柔荑花序状,雄苞叶小,卵圆形,先端圆钝,叶边多全缘,腹瓣较大,囊状。雌苞生于茎顶或主枝顶端,稀生于侧短枝上,基部具1-2条新生枝。雌苞叶比茎叶大。蒴萼喇叭口形,先端扁平,口部平滑或波曲。孢蒴卵球形,四瓣裂,蒴壁2层细胞。弹丝2条螺纹加厚,稀3条。孢子球形,具疣。

本科全世界有1属。山东有1属。

1. 扁萼苔属 Radula Dumort. Comment. Bot. 112. 1822.

属特征同科。

前志曾收录长枝扁萼苔 R. aquilegia (Hook. f. & Taylor) Gottsche,本次研究未见到引证标本,我们也未能采到相关标本,因将该种存疑。

本属全世界约428种。中国有42种和1变种;山东有3种。

分种检索表

1. 雌雄同株 ·· 1. 扁萼苔 R. complanata
1. 雌雄异株 ·· 2
2. 叶背瓣边缘无芽胞 ·· 2. 日本扁萼苔 R. japonica
2. 叶背瓣边缘具芽胞 ··· 3. 芽胞扁萼苔 R. lindenbergiana

Key to the species

1. Monoicous ··· 1. R. complanata
1. Dioecious ·· 2
2. Marginal gemmae of leaf-lobe absent ·································· 2. R. japonica
2. Marginal gemmae of leaf-lobe present ······················ 3. R. lindenbergiana

1. 扁萼苔

Radula complanata (L.) Dumort., Syll. Jungerm. Eur. 38. 1831.

Jungermannia complanata L., Sp. Pl. 1, 2: 1133. 1753.

植物体形小,黄绿色。茎匍匐,不规则羽状分枝。叶背瓣卵圆形,略内凹,叶基部弧形,完全覆盖茎;腹瓣方形或近方形,约为背瓣长度的1/2,先端钝或平截,前沿基部弧形,覆盖茎直径的1/3-1/2。叶细胞六边形或圆六边形,薄壁,具小三角体。雌雄同株。

生境:生于土表。

产地:牟平,昆嵛山,赵遵田 88069 – 1 – A。青岛,崂山,赵遵田 91604 – 1 – A。黄岛,铁橛山,海拔 200 m,任昭杰 20110965。

分布:中国(黑龙江、吉林、辽宁、内蒙古、山东、甘肃、青海、新疆、浙江、江西、湖南、湖北、四川、重庆、云南、福建、台湾)。印度、朝鲜、日本和巴西。

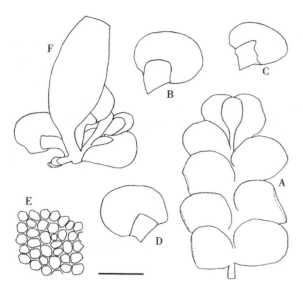

图 44　扁萼苔 Radula complanata (L.) Dumort., A. 植物体一段(背面观);B – D. 叶;E. 叶中部细胞;F. 蒴萼 (任昭杰、付旭 绘)。标尺:A – D = 1.0 mm, E – F = 100 μm。

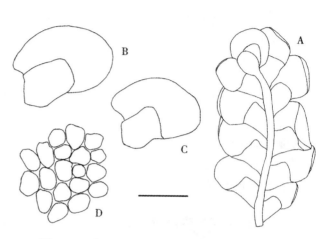

图 45　日本扁萼苔 Radula japonica Gottsche ex Steph., A. 植物体一段(腹面观);B – C. 叶;D. 叶中部细胞(任昭杰、付旭 绘)。标尺:A = 1.1 mm, B – C = 0.8 mm, D = 80 μm。

2. 日本扁萼苔

Radula japonica Gottsche ex Steph., Hedwigia 23:152. 1884.

植物体中等大小。叶背瓣密集或稀疏覆瓦状排列,卵形,略向背面膨起,前缘基部覆盖茎的一部分;腹瓣方形,约为背瓣长度的 1/2,先端圆钝,基部覆盖茎直径的 1/3 – 1/2,脊部略膨起,不下延。叶细胞六边形,薄壁,具小三角体。雌雄异株。

生境:生于岩面或土表。

产地:招远,罗山,天书,海拔 400 m,李林 20111981 – B。黄岛,大珠山,溪光煮茗,海拔 200 m,黄正莉 20111588 – A、20111594、20111595。蒙阴,蒙山,刀山沟,海拔 550 m,黄正莉 20111127。平邑,蒙山,核桃涧,海拔 580 m,郭萌萌 R120145 – A。

分布:中国(辽宁、山东、江苏、上海、浙江、江西、湖南、重庆、西藏、福建、台湾、广东、广西、海南、香港)。朝鲜和日本。

3. 芽胞扁萼苔

Radula lindenbergiana Gottsche ex Hartm., Handb. Skand. Fl. (ed. 9), 2:98. 1864.

植物体中等大小,黄绿色至暗绿色。茎匍匐,不规则羽状分枝。叶背瓣先端圆钝,前缘基部覆盖茎,叶先端边缘着生盘状芽胞;腹瓣方形,为背瓣长度的 1/2 – 2/3,前沿基部覆盖茎直径的 1/2 – 3/4。叶细胞六边形,薄壁,具小三角体。雌雄异株。

生境:生于岩面薄土上。

产地:蒙阴,蒙山,黄正莉 20120030。

分布:中国(吉林、内蒙古、河北、山东、陕西、安徽、浙江、江西、湖南、四川、重庆、贵州、云南、西藏、福建、台湾、广西)。北半球温带广泛分布。

24. 耳叶苔科 FRULLANIACEAE

植物体形小至中等大小,绿色至暗绿色,有时红色、红棕色或紫红色至黑色,密集平铺。茎匍匐,或上升,规则或不规则羽状分枝。叶3列,侧叶2列,近横生或斜列,蔽前式排列,背瓣大,内凹,卵形或椭圆形,叶边全缘,稀具齿,基部常具裂片状附属物,先端圆钝或稀具短尖,平展或内卷,腹瓣较小,兜形、钟形、盔形或圆筒形,稀披针形,基部常具丝状副体;腹叶与侧叶异形,先端全缘或2裂,基部下延或不下延。叶细胞圆形或椭圆形,多具三角体或球状加厚,有时具油胞。雌雄异株或雌雄同株异苞,稀雌雄同序异苞。雌苞生于侧短枝顶端,颈卵器2-12个,苞叶与侧叶近同形,较大。蒴萼常具3-5个脊,稀10个脊或平滑无脊,表面常具疣,或平滑。孢蒴球形,蒴壁2层细胞。弹丝1-2条螺纹加厚。孢子球形,较大,表面具疣。

本科全世界仅1属。山东有分布。

1. 耳叶苔属 Frullania Raddi Jungermanniogr. Etrusca 9. 1818.

属特征同科。

许安琪(1987)报道喙瓣耳叶苔 F. pedicellata Steph. 在山东有分布,罗健馨等(1991)报道朝鲜耳叶苔 F. koreana Steph. 在山东有分布,张艳敏等(2002)报道宽叶耳叶苔 F. dilatata (L.) Dumort. 和筒瓣耳叶苔 F. diversitexta Steph. 在山东有分布,本次研究我们未见到相关标本,因将以上4种存疑。

本属全世界约350种。中国有93种、4亚种、7变种及3变型;山东有11种。

分种检索表

1. 腹叶先端圆钝 ································ 1. 达呼里耳叶苔 F. davurica
1. 腹叶先端2裂 ··· 2
2. 背瓣基部具1-2列大型油胞 ················· 5. 列胞耳叶苔 F. moniliata
2. 背瓣不具大型油胞 ·· 3
3. 腹叶比茎窄 ································ 3. 石生耳叶苔 F. inflata
3. 腹叶通常比茎宽 ·· 4
4. 腹叶基部明显具叶耳 ···················· 7. 尼泊尔耳叶苔 F. nepalensis
4. 腹叶基部通常不具叶耳 ···································· 5
5. 腹叶倒楔形 ··· 6
5. 腹叶卵圆形、长圆形至近圆形 ································ 8
6. 腹瓣盔状 ································· 6. 盔瓣耳叶苔 F. muscicola
6. 腹瓣圆筒状 ··· 7
7. 腹叶长明显大于宽 ····················· 4. 楔形耳叶苔 F. inflexa
7. 腹叶长略大于宽,或近等长 ················ 8. 钟瓣耳叶苔 F. parvistipula
8. 腹叶先端明显卷曲 ····················· 11. 硬叶耳叶苔 F. valida
8. 腹叶先端平展 ··· 9
9. 背瓣背仰 ································· 2. 皱叶耳叶苔 F. ericoides
9. 背瓣不背仰 ·· 10

10. 背瓣先端平展或略背卷 ································· 9. 粗萼耳叶苔 *F. rhystocolea*

10. 背瓣先端明显背卷 ································· 10. 陕西耳叶苔 *F. schensiana*

Key to the species

1. Underleaves apex rounded ································· 1. *F. davurica*

1. Underleaves apex bifid ································· 2

2. Leaf base with ocelli composed of 1 – 2 rows of several cells ································· 5. *F. moniliata*

2. Leaf without ocelli ································· 3

3. Underleaves narrower than stem ································· 3. *F. inflata*

3. Underleaves usually broader than stem ································· 4

4. Underleaves base obviously auriculate ································· 7. *F. nepalensis*

4. Underleaves base not or weakly auriculate ································· 5

5. Underleaves cuneate ································· 6

5. Underleaves ovate-orbicular, elongate-orbicular to suborbicular ································· 8

6. Lobules cuculliform ································· 6. *F. muscicola*

6. Lobules cylindric ································· 7

7. The length of underleaves obviously longer than the width ································· 4. *F. inflexa*

7. The length of underleaves slightly longer than the width, or subequal ································· 8

8. Underleaves apex recurved ································· 11. *F. valida*

8. Underleaves apex plane ································· 9

9. Leaves squarrose ································· 2. *F. ericoides*

9. Leaves not squarrose ································· 10

10. Leaf apex plane or weakly recurved ································· 9. *F. rhystocolea*

10. Leaf apex obviously recurved ································· 10. *F. schensiana*

1. 达呼里耳叶苔

Frullania davurica Hampe, Syn. Hepat. 422. 1845.

植物体红棕色。茎匍匐,规则羽状分枝。侧叶背瓣卵圆形至圆形,先端圆钝;腹瓣兜形,具短喙,副体较小,丝状;腹叶圆形至宽圆形,先端全缘,圆钝,基部略下延或不下延。叶细胞椭圆形至圆形,三角体明显。

生境:生于岩面、土表或岩面薄土上。

产地:青岛,崂山,北九水,赵遵田 20112867 - A。青岛,崂山,赵遵田 91606 - B。蒙阴,蒙山,望海楼,海拔 1000 m,赵遵田 20111370 - C、20111390 - B。泰安,泰山,中天门,海拔 800 m,赵遵田 20110553 - C。泰安,泰山,赵遵田 20110545 - A。

分布:中国(内蒙古、河北、山东、陕西、甘肃、浙江、湖南、湖北、四川、重庆、贵州、云南、西藏、福建、台湾)。朝鲜、日本和俄罗斯(远东地区)。

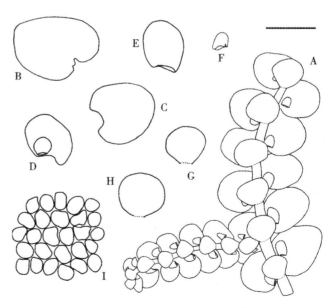

图 46 达呼里耳叶苔 *Frullania davurica* Hampe, A. 植物体一段(腹面观);B - C. 侧叶背瓣;D. 侧叶背瓣和腹瓣;E. 侧叶背瓣;F. 侧叶腹瓣和副体;G - H. 腹叶;I. 叶中部细胞(任昭杰 绘)。标尺:A = 1.1 mm, B - D, F - H = 0.8 mm, E = 330 μm, I = 80 μm。

2. 皱叶耳叶苔（照片 15）

Frullania ericoides（Nees ex Mart.）Mont., Ann. Sci. Nat. Bot., sér. 2, 12：51. 1839.

Jungermannia ericoides Nees ex Mart., Fl. Bras. 1：346. 1833.

植物体暗绿色至红棕色。茎匍匐,稀疏羽状分枝。侧叶背瓣卵圆形至椭圆形,先端圆钝,内卷或平展,湿润时前缘背仰或略背仰,基部两侧多呈圆耳状;腹瓣兜形,口部宽阔,平截,具丝状副体;腹叶近圆形,先端浅 2 裂,裂瓣三角形,裂瓣全缘,稀具齿。叶细胞近圆形,厚壁,三角体明显。

生境:生于岩面、树干或岩面薄土上。

产地:乳山,海拔 210 m,樊守金 20113189。青岛,崂山,赵遵田 20112866。黄岛,积米崖,赵遵田 89320。黄岛,小珠山,任昭杰 20111734。黄岛,铁橛山,海拔 150 m,任昭杰 2011096。黄岛,灵山岛,海拔 360 m,赵遵田 91141、91148 - A。蒙阴,蒙山,任昭杰 20111021。泰安,泰山,后石坞,海拔 1200 m,任昭杰 R20141003 - A。泰安,泰山,朝阳峰,海拔 870 m,王晨磊 9811021 - A。

分布:中国(山东、甘肃、江苏、上海、浙江、湖南、四川、云南、西藏、福建、台湾、广东、广西、香港)。朝鲜、日本、菲律宾、印度、尼泊尔、不丹、印度尼西亚、巴布亚新几内亚、新喀里多尼亚、澳大利亚、巴西、玻利维亚,东非群岛,欧洲和北美洲。

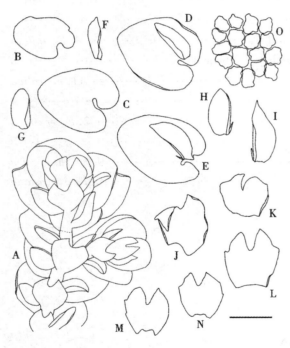

图 47 皱叶耳叶苔 *Frullania ericoides*（Nees ex Mart.）Mont., A. 植物体一段(腹面观);B - C. 侧叶背瓣;D. 侧叶背瓣和腹瓣;E. 侧叶背瓣、腹瓣和副体;F - G. 侧叶腹瓣;H - I. 侧叶腹瓣和副体;J - N. 腹叶;O. 叶中部细胞(任昭杰 绘)。标尺:A = 1.1 mm, B - N = 0.8 mm, O = 80 μm。

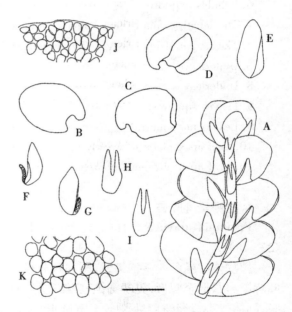

图 48 石生耳叶苔 *Frullania inflata* Gottsche, A. 植物体一段(腹面观);B - C. 侧叶背瓣;D. 侧叶背瓣和腹瓣;E. 侧叶腹瓣;F - G. 侧叶腹瓣和副体;H - I. 腹叶;J. 叶尖部细胞;K. 叶基部细胞(任昭杰 绘)。标尺:A = 0.8 mm, B - D = 670 μm, E - I = 440 μm, J - K = 110 μm。

3. 石生耳叶苔

Frullania inflata Gottsche, Syn. Hepat. 424. 1845.

植物体形小,深绿色至褐绿色。茎匍匐,不规则羽状分枝。侧叶背瓣宽卵形,内凹,先端圆钝,多内卷,基部两侧下延,对称;腹瓣多披针形,偶呈兜状,副体丝状;腹叶狭长卵形,比茎窄,先端 2 裂,裂至腹叶的 1/3 - 2/5,裂瓣三角形,全缘。叶细胞圆形或圆方形,三角体不明显。

生境:生于岩面、树干或岩面薄土上。

产地:栖霞,牙山,黄正莉 20111861、20111863。平度,大泽山,黄正莉 20112089、20112120。青岛,崂山,赵遵田 89341。黄岛,小珠山,任昭杰 20111723。黄岛,灵山岛,赵遵田 89318－A。黄岛,铁橛山,海拔 260 m,任昭杰 R20130163－A、R20130183－A。五莲,五莲山,万寿光明寺,海拔 400 m,任昭杰 R20130181－A。临朐,沂山,赵遵田 90237－1－A、20111087。青州,仰天山,仰天寺,赵遵田 88110－A。蒙阴,蒙山,林场,赵遵田 91237－A。博山,鲁山,李林 20112474、201112486。枣庄,抱犊崮,海拔 530 m,赵遵田 911507。泰安,徂徕山,赵遵田 91874、911133。泰安,泰山,黄正莉 20110433、20110501。

分布:中国(内蒙古、河北、山东、浙江、江西、湖南、湖北、四川、重庆、贵州、西藏、台湾)。朝鲜、日本、印度、巴西,欧洲和北美洲。

4. 楔形耳叶苔(见前志图 39)

Frullania inflexa Mitt. , J. Proc. Linn. Soc. , Bot. 5：120. 1861.

Frullania delavayi Steph. , Hedwigia 33：157. 1884.

本种与钟瓣耳叶苔 *F. parvistipula* 类似,但本种腹叶较狭长,腹叶长度明显大于宽度,而后者腹叶长度略大于宽度,或近等长。

生境:生于岩面或树干上。

产地:黄岛,小珠山,海拔 400 m,任昭杰 20111748。博山,鲁山,榆树基部生,海拔 800 m,赵遵田 90622－A。泰安,徂徕山,马场,海拔 870 m,刘志海 911231。

分布:中国(山东、浙江、四川、重庆、云南、西藏、台湾)。朝鲜、日本、尼泊尔、不丹和印度。

5. 列胞耳叶苔

Frullania moniliata (Reinw. , Blume & Nees) Mont. , Ann. Sci. Nat. , Bot. , sér. 2, 18：13. 1842.

Jungermannia moniliata Reinw. , Blume & Nees, Nova Acta Phys. － Med. Acad. Caes. Leop. － Carol. Nat. Cur. 12：224. 1824.

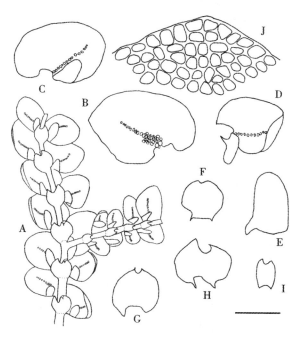

图 49 列胞耳叶苔 *Frullania moniliata* (Reinw. , Blume & Nees) Mont. , A. 植物体一段(腹面观);B. 侧叶背瓣;C－D. 侧叶背瓣和腹瓣;E. 侧叶腹瓣;F－I. 腹叶;J. 叶尖部细胞(任昭杰 绘)。标尺:A ＝0.8 mm, B ＝440 μm, C－D、F－I ＝560 μm, E ＝220 μm, J ＝56 μm。

植物体绿色至红棕色。茎匍匐,不规则羽状分枝。侧叶卵圆形或圆形,先端具宽短尖,稀圆钝,前缘基部耳状;腹瓣圆筒形,稀片状,具丝状副体;腹叶椭圆形至近圆形,先端浅 2 裂,裂瓣全缘。叶中部细胞椭圆形,多厚壁,具或无三角体,基部常具 1 - 2 列大型油胞。

生境:生于岩面或土表。

产地:青岛,崂山,潮音瀑,赵遵田 88035、20112927。青岛,崂山,柳树台,海拔 600 m,全治国 138 - B(PE)。蒙阴,蒙山,海拔 800 m,赵遵田 20111416 - A。

分布:中国(黑龙江、山东、陕西、安徽、浙江、江西、湖南、湖北、四川、贵州、西藏、福建、台湾、广东、广西、海南、香港)。印度、斯里兰卡、越南、柬埔寨、老挝、朝鲜、日本和俄罗斯(远东地区)。

赵遵田等(1993)曾报道欧耳叶苔 F. major Raddi 在山东有分布,在前志编写过程中检视标本发现实为列胞耳叶苔误定,故将欧耳叶苔从山东苔藓植物区系中移除,但当时未做说明,为避免造成混乱,本志特作说明。

6. 盔瓣耳叶苔(照片 16)(图 50A)

Frullania muscicola Steph. , Hedwigia. 33: 146. 1894.

植物体浅褐色至深棕色,有时暗绿色。茎匍匐,不规则羽状分枝或二回羽状分枝。侧叶背瓣长椭圆形或卵圆形,前缘基部耳状,后缘基部不下延;腹瓣兜形或片状,副体丝状,高 4 - 5 个细胞;腹叶倒楔形,先端 2 裂,裂瓣两侧各具 1 - 2 个齿,基部不下延。叶细胞圆形,每个细胞具 4 - 6 个纺锤形油体。

生境:生于岩面、土表、岩面薄土或树干上。

产地:荣成,正棋山,海拔 250 m,李林 20112987 - A、20113025 - A。文登,昆嵛山,二分场缓冲区,海拔 400 m,任昭杰 20101359 - C、20101427 - B。文登,昆嵛山,圣母宫,海拔 350 m,任昭杰 20100480 - B、20100518。牟平,昆嵛山,泰礴顶,海拔 900 m,任昭杰 20110016 - B。牟平,昆嵛山,烟霞洞,海拔 400 m,黄正莉 20110294。招远,罗山,海拔 400 m,黄正莉 20111989。平度,大泽山,海拔 610 m,赵遵田 91023 - B。平度,大泽山,峰顶,海拔 750 m,赵遵田 91062 - D。青岛,崂山,蔚竹观,付旭 R20130342。青岛,崂山,滑溜口,海拔 500 m,李林 20112879 - A、20112907 - A。黄岛,小珠山,海拔 150 m,任昭杰 20111748。黄岛,铁橛山,海拔 200 m,黄正莉

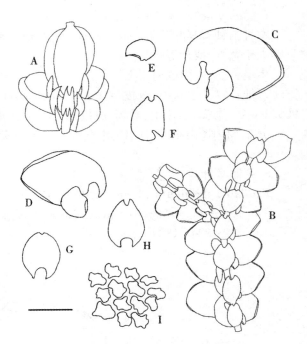

图 50 盔瓣耳叶苔 Frullania muscicola Steph. , A. 植物体一段(腹面观)。B - I 尼泊尔耳叶苔 Frullania nepalensis (Spreng.) Lehm. & Lindenb. , B. 植物体一段(腹面观);C - D. 侧叶背瓣和腹瓣;E. 侧叶腹瓣;F - H. 腹叶;I. 叶中部细胞(任昭杰绘)。标尺:A - B = 1.1 mm, C - H = 670 μm, I = 67 μm。

20110962。黄岛,灵山岛,海拔 300 m,任昭杰 20111455。日照,丝山,赵遵田 89254。五莲,五莲山,海拔 300 m,任昭杰 R20130127 - A、R20130187。临朐,沂山,赵遵田 90237 - 1 - B。蒙阴,蒙山,三分区,海拔 750 m,赵遵田 91351。博山,鲁山,黄正莉 20112476、20112584。新泰,莲花山,海拔 600 m,黄正莉 20110646。泰安,徂徕山,上池,海拔 730 m,刘志海 91908、91909。泰安,泰山,中天门下,赵遵田 33909 - A。泰安,泰山,天街,海拔 1400 m,赵遵田 20110524 - A。长清,灵岩寺,任昭杰 R14012。

分布:中国(黑龙江、内蒙古、河北、山东、陕西、甘肃、江苏、浙江、江西、湖南、湖北、四川、云南、福建、台湾、广西、香港、澳门)。印度、巴基斯坦、越南、蒙古、朝鲜、日本和俄罗斯(远东地区和西伯利亚)。

本种在山东分布较为广泛,在鲁山调查过程中,采集了 5 号本种标本,植物体极小,长约 1 mm。

7. 尼泊尔耳叶苔（图 50B – I）

Frullania nepalensis (Spreng.) Lehm. & Lindenb., Sp. Hepat. 4：452. 1910.

Jungermannia nepalensis Spreng., Syst. Veg. 4：324. 1827.

植物体中等大小。茎匍匐，稀疏二回羽状分枝。侧叶背瓣长椭圆形；腹瓣兜形，副体丝状，高 4 – 6 个细胞；腹叶圆形或宽圆形，先端浅 2 裂，基部具明显叶耳。叶细胞矩形，具明显壁孔和三角体。

生境：生于岩面。

产地：青岛，崂山，北九水，赵遵田 Zh01004。青岛，崂山，龙潭瀑布，赵遵田 91616 – 1 – B。临朐，沂山，赵遵田 90251 – A。

分布：中国（山东、陕西、甘肃、安徽、浙江、湖南、四川、贵州、云南、西藏、福建、台湾、广东、广西、香港）。朝鲜、日本、印度、不丹、尼泊尔、印度尼西亚、菲律宾和巴布亚新几内亚。

8. 钟瓣耳叶苔

Frullania parvistipula Steph., Sp. Hepat. 4：397. 1910.

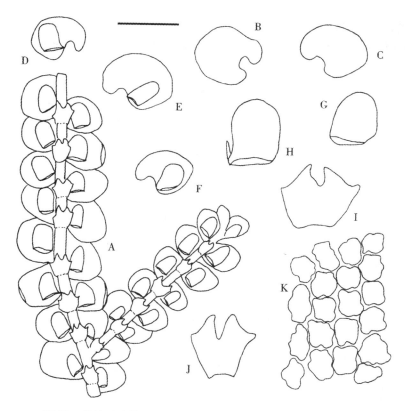

图 51　钟瓣耳叶苔 *Frullania parvistipula* Steph.，A. 植物体一段（腹面观）；B – C. 侧叶背瓣；D – F. 侧叶背瓣和腹瓣；G. 侧叶腹瓣；H. 侧叶腹瓣和副体；I – J. 腹叶；K. 叶中部细胞（任昭杰 绘）。标尺：A – F = 670 μm，G – J = 270 μm，K = 67 μm。

植物体形小，棕褐色。茎匍匐，不规则分枝。侧叶背瓣近圆形，平展或略内凹，先端圆钝，平展或内卷，基部两侧下延，近对称；腹瓣圆筒形，口部宽，平截，副体丝状，高 3 – 4 个细胞；腹叶倒楔形，先端 2 裂，裂瓣三角形，先端急尖或钝，两侧各具 1 齿。叶细胞卵形或圆形，薄壁，三角体小。

生境：生于树干或岩面。

产地：牟平，昆嵛山，五分场东山，海拔 400 m，任昭杰 20100747、20100791 – B。牟平，昆嵛山，烟霞洞,海拔 300 m,黄正莉 20110270 - B、20110311 - B。牟平,昆嵛山,林场,海拔 260 m,赵遵田 84073 - A。招远,罗山,黄正莉 20111699、20111711。蒙阴,蒙山,刀山顶,海拔 900 m,黄正莉 20111289。

分布:中国(黑龙江、吉林、山东、湖南、湖北、四川、贵州、云南、西藏)。不丹、泰国、日本、俄罗斯(远东地区),高加索地区,欧洲。

9. 粗萼耳叶苔

Frullania rhystocolea Herzog ex Verd. in Handel-Mazzetti, Symb. Sin. 5:39. 1930.

植物体形小,红棕色。茎匍匐,不规则羽状分枝。侧叶背瓣圆形,内凹,先端圆形,平展或略内卷,基部不对称;腹瓣兜形,口部宽而平截,稍具喙,副体丝状,高 4 - 5 个细胞;腹叶近圆形或肾形,先端浅 2 裂,裂瓣三角形,全缘。叶细胞卵形或圆形,薄壁,平直或节状加厚,三角体明显。

生境:生于岩面。

产地:牟平,昆嵛山,赵遵田 84001。青岛,崂山,靛缸湾上,海拔 400 m,任昭杰、卞新玉 20150012。

分布:中国(山东、甘肃、四川、云南、西藏、福建)。不丹。

10. 陕西耳叶苔(照片 17)

Frullania schensiana C. Massal., Mem. Accad. Arg. Art. Comm. Verona, ser. 3, 73(2):40. 1897.

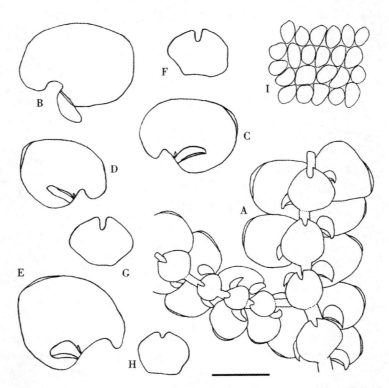

图 52 陕西耳叶苔 *Frullania schensiana* C. Massal., A. 植物体一段(腹面观);B. 侧叶背瓣和腹瓣;C - E. 侧叶背瓣、腹瓣和副体;F - H. 腹叶;I. 叶中部细胞(任昭杰 绘)。
标尺:A = 1.1 mm, B - H = 0.8 mm, I = 80 μm。

植物体中等大小,红棕色。茎匍匐,不规则 1 - 2 回羽状分枝。侧叶背瓣卵形,内凹,先端圆钝,向腹面卷曲;腹瓣近圆形,口部明显下弯,副体丝状,高 4 - 5 个细胞;腹叶近圆形,先端浅 2 裂,裂瓣钝尖,全缘。叶细胞卵形,壁波曲,具球状加厚,三角体明显。

生境:生于岩面。

产地:栖霞,牙山,黄正莉 20111802。平度,大泽山,黄正莉 20112101。青岛,崂山顶,海拔 1100 m,赵遵田 89386。五莲,五莲山,赵遵田 89285 - 1 - A。蒙阴,蒙山,海拔 550 m,赵遵田 20111417、20111418。泰安,徂徕山,太平顶,海拔 1000 m,刘志海 911081 - A。泰安,泰山,赵遵田 34071 - 1 - A、20110537 - A。泰安,泰山,南天门,海拔 1400 m,赵遵田 34061 - C。

分布:中国(内蒙古、河北、山东、陕西、安徽、江西、湖南、四川、重庆、贵州、西藏、台湾)。尼泊尔、印度、不丹、泰国、朝鲜和日本。

11. 硬叶耳叶苔(见前志图 41)

Frullania valida Steph. , Sp. Hepat. 4:402. 1910.

植物体中等大小,红棕色。茎匍匐,不规则羽状分枝。侧叶背瓣宽卵形,内凹,顶端圆钝,强烈内卷;腹瓣兜形,喙短而钝,副体丝状,高 6 - 7 个细胞;腹叶宽卵形到卵形,先端 2 裂,向腹面强烈内卷。叶细胞卵形或椭圆形,细胞壁波曲,节状加厚,三角体大。

生境:生于岩面。

产地:青岛,崂山,赵遵田 93933。临朐,沂山,赵遵田 90407 - 1。

分布:中国(山东、安徽、浙江、云南、福建、台湾、广东)。日本。

25. 细鳞苔科 LEJEUNEACEAE

植物体通常细弱,黄绿色至深绿色,有时带褐色。茎匍匐,羽状分枝、叉状分枝或不规则分枝,分枝有时再生分枝。假根生于茎腹面或腹叶基部。叶2列或3列,侧叶蔽前式覆瓦状排列,背瓣椭圆形至卵状披针形,叶边多全缘,稀具齿;腹瓣卵形至披针形。腹叶圆形至船形,全缘或先端2裂,裂瓣间角度多变,稀腹叶缺失。叶细胞圆形至椭圆形,多具三角体或环状加厚,稀具油胞。雌雄同株或雌雄异株。每个雄苞叶具1-2个精子器,稀多个。雌苞顶生,蒴萼形态变化较大,每个蒴萼内具1个颈卵器。孢蒴球形,黑褐色,蒴壁2层,4瓣纵裂。弹丝多具1-2条螺纹加厚。孢子表面具密疣。

衣艳君等(1995)报道褶鳞苔属 Ptychocoleus Trevis 的日本褶鳞苔 P. nipponicus S. Hatt. 在山东有分布;《中国苔藓植物孢子形态》和《中国生物物种名录》(第一卷　植物　苔藓植物)均记载皱萼苔属 Ptychanthus Nees 的皱萼苔 P. striatus (Lehm. & Lindenb.) Nees 在山东有分布,但都没有引证标本,本次研究未见到相关标本,因此将以上两属和两种存疑。

本科全世界约95属。中国有28属;山东有4属。

分属检索表

1. 植物体无腹叶 ……………………………………………… 2. 疣鳞苔属 Cololejeunea
1. 植物体具腹叶 ………………………………………………………………………… 2
2. 腹叶先端2裂 ………………………………………………… 3. 细鳞苔属 Lejeunea
2. 腹叶先端圆钝,全缘 ………………………………………………………………… 3
3. 腹瓣通常具单齿 …………………………………………… 1. 原鳞苔属 Archilejeunea
3. 腹瓣通常具3-4齿 ………………………………………… 4. 瓦鳞苔属 Trocholejeunea

Key to the genera

1. Plants without underleaves …………………………………………… 2. Cololejeunea
1. Plants with underleaves ……………………………………………………………… 2
2. Underleaves bifid …………………………………………………… 3. Lejeunea
2. Underleaves entire …………………………………………………………………… 3
3. Louble with single tooth …………………………………………… 1. Archilejeunea
3. Louble with 3-4 teeth ……………………………………………… 4. Trocholejeunea

1. 原鳞苔属 Archilejeunea (Spruce) Schiffn. Nat. Pflanzenfam. I(3): 130. 1893.

本属全世界约20种。中国有3种;山东有1种。

1. 东亚原鳞苔

Archilejeunea kiushiana (Horik.) Verd., Ann. Bryol., Suppl. 4: 46. 1934.

Lopholejeunea kiushiana Horik., J. Sci. Hiroshima Univ., ser. B, Div. 2, Bot. 1: 129. 1932.

植物体细弱,黄绿色至暗绿色。茎匍匐,不规则羽状分枝。背瓣斜卵形,先端圆钝,叶边全缘;腹瓣卵形,长约背瓣的1/2,先端平截,具由2-3个细胞组成的角齿;腹叶圆形,宽为茎的2-3倍。叶细胞圆形至圆卵形,厚壁,三角体不明显。

生境:生于土表。

产地:青岛,崂山,滑溜口,海拔 500 m,李林 20112879 – C。

分布:中国(山东、浙江、江西、福建、广东、海南、香港)。日本。

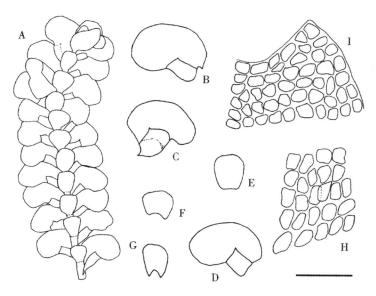

图53 东亚原鳞苔 *Archilejeunea kiushiana* (Horik.) Verd., A. 植物体一段(腹面观);B – D. 侧叶背瓣和腹瓣;E – G. 腹叶;H. 叶中部细胞;I. 侧叶腹瓣尖部细胞(任昭杰 绘)。标尺:A = 1.1 mm, B – G = 670 μm, H – I = 80 μm。

2. 疣鳞苔属 Cololejeunea (Spruce) Schiffn. Nat. Pflanzenfam. I(3): 117. 1893.

本属全世界约200种。中国有73种;山东有1种。

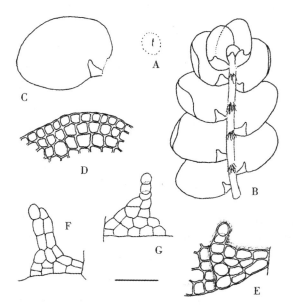

图54 东亚疣鳞苔 *Cololejeunea japonica* (Schiffn.) Mizut., A. 植物体;B. 植物体一段(腹面观);C. 侧叶背瓣和腹瓣;D. 叶尖部细胞;E. 侧叶腹瓣及部分叶基部细胞;F – G. 侧叶腹瓣(吴鹏程、于宁宁 绘)。标尺:A = 1.5 cm, B = 100 μm, C = 61 μm, D – G = 34 μm。

1. 东亚疣鳞苔

Cololejeunea japonica（Schiffn.）Mizut., J. Hattori Bot. Lab. 24：241. 1961.

Leptocolea japonica Schiffn., Ann. Bryol. 2：92. 1929.

植物体形小，黄绿色至绿色。茎匍匐，不规则分枝，假根束状着生于茎腹面。叶2列，腹叶缺失；侧叶背瓣卵形，全缘；腹瓣多形，常为三角形或长三角形，中齿单细胞或无；油体明显，每个细胞10—20个。无性芽胞圆盘状，约20个细胞组成。

生境：生于树干或阴湿土表上。

产地：牟平，昆嵛山，赵遵田84060。青岛，崂山，下清宫，赵遵田88040。黄岛，小珠山，海拔400－500 m，任昭杰20111671、20111749。五莲，五莲山，海拔400 m，任昭杰20120004、20120025。

分布：中国（山东、江西、台湾）。日本。

该种腹瓣的性状及中齿、角齿都有较大的变异，腹瓣多为三角形，中齿具或无，角齿明显。

3. 细鳞苔属 Lejeunea Lib. Ann. Gén. Sci. Phys. 6：372. 1820.

植物体形小，细弱，黄绿色至绿色。茎匍匐，不规则羽状分枝。叶紧密蔽前式覆瓦状排列，背瓣卵形、椭圆形或卵状三角形，稀前端具钝尖或锐尖，叶边全缘；腹瓣大小和叶形变化幅度较大，长约背瓣的1/4－1/2，先端具1－2齿。腹叶先端2裂，略宽于茎或明显宽于茎。叶细胞较大，多薄壁，每个细胞具多个油胞。雌雄同株或异株。雄苞着生于短枝或长枝上，苞叶1－10对。雌苞顶生。蒴萼筒状或倒卵形，常具4－5个脊。弹丝线状。

罗健馨等（1991）报道细鳞苔 *L. libertiae* Bonner & H. A. Mill. 在山东有分布，本次研究未见到引证标本，因此将该种存疑。

本属全世界约200种。中国有43种；山东有5种。

分种检索表

1. 腹瓣小，长约为背瓣的1/10 ┈┈┈┈┈┈┈┈┈┈┈┈ 2. 湿生细鳞苔 *L. aquatica*
1. 腹瓣长约为背瓣的1/5－1/2 ┈┈┈┈┈┈┈┈┈┈┈┈┈┈┈┈┈┈┈┈┈ 2
2. 腹叶通常为茎宽的1.5－2倍 ┈┈┈┈┈┈┈┈┈┈┈┈┈┈┈┈┈┈┈┈┈ 3
2. 腹叶通常为茎宽的2－3倍 ┈┈┈┈┈┈┈┈┈┈┈┈┈┈┈┈┈┈┈┈┈┈ 4
3. 腹叶裂瓣先端锐尖；雌雄同株 ┈┈┈┈┈┈┈┈┈┈ 1. 狭瓣细鳞苔 *L. anisophylla*
3. 腹叶裂瓣先端钝；雌雄异株 ┈┈┈┈┈┈┈┈┈┈┈ 5. 小叶细鳞苔 *L. parva*
4. 背瓣明显内凹，呈兜状 ┈┈┈┈┈┈┈┈┈┈┈ 3. 兜叶细鳞苔 *L. cavifolia*
4. 背瓣平展 ┈┈┈┈┈┈┈┈┈┈┈┈┈┈┈┈┈┈┈ 4. 日本细鳞苔 *L. japonica*

Key to the species

1. Louble about 1/10 the length of lobe ┈┈┈┈┈┈┈┈┈┈┈┈┈ 2. *L. aquatica*
1. Louble about 1/5 － 1/2 the length of lobe ┈┈┈┈┈┈┈┈┈┈┈┈┈┈ 2
2. Underleaves usually 1.5 － 2 times as the diameter of stem ┈┈┈┈┈┈┈ 3
2. Underleaves usually 2 － 3 times as the diameter of stem ┈┈┈┈┈┈┈┈ 4
3. The apex of underleaf lobe acute; autoicous ┈┈┈┈┈┈┈ 1. *L. anisophylla*
3. The apex of underleaf lobe obtuse; dioicous ┈┈┈┈┈┈┈┈ 5. *L. parva*
4. Lobe obviously concave ┈┈┈┈┈┈┈┈┈┈┈┈┈┈┈┈ 3. *L. cavifolia*
4. Lobe plane ┈┈┈┈┈┈┈┈┈┈┈┈┈┈┈┈┈┈┈┈┈ 4. *L. japonica*

1. 狭瓣细鳞苔（见前志图 49）

Lejeunea anisophylla Mont. , Ann. Sci. Nat. , Bot. , sér. 2. , 19：263. 1843.

Lejeunea boninensis Horik. , J. Sci. Hiroshima Univ. , ser. B, Div. 2, Bot. 1：24. 1931.

植物体小形。茎匍匐,羽状分枝。侧叶背瓣阔卵形,先端圆钝,叶边全缘;腹瓣卵形,常膨起呈囊状;腹叶宽为茎的 1.5～2 倍,先端 2 裂,裂瓣先端锐尖。叶细胞六边形至圆六边形,角部加厚。

生境:生于阴湿岩面。

产地:青岛,崂山,北九水,赵遵田 94058。

分布:中国(山东、甘肃、安徽、浙江、江西、湖南、湖北、四川、贵州、云南、西藏、福建、台湾、广东、广西、海南、香港、澳门)。日本、斯里兰卡、泰国、越南、马来西亚、印度尼西亚、澳大利亚、美国(夏威夷)、密克罗尼西亚、新喀里多尼亚、巴布亚新几内亚、菲律宾、美属萨摩亚群岛、法属塔希提岛和汤加。

2. 湿生细鳞苔

Lejeunea aquatica Horik. , Sci. Rep. Tohokuimp. Univ. ser. 4, 5：643. 1930.

植物体形小,绿色至暗绿色。茎匍匐,不规则羽状分枝。侧叶背瓣卵状椭圆形,先端圆钝,内卷或平展,叶边全缘;腹瓣非常小,近三角形,长约为背瓣的 1/10,或更小;腹叶圆形,先端 2 裂。叶细胞圆六边形,平滑,角部略加厚。

生境:喜生于阴湿岩面。

产地:栖霞,牙山,海拔 600 m,黄正莉 20111810、201118211、20111826。青岛,崂山,赵遵田 91604 - 1 - B。青岛,崂山,海拔 450 m,任昭杰,20112846、20112851。黄岛,铁橛山,任昭杰 R20140033 - A。黄岛,小珠山,南天门,海拔 500 m,任昭杰 20111746。黄岛,大珠山,茗泉,海拔 100 m,李林 20111572。五莲,五莲山,一线天,海拔 450 m,任昭杰 R20140035。蒙阴,蒙山,任昭杰 20120072。博山,鲁山,海拔 700 m,黄正莉 20112549、20112482。

分布:中国(山东、安徽、浙江、江西、湖南、贵州、云南、福建、台湾、广东、广西、香港)。日本。

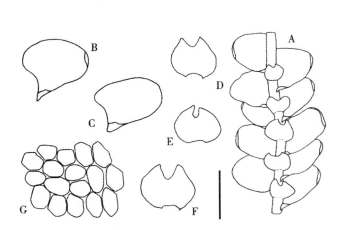

图55 湿生细鳞苔 *Lejeunea aquatica* Horik. , A. 植物体一段(腹面观);B - C. 侧叶背瓣和腹瓣;D - F. 腹叶;G. 叶中部细胞(任昭杰 绘)。标尺:A = 0.8 mm, B - C = 670 μm, D - F = 440 μm, G = 110 μm。

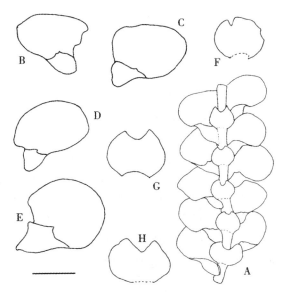

图56 兜叶细鳞苔 *Lejeunea cavifolia* (Ehrh.) Lindb. , A. 植物体一段(腹面观);B - E. 侧叶背瓣和腹瓣;F - H. 腹叶(任昭杰 绘)。标尺:A = 670μm, B - E = 420 μm, F - H = 330 μm。

3. 兜叶细鳞苔（照片 18）

Lejeunea cavifolia (Ehrh.) Lindb., Acta Soc. Sci. Fenn. 10：43. 1871.

Jungermannia cavifolia Ehrh., Beitr. Naturk. 4：45. 1779.

植物体黄绿色至绿色。茎匍匐,不规则分枝。侧叶背瓣椭圆形,内凹,先端圆钝;腹瓣膨起呈囊状,方形,边缘具圆齿,长约为背瓣的 1/5 - 1/4;腹叶较大,约为茎宽的 2 - 3 倍,圆形,先端 2 裂,裂瓣三角形。叶细胞六边形至圆六边形,角部略加厚,每个细胞具多个球形或椭圆形油体。

生境:生于岩面或土表。

产地:牟平,昆嵛山,三岔河,海拔 300 m,黄正莉 20110214。牟平,昆嵛山,流水石,海拔 400 m,黄正莉 20101810。青岛,崂山,靛缸湾上,海拔 500 m,任昭杰、卞新玉 20150060。

分布:中国(黑龙江、吉林、辽宁、河北、山西、山东)。朝鲜、印度、尼泊尔、俄罗斯(西伯利亚)、也门(索科特拉岛),高加索地区,黑海,欧洲和北美洲。

4. 日本细鳞苔（照片 19、20）

Lejeunea japonica Mitt., Trans. Linn. Soc. London, Bot. 3：203. 1891.

植物体形小,绿色至暗绿色。茎匍匐,不规则羽状分枝。侧叶背瓣卵形,先端圆钝,叶边全缘;腹瓣卵形,长约为背瓣的 1/4 - 1/3,膨起呈囊状,先端斜截形,具 1 个突出的齿;腹叶圆形,较大,宽为茎的 2 - 3 倍,先端 2 裂,裂瓣宽阔,先端钝,叶边全缘。叶细胞薄壁,角部略加厚。雌雄同株。雌苞叶椭圆形,腹瓣扁平,披针形,雌苞腹叶倒卵形,先端 2 裂。蒴萼鼓起,具 5 条明显纵棱。

生境:生于岩面、土表或岩面薄土上。

产地:牟平,昆嵛山,三岔河,海拔 450 m,任昭杰 20100131 - B、20100152 - B。牟平,昆嵛山,流水石,海拔 400 m,任昭杰 20101914 - B。青岛,崂山,任昭杰 20112864、20112850、20112845、20112865。黄岛,铁橛山,海拔 300 m,任昭杰 R20140031。黄岛,大珠山,海拔 150 m,黄正莉 20111543、20111595、20111596。黄岛,小珠山,南天门下,海拔 500 m,任昭杰 20111666、20111741。蒙阴,蒙山,海拔 870 m,赵遵田 20111033 - B。蒙阴,蒙山,前梁南沟,海拔 700 m,黄正莉 20111145。青州,仰天山,海拔 500 m,黄正莉 20112205。博山,鲁山,海拔 700 m,黄正莉 20112617、20112619。泰安,泰山,十八盘,海拔 1200 m,任昭杰、李法虎 R20141007。

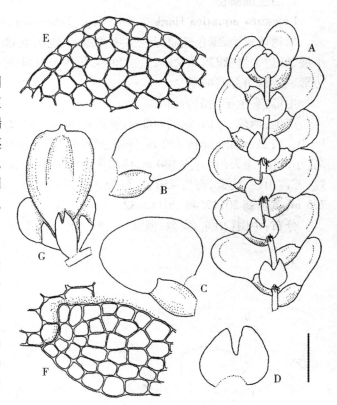

图 57　日本细鳞苔 *Lejeunea japonica* Mitt., A. 植物体一段(腹面观);B - C. 侧叶背瓣和腹瓣;D. 腹叶;E. 叶尖部细胞;F. 侧叶腹瓣及部分叶基部细胞;G. 雌苞(吴鹏程、于宁宁 绘)。标尺:A、G = 160 μm, B - C、F = 84 μm, D - E = 39 μm。

分布:中国(吉林、辽宁、山东、陕西、安徽、江苏、浙江、江西、湖南、湖北、四川、贵州、福建、台湾、广东、海南、香港)。朝鲜和日本。

5. 小叶细鳞苔（见前志图 52、53）

Lejeunea parva (S. Hatt.) Mizut., Misc. Bryol. Lichenol. 5：178. 1971.

Microlejeunea rotundistipula Steph. f. *parva* S. Hatt., Bull. Tokyo Sci. Mus. 11：123. 1944.

Lejeunea rotundistipula（Steph.）S. Hatt., J. Hattori Bot. Lab. 8：36. 1952.

Lejeunea patens Lindb. var. *uncrenata* G. C. Zhang, Fl. Hepat. Chin. Boreali-Orient. 208. 1981.

植物体形小,黄绿色。茎匍匐,不规则分枝。侧叶背瓣卵形至卵状椭圆形,先端圆钝,略内曲,叶边全缘;腹瓣卵形,长约为背瓣的 1/3 - 1/2,膨起呈囊状,具单个齿;腹叶圆形,宽为茎的 1.5 - 2 倍。叶细胞圆形至椭圆形,具三角体。

生境:生于岩面。

产地:牟平,昆嵛山,三岔河,海拔 350 m,任昭杰 20110220、20110247。栖霞,牙山,海拔 600 m,黄正莉 20111808。青岛,崂山,北九水,海拔 400 m,任昭杰 20112890、20112873。黄岛,小珠山,海拔 500 m,任昭杰 20111721。蒙阴,蒙山,里沟,海拔 960 m,李林 20120058、R20120062 - A。泰安,泰山,赵遵田 20110546 - B。

分布:中国(辽宁、山东、浙江、江西、湖南、四川、重庆、贵州、云南、西藏、台湾、广东、海南、香港)。朝鲜、日本和美属萨摩亚群岛。

4. 瓦鳞苔属 Trocholejeunea Schiffn. Ann. Bryol. 5：160. 1932.

植物体中等大小,黄绿色、灰绿色至深绿色,有时带褐色。茎匍匐,不规则稀疏分枝。侧叶密集蔽前式覆瓦状排列,背瓣卵圆形,先端圆钝,前缘圆弧形,后缘近平直;腹瓣卵形,长约为背瓣的 1/2,强烈膨起,前沿具 3 - 4 个齿;腹叶近圆形,宽约为茎的 2 - 3 倍,叶边全缘。叶细胞圆形至卵圆形,具明显三角体。雌苞叶大于茎叶,斜卵形,无齿或略具缺齿。蒴萼倒梨形,具 8 - 10 个脊。弹丝具 1 - 2 列螺纹加厚。

本属全世界有 3 种。中国有 2 种;山东有 1 种。

1. 南亚瓦鳞苔(照片 21、22)

Trocholejeunea sandvicensis （Gottsche） Mizut., Misc. Bryol. Lichenol. 2（12）：169. 1962.

Phragmicoma sandvicensis Gottsche, Ann. Sci. Nat., Bot., sér. 4, 8：344. 1857.

植物体中等大小。茎匍匐,不规则分枝。侧叶背瓣阔卵形,先端圆钝,叶边全缘;腹瓣约为背瓣长度的 1/3 - 1/2,半圆形,先端具 3 - 4 个圆齿;腹叶圆形,全缘。叶细胞圆形至近圆形,具三角体。

生境:多生于岩面。

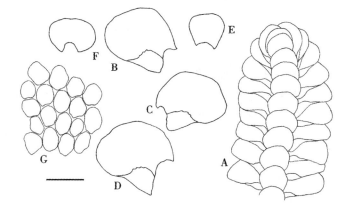

图 58 南亚瓦鳞苔 *Trocholejeunea sandvicensis* （Gottsche） Mizut., A. 植物体一段(腹面观);B - D. 侧叶背瓣和腹瓣;E - F. 腹叶;G. 叶中部细胞(任昭杰 绘)。标尺:A = 2.4 mm, B - F = 1. 7 mm, G = 240 μm。

产地:牟平,昆嵛山,赵遵田 84051 - B。青岛,崂山,北九水,海拔 400 m,任昭杰 20112916。黄岛,灵山岛,海拔 300 m,任昭杰 20111452、20111458。黄岛,灵山岛,赵遵田 89326。黄岛,小珠山,海拔 120 m,黄正莉 20111615、20111673。黄岛,铁橛山,海拔 200 m,任昭杰 20110832、20110878。五莲,五莲山,海拔 400 m,任昭杰 20120002。临朐,沂山,赵遵田 90064。临朐,嵩山,海拔 500 m,赵遵田、李荣贵 90397 - 1。蒙阴,蒙山,砂山,海拔 700 m,任昭杰 20120192。平度,大泽山,海拔 610 m,赵遵田 91023 - A。蒙阴,蒙山,望海楼,海拔 900 m,赵遵田 91319。枣庄,抱犊崮,赵遵田 911410。泰安,泰山,桃花峪,海拔 400 m,黄正莉 20110512。

分布:全国各地均有分布。朝鲜、日本、巴基斯坦、印度、尼泊尔、不丹、斯里兰卡、越南、马来西亚和美国(夏威夷)。

26. 绿片苔科 ANEURACEAE

叶状体质厚,黄绿色至深绿色,有时带棕色,叉状分枝、羽状分枝或不规则分枝;不具中肋,或具不明显中肋;无气室和气孔;腹面具假根,稀具鳞片。叶状体由多层细胞组成,细胞较大,每个细胞具1至数个油体。无性芽胞无,或生于叶状体先端。雌雄同株或异株。精子器着生于短枝先端背面,陷于小穴中,每个小穴具1-2对精子器。雌苞着生于叶状体侧短枝上。孢蒴长椭圆形,四瓣裂。蒴帽较大,长椭圆形或棒状。弹丝具1条螺纹加厚。孢子球形或椭圆形,褐色至红褐色,表面具网纹或疣。

本科全世界4属。中国有3属;山东有2属。

分属检索表

1. 叶状体宽通常大于5 mm;精子器多列 ······························· 1. 绿片苔属 Aneura
1. 叶状体宽约0.5-1 mm;精子器两列 ······························· 2. 片叶苔属 Riccardia

Key to the genera

1. Thallus usually more than 5 mm wide; antheridia in several rows ····················· 1. Aneura
1. Thallus ca. 0.5-1 mm wide; antheridia in two rows ························· 2. Riccardia

1. 绿片苔属 Aneura Dumort. Comment. Bot. 115. 1822.

本属全世界约15种。中国有2种;山东有1种。

1. 绿片苔(见前志图55)

Aneura pinguis (L.) Dumort., Comment. Bot. 115. 1822.

Jungermannia pinguis L., Sp. Pl. 1136. 1753.

叶状体黄绿色至暗绿色,单一,或不规则分枝,先端圆钝,边缘波曲,有时平展,腹面具假根;横切面厚,由10-12层细胞组成。雌雄异株。

生境:生于湿土表面。

产地:牟平,昆嵛山,烟霞洞,海拔300 m,黄正莉20110305-A。蒙阴,蒙山,任昭杰20111206、20112578。蒙阴,蒙山,赵遵田91234-A。

分布:中国(黑龙江、吉林、内蒙古、山东、山西、新疆、浙江、江西、湖北、四川、贵州、云南、福建、台湾、福建、香港、澳门)。印度、尼泊尔、不丹、朝鲜、日本、菲律宾、玻利维亚,欧洲和北美洲。

2. 片叶苔属 Riccardia Gray Nat. Arr. Brit. Pl. 1：679. 1821.

本属全世界约有175种。中国有17种;山东有2种。

分种检索表

1. 叶状体不规则羽状分枝 ································· 1. 宽片叶苔 R. latifrons
1. 叶状体掌状分枝 ································· 2. 掌状片叶苔 R. palmata

Key to the species

1. Thallus irregularly pinnately branched ·· 1. *R. latifrons*
1. Thallus palmately branched ·· 2. *R. palmata*

1. 宽片叶苔

Riccardia latifrons（Lindb.）Lindb., Acta Soc. Sci. Fenn. 10：513. 1875.

Aneura latifrons Lindb., Nov. Strip. Pug. 1873.

叶状体狭带状,黄绿色至绿色,不规则羽状分枝,先端舌形,边缘无波纹,不形成中肋。叶状体由多层细胞组成,中部厚 5 - 6 层细胞,每个细胞具 1 - 3 个椭圆形油体。芽胞椭圆形,由 2 个细胞组成,生于叶状体先端表面。

生境:生于岩面薄土或腐木上。

产地:文登,昆嵛山,二分场缓冲区,海拔 400 m,李林 20101321 - B。牟平,昆嵛山,马腚,海拔 200 m,任昭杰 20101441 - B、20101626、20101663。牟平,昆嵛山,烟霞洞,海拔 300 m,黄正莉 20110282、20110295、20110310。

分布:中国(黑龙江、吉林、内蒙古、山东、新疆、浙江、江西、湖南、湖北、重庆、贵州、云南、福建、台湾、香港)。尼泊尔、日本、俄罗斯(远东地区),北美洲。

2. 掌状片叶苔(见前志图 56)

Riccardia palmata（Hedw.）Carr., J. Bot. 13：302. 1865.

Jungermannia palmata Hedw., Theoria Generat. 87. 1784.

叶状体暗绿色,掌状分枝。叶状体由多层细胞组成,中部厚 6 - 9 层细胞,每个细胞具 1 - 3 个球形或椭圆形油体。芽胞圆形或长方形,生于叶状体先端。

生境:生于湿石上。

产地:蒙阴,蒙山,赵遵田 91173。

分布:中国(黑龙江、吉林,山东、新疆、浙江、江西、湖南、湖北、四川、云南、福建、台湾、香港、澳门)。日本、俄罗斯(远东地区),欧洲和北美洲。

27. 叉苔科 METZGERIACEAE

叶状体柔弱,黄绿色至暗绿色,有时带褐色;多叉状分枝,稀羽状分枝,先端圆钝,或呈锥形,腹面着生不育枝;中肋明显,通常腹面突起;叶边全缘,有时呈波状;叶状体密被刺毛或仅腹面中肋及边缘具刺毛,边缘刺毛单一或成对,直立或弯曲。叶状体由单层细胞组成。无性芽胞着生于叶状体边缘或背面。雌雄同株或异株。精子器球形,具短柄,附着在中肋上。雌苞较大。蒴帽梨形,具毛。孢蒴球形或卵球形,4瓣裂。弹丝丛生于孢蒴裂瓣顶部,具螺纹加厚。

张艳敏等(2002)报道毛叉苔属 Apometzgeria Kuwah. 的毛叉苔 A. pubescens（Schrank.）Kuwah. 在山东有分布,本次研究未见到引证标本,我们也未采到相关标本,因此将该属和种存疑。

本科全世界4属。中国有2属;山东有1属。

1. 叉苔属 Metzgeria Raddi Jungerm. Etrusca 34. 1818.

本属全世界约100种。中国有13种;山东有1种。

1. 平叉苔

Metzgeria conjugata Lindb., Acta Soc. Sci. Fenn. 10：495. 1875.

叶状体黄绿色,细带形,叉状分枝,叶缘向腹面卷曲。叶状体背面平滑,腹面具稀疏刺毛,边缘刺毛对生,中肋腹面具多数刺毛。中肋横切面背面表皮细胞2,腹面表皮细胞3-4列,叶状体细胞多边形至长方形。雌雄同株。

生境:多生于阴湿岩面。

产地:文登,昆嵛山,二分场缓冲区,海拔350 m,任昭杰 20101172 - D。招远,罗山,海拔400 m,黄正莉 20111954。青岛,崂山,赵遵田 88010。青岛,崂山,土生,赵遵田 91517 - 1 - A。蒙阴,蒙山,任昭杰 20120015。

分布:中国(黑龙江、吉林、内蒙古、山东、甘肃、上海、浙江、江西、湖南、湖北、重庆、贵州、云南、福建、台湾、香港)。印度、尼泊尔、朝鲜、日本、俄罗斯(远东地区)、巴布亚新几内亚、澳大利亚、美属萨摩亚群岛,欧洲、南美洲和北美洲。

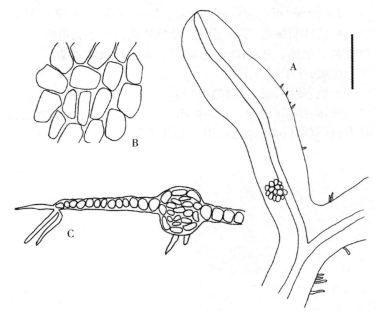

图59 平叉苔 Metzgeria conjugata Lindb., A. 叶状体一部分;B. 叶状体背面细胞;C. 叶状体横切面一部分(任昭杰、付旭 绘)。标尺:A = 0.8 mm, B = 170 μm, C = 220 μm。

二

角苔类植物门
ANTHOCEROTOPHYTA

1. 短角苔科 NOTOTHYLADACEAE

植物体不具黏液腔,蛋白核存在或缺失,精子器外壁不分层,由细胞规则排列而成。孢蒴外壁具气孔或缺失。孢子黄色至淡黑色,具有明显的三射线突起,表面具刺状、疣状、乳头状、棒状、蠕虫形或者片状突起。

本科全世界有 5 属。中国有 4 属;山东有 1 属。

1. 黄角苔属 Phaeoceros Prosk. Bull. Torrey Bot. Club 78:346. 1951.

本属全世界约 30 余种。中国有 8 种;山东有 1 种。

1. 黄角苔(照片 23)

Phaeoceros laevis (L.) Prosk., Bull. Torrey Bot. Club 78:347. 1951.

Anthoceros laevis L., Sp. Pl. 1139. 1753.

叶状体绿色,带形至半圆形,叉状分枝,无中肋,无黏液腔。植物体背面光滑,腹面具多数假根。雌雄异株。孢蒴长角形,突出苞膜,长约 2 cm。孢子黄色,具赤道带,近极面观具明显的三射线突起,达赤道带;整个孢子表面布满乳头状突起,近极面观乳头状突起较钝,远极面观乳头状突起顶端细尖。

生境:生于路边土坡上。

产地:黄岛,铁橛山,海拔 100 m,黄正莉、李林 20110806、20110807、20110888、20110926、20110971、20110974。

分布:中国(黑龙江、吉林、辽宁、河北、山东、陕西、浙江、江西、贵州、云南、福建、台湾、广东、广西、香港)。朝鲜、日本、印度、菲律宾、印度尼西亚、澳大利亚、新西兰、俄罗斯、巴西,欧洲和北美洲。

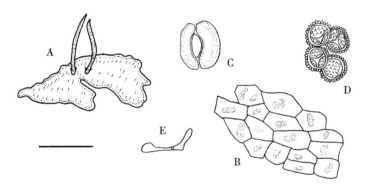

图 60 黄角苔 *Phaeoceros laevis* (L.) Prosk., A. 叶状体;B. 叶状体背面细胞;C. 孢蒴外壁的气孔;D. 孢子;E. 假弹丝;(李林、付旭 绘)。标尺:A = 1.2 cm, B - E = 80 μm。

三

藓类植物门
BRYOPHYTA

1. 金发藓科 POLYTRICHACEAE

植物体多粗壮,硬挺,嫩绿色、绿色至深绿色,稀褐绿色或红棕色,常大片丛生。茎多单一,稀分枝;多具中轴。叶螺旋状排列,在茎下部多脱落,上部密集,基部多成鞘状抱茎,上部披针形至阔披针形或长舌形,腹面一般具多列栉片,背面常有棘刺,叶缘多具齿。叶细胞卵圆形或方形,鞘部细胞长方形,透明。孢蒴多顶生,卵形或圆柱形,稀为球形或扁圆形,多具气孔。蒴齿单层,齿片多 32 片或 64 片,常红棕色。蒴帽兜形、钟形或长圆锥形,常被灰白色或金黄色纤毛。

本科全世界 17 属,主要分布于温带地区,少数产热带。中国有 6 属;山东有 3 属。

分属检索表

1. 叶缘具双齿;叶腹面栉片仅着生在中肋上 ··· 1. 仙鹤藓属 Atrichum
1. 叶缘具单齿;叶腹面除叶边外满布栉片 ·· 2
2. 孢蒴无气孔 ·· 2. 小金发藓属 Pogonatum
2. 孢蒴有气孔 ··· 3. 拟金发藓属 Polytrichastrum

Key to the genera

1. Leaf margins bi-toothed; ventral lamellae only on the leaf costa ·· 1. Atrichum
1. Leaf margins single toothed; ventral lamellae on the leaf costa and also on the lamina ··············· 2
2. Capsules without stomae ·· 2. Pogonatum
2. Capsules with stomae ·· 3. Polytrichastrum

1. 仙鹤藓属 Atrichum P. Beauv. Mag. Encycl. 5:329. 1804.

植物体小形至中等大小,嫩绿色至深绿色,成片丛生。茎直立,少分枝,基部密生红棕色假根;中轴分化。叶长舌形,干燥时卷曲,具多数横波纹,背面有斜列棘刺,先端多锐尖,稀钝尖,叶边多波曲,具双齿;中肋单一,粗壮,常达叶尖或突出于叶尖,腹面着生多列栉片,栉片顶细胞一般不分化。叶细胞六边形或不规则圆形,下部细胞长方形,叶缘分化 1-3 列狭长细胞。孢蒴长圆柱形,单生或簇生。蒴齿单层,齿片 32 片,红棕色。蒴盖圆锥形,具长喙。

《山东苔藓植物志》(以下简称"前志")记载本属一新种半齿仙鹤藓 A. semiserratum X. S. Wen & Z. T. Zhao,收录 3 号标本,产地分别为泰山、昆嵛山和崂山,但未指明模式标本,本次研究未能见到相关标本,因此将该种存疑。

本属全世界约 20 种。中国有 7 种及 1 变种;山东有 3 种和 1 变种。本属植物在山东分布较为广泛,常与东亚小金发藓 Pogonatum inflexum (Lindb.) Sande Lac. 混生,形成大片群落。

分种检索表

1. 植物体高不超过 1 cm;叶腹面栉片退化,或高不及 3 个细胞 ·········· 4. 东亚仙鹤藓 A. yakushimense
1. 植物体高 1-5 cm;叶腹面栉片发育,高 3-7 个细胞 ··· 2
2. 孢蒴 2-5 个簇生 ·········· 3. 仙鹤藓多蒴变种 A. undulatum var. gracilisetum
2. 孢蒴单生 ·· 3
3. 叶腹面栉片高 1-3 个细胞 ·········· 1. 小仙鹤藓 A. crispulum

3. 叶腹面栉片高 3 – 7 个细胞 ··· 2. 小胞仙鹤藓 *A. rhystophyllum*

Key to the species

1. Plants usually less than 1 cm high; leaf lamellae rudimental, less than 3 cells high or absent
·· 4. *A. yakushimense*

1. Plants usually 1 – 5 cm high; leaf lamellae developed, 3 – 7 cells high ················ 2
2. Capsules 2 – 5 in tufts ·· 3. *A. undulatum* var. *gracilisetum*
2. Capsule solitary ··· 3
3. Leaf lamellae 1 – 3 cells high ··· 1. *A. crispulum*
3. Leaf lamellae 3 – 7 cells high ·· 2. *A. rhystophyllum*

1. 小仙鹤藓

Atrichum crispulum Schimp. ex Besch., Ann. Sci. Nat., Bot., sér. 7, 17: 351. 1893.

植物体高 2 – 5 cm,丛生。叶长舌形,背面具斜列棘刺;中肋腹面栉片 2 – 6 列,高 1 – 3 个细胞。叶中部细胞近六边形,叶边分化 1 – 3 列狭长形细胞。孢蒴单生,长圆柱形。

生境:多生于林地或土坡。

产地:荣成,正棋山,海拔 250 m,郭萌萌 20112974。文登,昆嵛山,二分场缓冲区,海拔 419 m,黄正莉 20100542 – B。牟平,昆嵛山,三分场房门,海拔 500 m,姚秀英 20100957。青岛,崂山,北九水,海拔 230 m,任昭杰 R00366 – A。青岛,崂山顶,海拔 1000 m,邵娜 R11988。黄岛,铁橛山,海拔 350 m,任昭杰 R20120037 – B。五莲,五莲山,海拔 300 m,任昭杰 R20130122 – B。临朐,沂山,赵遵田 90049。蒙阴,蒙山,小天麻顶,海拔 780 m,赵遵田 91274 – B。泰安,徂徕山,光华寺,海拔 890 m,黄正莉 20110753。泰安,泰山,赵遵田 20110560 – B。

分布:中国(辽宁、山东、江苏、上海、浙江、四川、重庆、贵州、云南、西藏、台湾、广西)。朝鲜、日本和泰国。

2. 小胞仙鹤藓(照片 24)(图 61A – D)

Atrichum rhystophyllum (Müll. Hal.) Paris, Index Bryol. Suppl. 17. 1900.

Catharinea rhystophylla Müll. Hal., Nuovo Giorn. Bot. Ital., n. s., 3: 93, 1896.

植物体高 1 – 2 cm,丛生。叶背面具斜列棘刺,中肋腹面栉片 4 – 6 列,高 2 – 7 个细胞,稀达 8 个。叶中部细胞一般椭圆形,叶边分化 1 – 3 列狭长形细胞。孢蒴单生,长圆柱形,略弯曲。

生境:多生于林地或土坡。

产地:荣成,正棋山,海拔 250 m,郭萌萌 20111435 – 1。荣成,伟德山,海拔 300 m,李林 20112367 – B。文登,昆嵛山,二分场缓冲区,海拔 300 m,任昭杰 20101124 – C。牟平,昆嵛山,三分场黄连口,海拔 420 m,任昭杰 20100113。牟平,昆嵛山,三分场东至庵,海拔 250 m,赵遵田 84021 – A。栖霞,牙山,海拔 600 m,赵遵田 90901 – 1。招远,罗山,海拔 600 m,李林 20111932 – B。平度,大泽山,海拔 600 m,赵遵田 91051。平度,大泽山,海拔 500 m,李林 20112056。青岛,崂山顶,海拔 1000 m,韩国营 20112936 – B。青岛,崂山,海拔 670 m,赵遵田 91622 – C。黄岛,铁橛山,海拔 300 m,任昭杰 R20130167 – C。黄岛,铁橛山,海拔 200 m,黄正莉 R20130177 – E。黄岛,大珠山,海拔 100 m,黄正莉 20111505 – B。黄岛,小珠山,赵遵田 91132。五莲,五莲山,李林 R20130114 – B。日照,丝山,赵遵田 89252 – B。临朐,沂山,古寺,海拔 780 m,赵遵田 90422 – A。临朐,沂山,玉皇顶,海拔 1000 m,赵遵田 90153。博山,鲁山,海拔 700 m,黄正莉 20112520。博山,鲁山,海拔 1090 m,赵遵田 90560。蒙阴,蒙山,望海楼,海拔 1000 m,赵洪东 91314 – A。蒙阴,蒙山,天麻顶,海拔 760 m,赵遵田 91190 – B。平邑,蒙山,核桃涧,海拔 625 m,李林 R121018。泰安,徂徕山,上池,海拔 960 m,刘志海 91982 – A。泰安,徂徕山,光华寺,海拔 780 m,任昭杰 R11969 – B。泰安,泰山,天烛峰,海拔 1100 m,任昭杰、李法虎 R20141016。泰安,泰山,中天门下,海拔 580 m,赵遵田 33972 – B。

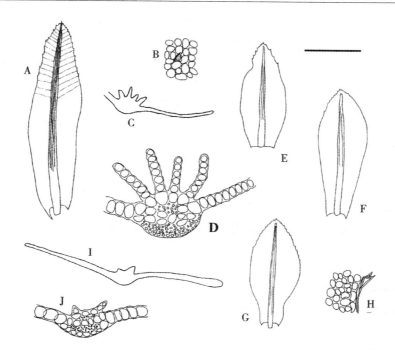

图 61 A – D. 小胞仙鹤藓 *Atrichum rhystophyllum*（Müll. Hal.）Paris, A. 叶；B. 叶中部细胞；C – D. 叶横切面（任昭杰、付旭 绘）。E – J. 东亚仙鹤藓 *Atrichum yakushimense*（Horik.）Mizut., E – G. 叶；H. 叶中部细胞；I – J. 叶横切面（任昭杰、李德利 绘）。标尺：A = 2.2 mm；B, D, H = 170 μm；C, E – G = 1.7 mm；I = 330 μm；J = 80 μm。

分布：中国（山东、江西、湖南、四川、重庆、贵州、云南、西藏、广西）。朝鲜和日本。

3. 仙鹤藓多蒴变种（照片 25）

Atrichum undulatum（Hedw.） P. Beauv. var. **gracilisetum** Besch., Ann. Sci. Nat., Bot. ser. 7, 17：351. 1893.

植物体高 1 – 3 cm。叶长舌形,背面具斜列棘刺,中肋腹面栉片 4 – 5 列,高 3 – 6 个细胞。叶中部细胞一般椭圆形,叶边分化 1 – 3 列狭长细胞。孢蒴 2 – 5 个簇生。

生境：多生于林地或土坡。

产地：荣成,伟德山,海拔 300 m,李林 20112396。荣成,伟德山,海拔 420 m,黄正莉 20112410 – C。文登,昆嵛山,二分场缓冲区,海拔 300 m,任昭杰 20100574。牟平,昆嵛山,三分场西至庵,海拔 300 m,任昭杰 20100037 – B。招远,罗山,海拔 600 m,李林 20111982 – B。平度,大泽山,海拔 550 m,郭萌萌 20112118。青岛,崂山,靛缸湾,海拔 300 m,赵遵田 91615。青岛,崂山顶,海拔 1000 m,韩国营 20112937 – B。青岛,崂山,

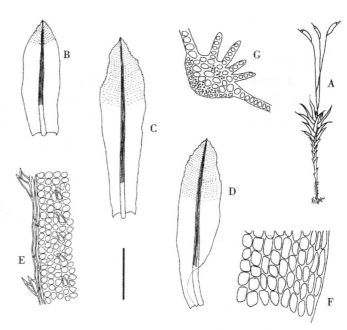

图 62 仙鹤藓多蒴变种 *Atrichum undulatum*（Hedw.） P. Beauv. var. *gracilisetum* Besch., A. 植物体；B – D. 叶；E. 叶中部边缘细胞；F. 叶基部细胞；G. 叶横切面（任昭杰 绘）。标尺：A = 3. 3 cm；B – D = 1.7 mm；E – G = 170 μm。

北宅,海拔 400 m,韩国营 20112881 - C。黄岛,小珠山,赵遵田 91639。黄岛,小珠山,南天门,海拔 400 m,黄正莉 20111735。黄岛,铁橛山,海拔 200 m,付旭 R20130121。黄岛,铁橛山,海拔 350m,付旭 R20130139。五莲,五莲山,海拔 300 m,任昭杰 R20130176 - B。临朐,沂山,古寺,海拔 470 m,赵遵田 90070、90423。博山,鲁山,驼禅寺,海拔 1100 m,郭萌萌 20112466 - B。蒙阴,蒙山,小天麻顶,海拔 780 m,赵遵田 91437 - C。新泰,莲花山,海拔 500 m,黄正莉 20110605 - C、20110652。泰安,徂徕山,上池,海拔 880 m,刘志海 91974。泰安,徂徕山,太平顶,海拔 980 m,刘志海 911070。泰安,泰山,中天门下,海拔 540 m,赵遵田 33973。

分布:中国(黑龙江、吉林、辽宁、内蒙古、山东、河南、陕西、甘肃、安徽、江苏、浙江、江西、湖北、四川、重庆、贵州、云南、西藏、福建、台湾、广东、广西、香港)。巴基斯坦、缅甸、朝鲜和日本。

经检视标本发现,前志收录的仙鹤藓原变种 A. undulatum var. undulatum 系本变种误定。本变种孢蒴 2 - 5 个簇生,明显区别于其他种类,在无孢子体情况下易与小胞仙鹤藓 A. rhystophyllum 混淆。

4. 东亚仙鹤藓(图 61E - J)

Atrichum yakushimense (Horik.) Mizut., J. Jap. Bot. 31:119. 1956.

Catharinea yakushimensis Horik., Bot. Mag. (Tokyo) 50:560. f. 38. 1936.

植物体高不及 1 cm。叶背面棘刺散生,腹面栉片退化,或仅高 1 - 3 个细胞。叶中部细胞一般为卵圆形,叶边分化 1 - 2 列狭长细胞。孢子体未见。

生境:生于阴湿土面。

产地:栖霞,牙山,海拔 350 m,郭萌萌 20111849 - B。黄岛,小珠山,幻住桥,海拔 500 m,黄正莉 20111651 - C。泰安,徂徕山,太平顶下山沟,海拔 780 m,赵遵田 911205 - A。

分布:中国(山东、安徽、江西、湖北、重庆、贵州、云南、广东、广西)。日本。

本种植物体矮小,叶腹面栉片退化或不明显,易与其他种类区别。

2. 小金发藓属 Pogonatum P. Beauv. Mag. Encycl. 5:329. 1804.

植物体中等大小,绿色至深绿色,老时褐绿色,成片丛生。茎直立,少分枝,下部叶片多脱落,基部密生红棕色假根;中轴分化。叶干燥时多卷曲,基部鞘状,向上成披针形,一般为 2 层细胞,叶边具齿,中肋及顶或突出,腹面密被纵列的栉片,顶细胞多分化。叶中上部细胞多角形,鞘部细胞单层,长方形。孢蒴圆柱形,蒴齿单层,32 片。蒴帽兜形,被长纤毛。

Th. Loesener (1920)报道小金发藓 P. aloides (Hedw.) P. Beauv. 在青岛有分布,我们未见到相关标本,因此将该种存疑。

本属全世界约 57 种。中国有 20 种和 1 亚种;山东有 4 种。

分种检索表

1. 原丝体常存;叶腹面无栉片 ………………………… 3. 苞叶小金发藓 P. *spinulosum*
1. 原丝体不常存;叶腹面具多数纵列栉片 ………………………………………… 2
2. 叶缘细胞双层 …………………………………… 1. 扭叶小金发藓 P. *contortum*
2. 叶缘细胞单层 ……………………………………………………………………… 3
3. 叶腹面栉片顶细胞平滑,横切面内凹 ……………… 2. 东亚小金发藓 P. *inflexum*
3. 叶腹面栉片顶细胞具疣,横切面不内凹 …………… 4. 疣小金发藓 P. *urnigerum*

Key to the species

1. Protonema persistent; leaves without lamellae ………………………… 3. *P. spinulosum*

1. Protonema not persistent; leaves lamellae numerous ················· 2
2. Leaf margines bi-stratose ································· 1. *P. contortum*
2. Leaf margines uni-stratose ································· 3
3. Marginal cells of lamellae smooth, cross section emarginated above ················ 2. *P. inflexum*
3. Marginal cells of lamellae papillose, cross section not emarginated above ··········· 4. *P. urnigerum*

1. 扭叶小金发藓(见前志图 335)

Pogonatum contortum (Brid.) Lesq., Mem. Calif. Acad. Sci. 1：27. 1868.

Polytrichum contortum Menz. ex Brid., J. Bot. (Schrad.) 1800 (2)：287. 1801.

植物体大形,高 4 – 8 cm。茎直立;中轴分化。叶干时强烈卷曲,叶边具粗齿;叶腹面密生栉片,高 2 – 4 个细胞,顶细胞近圆形,略大于下部细胞;中肋及顶,背面上部具齿。孢子体未见。

生境:多生于林下或路旁土坡。

产地:牟平,昆嵛山,赵遵田 Zh86003。平邑,蒙山,海拔 900 m,赵遵田 Zh91314。泰安,徂徕山,海拔 800 m,赵遵田 Zh91588。泰安,泰山,海拔 1200 m,赵遵田 Zh34105。

分布:中国(山东、四川、广东、广西、海南、香港)。孟加拉国、日本、俄罗斯(远东地区),北美西部。

2. 东亚小金发藓(照片 26)

Pogonatum inflexum (Lindb.) Sande Lac., Ann. Mus. Bot. Lugduno-Batavi 4：308. 1869.

Polytrichum inflexum Lindb., Not. Sällsk. Fauna Fl. Fenn. Förh. 9：100. 1868.

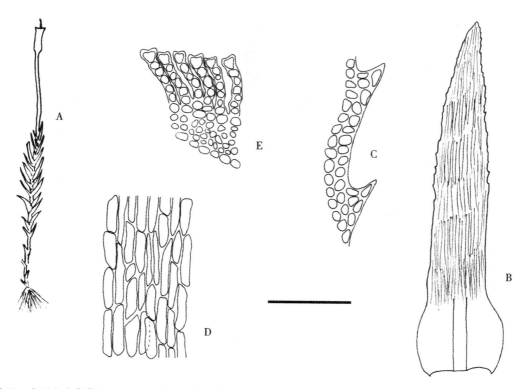

图 63 东亚小金发藓 *Pogonatum inflexum* (Lindb.) Sande Lac., A. 植物体;B. 叶;C. 叶中部边缘细胞;D. 叶基部细胞;E. 叶横切面一部分(任昭杰 绘)。标尺:A = 2.2 cm; B = 0.8 mm; C – D = 330 μm; E = 80 μm。

植物体中等大小。茎单一,少分枝;中轴分化。叶三角形或卵状披针形,基部呈鞘状,向上呈披针形;叶边上部具粗齿,由 2 – 4 个细胞组成;中肋背面上部具锐齿;栉片密生于叶腹面,高 4 – 6 个细胞,顶细胞多呈扁椭圆形,横切面观内凹,下部细胞方形。蒴柄红褐色,长 2 – 3.5 cm。孢蒴直立,圆柱形。孢子平滑。

生境:多生于林地或路边土坡。

产地:荣成,伟德山,海拔 500 m,黄正莉 20112393、20112406。荣成,正棋山,海拔 500 m,黄正莉 20112989 – B。文登,昆嵛山,海拔 600 m,任昭杰 20101151。牟平,昆嵛山,泰礴顶,海拔 900 m,任昭杰 20101085。牟平,昆嵛山,一分场马腚,海拔 200 m,任昭杰 20101465。栖霞,牙山,海拔 580 m,赵遵田 90886。招远,罗山,海拔 600 m,李超 20111971 – C、20111997 – B。平度,大泽山,赵遵田 91028。青岛,崂山,巨峰,海拔 1090 m,赵遵田 89385。青岛,崂山,滑溜口,海拔 500 m,黄正莉 20112861。青岛,崂山,北宅,海拔 400 m,韩国营 20112881 – D。黄岛,大珠山,海拔 100 m,黄正莉 20111498 – B。五莲,五莲山,海拔 300 m,付旭 R20130110 – C。五莲,五莲山,赵遵田 89279。临朐,沂山,黑风口,海拔 800 m,赵遵田 90427、90428。博山,鲁山,海拔 900 m,赵遵田 90720、90732。沂南,蒙山,海拔 800 m,赵遵田 91203。费县,蒙山,海拔 800 m,赵遵田 91374、91375。泰安,徂徕山,马场,海拔 880 m,赵洪东 911044、911045。泰安,徂徕山,太平顶,海拔 950 m,赵洪东 911069。泰安,泰山,中天门下,海拔 600 m,赵遵田 33969、34072。

分布:中国(山东、河南、甘肃、安徽、江苏、上海、浙江、江西、湖南、湖北、重庆、贵州、云南、福建、台湾)。朝鲜和日本。

本种在山东分布较为广泛,常与仙鹤藓属 Atrichum 植物混生,成大片群落。

3. 苞叶小金发藓(图 64A – F)

Pogonatum spinulosum Mitt., J. Linn. Soc. London 8: 156. 1864.

植物体极矮小,生于绿色原丝体上。茎极短;中轴不分化。叶鳞片状,贴生,尖部具齿;中肋及顶;叶腹面无栉片,或栉片发育不良。雌苞叶披针形,全缘。蒴柄长可达 3.5 cm。孢蒴圆柱形。蒴盖圆锥形,具短喙。蒴帽密被纤毛。孢子平滑。

生境:多生于路旁土坡。

产地:威海,张家山,张艳敏 362(SDAU)。文登,昆嵛山,海拔 100 m,赵遵田 87039。文登,昆嵛山,二分场缓冲区,海拔 350 m,任昭杰 20101266 – A。牟平,昆嵛山,四工区,海拔 240 m,赵遵田 84052。牟平,昆嵛山,三分场老师坟,海拔 350 m,任昭杰 20101837。青岛,崂山,巨峰,海拔 1000 m,赵遵田 89384 – B。青岛,崂山,黑风口,海拔 800 m,赵遵田 89388 – B。青岛,崂山,海拔 300 m,赵遵田 91575。五莲,五莲山,张艳敏 562(SDAU)。

分布:中国(黑龙江、吉林、山东、河南、安徽、江苏、浙江、江西、湖南、湖北、四川、重庆、贵州、云南、福建、广西)。越南、菲律宾、朝鲜和日本。

本种配子体不明显,且叶无栉片,易与其他种类区别。

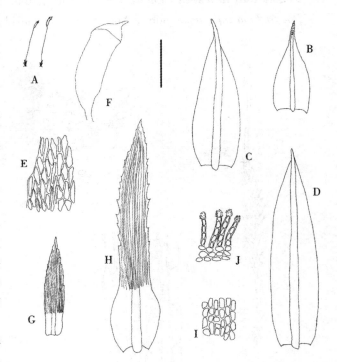

图 64　A – F. 苞叶小金发藓 *Pogonatum spinulosum* Mitt., A. 植物体;B. 基部叶;C – D. 雌苞叶;E. 雌苞叶中上部细胞;F. 孢蒴(任昭杰、付旭 绘)。G – J. 疣小金发藓 *Pogonatum urnigerum* (Hedw.) P. Beauv., G – H. 叶;I. 叶鞘部细胞;J. 叶横切面一部分(任昭杰、付旭 绘)。标尺:A = 3.3 cm;B – D, G, H = 1.7 mm;E, I – J = 170 μm;F = 330 μm。

4. 疣小金发藓（图64G – J）

Pogonatum urnigerum（Hedw.）P. Beauv.，Prodr. 84. 1805.

Polytrichum urnigerum Hedw.，Sp. Musc. Frond. 100. pl. 22，f. 5 – 7. 1801.

植物体中等大小，高3～6 cm。茎直立，上部有时具分枝；中轴分化。叶边有时内曲，具粗齿；中肋背部具少数粗齿；叶腹面栉片顶细胞圆形，胞壁厚，具粗疣，明显大于下部细胞。孢子体未见。

生境：多生于林缘土坡。

产地：青岛，崂山顶，海拔1100 m，赵遵田89377 – A、89379、89386、91599 – B、91062。青岛，崂山，柳树台，全治国166、174、177（PE）。临朐，沂山，赵遵田90344。泰安，泰山，后石坞，海拔1400 m，赵遵田 Zh941104 – A。泰安，泰山，青桐沟，张艳敏865（SDAU）。

分布：中国（吉林、辽宁、内蒙古、河北、山东、河南、陕西、甘肃、新疆、安徽、浙江、江西、湖北、四川、重庆、贵州、云南、西藏、台湾、广西）。巴基斯坦、印度尼西亚、巴布亚新几内亚和坦桑尼亚。

3. 拟金发藓属 Polytrichastrum G. L. Sm. Mem. New York Bot. Gard. 21（3）：35. 1971.

植物体大形，暗绿色，成片丛生。茎直立，少分枝，上部密生叶，下部裸露或具鳞片状叶；中轴分化。叶基部呈鞘状，抱茎，向上成披针形至长披针形；叶边具齿；中肋及顶；腹面栉片多数，顶细胞多分化。雌雄异株。孢蒴圆柱形或具棱，常有台部；蒴壁具气孔。蒴齿一般64片，少数32 – 35片。盖膜肉质。

赵遵田等（1998）报道细叶金发藓 *Polytrichum gracile* Dicks. = *Polytrichastrum longisetum*（Sw. ex Brid.）G. L. Sm.，本次研究未见到引证标本，因此将该种存疑。

本属全世界约13种。中国有8种和1变种；山东有1种。

1. 台湾拟金发藓

Polytrichastrum formosum（Hedw.）G. L. Sm.，Mem. New York Bot. Gard. 21（3）：37. 1971.

Polytrichum formosum Hedw.，Sp. Musc. Frond. 92. 1801.

植物体大形，高可达13 cm，丛生。茎直立，少分枝；中轴分化。叶基部呈鞘状，向上成长披针形，叶边具齿；中肋宽阔，及顶，背面上部多具刺；栉片密生于叶腹面，高4－6个细胞，顶细胞略大于下部细胞，先端呈拱形凸出。叶中部细胞卵圆形，鞘部细胞长方形。孢子体未见。

生境：生于岩面薄土上。

产地：牟平，昆嵛山，老窑夼，张学杰 R20120002。牟平，昆嵛山，红松林至泰礴顶途中，任昭杰 R20131314。

分布：中国（黑龙江、吉林、辽宁、内蒙古、山东、安徽、江苏、上海、浙江、江西、湖南、四川、重庆、云南、西藏、福建、台湾、广东、广西、香港）。尼泊尔、日本、俄罗斯（远东地区）、叙利亚、澳大利亚、新西兰、阿留申群岛、欧洲、北非和北美洲。

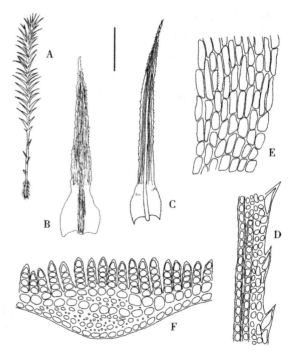

图65 台湾拟金发藓 *Polytrichastrum formosum*（Hedw.）G. L. Sm.，A. 植物体；B－C. 叶；D. 叶中部细胞；E. 叶基部细胞；F. 叶横切面一部分（任昭杰 绘）。标尺：A ＝330 μm；B－C＝2.2 mm；D－E＝80 μm；F＝110 μm。

2. 短颈藓科 DIPHYSCIACEAE

植物体矮小,暗绿色,高不及 1 cm,丛生或散生。茎直立,单一,稀分枝,基部密生假根;中轴不分化。原丝体不常存。叶干时倾立或卷曲,湿时伸展;叶边多全缘,偶具细齿;中肋宽阔,强劲,几乎占满叶片,及顶或突出叶尖。叶细胞单层至多层,卵形、近方形或不规则多角形,基部细胞长方形,平滑,透明。雌雄异株或异苞同株。蒴柄极短,孢蒴隐生于雌苞叶内。

本科 1 属,山东有分布。

1. 短颈藓属 Diphyscium D. Mohr Observ. Bot. 34. 1803.

属特征同科。

本属世界现有 15 种。我国有 6 种;山东有 1 种。

1. 厚叶短颈藓

Diphyscium lorifolium(Cardot)Magombo, Novon 12:502. 2002.

Theriotia lorifolia Cardot, Beih. Bot. Centralbl. 17:8. 1904.

植物体矮小,高 3 - 5 mm,暗绿色,无光泽,丛生。叶簇生,干时倾立,湿时伸展,基部卵圆形,向上呈带状披针形,横切面呈三角状圆形,先端圆钝,易脆折;叶边平滑;中肋宽阔,占叶片大部分,横切面表面为一层绿色细胞,内部为无色细胞,中央夹杂一层绿色细胞。叶细胞多层,仅基部中肋两侧为单层,上部细胞短方形,基部细胞略呈长方形,透明。孢子体未见。

生境:生于密林下潮湿地带。

产地:牟平,昆嵛山,三分场"昆嵛山石碑"后,海拔 500 m,黄正莉 20100950。

分布:中国(吉林、辽宁、山东)。克什米尔地区,朝鲜和日本。

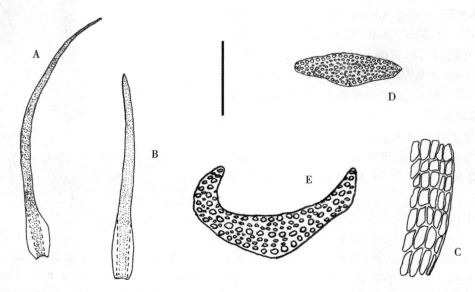

图66 厚叶短颈藓 *Diphyscium lorifolium*(Cardot)Magombo, A - B. 雌苞叶;C. 苞叶基部边缘细胞;D. 叶中部横切面;E. 叶下部横切面(黄正莉、任昭杰 绘)。标尺:A - B = 5.5 mm,C = 100 μm,D - E = 2.0 mm。

3. 美姿藓科 TIMMIACEAE

植物体深绿色,稀疏丛生。茎直立,单一或叉状分枝,基部密生假根。叶基部略呈鞘状,上部卵状披针形或披针形,背仰,干时直立或卷曲,湿时伸展;叶边内卷,不分化,上部具粗齿;中肋强劲,达叶尖稍下处,先端背面多具齿。叶细胞小,多边形,腹面多具乳头状突起,鞘部细胞长方形,无色,透明,平滑或背面具疣。孢子体单生。蒴柄长。孢蒴倾立、平列或近于悬垂,长卵形,干时有长褶皱。环带分化,成熟后卷落。蒴齿两层,等长。蒴盖半圆锥形。蒴帽细长,兜形。孢子平滑。

本科仅1属。山东有分布。

1. 美姿藓属 Timmia Hedw. Sp. Musc. Frond. 176. 1801.

属特征同科。

本属世界现有6种。我国有4种和2变种;山东有1变种。

1. 美姿藓北方变种

Timmia megapolitana Hedw. var. **bavarica**(Hessl.)Brid., Bryol. Univ. 2:71, 1827.

Timmia bavarica Hessl., De Timmia Mus. Fr. Gen. 19. fig. 3. 1822.

植物体稀疏丛生,深绿色,高 1 – 4 cm。茎直立,少分枝。叶干时卷曲,湿时伸展,基部略呈鞘状,向上呈卵状披针形;叶边不规则背卷,仅上部具多细胞组成的粗齿;中肋粗壮,达叶尖稍下处消失,先端背面平滑。叶上部细胞多边形,薄壁,平滑,基部细胞长方形,平滑,近边缘细胞狭长线形。孢子体未见。

生境:生于密林下潮湿土上或岩面薄土上。

产地:牟平,昆嵛山,泰礴顶,海拔 900 m,任昭杰 R11818。牟平,昆嵛山,三分场长廊,海拔 500 m,任昭杰 20110073 – A。牟平,昆嵛山,烟霞洞,海拔 250 m,黄正莉 20110277。青岛,崂山,潮音瀑,海拔 450 m,赵遵田 Zh88039。青岛,崂山,太清宫,海拔 400 m,任昭杰 R20131900。泰安,徂徕山,中军帐,海拔 500 m,任昭杰 20110766 – B。

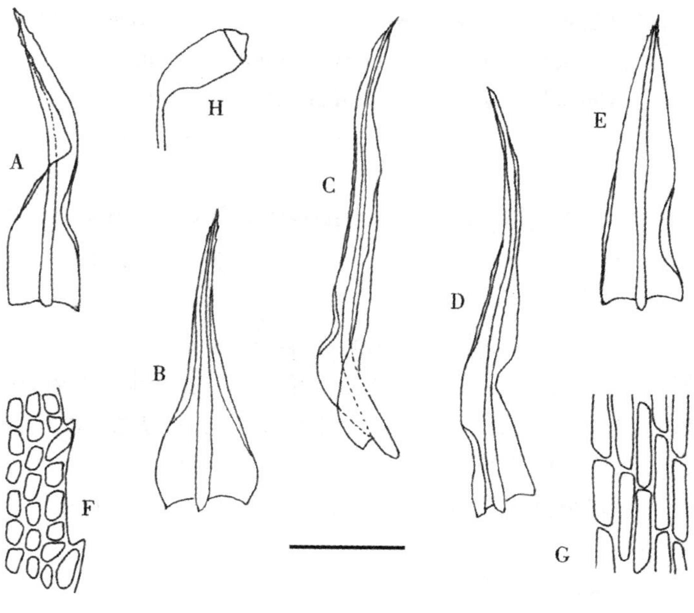

分布:中国(黑龙江、吉林、辽宁、内蒙古、河北、山西、山东、陕西、宁夏、甘肃、青海、新疆、湖北、四川、云南、西藏)。巴基斯坦、蒙古、日本、俄罗斯(远东地区),欧洲、非洲和北美洲。

图 67 美姿藓北方变种 *Timmia megapolitana* Hedw. var. *bavarica*(Hessl.)Brid., A－E. 叶;F. 叶中上部细胞;G. 叶基部细胞;H. 孢蒴(任昭杰、付旭 绘)。标尺:A－E＝0.8 mm, F－G＝80 μm, H＝4.8 mm。

4. 葫芦藓科 FUNARIACEAE

　　植物体矮小,多土表疏松丛生。茎直立,单一,稀分枝;中轴分化。叶多簇生于茎顶端,呈莲座状,且顶叶较大,卵圆形、倒卵圆形或长椭圆状披针形,先端急尖或渐尖,多具小尖头。叶细胞多角形,排列松散,基部细胞长方形,薄壁,透明,平滑。多雌雄同株。雌苞叶多不分化。蒴柄多细长,直立或上部弯曲。孢蒴多为梨形或倒卵形,直立、倾立或悬垂。蒴齿两层、单层或缺如。蒴盖多呈半圆状突起。孢子平滑或具疣。

　　本科全世界 16 属。中国有 5 属;山东有 3 属。

分属检索表

1. 孢蒴较短宽,呈碗状或高脚杯状;蒴齿缺如 ·················· 3. 立碗藓属 *Physcomitrium*
1. 孢蒴较长,呈梨形或肾形;蒴齿发育 ·· 2
2. 孢蒴多直立,对称,环带缺如,蒴齿缺如或单层 ················· 1. 梨蒴藓属 *Entosthodon*
2. 孢蒴多下垂、垂倾或倾立,不对称,具环带,蒴齿两层 ················· 2. 葫芦藓属 *Funaria*

Key to the genera

1. Capsules shorter and boarder, bowlform or crateriformis; peristome teeth absent
·· 3. *Physcomitrium*
1. Capsules longer, pyriform or reniform; peristome teeth developed ····················· 2
2. Capsules ercct, symmetric, annulus absent, peristome absent or single ············ 1. *Entosthodon*
2. Capsules curved, horizontal pendulous, cernuous or inclined, asymmetric, annulus present, peristome double ·· 2. *Funaria*

1. 梨蒴藓属 Entosthodon Schwägr. Sp. Musc. Frond. , Suppl. 2 (1): 44. 1823.

　　植物体矮小,丛生。茎直立,单一,基部疏生假根。叶多簇生于茎顶端,干时皱缩,湿时伸展,呈卵形、椭圆形或披针形,先端急尖或渐尖;叶边上部具细齿;中肋多不及顶。叶中上部细胞多边形,基部细胞长方形,边缘细胞狭长方形,形成明显分化边缘。雌雄同株异苞。孢蒴直立,对称,呈倒梨形,环带缺如。蒴齿单层或缺如。蒴盖锥形。蒴帽兜形。

　　本属全世界约有 85 种。中国有 4 种;山东有 1 种。

1. 钝叶梨蒴藓

Entosthodon buseanus Dozy & Molk. , Bryol. Jav. 1: 31. pl. 22, f. 1 – 23. 1855.

Funaria sinensis Dixon, Sci. Rep. Natl. Tsing Hua Univ,. Ser. B. Biol. Sci. 2: 120. 1936, *nom, nud.*

　　植物体矮小,黄绿色,稀疏丛生。茎直立,单一。茎下部叶小,上部叶长大,椭圆状披针形,先端宽,急尖;叶边上部具细齿,下部全缘;中肋达叶尖稍下处消失。叶中上部细胞多边形,叶边分化 1 – 2 列狭长菱形细胞,基部细胞长方形。孢蒴多直立,倒梨形,环带缺如。

生境:路旁土生。

产地:博山,鲁山,赵遵田 900000、90498 - B、90676、90681、90692。博山,鲁山,海拔 700 m,黄正莉 20112566。德州,高铁站,任昭杰 R20131358。

分布:中国(河北、山东、甘肃、湖北、贵州、云南、台湾)。印度、印度尼西亚、菲律宾、巴布亚新几内亚和东南亚。

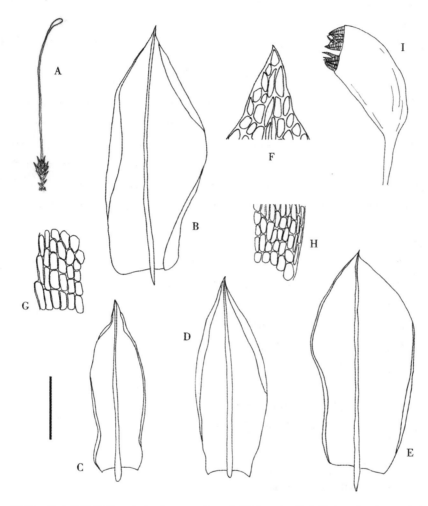

图 68　钝叶梨蒴藓 *Entosthodon buseanus* Dozy & Molk., A. 植物体;B－E. 叶;F. 叶尖部细胞;G. 叶中部边缘细胞;H. 叶基部细胞;I. 孢蒴(任昭杰、付旭 绘)。标尺:A = 1.1 cm;B－E = 1.7 mm;F = 170 μm;G－H = 330 μm;I = 3.3 mm。

2. 葫芦藓属 Funaria Hedw. Sp. Musc. Frond. 172. 1801.

一年或二年生矮小土生藓类。茎短,直立,稀分枝。叶卵圆形、倒卵圆形、卵状披针形或舌形;叶边平滑或具齿;中肋强劲,及顶或略突出,稀在叶尖稍下处消失。叶细胞多为椭圆状菱形,基部细胞较狭长,有时叶缘细胞呈狭长方形,构成明显的分化边缘。雌雄同株。孢蒴梨形,多不对称,具明显台部。蒴盖圆盘状,平顶或微凸。蒴帽兜形,具长喙。孢子具疣。

本属全世界约 80 种。中国有 9 种;山东有 4 种。本属植物遍布全省各地,常与立碗藓属 *Physcomitrium* 植物、真藓 *Bryum argenteum* Hedw. 以及纤枝短月藓 *Brachymenium exile* (Dozy & Molk.) Bosch & Sande Lac. 等土生藓类混生。

分种检索表

1. 孢蒴倾立 ·· 2
1. 孢蒴平列或下垂 ·· 3
  2. 叶片狭长;孢蒴台部短 ································ 1. 狭叶葫芦藓 *F. attenuata*
  2. 叶片宽短;孢蒴台部长 ································ 4. 刺边葫芦藓 *F. muhlenbergii*
  3. 孢蒴台部长,蒴口大,外齿层齿片具横节 ············ 2. 葫芦藓 *F. hygrometrica*
  3. 孢蒴台部短,蒴口小,外齿层齿片不具横节 ········ 3. 小口葫芦藓 *F. microstoma*

Key to the species

1. Capsules inclined ·· 2
1. Capsules horizontal or pendent ··· 3
  2. Leaves narrow and longer; apophysis shorter ························· 1. *F. attenuata*
  2. Leaves broad and shorter; apophysis longer ······················ 4. *F. muhlenbergii*
  3. Apophysis longer, mouth of capsules larger, exostome teeth with trabeculate ····· 2. *F. hygrometrica*
  3. Apophysis shorter, mouth of capsules smaller, trabeculate of exostome teeth absent ··· 3. *F. microstoma*

1. 狭叶葫芦藓

Funaria attenuata (Dicks.) Lindb., Not. Sällsk. Fauna Fl. Fenn. Förh. 11: 633. 1870.

Bryum attenuata Dicks., Fasc. Pl. Crypt. Brit. Fasc. 4: 10. f. 8. 1801.

植物体矮小。茎直立。叶干时卷曲,湿时倾立,卵状披针形或长三角状披针形,叶边全缘;中肋突出叶尖,成短尖头。孢蒴多倾立,梨形,不对称,台部不明显。

生境:多生于林缘、路边以及土墙壁基部。

产地:青岛,崂山,潮音瀑,海拔 400 m,杜超 20071171。博山,鲁山,赵遵田 90564、90628 – 1 – A。济南,辛西路花坛,海拔 20 m,赵遵田 85002、85003 – A。济南,山东省杂技团花坛,海拔 50 m,任昭杰 R11933。

分布:中国(黑龙江、吉林、北京、山东、陕西、江苏、浙江、江西、湖北、重庆、贵州、云南、西藏、福建、海南)。巴基斯坦,欧洲、非洲北部和北美洲。

2. 葫芦藓(照片 27)

Funaria hygrometrica Hedw., Sp. Musc. Frond. 172. 1801.

植物体矮小,稀疏丛生,黄绿色,老时略带红色。茎直立,单一,稀分枝。叶簇生茎顶端,干时皱缩,湿时倾立,阔卵形或卵状披针形;叶边全缘,明显内卷;中肋及顶。蒴柄细长,上部弯曲。孢蒴梨形,不对称,多垂倾,台部明显。

生境:多生于林间空地、土坡、墙角、石缝等处。

产地:文登,昆嵛山,王母娘娘洗脚盆附近,海拔 350 m,黄正莉 20100431。牟平,昆嵛山,烟霞洞,海

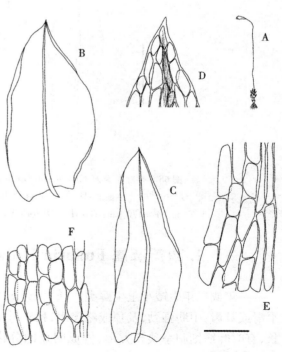

图 69 葫芦藓 *Funaria hygrometrica* Hedw., A. 植物体;B – C. 叶;D. 叶尖部细胞;E. 叶中部细胞;F. 叶基部细胞(任昭杰 绘)。标尺:A = 1.6 cm, B – C = 1.2 mm, D – E = 120 μm; F = 240 μm。

拔 350 m,黄正莉 20110326 – B。栖霞,艾山,海拔 400 m,李林 20113052 – A。招远,罗山,海拔 350 m,黄正莉 20112029 – A。莱州,城南,任昭杰 R140023。青岛,崂山,滑溜口,赵遵田 20112843 – A。黄岛,铁橛山,海拔 300 m,郭萌萌 R20130118。郯城,郯城一中,赵遵田 04009。青州,青州博物馆,任昭杰 R130034。临朐,临朐副食品招待所,赵遵田 90002 – B。东营,海拔 3 m,赵遵田 Zh89185。泰安,泰山,黑龙潭,赵遵田 34166。泰安,徂徕山,赵遵田 Zh91948。章丘,百脉泉,赖桂玉 R20120050 – B。济南,趵突泉,黄正莉 20113153 – B。济阳,赖桂玉 R20121299。平阴,赖桂玉 R20121278。济宁,黄正莉 R20131900。济宁,城北,张月侠 R20150004。无棣,赵遵田 050031。德州,高铁站,任昭杰 R20131359。临清,赵遵田 Zh86459。菏泽,牡丹园,赵遵田 Zh87244。

分布:世界广布种。我国各省区均有分布。

3. 小口葫芦藓

Funaria microstoma Bruch ex Schimp., Flora 23:850. 1840.

本种叶形与葫芦藓 *F. hygrometrica* 相似,但叶片较葫芦藓短小,此外,孢蒴台部不明显,蒴口较小,明显区别于后者。

生境:生于路边潮湿土表。

产地:济南,南护城河河边花坛,赖桂玉 R20131377。济阳,赖桂玉 R20111110。

分布:中国(黑龙江、吉林、内蒙古、山东、陕西、新疆、安徽、上海、湖北、四川、重庆、贵州、云南、西藏)。印度、澳大利亚、欧洲、非洲北部和北美洲。

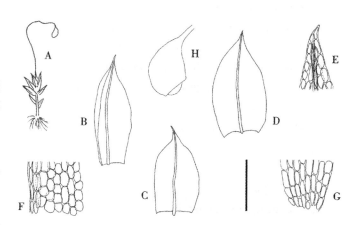

图 70 小口葫芦藓 *Funaria microstoma* Bruch ex Schimp., A. 植物体;B – D. 叶;E. 叶尖部细胞;F. 叶中部细胞;G. 叶基部细胞;H. 孢蒴(任昭杰、付旭 绘)。标尺:A = 7.4 mm;B – D = 1.7 mm;E – G = 330 μm;H = 3.3 mm。

4. 刺边葫芦藓

Funaria muhlenbergii Turner, Ann. Bot. (Konig & Sims) 2:198. 1804 [1805].

植物体细小,稀疏丛生。茎单一。叶片多簇生于茎顶端,卵状披针形或椭圆形,先端具小尖头;叶边上部具微齿;中肋强劲,达叶尖。孢蒴倾立或平列,不对称,梨形,具明显台部。

生境:生于林间空地。

产地:黄岛,小珠山,海拔 120 m,任昭杰 20111690。

分布:中国(吉林、辽宁、内蒙古、山西、山东、陕西、宁夏、新疆、江苏、四川、重庆、贵州、云南)。俄罗斯(远东地区),欧洲和北美洲。

3. 立碗藓属 Physcomitrium (Brid.) Brid. Bryol. Univ. 2:815. 1827.

植物体矮小,稀疏丛生。茎直立,单一。叶干时皱缩,湿时多倾立,卵圆形、倒卵圆形或卵状披针形,先端急尖或渐尖;多数不具分化边缘,或下部具不明显分化边缘;叶边上部多具细齿;中肋强劲,长达叶尖或叶尖稍下处;叶细胞不规则方形,基部细胞长方形。雌雄同株。孢蒴顶生,直立,对称,台部短而粗。无蒴齿。蒴盖呈盘形,脱落后孢蒴呈碗状或高脚杯状。

本属全世界约 65 种。中国有 8 种;山东有 5 种。

分种检索表

1. 中肋达叶尖稍下部消失 ⋯⋯⋯⋯⋯⋯⋯⋯⋯⋯⋯⋯⋯⋯⋯⋯⋯⋯ 3. 日本立碗藓 *P. japonicum*

1.中肋及顶或突出叶尖成小尖头 ·· 2

2.叶边几乎不分化 ····························· 5.立碗藓 *P. sphaericum*

2.叶边有由狭长细胞构成的分化边 ·································· 3

3.叶边上部具钝齿 ······················· 4.梨蒴立碗藓 *P. pyriforme*

3.叶边几乎全缘 ··· 4

4.中肋绿色,突出叶尖成小尖头 ·········· 1.江岸立碗藓 *P. courtoisii*

4.中肋黄色,及顶 ······················ 2.红蒴立碗藓 *P. eurystomum*

Key to the species

1. Costa ending below apex ·· 3. *P. japonicum*

1. Costa percurrent or short-excurrent ·························· 2

2. Leaf margins scarely bordered ····························· 5. *P. sphaericum*

2. Leaf margins slightly bordered with elongate cells ·············· 3

3. Leaf margins bluntly serrate in the upper half ·········· 4. *P. pyriforme*

3. Leaf margins almost entire throughout ···················· 4

4. Costa green, excurrent ·· 1. *P. courtoisii*

4. Costa yellowish, percurrent ·························· 2. *P. eurystomum*

1. 江岸立碗藓

Physcomitrium courtoisii Paris & Broth.,
Rev. Bryol. 36:9. 1909.

植物体高约 1 cm,稀疏丛生。茎直立,单一。叶卵状披针形,叶边全缘,仅先端有细齿;中肋强劲,突出叶尖成小尖头。叶中上部细胞不规则菱形,基部细胞长方形,叶边有由狭长细胞构成的分化边。雌雄同株。蒴柄细长。孢蒴高脚杯状。蒴齿缺如。蒴盖圆锥形,具喙。

生境:生于潮湿土表。

产地:莱州,水上公园,任昭杰 R090303。平度,大泽山,海拔 400 m,李超 20112139。潍坊,十笏园,任昭杰 R130052。长清,山水集团,赖桂玉 R20120056 – A。汶上,宝相寺,任昭杰 R090102。曹县,曹县一中,赵遵田 Zh030005。

分布:中国特有种(辽宁、山东、安徽、江苏、上海、浙江、江西、湖南、四川、重庆、云南)。

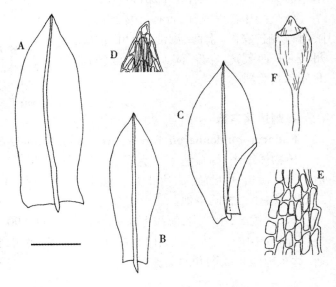

图 71 江岸立碗藓 *Physcomitrium courtoisii* Paris & Broth., A – C. 叶;D. 叶尖部细胞;E. 叶中部边缘细胞;F. 孢蒴(任昭杰、付旭 绘)。标尺:A – C = 1.7 mm; D – E = 110 μm; F = 83 μm。

2. 红蒴立碗藓(见前志图 160)

Physcomitrium eurystomum Sendtn., Denkschr. Bayer. Bot. Ges. Regensburg 3:142. 1841.

本种叶形与江岸立碗藓 *P. courtoisii* 相似,但本种较矮小,高约 5 mm,中肋及顶但不突出叶尖,孢蒴台部较短等特征可区别于后者。

生境:多生于林地或路边土坡。

产地:荣成,正棋山,赵遵田 Zh88148。莱州,城南樱桃园,任昭杰 R20110103。莱州,文峰路街道,西朱村,任昭杰、赖桂玉 R20150003。青岛,崂山,赵遵田 Zh88021。临朐,沂山,古寺,赵遵田 90071、

90345。博山,鲁山,赵遵田 90680、90716。济南,山东师范大学校园,任昭杰 20113177、20113178。济南,仲宫,卧虎山水库,赵遵田 85039 - C。济南,泺口,黄河滩北,任昭杰 R090335。

分布:中国(黑龙江、辽宁、内蒙古、山东、新疆、安徽、江苏、上海、浙江、江西、四川、重庆、云南、西藏、福建、台湾、广东、广西、香港、澳门)。日本、越南、孟加拉国、印度、俄罗斯、秘鲁,欧洲和非洲。

3. 日本立碗藓(图72A - D)

Physcomitrium japonicum (Hedw.) Mitt., Trans. Linn. Soc. Bot. London 3:164. 1891.

Gymnostomum japonicum Hedw., Sp. Musc. Frond. 34. pl. 1 f. 7 - 9. 1801.

Physcomitrium limbatulum Broth. & Paris, Rev. Bryol. 38:53. 1911.

植物体高约 1 cm。茎直立,单一。叶椭圆状披针形,叶边全缘;中肋达叶尖稍下部消失。叶中上部细胞菱形或多边形,基部细胞长方形。蒴柄粗壮,红褐色。孢蒴半球形,台部不明显。

生境:生于潮湿土表。

产地:枣庄,薛城区,朱桥,黄正莉 20113141。

分布:中国(黑龙江、辽宁、内蒙古、安徽、江苏、上海、浙江、江西、四川、重庆、云南、西藏、福建、台湾、广东、广西、香港、澳门)。印度、不丹、缅甸、日本、朝鲜、俄罗斯,中亚、欧洲、非洲。

本种中肋不及顶,蒴柄较长,可明显区别于其他种类。

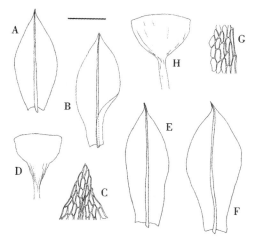

图 72　A - D. 日本立碗藓 *Physcomitrium japonicum* (Hedw.) Mitt., A - B. 叶;C. 叶尖部细胞;D. 孢蒴。E - H. 立碗藓 *Physcomitrium sphaericum* (Ludw.) Fürnr., E - F. 叶;G. 叶中上部边缘细胞;H. 孢蒴(任昭杰、付旭绘)标尺:A - B, E - F, H = 1.7 mm;C - D = 170 μm;G = 330 μm。

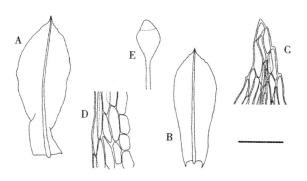

图 73　梨蒴立碗藓 *Physcomitrium pyriforme* (Hedw.) Hampe, A - B. 叶;C. 叶尖部细胞;D. 叶中部细胞;E. 孢蒴(任昭杰、李德利绘)。标尺:A - B, E = 1.7 mm; C - D = 170 μm。

4. 梨蒴立碗藓

Physcomitrium pyriforme (Hedw.) Hampe, Linnaea 11:80. 1837.

Gymnostomum pyriforme Hedw., Sp. Musc. Frond. 38. 1801.

植物体疏松丛生,高约 1 cm。叶多集生呈莲座状,卵圆状披针形或长椭圆状圆形,先端渐尖;叶边平直,中上部具明显的钝齿;中肋及顶或略突出于叶尖。叶中上部细胞椭圆状六边形,叶边 1 - 2 列狭长细胞,基部细胞椭圆状长方形,基角多具 2 - 3 列膨大的角细胞。蒴柄黄褐色。孢蒴长梨形或陀螺形。

生境:生于土表。

产地:青岛,青岛公园小西湖,仝治国 49(PE)。

分布:中国(黑龙江、山东、新疆、江苏、上海)。澳大利亚、俄罗斯,欧洲、北美洲和非洲北部。

5. 立碗藓(图 72E - H)

Physcomitrium sphaericum (Ludw.) Fürnr. in Hampe, Flora 20:285. 1837.

Gymnostomum sphaericum Ludw. in Schkuhr, Deutschl. Krypt. Gew. 2 (1):26. f. 11b 1810.

植物体高 2 - 6 mm,稀疏丛生。叶椭圆形或倒卵形,叶边全缘,或先端具齿。中肋及顶或突出叶尖成小尖头。叶中上部细胞多边形,无分化叶边,基部细胞长方形。蒴柄较短,红褐色。孢蒴半球形,蒴盖脱落后呈碗状,台部较短。孢子黑褐色,被刺状突起。

生境:多生于林间空地、路边、水边湿土及农田果园等处。

产地:牟平,昆嵛山,三官殿,海拔 250 m,任昭杰 20100641 - C。栖霞,艾山,山脚苹果园,海拔 350 m,黄正莉 20113056 - B。莱州,文峰街道西朱村苹果园,任昭杰 R11979。博山,鲁山,海拔 700 m,黄正莉 20112546 - B。东营,赖桂玉 R120223。博兴,城南,任昭杰 R081102。沂南,蒙山,海拔 600 m,赵遵田 Zh91432。兰陵,兰陵镇,北王庄,李法虎 R150172。济南,力诺集团花坛,赖桂玉 R20111007 - B。济南,世纪大道,赖桂玉 R20111109。济南,千佛山,海拔 200 m,赵遵田 Zh911598。乐陵,城区,赵遵田 96053。聊城,赵遵田 Zh89460。定陶,赵遵田 99009。东明,火车站,任昭杰 R20120323 - 1。

分布:中国(吉林、内蒙古、山东、甘肃、江苏、上海、浙江、湖南、四川、重庆、西藏、福建、台湾、香港、澳门)。日本、俄罗斯,欧洲和北美洲。

5. 木衣藓科 DRUMMONDIACEAE

植物体匍匐生长。主茎匍匐,分枝直立,等长,密生假根,中轴分化。叶干时硬直,贴茎或螺旋状扭转,湿时倾立,披针形、卵状披针形、三角状披针形至狭披针形,先端渐尖或略钝;叶边平展,全缘;中肋达叶尖稍下部消失。叶细胞圆多边形,平滑,厚壁,基部近中肋处细胞略大。雌雄同株或异株。蒴柄长。孢蒴卵圆形。环带不分化。蒴齿单层,齿片短,先端平截,不分裂,平滑。蒴盖圆锥形,具斜喙。蒴帽兜形。孢子大,平滑或具粗疣。

本科全世界仅1属。山东有分布。

1. 木衣藓属 Drummondia Hook. in Drumm. Musci Amer. N. 62. 1828.

属特征见科。
本属世界现有7种。我国有2种及1变种;山东有1种。

1. 中华木衣藓
Drummondia sinensis Müll. Hal., Nuovo Giorn. Bot. Ital., n. s., 3:105. 1896.

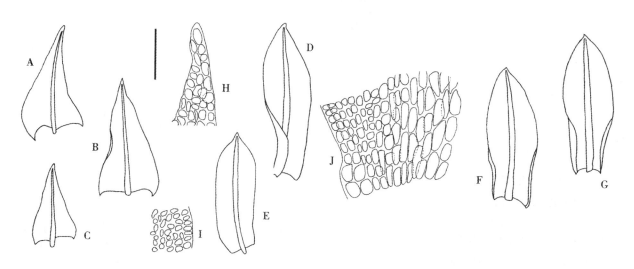

图74 中华木衣藓 *Drummondia sinensis* Müll. Hal., A - C. 茎叶;D - G. 枝叶;H. 茎叶尖部细胞;I. 茎叶中部细胞; J. 枝叶基部细胞(任昭杰、付旭 绘)。标尺:A - G = 0.8 mm;H - J = 110 μm。

植物体暗绿色。主茎匍匐,分枝密集,枝条末端多分叉。茎叶抱茎,干时扭曲,三角状披针形至卵状披针形,渐尖;叶边平展,全缘;中肋达叶尖稍下部消失。枝叶卵状披针形,先端渐尖或略钝而具小尖头。叶细胞圆方形,平滑,厚壁,叶基近缘处细胞方形,近中肋处细胞长方形。孢子体未见。
生境:树生。
产地:泰安,泰山,赵遵田 20110561 - A。
分布:中国(吉林、内蒙古、河北、山东、河南、陕西、甘肃、新疆、安徽、江苏、上海、浙江、江西、湖南、四川、重庆、贵州、云南、福建)。日本、印度和俄罗斯。

6. 细叶藓科 SELIGERIACEAE

植物体形较小,散生,或体形大而丛生。茎直立或倾立,单一或叉状分枝。叶片基部狭,向上宽或呈长披针形;中肋强劲,及顶或突出叶尖成毛尖状。叶细胞平滑,上部细胞短,下部细胞长方形,角细胞不分化或略分化。蒴柄长,直立或弯曲。孢蒴多圆梨形,直立,对称。蒴齿16,长披针形,平滑。蒴盖具喙。蒴帽兜形。孢子圆球形。

本科全世界有5属。中国有3属;山东有1属。

1. 小穗藓属 Blindia Bruch & Schimp.
Bryol. Eur. 2:7. 1845.

植物体细小,无光泽或略具光泽。茎直立或倾立,单一,稀叉状分枝。叶直立或略背仰,基部卵形,向上呈披针形至长披针形;叶边平滑,或具微齿;中肋突出叶尖呈毛尖。叶上部细胞短方形,下部细胞虫形,角细胞分化,厚壁。孢蒴短柱形或圆梨形。齿片16,披针形,不分裂,具细疣。无环带。蒴盖具短喙。蒴帽兜形。

本属世界现有23种。我国有3种;山东有1种。

1. 东亚小穗藓

Blindia japonica Broth., Öfvers. Finska Vetensk. - Soc. Förh. 62 A (9):4. 1921.

植物体高不及1 cm,无光泽,稀疏丛生。茎直立,单一。茎基部叶小,上部叶大,叶基部鞘状,向上呈长披针形;叶全缘,或仅先端具细微齿;中肋突出叶尖。叶上部细胞短矩形,基部细胞短方形,厚壁,角细胞大,薄壁,褐色。

生境:生于岩面薄土上。

产地:牟平,昆嵛山,一分场核心区马腚,海拔250 m,黄正莉20101711。泰安,徂徕山,上池,海拔800 m,赵遵田91979。

分布:中国(吉林、辽宁、山东、台湾)。日本。

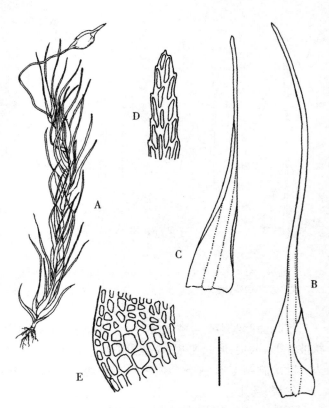

图75 东亚小穗藓 *Blindia japonica* Broth.,A. 植物体;B - C. 叶;D. 叶尖部细胞;E. 叶基边缘细胞(于宁宁 绘)。标尺:A = 1.3 mm,B - C = 300 μm,D - E = 59 μm。

7. 缩叶藓科 PTYCHOMITRIACEAE

植物体暗绿色至黑绿色,多于岩面丛生。茎直立,单一或稀疏分枝。叶干时强烈皱缩,湿时伸展倾立,披针形至长披针形;叶边平直,全缘或上部具粗齿;中肋强劲,达叶尖稍下部消失或及顶至突出。叶中上部细胞,圆方形,厚壁,平滑,叶基部细胞长方形,薄壁。雌雄同株。孢蒴直立,对称,卵圆形或长椭圆形。蒴齿单层,表面具细密疣。蒴盖圆锥形,具长喙。蒴帽钟形,基部有裂瓣。孢子球形,表面具细疣或近于平滑。

本科全世界有 5 属。中国有 4 属;山东有 1 属。

1. 缩叶藓属 Ptychomitrium Fürnr Flora 12（Erg.）2：19. 1829, *nom. cons.*

植物体暗绿色,丛生。茎直立,单一或稀疏分枝;中轴分化。叶干时强烈皱缩,湿时伸展倾立,卵状披针形;叶全缘或先端具粗齿;中肋单一,强劲,达叶尖稍下部消失。叶中上部细胞小,圆方形,厚壁,基部细胞长方形。雌雄同株。孢蒴直立,卵圆形或长椭圆形。蒴盖圆锥形,具长喙。蒴帽钟形,表面具纵褶,平滑无毛,基部有裂瓣。孢子圆球形,表面近于平滑或具细疣。

本属世界现有 50 种。我国有 10 种;山东有 1 种。

1. 中华缩叶藓（照片 28）

Ptychomitrium sinense（Mitt.）A. Jaeger, Ber. Thätigk. St. Gallischen Naturwiss. Ges. 1872 – 1873：104. 1874.

Glyphomitrium sinense Mitt., J. Proc. Linn. Soc., Bot. 8：149. 1865.

植物体形小,高约 0.2 – 0.7 cm,暗绿色,基部常呈黑色,丛生。茎直立,单一,稀分枝。叶干时强烈卷缩,湿时伸展,先端常内弯,卵状披针形,上部略内凹;中肋强劲,达叶尖稍下部消失;叶全缘。叶中上部细胞圆方形,厚壁,基部细胞长方形,薄壁,透明。雌雄同株。孢蒴直立,长圆柱形。蒴齿单层,表面具密疣。蒴盖具长喙。蒴帽钟形,表面具纵褶。孢子黄绿色,被细密疣。

生境:多生于裸露岩面或石缝中,偶见树生。

产地:荣成,伟德山,海拔 300 m,黄正莉 20112403。荣成,伟德山,海拔 500 m,李林 20112185。文登,昆嵛山,二分场缓冲区,海拔 250 m,任昭杰 20101194。牟平,昆嵛山,

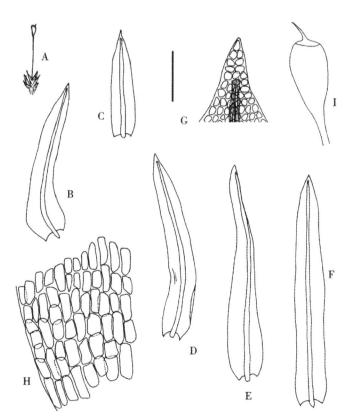

图 76 中华缩叶藓 *Ptychomitrium sinense*（Mitt.）A. Jaeger, A. 植物体;B – F. 叶;G. 叶尖部细胞;H. 叶基部细胞;I. 孢蒴（任昭杰、付旭 绘）。标尺:A = 0.7 mm；B – F = 1.1 mm；G – H = 110 μm；I = 1.7 mm。

一分场马腚,海拔 250 m,任昭杰 20101528 – B。牟平,昆嵛山,泰礴顶,海拔 920 m,黄正莉 20110096。栖霞,牙山,赵遵田 90796、90871。栖霞,牙山,海拔 500 m,黄正莉 20111882。平度,大泽山,海拔 500 m,郭萌萌。青岛,崂山,下清宫,海拔 400 m,赵遵田 89336。青岛,崂山,滑溜口,海拔 500 m,李林 20112882、20112904 – B。黄岛,铁橛山,海拔 300 m,任昭杰 R20110012。日照,丝山,赵遵田 89247 – A。五莲,五莲山,海拔 250 m,郭萌萌 R20130108。临朐,沂山,赵遵田 90025、90232。临朐,嵩山,赵遵田 90375、90382。博山,鲁山,海拔 500 m,赵遵田 90467。博山,鲁山,海拔 700 m,黄正莉 20112550 – A。泰安,徂徕山,马场,赵遵田 91871、911237。泰山,云步桥,海拔 1000 m,赵遵田 33984 – B。泰山,关帝庙,海拔 300 m,赵遵田 33933。济南,龙洞,海拔 150 m,李林 20113133 – A。

　　分布:中国(黑龙江、吉林、辽宁、内蒙古、河北、北京、陕西、山东、河南、陕西、江苏、上海、浙江、江西、湖南、湖北、贵州)。朝鲜和日本。

8. 紫萼藓科 GRIMMIACEAE

植物体黄绿色至深绿色,多带黑褐色,通常生于裸岩或沙土上。茎直立或倾立,二叉分枝或具多数分枝。叶干时扭曲,披针形至长披针形,稀卵圆形,先端常具白色透明毛尖;叶边平直或背卷;中肋单一,强劲,达叶尖或在叶尖稍下部消失。叶中上部细胞小,不规则方形,厚壁,平滑或具疣,薄壁有时波状加厚;叶基部细胞长方形,薄壁或波状加厚,角细胞多不分化。蒴柄直立或弯曲。孢蒴隐生于雌苞叶内,或高出,直立或倾立,圆球形或长圆柱形。蒴齿单层,齿片16,披针形或线形。蒴盖多具喙。蒴帽钟形或兜形。孢子表面具疣。

本科全世界10属。中国有7属;山东有4属。

分属检索表

1. 茎具多数短分枝;叶基部细胞长线形,壁强烈波状增厚,具壁孔 ·········· 2
1. 茎单一或叉状分枝;叶基部细胞方形至长方形,壁略微波状加厚 ·········· 3
2. 叶通常无透明毛尖;叶细胞上的疣大而扁平 ·········· 1. 无尖藓属 Codriophorus
2. 叶具透明毛尖;叶细胞上的疣高而尖 ·········· 3. 长齿藓属 Niphotrichum
3. 蒴轴不与蒴盖相连;环带分化 ·········· 2. 紫萼藓属 Grimmia
3. 蒴轴与蒴盖相连脱落;环带不分化 ·········· 4. 连轴藓属 Schistidium

Key to the genera

1. Stems with abbreviated branches; basal leaf cells long-linear with nodulose lateral walls ·········· 2
1. Stems unbranched, or with forked branches; basal leaf cells quadrate to rectangular with straight or sinuose walls ·········· 2
2. Leaves usually without hyline hair-pointss; papillae on cells large, flat ·········· 1. *Codriophorus*
2. Leaves with hyaline hair-points; papillae on cells tall, conic ·········· 3. *Niphotrichum*
3. Opercula falling detached from columella; annulus present ·········· 2. *Grimmia*
3. Opercula falling attached columella; annulus absent ·········· 4. *Schistidium*

1. 无尖藓属 Codriophorus P. Beauv. Mém. Soc. Linn. Paris 1：445. 1822.

植物体中等大小,常大片疏松丛生,黄绿色至深绿色。主茎匍匐或倾立,具多数侧生短分枝;中轴不分化。叶干时,略扭曲,湿时伸展,卵状披针形或长披针形,先端多无透明毛尖,若有则平滑或具微齿;中肋单一,及顶或在叶尖稍下部消失。叶多由单层细胞构成,上部细胞不规则方形,基部细胞狭长方形至线形,壁强烈波状加厚,具大而扁平的密疣,角细胞分化或不分化。雌雄异株。蒴柄长,直立。孢蒴生于侧枝顶端,高出雌苞叶之上,卵形或圆筒形。蒴齿单层,齿片16。环带发育。蒴盖具长喙。蒴帽帽状,基部有瓣裂。孢子小,圆球形。

本属全世界现有15种。中国有5种;山东有2种。

分种检索表

1. 植物体稀疏不规则分枝;叶尖部具粗齿 ·········· 1. 黄无尖藓 C. anomodontoides
1. 植物体具密集规则短分枝;叶尖部平滑 ·········· 2. 丛枝无尖藓 C. fascicularis

Key to the species

1. Plants with sparse and irregular branches; Leaves with dentate tip ············ 1. *C. anomodontoides*
1. Plants with dense and regular, short branches; leaf margins entire or weekly serrulate at apex
··· 2. *C. fascicularis*

1. 黄无尖藓(照片 29)

Codriophorus anomodontoides (Cardot) Bednarek-Ochyra & Ochyra, Bio. Poland 3:140. 2003.

Racomitrium anomodontoides Cardot, Bull. Herb. Boissier sér. 2, 8:335. 1908.

植物体粗壮,高 3 – 5 cm,上部黄绿色,下部褐色,稀疏大片丛生。茎具稀疏不规则分枝。叶卵状披针形,基部具明显纵褶,先端具粗齿;叶缘背卷;中肋在叶尖稍下处消失。中上部细胞长方形,壁波状,具密疣,基部细胞狭长方形,强烈波状加厚;角细胞不分化。孢子体未见。

生境:多生于林下岩面薄土上。

产地:文登,昆嵛山,无染寺,海拔 250 m,黄正莉 20101374。牟平,昆嵛山,泰礴顶,海拔 850 m,任昭杰 20101062。牟平,昆嵛山,三林区,赵遵田 99017。平度,大泽山,顶峰,海拔 750 m,赵遵田。青岛,崂山,柳树台,全治国 262(PE)。青岛,崂山顶,全治国 192(PE)。

分布:中国(黑龙江、吉林、辽宁、河北、山东、陕西、安徽、浙江、江西、湖南、湖北、四川、贵州、福建、台湾、广西、海南)。日本、菲律宾和美国(夏威夷)。

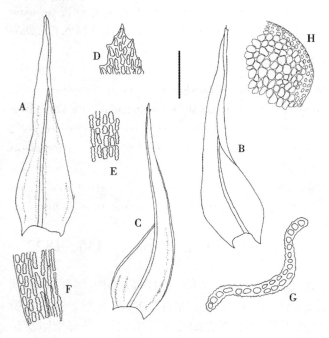 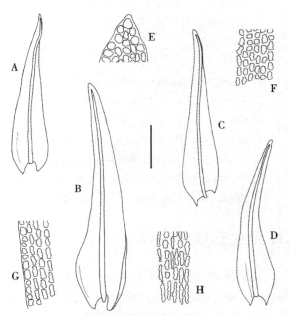

图 77 黄无尖藓 *Codriophorus anomodontoides* (Cardot) Bednarek-Ochyra & Ochyra, A – C. 叶;D. 叶尖部细胞;E. 叶中部细胞;F. 叶基部细胞;G. 叶中上部横切面一部分(任昭杰、李德利 绘)。标尺:A – C = 1.1 mm; D – G = 110 μm; H = 170 μm。

图 78 丛枝无尖藓 *Codriophorus fascicularis* (Hedw.) Bednarek-Ochyra & Ochyra, A – D. 叶;E. 叶尖部细胞;F. 叶中部细胞;G. 叶基部边缘细胞;H. 叶基部近中肋处细胞(任昭杰、付旭 绘)。标尺:A – D = 1.1 mm; E – H = 110 μm。

2. 丛枝无尖藓

Codriophorus fascicularis (Hedw.) Bednarek-Ochyra & Ochyra, Biodiver. Poland 3:141. 2003

Trichostomum fasciculare Hedw. , Sp. Musc. Frond. 110. 1801.

Racomitrium fasciculare (Hedw.) Brid. , Muscol. Recent. Suppl. 4: 80. 1819 [1818].

本种与黄无尖藓 *C. anomodontoides* 相似,以下几点可区别二者:本种植物体形较小,后者植物体粗壮;本种具多数短分枝,后者分枝稀疏;本种叶尖部全缘或具细微齿,后者叶尖部具粗齿;本种叶基部无明显纵褶,后者具明显纵褶。

生境:生于岩面薄土上。

产地:牟平,昆嵛山,海拔 300 m,黄正莉 20110145。青岛,崂山,赵遵田 Zh88318。

分布:中国(山东、江西、重庆、贵州、云南、台湾、香港)。日本、俄罗斯、美国(夏威夷)、新西兰,欧洲、北美洲和南美洲南部。

2. 紫萼藓属 Grimmia Hedw. Sp. Musc. Frond. 75. 1801.

植物体多呈深绿色或黑褐色,垫状或疏松丛生。茎直立,稀疏分枝或具叉状分枝。叶干时多疏松贴生,有时扭曲,湿时伸展、卵形、卵状披针形或长披针形,上部多龙骨状突起,先端多有无色透明毛尖;叶边平直或背卷;中肋单一,强劲,及顶或突出成小尖头或在叶尖稍下处消失。叶中上部细胞小,不规则方形,胞壁多加厚,基部细胞多长方形,薄壁或加厚。雌雄同株或异株。孢蒴直立或垂倾,隐生于雌苞叶之内,或高出雌苞叶,近球形或长卵形,表面平滑或具纵褶。蒴齿单层,齿片16。环带多分化。蒴盖具喙。蒴帽钟形或兜形。孢子圆球形,表面多具细疣。

前志收录尖顶紫萼藓 *G. apiculata* Hornsch. 和卷边紫萼藓 *G. donniana* Sm. 两种,引证标本皆未见到,但作者检视了存放于中国科学院北京植物研究所(PE)的采自山东的尖顶紫萼藓标本,发现为毛尖紫萼藓 *G. pilifera* P. Beauv. 的误定,因此将以上 2 种存疑。

本属全世界约 110 种。中国有 26 种;山东有 4 种。

分种检索表

1. 孢蒴隐生于雌苞叶之内 ··· 4. 毛尖紫萼藓 *G. pilifera*

1. 孢蒴高出雌苞叶 ··· 2

2. 叶龙骨状向背面突起;中肋背部突起 ································· 2. 近缘紫萼藓 *G. longirostris*

2. 叶内凹;中肋扁平 ··· 3

3. 叶长卵形或长卵状披针形,上部短 ································· 1. 阔叶紫萼藓 *G. laevigata*

3. 叶基部卵圆形,向上呈披针形,上部细长 ························· 3. 卵叶紫萼藓 *G. ovalis*

Key to the species

1. Capsules immersed in perichaetial leaves ································· 4. *G. pilifera*

1. Capsules exserted above perichaetial leaves ································· 2

2. Leaves keeled; coast terete ································· 2. *G. longirostris*

2. Leaves concave; coast flattened ································· 3

3. Leaves oblong-ovate or oblong-lanceolate, woth short upper part ································· 1. *G. laevigata*

3. Leaves lanceolate from ovate base, with long upper part ································· 3. *G. ovalis*

1. 阔叶紫萼藓(见前志图 154)

Grimmia laevigata (Brid.) Brid. , Bryol. Univ. 1: 183. 1826.

Campylopus laevigatus Brid. , Muscol. Recent. Suppl. 4: 76. 1819 [1818].

本种叶形与卵叶紫萼藓 *G. ovalis* 相似,本种植物体较矮小,而后者植物体较粗壮;本种叶上部较短,而后者叶上部细长,以上两点可区别二者。

生境:生于裸岩上。

产地:栖霞,牙山,赵遵田 90758。青岛,崂山,赵遵田 Zh36890。蒙阴,蒙山,小天麻顶,赵遵田 91251。

分布:中国(内蒙古、河北、山西、山东、陕西、宁夏、甘肃、青海、新疆、江苏、浙江、云南、西藏)。印度、巴基斯坦、斯里兰卡、哈萨克斯坦、蒙古、俄罗斯、智利、澳大利亚、新西兰、坦桑尼亚,欧洲和北美洲。

2. 近缘紫萼藓(见前志图155)

Grimmia longirostris Hook., Musci Exot. 1:62. 1818.

本种叶形与毛尖紫萼藓 *G. pilifera* 极为相似,在无孢子体情况下常与后者混淆,但本种叶边一侧背卷且叶基边缘有一列窄长方形细胞,可区别于后者。本种在山东分布范围较小,以前文献记载的标本多为毛尖紫萼藓误定。

生境:生于裸岩上。

产地:蒙阴,蒙山,砂山,海拔650 m,任昭杰 R20120026。泰安,徂徕山,赵遵田 Zh91804。泰安,泰山,南天门,海拔1400 m,赵遵田 Zh33826。

分布:中国(黑龙江、吉林、河北、山东、山西、河南、陕西、新疆、安徽、四川、云南、西藏、台湾、广西)。印度、尼泊尔、蒙古、日本、俄罗斯、巴布亚新几内亚、西班牙(加那利群岛)、秘鲁,非洲北部、欧洲。

3. 卵叶紫萼藓(图79A-D)

Grimmia ovalis (Hedw.) Lindb., Acta. Soc. Sci. Fenn. 10:75. 1871.

Dicranum ovale Hedw., Sp. Musc. Frond. 140. 1801.

植物体粗壮,高可达3 cm,上部黄绿色、绿色,下部黑褐色,稀疏丛生。叶基部卵形,向上呈披针形,先端具长而具齿的透明毛尖;叶缘平直;中肋强劲,及顶。叶中上部细胞不规则方形,厚壁,基部细胞长方形,波状加厚。孢子体未见。

生境:多生于裸岩上,偶生于岩面薄土上。

产地:荣成,伟德山,海拔250 m,黄正莉 20112351。荣成,伟德山,海拔500 m,李林 20112382。牟平,昆嵛山,阳沟,赵遵田 87004。牟平,昆嵛山,海拔410 m,赵遵田 Zh99724。栖霞,牙山,赵遵田 90906。平度,大泽山,滴水崖,赵遵田 91010。青岛,崂山,北九水,海拔400 m,任昭杰 20071172。青岛,崂山,潮音瀑,海拔400 m,赵遵田 91490。日照,丝山,赵遵田 89248。临朐,沂山,赵遵田 90136。蒙阴,蒙山,望海楼,海拔1000 m,赵遵田 91482-A。费县,蒙山,花园庄,赵遵田 91163。泰安,徂徕山,光华寺,海拔950 m,黄正莉 20110757。泰安,徂徕山,大寺,海拔500

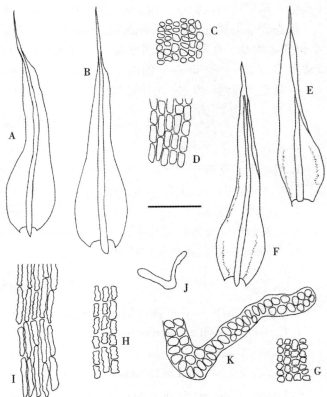

图79 A-D. 卵叶紫萼藓 *Grimmia ovalis* (Hedw.) Lindb., A-B. 叶;C. 叶中部细胞;D. 叶基部细胞(任昭杰、付旭 绘)。E-K. 毛尖紫萼藓 *Grimmia pilifera* P. Beauv., E-F. 叶;G. 叶中上部细胞;H. 叶中下部细胞;I. 叶基部细胞;J. 叶横切面;K. 叶横切面一部分(任昭杰、李德利 绘)。标尺:A-B, E-F, J=1.1 mm;C-D, H-I, K=110 μm。

m,赵洪东91826。泰安,泰山,南天门后坡,海拔1300 m,赵遵田34096。泰安,泰山,玉皇顶,海拔1500 m,赵遵田33980 – C。

分布:中国(黑龙江、吉林、内蒙古、河北、山西、山东、陕西、宁夏、甘肃、新疆、青海、上海、四川、云南、西藏)。斯里兰卡、印度、巴基斯坦、尼泊尔、蒙古、俄罗斯、澳大利亚、秘鲁、欧洲、非洲和北美洲。

经检视标本发现,杜超等(2010 年)报道的北方紫萼藓 G. decipiens(Schultz) Lindb. 和垫丛紫萼藓 G. pulvinata(Hedw.) Sm. 系本种误定。

4. 毛尖紫萼藓(照片30、31)(图79E – K)

Grimmia pilifera P. Beauv., Prodr. 58. 1805.

植物体上部黄绿色至深绿色,下部近黑色,稀疏丛生。茎直立,单一或叉状分枝。叶基部卵形,向上呈披针形至长披针形,先端具透明毛尖,具齿突;叶全缘,中下部背卷,上部由两层细胞构成;中肋单一,及顶。叶中上部细胞不规则方形,胞壁波状加厚,基部细胞长方形,薄壁。雌雄异株。孢蒴隐生于雌苞叶之内,长卵形。蒴齿单层,披针形,红褐色。环带发育良好。蒴盖具喙。蒴帽钟形。孢子球形,表面具疣。

生境:多生于裸岩上,偶生于岩面薄土上。

产地:荣成,伟德山,海拔350 m,李林20112384。文登,昆嵛山,二分场王母娘娘洗脚盆附近,海拔350 m,任昭杰20100494。文登,昆嵛山,二分场仙女池,海拔400 m,成玉良20100583。牟平,昆嵛山,六分场九龙池,海拔250 m,任昭杰。牟平,昆嵛山,三岔河,海拔300 m,姚秀英20100133。栖霞,艾山,海拔600 m,李林20113078 – B。平度,大泽山,海拔550 m,郭萌萌20112077。青岛,崂山,滑溜口,海拔700 m,任昭杰20112925 – B。青岛,崂山,蔚竹观,海拔400 m,邵娜20112854 – A。黄岛,大珠山,海拔80 m,黄正莉20111508。黄岛,小珠山,海拔500 m,黄正莉20111675 – B。黄岛,铁橛山,海拔350 m,任昭杰R20130163 – B。黄岛,铁橛山,黄正莉R20130132。五莲,五莲山,海拔200 m,任昭杰R20120020。临朐,沂山,赵遵田90137、90261。临朐,嵩山,赵遵田90380、90390。蒙阴,蒙山,望海楼,赵遵田91450。蒙阴,蒙山,小天麻顶,赵遵田91266 – A。费县,蒙山,花园庄,赵遵田91339。费县,塔山,海拔350 m,付旭R121030。博山,鲁山,90547、90729。博山,鲁山顶,海拔1100 m,李林20112518。新泰,莲花山,天成观音,海拔600 m,黄正莉20110595。新泰,莲花山,海拔300 m,黄正莉20110663。莱芜,雪野镇南栾宫村下河,魏雪萍20089192。泰安,徂徕山,太平顶下,海拔950 m,任昭杰20110719。泰安,徂徕山,情人崖,海拔1010 m,任昭杰20110697。泰安,泰山,后石坞,海拔1300 m,赵遵田Zh941104 – B。

分布:中国(黑龙江、吉林、辽宁、内蒙、河北、北京、山西、山东、河南、陕西、青海、新疆、安徽、江苏、上海、浙江、江西、湖南、四川、重庆、云南、西藏、福建)。巴基斯坦、印度、蒙古、朝鲜、日本、俄罗斯,北美洲。

本种在山东分布较为广泛,遍布全省各大山区,叶形变化幅度较大,有时透明毛尖不明显,易被误定为长枝紫萼藓 G. elongata Kaulf.。经检视标本发现,杜超等(2010)报道的长蒴紫萼藓 G. macrotheca Mitt. 系本种误定。

3. 长齿藓属 Niphotrichum(Bednarek-Ochyra)

Bednarek-Ochyra & Ochyra Biodivers. Poland 3:137. 2003.

植物体疏松丛生,黄绿色至深绿色。主茎匍匐或倾立,无分化中轴,具多数侧生分枝。叶干时,略扭曲,湿时伸展,卵状披针形或长披针形,先端无透明毛尖,毛尖具疣突或齿;中肋单一,及顶或在叶尖稍下部消失。叶多由单层细胞构成,上部细胞不规则方形,基部细胞狭长方形至线形,壁强烈波状加厚,具圆锥形密疣,角细胞分化,无色透明或黄色。雌雄异株。蒴柄长,直立。孢蒴生于侧枝顶端,高出雌苞叶之上,卵形或圆柱形。蒴齿单层,齿片16。环带发育。蒴盖具长喙。蒴帽帽状,基部有瓣裂。孢子圆球形。

本属全世界有 8 种。中国有 4 种;山东有 1 种。

1. 东亚长齿藓(照片 32)

Niphotrichum japonicum (Dozy & Molk.) Bednarek-Ochyra & Ochyra, Biodivers. Poland 3:138. 2003.

Racomitrium japonicum Dozy & Molk., Musc. Frond. Ined. Archip. Ind. 5:130. 1847.

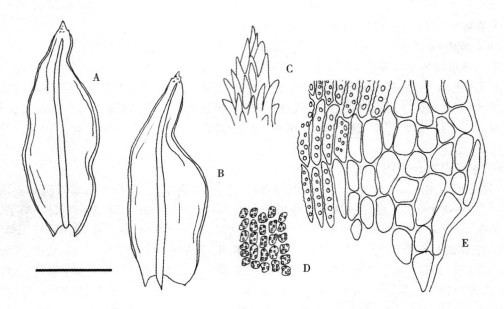

图80 东亚长齿藓 *Niphotrichum japonicum* (Dozy & Molk.) Bednarek-Ochyra & Ochyra, A – B. 叶;C. 叶先端毛尖;D. 叶中部细胞;E. 叶基部细胞(任昭杰 绘)。标尺:A – B = 1.1 mm;C – E = 110 μm。

植物体粗壮,上部黄绿色至绿色,下部黑褐色,疏松丛生。茎直立,单一,具少数分枝。叶干时扭曲,湿时伸展,多向背部弯曲,常对折,阔卵形,向上急收缩成短尖,具纵褶,先端具短透明毛尖,毛尖具粗齿,稀无毛尖;叶边两侧自基部至尖部背卷;中肋强劲,达叶尖稍下部消失。叶上部细胞圆方形,具细疣,胞壁波状加厚;叶中部细胞长方形,具疣,胞壁波状加厚;基部细胞长方形,具粗疣,胞壁强烈波状加厚;角细胞分化明显,黄色,平滑。孢子体未见。

生境:生于岩面、土表或岩面薄土上。

产地:荣成,伟德山,海拔 500 m,黄正莉 20112366、20112391、20112399。文登,昆嵛山,二分场缓冲区,海拔 350 m,黄正莉 20101214 – B。牟平,昆嵛山,海拔 300 m,任昭杰 20100223。牟平,昆嵛山,九龙池,海拔 250 m,任昭杰 20100236。牟平,昆嵛山,一分场马腚,海拔 200 m,任昭杰 20101739。青岛,崂山,全治国 70、72(PE)。青岛,崂山,赵遵田 Zh84153。黄岛,小珠山,赵遵田 Zh901134。博山,鲁山,赵遵田 Zh90583。

分布:中国(黑龙江、吉林、辽宁、山东、河南、陕西、宁夏、安徽、江苏、上海、浙江、江西、湖南、湖北、四川、重庆、贵州、云南、西藏、福建、台湾)。越南、日本、朝鲜、俄罗斯和澳大利亚。

经检视标本发现,前志收录的砂藓 *Racomitrium canescens* (Hedw.) Brid. 系本种误定,杜超等(2010)报道的高山砂藓 *R. sudeticum* (Funck) Bruch. & Schimp. 亦系本种误定。

4. 连轴藓属 Schistidium Bruch & Schimp.
Bryol. Eur. 3：93（Fasc. 25 – 28. Monogr. 1）. 1845.

植物体绿色至深绿色。茎多倾立,具多数叉状分枝。叶干时贴茎,湿时伸展,披针形或卵状披针形,上部龙骨状背凸,先端有或无透明毛尖;叶边一侧或两侧背卷;中肋单一,强劲,及顶或在叶尖稍下部消失,背部有时具疣。叶上部细胞不规则方形,平滑,胞壁加厚;基部细胞短长方形或方形,胞壁略微波状加厚。雌雄同株。孢蒴直立,隐生于雌苞叶之内,近球形至长卵形。蒴齿单层,齿片 16. 环带不分化。蒴盖具喙,与蒴轴相连。蒴帽小,兜形或钟形,仅覆盖蒴盖。孢子圆球形。

本属全世界约有 110 种。中国有 10 种;山东有 1 种。

1. 粗疣连轴藓

Schistidium strictum（Turner）Loeske ex Märtensson, Kung. Svenska Vetenskapsakad. Avh. Naturskyddsärenden 14：110. 1956.

Grimmia stricta Turner, Muscol. Hibern. Spic. 20. 1804.

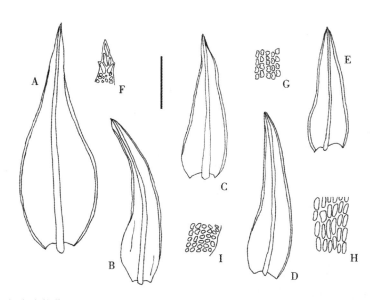

图81 粗疣连轴藓 *Schistidium strictum*（Turner）Loeske ex Märtensson, A – E. 叶;F. 叶尖部细胞;G. 叶中上部细胞;H. 叶基部近中肋处细胞;I. 叶基部边缘细胞(任昭杰、付旭)。标尺:A – E = 0.8 mm, F – I = 170 μm。

植物体纤细,高约 1 – 2 cm,红色至黑褐色,稀疏丛生。茎直立,具多数分枝。叶卵状披针形,上部龙骨状背凸,先端具较短白色透明毛尖,毛尖具齿;叶边两侧背卷;中肋及顶,背面具明显疣状突起。叶上部细胞单层或部分为双层,不规则方形,壁波状加厚;基部细胞长方形,略波状加厚。孢子体未见。

生境:生于裸岩上。

产地:文登,昆嵛山,赵遵田 Zh86145。牟平,昆嵛山,一分场马腚,海拔 200 m,姚秀英。栖霞,艾山,海拔 640 m,赵遵田 84047。青岛,崂山,北九水,海拔 350 m,任昭杰 R20130222。泰安,泰山,玉皇顶,海拔 1500 m,赵遵田 34102 – E。泰安,泰山,赵遵田 20110563 – A。

分布:中国(黑龙江、吉林、辽宁、内蒙古、河北、山东、陕西、宁夏、青海、新疆、浙江、湖南、湖北、四川、重庆、云南、西藏、台湾)。巴基斯坦、印度、日本、俄罗斯,欧洲和北美洲。

经检视标本发现,前志收录的长齿连轴藓 *S. trichodon*（Brid.）Poelt 系本种误定。

9. 无轴藓科 ARCHIDIACEAE

植物体矮小,纤细,多年生土生藓类,原丝体匍匐土表。茎单一或分枝;中轴分化。叶片直立或倾立,茎基部叶较小,上部叶较大,披针形或长三角形;叶边平直,全缘;中肋及顶或突出。叶上部细胞长方形至狭长方形,平滑;基部细胞方形或短长方形;角细胞不分化。雌雄同株或异株。雌苞叶较大。蒴柄极端。孢蒴隐生于雌苞叶中,球形,无气孔,无蒴轴。蒴盖和蒴齿均不分化。孢子较大。

本科仅 1 属。山东有分布。

1. 无轴藓属 Archidium Brid. Bryol. Univ. 1:747. 1826.

属特征同科。

许安琪(1987)报道日本无轴藓 A. japonicum Broth.,本次研究未见到引证标本,因此将该种存疑。本属世界现有 34 种;我国有 3 种;山东有 1 种。

1. 中华无轴藓

Archidium ochioense Schimp. ex Müll. Hal., Syn. Musc. Frond. 2:517. 1851.

植物体矮小,稀疏丛生,黄绿色至绿色,无光泽。茎单一,稀分枝。叶基部宽,抱茎,向上呈卵状披针形或狭长三角形;叶全缘;中肋及顶至突出。叶中上部细胞菱形,基部细胞短长方形,角细胞不分化。雌雄同株。孢子体侧生。无蒴柄。孢蒴球形。蒴轴、蒴齿及蒴盖均不分化。孢子平滑。

生境:多生于土表或岩面薄土上。

产地:文登,昆嵛山,无染寺,海拔 200 m,姚秀英 20100553。牟平,昆嵛山,九龙池,海拔 300 m,任昭杰 20100243。牟平,昆嵛山,五分场,海拔 300 m,任昭杰 20100699。招远,罗山,海拔 450 m,李林 20112026。平度,大泽山,海拔 450 m,李林 20112140 – A。青岛,崂山,下清宫,赵遵田 91544。青岛,崂山,仰口,海拔 100 m,任昭杰、杜超 20071203、20071205。黄岛,大珠山,海拔 80 m,黄正莉 20111548。枣庄,刘志海 911566。泰安,徂徕山,光华寺,海拔 450 m,周玉刚 911303。泰安,泰山,桃花峪,海拔 400 m,黄正莉 20110459 – A。

分布:中国(山东、河南、江苏、浙江、香港)。印度、斯里兰卡、日本、新喀里多尼亚、西印度群岛、智利,非洲和北美洲。

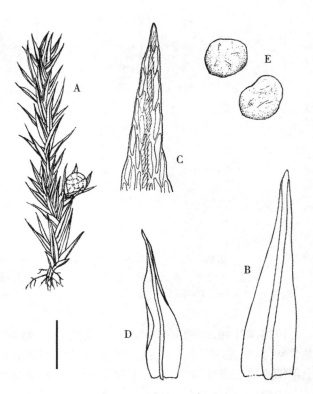

图 82 中华无轴藓 *Archidium ochioense* Schimp. ex Müll. Hal.,A. 植物体;B. 叶;C. 叶尖部细胞;D. 雌苞叶;E. 孢蒴(于宁 绘)。标尺:A = 1.1 mm, B = 390 μm, C = 61 μm, D = 410 μm, E = 204 μm。

10. 牛毛藓科 DITRICHACEAE

植物体多纤细,丛生。茎直立,单一或叉状分枝。叶多列,稀对生,多披针形至长披针形,中肋单一,强劲,及顶或突出。叶细胞多平滑,上部多方形、短长方形至长方形,基部长方形至狭长方形,角细胞不分化。孢蒴多高出雌苞叶,稀隐生于雌苞叶之内,直立,表面多平滑,稀具纵褶。环带多分化。蒴盖圆锥形,稀不分化。蒴帽多兜形。孢子圆球形,表面具细疣。

本科全世界 24 属。中国有 12 属;山东有 3 属。

分属检索表

1. 叶上部细胞近方形;孢蒴具纵褶 ·················· 1. 角齿藓属 Ceratodon
1. 叶上部细胞长方形;孢蒴平滑 ······························· 2
2. 孢蒴高出雌苞叶 ································· 2. 牛毛藓属 Ditrichum
2. 孢蒴隐生于雌苞叶之内 ······················· 3. 丛毛藓属 Pleuridium

Key to the genera

1. Upper leaf cells quadrate; capsules with longitudinally plicate ·········· 1. *Ceratodon*
1. Upper leaf cells rectangular; capsules smooth ····························· 2
2. Capsules exserted above perichaetial leaves ···················· 2. *Ditrichum*
2. Capsules immersed in perichaetial leaves ····················· 3. *Pleuridium*

1. 角齿藓属 Ceratodon Brid. Bryol. Univ. 1:480. 1826.

植物体矮小,密集丛生。茎直立,单一或分枝。叶干时卷缩,湿时伸展,披针形或卵状披针形;叶边背卷;中肋单一,强劲,及顶或突出。叶中上部细胞近方形,基部细胞长方形。雌雄异株。孢蒴倾立至平列,长圆柱形,具明显纵褶,基部多具小颏突。蒴齿单层,齿片16。环带分化。蒴盖短圆锥形。蒴帽兜形。孢子小,黄色,表面近于平滑。

本属全世界有 5 种。中国有 2 种;山东有 1 种。

1. 角齿藓

Ceratodon purpureus (Hedw.) Brid., Bryol. Univ. 1:480. 1826.

Dicranum purpureum Hedw., Sp. Musc. Frond. 136. 1801.

植物体纤细,密集丛生。茎高不及 1 cm,直立,单一,稀分枝。叶披针形;叶边背卷,上部具不规则齿;中肋单一,及顶或突出。叶上部细胞近方形,下部细胞长方形。孢蒴平列,红棕色,表面具明显纵褶,基部具小颏突,有时不明显或无颏突。

生境:多生于林间空地或岩面薄土上。

产地:荣成,伟德山,海拔 500 m,黄正莉 20112395。荣成,伟德山,海拔 300 m,黄正莉 20112415。荣成,正棋山,海拔 300 m,李林 20112982 - A、20113006 - A。文登,昆嵛山,仙女池,海拔 400 m,任昭杰 20100595。文登,昆嵛山,二分场缓冲区,海拔 350 m,任昭杰 20101357 - A。牟平,昆嵛山,泰礴顶,海拔 900 m,任昭杰 20100982。牟平,昆嵛山,烟霞洞,海拔 300 m,黄正莉 20110264、20110265 - A。栖霞,牙山,海拔530 m,赵遵田90880。青岛,崂山,北九水,海拔400 m,杜超20071180。青岛,崂山,滑溜口,海拔700 m,付旭 R20131335。黄岛,铁橛山,海拔350 m,郭萌萌 R20130123。临朐,沂山,转拘台,赵遵田90157。临朐,沂山,古寺,赵遵田90421 – B。沂南,蒙山,赵遵田91210。博山,鲁山,海拔930 m,赵遵田90726。博山,鲁山,海拔1000 m,李林 20112457 – A。泰安,徂徕山,赵遵田91860 – B。泰安,泰山,中天门,海拔1000m,赵遵田33953、33998。

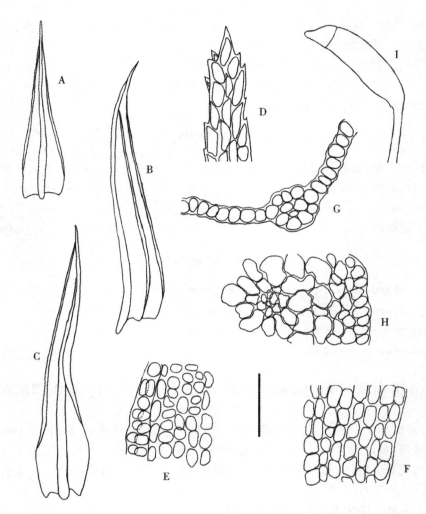

图83 角齿藓 Ceratodon purpureus (Hedw.) Brid., A – C. 叶;D. 叶尖部细胞;E. 叶中部边缘细胞;
F. 叶基部细胞;G. 叶横切面;H. 茎横切面一部分;I. 孢蒴(任昭杰 绘)。标尺:A – C = 0.8 mm, D – H =
80 μm, I = 1.7 mm。

分布:中国(黑龙江、吉林、辽宁、内蒙古、河北、山东、青海、新疆、江苏、上海、甘肃、湖北、四川、云南、西藏、台湾、广东)。世界广布种。

2. 牛毛藓属 Ditrichum Hampe Flora 50:181. 1867, *nom. cons.*

植物体矮小,疏松丛生。茎单一,直立或叉状分枝。叶卵状披针形或披针形至长披针形,先端略向一侧弯曲。叶全缘或先端具齿;中肋粗壮,多突出于叶尖,常占满叶上部。叶中上部细胞长方形,基部细胞长方形至狭长方形,薄壁,角细胞不分化。雌雄同株或异株。孢蒴长卵形或长圆柱形,直立或弯曲。环带分化。蒴齿单层,齿片16。蒴盖圆锥形,具短喙。蒴帽兜形。孢子小,表面平滑或具疣。

本属全世界约 69 种。中国有 12 种;山东有 3 种。

分种检索表

1. 孢蒴不呈辐射对称,倾立 ·· 2. 黄牛毛藓 *D. pallidum*
1. 孢蒴辐射对称,直立 ·· 2
  2. 叶边平直;雌雄同株 ·· 1. 牛毛藓 *D. heteromallum*
  2. 叶边背卷;雌雄异株 ··· 3. 细叶牛毛藓 *D. pusillum*

Key to the species

1. Capsules non radial symmetric, inclined ····························· 2. *D. pallidum*
1. Capsules radical symmetric, erect ·· 2
  2. Leaf margins plane; androgynous ·· 1. *D. heteromallum*
  2. Leaf margins recurved; dioicous ··· 3. *D. pusillum*

1. 牛毛藓

Ditrichum heteromallum(Hedw.)E. Britton, N. Amer. Fl. 15:64. 1913.

Weissia heteromalla Hedw., Sp. Musc. Frond. 71. 1801.

本种叶形与黄牛毛藓 *D. pallidum* 相似,但本种叶全缘或先端具微齿,而后者叶先端具明显齿突,此外,本种孢蒴直立,对称,而后者孢蒴倾立,不对称,以上两点可区别二者。

生境:生于土上或岩面薄土上。

产地:文登,昆嵛山,赵遵田 Zh91649。牟平,昆嵛山,一分场马腚,海拔 200 m,姚秀英 20101690 – A。青岛,崂山,赵遵田 Zh83138。青岛,崂山,滑溜口,海拔 600 m,李林 20112893。五莲,五莲山,任昭杰 R20130160。五莲,五莲山,海拔 300 m,黄正莉 R20130105 – A。

分布:中国(山东、上海、浙江、江西、湖南、湖北、四川、重庆、贵州、云南、西藏、台湾、广东、广西、海南)。印度、日本、朝鲜、美国、哥伦比亚,欧洲。

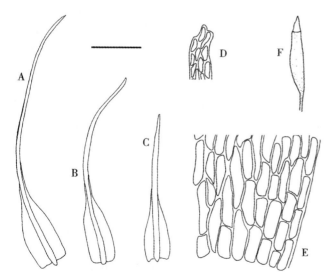

图 84　牛毛藓 *Ditrichum heteromallum*(Hedw.)E. Britton, A – B. 茎上部叶;C. 茎下部叶;D. 叶尖部细胞;E. 叶基部细胞;F. 孢蒴(任昭杰、付旭 绘)。标尺:A – C = 1.1 mm, D – E = 110 μm, F = 130 μm。

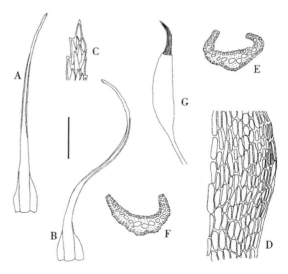

图 85　黄牛毛藓 *Ditrichum pallidum*(Hedw.)Hampe, A – B. 叶;C. 叶尖部细胞;D. 叶基部细胞;E – F. 叶横切面;G. 孢蒴(任昭杰 绘)。标尺:A – B = 1.1 mm, C – F = 110 μm, G = 1.7 mm。

2. 黄牛毛藓(照片33)

Ditrichum pallidum (Hedw.) Hampe, Flora 50：182. 1867.

Trichostomum pallidum Hedw. , Sp. Musc. Frond. 108. 1801.

植物体矮小,丛生。茎高不及 1 cm,直立,单一,稀分枝。叶基部长卵形,向上成狭长披针形,多向一侧弯曲,先端具明显齿突;中肋粗壮,占满叶上部。叶细胞长方形至狭长方形,叶基近缘处具 3 - 5 列狭长细胞。孢蒴长卵形,略向一侧弯曲,不对称,倾立。

生境:生于土上或岩面薄土上。

产地:威海,张家山,张艳敏376(SDAU)。文登,昆嵛山,仙女池,海拔300 m,任昭杰20101125 - A。文登,昆嵛山,二分场缓冲区,海拔 300 m,任昭杰20101124 - A。牟平,昆嵛山,烟霞洞飞来泉,海拔350 m,黄正莉 20110290 - A。牟平,昆嵛山,三官殿,海拔 250 m,任昭杰20100665。青岛,长门岩岛,赵遵田 Zh89006。青岛,崂山,赵遵田 Zh89335。青岛,崂山,滑溜口,海拔 500 m,李林 20112898 - A。黄岛,小珠山,海拔 150 m,任昭杰 20111654、20111709。黄岛,大珠山,海拔 100 m,黄正莉 20111562、R20112233 - A。黄岛,铁橛山,海拔 210 m,李林 R20130144。蒙阴,蒙山,望海楼,赵遵田 91300 - E。平邑,蒙山,赵遵田 Zh91289。费县,蒙山,花园庄,赵遵田 91156 - A。新泰,莲花山,海拔 400 m,黄正莉 20110609 - A、20110661。泰安,徂徕山,上池,赵遵田 91978。泰安,泰山,中天门,海拔 1000 m,赵遵田 34034 - C、34040 - A。

分布:中国(内蒙古、河北、山东、河南、安徽、江苏、上海、浙江、江西、湖南、湖北、重庆、贵州、云南、西藏、福建、台湾、广东、香港、澳门)。泰国、日本,欧洲、非洲中部和北美洲。

3. 细叶牛毛藓

Ditrichum pusillum (Hedw.) Hampe, Flora 50：182. 1867.

Didymodon pusillus Hedw. , Sp. Musc. Frond. 104. 1801.

植物体稀疏丛生。茎直立。叶基部卵形至阔卵形,向上成披针形;中肋单一,强劲,突出于叶尖;叶全缘,中下部背卷,上部平直。孢蒴长卵形,对称,平滑。

生境:生于土上或岩面薄土上。

产地:荣成,伟德山,赵遵田 Zh89112。文登,昆嵛山,二分场,海拔 350 m,任昭杰 20100460。牟平,昆嵛山,老师坟,海拔 350 m,姚秀英 20101852、20101888 - D。牟平,昆嵛山,马腚,海拔 200 m,黄正莉 20101642 - B。青岛,崂山,衣艳君 Y271(IFSBH)。黄岛,小珠山,海拔 100 m,黄正莉 20111700 - A。枣庄,抱犊崮,赵遵田 911566。

分布:中国(吉林、内蒙古、河北、山东、宁夏、湖南、湖北、四川、贵州、云南、西藏、广东、海南)。俄罗斯(西伯利亚及远东地区),欧洲、非洲和北美洲。

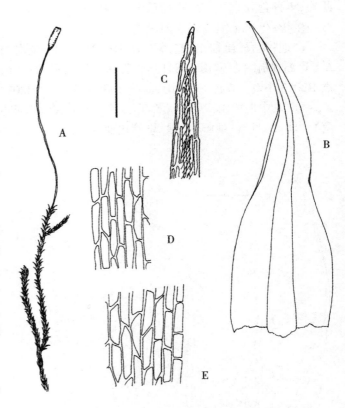

图86 细叶牛毛藓 *Ditrichum pusillum* (Hedw.) Hampe,A. 植物体;B. 叶;C. 叶尖部细胞;D. 叶中部细胞;E. 叶基部细胞(于宁宁 绘)。标尺:A = 4.9 mm, B = 220 μm, C = 33 μm, D = 37 μm, E = 42 μm。

3. 丛毛藓属 Pleuridium Rabenh. Deutschl. Krypt. – Fl. 2（3）：79. 1848.

植物体矮小,丛生,黄绿色。茎单一,或稀疏叉状分枝;中轴分化。叶直立或先端向一侧偏曲,茎基部叶小而疏生,顶部叶大,簇生,基部卵形或长卵形,向上成长披针形;叶边平直,全缘,或上部具微齿;中肋单一,强劲,占满叶上部。叶中上部细胞长菱形或狭长方形至线形,基部细胞长方形。雌雄同株,稀异株。孢蒴球形或卵形,稀长圆柱形,多隐生于雌苞叶之内。蒴盖和蒴齿均不分化。蒴帽兜形。孢子小,表面具疣。

本属全世界有 30 种。中国有 2 种;山东有 1 种。

1. 丛毛藓
Pleuridium subulatum（Hedw. ）Rabenh. , Deutschl. Krypt. Fl. 2 （3）：79. 1848.
Phascum subulatum Hedw. , Sp. Musc. Frond. 19. 1801.

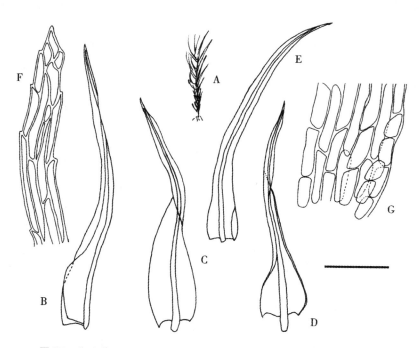

图 87 丛毛藓 *Pleuridium subulatum*（Hedw. ）Rabenh. , A. 植物体;B – E. 叶;F. 叶尖部细胞;G. 叶基部细胞(任昭杰、付旭 绘)。标尺:A = 0.4 mm, B – E = 0.8 mm, F – G = 110 μm。

植物体形小,黄绿色。茎直立,高约 0.5 mm,中轴分化。叶基部长卵形至卵形,向上呈长披针形;叶边平展或上部背卷,上部具细齿;中肋粗壮,占满整个叶上部。叶中上部细胞长方形至狭长方形,基部细胞长方形。

生境:土生。

产地:牟平,昆嵛山,老师坟,海拔 300 m,黄正莉 20101834。牟平,昆嵛山,九龙池,任昭杰 20100070。

分布:中国(山东、河南、新疆、上海、浙江、云南)。日本,欧洲和北美洲东部。

11. 小烛藓科 BRUCHIACEAE

植物体矮小,疏松丛生,原丝体宿存。茎直立,稀分枝;中轴不分化或略分化。叶披针形或狭披针形;叶边平展或背卷,全缘或先端具微齿;中肋单一,及顶或突出于叶尖。叶上部细胞长方形,平滑,基部细胞长方形至狭长方形,平滑,角细胞不分化。雌雄同株异苞。蒴柄短或长。孢蒴隐生于雌苞叶之内,或高出雌苞叶,气孔显型,多数。环带分化或不分化。蒴齿分化或不分化,若分化,三角形,较短。蒴盖分化或不分化,若分化,具喙。蒴帽钟形。孢子较大,圆球形,多具疣。

本科全世界有5属。中国有4属;山东有1属。

1. 长蒴藓属 Trematodon Michx. Fl. Bor. Amer. 2：289. 1803.

植物体矮小,黄绿色,疏松丛生。茎直立,稀分枝。叶干时卷曲,湿时伸展,基部长卵形,抱茎,向上成狭披针形;叶全缘;中肋强劲,及顶或突出。叶上部细胞小,近方形,中部细胞较长,基部细胞长方形,薄壁,平滑,角细胞不分化。雌雄同株。孢蒴直立,上部略弯曲,长柱形,台部与壶部等长或达壶部的2－4倍,基部多具颈突。蒴齿单层,齿片16。蒴盖具喙。蒴帽钟形。孢子表面具疣。

本属世界现有83种。中国有2种;山东有1种。

1. 长蒴藓(照片34)

Trematodon longicollis Michx. , Fl. Bor. - Amer. 2：289. 1803.

植物体形小,黄绿色至绿色,高约0.5 mm,疏松丛生。茎单一,稀分枝。叶基部卵形至长卵形,抱茎,向上成长披针形;叶边全缘,上部略背卷;中肋单一,强劲,及顶,不充满叶上部。叶上部细胞短长方形至长方形,基部细胞长方形,薄壁。孢蒴长圆柱形,上部有时弯曲,台部为壶部长度的2－4倍,基部具颈突。

生境:生于土上或岩面薄土上。

产地:荣成,正棋山,海拔500 m,黄正莉20112977、20112980。牟平,昆嵛山,阳沟,赵遵田87017 - A。烟台,烟台山,赵遵田Zh84038。栖霞,牙山,赵遵田90830。招远,罗山,海拔300 m,李林20111951 - A、20112024 - A。青岛,崂山,赵遵田Zh88403。青岛,长门岩岛,赵遵田89004、Zh89009。黄岛,小珠山,赵遵田Zh84175。临朐,沂山,赵遵田Zh90140。博山,鲁山,海拔700 m,黄正莉R11996 - A。博山,鲁山,黄正莉R20120047。泰山,回马岭,赵遵田

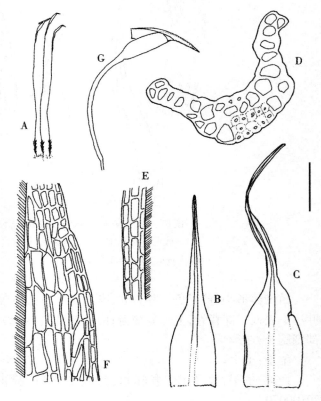

图88 长蒴藓 *Trematodon longicollis* Michx. , A. 植物体;B - C. 叶;D. 叶上部横切面;E. 叶上部细胞;F. 叶肩部细胞;G. 孢蒴(于宁宁 绘)。标尺:A = 1.0 cm, B - C = 580 μm, D = 25 μm, E - F = 39 μm, G = 2.0 mm。

Zh34009。泰山,中天门,赵遵田 33963、33973 – C。济南,千佛山,赵遵田 Zh911591。

分布:中国(辽宁、山东、安徽、江苏、上海、浙江、江西、湖南、湖北、四川、重庆、贵州、云南、西藏、福建、台湾、广东、广西、海南、香港、澳门)。孟加拉国、印度、斯里兰卡、缅甸、泰国、柬埔寨、马来西亚、菲律宾、印度尼西亚、日本、朝鲜、俄罗斯(远东地区)、斐济、巴布亚新几内亚、法属社会群岛、美国(夏威夷)、玻利维亚、巴西、秘鲁、厄瓜多尔、澳大利亚、新西兰、南非,欧洲、中美洲和北美洲。

前志收录北方长蒴藓 *T. ambiguus*(Hedw.)Hornsch. 两号标本,经检视发现 Zh88043 系长蒴藓误定,而 Zh91128 没有见到,因此将该种存疑。

12. 小曲尾藓科 DICRANELLACEAE

植物体矮小,疏松丛生。茎直立,下部具假根;中轴分化。茎基部叶较小,顶部叶较大,直立、偏曲或背仰,披针形至长披针形或阔披针形,常扭曲或呈镰刀状弯曲;叶全缘或具齿;中肋强劲,达叶尖稍下部消失、及顶或突出。叶细胞长方形,平滑,无壁孔,角细胞不分化。雌雄异株或雌雄同株异苞。蒴柄长,直立或弯曲。孢蒴直立或平列,卵形或短圆柱形,平滑或具皱褶;显型气孔。蒴盖具长喙。蒴帽兜形。孢子具疣。

本科全世界 5 属。中国有 4 属;山东有 2 属。

分属检索表

1. 蒴齿规则断裂至基部 ··· 1. 小曲尾藓属 Dicranella
1. 蒴齿不规则断裂 ··· 2. 纤毛藓属 Leptotrichella

Key to the genera

1. Peristome teeth regularly divided to base ······································· 1. Dicranella
1. Peristome teeth irregularly divided ·· 2. Leptotrichella

1. 小曲尾藓属 Dicranella (Müll. Hal.) Schimp.
Coroll. Bryol. Eur. 13. 1856.

植物体矮小,疏松丛生或散生。茎直立,单一,稀分枝。叶直立、偏曲或背仰,基部常呈卵形或宽鞘状,向上成披针形至长披针形;中肋强劲,达叶尖稍下部消失、及顶或突出。叶细胞长方形,平滑;角细胞不分化。雌雄异株。孢蒴长椭圆形或圆柱形,有时基部有颏突,平滑或具褶皱。蒴齿单层,齿片16。蒴盖具长喙。蒴帽兜形。孢子球形,多具疣。

衣艳君等(1994)报道 D. ditrichoides Broth. 在山东有分布,我们未见到引证标本,因此将该种存疑。

本属全世界现有 158 种。中国有 16 种和 1 变种。山东有 6 种。

分种检索表

1. 中肋达叶尖稍下部消失 ··· 2
1. 中肋及顶或突出叶尖 ··· 3
2. 叶边平直 ·· 2. 疏叶小曲尾藓 D. divaricatula
2. 叶边内卷 ··· 6. 变形小曲尾藓 D. varia
3. 叶中上部具明显齿突 ·································· 4. 多形小曲尾藓 D. heteromalla
3. 叶全缘或仅先端具微齿 ·· 4
4. 叶边内卷 ·· 1. 短颈小曲尾藓 D. cerviculata
4. 叶边平直 ··· 5
5. 叶直立 ·· 3. 短柄小曲尾藓 D. gonoi
5. 叶背仰 ·· 5. 细叶小曲尾藓 D. micro-divaricata

Key to the species

1. Costa ending below apex ·· 2

1. Costa percurrent or excurrent ·· 3

2. Leaf margins plane ··· 2. *D. divaricatula*

2. Leaf margins incurved ··· 6. *D. varia*

3. Leaf margins serrate obviously at the upper half ············· 4. *D. heteromalla*

3. Leaf margins entire or weekly serrulate at apex ····························· 4

4. Leaf margins incurved ·· 1. *D. cerviculata*

4. Leaf margins plane ··· 5

5. Leaves erect ·· 3. *D. gonoi*

5. Leaves spreading ··· 5. *D. micro-divaricata*

1. 短颈小曲尾藓

Dicranella cerviculata（Hedw.）Schimp.,
Coroll. Bryol. Eur. 13. 1856.

Dicranum cerviculatum Hedw., Sp. Musc.
Frond. 149. 1801.

植物体矮小。叶基部卵形,向上成长披针形,一侧弯曲;全缘或仅尖部具微齿;叶边常内卷;中肋突出叶尖。叶细胞长方形。孢蒴基部有颈突,干燥时具纵褶。

生境:生于土上。

产地:牟平,昆嵛山,赵遵田 Zh84112。黄岛,小珠山,赵遵田 Zh91118。

分布:中国(黑龙江、山东、陕西、浙江、湖北、贵州、广东、广西)。日本、俄罗斯(远东地区),欧洲和北美洲。

前志记载本种在崂山有分布,本次研究未见到标本。

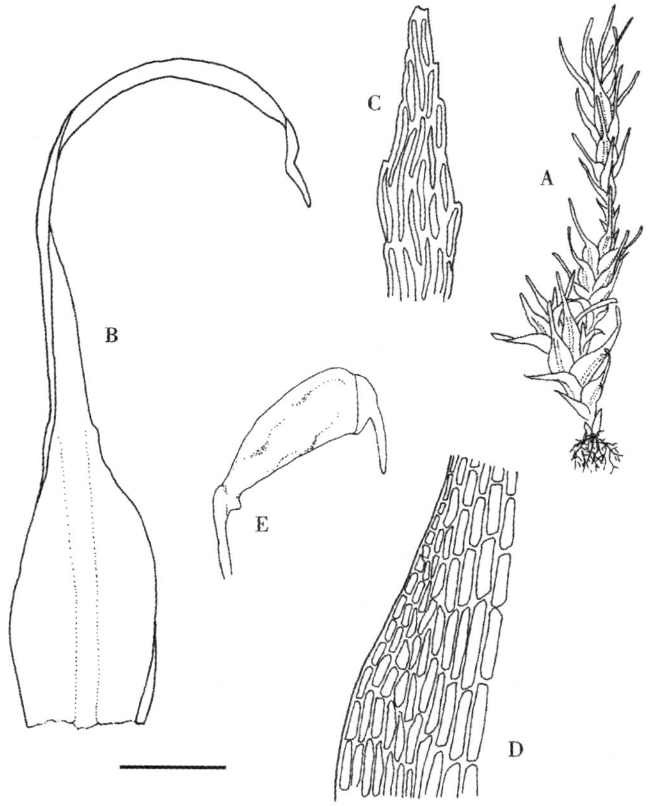

2. 疏叶小曲尾藓

Dicranella divaricatula Besch., J. Bot.
（Desvaux）12:283. 1898.

植物体矮小,稀疏丛生。茎直立,单一,高不及 1 cm。叶疏生,基部短鞘状,向上成披针形,叶尖弯曲;叶边平直,全缘,或仅叶尖具微齿;中肋强劲,及顶。叶细胞长方形,平滑。孢子体未见。

生境:生于土上。

产地:青州,仰天山,海拔 800 m,黄正莉 20112224 – A。

分布:中国特有种(辽宁、山东、江苏、浙江、湖北、四川、贵州、云南、广西)。

图 89 短颈小曲尾藓 *Dicranella cerviculata*（Hedw.）Schimp.,A. 植物体;B. 叶;C. 叶尖部细胞;D. 叶肩部细胞;E. 孢蒴(于宁宁 绘)。标尺:A = 1.1 mm, B = 390 μm, C = 52 μm, D = 82 μm, E = 1.0 mm。

3. 短柄小曲尾藓

Dicranella gonoi Cardot, Bull. Herb. Boissier sér. 2,7：713. 1907.

植物体矮小，稀疏丛生。茎直立，单一。叶基部长卵形，向上呈长披针形，先端常略偏曲；叶边有时背卷，尖部具稀齿；中肋粗壮，占满叶上部。叶细胞长方形，平滑。蒴柄短，长约 3－4 mm。孢蒴直立，椭圆形。蒴盖具斜长喙。

生境：生于土上。

产地：荣成，伟德山，海拔 500 m，黄正莉 20112402－A。招远，罗山，海拔 250 m，李林 20111951－B。五莲，五莲山，海拔 350 m，李林 R20130186。费县，蒙山，花园庄，赵遵田 Zh91159。

分布：中国（黑龙江、山东、湖南、海南）。日本。

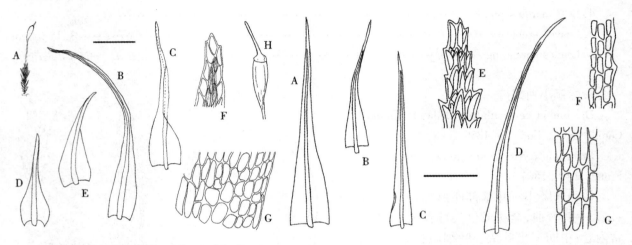

图90 短柄小曲尾藓 Dicranella gonoi Cardot, A. 植物体；B－C. 茎上部叶；D－E. 茎下部叶；F. 叶尖部细胞；G. 叶基部细胞；H. 孢蒴（任昭杰 绘）。标尺：A＝6.7 mm，B－E＝0.4 mm，F－G＝110 μm，H＝2.0 mm。

图91 多形小曲尾藓 Dicranella heteromalla（Hedw.）Schimp.，A－D. 叶；E. 叶尖部细胞；F. 叶中部细胞；G. 叶基部细胞（任昭杰、付旭 绘）。标尺：A－D＝0.8 mm，E－G＝80 μm。

4. 多形小曲尾藓（照片35）

Dicranella heteromalla（Hedw.）Schimp., Coroll. Bryol. Eur. 13. 1856.

Dicranum heteromallum Hedw., Sp. Musc. Frond. 128. 1801.

植物体矮小，黄绿色至深绿色，有光泽，稀疏丛生。茎直立，单一或叉状分枝，高不及 1 cm。叶直立或偏曲，基部卵圆形，向上成披针形；叶中上部具齿；中肋突出于叶尖。叶中上部细胞长方形，基部细胞短长方形，平滑。孢蒴直立或平列，短圆柱形。环带分化不明显。孢子具疣。

生境：多生于林间空地土表、岩面薄土上，偶见于树基部。

产地：荣成，正棋山，海拔 250 m，黄正莉 20113005－A、20113007。荣成，伟德山，海拔 350 m，李林 20112409、20112421－B。文登，昆嵛山仙女池，海拔 400 m，任昭杰 20100603－E。文登，昆嵛山，二分场缓冲区，海拔 250 m，任昭杰 20101317－A。牟平，昆嵛山，五分场东山，海拔 300 m，任昭杰 20100673。牟平，昆嵛山，水帘洞，海拔 300 m，姚秀英 20100311。长岛，海拔 100 m，黄正莉 20110987、20110989、20110990、20110993－A、20110994。栖霞，艾山，海拔 350 m，李林 20113064。蓬莱，艾山，海拔 600 m，李林 20113078－A。招远，罗山，海拔 600 m，20111971－B、20111997－B。平度，大泽山，海拔 350 m，黄正莉 20112012－A、20112018－A。青岛，崂山，北宅，海拔 400 m，韩国营 20112881－A。青岛，崂山，滑溜口，海拔 500 m，李林 20112899－A。青岛，长门岩岛，赵遵田 Zh89012。黄岛，大珠山，海拔 100 m，

20111536 - A、20111528 - A。黄岛,小珠山,海拔 100 m,任昭杰 20111646 - A、20111677。黄岛,灵山岛,海拔 500 m,黄正莉 20111438、20111459 - A。五莲,五莲山,海拔 300 m,付旭 R20130110 - A。五莲,五莲山,一线天,任昭杰 R20130179。临朐,沂山,古寺,赵遵田 Zh902012、Zh911022。蒙阴,蒙山,砂山,海拔 600 m,任昭杰 R20120104、R20121119 - D。博山,鲁山,海拔 800 m,黄正莉 20112555、20112568。莱芜,赵遵田 Zh85026。新泰,莲花山,海拔 200 m,黄正莉 20110625 - A。新泰,莲花山,海拔 600 m,黄正莉 20110624。泰安,徂徕山,光华寺,海拔 880 m,任昭杰 20110729。泰安,徂徕山,情人崖,海拔 1010 m,任昭杰 20110736。泰安,泰山,中天门西坡,海拔 1000 m,赵遵田 34087。泰安,泰山,玉皇顶,海拔 1500 m,赵遵田 34118 - B。

分布:中国(黑龙江、吉林、山东、新疆、安徽、江苏、上海、浙江、湖南、湖北、四川、重庆、贵州、台湾、海南)。北半球广布。

本种在山东分布范围较广,叶形变化较大,常与真藓 *Bryum argenteum* Hedw. 以及纤枝短月藓 *Brachymenium exile*(Dozy & Molk.)Bosch & Sande Lac. 等习见土生种类混生,形成群落。

5. 细叶小曲尾藓

Dicranella micro-divaricata(Müll. Hal.)Paris., Index Bryol. Suppl. 117. 1900.

Aongstromia micro-divaricata Müll. Hal., Nuovo Giorn. Bot., Ital. n. s. 5:170. 1898.

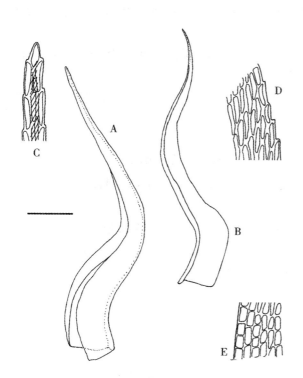

图 92 细叶小曲尾藓 *Dicranella micro-divaricata*(Müll. Hal.)Paris.,A - B. 叶;C. 叶尖部细胞;D. 叶中部细胞;E. 叶基部细胞(于宁宁 绘)。标尺:A - B = 310 μm, C = 33 μm, D = 54 μm, E = 49 μm。

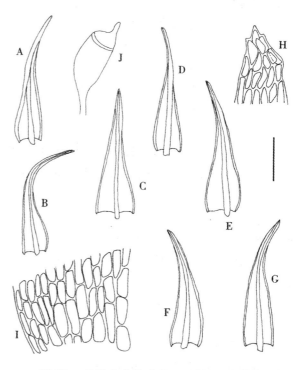

图 93 变形小曲尾藓 *Dicranella varia*(Hedw.)Schimp., A - G. 叶;H. 叶尖部细胞;I. 叶基部细胞;J. 孢蒴(任昭杰、李德利 绘)。标尺:A - G = 0.8 mm, H - I = 80 μm, J = 1.7 mm。

植物体矮小,稀疏丛生。茎直立,单一。茎叶略背仰,基部短鞘状,向上成狭披针形;叶全缘,仅叶尖部有微齿;叶边平直;中肋突出于叶尖。叶细胞长方形,平滑。孢蒴稍背曲,长椭圆形。

生境:生于土上。

产地:栖霞,牙山,赵遵田 Zh90768。招远,罗山,海拔 250 m,黄正莉 20111951 – B。青岛,崂山,赵遵田 Zh91532。黄岛,大珠山,海拔 100 m,黄正莉 20111526。五莲,五莲山,海拔 300 m,黄正莉 R20130105 – A。青州,仰天山,海拔 800 m,黄正莉 20112239 – A、20112304 – A。济南,红叶谷,黄正莉 20113181 – A。

分布:中国特有种(山东、陕西、浙江、重庆、西藏)。

6. 变形小曲尾藓

Dicranella varia (Hedw.) Schimp. , Coroll. Bryol. Eur. 13. 1856.

Dicranum varium Hedw. , Sp. Musc. Frond. 133. 1801.

植物体矮小,稀疏丛生。茎单一,或叉状分枝,高不及 1 cm。叶卵状披针形至狭披针形,倾立,先端有时镰刀状弯曲;叶全缘或尖部有微齿;叶边不规则内卷,有时平展;中肋达叶尖部稍下部消失。叶细胞长方形,平滑。蒴柄较短,3 – 5 mm。孢蒴短卵圆形,直立,有时平列或弯曲。蒴盖具粗短喙。

生境:生于土上。

产地:荣成,伟德山,海拔 350 m,李林 20112352 – A、20112356。栖霞,牙山,海拔 600 m,黄正莉 20111903 – B。青岛,崂山,崂顶下部,海拔 1000 m,赵遵田 89381。青岛,长门岩岛,赵遵田 Zh89006。黄岛,大珠山,海拔 100 m,黄正莉 20111503、20111577。临朐,沂山,古寺,赵遵田 90140、90421 – C。博山,鲁山脚下,赵遵田 90498 – A。博山,鲁山,圣母石,海拔 650 m,黄正莉 20112576。东营,赵遵田 911587 – A。莱芜,北郊巩山,赵遵田 85026 – B。

分布:中国(辽宁、内蒙古、山东、河南、新疆、上海、浙江、江西、湖南、湖北、四川、贵州、云南、广东、广西、澳门)。巴基斯坦、日本、俄罗斯、欧洲、非洲和北美洲。

本种叶形与短柄小曲尾藓 *D. gonoi* 类似,但本种中肋不及顶,而后者中肋及顶;本种蒴盖具粗短喙,而后者具斜长喙。

2. 纤毛藓属 Leptotrichella (Müll. Hal.) Lindb.
Öfvers. Förh. Kongl. Svenska Vetensk. – Akad. 21:185. 1865.

植物体矮小,散生,黄绿色至绿色,无光泽或略具光泽。茎直立,单一,基部有假根。叶狭披针形;叶尖部具微齿;叶边背卷;中肋及顶。叶细胞线形,渐向基部长方形或六边形,角细胞不分化。雌雄异株。雌苞叶与茎叶同形。蒴柄直立。孢蒴直立,圆球形或短圆柱形。蒴齿不分裂,稀上部 2 裂。蒴盖长喙状。

本属全世界有 60 种,中国有 4 种,山东有 1 种。

1. 梨蒴纤毛藓

Leptotrichella brasiliensis (Duby) Ochyra, Fragm. Florist. Geobot. 42:561. 1997.

Weissia brasiliensis Duby, Mém. Soc. Phys. Genève 7:412 pl. 4. 1836.

Microdus brasiliensis (Duby) Thér. , Bull. Herb. Boissier, sér. 2, 7:278. 1907.

植物体矮小,黄绿色,略具光泽。茎直立,单一,高约 5 mm。叶基部长卵形,向上呈狭长披针形;叶边略背卷;尖部具微齿;中肋及顶。叶上部细胞短长方形,基部细胞长方形至狭长方形,角细胞不分化。孢蒴卵形或椭圆形。蒴齿短,不规则开裂。

生境:生于土上或岩面薄土上。

产地:青岛,崂山,赵遵田 Zh90333。五莲,五莲山,赵遵田 Zh89280。博山,鲁山,赵遵田 Zh90758。

　　分布:中国(山东、上海、四川、云南、西藏、海南)。印度、斯里兰卡、缅甸、印度尼西亚、菲律宾,南美洲。

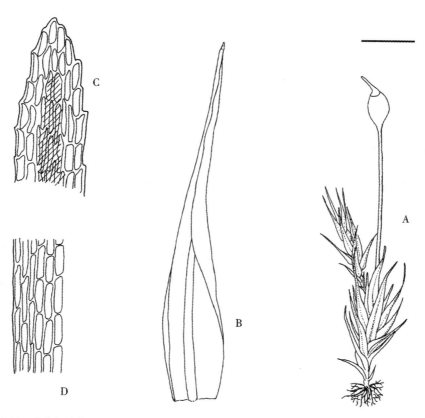

　　图 94　梨蒴纤毛藓 *Leptotrichella brasiliensis*（Duby）Ochyra, A. 植物体;B. 叶;C. 叶尖部细胞;
D. 叶基部细胞(于宁宁 绘)。标尺:A = 1.1 mm, B = 330 μm, C = 52 μm, D = 60 μm。

13. 曲背藓科 ONCOPHORACEAE

植物体小形至中等大小,密集或垫状丛生。茎直立,单一或分枝;中轴分化。叶干时卷曲,湿时伸展,基部多卵形,向上成披针形至狭长披针形;叶边平直、内卷或背卷;叶全缘或具微齿;中肋单一,多及顶至突出叶尖。叶中上部细胞近方形,基部细胞长方形,平滑或具乳头状突起,角细胞分化或不分化。多雌雄同株异苞。蒴柄短或长,直立或上部扭曲。孢蒴直立或下垂,对称或不对称,通常具条纹,具气孔。环带细胞小。蒴盖圆锥形,具喙。蒴帽兜形。孢子平滑或具疣。

贾渝、何思(2013)报道高领藓属 *Glyphomitrium* 的湖南高领藓 *G. hunanense* Broth. 在山东有分布,但未引证标本,我们也未采到标本,因此将该属和种存疑。

本科全世界 13 属。中国有 10 属;山东有 3 属。

分属检索表

1. 叶基部不呈鞘状 ································ 1. 凯氏藓属 *Kiaeria*
1. 叶基部呈鞘状 ·· 2
2. 孢蒴凸背形,基部具颏突 ···················· 2. 曲背藓属 *Oncophorus*
2. 孢蒴圆柱形,基部无颏突 ·················· 3. 合睫藓属 *Symblepharis*

Key to the genera

1. Leaf base not sheathing ································ 1. *Kiaeria*
1. Leaf base sheathing ··· 2
2. Capsules curved, distinctly strumose ······················ 2. *Oncophorus*
2. Capsules erect, not strumose ···························· 3. *Symblepharis*

1. 凯氏藓属 Kiaeria I. Hagen Kongel. Norske Vidensk. Selsk. Skr. (Trondheim) 1914 (1): 109. 1915.

植物体矮小,密集丛生,绿色至深绿色或褐绿色,基部黑褐色,无光泽或略具光泽。茎直立或倾立,单一或叉状分枝。叶基部卵形,向上成狭披针形;叶全缘或先端具齿;叶中上部内卷呈半管状;中肋及顶至突出于叶尖。叶中上部细胞方形或长方形,基部细胞长方形至狭长方形,厚壁,有时具壁孔,角细胞明显分化,厚壁,圆方形,红褐色。蒴柄直立。孢蒴卵形或短圆柱形,多背曲,基部多有颏突。蒴盖圆锥形,具喙。

本属全世界现有 6 种。中国有 4 种;山东有 1 种。

1. 泛生凯氏藓(图 95A – D)

Kiaeria starkei (F. Weber & D. Mohr) I. Hagen, Kongel. Norske Vidensk. Selsk. Skr. (Trondheim) 1914 (1): 114. 1915.

Dicranum starkei F. Weber & D. Mohr, Bot. Taschenb. 189. 1807.

植物体矮小丛生,黄绿色至深绿色,略具光泽。茎直立或倾立,高不及 1 cm。叶片直立或镰刀形弯曲,基部卵形,向上成狭披针形,上部内卷成半管状;叶边上部具细齿;中肋突出于叶尖。叶上部细胞长方形,有时表面粗糙,基部细胞长方形至狭长方形,角细胞明显分化,红褐色。孢蒴卵状圆柱形,弯曲,基部有颈突。孢子具疣。

生境:生于林间土表或岩面薄土上。

产地:荣成,正棋山,赵遵田 Zh89342。文登,昆嵛山,仙女池附近,海拔 260 m,李林 20101136。牟平,昆嵛山,马腚,海拔 200 m,姚秀英 20101531、20101541、20101561。牟平,昆嵛山,流水石,海拔 400 m,任昭杰 20101902 - A。栖霞,牙山,赵遵田 Zh90755。青岛,崂山,滑溜口,付旭 R20131337。青岛,崂山,滑溜口,海拔 500 m,李林 20112862 - A。蒙阴,蒙山,刀山沟,海拔 500 m,李林 R11974 - A。蒙阴,蒙山,里沟,海拔 700 m,任昭杰 R20120061 - C。平邑,蒙山,核桃涧,海拔 700 m,黄正莉 R121004 - B。博山,鲁山,海拔 1100 m,李林 20112524 - A。泰安,徂徕山,上池,刘志海 91979。

分布:中国(黑龙江、吉林、山东、四川)。日本、俄罗斯(远东地区),欧洲和北美洲。

经检视标本发现,罗健馨等(1991)报道的断叶直毛藓 Orthodicranum strictum Broth. 系本种误定,前志收录的鞭枝直毛藓 O. flagellare(Hedw.)Lieske 亦系本种误定。

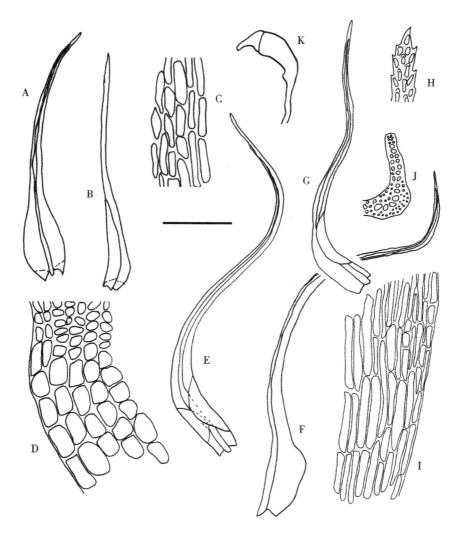

图 95 A - D. 泛生凯氏藓 Kiaeria starkei(F. Weber & D. Mohr)I. Hagen,A - B. 叶;C. 叶中部细胞;D. 叶基部细胞;E - K. 曲背藓 Oncophorus wahlenbergii Brid.,E - G. 叶;H. 叶尖部细胞;I. 叶基部细胞;J. 叶中部横切面;K. 孢蒴(任昭杰、付旭 绘)。标尺:A - B,E - G = 0.8 mm,C - D = 80 μm,H - J = 110 μm,K = 1.9 mm。

2. 曲背藓属 Oncophorus（Brid.）Brid. Bryol. Univ. 1：189. 1826.

植物体小形至中等大小,黄绿色至绿色,具光泽,密集丛生或垫状丛生。茎直立,单一或具分枝。叶干时强烈卷缩,湿时背仰,基部呈鞘状,向上成狭长披针形;叶边中部多内卷或波曲;叶边中上部多具齿;中肋强劲,及顶或突出于叶尖。叶中上部细胞不规则方形或圆形,鞘部细胞长方形,薄壁,透明。雌雄同株。蒴柄直立。孢蒴长卵形,背曲,基部有颈突。环带不分化。蒴齿生于蒴口内深处,齿片多并立。蒴盖圆锥形,具喙。蒴帽兜形。孢子略具疣。

本属全世界有 9 种。中国有 4 种;山东有 1 种。

1. 曲背藓（照片 36）（图 95E – K）

Oncophorus wahlenbergii Brid.，Bryol. Univ. 1：400. 1826.

植物体黄绿色,具光泽,密集丛生。茎直立或倾立,高约 1 cm。叶干时强烈卷缩,湿时背仰,基部阔鞘状,向上成细长毛尖;叶尖部具齿;中肋及顶。孢蒴长椭圆形,弯曲,基部有颈突,平列。

生境:生于林下土表或岩面薄土上。

产地:文登,昆嵛山,二分场缓冲区,海拔 350 m,任昭杰 20101317 – B。文登,昆嵛山,二分场缓冲区,海拔 400 m,黄正莉 20101214 – A。平度,大泽山,海拔 400 m,黄正莉 20112085。平邑,蒙山,赵遵田 Zh91150。泰安,徂徕山,赵遵田 Zh911214。

分布:中国(黑龙江、吉林、辽宁、内蒙古、河北、山西、山东、陕西、甘肃、新疆、江苏、湖南、四川、贵州、云南、西藏、台湾)。巴基斯坦、印度、不丹、朝鲜、日本、俄罗斯、欧洲和北美洲。

本种植物在山东体形较小,高约 1cm,易与卷叶曲背藓 O. crispifolius（Mitt.）Lindb. 混淆,但孢蒴平列明显区别于后者。经检视标本发现,李林等(2013)报道的卷叶曲背藓系本种误定。

3. 合睫藓属 Symblepharis Mont

Ann. Sci. Nat.，Bot.，sér. 2，8：252. 1837.

植物体小形至中等大小,丛生。茎直立,单一或分枝。叶干时强烈卷缩,湿时背仰,基部呈鞘状,向上成狭长披针形;叶全缘,仅尖部具齿;中肋及顶或突出。叶上部细胞方形,厚壁,基部细胞长方形至狭长方形,薄壁,透明,角细胞不分化。雌雄同株,稀异株。蒴柄直立。孢蒴短圆柱形,平滑,直立。蒴盖圆锥形,具斜喙。蒴帽兜形。孢子平滑。

本属全世界有 10 种。中国有 4 种和 1 变种;山东有 1 种。

1. 合睫藓

Symblepharis vaginata（Hook.）Wijk & Marg.，Taxon 8：75. 1959.

Didymodon vaginatus Hook.，Icon. pl. 18. 1936.

植物体黄绿色,有光泽。茎直立或倾立,高约 1 cm。叶干时强烈卷缩,湿时倾立,基部呈鞘状,向上成狭长披针形;叶尖部具细齿;中肋及顶。孢蒴短柱形,直立。

生境:生于林间土表或岩面薄土上。

产地:荣成,石岛山,赵遵田 Zh86073。牟平,昆嵛山,赵遵田 Zh84064。栖霞,牙山,赵遵田 90828、90832。青岛,崂山,北九水,赵遵田 89407。青岛,崂山,仰口,任昭杰、杜超 20071206。博山,鲁山,赵遵田 90728。

分布:中国(黑龙江、吉林、辽宁、内蒙古、河北、山东、陕西、甘肃、新疆、安徽、江西、四川、贵州、云南、西藏、福建、台湾、广东、广西）。巴基斯坦、印度、泰国、朝鲜、日本、俄罗斯、秘鲁,欧洲、北美洲和中美洲。

　　本种在没有孢蒴的情况下与曲背藓 Oncophorus wahlenbergii Brid. 极为相似,容易混淆。

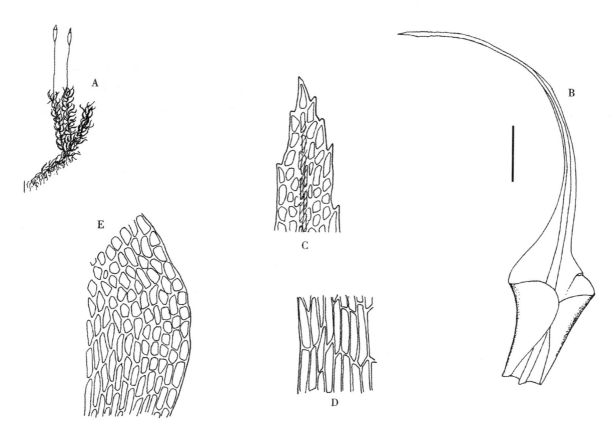

图96　合睫藓 Symblepharis vaginata（Hook.）Wijk & Marg. ,A. 植物体;B. 叶;C. 叶尖部细胞;D. 叶肩部细胞;E. 叶基边缘细胞(于宁宁 绘)。标尺:A=2.9 mm, B=650 μm, C=43 μm, D=42 μm, E=65 μm。

14. 树生藓科 ERPODIACEAE

植物体形小,匍匐,树生,稀石生或土生,黄绿色至深绿色,无光泽。茎不规则分枝或近羽状分枝。叶多异型,常具腹叶与背叶,卵形或卵状披针形,叶边全缘或具微齿;中肋缺失。叶细胞平滑或具疣,角细胞略分化。雌雄同株。孢蒴卵形或圆柱形。蒴齿缺失或仅具外齿层。蒴帽兜形或钟形,多具纵褶。孢子具疣。

本科全世界5属。中国有3属;山东有2属。

分属检索表

1. 叶细胞具细疣;孢蒴无蒴齿 ·· 1. 苔叶藓属 *Aulacopilum*
1. 叶细胞平滑;孢蒴具蒴齿 ·· 2. 钟帽藓属 *Venturiella*

Key to the genera

1. Laminal cells finely papillose; peristome teeth absent ·········· 1. *Aulacopilum*
1. Laminal cells smooth; peristome teeth present ·········· 2. *Venturiella*

1. 苔叶藓属 Aulacopilum Wilson London J. Bot. 7:90. 1848.

植物体形小,匍匐生长,绿色至暗绿色,无光泽。茎不规则分枝。腹叶和背叶近同形,卵形,无中肋,一般两侧不对称,先端圆钝、渐尖或急尖,叶边全缘;中肋缺失。叶中上部细胞六边形、菱形或方形,具细密疣;角细胞分化,长方形。雌雄同株。孢蒴卵形。蒴齿退化。蒴帽钟形,平滑或具纵褶。

本属全世界现有 2 种。中国有 2 种;山东有 1 种。

1. 东亚苔叶藓

Aulacopilum japonicum Broth. ex Cardot, Bull. Soc. Bot. Genève, Sér. 2, 1:131. 1909.

植物体细小,长不及 1 cm,深绿色,贴生于树干上。腹叶卵状披针形,略不对称,具短尖,内凹;背叶两侧较对称,具短尖;叶全缘。叶上部细胞近六边形,具细密疣,角细胞近方形。孢蒴长卵形,无蒴齿。

生境:树生。

产地:青岛,崂山,潮音瀑,海拔 400 m,赵遵田 89395 – B、Zh91624。青岛,长门岩岛,赵遵田 89008。

分布:中国(河北、山东、江苏、上海、浙江、江西、湖北、福建)。日本和朝鲜。

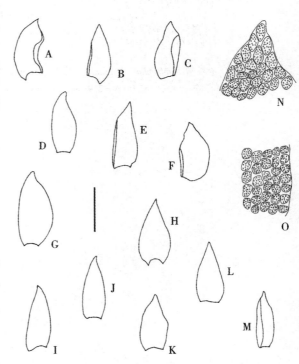

图 97 东亚苔叶藓 *Aulacopilum japonicum* Broth. ex Cardot,A – H. 背叶;I – M. 腹叶;N. 叶尖部细胞;O. 叶基部细胞(任昭杰 绘)。标尺:A – M = 0.8 mm, N – O = 110 μm。

2. 钟帽藓属 Venturiella Müll. Hal. Linnaea 39：421. 1875.

植物体形小,深绿色,多贴生于树干,偶见于土表和岩石上。茎不规则分枝。腹叶卵状披针形,内凹,多具无色透明毛尖;背叶与腹叶同形,略小;叶边全缘,或尖部具细微齿;无中肋。叶尖部细胞狭长;叶中上部细胞近六边形或菱形,平滑;角细胞分化,多长方形。雌雄同株。蒴柄短。孢蒴卵形,有时隐生于雌苞叶之内。蒴齿单层。蒴盖圆锥形,具喙。蒴帽钟形,具宽纵褶,几乎覆盖整个孢蒴。孢子具疣。

本属全世界仅 1 种。山东有分布。

1. 钟帽藓(照片 37)

Venturiella sinensis（Vent.）Müll. Hal., Nuovo Giorn. Bot. Ital., n. s., 4：262. 1897.

Erpodium sinense Vent., Bryoth. Eur. 25：1211. 1873.

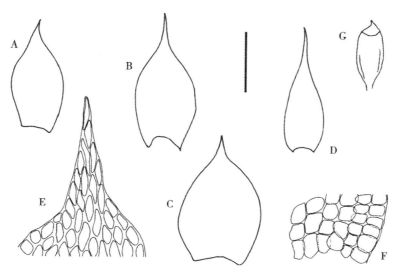

图 98　钟帽藓 *Venturiella sinensis*（Vent.）Müll. Hal., A－D. 叶;E. 叶尖部细胞;F. 叶基部细胞;G. 孢蒴(任昭杰、付旭 绘)。标尺:A－D＝0.8 mm, E－F＝170 μm, G＝1.5 mm。

种的特征同属。

生境:多生于树干上,偶见于岩石上和土上。

产地:文登,昆嵛山,二分场缓冲区,海拔 400 m,任昭杰 20101227。牟平,昆嵛山,水帘洞,海拔 350 m,黄正莉 20100330、20100351。栖霞,牙山,海拔 550 m,赵遵田 90811－A。平度,大泽山,赵遵田 91743。青岛,崂山,北九水疗养院,海拔 290 m,任昭杰 R20131355－A。青岛,崂山,北宅白果树山庄,海拔 400 m,任昭杰 20112918、R080710。青岛,崂山,滑溜口,海拔 500 m,李林 20112926、20112930。黄岛,铁橛山,海拔 200 m,李林 20110841。黄岛,铁橛山,海拔 200 m,任昭杰 R20130126。五莲,五莲山,万寿光明寺,李林 R20130181－B。蒙阴,蒙山,砂山,海拔 600 m,付旭 R20131347。蒙阴,蒙山,三分区,海拔 550 m,赵遵田 91175、91176、91362。沂南,五彩山,赵遵田 95528。青州,枣树干生,邱德文 911357、911574－A。青州,仰天山,海拔 700 m,黄正莉 20112284。博山,鲁山,林场,海拔 550 m,赵遵田 90475、90499－A。博山,鲁山,海拔 800 m,黄正莉 20112562。曲阜,孔林,赵遵田 84126、84128。曲阜,颜庙,任昭杰 R20120022。枣庄,抱犊崮,海拔 230 m,赵遵田 911315、911316。泰安,徂徕山,太平顶,海拔 1000 m,黄正莉 20110698。泰安,徂徕山,马场,海拔 930 m,赵遵田 911261、911262。泰安,泰山,海拔 520 m,任昭杰 R00609。泰安,泰山,中天门,海拔 1000 m,赵遵田 33943－A、33957。泰安,岱庙,赵遵田34168。长清,灵岩寺,赵遵田87166。

分布:中国(吉林、辽宁、内蒙古、北京、河北、河南、山西、山东、陕西、甘肃、安徽、江苏、上海、浙江、江西、湖南、湖北、四川、重庆、云南、福建、台湾)。朝鲜、日本,北美洲。

15. 曲尾藓科 DICRANACEAE

　　植物体小形至大形,丛生,黄绿色至深绿色,有时褐绿色,多具光泽。茎直立或倾立,单一或叉状分枝;中轴分化或不分化。叶干时通常不卷缩,披针形至狭长披针形,直立或背仰;叶边具齿;中肋强劲,及顶或突出于叶尖,与叶片细胞有明显界线,中上部背面平滑、具疣或栉片。叶上部细胞等轴形或长轴形,平滑或具乳头状突起,叶中下部细胞长方形至狭长方形,常具壁孔,角细胞分化,大形,薄壁或厚壁,无色或红棕色。多雌雄异株。蒴柄长,直立。孢蒴卵圆形或圆柱形,直立、对称,稀下垂、不对称。蒴齿单层,稀缺失。蒴帽兜形。孢子平滑或具疣。

　　本科全世界 24 属。中国有 7 属;山东有 2 属。

分属检索表

1. 中肋横切面无绿色细胞 ·· 1. 曲尾藓属 Dicranum
1. 中肋横切面有绿色细胞 ·· 2. 拟白发藓属 Paraleucobryum

Key to the genera

1. Costa in transverse section without chlorocysts ·················· 1. Dicranum
1. Costa in transverse section with chlorocysts ···················· 2. Paraleucobryum

1. 曲尾藓属 Dicranum Hedw. Sp. Musc. Frond. 126. 1801.

　　植物体中等大小至大形,丛生。茎直立或倾立。叶多列,直立或镰刀形一侧弯曲,披针形至长披针形;叶边多具齿;中肋及顶或突出于叶尖,中上部背面平滑、具疣或栉片。中上部细胞长方形、方形,平滑或具乳头状突起,基部细胞长方形或线形,常具壁孔,角细胞分化明显。雌雄异株。孢蒴圆柱形,直立或弯曲。蒴齿单层,稀缺失。蒴盖具喙。

　　本属全世界有 92 种。中国有 34 种;山东有 3 种。

分种检索表

1. 叶先端钝;中肋及顶 ··· 3. 曲尾藓 D. scoparium
1. 叶先端尖锐,具长尖;中肋突出于叶尖 ····································· 2
2. 叶边上部具单列齿 ··· 1. 日本曲尾藓 D. japonicum
2. 叶边上部具双列齿 ··· 2. 多蒴曲尾藓 D. majus

Key to the species

1. Apical leaf obtuse; costa percurrent ···························· 3. D. scoparium
1. Apical leaf acute, with a narrow and long acute; costa excurrent ······ 2
2. Upper leaf margins teeth single ································· 1. D. japonicum
2. Upper leaf margins teeth double ································· 2. D. majus

1. 日本曲尾藓

Dicranum japonicum Mitt. , Trans. Linn. Soc. London. Bot. , 3：155. 1891.

植物体丛生,黄绿色,或褐绿色。茎单一,稀分枝。叶狭长披针形,镰刀形一侧弯曲;叶边上部具单列齿;中肋突出于叶尖,上部背面具 2 列粗齿。叶上部细胞长六边形,基部细胞狭长,具壁孔,角细胞明显分化,褐色。

生境:生于岩面。

产地:青岛,崂山顶,全治国 264c(PE)。

分布:中国(黑龙江、吉林、内蒙古、山东、河南、陕西、甘肃、安徽、江苏、浙江、江西、湖南、湖北、四川、重庆、贵州、云南、西藏、福建、台湾、广东、广西)。朝鲜、日本和俄罗斯(远东地区)。

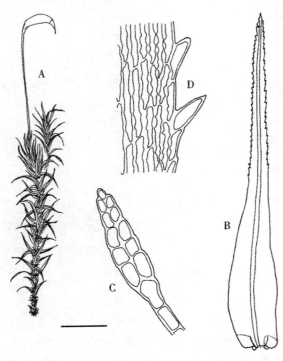

图99 日本曲尾藓 Dicranum japonicum Mitt. , A. 植物体;B. 叶;C. 叶角部横切面;D. 叶上部边缘细胞(于宁宁 绘)。标尺:A = 3.1 mm, B = 520 μm, C – D = 39 μm。

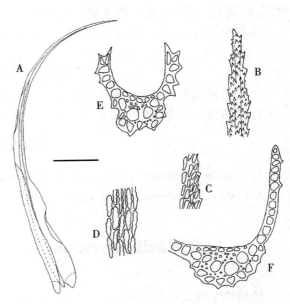

图 100 多蕊曲尾藓 Dicranum majus Turner, A. 叶;
B. 叶尖部细胞;C. 叶上部细胞;D. 叶中下部细胞;E. 叶上部横切面;F. 叶中部横切面(任昭杰、付旭 绘)。标尺:A = 1.7 mm, B – D = 170 μm, E – F = 83 μm。

2. 多蕊曲尾藓

Dicranum majus Turner, Muscol. Hibern. Spic. 59. 1804; also Fl. Brit. , p. 1202. 1804.

植物体丛生,具光泽。茎直立或倾立,高约 3 cm。叶狭长披针形,镰刀形一侧弯曲;叶边上部具不规则锐齿;中肋突出于叶尖,上部背面具齿。叶中下部细胞狭长卵形,厚壁,具壁孔,角细胞分化明显。孢子体未见。

生境:生于林下岩面薄土上。

产地:费县,蒙山,海拔 1000 m,赵遵田 Zh91176。博山,鲁山,海拔 1000 m,赵遵田 Zh90758。

分布:中国(黑龙江、吉林、内蒙古、山东、新疆、甘肃、江西、湖南、湖北、重庆、贵州、西藏、台湾、广西)。朝鲜、日本、俄罗斯,欧洲和北美洲。

3. 曲尾藓

Dicranum scoparium Hedw. , Sp. Musc. Frond. 126. 1801.

植物体密集丛生,黄绿色至深绿色。茎直立或倾立,高约 2 cm,多不分枝。叶披针形,先端钝;叶边中上部具齿,下部平滑;中肋及顶,上部背面有 2 - 3 列栉片,栉片上具粗齿。叶中上部细胞长方形或长六边形,薄壁,具壁孔,基部细胞长方形,角细胞分化。孢蒴长圆柱形,干燥时弓形弯曲。

生境:生于林下土表或岩面薄土上。

产地:文登,昆嵛山,无染寺,海拔 250 m,姚秀英 20101298 - A。青岛,崂山,北九水,海拔 400 m,任昭杰 R20131903。黄岛,小珠山,赵遵田 Zh84182。临朐,沂山,海拔 900 m,赵遵田 Zh90766。枣庄,抱犊崮,赵遵田 Zh911347。泰安,徂徕山,赵遵田 Zh91979。泰安,泰山,后石坞,海拔 1300 m,赵遵田 34097 - D。

分布:中国(黑龙江、吉林、内蒙古、河北、山东、陕西、甘肃、新疆、安徽、江苏、浙江、江西、湖南、湖北、四川、重庆、贵州、云南、西藏、福建、台湾)。不丹、朝鲜、日本、俄罗斯,欧洲和北美洲。

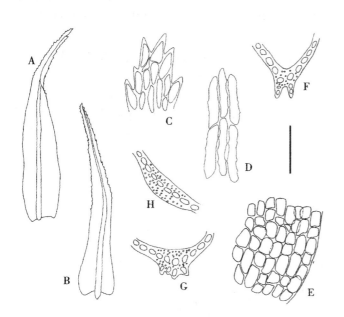

图 101 曲尾藓 *Dicranum scoparium* Hedw., A - B. 叶;C. 叶尖部细胞;D. 叶中部细胞;E. 叶基部细胞;F. 叶上部中肋横切面;G. 叶中部中肋横切面;H. 叶基部中肋横切面(任昭杰 绘)。A - B = 1.7 mm, C - D, F - H = 170 μm, E = 220 μm。

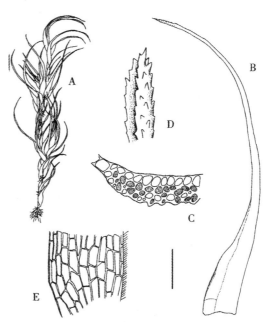

图 102 长叶拟白发藓 *Paraleucobryum longifolium* (Hedw.) Loeske, A. 植物体;B. 叶;C. 叶基部横切面一部分;D. 叶尖部;E. 叶基部细胞(于宁宁 绘)。标尺:A = 2.8 mm, B = 740 μm, C, E = 47 μm, D = 62 μm。

2. 拟白发藓属 Paraleucobryum (Lindb. ex Limpr.) Loeske

Allg. Bot. Z. Syst. 13:167. 1907.

本属全世界有 4 种。中国有 3 种;山东有 2 种。

分种检索表

1. 中肋横切面绿色细胞位于中间和背面 ·················· 1. 长叶拟白发藓 *P. longifolium*

1. 中肋横切面绿色细胞位于背面 ·················· 2. 疣肋拟白发藓 *P. schwarzii*

Key to the species

1. Chlorocysts at median and dorsal of costa in transverse section ·················· 1. *P. longifolium*

1. Chlorocysts at dorsal of costa in transverse section ·· 2. *P. schwarzii*

1. 长叶拟白发藓

Paraleucobryum longifolium（Hedw.）Loeske, Hedwigia 47: 171. 1908.

Dicranum longifolium Ehrh. ex Hedw., Sp. Musc. Frond. 130. 1801.

植物体小形,灰绿色或绿色,具光泽,丛生。茎直立或倾立,高约 1 cm。叶狭长披针形,镰刀形一侧弯曲;叶边内卷,尖部具细齿;中肋宽阔,占叶片基部 2/3 以上,突出于叶尖呈细毛尖,横切面绿色细胞位于中间和背面,夹杂于无色细胞之间,横切面背面细胞突出。角细胞分化明显。孢子体未见。

生境:生于林下土表或岩面薄土上。

产地:文登,昆嵛山,二分场缓冲区,海拔 400 m,任昭杰 20100380。文登,昆嵛山,仙女池,海拔 300 m,任昭杰 20101152。文登,昆嵛山,玉屏池,海拔 350 m,姚秀英 20100430。牟平,昆嵛山,泰礴顶,海拔 920 m,黄正莉 20110005。牟平,昆嵛山,海拔 400 m,姚秀英 20100844。黄岛,大珠山,海拔 100 m,黄正莉 20111491 – A。

分布:中国(黑龙江、吉林、山东、陕西、四川、云南、西藏)。印度、日本、俄罗斯,欧洲和北美洲。

2. 疣肋拟白发藓(照片 38)

Paraleucobryum schwarzii（Schimp.）C. Gao & Vitt, Moss Fl. China 1: 220. 1999.

Campylopus schwarzii Schimp., Musci Eur. Nov.（Bryol. Eur. Suppl.）1: 1. 1864.

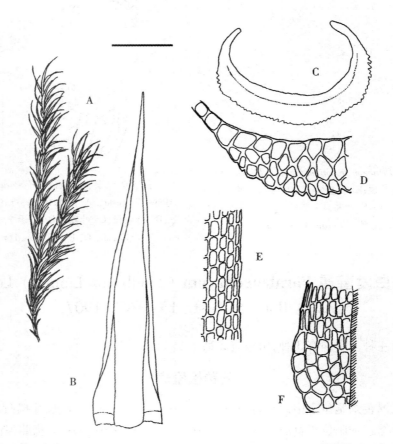

图 103 疣肋拟白发藓 *Paraleucobryum schwarzii*（Schimp.）C. Gao & Vitt,A. 植物体;B. 叶;C. 叶中部横切面;D. 叶中部横切面一部分;E. 叶中部边缘细胞;F. 叶基部细胞(于宁宁 绘)。标尺:A = 1.1 cm, B = 650 μm, C = 89 μm, D – F = 37 μm。

本种与长叶拟白发藓 *P. longifolium* 叶形相似,易混淆。但本种中肋横切面绿色细胞仅位于背面,区别于后者绿色细胞位于中央和背面。

生境:生于林下土表或岩面薄土上。

产地:文登,昆嵛山,无染寺,海拔 250 m,黄正莉 20101265。文登,昆嵛山,二分场缓冲区,海拔 350 m,黄正莉 20101211 – A。牟平,昆嵛山,一分场马腚,海拔 200 m,任昭杰 20101474 – A、20101633。青岛,崂山,海拔 600 m,赵遵田 91081 – A。五莲,五莲山,海拔 250 m,任昭杰 R20130168 – A。

分布:中国(内蒙古、陕西、山东、江西、四川、重庆、云南、西藏、台湾、广东、广西、海南)。尼泊尔、印度、日本,欧洲、北美洲。

16. 白发藓科 LEUCOBRYACEAE

植物体小形至大形,丛生,白发藓型(苍白色至灰绿色)或曲尾藓型(黄绿色至深绿色,或棕褐色)。茎单一或分枝;中轴分化,略分化或不分化。叶披针形至线状披针形,或舌形,先端有白色透明毛尖,或无,稀基部呈鞘状;叶全缘,或中上部具齿;中肋宽阔,占叶基部宽度 1/3 以上,中上部背面具栉片、齿突,或无。叶细胞形状变化较大,平滑,角细胞分化或不分化。多雌雄异株。蒴柄长,直立或呈鹅颈状。孢蒴直立或弯曲,卵球形至圆柱形,或长椭圆形,具气孔。环带分化,或缺失。蒴盖通常具喙。蒴帽兜形或钟形。孢子平滑或具疣。

本科全世界 14 属。中国有 5 属;山东有 4 属。

分属检索表

1. 植物体苍白色至灰绿色 ………………………………………………………………… 2
1. 植物体黄绿色至深绿色,或呈棕褐色 ………………………………………………… 3
2. 植物体细小,不育枝先端常丛生无性芽胞 ………………………… 1. 白氏藓属 Brothera
2. 植物体多粗壮,枝先端不具丛生芽胞 ………………………… 4. 白发藓属 Leucobryum
3. 叶上部细胞短于下部细胞;叶横切面有大形薄壁细胞;蒴齿中部以上开裂
   ……………………………………………………………… 2. 曲柄藓属 Campylopus
3. 叶上部细胞与下部细胞近等长;叶横切面无大形薄壁细胞;蒴齿几乎裂至基部
   ……………………………………………………… 3. 青毛藓属 Dicranodontium

Key to the genera

1. Plants pale to pray-green ……………………………………………………………… 2
1. Plants yellowgreen to dark green, or sepia ……………………………………… 3
2. Plants small, gemma usually clustered on the top of the sterile plate ………… 1. *Brothera*
2. Plants usually robust, without gemma on the top of the plants ……………… 4. *Leucobryum*
3. Upper laminal cells shorter than basal laminal cells; costa in transverse section with large thin-walled cells; peristome teeth divided only to the middle …………………… 2. *Campylopus*
3. Upper laminal cells usually as equal as basal laminal cells in the length; costa in transverse section with large thin-walled cells; peristome teeth divided nearly to the base ……………… 3. *Dicranodontium*

1. 白氏藓属 Brothera Müll. Hal. Gen. Musc. Frond. 259. 1900.

属特征见种。
本属全世界有 1 种。山东有分布。

1. 白氏藓

Brothera leana (Sull.) Müll. Hal., Gen. Musc. Frond. 259. 1900.

Leucophones leanum Sull., Musci. Allegh. 41. 1846.

植物体矮小,丛生,灰绿色。茎直立,高约 5 mm,不育枝顶端具丛生无性芽胞。叶长披针形,多内卷;中肋宽阔,充满叶上部,横切面通常 3 层细胞,中间的绿色细胞排列不规则。叶细胞长方形,薄壁,透明。

生境:生于岩面薄土上。

产地:泰安,泰山,普照寺,张艳敏 90301(SDAU)。

分布:中国(黑龙江、吉林、河北、山东、陕西、浙江、江西、湖南、湖北、四川、贵州、云南、西藏、福建、台湾)。巴基斯坦、缅甸、泰国、印度、朝鲜、日本、俄罗斯(远东地区),北美洲。

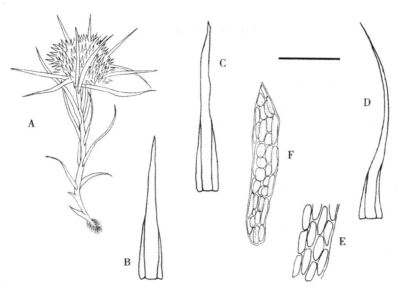

图 104　白氏藓 Brothera leana(Sull.)Müll. Hal., A. 植物体;B – D. 叶;E. 叶基部细胞;F. 芽孢(任昭杰、李德利 绘)。标尺:A = 1.7 mm, B – D = 0.8 mm, E = 170 μm, F = 110 μm。

2. 曲柄藓属 Campylopus Brid. Muscol. Recent. Suppl. 4:71. 1819.

植物体黄绿色至暗绿色,或呈棕褐色,有光泽,密集丛生。茎直立,叉状分枝或束状分枝。叶干时贴茎,湿时直立或倾立,多狭长披针形,具长尖,有时一侧偏曲;叶全缘或仅尖部具齿;中肋宽阔,上部常充满整个叶尖,背面常有栉片,横切面有大形主细胞。叶细胞方形至长方形,有时菱形或椭圆形至长椭圆形,多具壁孔,角细胞多分化,无色或红棕色。雌雄异株。蒴柄常呈鹅颈状弯曲,成熟后直立。孢蒴椭圆形,对称。环带分化。蒴齿中部以上 2 裂。蒴盖具斜长喙。蒴帽兜形或钟形。孢子常具疣。

本属全世界约 150 种。中国有 20 种和 1 亚种及 1 变种;山东有 8 种。本属植物体在山东较矮小,高多不及 1 cm,且孢子体不常见,经常与丛藓科 Pottiaceae 习见种类混生。

分种检索表

1. 叶具无色透明毛尖 ……………………………………………………………………………… 2
1. 叶不具无色透明毛尖 …………………………………………………………………………… 4
2. 中肋横切面的厚壁层位于中肋背腹两侧 …………………… 8. 节茎曲柄藓 C. umbellatus
2. 中肋横切面的厚壁层位于中肋背侧 …………………………………………………………… 3
3. 中肋背面无栉片 …………………………………………………… 1. 长叶曲柄藓 C. atrovirens
3. 中肋背面具 2 – 3 个细胞高的栉片 ……………………………… 7. 台湾曲柄藓 C. taiwanensis
4. 中肋横切面无厚壁层 ……………………………………………… 5. 辛氏曲柄藓 C. schimperi

4. 中肋横切面有厚壁层 ··· 5

5. 角细胞明显分化 ·· 6

5. 角细胞分化不明显 ·· 7

6. 叶中上部细胞方形至短长方形 ····························· 2. 曲柄藓 *C. flexuosus*

6. 叶中上部细胞椭圆形至长椭圆形 ······················· 6. 中华曲柄藓 *C. sinensis*

7. 叶先端具狭长沟状尖 ··································· 3. 脆枝曲柄藓 *C. fragilis*

7. 叶先端不为沟状尖 ·································· 4. 梨蒴曲柄藓 *C. pyriformis*

Key to the species

1. Leaves with hyaline hair-points ·· 2

1. Leaves without hyaline hair-points ·· 4

2. Costa in transverse section with both dorsal and ventral stereid bands ··········· 8. *C. umbellatus*

2. Costa in transverse section with only dorsal stereid band ···················· 3

3. Costa without lamellae ··· 1. *C. atrovirens*

3. Costa with lamellae, 2 – 3 cells high ························· 7. *C. taiwanensis*

4. Costa in transverse section without stereid band ·············· 5. *C. schimperi*

4. Costa in transverse section with stereid band ·························· 5

5. Alar cells obviously differentiated ······································· 6

5. Alar cells weakly differentiated ·· 7

6. Upper leaf cells quadrate to short-rectangular ················· 2. *C. flexuosus*

6. Upper leaf cells oval to elongate-oval ······················· 6. *C. sinensis*

7. Leaves ending in a long, narrow, channeled tip ··············· 3. *C. fragilis*

7. Leaves not ending in a channeled tip ························· 4. *C. pyriformis*

1. 长叶曲柄藓

Campylopus atrovirens De Not. , Syllab. Musc. 221. 1838.

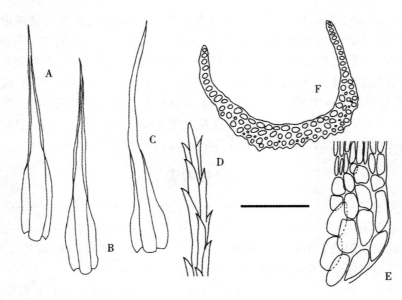

图 105 长叶曲柄藓 *Campylopus atrovirens* De Not. , A – C. 叶；D. 叶尖部细胞；E. 叶基部细胞；
F. 叶横切面(任昭杰、李德利 绘)。标尺：A – C = 1.1 mm, D – F = 110 μm。

植物体绿色,密集丛生。茎直立,高约 1 cm,单一,稀分枝。叶基部长卵形,向上呈狭长披针形,中上部叶边内卷,先端具无色透明毛尖;叶尖部具不规则齿;中肋宽阔,占基部的 1/2 宽,横切面 3 – 4 层细胞厚,腹面两层大细胞,背面细胞略突出。叶细胞长方形,角细胞六边形,膨大,薄壁,突出成半圆形。

生境:生于土表。

产地:栖霞,牙山,杨永杰 901(PE)。

分布:中国(山东、陕西、甘肃、安徽、江苏、浙江、江西、湖南、四川、贵州、云南、西藏、福建、广东、广西、香港)。尼泊尔、日本、欧洲和北美洲。

2. 曲柄藓(图 106A – D)

Campylopus flexuosus (Hedw.) Brid., Muscol. Recent. Suppl. 4:71. 1819 [1818].

Dicranum flexuosum Hedw., Sp. Musc. Frond. 145. 1801.

植物体矮小,绿色,具光泽,密集丛生。茎直立,高不及 1 cm,未见分枝。叶基部长卵形,向上成狭长披针形,中上部叶边内卷成管状;叶边上部具齿;中肋约占叶基宽度的一半,横切面有厚壁层,背面平滑,腹侧有 2 层大形薄壁细胞。叶中上部细胞方形或短长方形,基部细胞长方形,角细胞明显分化,褐色,薄壁,凸出称半圆形。孢子体未见。

生境:多生于土表。

产地:牟平,昆嵛山,赵遵田 Zh87051。栖霞,艾山,赵遵田 Zh86254。青岛,崂山,崂顶下部,赵遵田 89397 – B。青岛,崂山,崂顶下部,海拔 950 m,任昭杰 20112857。黄岛,小珠山,赵遵田 Zh84168。

分布:中国(山东、新疆、浙江、江西、湖南、湖北、重庆、贵州、云南、福建、台湾、广西、海南)。尼泊尔、斯里兰卡、俄罗斯、澳大利亚、新西兰、马达加斯加、坦桑尼亚、秘鲁,欧洲、北美洲和中美洲。

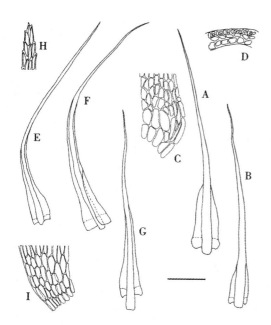

图 106　A – D. 曲柄藓 *Campylopus flexuosus* (Hedw.) Brid., A – B. 叶;C. 叶基部细胞;D. 叶横切面(任昭杰、付旭 绘)。E – I. 青毛藓 *Dicranodontium denudatum* (Brid.) E. Britton ex Williams, E – G. 叶;H. 叶尖部细胞;I. 叶基部细胞(任昭杰、李德利 绘)。标尺:A – B = 1.1 mm, C, I = 170 μm, D = 83 μm, E – G = 1.7 mm, H = 110 μm。

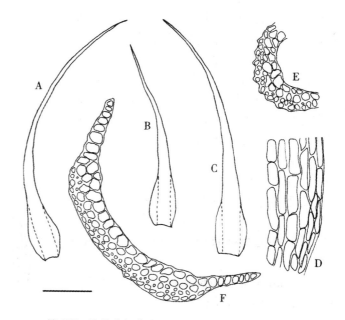

图 107　脆枝曲柄藓 *Campylopus fragilis* (Brid.) Bruch & Schimp., A – C. 叶;D. 叶基部细胞;E. 叶中上部横切面一部分;F. 叶基部横切面(任昭杰 绘)。标尺:A – B = 0.8 mm, D – F = 110 μm。

3.脆枝曲柄藓

Campylopus fragilis（Brid.）Bruch & Schimp. in B. S. G., Bryol. Eur. 1：164（Fasc. 41. Monogr. 4）. 1847.

Dicranum fragilis Brid., J. Bot.（Schrad.）1800（2）：296. 1801.

植物体矮小,黄褐色。茎直立,高不及 1 cm,先端芽叶成丛不明显。叶基部阔披针形,向上呈狭长沟状尖,易折断;叶边先端具微齿;中肋宽阔,约占叶基部的一半,上部背面具突起,横切面有中央主细胞,背侧有厚壁细胞层,腹侧有大形薄壁细胞。叶细胞长方形,角细胞分化不明显,薄壁,透明。孢子体未见。

生境:生于土表。

产地:文登,昆嵛山,二分场缓冲区,海拔 600 m,姚秀英 20100534 – B。青岛,崂山,赵遵田 Zh36823。

分布:中国(山东、新疆、四川、重庆、贵州、云南、台湾、广东、海南)。朝鲜、日本、俄罗斯(远东地区)、秘鲁、坦桑尼亚,欧洲、中美洲和北美洲。

4.梨蒴曲柄藓(见前志图 85)

Campylopus pyriformis（Schultz）Brid., Bryol. Univ. 1：471. 1826.

Dicranum pyriforme Schultz, Prodr. Fl. Starg. Suppl. 73. 1819.

Campylopus fragilis（Brid.）Bruch & Schimp. var. *pyriformis*（Schultz）Agst., Ned. Kruidk. Arch. 57：332. 1950.

本种与脆枝曲柄藓 *C. fragilis* 相似,曾被归为后者的变种,但本种叶尖不成狭长沟状,且茎顶端不成头状,可以区别于后者。

生境:生于土表。

产地:牟平,昆嵛山,赵遵田 Zh84087。

分布:中国(吉林、山东、浙江、江西、湖南、四川、重庆、贵州、云南、福建、广西、广东)。印度、蒙古、俄罗斯、智利、澳大利亚,欧洲和北美洲。

前志记载本种在崂山有分布,本次研究未采到标本,也未见到引证标本。

5.辛氏曲柄藓(照片 39)(图 108A – G)

Campylopus schimperi J. Mild., Bryoth. Eur. 658. 1864.

Campylopus subulatus Schimp. var. *schimperi*（J. Mild.）Husn., Muscol. Gall. 43. 1884.

植物体黄绿色,有光泽,密集丛生。茎直立或倾立,单一或叉状分枝,高约 5 mm,最高不超过 1 cm。叶狭长披针形,有时上部内卷成管状,叶尖平滑或具微齿;中肋宽

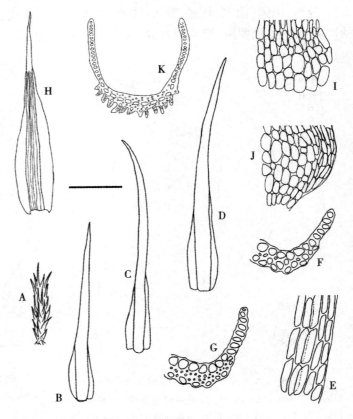

图 108　A – G. 辛氏曲柄藓 *Campylopus schimperi* J. Mild., A. 植物体;B – D. 叶;E. 叶基部细胞;F – G. 叶横切面一部分。H – K. 节茎曲柄藓 *Campylopus umbellatus*（Arnott）Paris, H. 叶;I. 叶中下部细胞;J. 角细胞;K. 叶中肋横切面(任昭杰、付旭 绘)。标尺:A = 3.3 mm, B – D = 0.8 mm, E – G = 80 μm, H = 1.7 mm, I – K = 330 μm。

阔,占叶基部 2/3 以上,背面光滑或具矮的肋突,横切面背侧具拟厚壁层。叶上部细胞纺锤形,厚壁,基部细胞狭长方形,角细胞少,方形或六边形,不凸出或不明显凸出。孢子体未见。

生境:多生于土表或岩面薄土上。

产地:文登,昆嵛山,仙女池,海拔 300 m,任昭杰 20101279 - A。文登,昆嵛山,二分场缓冲区,海拔 250 m,黄正莉 20101222 - A。牟平,昆嵛山,泰礴顶,海拔 900 m,任昭杰 20110133。牟平,昆嵛山,九龙池,海拔 250 m,任昭杰 20100261。青岛,崂山,北九水至蔚竹观途中,海拔 420 m,任昭杰 R20131354。青岛,崂山,滑溜口,海拔 500 m,李林 20112860 - A。五莲,五莲山,李林 R20130114 - A。临朐,沂山,赵遵田 Zh90100。蒙阴,蒙山,海拔 800 m,任昭杰 20120100。新泰,莲花山,海拔 200 m,黄正莉 20110572、20110616、20110618 - A。

分布:中国(山东、青海、新疆、安徽、江西、湖南、四川、重庆、贵州、云南、西藏、广西)。日本、俄罗斯、欧洲和北美洲。

6. 中华曲柄藓

Campylopus sinensis(Müll. Hal.)J. - P. Frahm, Ann. Bot. Fenn. 34:202. 1997.

Dicranum sinense Müll. Hal., Nuovo Giorn. Bot. Ital., n. s., 4:249. 1897.

Campylopus japonicus Broth., Hedwigia 38:207. 1899.

本种与曲柄藓 *C. flexosus* 类似,但本种叶上部细胞方形至短长方形,而后者叶上部细胞椭圆形至长椭圆形,另外,本种叶横切面的腹侧大形薄壁细胞和中央主细胞约占叶横切面厚度的 2/3,而后者约占 1/2。以上两点可区别二者。

生境:生于土表或岩面薄土上。

产地:文登,昆嵛山,二分场缓冲区,海拔 400 m,姚秀英 20100526。黄岛,小珠山,南天门下,海拔 550 m,任昭杰 20111689 - A。黄岛,小珠山,幻住桥,海拔 500 m,黄正莉 20111747 - B。黄岛,铁橛山,黄正莉 R20130120。博山,鲁山,海拔 700 m,郭萌萌 20112496 - A。泰安,徂徕山,光华寺,海拔 850 m,任昭杰 20110738。

分布:中国(辽宁、河北、山东、陕西、甘肃、安徽、浙江、江西、湖北、四川、重庆、贵州、云南、福建、台湾、广东、海南、香港)。越南、泰国、日本、澳大利亚、法属社会群岛、墨西哥,北美洲西部。

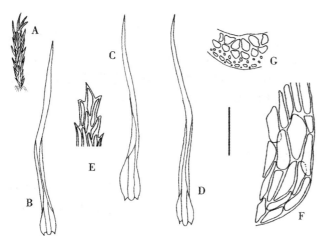

图 109 中华曲柄藓 *Campylopus sinensis*(Müll. Hal.)J. - P. Frahm, A. 植物体;B - D. 叶;E. 叶尖部细胞;F. 叶基部细胞;G. 叶横切面一部分(任昭杰、付旭 绘)。标尺:A = 2.2 mm, B - D = 0.8 mm, E - F = 80 μm, G = 220 μm。

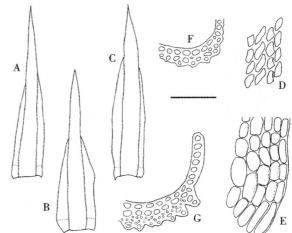

图 110 台湾曲柄藓 *Campylopus taiwanensis* Sakurai, A - C. 叶;D. 叶中部细胞;E. 角细胞;F - G. 叶横切面一部分(任昭杰、李德利 绘)。标尺:A - C = 0.8 mm, D - G = 80 μm。

7. 台湾曲柄藓

Campylopus taiwanensis Sakurai, Bot. Mag.（Tokyo）55：206. 1941.

植物体矮小,淡绿色,稍具光泽。茎直立,高不及 1 cm。叶披针形,先端具白色透明毛尖,具齿;中肋约占叶基部的一半,上部背面有 2 - 3 个细胞高的栉片,横切面腹侧有大形薄壁细胞,背面具厚壁层。叶细胞纺锤形或菱形,厚壁,角细胞少,长方形,透明。孢子体未见。

生境:生于土表或岩面薄土上。

产地:青岛,崂山,赵遵田 Zh89405。黄岛,大珠山,海拔 200 m,黄正莉 20111516 – A。五莲,五莲山,海拔 200 m,任昭杰 R20130122 – A、R20130176 – A。

分布:中国特有种(山东、安徽、浙江、湖南、重庆、贵州、台湾、广东、广西、香港)。

8. 节茎曲柄藓（图 108H – K）

Campylopus umbellatus（Arnott）Paris, Index Bryol. 264. 1894.

Thysanomitrium umbellatum Schwägr. & Gaud. ex Arnott, Mém. Soc. Linn. Paris 5：263. 1827.

本种与台湾曲柄藓 C. taiwanensis 叶形相似,且都具有白色透明毛尖,但本种茎顶端呈头状,后者不呈头状,本种中肋横切面的厚壁层位于中肋背腹两侧,而后者则仅位于背侧,以上两点可明显区别二者。此外,本种栉片更为明显,高 2 – 4 个细胞,角细胞分化也更为明显。

生境:生于土表或岩面薄土上。

产地:文登,昆嵛山,二分场缓冲区,海拔 350 m,任昭杰 20101315 – A。牟平,昆嵛山,赵遵田 89415、91710 – A。牟平,昆嵛山,泰礴顶,海拔 900 m,任昭杰 R20101306。黄岛,大珠山,海拔 200 m,黄正莉 20111485 – B。五莲,五莲山,海拔 300 m,任昭杰 R20130153。

分布:中国(山东、安徽、江苏、浙江、江西、湖南、湖北、四川、重庆、贵州、云南、西藏、福建、台湾、广东、广西、海南、香港)。不丹、缅甸、泰国、斯里兰卡、越南、柬埔寨、马来西亚、菲律宾、日本、朝鲜、澳大利亚、法属社会群岛、瓦努阿图和美国(夏威夷)。

3. 青毛藓属 Dicranodontium Bruch & Schimp.
Bryol. Eur. 1：157（Fasc. 41. Monogr. 1）. 1847.

植物体形小至大形,多具光泽。茎单一,或分枝;中轴分化或不分化。叶直立或镰刀形弯曲,基部宽阔,向上呈狭长披针形;中肋宽阔,约占叶基部宽度的 1/3,上部充满叶尖,横切面背腹侧均具厚壁层。叶细胞方形或长方形,平滑,角细胞大,无色或黄褐色,常凸出呈耳状。雌雄异株。孢蒴椭圆柱形或长卵圆柱形。环带不分化。齿片 2 裂至近基部。蒴盖长圆锥形。蒴帽兜形。

本属全世界约 15 种。中国有 9 种;山东有 2 种。

分种检索表

1. 叶边自基部至叶尖均具齿 ………………………………………………… 1. 粗叶青毛藓 D. asperulum
1. 叶边仅中上部具齿 ……………………………………………………… 2. 青毛藓 D. denudatum

Key to the species

1. Leaves serrate from base to apex ……………………………………………… 1. D. asperulum
1. Leaves serrate from middle to apex ……………………………………………… 2. D. denudatum

1.粗叶青毛藓

Dicranodontium asperulum（Mitt.）Broth.，Nat. Pflanzenfam. I（3）：336. 1901.

Dicranum asperulum Mitt.，J. Proc. Linn. Soc.，Bot.，Suppl. 1：22. 1859.

本种与青毛藓 *D. denudatum* 植物体及叶形均相似,但本种叶边自基部至尖部均具齿,而后者仅叶中上部具齿。

生境:生于林下土表或岩石上。

产地:文登,昆嵛山,二分场缓冲区,海拔300 m,任昭杰20101428－A。牟平,昆嵛山,黄连口,海拔550 m,任昭杰20100196、20100198。牟平,昆嵛山,三岔河,海拔300 m,任昭杰20100032。牟平,昆嵛山,林场阳沟,赵遵田87024。牟平,昆嵛山,三林场东北坡,赵遵田84101。栖霞,牙山,赵遵田90795。

分布:中国(山东、江苏、江西、四川、贵州、云南、西藏、台湾、广西、海南、香港)。印度、尼泊尔、泰国、印度尼西亚、日本,欧洲和北美洲。

经检视标本发现,李林等(2013)报道的毛叶青毛藓 *D. filifolium* Broth. 系本种误定。

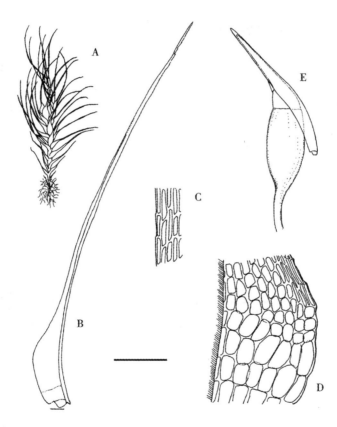

图 111 粗叶青毛藓 *Dicranodontium asperulum*（Mitt.）Broth.,A. 植物体;B. 叶;C. 叶上部边缘细胞;
D. 叶基部细胞;E. 孢蒴(于宁宁 绘)。A＝2.8 mm, B＝440 μm, C＝38 μm, D＝89 μm, E＝740 μm。

2.青毛藓(图106E－I)

Dicranodontium denudatum（Brid.）E. Britton ex Williams, N. Amer. Fl. 15：151. 1913.

Dicranum denudatum Brid.，Sp. Muscol. Recent. Suppl. 1：184. 1806.

植物体矮小,绿色或黄棕色,具光泽。茎直立,单一,稀分枝,高不及1cm,顶端叶常脱落;中轴不明显分化。叶干时扭曲,镰刀形偏曲。叶基部卵形,向上呈狭长披针形;叶边内卷,中上部具齿;中肋宽阔,占叶基部1/3 至1/2,突出叶尖呈毛尖状。叶上部细胞狭长方形至线形,中部细胞长方形或虫形,基部近中肋处细胞短长方形,边缘细胞长虫形,角细胞明显分化,大形,无色或棕色,凸出成耳状。孢子体未见。

生境:多生于林下土表、岩面薄土及岩石上。

产地:文登,昆嵛山,仙女池,海拔 400 m,任昭杰 20100551 - A。牟平,昆嵛山,三官殿,海拔 200 m,任昭杰 20100634 - A。牟平,昆嵛山,马腚,海拔 200 m,李林 20101695 - A。牟平,昆嵛山,东至庵,海拔 240 m,赵遵田 84007。栖霞,牙山,赵遵田 91965。青岛,崂山,仰口,任昭杰、杜超 20071194、20071195、20071196、20071199、20071200。青岛,崂山,北九水,任昭杰、杜超 20071197、20071198。青岛,崂山,崂顶下部,海拔 900 m,任昭杰 20112876 - A。青岛,长门岩岛,赵遵田 89006。黄岛,小珠山,赵遵田 Zh91120。五莲,五莲山,海拔 300 m,任昭杰 R20130136。平邑,蒙山,赵遵田 91484 - B。博山,鲁山,赵遵田 90567、90646。泰安,徂徕山,光华寺,海拔 870 m,任昭杰 R11953、R11969 - A。泰安,泰山,万芳朝天,赵遵田 34111、34119 - D。

分布:中国(黑龙江、吉林、内蒙古、河北、山东、新疆、江苏、浙江、江西、湖北、四川、重庆、贵州、云南、西藏、福建、台湾、广东、广西)。尼泊尔、不丹、印度、俄罗斯、日本、秘鲁,欧洲和北美洲。

4. 白发藓属 Leucobryum Hampe Linnaea 13:42. 1839.

植物体小形至大形,苍白色至灰绿色,紧密丛生。茎直立,单一或分枝。叶基部长卵形或椭圆形,呈鞘状,向上呈披针形至狭披针形,上部多偏曲;叶全缘或上部具齿;中肋宽阔,占满叶上部。叶细胞无色,透明,狭长形,角细胞极少分化。蒴柄直立。孢蒴近圆柱形,不对称,不规则弯曲。齿片16,裂至中部,裂片披针形。蒴盖具长喙。蒴帽兜形。孢子具细疣。

本属全世界约83种。中国有10种和1变种;山东有1种。

1. 桧叶白发藓(照片40)

Leucobryum juniperoideum (Brid.) Müll. Hal., Linnaea 18:689. 1845.

Dicranum juniperoideum Brid., Bryol. Univ. 1:409. 1826.

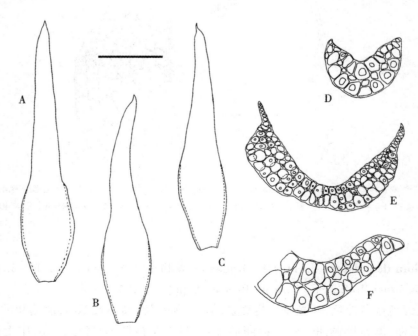

图 112 桧叶白发藓 *Leucobryum juniperoideum* (Brid.) Müll. Hal., A - C. 叶;D - F. 叶横切面(任昭杰 绘)。标尺:A - C = 1.7 mm, D - F = 170 μm。

植物体小形,灰绿色,密集丛生。茎直立,高不及 1 cm;中轴不分化。叶卵状披针形,略呈镰刀状弯曲,上部有时内卷成管状;叶边全缘,仅尖部具细齿;中肋宽阔,背部平滑,叶基部中肋横切面,最薄处近中部,仅 2 层无色细胞,最厚处近叶两边,背侧 3-4 层无色细胞,腹侧 2-4 层无色细胞,最厚处厚度是最薄处的 1.8-3.0 倍。叶基部细胞长方形。薄壁,透明。孢子体未见。

生境:生于林下土表、岩石及岩面薄土上。

产地:文登,昆嵛山,二分场缓冲区,海拔 350 m,任昭杰 20101253、20101317-C。文登,昆嵛山,仙女池,海拔 400 m,姚秀英 20100573。牟平,昆嵛山,五分场东山,海拔 500 m,姚秀英 20100751。牟平,昆嵛山,黑龙潭,海拔 300 m,黄正莉 20110168-C。牟平,昆嵛山,烟霞洞,海拔 300 m,李林 20110284-A。牟平,昆嵛山,三岔河,赵遵田 Zh89146、91709。

分布:中国(山东、江苏、上海、浙江、江西、湖南、湖北、四川、重庆、贵州、云南、福建、台湾、广东、海南、香港、澳门)。日本、朝鲜、印度、缅甸、泰国、斯里兰卡、老挝、越南、柬埔寨、马来西亚、印度尼西亚、菲律宾、巴布亚新几内亚、密克罗尼西亚群岛,土耳其、巴西、马达加斯加,高加索地区,欧洲。

经检视标本发现,前志收录的白发藓 L. glaucum Hedw. 系本种误定,白发藓叶基部中肋横切面最薄处无色细胞(2-)3-4 层,最厚处无色细胞背腹面各 2-3(-4)层,最厚处厚度是最薄处的 1.2-1.6 倍,可与本种区分开。前志记载标本 Zh89146 的产地为崂山,经检视发现这份标本的产地为昆嵛山,因此该类群尚未在崂山发现。

17. 凤尾藓科 FISSIDENTACEAE

植物体小形至大形,灰绿色、黄绿色至深绿色,偶带红褐色。茎多单一或分枝;中轴分化或不分化;腋生透明结节有或无。叶由前翅、背翅、鞘部三部分组成,椭圆状披针形、披针形至狭长披针形,叶尖急尖或钝且具小尖头;叶边分化或不分化,全缘或具齿;中肋及顶至突出,或在叶尖稍下部消失。叶细胞多为圆形至多边形,平滑、具乳突或具疣。雌雄同株或异株。孢蒴直立、对称,或倾立、弯曲、不对称。环带缺失。蒴齿单层,齿片16。蒴盖圆锥形,具喙。蒴帽兜形。孢子平滑或具疣。

本科全世界1属。山东有分布。

1. 凤尾藓属 Fissidens Hedw. Sp. Musc. Frond. 152. 1801.

属的特征见科。

本属全世界约440种。中国有56种和1亚种及7变种;山东有16种和3变种。本属植物多生于阴湿土表、岩面,偶见水生,省内各大山区多有分布,尤以胶东山区更为广泛。

分种检索表

1. 叶无中肋 …………………………………………………………	8. 透明凤尾藓 F. hyalinus
1. 叶具中肋 …………………………………………………………	2
2. 叶具分化边缘 …………………………………………………	3
2. 叶无分化边缘 …………………………………………………	5
3. 分化边缘仅见于叶鞘部和雌苞叶的鞘部 ………	9. 线叶凤尾藓暗色变种 F. linearis var. obscurirete
3. 叶边大部具分化边缘 …………………………………………	4
4. 孢蒴不弯曲,对称 ………………………………………………	2. 小凤尾藓 F. bryoides
4. 孢蒴弯曲,不对称 ………………………………………………	17. 拟小凤尾藓 F. tosaensis
5. 叶上部由数列浅色而平滑的细胞构成一条浅色边缘 ………	6
5. 叶无浅色边缘 …………………………………………………	8
6. 鞘部细胞沿角隅有3–4个疣 …………………………………	16. 南京凤尾藓 F. teysmannianus
6. 鞘部细胞具乳头状突起,无疣 …………………………………	7
7. 浅色边缘宽1–3列细胞,蒴柄长不及2 mm ………………	1. 异形凤尾藓 F. anomalus
7. 浅色边缘宽3–5列细胞,蒴柄长5–10 mm ………………	4. 卷叶凤尾藓 F. dubius
8. 叶缘由2–3层细胞组成,色深 ………………………………	11. 大凤尾藓 F. nobilis
8. 叶缘颜色与内方相同 …………………………………………	9
9. 鞘部占叶长的1/5–1/4 ………………………………………	14. 山东凤尾藓 F. shandongensis
9. 鞘部占叶长的一半以上 ………………………………………	10
10. 背翅基部明显下延 ……………………………………………	6. 二形凤尾藓 F. geminiflorus
10. 背翅基部不下延 ………………………………………………	11
11. 叶细胞平滑或略具乳头状突起 ………………………………	12
11. 叶细胞具疣或明显乳头状突起 ………………………………	13
12. 中肋突出叶尖 …………………………………………………	12. 粗肋凤尾藓 F. pellucidus
12. 中肋达叶尖稍下部消失 ………………………………………	13. 网孔凤尾藓 F. polypodioides

13. 鞘部细胞具多疣 ·· 5. 短肋凤尾藓 *F. gardneri*

13. 鞘部细胞具单疣或乳头状突起 ·· 14

14. 蒴柄侧生或基生 ·· 15. 鳞叶凤尾藓 *F. taxifolius*

14. 蒴柄顶生 ·· 15

15. 腋生透明结节明显 ·· 3. 黄叶凤尾藓 *F. crispulus*

15. 腋生透明结节不明显 ·· 16

16. 叶先端钝, 具短尖 ·· 7. 裸萼凤尾藓 *F. gymnogynus*

16. 叶先端狭急尖 ·· 10. 内卷凤尾藓 *F. involutus*

Key to the species

1. Leaves without costa ·· 8. *F. hyalinus*

1. Leaves with costa ·· 2

2. Leaves limbate ·· 3

2. Leaves not limbate ·· 5

3. Limbidium confined to the vaginant laminae or present only on vaginant laminae of perichaetial leaves ·· 9. *F. linearis* var. *obscurirete*

3. Limbidium almost all around the leaf margins ·· 4

4. Capsules straight or nearly straight, symmetrical ·· 2. *F. bryoides*

4. Capsules curved, asymmetrical ·· 17. *F. tosaensis*

5. Several rows of cells at margins of apical laminae lighter in colour and smooth, markedly differentiated from inner cells as a paler band ·· 6

5. Marginal cells not as above ·· 8

6. Cells of vaginant laminae with 3 – 4 papillae at corners ·· 16. *F. teysmannianus*

6. Cells of vaginant laminae with mammillae, not papillose ·· 7

7. Paler margins 1 – 3 cells wide; setae less than 2mm long ·· 1. *F. anomalus*

7. Paler margins 3 – 5 cells wide; setae 5 – 10mm long ·· 4. *F. dubius*

8. Leaf margins 2 – 3 cells thick, deeper than inner laminae in colour ·· 11. *F. nobilis*

8. Leaf margins the same as inner laminae in colour ·· 9

9. Vaginant laminae 1/5 – 1/4 the leaf length ·· 14. *F. shandongensis*

9. Vaginant laminae 1/2 the leaf length at least ·· 10

10. Base of dorsal lamina distinctly decurrent ·· 6. *F. geminiflorus*

10. Base of dorsal lamina not decurrent ·· 11

11. Laminal cells smooth or lightly mammillae ·· 12

11. Laminal cells papillae or visibly mammillae ·· 13

12. Costa excurrent ·· 12. *F. pellucidus*

12. Costa ending below apex ·· 13. *F. polypodioides*

13. Cell of vaginant laminae with several papillae ·· 5. *F. gardneri*

13. Cell of vaginant laminae with single papilla or mamilla ·· 14

14. Setae lateral or basal ·· 15. *F. taxifolius*

14. Setae terminal ·· 15

15. Axillary hyaline nodules very prominent ·· 3. *F. crispulus*

15. Axillary hyaline nodules not well differentiated ·· 16

16. Apical leaf obtuse, micronate ·· 7. *F. gymnogynus*

16. Apical leaf narrow acute ·· 10. *F. involutus*

1. 异形凤尾藓

Fissidens anomalus Mont. , Ann. Sci. Nat. Bot. , sér. 2, 17: 252. 1842.

本种叶形与卷叶凤尾藓 *F. dubius* 相似,但前者浅色边缘由 1 – 3 列细胞构成,而后者则由 3 – 5 列细胞构成,前者蒴柄极端,仅长 1.5 – 2 mm,而后者蒴柄长 5 – 8 mm。以上两点可区别二者。

生境:多生于潮湿土表、岩面上。

产地:荣成,伟德山,海拔 420 m,黄正莉 20112404 – B。文登,昆嵛山,二分场缓冲区,海拔 350 m,姚秀英 20101186。牟平,昆嵛山,九龙池,海拔 300 m,任昭杰 20100280 – B。牟平,昆嵛山,老师坟,海拔 350 m,任昭杰 20101760、20101766。牟平,昆嵛山,流水石,海拔 300 m,任昭杰 20101795 – A。牟平,昆嵛山,马腚,海拔 200 m,黄正莉 20101685。牟平,昆嵛山,黑龙潭,海拔 200 m,李林 20110149 – A。牟平,昆嵛山,三岔河,海拔 275 m,黄正莉 20110176 – A。栖霞,艾山,海拔 350 m,李林 20113065 – B。青岛,崂山,赵遵田 88007、91596。黄岛,铁橛山,海拔 400 m,黄正莉 20110898。平邑,蒙山,蓝涧,海拔 650 m,李林 R12000。

分布:中国(山东、河南、陕西、新疆、甘肃、江西、湖南、湖北、四川、重庆、贵州、云南、福建、台湾、广西、香港)。菲律宾、印度尼西亚、越南、泰国、缅甸、尼泊尔、印度和斯里兰卡。

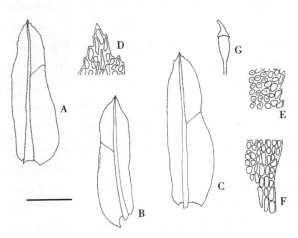

图 113 异形凤尾藓 *Fissidens anomalus* Mont. , A – C. 叶;D. 叶尖部细胞;E. 叶前翅边缘中部细胞;F. 鞘部基部细胞;G. 孢蒴(任昭杰、付旭 绘)。标尺:A – C = 1.1 mm, D – F = 110 μm, G = 2.8 mm。

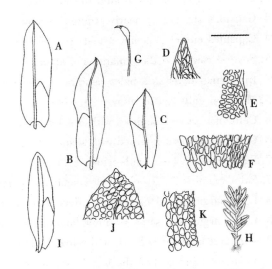

图 114 A – G. 小凤尾藓原变种 *Fissidens bryoides* Hedw. var. *bryoides*, A – C. 叶;D. 叶尖部细胞;E. 叶中部细胞;F. 叶基部细胞;G. 孢蒴;H – K. 小凤尾藓厄氏变种 *Fissidens bryoides* var. *esquirolii* (Thér.) Z. Iwats. & T. Suzuki, H. 植物体;I. 叶片;J. 叶尖部细胞;K. 叶前翅中部细胞(任昭杰、付旭 绘)。标尺:A – C = 0.8 mm, D – F, J – K = 80 μm, G = 4.8 mm, H = 1.7 mm, I = 330 μm。

2. 小凤尾藓

Fissidens bryoides Hedw. , Sp. Musc. Frond. 153. 1801.

2a. 小凤尾藓原变种(照片 41)(图 114A – G)

Fissidens bryoides var. **bryoides**

植物体形小。茎单一,连叶高约 6 mm。叶 4 – 6 对,长椭圆状披针形,先端急尖,背翅基部楔形;中肋多在叶尖稍下部消失;鞘部约为叶长的 1/2 – 3/5,不对称;叶边分化,鞘部更为明显。叶细胞方形至六边形,平滑。雌雄同株。蒴柄长 2 - 8 mm。孢蒴直立,对称。蒴盖具喙。

生境:多生于潮湿土表、岩面上。

产地:牟平,昆嵛山,烟霞洞,海拔 200 m,黄正莉 20110274。栖霞,牙山,赵遵田 Zh90834。青岛,崂山,北九水,杜超 R070088。临朐,沂山,赵遵田 Zh90288。平邑,蒙山,赵遵田 Zh91386。青州,柏泉村,柏泉洞,任昭杰 R20130100。青州,仰天山,仰天寺,赵遵田 88122 - A。青州,仰天山,海拔 700 m,黄正莉 20112207 - C,20112217 - A。博山,鲁山,万石迷宫,海拔 1000 m,黄正莉 20112499。博山,鲁山,海拔 700 m,李林 20112499。泰安,泰山,黑龙潭,赵遵田 34167。济南,龙洞,海拔 200 m,李林 20113169、20113171、20113172。济南,泉城公园,赖桂玉 R130065。

分布:中国(黑龙江、吉林、内蒙古、河北、北京、山西、山东、河南、陕西、宁夏、新疆、江苏、上海、浙江、江西、湖北、四川、重庆、贵州、云南、西藏、台湾、广西、海南)。孟加拉国、缅甸、巴基斯坦、秘鲁和巴西。

2b. 小凤尾藓厄氏变种(图 114H - K)

Fissidens bryoides var. **esquirolii** (Thér.) Z. Iwats. & T. Suzuki, J. Hattori Bot. Lab. 51: 361. 1982.

Fissidens esquirolii Thér. , Bull. Acad. Int. Géogr. Bot. 18: 251. 1908.

本变种植物体极细小,连叶高不及 2 mm,往往夹杂在其他种类藓丛里,不易被发现,与其他变种的区别为,分化边缘极弱,茎叶往往不分化,分化边缘仅见于雌苞叶和雄苞叶的鞘部。

生境:生于湿石上。

产地:泰安,徂徕山,海拔 250 m,赵遵田 911338 - B。

分布:中国(山东、江苏、云南、西藏、台湾)。日本。

2c. 小凤尾藓多枝变种

Fissidens bryoides var. **ramosissimus** Thér. , Ann. Crypt. Exot. 5: 167. 1932.

本变种与其他变种的区别是,背翅基部狭楔形,未及叶基即消失,分化边缘远离叶尖消失。

生境:生于湿石上。

产地:青岛,崂山潮音瀑,海拔 400 m,赵遵田 95053。青岛,崂山,下清宫,赵遵田 99001。

分布:中国(山东、陕西、四川、云南、福建、台湾、广西、海南)。马来西亚和日本。

3. 黄叶凤尾藓(见前志图 101)

Fissidens crispulus Brid. , Muscol. Recent. Suppl. 4: 187. 1819.

Fissidens zippelianus Dozy & Molk. in Zoll. , Syst. Verz. 29. 1854.

植物体形小。茎单一或分枝,连叶高多不及 1 cm;中轴不分化;腋生透明结节极为明显。叶 10 - 20 对,排列紧密,披针形至狭长披针形,先端急尖,背翅基部圆形至楔形;鞘部为叶全长的 1/2 - 3/5;叶全缘,仅尖部具细齿;中肋及顶,或于叶尖稍下部消失。叶细胞圆方形或圆六边形,具乳突,鞘部基部细胞乳突较少。雌雄异株。孢蒴直立,对称。

生境:生于湿石上。

产地:牟平,昆嵛山,赵遵田 Zh88062。青岛,崂山,赵遵田 Zh96003。黄岛,小珠山,赵遵田 Zh91124。

分布:中国(山东、安徽、浙江、湖南、湖北、重庆、贵州、云南、福建、台湾、广东、海南、香港、澳门)。孟加拉国、缅甸、泰国、越南、柬埔寨、马来西亚、新加坡、菲律

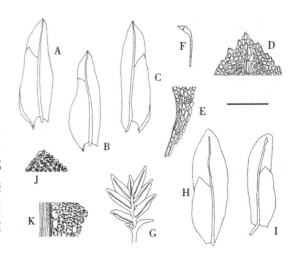

图 115　A - F. 卷叶凤尾藓 Fissidens dubius P. Beauv. , A - C. 叶;D. 叶尖部细胞;E. 背翅基部细胞;F. 孢蒴;G - K. 短肋凤尾藓 Fissidens gardneri Mitt. , G. 植物体;H - I. 叶;J. 叶尖部细胞;K. 鞘部基部细胞(任昭杰、付旭 绘)。标尺:A - C, G = 1.7 mm, D - E = 170 μm, F = 1.1 cm, H - I = 0.7 mm, J - K = 110 μm。

宾、印度尼西亚、澳大利亚、斐济、瓦努阿图、智利,非洲。

4.卷叶凤尾藓(照片 42)(图 115A – F)

Fissidens dubius P. Beauv. , Prodr. Aethéogam. 57. 1805.

Fissidens cristatus wilson ex Mitt. , J. Proc. Linn. Soc. , Bot. , Suppl. 1:137. 1859.

植物体中等大小,绿色至深绿色,偶带褐色。茎单一;中轴分化明显;无腋生透明结节。叶 13 – 46 对,排列紧密。茎上部叶明显大于下部叶,披针形,先端急尖,背翅基部圆形,稍下延;鞘部为叶全长的 3/5 – 2/3;叶有由 3 – 5 列平滑的细胞构成的浅色边缘,叶边具细圆齿,先端具不规则齿;中肋粗壮,及顶至稍突出。叶细胞圆六边形,具明显乳突,鞘部细胞乳突较少。叶生雌雄异株。蒴柄侧生,长 5 – 8 mm,平滑。孢蒴倾斜,不对称。蒴盖具喙。蒴帽钟形。

生境:多生于阴湿土表、岩石上,偶见于树干、腐木上。

产地:文登,昆嵛山,仙女池,海拔 400 m,任昭杰 20100617、20101126。牟平,昆嵛山,水帘洞,海拔 300 m,任昭杰 20110025 – A。牟平,昆嵛山,三岔河,海拔 400 m,姚秀英 20100063 – A。栖霞,艾山,海拔 500 m,赵遵田 20113068 – A。招远,罗山,海拔 400 m,黄正莉 20111992 – B、20112003。平度,大泽山,赵遵田 Zh91007。青岛,崂山,北九水,海拔 400 m,任昭杰 R20131902。蒙阴,蒙山,望海楼,海拔 1000 m,赵遵田 20111375。临朐,嵩山,赵遵田 90403 – A。临朐,沂山,赵遵田 90286 – A、90312。青州,仰天山,赵遵田 88087 – B、88111 – A、88122 – B。蒙阴,蒙山,百花峪,海拔 500 m,黄正莉 R11973 – A。蒙阴,蒙山,天麻顶,海拔 1000 m,赵遵田 91394。博山,鲁山,云梯,海拔 800 m,黄正莉 20112446。博山,鲁山,海拔 1100 m,李林 20112508 – A。泰山,玉皇顶,海拔 1500 m,赵遵田 34012。济南,千佛山,赵遵田 Zh83147。

分布:中国(黑龙江、吉林、辽宁、内蒙古、河北、山东、陕西、甘肃、宁夏、新疆、安徽、江苏、上海、浙江、江西、湖南、湖北、四川、重庆、贵州、云南、西藏、福建、台湾、广东、广西、香港)。孟加拉国、巴基斯坦、尼泊尔、印度、日本、朝鲜、印度尼西亚、菲律宾、巴布亚新几内亚,欧洲、非洲、中美洲和南美洲。

5.短肋凤尾藓(照片 43)(图 115G – K)

Fissidens gardneri Mitt. , J. Linn. Soc. , Bot. 12:593. 1869.

Fissidens microcladus Thwaites & Mitt. , J. Linn. Soc. , Bot. , 13:324. 1873.

Fissidens brevinervis Broth. , Akad. Wiss. Wien Sitzungsber. , Math. – Naturwiss. Kl. , Abt. 1, 133:559. 1924.

植物体形小,黄绿色至绿色。茎单一,连叶高 1 – 4 mm;中轴不分化;无腋生结节。叶 6 – 11 对,披针形或长椭圆状披针形,先端略圆钝,背翅基部楔形;鞘部为叶长的 1/2 – 2/3;叶边具细圆齿;中肋于叶尖下部消失;叶边不分化,或仅鞘部下半部略分化。叶细胞方形至六边形,具多个细疣。孢蒴圆柱形,平列至倾立,稀直立。蒴盖具长喙。

生境:生于湿土或湿石上。

产地:牟平,昆嵛山,水帘洞,海拔 400 m,姚秀英 20100401。青岛,崂山,蔚竹观至滑溜口途中,海拔 550 m,任昭杰、卞新玉 20150036。青岛,崂山,赵遵田 Zh89002。黄岛,铁橛山,海拔 300 m,任昭杰 R20130147。五莲,五莲山,海拔 400 m,任昭杰 R20120043 – A、R20120044。五莲,五莲山,海拔 200 m,黄正莉 R20130109 – A。

分布:中国(山东、四川、云南、台湾、广东、广西、香港)。日本、尼泊尔、印度、缅甸、泰国、老挝、斯里兰卡、菲律宾、墨西哥、巴西,中美洲和非洲。

6.二形凤尾藓(见前志图 98)

Fissidens geminiflorus Dozy & Molk. , Pl. Jungh. 316. 1854.

植物体中等大小,绿色至深绿色。茎单一,连叶高 1 - 3 cm;中轴不分化;腋生结节不明显。叶 12 - 40 对,披针形至狭披针形,急尖,背翅基部楔形;鞘部为叶全长的 1/2 - 3/5;叶边具细齿;中肋粗壮,及顶,中肋两侧各有一列大形不规则方形至长方形平滑细胞。前翅和背翅细胞方形或圆六边形,壁稍厚,具乳突,鞘部细胞较大,壁较厚,乳突不明显。孢子体未见。

生境:生于潮湿岩石或砂土上。

产地:文登,昆嵛山,二分场缓冲区,海拔 400 m,成玉良 20100568。文登,昆嵛山,仙女池,海拔 400 m,任昭杰 20100599。牟平,昆嵛山,马腚,海拔 350 m,黄正莉 20101697 - A。青岛,崂山,赵遵田 93044。黄岛,小珠山,赵遵田 Zh90137。

分布:中国(山东、甘肃、江苏、贵州、云南、西藏、福建、台湾、广东、海南、香港)。孟加拉国、日本、泰国、越南、马来西亚、印度尼西亚、菲律宾和斐济。

7. 裸萼凤尾藓(照片 44)(图 116A - E)

Fissidens gymnogynus Besch., J. Bot. (Morot) 12: 292. 1898.

植物体形小,黄绿色至深绿色。茎单一,连叶高多不及 1 cm;中轴分化不明显;无腋生透明结节。叶 9 - 25 对,排列较为紧密,干时明显卷缩,舌形或披针形,先端钝,具小短尖,背翅基部圆形至楔形;鞘部为叶全长的 1/2 - 3/5,不对称;叶边具细圆齿;中肋于叶尖稍下部消失。叶细胞六边形,具乳突。孢蒴圆柱形,直立,对称。

生境:多生于阴湿土表和岩石上。

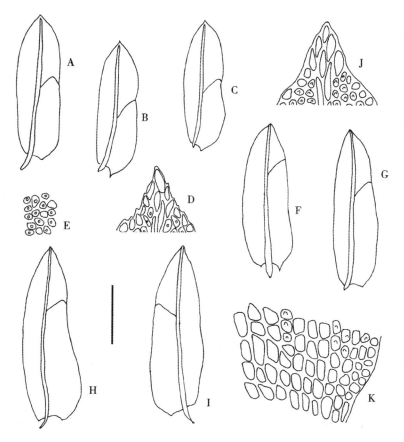

图 116 A - E. 裸萼凤尾藓 *Fissidens gymnogynus* Besch., A - C. 叶;D. 叶尖部细胞;E. 叶背翅中部细胞;F - K. 内卷凤尾藓 *Fissidens involutus* Wilson ex Mitt., F - I. 叶;J. 叶尖部细胞;K. 叶基部细胞(任昭杰、付旭绘)。标尺:A - C, F - I = 0.8 mm, D - E, J - K = 80 μm。

产地:文登,昆嵛山,玉屏池,海拔350 m,黄正莉20100516。文登,昆嵛山,二分场缓冲区,海拔350 m,李林20101312－A。牟平,昆嵛山,三分场长廊,海拔600 m,任昭杰20100974。牟平,昆嵛山,红松林,海拔500 m,黄正莉20100921。平度,大泽山,滴水崖,赵遵田91007－C。青岛,崂山,赵遵田Zh91532。青岛,崂山,仰口,杜超20071208。黄岛,大珠山,海拔100 m,黄正莉20111490－A、20111527－A。临朐,沂山,赵遵田Zh90137。博山,鲁山,海拔1100 m,黄正莉20112524－B。博山,鲁山,赵遵田Zh90483。泰安,泰山,赵遵田Zh33916。

分布:中国(山东、河南、陕西、安徽、浙江、江西、湖南、湖北、四川、重庆、贵州、云南、福建、台湾、广东、广西、海南、香港)。巴基斯坦、泰国、菲律宾、朝鲜和日本。

经检视标本发现,前志收录的欧洲凤尾藓 F. osmundoides Hedw. 系本种误定。

8. 透明凤尾藓(见前志图93)

Fissidens hyalinus Hook. & Wilson, J. Bot. (Hooker) 3:89. 1840.

植物体极小,柔弱,灰绿色。茎单一,连叶高约1－2 mm,无腋生透明结节,中轴不分化。叶2－5对,长椭圆状卵形,先端急尖,背翅基部圆形;叶鞘约为叶全长的1/2;无中肋。叶细胞六边形,薄壁,平滑。孢子体未见。

生境:生于阴湿土表。

产地:青岛,崂山,高谦36937。

分布:中国(山东、贵州、云南、台湾、广西)。日本、印度、秘鲁,北美洲。

本种植物体极小,且无中肋,易与其他种类区别。

9. 线叶凤尾藓暗色变种

Fissidens linearis Brid. var. **obscurirete** (Broth. & Paris) I. G. Stone, J, Bryol. 16:404. 1991.

Fissidens obscurirete Broth. & Paris, Öfvers. Förh., Finska Vetensk.－Soc. 51 A (17):7. 1909.

植物体形小,暗绿色。茎单一,连叶高1－4 mm,腋生透明结节不明显,中轴不分化。叶4－11对,狭披针形,先端狭急尖,背翅基部楔形;鞘部为叶全长的1/2,不对称;叶边具细齿,分化边缘见于茎上部叶和雌苞叶鞘部的下半段;中肋突出于叶尖。前翅和背翅细胞方形至六边形,薄壁,具多个细疣,鞘部细胞疣较少至平滑。

生境:生于阴湿土表、岩石上。

产地:平度,大泽山,赵遵田Zh91038。青岛,崂山,赵遵田Zh88023。枣庄,抱犊崮,赵遵田Zh911339。

分布:中国(辽宁、山东、上海、贵州、云南、福建、台湾、广东、海南、香港)。斐济和瓦努阿图。

经检视标本发现,前志收录的聚疣凤尾藓 F. incognitus Gangulee 系本种误定。

10. 内卷凤尾藓(图116F－K)

Fissidens involutus Wilson ex Mitt., J. Proc. Linn. Soc., Bot. Suppl. 1:138. 1859.

Fissidens plagiochiloides Besch., J. Bot. (Morot) 12:293. 1898.

本种叶形与裸萼凤尾藓 F. gymnogynus 类似,但本种植物体形稍大,高约1－3 cm,且叶尖部急尖,而后者植物体高多不及1 cm,叶尖部钝,具小短尖。以上两点可区别二者。

生境:多生于阴湿土表或岩面上。

产地:牟平,昆嵛山,泰礴顶途中,海拔500 m,姚秀英20100930。牟平,昆嵛山,三岔河,赵遵田91711－1－B。平度,大泽山,滴水崖,赵遵田91009、91760。青岛,崂山,下清宫,赵遵田91548。黄岛,小珠山,赵遵田Zh91125。蒙阴,蒙山,小天麻顶,赵遵田91391。

分布:中国(山东、河南、陕西、浙江、江西、湖南、湖北、四川、重庆、贵州、云南、西藏、福建、台湾、广西）。巴基斯坦、尼泊尔、越南、泰国、缅甸、印度、菲律宾和日本。

11. 大凤尾藓（图 117A – C）

Fissidens nobilis Griff. , Calcutta J. Nat. Hist. 2：505. 1842.

植物体形大，绿色。茎单一，连叶高 2 – 4 cm；中轴明显分化；无腋生透明结节。叶披针形至狭长披针形，先端急尖，背翅基部楔形，下延；鞘部为叶全长的 1/2；叶边上部具不规则粗齿，下半部全缘；中肋及顶。叶细胞方形至六边形，平滑，有时具乳突，鞘部细胞平滑。孢子体未见。

生境：生于土表。

产地：牟平，昆嵛山，三岔河，赵遵田 89421 – 1 – B。牟平，昆嵛山，泰礴顶，海拔 850 m，任昭杰 R20110092。

分布：中国（山东、河南、江苏、浙江、江西、湖南、湖北、四川、重庆、贵州、云南、福建、台湾、广东、广西、海南、香港）。朝鲜、日本、菲律宾、印度尼西亚、越南、柬埔寨、泰国、缅甸、尼泊尔、印度、斯里兰卡、马来西亚、巴布亚新几内亚和斐济。

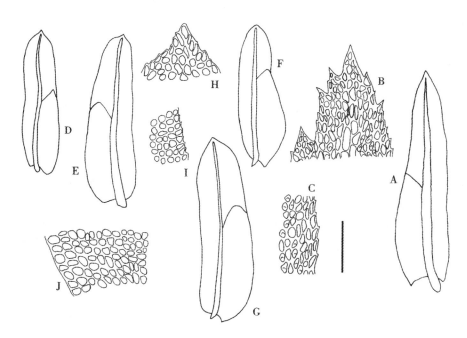

图 117　A – C. 大凤尾藓 *Fissidens nobilis* Griff. , A. 叶；B. 叶尖部细胞；C. 叶中部边缘细胞（任昭杰、李德利 绘）。D – J. 网孔凤尾藓 *Fissidens polypodioides* Hedw. , D – G. 叶；H. 叶尖部细胞；I. 背翅中上部细胞；J. 叶基部细胞（任昭杰、付旭 绘）。标尺：A = 1.7 mm，B – C，H – J = 110 μm，D – G = 0.8 mm。

12. 粗肋凤尾藓（见前志图 99）

Fissidens pellucidus Hornsch. , Linnaea 15：146. 1841.

本种叶形与网孔凤尾藓 *F. polypodioides* 类似，但本种体形小，中肋突出于叶尖，区别于后者体形大且中肋在叶尖稍下处消失。

生境：多生于阴湿土表、岩面上。

产地：牟平，昆嵛山，赵遵田 Zh91690。青岛，崂山，赵遵田 97023。五莲，五莲山，赵遵田 Zh89274。

分布：中国（黑龙江、山东、重庆、贵州、台湾、海南、香港、澳门）。孟加拉国、印度、尼泊尔、斯里兰卡、缅甸、越南、泰国、柬埔寨、马来西亚、新加坡、菲律宾、印度尼西亚、巴布亚新几内亚、日本、俄罗斯（西伯利亚）、西印度群岛、玻利维亚、巴西、哥伦比亚、秘鲁、委内瑞拉、智利、欧洲和北美洲。

13. 网孔凤尾藓(图 117D – J)

Fissidens polypodioides Hedw., Sp. Musc. Frond. 153. 1801.

植物体形大,绿色至深绿色。茎单一或分枝,连叶高 1.5 – 4 cm,无腋生透明结节,中轴明显分化。叶长椭圆状披针形,先端钝,具小尖头,背翅基部圆形;鞘部为叶全长的 1/2;叶边具细齿;中肋在叶尖稍下部消失。叶细胞方形至六边形,平滑或具不明显乳突。孢子体未见。

生境:多生于阴湿土表、岩面上。

产地:文登,昆嵛山,二分场缓冲区,海拔 350 m,黄正莉 20101117 – A。牟平,昆嵛山,泰礴顶途中,海拔 700 m,曹同 20110093 – A。牟平,昆嵛山,烟霞洞,海拔 350 m,黄正莉 20110171 – A。栖霞,牙山,赵遵田 90806。青岛,崂山,赵遵田 89374 – A。五莲,五莲山,海拔 300 m,任昭杰 R20130142。临朐,沂山,赵遵田 90288。博山,鲁山,海拔 700 m,黄正莉 20112443 – A、20112447 – A。新泰,莲花山,海拔 400 m,黄正莉 20110632 – A。泰安,泰山,南天门后坡,海拔 1400 m,赵遵田 34092。济南,黑虎泉,赖桂玉 20113186 – A。

分布:中国(山东、江西、湖南、湖北、四川、重庆、贵州、云南、西藏、福建、台湾、广东、广西、海南、香港)。日本、菲律宾、印度尼西亚、马来西亚、新加坡、越南、泰国、缅甸、尼泊尔、印度、巴布亚新几内亚、西印度群岛和美洲。

14. 山东凤尾藓

Fissidens shandongensis Z. J. Ren, N. N. Yu & Z. T. Zhao, sp. nov.

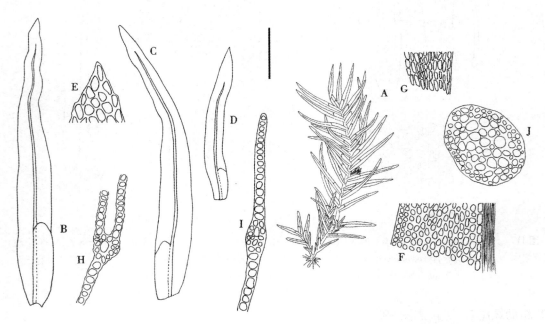

图 118 山东凤尾藓 *Fissidens shandongensis* Z. J. Ren, N. N. Yu & Z. T. Zhao, A. 植物体;B – D. 叶;E. 叶尖部细胞;F. 叶中上部细胞;G. 叶基部细胞;H. 叶下部横切面;I. 叶中部横切面;J. 茎横切面 (任昭杰 绘)。标尺:A = 4.5 mm, B – D = 0.6 mm, E – G = 45 μm, H – J = 70 μm。

植物体黄绿色至绿色,水生,柔弱。茎单一或具稀疏分枝,带叶高可达 15 mm、宽 3.5 mm;无腋生透明结节;横切面表皮细胞和皮层外部细胞小,厚壁,内部细胞较大,薄壁,中轴不分化;假根生于茎基部,棕色,平滑。叶柔弱,干时缩小,可达 26 对,排列松散,狭长披针形至近线形,3.3 × ca. 0.4 mm,先端渐尖,通常蛇状弯曲,基部不下延,背翅基部狭窄;鞘部为叶长的 1/5 – 1/4,先端圆钝,基部不下延至略下延;叶边不分化,全缘,尖部通常具齿;中肋黄绿色,在叶尖下 20 – 30 个细胞处消失。叶由单层细胞组成,细胞不规则方形、矩形至六边形,平滑,薄壁,由叶边向中肋处逐渐变大,长(6.9 –)10.6 – 13.2(– 19.8)μm。孢子体未见。

  生境:生于石上,没于溪水中。

  产地:平度,大泽山,海拔 200 m,黄正莉 R20111102(模式标本)。

  分布:中国特有种(山东)。

15. 鳞叶凤尾藓(照片 45)

Fissidens taxifolius Hedw. , Sp. Musc. Frond. 155. 1801.

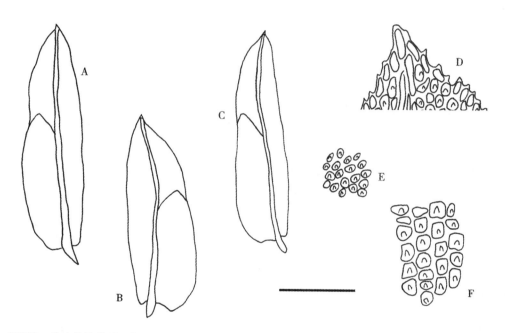

  图 119 鳞叶凤尾藓 *Fissidens taxifolius* Hedw. , A – C. 叶;D. 叶尖部细胞;E. 叶鞘中下部细胞;F. 叶中部
细胞(任昭杰、付旭 绘)。标尺:A – C = 0.8 mm, D – F = 80 μm。

  植物体中等大小。茎连叶高不及 1 cm,无腋生透明结节。叶长椭圆状披针形,先端急尖至短尖;鞘部为叶全长的 1/2 – 3/5;叶边具细齿;中肋略突出叶尖。叶细胞圆六边形,薄壁,具乳突,鞘部细胞乳突更明显。孢蒴平列,弯曲,不对称。蒴盖具喙。

  生境:多生于阴湿土表或岩面。

  产地:牟平,昆嵛山,马腚,海拔 300 m,姚秀英 20101717。牟平,昆嵛山,红松林,海拔 500 m,任昭杰 20100868 – A。栖霞,牙山,赵遵田 Zh90815。栖霞,艾山,海拔 250 m,黄正莉 20113061。招远,罗山,海拔 300 m,黄正莉 20112011 – A、20112012 – B、20112027 – A。平度,大泽山,海拔 270 m,李林 20112064 – A。青岛,崂山,泥洼口,付旭 R20131339。黄岛,灵山岛,海拔 300 m,李林 20111453。黄岛,大珠山,海拔 100 m,黄正莉 2011534、2011538 – A、20111542。黄岛,小珠山,海拔 300 m,任昭杰 20111730。五莲,五莲山,海拔 300 m,黄正莉 R20130175 – A。蒙阴,蒙山,赵遵田 Zh91252。青州,仰天山,海拔 800 m,黄正莉 20112176 – A。博山,鲁山,海拔 700 m,黄正莉 20112603。博山,鲁山,林场西沟,赵遵田 90491。泰安,岱庙,赵遵田 34142。泰安,泰山,赵遵田 Zh34155。

  分布:中国(黑龙江、吉林、山东、河南、甘肃、江苏、上海、浙江、江西、湖南、湖北、四川、重庆、贵州、云南、台湾、广西、香港)。世界广布种。

  经检视标本发现,前志收录的锐齿凤尾藓 *F. papillosus* Sande Lac. 系本种误定。

16. 南京凤尾藓(图 120A - E)

Fissidens teysmannianus Dozy & Molk., Pl. Jungh. 317. 1854.

Fissidens adelphinus Besch., Ann. Sci. Bot. sér. 7, 17: 335. 1893.

植物体中等大小。茎单一,无腋生透明结节,中轴不分化。叶长椭圆状披针形,先端急尖;鞘部为叶全长的 1/2;叶边具细齿;中肋及顶。叶细胞具乳突,角隅处各具单疣,鞘部细胞乳突不明显,但角隅处的疣更为明显。

生境:多生于阴湿土表或岩面上。

产地:文登,昆嵛山,仙女池,海拔 350 m,黄正莉 20100461。文登,昆嵛山,二分场缓冲区,海拔 400 m,任昭杰 20101259。牟平,昆嵛山,五分场东山,海拔 500 m,任昭杰 20100802。牟平,昆嵛山,三分场小井,海拔 700 m,任昭杰 20101033。乳山,凤凰山,赵遵田 Zh87169。栖霞,艾山,海拔 350 m,黄正莉 20113079 - A。青岛,崂山,黑风口,赵遵田 89387 - C。青岛,崂山,下清宫,赵遵田 89326 - B。黄岛,小珠山,南天门,海拔 450 m,黄正莉 20111744 - A。蒙阴,蒙山,天麻顶,海拔 1000 m,赵遵田 91218 - A、91226。蒙阴,蒙山,冷峪,海拔 500 m,黄正莉 R20133006 - A。青州,仰天山,仰天寺,赵遵田 88087 - A、88111。济南,黑虎泉,任昭杰、赖桂玉 R20140033 - A。

分布:中国(山东、河南、江苏、浙江、江西、湖南、湖北、四川、重庆、贵州、云南、福建、台湾、广东、海南、香港)。朝鲜、日本、越南、印度尼西亚、马来西亚和俄罗斯(远东地区)。

本种叶细胞角隅处各具单疣,易于鉴别,但有时疣不明显。

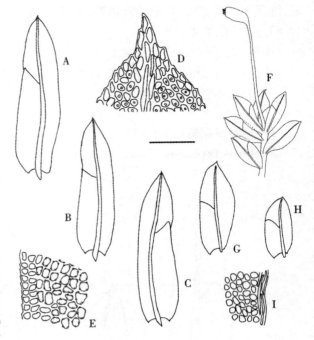

图 120 A - E. 南京凤尾藓 *Fissidens teysmannianus* Dozy & Molk., A - C. 叶;D. 叶尖部细胞;E. 叶鞘部细胞。F - I. 拟小凤尾藓 *Fissidens tosaensis* Broth., F. 植物体;G - H. 叶;I. 叶中部细胞(任昭杰、付旭 绘)。标尺:A - C, G - H = 0.8 mm, D - E, I = 80 μm, F = 1.7 mm。

17. 拟小凤尾藓(图 120F - I)

Fissidens tosaensis Broth., Öfvers. Förh. Finska Vetensk. - Soc. 62 A (9): 5. 1921.

本种与小凤尾藓 *F. bryoides* 极为相似,但本种孢蒴弯曲,不对称,明显区别于后者。

生境:生于土表或岩面。

产地:临朐,嵩山,赵遵田 90385。青州,仰天山,海拔 800 m,黄正莉 20112244 - A。泰安,泰山,玉皇顶,海拔 1500 m,赵遵田 33990 - C。

分布:中国(辽宁、山东、上海、贵州、云南、福建、台湾、广东、海南、香港)。斐济和瓦努阿图。

18. 丛藓科 POTTIACEAE

　　植物体通常矮小,密集或稀疏丛生,常呈垫状。茎直立,多具中轴,单一,稀叉状分枝或成束状分枝。叶多列,密生,干燥时多皱缩,稀紧贴茎上,潮湿时伸展或背仰,多呈卵形,三角形或线状披针形,稀呈阔披针形,椭圆形,舌形或剑头形,先端多渐尖或急尖,稀圆钝;叶边全缘,稀具细齿,平展,背卷或内卷;中肋多粗壮,长达叶尖或稍突出,稀在叶尖稍下处消失,中央具厚壁层。叶细胞呈多角状圆形,方形或 5 - 6 角形,具疣或乳状突起,稀平滑无疣,基部细胞常膨大,呈长圆形或长方形,平滑透明。雌雄异株或同株。蒴柄细长,多直立,稀倾立或下垂。孢蒴多呈卵圆形,长卵形圆柱状,稀球形,蒴壁平滑。蒴齿单层,稀缺如,常具基膜。环带多分化。蒴盖呈锥形,具长喙。蒴帽多兜形。孢子球形,细小,平滑或具疣。

　　许安琪(1987)报道丛藓属 *Pottia* 的丛藓 *P. truncata*（Hedw.）Bruch & Schimp. ,本次研究未见到引证标本,因将该属和种存疑。

　　本科全世界有 83 属。中国有 38 属;山东有 24 属。

分属检索表

1. 叶腹面上半部中肋处具成丛的绿色丝状体或片状体 ……………………… 1. 芦荟藓属 *Aloina*
1. 叶腹面不具绿色丝状体 …………………………………………………………………… 2
2. 叶多舌形或剑头形 …………………………………………………………………………… 3
2. 叶多披针形至长披针形 ……………………………………………………………………… 8
3. 蒴齿缺如 ……………………………………………………………………………………… 4
3. 蒴齿存在 ……………………………………………………………………………………… 5
4. 叶细胞具疣 ……………………………………………………… 8. 疣壶藓属 *Gymnostomiella*
4. 叶细胞平滑 …………………………………………………………… 16. 舌叶藓属 *Scopelophila*
5. 叶细胞多平滑,稀具疣,透明,胞壁轮廓清晰 …………………………………………… 6
5. 叶细胞多具粗疣,不透明,胞壁轮廓不清晰 ……………………………………………… 7
6. 叶狭卵状披针形,基部阔 …………………………………………… 6. 陈氏藓属 *Chenia*
6. 叶卵状舌形或椭圆状舌形 ……………………………………………… 23. 小墙藓 *Weisiopsis*
7. 植物体较高大;叶中肋多突出呈长毛尖状;蒴齿具高的筒状基膜 ………… 17. 赤藓属 *Syntrichia*
7. 植物体较矮小;叶中肋多及顶至略突出于叶尖;蒴齿基膜较低而不明显 …… 20. 墙藓属 *Tortula*
8. 叶多狭长披针形,叶边多背卷;叶基部细胞明显分化 ……………………………………… 9
8. 叶多长卵形或卵状披针形,叶边不背卷;叶基部细胞无明显分化 ……………………… 14
9. 叶边略背卷 ……………………………………………………………………………………… 10
9. 叶边明显背卷 …………………………………………………………………………………… 11
10. 叶基宽阔,鞘状抱茎;蒴齿直立 ……………………… 14. 拟合睫藓属 *Pseudosymblepharis*
10. 叶基狭,不抱茎;蒴齿旋扭 ……………………………………… 19. 纽藓属 *Tortella*
11. 叶片上部由两层细胞组成 ………………………………………… 18. 反纽藓属 *Timmiella*
11. 叶片上部通常由单层细胞组成 ……………………………………………………………… 12
12. 叶细胞具多个马蹄形疣;蒴齿无基 ……………………………………… 24. 小石藓属 *Weissia*
12. 叶细胞具多个粗圆疣;蒴齿具基膜 ……………………………………………………… 13

13. 茎多叉状分枝;叶卵状或椭圆状披针形 ················ 21. 毛口藓属 *Trichostomum*

13. 茎不分枝;叶狭长披针形至线状披针形 ··········· 22. 托氏藓属 *Tuerckheimia*

14. 叶边多背卷;蒴盖喙部短于蒴壶 ··· 15

14. 叶边平展或略背卷;蒴盖喙部长于蒴壶 ······································· 19

15. 叶舌形或剑头形;叶细胞多具乳头状突起 ·············· 11. 湿地藓属 *Hyophila*

15. 叶披针形或卵圆形;叶细胞多具疣 ··· 16

16. 叶边具粗齿 ································· 5. 红叶藓属 *Bryoerythrophyllum*

16. 叶边全缘,或仅先端具细齿 ··· 17

17. 蒴齿缺失 ·································· 4. 美叶藓属 *Bellibarbula*

17. 蒴齿存在 ··· 18

18. 叶上部细胞短矩形至圆矩形,通常具密疣,多不透明;中肋背面和腹面厚壁细胞束发育良好;叶
腋毛高 4 – 10 个细胞 ··························· 3. 扭口藓属 *Barbula*

18. 叶上部细胞圆方形或菱形,平滑或具粗疣,透明;中肋腹面厚壁细胞束发育不良;叶腋毛高 3 – 4
个细胞 ······································· 7. 对齿藓属 *Didymodon*

19. 叶多狭长披针形或线形;孢蒴侧生 ··· 20

19. 叶卵状或椭圆状披针形;孢蒴顶生 ··· 21

20. 叶基部细胞无明显分化 ························· 2. 丛本藓属 *Anoectangium*

20. 叶基部细胞有明显分化 ························· 12. 大丛藓属 *Molendoa*

21. 叶细胞具多疣 ··· 22

21. 叶细胞平滑 ··· 23

22. 中肋达叶尖下部消失;茎中轴分化 ············· 9. 净口藓属 *Gymnostomum*

22. 中肋通常突出叶尖呈小尖头;茎中轴不分化 ····· 10. 立膜藓属 *Hymenostylium*

23. 中肋达叶尖下部消失;具蒴齿 ················· 12. 芦氏藓属 *Luisierella*

23. 中肋突出于叶尖;蒴齿缺如 ··················· 15. 仰叶藓属 *Reimersia*

Key to the genera

1. Leaves bearing lamellae or filaments on the the upper ventral surface on the costa ········· 1. *Aloina*

1. Leaves without lamellae or filaments on the costa ·· 2

2. Leaves usually lingulate or spathulate ··· 3

2. Leaves usually lanceolate to elongate lanceolate ·· 8

3. Leaves spathulate or elongate obovate-lingulate ·· 4

3. Leaves broad orbicular-ovate or broad spathulate ······································· 5

4. Laminal cells papillose ·· 8. *Gymnostomiella*

4. Laminal cells smooth ··· 16. *Scopelophila*

5. Laminal cells smooth, rarely papillose, hyaline, with well demarcated walls ················· 6

5. Laminal cells papillose, not hyaline, with indistinctly demarcated walls ···················· 7

6. Leaves ovate lanceolate, with broad basement ·· 6. *Chenia*

6. Leaves ovate lingulate or oblong lingulate ··· 23. *Weisiopsis*

7. Plants usually larger; costa usually long-excurrent; peristome with high basal membrane
··· 17. *Syntrichia*

7. Plants usually smaller; costa usually percurrent to short-excurrent; peristome with low basal membrane
··· 20. *Tortula*

8. Leaves narrow elongate lanceolate, margins usually recurved; basal laminal cells obviously differentia-

ted ·· 9

8. Leaves usually elongate ovate or ovate lanceolate, margins usually plane; basal laminal cells not or weakly differentiated ··· 14

9. Leaf margins weakly recurved ··· 10

9. Leaf margins obviously recurved ······································ 11

10. Leaves strongly sheating at the base; peristome teeth erect ············· 14. *Pseudosymblepharis*

10. Leaves not sheating at the base; peristome teeth twisted ·············· 19. *Tortella*

11. Upper lamina bistratose ··· 18. *Timmiella*

11. Upper lamina usually unistratose ···································· 12

12. Laminal cells with U-shaped papillae; peristome without basal membrane ·············· 24. *Weissia*

12. Laminal cells with round papillae; peristome with basal membrane ···················· 12

13. Stem usually forked branched; Leaves ovate lanceolate or oblong lanceolate ····· 21. *Trichostomum*

13. Stem usually not branched; Leaves elongate lanceolate to linear lanceolate ······ 22. *Tuerckheimia*

14. Leaf margins usually obviously recurved; rostrum of opercula shorter than capsule urn ··········· 15

14. Leaf margins usually plane or weakly recurved; rostrum of opercula longer than capsule urn ··· 19

15. Leaves usually lingulate or spathulate; laminal cells mamillate ············· 11. *Hyophila*

15. Leaves usually lanceolate or orbicular-ovate; laminal cells papillose ··············· 16

16. Leaf margins serrate ··· 5. *Bryoerythrophyllum*

16. Leaf margins entire, or serrulate at apex ····························· 17

17. Peristome absent ·· 4. *Bellibarbula*

17. Peristome present ··· 18

18. Upper leaf cells short-rectangular to rounded rectangular, usually densely papillose, cells less pellucid; costa dorsal and ventral stereid bands well developed; axillary hairs 4 – 10 cells high ········· 3. *Barbula*

18. Upper leaf cells rounded quadrate or rhombic, smooth or bluntly papillose, cells pellucid; costa ventral stereid band weakly developed; axillary hairs 3 – 4 cells high ·············· 7. *Didymodon*

19. Leaf usually elongate lanceolate to linear; capsules lateral ·················· 20

19. Leaf ovate lanceolate or oblong lanceolate; capsules terminal ················ 21

20. Basal laminal cells weakly differentiated ······························ 2. *Anoectangium*

20. Basal laminal cells obviously differentiated ···························· 13. *Molendoa*

21. Laminal cells densely papillose ····································· 22

21. Laminal cells smooth ·· 23

22. Costa ending below the apex; stem central strand present ·············· 9. *Gymnostomum*

22. Costa usually excurrent as a mucro; stem central strand absent ············ 10. *Hymenostylium*

23. Costa ending below the apex; peristome present ···················· 12. *Luisierella*

23. Costa excurrent; peristome absent ·································· 15. *Reimersia*

1. 芦荟藓属 **Aloina** Kindb. Bih. Kongl.
Svenska Vetensk. – Akad. Handl. 6 (19): 22. 1882.

植物体形小,二年生,密集丛生,黄绿色带红棕色。茎直立短小,多单生;中轴不分化。叶厚而硬,干时直立内卷,潮湿时倾立,卵圆形至长卵圆形,基部呈明显阔大的鞘状;叶边全缘,内卷;叶先端渐尖或圆钝,常内卷呈兜形;中肋扁平而阔,长达叶尖,稀突出叶尖呈刺芒状,腹面上部着生多数绿色分枝的丝状体,每一分枝先端细胞壁增厚呈高凸状。叶细胞不规则扁长方形,壁厚而平滑。雌雄异株或杂株。

苞叶与茎叶同形,仅稍长大。蒴柄直立,红色或紫红色;孢蒴长卵状圆柱形,直立。环带分化,宿存。蒴齿单层,具短基膜,齿片线状,无节而密被细疣,向左旋扭。蒴盖圆锥形。蒴帽兜形。孢子小,黄绿色,多平滑,稀具疣。

本属现有 14 种。中国有 3 种和 1 变种;山东有 1 种。

1. 钝叶芦荟藓

Aloina rigida (Hedw.) Limpr., Laubm. Deutschl. 1: 637. 1888.

Barbula rigida Hedw., Sp. Musc. Frond. 115. 1801.

植物体极矮小,芽状,丛生。茎直立,单生。叶阔卵形或舌形,基部鞘状,先端圆钝,内卷呈兜形;叶边全缘;中肋宽,上段腹面具多数绿色分枝的丝状体。叶上部细胞不规则扁长圆形,厚壁,平滑,边缘由透明细胞形成白色宽边。孢子体未见。

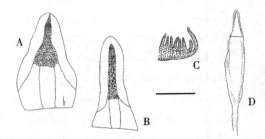

图 121 钝叶芦荟藓 *Aloina rigida* (Hedw.) Limpr., A-B. 叶;C. 叶横切面;D. 孢蒴(任昭杰、付旭 绘)。标尺:A-B = 1.4 mm, C = 220 μm, D = 740 μm。

生境:生于岩面薄土上。

产地:泰安,泰山,玉皇顶下,海拔 1400 m,任昭杰 R20120099。泰安,泰山,岱顶孔子庙,仝治国 58(PE)。

分布:中国(内蒙古、河北、山东、陕西、宁夏、甘肃、青海、新疆、四川、云南、西藏)。巴基斯坦、印度、蒙古、俄罗斯(西伯利亚)、秘鲁、欧洲、北美洲和非洲北部。

2. 丛本藓属 Anoectangium Schwägr. Sp. Musc. Frond., Suppl. 1, 1: 33. 1811, *nom. cons.*

植物体纤细,紧密丛生,黄绿色至绿色,有时暗绿色。茎直立,单一,稀分枝,中轴不分化或略分化。叶披针形至狭长披针形,先端常旋扭;叶边平展或背卷,多全缘;中肋单一,强劲,及顶或在叶尖下部消失。叶细胞圆形或多边形,具多个圆疣,基部细胞分化,长方形。雌雄异株。雌苞叶基部鞘状。孢蒴长倒卵形。蒴盖具长喙。蒴帽兜形。孢子平滑。

本属全世界约 47 种。中国有 5 种,山东有 3 种。

分种检索表

1. 中肋达叶尖下部消失 ⋯⋯⋯⋯⋯⋯⋯⋯⋯⋯⋯⋯⋯⋯⋯⋯⋯⋯ 1. 丛本藓 *A. aestivum*
1. 中肋及顶或略突出 ⋯⋯⋯⋯⋯⋯⋯⋯⋯⋯⋯⋯⋯⋯⋯⋯⋯⋯⋯⋯⋯⋯⋯⋯⋯ 2
2. 植物体较纤细;叶线状披针形,中肋略突出于叶尖 ⋯⋯⋯⋯⋯ 2. 扭叶丛本藓 *A. stracheyanum*
2. 植物体较粗壮;叶卵状披针形,中肋及顶 ⋯⋯⋯⋯⋯⋯ 3. 卷叶丛本藓 *A. thomsonii*

Key to the species

1. Costa ending below the apex ⋯⋯⋯⋯⋯⋯⋯⋯⋯⋯⋯⋯⋯⋯⋯ 1. *A. aestivum*
2. Costa percurrent or shortly excurrent ⋯⋯⋯⋯⋯⋯⋯⋯⋯⋯⋯⋯⋯⋯⋯⋯⋯ 2
1. Plants slenderer; leaves linear lanceolate, costa shortly excurrent ⋯⋯⋯⋯⋯ 2. *A. stracheyanum*
2. Plants larger; leaves ovate lanceolate, costa percurrent ⋯⋯⋯⋯⋯⋯ 3. *A. thomsonii*

1. 丛本藓

Anoectangium aestivum（Hedw.）Mitt., J. Linn. Soc., Bot. 12：175. 1869.

Gymnostomum aestivum Hedw., Sp. Musc. Frond. 32 f. 2. 1801.

Anoectangium euchloron（Schwägr.）Mitt., J. Linn. Soc., Bot. 12：176. 1869.

Gymnostomum euchloron Schwägr., Sp. Musc. Frond., Suppl. 2, 2（2）：83. 1827.

植物体纤细,密集丛生。叶披针形,先端渐尖,龙骨状;叶边平展或背卷,全缘,或中上部具微齿;中肋单一,粗壮,达叶尖稍下部消失。叶细胞圆方形,密被圆疣,基部细胞长方形,多平滑。蒴柄黄色。孢蒴长圆筒形或倒卵形。

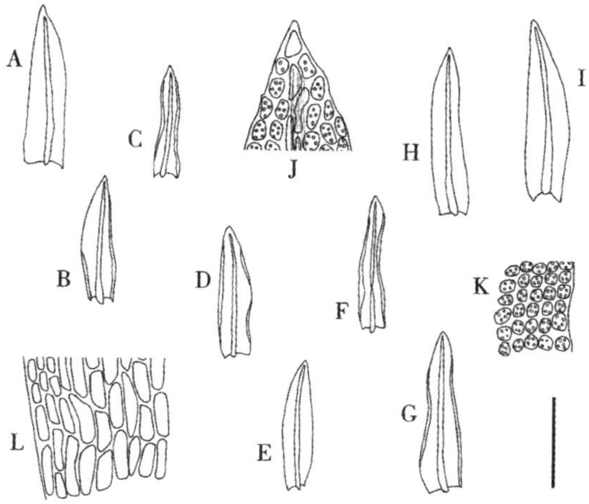

生境:生于土表、岩面或岩面薄土上。

图 122　丛 本 藓 *Anoectangium aestivum*（Hedw.）Mitt., A – I. 叶;J. 叶尖部细胞;K. 叶中部细胞;L. 叶基部细胞(任昭杰、付旭 绘)。标尺:A – I = 0.8 mm, J – L = 80 μm。

产地:牟平,昆嵛山,九龙池桃园北山,海拔 200 m,黄正莉 20100224。平度,大泽山,海拔 400 m,李超 20112094。青岛,崂山,柳树台,全治国 258（PE）。蒙阴,蒙山,海拔 600 m,黄正莉 20111262。青州,仰天山,海拔 800 m,李林 20112278 – A。博山,鲁山,林场西沟,海拔 560 m,赵遵田 90486 – A。枣庄,抱犊崮,赵遵田 911342。泰安,泰山,回马岭,赵遵田 33924。泰山,朝阳洞,全治国 49（PE）。济南,千佛山,赵遵田 83148。济南,趵突泉公园,任昭杰 R15398。

分布:中国(黑龙江、吉林、辽宁、内蒙古、山西、山东、河南、陕西、宁夏、青海、安徽、江苏、浙江、四川、重庆、贵州、云南、福建、台湾)。日本、巴基斯坦、印度、斯里兰卡、菲律宾、印度尼西亚、新西兰、秘鲁、欧洲和北美洲。

2. 扭叶丛本藓

Anoectangium stracheyanum Mitt., J. Proc. Linn. Soc., Bot., Suppl. 1：31. 1859.

植物体较纤细,密集丛生。茎直立,高不及 1 cm,不分枝或仅在顶端分枝。叶干时卷曲,狭长披针形,先端渐尖;叶边平展或略背卷,全缘。中肋粗壮,略突出于叶尖。叶细胞不规则方形或圆方形,密被圆疣。孢子体未见。

生境:生于岩面或土表。

产地:蒙阴,蒙山,天麻村,赵遵田 91398。蒙阴,蒙山,小天麻顶,赵遵田 91266 – B。平邑,蒙山,赵遵田 90363 – 1。平邑,蒙山,龟蒙顶,张艳敏 66（PE）。博山,鲁山,赵遵田 90467。

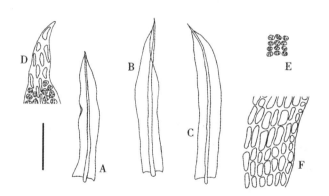

图 123　扭叶丛本藓 *Anoectangium stracheyanum* Mitt., A – C. 叶;D. 叶尖部细胞;E. 叶中部细胞;F. 叶基部细胞(任昭杰、李德利 绘)。标尺:A – C = 0.8 mm, D – F = 80 μm。

分布:中国(吉林、内蒙古、河北、北京、山西、山东、河南、陕西、安徽、浙江、江西、湖南、四川、重庆、贵州、云南、西藏、福建、台湾、广东)。巴基斯坦、斯里兰卡、尼泊尔、缅甸、印度、泰国、越南、日本。

3. 卷叶丛本藓

Anoectangium thomsonii Mitt., J. Proc. Linn. Soc., Bot., Suppl. 1：31. 1859.

Anoectangium fauriei Cardot, Beih. Bot. Centralbl. 19（2）：90. 1905.

本种与扭叶丛本藓 A. stracheyanum 类似,但本种植物体较为粗壮,而后者植物体较纤细;本种叶卵状披针形,后者叶线状披针形;本种中肋及顶,而后者略突出于叶尖。

生境:生于岩面、土表或岩面薄土上。

产地:栖霞,牙山,赵遵田 90797 – C、90863、90887。青岛,崂山,北九水,任昭杰、杜超20071193。临朐,沂山,百丈崖东,赵遵田 90404。泰山,泰山,岱顶后坡,李法曾 008(PE)。

分布:中国(黑龙江、吉林、辽宁、内蒙古、河北、山东、河南、陕西、宁夏、甘肃、青海、新疆、安徽、浙江、江西、湖北、四川、重庆、贵州、云南、西藏、福建、台湾、广东、香港)。印度、尼泊尔、缅甸、日本和俄罗斯(远东地区)。

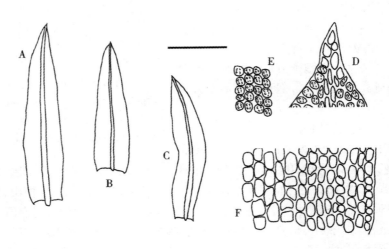

图 124　卷叶丛本藓 Anoectangium thomsonii Mitt. , A – C. 叶;D. 叶尖部细胞;E. 叶中部细胞;F. 叶基部细胞(任昭杰、李德利 绘)。标尺:A – C = 0.8 mm, D – F = 80 μm。

3. 扭口藓属 Barbula Hedw. Sp. Musc. Frond. 115. 1801, *nom. cons.*

植物体纤细至粗壮,黄绿色至暗绿色,有时带棕色或红棕色,常密集丛生,或呈紧密的垫状。茎直立或倾立,单一或叉状分枝,基部密生假根。叶干时紧贴,湿时倾立,有时背仰,呈卵形、卵状披针形、三角状披针形或舌形,先端急尖或渐尖,或钝且具小尖头;叶边平展或背卷,全缘或中上部具细齿;中肋单一,强劲,达叶尖下不消失,或及顶至突出于叶尖。叶上部细胞小,圆方形或圆多边形,壁稍增厚,多不透明,细胞轮廓多不清晰,具单疣或多疣,或平滑,稀具乳头,基部细胞较大,短长方形至长方形,平滑无疣。雌雄异株,雌苞叶多与叶同形,稀较大而具高鞘部。蒴柄直立,稀稍倾立,呈圆柱形至卵状圆柱形,稀稍弯曲。环带多分化。蒴齿单层,齿片呈狭长线形,多呈螺形左旋,稀直立。蒴盖圆锥形,先端具短喙。蒴帽兜形。孢子小,多平滑,稀具细疣。

本属全世界约 350 种。我国有 23 种;山东有 10 种。

分种检索表

1. 叶细胞平滑 ……………………………………………………………………………………… 2

1. 叶细胞具疣 ……………………………………………………………………………………… 5

2. 中肋达叶尖下部消失 …………………………………………………………………………… 3

2. 中肋及顶 ………………………………………………………………………………………… 4

3. 叶舌形至卵状舌形 …………………………………………… 3. 宽叶扭口藓 B. ehrenbergii

3. 叶披针形至长披针形 ………………………………………… 10. 威氏扭口藓 B. willamsii

4. 叶三角状披针形至卵状披针形 ……………………………… 4. 细叶扭口藓 B. gracilenta

4. 叶舌形至卵状舌形 ⋯⋯⋯⋯⋯⋯⋯⋯⋯⋯⋯⋯⋯⋯⋯⋯⋯⋯⋯⋯⋯⋯⋯ 6. 爪哇扭口藓 B. javanica

5. 叶先端圆钝或具小尖头 ⋯⋯⋯⋯⋯⋯⋯⋯⋯⋯⋯⋯⋯⋯⋯⋯⋯⋯⋯⋯⋯⋯⋯⋯⋯⋯⋯⋯ 6

5. 叶先端急尖至渐尖 ⋯⋯⋯⋯⋯⋯⋯⋯⋯⋯⋯⋯⋯⋯⋯⋯⋯⋯⋯⋯⋯⋯⋯⋯⋯⋯⋯⋯⋯⋯⋯ 7

6. 中肋在叶尖稍下部消失 ⋯⋯⋯⋯⋯⋯⋯⋯⋯⋯⋯⋯⋯⋯⋯⋯⋯ 2. 卷叶扭口藓 B. convoluta

6. 中肋及顶或略突出于叶尖 ⋯⋯⋯⋯⋯⋯⋯⋯⋯⋯⋯⋯⋯⋯⋯ 5. 小扭口藓 B. indica

7. 叶边强烈背卷 ⋯⋯⋯⋯⋯⋯⋯⋯⋯⋯⋯⋯⋯⋯⋯⋯⋯⋯⋯⋯ 9. 扭口藓 B. unguiculata

7. 叶边平展或略背卷 ⋯⋯⋯⋯⋯⋯⋯⋯⋯⋯⋯⋯⋯⋯⋯⋯⋯⋯⋯⋯⋯⋯⋯⋯⋯⋯⋯⋯⋯ 8

8. 无性芽胞缺失 ⋯⋯⋯⋯⋯⋯⋯⋯⋯⋯⋯⋯⋯⋯⋯⋯⋯ 7. 拟扭口藓 B. pseudo-ehrenbergii

8. 无性芽胞存在 ⋯⋯⋯⋯⋯⋯⋯⋯⋯⋯⋯⋯⋯⋯⋯⋯⋯⋯⋯⋯⋯⋯⋯⋯⋯⋯⋯⋯⋯⋯⋯ 9

9. 叶先端急尖 ⋯⋯⋯⋯⋯⋯⋯⋯⋯⋯⋯⋯⋯⋯⋯⋯⋯ 1. 朝鲜扭口藓 B. amplexifolia

9. 叶先端钝且具小尖头 ⋯⋯⋯⋯⋯⋯⋯⋯⋯⋯⋯⋯⋯⋯⋯ 8. 暗色扭口藓 B. sordida

Key to the species

1. Laminal cells smooth ⋯⋯⋯⋯⋯⋯⋯⋯⋯⋯⋯⋯⋯⋯⋯⋯⋯⋯⋯⋯⋯⋯⋯⋯⋯⋯⋯⋯⋯⋯⋯ 2

1. Laminal cells papillose ⋯⋯⋯⋯⋯⋯⋯⋯⋯⋯⋯⋯⋯⋯⋯⋯⋯⋯⋯⋯⋯⋯⋯⋯⋯⋯⋯⋯⋯⋯ 5

2. Costa ending below the apex ⋯⋯⋯⋯⋯⋯⋯⋯⋯⋯⋯⋯⋯⋯⋯⋯⋯⋯⋯⋯⋯⋯⋯⋯⋯⋯⋯⋯ 3

2. Costa percurrent ⋯⋯⋯⋯⋯⋯⋯⋯⋯⋯⋯⋯⋯⋯⋯⋯⋯⋯⋯⋯⋯⋯⋯⋯⋯⋯⋯⋯⋯⋯⋯⋯⋯ 4

3. Leaves ligulate to ovate ligulate ⋯⋯⋯⋯⋯⋯⋯⋯⋯⋯⋯⋯⋯⋯⋯⋯ 3. B. ehrenbergii

3. Leaves lanceolate to elongate lanceolate ⋯⋯⋯⋯⋯⋯⋯⋯⋯⋯⋯ 10. B. willamsii

4. Leaves triangular-lanceolate to ovate lanceolate ⋯⋯⋯⋯⋯⋯⋯⋯ 4. B. gracilenta

4. Leaves lanceolate to elongate lanceolate ⋯⋯⋯⋯⋯⋯⋯⋯⋯⋯⋯ 6. B. javanica

5. Leaf apices rounded-obtuse or mucronate ⋯⋯⋯⋯⋯⋯⋯⋯⋯⋯⋯⋯⋯⋯⋯⋯⋯⋯⋯⋯⋯ 6

5. Leaf apices acute to acuminate ⋯⋯⋯⋯⋯⋯⋯⋯⋯⋯⋯⋯⋯⋯⋯⋯⋯⋯⋯⋯⋯⋯⋯⋯⋯⋯ 7

6. Costa ending below the apex ⋯⋯⋯⋯⋯⋯⋯⋯⋯⋯⋯⋯⋯⋯⋯⋯⋯⋯ 2. B. convoluta

6. Costa percurrent or excurrent ⋯⋯⋯⋯⋯⋯⋯⋯⋯⋯⋯⋯⋯⋯⋯⋯⋯⋯ 5. B. indica

7. Leaf margins distinctly recurved ⋯⋯⋯⋯⋯⋯⋯⋯⋯⋯⋯⋯⋯⋯⋯⋯ 9. B. unguiculata

7. Leaf margins plane or weakly recurved ⋯⋯⋯⋯⋯⋯⋯⋯⋯⋯⋯⋯⋯⋯⋯⋯⋯⋯⋯⋯⋯⋯ 8

8. Gemmae absent ⋯⋯⋯⋯⋯⋯⋯⋯⋯⋯⋯⋯⋯⋯⋯⋯⋯⋯⋯⋯ 7. B. pseudo-ehrenbergii

8. Gemmae present ⋯⋯⋯⋯⋯⋯⋯⋯⋯⋯⋯⋯⋯⋯⋯⋯⋯⋯⋯⋯⋯⋯⋯⋯⋯⋯⋯⋯⋯⋯⋯⋯ 9

9. Leaf apices acute ⋯⋯⋯⋯⋯⋯⋯⋯⋯⋯⋯⋯⋯⋯⋯⋯⋯⋯⋯⋯⋯ 1. B. amplexifolia

9. Leaf apices rounded-obtuse to blunt or weakly apiculate ⋯⋯⋯⋯⋯ 8. B. sordida

1. 朝鲜扭口藓

Barbula amplexifolia(Mitt.) A. Jaeger, Ber. Thätigk. St. Gallischen Naturwiss. Ges. 1871 – 1872: 424 (Gen. Sp. Musc. 1: 272). 1873.

Tortula amplexifolia Mitt., J. Proc. Linn. Soc., Bot., Suppl. 1: 29. 1859.

Hydrogonium amplexifolium (Mitt.) P. C. Chen, Hedwigia 80: 240. pl. 46, f. 3 – 5. 1941.

Barbula coreensis (Cardot) Saito, J. Hattori Bot. Lab. 39: 484. 1975.

Barbula paludosa F. Weber & D. Mohr var.

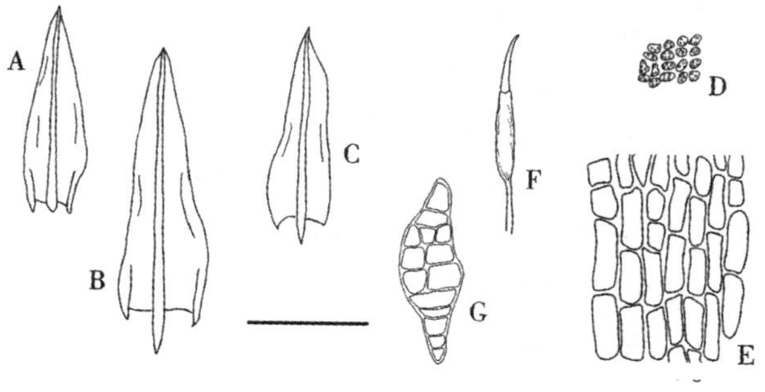

图125 朝鲜扭口藓 *Barbula amplexifolia* (Mitt.) A. Jaeger, A – C. 叶; D. 叶中部细胞; E. 叶基部细胞; F. 孢蒴; G. 芽胞(任昭杰、付旭 绘)。标尺: A – C = 1.1 mm, D – E = 110 μm, F = 2.4 mm, G = 170 μm。

coreensis Cardot, Beih. Bot. Centralbl. 17：8. 1904.

植物体形小至中等大小,黄绿色至绿色。茎直立,单一或不规则分枝。叶卵状披针形,先端急尖,或渐尖;叶边平展,全缘;中肋及顶或略突出于叶尖。叶中上部细胞小,方形至短矩形,具密疣,基部细胞椭圆状长方形,平滑,透明至棕色。无性芽胞生于叶腋,梨形或球形。

生境:生于土表或岩面。

产地:黄岛,小珠山,海拔 100 m,任昭杰 20111659。黄岛,小珠山,海拔 100 m,黄正莉 20111636、20111700 – B。青州,仰天山,海拔 800 m,黄正莉 20112215 – B、20112216 – B。济南,山东博物馆花坛,任昭杰 20113190。

分布:中国(辽宁、山西、山东、四川)。印度、朝鲜和日本。

2. 卷叶扭口藓

Barbula convoluta Hedw., Sp. Musc. Frond. 120. 1801.

Streblotrichum convolutum(Hedw.)P. Beauv., Prodr. Aethéogam. 89. 1805.

植物体形小,密集丛生,黄绿色。茎直立,多分枝。叶长椭圆形、长椭圆状卵形或长椭圆状舌形,先端圆钝;叶边平展略背卷;中肋粗壮,在叶尖稍下部消失。叶中上部细胞多边形至圆多边形,具密疣,基部细胞不规则长方形,平滑。

生境:生于土表。

产地:青州,仰天山,海拔 600 m,黄正莉 20112222 – B。

分布:中国(山东、陕西、西藏、台湾)。日本。

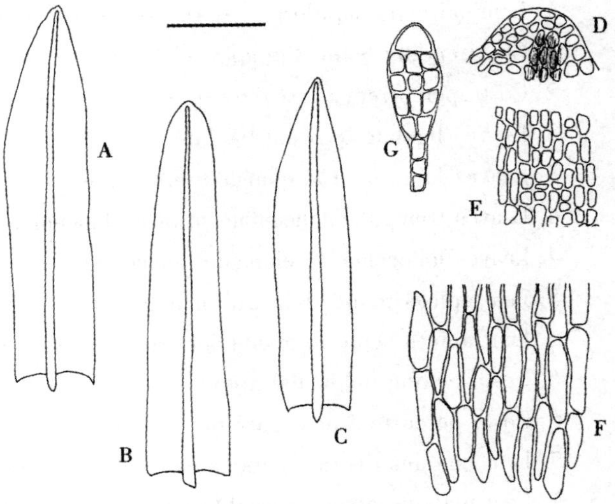

3. 宽叶扭口藓(照片 46)

Barbula ehrenbergii(Lorentz)M. Fleisch., Musci Frond. Archip. Ind. Exsic. 4：n. 161. 1901.

Trichostomum ehrenbergii Lorentz, Abh. Köngl. Akad. Wiss. Berlin 1867：25. 1868.

Hydrogonium ehrenbergii(Lorentz.)A. Jaeger, Ber. Thätigk. St. Gallischen Naturwiss. Ges. 1877 – 1878：405. 1880.

图 126　宽叶扭口藓 *Barbula ehrenbergii*(Lorentz)M. Fleisch., A – C. 叶;D. 叶尖部细胞;E. 叶中部细胞;F. 叶基部细胞;G. 芽胞(任昭杰 绘)。标尺:A – C = 1.7 mm, D – G = 170 μm。

植物体中等大小,柔软,鲜绿色。叶干时皱缩,湿时倾立,舌形至卵状舌形,先端圆钝;叶边平展,全缘;中肋粗壮,达叶尖下部消失。叶中上部细胞多边形至圆多边形,薄壁,平滑,基部细胞椭圆状长方形至长方形,平滑,透明。

生境:生于岩面或岩面薄土上。

产地:蒙阴,蒙山,三分区,赵遵田 91169 – B。枣庄,抱犊崮,赵遵田 911344、911345。泰安,泰山,玉皇顶,海拔 1500 m,赵遵田 R20130166 – B。济南,龙洞,李林 88734 – B。

分布:中国(山西、山东、河南、陕西、四川、云南、西藏、福建)。尼泊尔、巴基斯坦、印度、西亚、欧洲、北美洲和非洲北部。

4. 细叶扭口藓

Barbula gracilenta Mitt., J. Proc. Linn. Soc., Bot., Suppl. 1：35. 1859.

Hydrogonium gracilentum(Mitt.)P. C. Chen, Hedwigia 80：237. 1941.

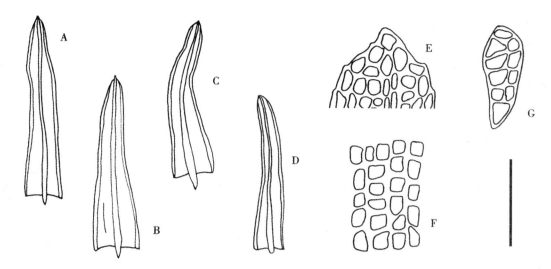

图 127 细叶扭口藓 *Barbula gracilenta* Mitt. , A－D. 叶;E. 叶尖部细胞;F. 叶中下部细胞;G. 芽胞(任昭杰、付旭 绘)。标尺:A－C＝0.8 mm, E－F＝80 μm, G＝170 μm。

植株体形小。叶呈三角状披针形至卵状披针形,先端渐尖;叶边背卷,中下部全缘,先端具微齿;中肋及顶。叶中上部细胞多边形至圆多边形,薄壁,平滑,基部细胞稍长大,椭圆状长方形至长方形,平滑,多透明。

生境:生于土表。

产地:济南,千佛山,赵遵田 20112188－B。

分布:中国(辽宁、山东、河南、宁夏、新疆、四川、西藏)。印度和巴基斯坦。

5. 小扭口藓(见前志图 135)

Barbula indica(Hook.) Spreng. in Steud. , Nomencl. Bot. 2:72. 1824.

Tortula indica Hook. , Musci Exot. 2:135. 1819.

Semibarbula orientalis(F. Weber) Wijk & Marg. , Taxon 8:75. 1959.

Trichostomum orientale F. Weber, Arch. Syst. Naturgesch. 1(1):129. 1804.

植物体矮小,丛生,黄绿色至绿色。茎直立,不分枝。无性芽胞梨形或球形,生于叶腋。叶长卵状舌形,先端圆钝或具小尖头;叶边多平展,全缘;中肋粗壮,及顶,龙骨状背突,背面具突出的粗疣。叶细胞多边形至圆多边形,薄壁,密被细疣,基部细胞呈长方形,平滑,透明。雌雄异株。蒴柄细长。孢蒴直立,长卵状圆柱形。蒴齿细长,直立,密被细疣。蒴盖圆锥形,具斜长喙。

生境:生于岩面、土表或岩面薄土上。

产地:荣成,伟德山,海拔 300 m,郭萌萌 20112424－A。牟平,昆嵛山,三分场流水石,海拔 300 m,姚秀英 20101826－B。五莲,五莲山,景区售票处,海拔 200 m,李林 R20130166－B。临沭,张艳敏 890220(SDAU)。济南,佛慧山,海拔 200 m,任昭杰、赖桂玉 R20120055－B。济南,党家庄,赖桂玉 R20120069－A。东平,李法曾 1746(SDAU)。临清,运河东岸,赵遵田 85011－B。阳谷,孟伟 2520(SDAU)。德州,陈学森 2567(SDAU)。

分布:中国(内蒙古、北京、山东、河南、宁夏、江苏、浙江、重庆、贵州、云南、西藏、福建、台湾、广东、香港、澳门)。日本、巴基斯坦、斯里兰卡、印度、尼泊尔、缅甸、越南、泰国、马来西亚、新加坡、印度尼西亚、菲律宾、巴布亚新几内亚、澳大利亚、瓦努阿图、美国(夏威夷)、墨西哥、西印度群岛、洪都拉斯、巴西、厄瓜多尔、秘鲁,北美洲。

6.爪哇扭口藓(照片 47)

Barbula javanica Dozy & Molk., Ann. Sci. Nat., Bot., sér. 3, 2：300. 1844.

Hydrogonium javanicum (Dozy & Molk.) Hilp.,Beih. Bot. Centralbl. 50 (2)：632. 1933.

Hydrogonium consanguineum (Thwaites & Mitt.) Hilp., Beih. Bot. Centralbl. 50 (2)：626. 1933.

Tortula consanguinea Thwaites & Mitt., J. Linn. Soc., Bot. 13：300. 1873.

植株矮小,丛生。茎直立,多具叉状分枝。无性芽孢通常棒状,生于叶腋。叶卵状舌形,先端圆钝;叶边中下部平展,先端略内凹或呈兜状,具微齿;中肋粗壮,及顶;叶细胞方形至多边形,或圆方形至圆多边形,壁厚,多平滑,稀具不明显的细疣。

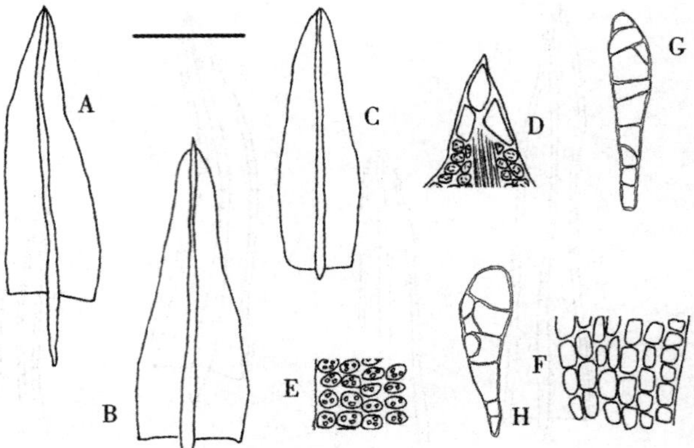

生境:生于土表或岩面。

产地:荣成,正棋山,海拔 500 m,郭萌萌 20112996 – B、20013004 – A。蒙阴,蒙山,天麻村,海拔 370 m,赵遵田 91398。蒙阴,蒙山,三分区,赵遵田 91334。莱芜,北郊巩山,赵遵田 85026 – A。济南,泉城公园,任昭杰、赖桂玉 R20131330。济南,十六里河矿村,任昭杰 R20131361。

分布:中国(山西、山东、河南、安徽、江苏、上海、四川、贵州、云南、西藏、福建、台湾、海南、香港、澳门)。日本、印度、巴基斯坦、尼泊尔、斯里兰卡、缅甸、越南、泰国、柬埔寨、马来西亚、新加坡、印度尼西亚、菲律宾和巴布亚新几内亚。

图 128 爪哇扭口藓 *Barbula javanica* Dozy & Molk., A – C. 叶;D. 叶尖部细胞;E. 叶中部边缘细胞;F. 叶基部细胞;G – H. 芽胞(任昭杰、付旭 绘)。A – C = 0.8 mm, D – F = 80 μm, G – H = 170 μm。

7. 拟扭口藓(见前志图 137)

Barbula pseudo-ehrenbergii M. Fleisch., Musci Buitenzorg 1：356. 1904.

Hydrogonium pseudo-ehrenbergii (M. Fleisch.) P. C. Chen, Hedwigia 80：242. 1941.

植物体细小,丛生。茎直立,无性芽孢缺失。叶狭卵状披针形或三角状披针形形,先端渐狭,顶圆钝;叶边先端多背卷,全缘;中肋粗壮,及顶。叶细胞呈多边形至圆多边形,薄壁,具一至多个细疣,基部细胞长大,不规则长方形,平滑,透明。

生境:生于湿润的岩壁、土坡或墙壁上。

产地:昆嵛山,三岔河,89427 – B。栖霞,牙山,赵遵田 90775 – B、90804。青岛,崂山,明霞洞西,赵遵田 89361。青岛,崂山,黑风口,赵遵田 89387 – B。临朐,嵩山,赵遵田 90372 – B、90381。临朐,沂山,赵遵田 90267。蒙阴,蒙山,小天麻顶,赵遵田 91409、91430 – B。泰安,徂徕山,赵遵田 91873 – B、91881。

分布:中国(北京、山东、陕西、四川、重庆、贵州、云南、西藏、福建、台湾、广东)。尼泊尔、印度、斯里兰卡、菲律宾和印度尼西亚。

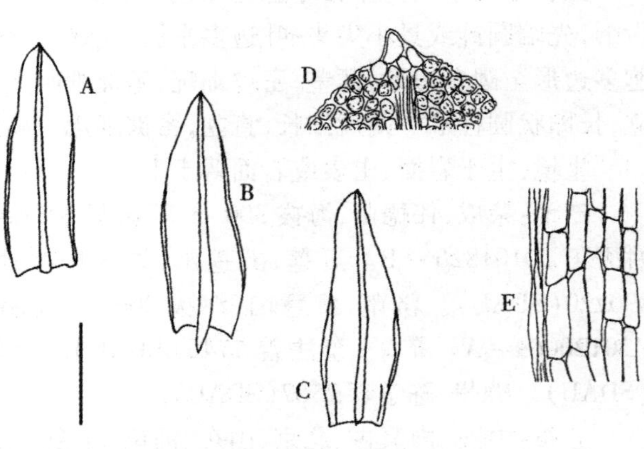

图 129 暗色扭口藓 *Barbula sordida* Besch., A – C. 叶;D. 叶尖部细胞;E. 叶基部近中肋处细胞(任昭杰、付旭 绘)。标尺:A – C = 0.8 mm, D – E = 110 μm。

8.暗色扭口藓

Barbula sordid Besch., Bull. Soc. Bot. France 1：80. 1894.

Hydrogonium sordidum（Besch.）P. C. Chen, Hedwigia 80：239. 1941.

本种与朝鲜扭口藓 *B. amplexifolia* 类似，但本种叶先端钝，具小尖头，而后者先端急尖，或渐尖。

生境：生于岩面、土表或岩面薄土上。

产地：荣成，正棋山，海拔 500 m，李林 20112992 – A。牟平，昆嵛山，三林区，李建秀 57（PE）。栖霞，艾山，山脚苹果园，海拔 300 m，黄正莉 20113058 – A、20113084 – A。招远，罗山，海拔 250 m，郭萌萌 20112005。黄岛，小珠山，海拔 100 m，黄正莉 20111518 – B。五莲，五莲山，海拔 370 m，任昭杰 R20130164 – B。沂山，转拂台，90159 – B。莱芜，北郊巩山，赵遵田 85028。济南，千佛山，赵遵田 83148。济南，四门塔千佛岩，赵遵田 90458 – B。济南，龙洞，海拔 200 m，李林 20113127。济南，趵突泉，黄正莉 20113153 – A。

分布：中国（山东、浙江、四川、贵州、云南、福建、广东）。越南。

9. 扭口藓（照片 48）

Barbula unguiculata Hedw., Sp. Musc. Frond. 118. 1801.

植株形小，密集丛生，或呈垫状。茎直立，多分枝。叶卵状披针形或卵状舌形，先端急尖，或先端钝而具小尖头；叶边中下部背卷，全缘；中肋粗壮，及顶或突出于叶尖成小尖头。叶中上部细胞多边形至圆多边形，具多个小马蹄形疣，基部细胞椭圆状长方形，多平滑。蒴柄细长，红褐色。孢蒴直立，圆柱形。蒴齿细长，向左旋扭。蒴盖圆锥形，具直喙。

生境：生于土表、岩面或岩面薄土上。

产地：平度，大泽山，赵遵田 91756。青岛，山东大学校园，全治国 0056（PE）。蒙阴，蒙山，三分区，赵遵田 91169 – A、91172 – B。蒙阴，蒙山，砂山，海拔 600 m，任昭杰 R20120100。东营，赵遵田 911591。青州，仰天山，仰天寺，赵遵田 88079 – A。博山，鲁山，赵遵田 90608、90623 – B。莱芜，北郊巩山，赵遵田 85028。泰安，徂徕山，上池，赵遵田 91918、91919 – A。泰山，十八盘，赵遵 34112 – A。泰安，泰山，玉皇顶，海拔 1500 m，赵遵田 34036 – B。济南，卧虎山，赵遵田 911572。长清，灵岩寺，张艳敏 789（SDAU）。东平，李法曾 1743（SDAU）。阳谷，孟伟 2513（SDAU）。

分布：中国（吉林、辽宁、内蒙古、河北、北京、山西、山东、河南、陕西、宁夏、甘肃、新疆、安徽、江苏、上海、浙江、江西、湖南、湖北、四川、重庆、云南、西藏、福建、台湾、广西、香港、澳门）。日本、巴基斯坦、印度、俄罗斯、秘鲁、智利、澳大利亚，欧洲、北美洲和非洲北部。

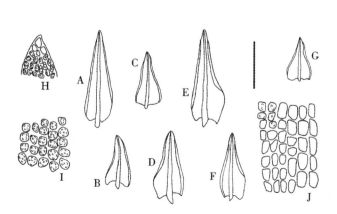

图 130　扭口藓 *Barbula unguiculata* Hedw., A – G. 茎叶；H. 叶尖部细胞；I. 叶中部细胞；J. 叶基部细胞（任昭杰、李德利 绘）。标尺：A – G = 0.8 mm，H – J = 80 μm。

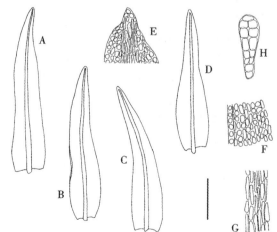

图 131　威氏扭口藓 *Barbula willamsii*（P. C. Chen）Z. Iwats. & B. C. Tan, A – D. 叶；E. 叶尖部细胞；F. 叶中部细胞；G. 叶基部细胞；H. 芽胞（任昭杰 绘）。标尺：A – D = 1.1 mm，E – G = 140 μm，H = 170 μm。

10.威氏扭口藓

Barbula willamsii（P. C. Chen）Z. Iwats. & B. C. Tan, Kalikasan 8：186. 1979.

Hydrogonium williamsii P. C. Chen, Hedwigia 80：239. 1941.

本种与宽叶扭口藓 *B. ehrenbergii* 类似,但本种叶长披针形至卵状披针形,而后者舌形至卵状舌形。

生境:生于岩面、土表或岩面薄土上。

产地:蒙阴,蒙山,望海楼,赵遵田 91300 - B。泰安,徂徕山,海拔 250 m,赵遵田 911338 - A。泰安,徂徕山,海拔 240 m,赵洪东 911337。泰安,泰山,玉皇顶,海拔 1500 m,赵遵田 20110520 - B。泰安,泰山,回马岭,赵遵田 33954。泰安,泰山,中天门,赵遵田 33949 - A。济南,四门塔,海拔 100 m,陈汉斌 87161 - A。

分布:中国(山西、山东、贵州、云南、西藏)。菲律宾。

4.美叶藓属 Bellibarbula P. C. Chen Hedwigia 80：222. 1941.

植物体形小至中等大小,黄绿色至暗绿色,有时带红棕色,丛生。茎直立,不规则分枝;中轴分化。叶干时贴茎,卷曲,湿时略伸展,卵圆形至长卵圆形,下端钝、急尖或渐尖;叶边背卷,全缘;中肋粗壮,达叶尖稍下部消失或及顶,背面具粗疣。叶中上部细胞圆方形至短矩形,壁薄或加厚,具疣。雌雄异株。雌苞叶分化,基部鞘状,先端短渐尖,叶细胞长菱形,平滑。蒴柄细长。孢蒴椭圆状圆柱形,直立,具明显台部。环带分化。蒴齿缺失。蒴盖具短喙或长喙。蒴帽兜形,平滑。孢子棕色,具细疣。

本属全世界现有 2 种。中国有 2 种;山东有 1 种。

1.尖叶美叶藓

Bellibarbula recurva（Griff.）R. H. Zander, Bull. Buffalo Soc. Nat. Sci. 32：142. 1993.

Gymnostomum recurvum Griff., Calcutta J. Nat. Hist. 2：482. 1842.

Bryoerythrophyllum tenerrimum（Broth.）P. C. Chen, Hedwigia 80：225. 1941.

Didymodon tenerrimus Broth., Symb. Sin. 4：39. 1929.

Bellibarbula obtusicuspis（Besch.）P. C. Chen, Hedwigia 80：225. 1941.

Anoectangium obtusicuspis Besch., Rev. Bryol. 18：87. 1891.

植物体形小。茎直立,具分枝。叶干燥时

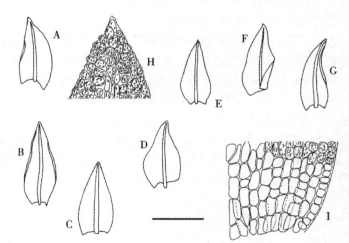

图 132　尖叶美叶藓 *Bellibarbula recurva*（Griff.）R. H. Zander, A - G. 叶;H. 叶尖部细胞;I. 叶基部细胞(任昭杰 绘)。标尺:A - G = 0.8 mm, H - I = 110 μm。

紧密贴茎,湿时伸展,阔长卵形,先端急尖;叶边背卷,全缘;中肋及顶。叶中上部细胞圆方形至圆菱形,薄壁或略加厚,具密圆形或马蹄形疣,基部细胞圆方形至短距形,平滑。孢子体未见。

生境:生于岩面薄土上。

产地:泰安,泰山,玉皇顶,海拔 1500 m,黄正莉 20110496。

分布:中国(山东、宁夏、云南、西藏)。印度,北美洲。

5.红叶藓属 Bryoerythrophyllum P. C. Chen Hedwigia 80：4. 1941.

植株较粗壮,散生或疏丛生,黄绿色至红褐色。茎直立,单一或具分枝。多具球形芽胞,生于叶腋。

叶干时紧贴,卷缩,湿时直立或背仰,长卵形、长椭圆形或狭长披针形,先端急尖、渐尖或圆钝,稀剑头形;叶边平展或中下部背卷,上部多具不规则粗齿,稀全缘;中肋粗壮,在叶尖部消失、及顶或突出于叶尖呈小尖头状。叶中上部细胞圆方形或不规则多边形,具数个圆形、马蹄形或环状细疣,基部细胞较长大,不规则长方形,平滑,常带红色。多雌雄异株。蒴柄直立,成熟时紫红色。孢蒴短圆柱形,黄褐色,老时红色。环带分化;蒴齿短,直立,齿片线形,密被细疣。蒴盖圆锥形,具斜长喙。蒴帽兜形。孢子表面平滑或具疣。

本属全世界现有 23 种。中国有 9 种和 1 变种;山东有 3 种。

分种检索表

1. 叶狭卵状披针形至线状披针形,叶边先端具细齿 ··············· 3. 红叶藓 B. recurvirostrum
1. 叶卵状披针形或卵状舌形,叶边全缘 ·· 2
　2. 叶先端急尖或渐尖;蒴齿缺失 ···················· 1. 无齿红叶藓 B. gymnostomum
　2. 叶先端钝;具蒴齿 ····························· 2. 单胞红叶藓 B. inaequalifolium

Key to the species

1. Leaves narrowly ovate-lanceolate to linear lanceolate, leaf margins serrulate at the apex
·· 3. B. recurvirostrum
1. Leaves ovate-lanceolate or ovate-ligulate, leaf margins entire ···························· 2
　2. Leaf apices acute or acuminate; peristome absent ·················· 1. B. gymnostomum
　2. Leaf apices blunt; peristome present ························· 2. B. inaequalifolium

1. 无齿红叶藓

Bryoerythrophyllum gymnostomum(Broth.)P. C. Chen, Hedwigia 80:255. 1941.

Didymodon gymnostomus Broth. in Handel-Mazzetti, Symb. Sin. 4:39. 1929.

植物体矮小,密集丛生。茎直立,高不及 1 cm,单一或具分枝。叶干时卷缩,湿时倾立,卵状披针形,先端渐尖或急尖;叶边背卷,全缘;中肋及顶。叶中上部细胞方形或多边形,胞壁薄,密被圆形或马蹄形细疣,尖部少量细胞平滑,基细胞不规则长方形,平滑。孢子体未见。

生境:生于土表或岩面。

产地:牟平,昆嵛山,房门,海拔 500 m,成玉良 20100873。牟平,昆嵛山,三分场苹果园,海拔 300 m,姚秀英 20101765 – A。栖霞,艾山,山脚苹果园,海拔 350 m,李林 20113060 – A。蒙阴,蒙山,砂山,海拔 700 m,任昭杰 R20131344。

分布:中国(吉林、内蒙古、河北、山东、河南、宁夏、江苏、上海、四川、云南、西藏)。印度和日本。

2. 单胞红叶藓

Bryoerythrophyllum inaequalifolium(Taylor.)R. H. Zander, Bryologist 83:232. 1980.

Barbula inaequalifolia Taylor, London J. Bot. 5:49. 1846.

Barbula tenii Herzog, Hedwigia 65:155. 1925.

本种与无齿红叶藓 B. gymnostomum 类似,但本种叶尖部较钝,呈兜状,而后者急尖至渐尖,不呈兜状。

生境:生于岩面。

产地:蒙阴,蒙山,凌霄寺西门,海拔 800 m,黄正莉 20111044。泰安,泰山,中天门,赵遵田 34073 – A。

分布:中国(内蒙古、山东、河南、新疆、浙江、重庆、云南、西藏、福建)。喜马拉雅地区,密克罗尼西亚、印度尼西亚、菲律宾、巴布亚新几内亚,欧洲南部和美洲。

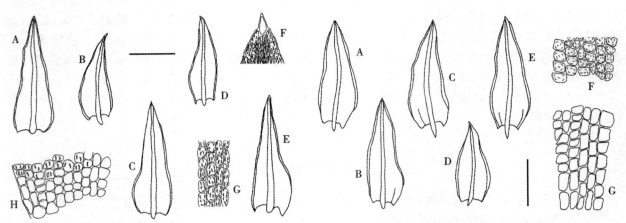

图133 无齿红叶藓 Bryoerythrophyllum gymnostomum (Broth.) P. C. Chen, A－E. 叶;F. 叶尖部细胞;G. 叶中部细胞;H. 叶基部细胞(任昭杰、李德利 绘)。标尺:A－E＝0.8 mm, F－H＝110 μm。

图134 单胞红叶藓 Bryoerythrophyllum inaequalifolium (Taylor.) R. H. Zander, A－E. 叶;F. 叶中部细胞;G. 叶基部细胞(任昭杰、付旭 绘)。标尺:A－E＝1.7 mm, F－G＝170 μm。

3. 红叶藓

Bryoerythrophyllum recurvirostrum (Hedw.) P. C. Chen, Hedwigia 80：255. 1941.

Weissia recurvirostris Hedw., Sp. Musc. Frond. 71. 1801.

植物体绿色至深绿色,有时带红褐色。叶干燥时卷曲,潮湿时倾立,狭状卵状披针形至线状披针形,稍弯曲,先端渐尖;叶边中部常背卷,中下部全缘,尖部具细齿;中肋粗壮,及顶。叶中上部细胞方形至多边形,具多数马蹄形或圆形细疣,基部细胞短距形,平滑,无色或带红色。雌雄同株。蒴柄直立,长1－1.5 cm,红褐色。孢蒴直立,圆柱形,红褐色。

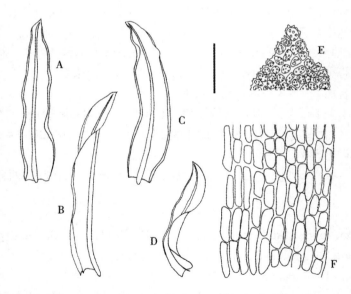

图135 红叶藓 Bryoerythrophyllum recurvirostrum (Hedw.) P. C. Chen, A－D. 叶;E. 叶尖部细胞;F. 叶基部细胞(任昭杰 绘)。标尺:A－D＝0.8 mm, E－F＝110 μm。

生境:多生于土表或岩面。

产地:牟平,昆嵛山,林场三工区果园南山坡,赵遵田84105－1－A。牟平,昆嵛山,林场阳沟林下,赵遵田87018－B。青岛,崂山,下清宫,赵遵田89326－A。黄岛,灵山岛,赵遵田91145。临朐,沂山,林场场部屋后,赵遵田 90014。蒙阴,蒙山,小天麻顶,海拔 800 m,赵遵田 91264 - C。博山,鲁山,林场西,赵遵田 90481。博山,鲁山,赵遵田 90496。枣庄,抱犊崮,赵遵田 911551。曲阜,孔庙,赵遵田 84151、84153。曲阜,孔林,赵遵田 89240。泰安,泰山,黑龙潭,赵遵田 34138。泰安,泰山,普照寺东坡,赵遵田 34141 - B、34148。长清,灵岩寺,塔村,赵遵田 87167。济南,四门塔千佛岩,赵遵田 90458 - B。济南,千佛山,赵遵田 83145、83146。临清,运河东岸,赵遵田 85015 - 1 - B。

分布:中国(黑龙江、吉林、内蒙古、河北、山西、山东、陕西、宁夏、甘肃、青海、新疆、浙江、江西、湖南、四川、云南、西藏、福建、台湾)。日本、俄罗斯(西伯利亚)、巴基斯坦、印度尼西亚、巴布亚新几内亚、坦桑尼亚、中亚、西亚、欧洲、北美洲和大洋洲。

6. 陈氏藓属 Chenia R. H. Zander Phytologia 65:424. 1989.

植物体形小,细弱,上部黄绿色,下部棕色,丛生。茎短,直立,单一,稀分枝,中轴分化或不分化。叶干时贴茎,轻微扭转,湿时伸展,狭卵状披针形、舌形或匙形,先端宽急尖或具短尖头;叶边全缘,有时仅基部略背卷,上部具细齿;中肋达叶尖稍下部消失,横切面无厚壁细胞束或具微弱厚壁细胞束。叶中上部细胞方形、六边形至圆六边形,薄壁,平滑,基部细胞矩形,薄壁。雌雄异株。内雌苞叶明显分化。蒴柄细长,红棕色。孢蒴卵圆柱形或短圆柱形,直立。环带不分化。蒴齿有或无,若有,则细丝状。蒴盖短圆锥形。蒴帽兜形或钟形。孢子小,平滑或具疣。

本属全世界现有 3 种。中国有 1 种;山东有分布。

1. 陈氏藓

Chenia leptophylla (Müll. Hal.) R. H. Zander, Bull. Buffalo Soc. Nat. Sci. 32:258. 1993.

Phascum leptophyllum Müll. Hal. , Flora 71:6. 1888.

植物体细弱,高不及 1 cm,黄绿色至棕色。茎直立,单一。叶狭卵状披针形,先端阔急尖或具短尖头;叶边多平展,中下部全缘,上部具细齿;中肋细弱,达叶尖稍下部消失。叶中上部细胞方形至六边形,薄壁,平滑,基部细胞矩形,薄壁。

生境:生于土表。

产地:牟平,昆嵛山,老师坟,海拔 350 m,任昭杰 R20131313。牟平,昆嵛山,三分场苹果园,海拔 300 m,姚秀英 20101765 - B。牟平,昆嵛山,三分场流水石,海拔 300 m,姚秀英 20101826 - A。平度,大泽山,海拔 400 m,郭萌萌 20112082 - A。

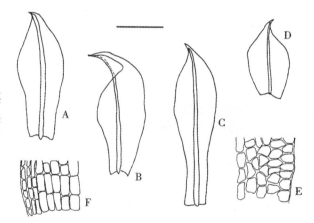

图 136 陈氏藓 *Chenia leptophylla* (Müll. Hal.) R. H. Zander, A - D. 叶;E. 叶中部细胞;F. 叶基部细胞(任昭杰、付旭 绘)。标尺:A - D = 0.8 mm, E - F = 110 μm。

分布:中国(吉林、山西、山东、新疆、浙江、西藏、台湾)。日本、印度,北美洲和非洲。

7. 对齿藓属 Didymodon Hedw. Sp. Musc. Frond. 104. 1801.

植物体形小至粗壮,黄绿色至暗绿色,有时红棕色,疏松或紧密丛生。茎直立,单一或分枝;中轴分化,稀不分化。有时具无性芽胞,生于假根上或叶腋内。叶干燥时贴茎或扭转,湿时直立或倾立,卵状披针形或阔披针形;叶边平展或背卷,全缘,有时具细圆齿;中肋强劲,达叶尖稍下部消失、及顶或突出于叶尖,腹面细胞狭椭圆形或圆方形,横切面具 2 列厚壁细胞束。叶中上部细胞圆方形、方形、菱形或多边形,厚壁,具多疣或单疣或平滑,细胞轮廓明显,基部细胞短矩形、长卵形或圆方形,排列紧密。雌雄异株。雌苞叶与茎叶类似,或略分化。蒴柄长,直立,基部红棕色,上部黄棕色。孢蒴长卵形或圆柱形,直立。环带分化或不分化。蒴齿细长,逆时针扭转或直立,有时缺失,具矮基膜,具疣。蒴盖具短喙。蒴帽兜形,平滑。

本属全世界约有 126 种。中国有 26 种和 3 变种;山东有 13 种和 1 变种。

分种检索表

1. 中肋达叶尖下部消失 ·· 2
1. 中肋及顶或略突出于叶尖 ·· 3
2. 叶卵状披针形;叶细胞具单疣;孢蒴圆柱形 ················ 9. 溪边对齿藓 *D. rivicola*
2. 叶三角状披针形;叶细胞平滑,或具不明显单疣或乳头状突起;孢蒴卵圆形
 ··· 10. 剑叶对齿藓 *D. rufidulus*
3. 叶细胞平滑,稀具疣 ································ 6. 密执安对齿藓 *D. michiganensis*
3. 叶细胞具疣 ··· 4
4. 叶宽短,通常卵形至长卵形,先端较圆钝 ··· 5
4. 叶狭卵形、三角状披针形或线状披针形,先端急尖或渐尖 ··························· 6
5. 植物体红棕色;叶先端不呈兜状 ····················· 7. 黑对齿藓 *D. nigrescens*
5. 植物体鲜绿色;叶先端略呈兜状 ·················· 12. 灰土对齿藓 *D. tophaceus*
6. 叶细胞壁不明显加厚 ·· 7
6. 叶细胞壁不规则强烈加厚 ··· 9
7. 叶先端宽急尖至渐尖,边缘不明显背卷 ················ 11. 短叶对齿藓 *D. tectorus*
7. 叶先端狭长呈线形,边缘强烈背卷 ··· 8
8. 叶宽卵状披针形至狭卵状披针形,边缘通常仅上部背卷;中肋及顶;叶细胞三角形至五边形,排列不规则,细胞壁较厚 ··························· 2. 尖叶对齿藓 *D. constrictus*
8. 叶三角形或基部三角形,边缘通体明显背卷;中肋突出于叶尖;叶细胞通常方形至六边形,排列规则,细胞壁较薄 ··························· 3. 长尖对齿藓 *D. ditrichoides*
9. 叶细胞具单疣,稀 2 疣 ····························· 1. 红对齿藓 *D. asperifolius*
9. 叶细胞具多疣,稀单疣 ··· 10
10. 植物体暗绿色至红棕色;叶强烈背仰;中肋背面粗糙 ····· 5. 反叶对齿藓 *D. ferrugineus*
10. 植物体黄绿色至绿色;叶略背仰;中肋背面光滑 ································· 11
11. 叶三角状披针形,边缘上部由双层细胞组成 ··········· 8. 硬叶对齿藓 *D. rigidulus*
11. 叶阔卵状披针形,边缘上部由单层细胞组成 ······································ 12
12. 叶基部细胞不明显分化,短距形;蒴齿细长,逆时针扭转三次 ····· 4. 北地对齿藓 *D. fallax*
12. 叶基部细胞明显分化,狭长方形;蒴齿较短,逆时针扭转一次,或缺失 ······ 13. 土生对齿藓 *D. vinealis*

Key to the species

1. Costa ending below the leaf apex ·· 2
1. Costa percurrent or excurrent ·· 3
2. Leaves ovate-lanceolate; laminal cells unipapillose; capsules cylindrical ·········· 9. *D. rivicola*
2. Leaves triangular-lanceolate; laminal cells smooth; capsules ovoid ·········· 10. *D. rufidulus*
3. Laminal cells smooth, scarcely papillose ··························· 6. *D. michiganensis*
3. Laminal cells papillose ··· 4
4. Leaves short and broad, usually ovate to oblong-ovate, blunt or rounded at the apex ············· 5
4. Leaves narrowly ovate, triangular or linear-lanceolate, gradually acute to acuminate ············· 6
5. Plants reddish brown; leaf apex not cucullate ····················· 7. *D. nigrescens*

5. Plants bright green; leaf apex slightly cucullate ·················· 12. *D. tophaceus*

6. Laminal cell walls not particularly thicken ················ 7

6. Laminal cell walls strongly and irregularly thicken ················ 9

7. Leaves broadly acute to acuminate at the apex, margins indistinctly revolute ········ 11. *D. tectorus*

7. Leaves linear at the apex, margins distinctly revolute ················ 8

8. Leaves broadly ovate-lanceolate to narrowly ovate-lanceolate, margins revolute usually only at the upper part; costa percurrent; laminal cells triangular to pentagonal, irregularly arranged, cell walls thicker ················ 2. *D. constrictus*

8. Leaves triangular or deltoid at the base, margins distinctly revolute throughout; costa excurrent; laminal cells usually quadrate to hexagonal, regularly arranged, cell walls thinner ··· 3. *D. ditrichoides*

9. Laminal cells mostly unipapillose, occasionally with 2 papillae ·········· 1. *D. asperifolius*

9. Laminal cells mostly multipapillose, rarely unipapillose ················ 10

10. Plants dark green to reddish brown; leaves strongly squarrose; dorsal surface of costa roughened ················ 5. *D. ferrugineus*

10. Plants yellowish green to green; leaves slightly squarrose; dorsal surface of costa smooth ········· 11

11. Leaves triangular-lanceolate, upper margins bistratose ················ 8. *D. rigidulus*

11. Leaves broadly ovate-lanceolate, upper margins unistratose ················ 12

12. Basal laminal cells not clearly differentiated, short rectangular; peristome teeth elongate, twisted counterclockwise three times ················ 4. *D. fallax*

12. Basal laminal cells distinctly differentiated, narrowly rentangular; peristome teeth shorter, twisted counterclockwise once, or absent ················ 13. *D. vinealis*

1. 红对齿藓

Didymodon asperifolius (Mitt.) H. A. Crum, Steere & L. E. Anderson, Bryologist 67: 163. 1964.

Barbula asperifolia Mitt., J. Proc. Linn. Soc., Bot., Suppl. 1: 34. 1859.

植物体绿色至暗绿色,有时带红棕色,密集丛生。茎直立或倾立,多叉状分枝,中轴不分化。叶基部卵形,向上呈披针形;叶边背卷,全缘;中肋及顶或达叶尖稍下部消失。叶上部细胞圆形,圆方形或菱形,胞壁不规则增厚,具1至多个疣,基部细胞不规则椭圆形,平滑,薄壁,透明。

生境:生于土表。

产地:荣成,正棋山,海拔 500 m,李林 20112993 – A。招远,罗山,海拔 300 m,李林 20112025。青州,仰天山,海拔 800 m,黄正莉 20112260 – B。济南,龙洞,海拔 250 m,李林 20113154 – B。

分布:中国(黑龙江、内蒙古、河北、山东、陕西、宁夏、甘肃、新疆、重庆、云南、西藏)。印度、日本、俄罗斯(西伯利亚),中亚,欧洲和北美洲。

2. 尖叶对齿藓

Didymodon constrictus (Mitt.) Saito, J. Hattori Bot. Lab. 39: 514. 1975.

Barbula constricta Mitt., J. Proc. Linn. Soc., Bot., Suppl. 1: 33. 1859.

2a. 尖叶对齿藓原变种(照片 49)

Didymodon constrictus var. **constrictus**

植物体黄绿色至绿色,有时带红棕色,密集丛生。茎直立,单一,稀分枝。叶卵状披针形,先端狭长线形;叶边背卷,全缘;中肋及顶。叶中上部细胞三角形或五边形至圆五边形,胞壁不规则加厚,具1至多个细疣,稀平滑,基部细胞长方形,平滑,薄壁,透明。蒴柄细长,红色。孢蒴圆柱形。蒴盖圆锥形,具长斜喙。蒴齿细长,逆时针扭转。

生境:生于土表或岩面。

产地:青岛,崂山,北九水,海拔 450 m,任昭杰 R20131368。临朐,沂山,古寺,赵遵田 90412 – B。临胸,沂山,歪头崮,赵遵田 90222。青州,仰天山,仰天寺,赵遵田 88104 - A。青州,仰天山,海拔 800 m,黄正莉 20112239 - B、20112282 - A。博山,鲁山,海拔 840 m,赵遵田 90629 - A。泰安,泰山,玉皇顶,海拔 1500 m,赵遵田 34102 - D。泰安,泰山,普照寺,赵遵田 34141。

分布:中国(吉林、辽宁、内蒙古、河北、北京、山西、山东、陕西、宁夏、新疆、安徽、上海、江西、湖北、四川、重庆、云南、西藏、福建、台湾、广西)。尼泊尔、印度、巴基斯坦、缅甸、印度尼西亚、菲律宾和日本。

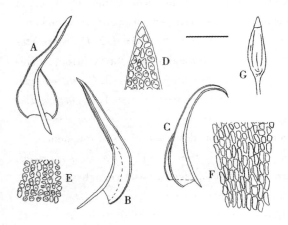

图137 红对齿藓 *Didymodon asperifolius* (Mitt.) H. A. Crum, Steere & L. E. Anderson, A - C. 叶; D. 叶尖部细胞;E. 叶中部细胞;F. 叶基部细胞;G. 孢蒴(任昭杰、付旭 绘)。标尺:A - C = 0.8 mm, D - F = 80 μm, G = 1.6 mm。

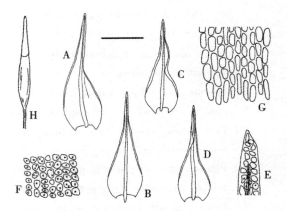

图138 尖叶对齿藓原变种 *Didymodon constrictus* (Mitt.) Saito var. *constrictus*, A - D. 叶;E. 叶尖部细胞;F. 叶中部细胞;G. 叶基部细胞;H. 孢蒴(任昭杰 绘)。标尺:A - D = 1.1 mm, E - G = 80 μm, H = 1.6 mm。

2b. 尖叶对齿藓芒尖变种(见前志图 127 1 -4)
Didymodon constrictus var. **flexicuspis**(P. C. Chen)Saito, J. Hattori Bot. Lab. 39: 516. 1975.

Barbula constricta Mitt. var. *flexicuspis* P. C. Chen, Hedwigia 80: 203. 1941.

Barbula longicostata X. J. Li, Acta Bot. Yunnan. 3 (1): 105. 1981.

本变种与原变种的主要区别是:本变种中肋突出于叶尖呈长芒状,而后者中肋及顶,不突出于叶尖。

生境:生于岩面。

产地:泰安,泰山,玉皇顶,海拔 1500 m,赵遵田 33980 - D。

分布:中国特有种(内蒙古、山西、山东、河南、青海、宁夏、新疆、四川、云南、西藏、台湾)。

3. 长尖对齿藓(照片50)
Didymodon ditrichoides(Broth.)X. J. Li & S. He, Moss Fl. China 2: 160. 2001.

Barbula ditrichoides Broth., Akad. Wiss. Wien Sitzungsber., Math. - Naturwiss. K1., Abt. 1, 133: 566. 1924.

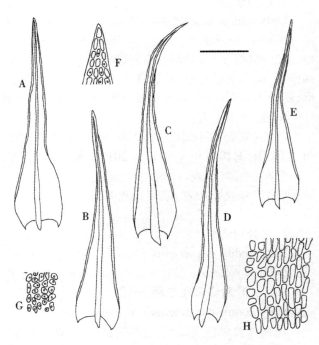

图139 长尖对齿藓 *Didymodon ditrichoides*(Broth.)X. J. Li & S. He, A - E. 叶;F. 叶尖部细胞;G. 叶中部细胞;H. 叶基部细胞(任昭杰、付旭 绘)。标尺:A - E = 0.8 mm, F - H = 80 μm。

植物体密集丛生;茎直立,多单一,稀分枝。叶三角状披针形至卵状披针形;叶边全缘,背卷;中肋突出于叶尖,但不呈长芒状;叶中上部细胞方形至多边形,多具单一细疣,基部细胞长方形,平滑。

生境:生于土表。

产地:博山,鲁山,赵遵田 90721。泰安,泰山,玉泉寺,海拔 600 m,任昭杰 R20131369。泰安,泰山,岱顶孔子庙,全治国 55b(PE)。

分布:中国(辽宁、内蒙古、山西、山东、河南、陕西、甘肃、青海、新疆、安徽、江苏、上海、浙江、江西、湖南、湖北、四川、贵州、云南、西藏、福建、台湾)。冰岛,北美洲。

本种叶形与尖叶对齿藓 *D. constrictus* 相似,但本种中肋突出于叶尖,而后者不突出于叶尖。

4. 北地对齿藓(照片 51)

Didymodon fallax (Hedw.) R. H. Zander, Phytologia 41:28. 1978.

Barbula fallax Hedw. , Sp. Musc. Frond. 120. 1801.

植物体黄绿色至绿色,有时带红褐色。茎直立,多分枝。叶阔卵状披针形或三角状披针形,先端渐尖;叶边背卷,全缘;中肋粗壮,及顶。叶细胞圆多边形,厚壁,具 1 至多个圆疣,基部细胞短长方形,平滑。

生境:生于土表、岩面或岩面薄土上。

产地:牟平,昆嵛山,三分场,海拔 450 m,赵遵田、黄正莉 20110131。临朐,沂山,歪头崮,赵遵田 90222。博山,鲁山,赵遵田 90623 – A、90629 – A。博山,鲁山,圣母石,海拔 650 m,黄正莉 20112505 – C。莱芜,北郊巩山,赵遵田 85029 – B。

分布:中国(内蒙古、河北、山东、河南、陕西、甘肃、宁夏、新疆、上海、湖北、四川、重庆、贵州、云南、西藏、台湾)。秘鲁,中亚、南亚、东北亚,欧洲、北美洲和非洲北部。

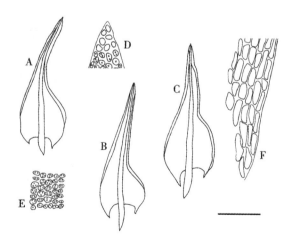

图 140 北地对齿藓 *Didymodon fallax* (Hedw.) R. H. Zander, A – C. 叶;D. 叶尖部细胞;E. 叶中部细胞;F. 叶基部细胞(任昭杰、李德利 绘)。标尺:A – C = 0.8 mm, D – F = 80 μm。

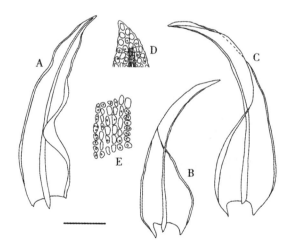

图 141 反叶对齿藓 *Didymodon ferrugineus* (Schimp. ex Besch.) Hill, A – C. 叶;D. 叶尖部细胞;E. 叶中下部细胞(任昭杰、李德利 绘)。标尺:A – C = 0.8 mm, D – E = 80 μm。

5. 反叶对齿藓

Didymodon ferrugineus (Schimp. ex Besch.) Hill, J. Bryol. 11:599. 1981 (1982) .

Barbula ferruginea Schimp. ex Besch. , Mém. Soc. Sci. Nat. Cherbourg 16:181. 1872.

Barbula reflexa (Brid.) Brid. , Muscol. Recent. Suppl. 4:93. 1819 [1818] .

Tortula reflexa Brid. , Muscol. Recent. Suppl. 1：255. 1806.

植物体暗绿色,有时带红褐色,丛生。茎直立,单一,稀分枝。叶湿时强烈背仰,卵状披针形,先端渐尖;叶边背卷,全缘;中肋粗壮,及顶或达叶尖稍下部消失。叶中上部细胞椭圆形、三角形、圆多边形,胞壁强烈增厚,被密疣,基部细胞长方形或不规则长方形。蒴柄细长,红色。孢蒴圆柱形。

生境:生于土表。

产地:乳山,乳山,赵遵田 Zh90538。泰安,泰山玉泉寺,海拔 570 m,任昭杰 R201313767。

分布:中国(辽宁、内蒙古、河北、山西、山东、陕西、甘肃、宁夏、青海、新疆、安徽、浙江、江西、湖南、四川、重庆、云南、西藏、台湾、广西)。印度、俄罗斯(西伯利亚)、古巴,高加索地区,欧洲和北美洲。

6. 密执安对齿藓

Didymodon michiganensis（Steere）Saito, J. Hattori Bot. Lab. 39：517. 1975.

Barbula michiganensis Steere, Moss Fl. N. Amer. 1：180. 1938.

植物体暗绿色至棕色。无性芽胞腋生,多数,圆形或卵形,由 2－6 个细胞组成。叶卵形至阔卵形或卵状披针形,常内凹,先端渐尖;叶边全缘,背卷;中肋及顶,棕色。叶中部细胞圆形或圆六边形,厚壁,平滑,稀具不明显疣,基部细胞矩形,平滑。

生境:生于土表。

产地:牟平,昆嵛山,三林区,李建秀 20、57(PE)。

分布:中国(内蒙古、山东、云南)。印度、日本,北美洲。

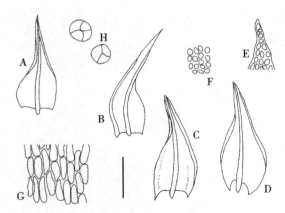

图 142 密执安对齿藓 *Didymodon michiganensis* (Steere) Saito, A－D. 叶;E. 叶尖部细胞;F. 叶中部细胞;G. 叶基部细胞;H. 芽胞(任昭杰、李德利 绘)。标尺:A－D＝0.8 mm, E－H＝80 μm。

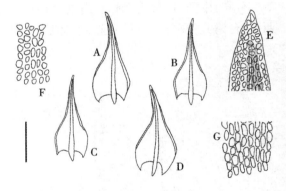

图 143 黑对齿藓 *Didymodon nigrescens* (Mitt.) Saito, A－D. 叶;E. 叶尖部细胞;F. 叶中部细胞;G. 叶基部细胞(任昭杰、付旭 绘)。标尺:A－D＝0.8 mm, E－G＝80 μm。

7. 黑对齿藓

Didymodon nigrescens（Mitt. ）Saito, J. Hattori Bot. Lab. 39：510. 1975.

Barbula nigrescens Mitt. , J. Proc. Linn. Soc. , Bot. , Suppl. 1：36. 1859.

植物体暗绿色,有时带暗红色,紧密丛生。茎直立,多分枝。叶卵状披针形或长卵状披针形;叶边明显背卷,全缘;中肋及顶。叶中上部细胞圆多边形,厚壁,具不明显单疣,基部细胞长方形,平滑,稀具不明显单疣。

生境:生于土表。

产地:临朐,沂山,黑风口,海拔 830 m,赵遵田 90424－A。

分布:中国(内蒙古、河北、山西、山东、陕西、宁夏、青海、新疆、江苏、上海、浙江、江西、四川、贵州、云南、西藏、台湾）。日本、印度,北美洲。

8. 硬叶对齿藓(见前志图 128)

Didymodon rigidulus Hedw. Sp. Musc. Frond. 104. 1801.

Barbula rigidula (Hedw.) Mild., Bryol. Siles. 118. 1969, *hom. illeg.*

植物体密集丛生。茎直立,多叉状分枝。常具多细胞无性芽胞。叶三角状披针形或卵状披针形,先端渐尖;叶边背卷,全缘;中肋粗壮,及顶。叶中上部细胞圆多边形,厚壁,被密疣,基部细胞短长方形至长方形,平滑。

生境:生于土表。

产地:蒙阴,蒙山,天麻村,赵遵田 91242 – D。肥城,汽车站,颜景芝 1701(SDAU)。泰安,泰山,普照寺东坡,赵遵田 34141 – A。长清,灵岩寺,张艳敏 890212(SDAU)。济南,大明湖,张艳敏 1730(SDAU)。

分布:中国(内蒙古、河北、山西、山东、陕西、宁夏、甘肃、青海、新疆、江苏、四川、重庆、云南、西藏)。俄罗斯(西伯利亚)、秘鲁、巴西、智利、中亚、西亚、欧洲、北美洲和非洲北部。

张艳敏等(2002)曾报道细肋对齿藓 *D. rigidulus* var. *imcadophyllus* (Schimp. ex Müll. Hal.) R. H. Zander,本次研究未见到引证标本,因将该变种存疑。

9. 溪边对齿藓

Didymodon rivicola (Broth.) R. H. Zander in T. J. Kop., C. Gao, J. S. Luo & Jarvinen, Ann. Bot. Fenn. 20: 222. 1983.

Barbula rivicola Broth., Symb. Sin, 4: 41. 1929.

植物体黄绿色至绿色,密集丛生。茎直立,多具叉状分枝。叶长卵形或卵状披针形;叶边背卷,全缘;中肋达叶尖下部消失。叶中上部细胞圆多边形,厚壁,具单个大圆疣,基部细胞狭长方形,平滑。蒴柄红色。孢蒴圆柱形,直立。

生境:生于岩面薄土上。

产地:牟平,昆嵛山,三林场,340 m,赵遵田 84099。

分布:中国特有种(吉林、内蒙古、河北、山东、陕西、新疆、江苏、四川、贵州、云南、西藏)。

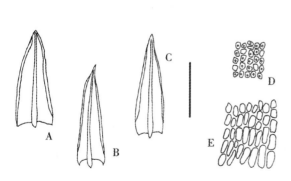

图 **144** 溪边对齿藓 *Didymodon rivicola* (Broth.) R. H. Zander, A – C. 叶;D. 叶中部细胞;E. 叶基部细胞(任昭杰、付旭 绘)。标尺:A – C = 1. 1 mm, D – E = 110 μm。

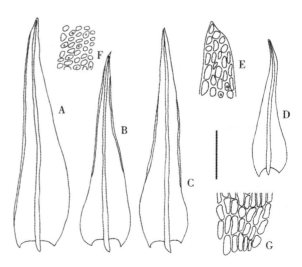

图 **145** 剑叶对齿藓 *Didymodon rufidulus* (Müll. Hal.) Broth., A – D. 叶;E. 叶尖部细胞;F. 叶中部细胞;G. 叶基部细胞(任昭杰、李德利 绘)。标尺:A – D = 1.1 mm, E – F = 110 μm。

10. 剑叶对齿藓

Didymodon rufidulus (Müll. Hal.) Broth., Nat. Pflanzenfam. Ⅰ(3): 405. 1902.

Barbula rufidula Müll. Hal., Nuovo Giorn. Bot. Ital., n. s., 3: 102. 1896.

本种与溪边对齿藓 *D. rivicola* 相似,但本种叶卵状披针形至三角状披针形,而后者叶卵形至卵状披针形;本种叶细胞平滑,或具不明显单疣或乳头状突起;本种孢蒴卵圆形,而后者孢蒴圆柱形。

生境:生于土表。

产地:莱芜,北郊,巩山,赵遵田85026 - A、85027、85030 - A。泰安,泰山,红门,任昭杰 R20131370。泰安,泰山,玉皇顶,海拔 1500 m,赵遵田 33980 - B。

分布:中国特有种(吉林、辽宁、内蒙古、山西、山东、陕西、宁夏、新疆、浙江、湖北、四川、重庆、贵州、云南、西藏、福建、台湾)。

11. 短叶对齿藓(照片 52)

Didymodon tectorus (Müll. Hal.) Saito, J. Hattori Bot. Lab. 39: 517. 1957.

Barbula tectorum Müll. Hal., Nuovo Giorn. Bot. Ital., n. s., 3: 101. 1896.

植物体密集丛生,绿色或棕黄色。茎直立,单一或稀分枝,高 1 - 1.5cm。芽胞生于上部叶叶腋。叶干燥时紧贴,潮湿时倾立,阔卵形,向上突然变狭成渐尖。叶边全缘,背卷;中肋粗壮,长达叶尖。叶上部细胞圆形或多角圆形,壁稍加厚,每细胞具单一钝圆疣,基部细胞增大,圆方形或短长圆形,壁薄,平滑,透明带黄棕色。

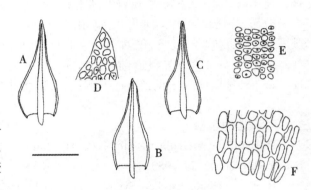

图 146 短叶对齿藓 *Didymodon tectorus* (Müll. Hal.) Saito, A - C. 叶;D. 叶尖部细胞;E. 叶中部细胞;F. 叶基部细胞(任昭杰、付旭 绘)。标尺:A - C = 0.8 mm, D - F = 80 μm。

生境:生于土表。

产地:文登,昆嵛山,玉屏池,海拔 400 m,姚秀英 20100847。栖霞,牙山,赵遵田 90880。青岛,崂山,北九水,任昭杰、杜超 20071189。临朐,沂山,转拗台,赵遵田 90152。曲阜,周公庙,赵遵田 84150。泰安,泰山,日观峰,全治国 112(PE)。泰安,泰山,岱顶孔子庙,全治国 57(PE)。济南,小娄峪,赵遵田 Zh84257。

分布:中国(辽宁、内蒙古、河北、北京、山西、山东、河南、陕西、甘肃、新疆、安徽、江苏、上海、浙江、江西、四川、贵州、云南、西藏、广西)。越南。

12. 灰土对齿藓(见前志图 132)

Didymodon tophaceus (Brid.) Lisa, Elenc. Musch. 31. 1837.

Trichostomum tophaceum Brid., Muscol. Recent. Suppl. 4: 84. 1819.

Barbula tophacea (Brid.) Mitt., J. Proc. Linn. Soc., Bot., Suppl. 1: 35. 1859.

本种与黑对齿藓 *D. nigrescens* 相似,但本种植物体鲜绿色,而后者植物体暗绿色至暗红色、黑色;本种叶先端略呈兜状,而后者叶先端不呈兜状。

生境:生于土表或墙面。

产地:泰安,徂徕山,赵遵田 Zh91051。长清,灵岩寺,赵遵田 Zh84188。

分布:中国(辽宁、内蒙古、山东、宁夏、新疆、四川、重庆、贵州、云南、西藏)。印度、巴基斯坦、缅甸、泰国、俄罗斯(西伯利亚)、日本,欧洲、南美洲、北美洲和非洲北部。

13. 土生对齿藓

Didymodon vinealis（Brid.）R. H. Zander,
Phytologia 41：25. 1978.

Barbula vinealis Brid.，Bryol. Univ. 1：830.
1872.

本种与北地对齿藓 *D. fallax* 相似,但本种叶基部细胞明显分化,长方形,而后者叶基部细胞不明显分化,短长方形;本种蒴齿较短,逆时针扭转一次,有时缺失,而后者蒴齿细长,逆时针扭转三次。

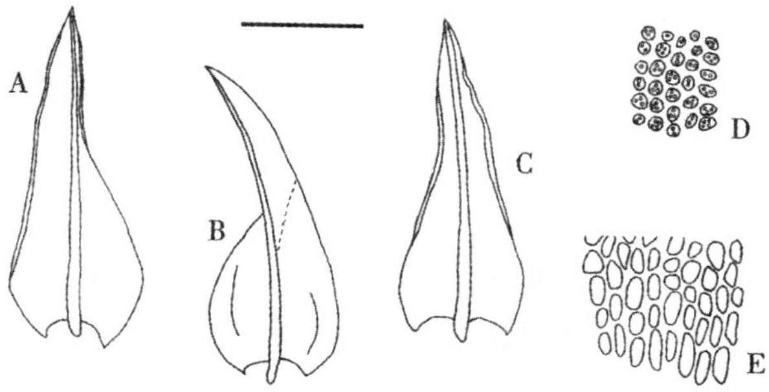

生境:生于土表。

产地:青州,仰天山,海拔 800 m,李超 20112306 – A。平邑,蒙山,龟蒙顶,张艳敏 46（SDAU）。泰安,泰山,玉皇顶,海拔 1500 m,赵遵田 34075。

分布:中国(辽宁、内蒙古、河北、山西、山东、陕西、宁夏、甘肃、新疆、江苏、上海、湖南、重庆、贵州、云南、西藏、福建、台湾)。尼泊尔、印度、缅甸、越南、印度尼西亚、俄罗斯(西伯利亚)、秘鲁、智利,高加索地区,欧洲、北美洲和非洲北部。

图 147　土生对齿藓 *Didymodon vinealis*（Brid.）R. H. Zander, A – C. 叶;D. 叶中部细胞;E. 叶基部细胞(任昭杰、付旭 绘)。标尺:A – C = 0.8 mm, D – E = 80 μm。

8. 疣壶藓属 Gymnostomiella M. Fleisch. Musci Buitenzorg 1：309. 1904.

植物体形小,多柔弱。茎中下部叶疏生,顶部叶丛生。叶通常舌形至长舌形,先端圆钝;叶边平展;中肋细弱。叶中上部细胞四或六边形,薄壁,具粗疣或乳头状突起,基部细胞长方形,无色透明,多平滑。雌雄异株。蒴柄通常黄色,较粗。孢蒴卵形,棕红色。蒴齿缺如。蒴盖圆锥形,具长喙。蒴帽兜形。孢子小。

本属全世界有 6 种。中国有 1 种和 1 变种;山东有 1 种。

1. 长肋疣壶藓

Gymnostomiella longinervis Broth.，Philipp.
J. Sci. 13：205. 1915.

植物体极细小,柔弱。茎直立,带叶高 2 – 5 mm。叶长舌形,上部略内凹,先端圆钝,基部稍狭;叶边平展,全缘;中肋细弱,达叶中上部或达叶尖稍下部消失。叶中上部细胞四或六边形,具粗疣,基部细胞长方形,平滑。

生境:生于岩面。

产地:泰安,泰山,红门,仝治国 9（PE）。

分布:中国(山东、江苏、台湾、广西、香港)。缅甸、菲律宾和日本。

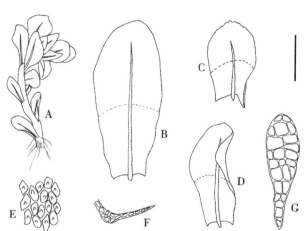

图 148　长肋疣壶藓 *Gymnostomiella longinervis* Broth.， A. 植物体;B – D. 叶;E. 叶上部细胞;F. 叶横切面;G. 芽胞(任昭杰、李德利 绘)。标尺:A = 1.1 mm, B – D = 440 μm, E – F = 110 μm, G = 170 μm。

9. 净口藓属 Gymnostomum Nees & Hornsch.

Bryol. Germ. 1：153. 1823，*nom. cons.*

植物体形小至中等大小,黄绿色至绿色,有时带黄棕色或黑褐色,密集丛生。茎直立,单一,稀分枝。叶干时卷曲,湿时倾立,披针形至卵状披针形或长椭圆形或舌形,先端圆钝、急尖或渐尖;叶边平展,全缘;中肋粗壮,多达叶尖稍下部消失。叶中上部细胞较小,方形、圆方形或圆多边形,被密疣,基部细胞不规则长方形,平滑,无色透明或略带黄色。雌雄异株。雌苞叶基部略呈鞘状。蒴柄细长。孢蒴长卵圆柱形,直立。蒴齿缺失。蒴盖有时与蒴轴相连。蒴帽兜形,具长斜喙。孢子黄棕色,平滑或具细密疣。

本属全世界约 21 种。中国有 3 种;山东有 2 种。

分种检索表

1. 叶较长,披针形至卵状披针形 ···································· 1. 铜绿净口藓 *G. aeruginosum*
1. 叶较短,长椭圆形至舌形 ·· 2. 净口藓 *G. calcareum*

Key to the species

1. Leaves longer, lanceolate to ovate-lanceolate ··· 1. *G. aeruginosum*
1. Leaves shorter, oblong-elliptic to ligulate ··· 2. *G. calcareum*

1. 铜绿净口藓

Gymnostomum aeruginosum Smith, Fl. Brit. 3：1163. 1804.

植物体多鲜绿色或铜绿色。茎直立,稀分枝。叶披针形、卵状披针形至线状披针形,先端渐尖,顶圆钝;叶边平展,全缘;中肋达叶尖下部消失。叶中上部细胞圆多边形,具密圆疣,基部细胞长方形至椭圆状长方形,平滑。

生境:生于岩面或土表。

产地:枣庄,抱犊崮,赵遵田 911361 – A。济南,回龙山,仙人洞,海拔 400 m,任昭杰、赖桂玉 R20120066。济南,龙洞,赵遵田 88130。

分布:中国(内蒙古、山西、山东、新疆、江苏、浙江、四川、重庆、云南、西藏、台湾、广东)。日本、巴基斯坦、菲律宾、智利,中亚、西亚、欧洲、北美洲、中美洲和非洲北部。

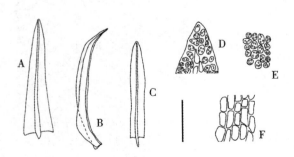

图 149 铜绿净口藓 *Gymnostomum aeruginosum* Smith, A – C. 叶;D. 叶尖部细胞;E. 叶中部细胞;F. 叶基部细胞(任昭杰、李德利 绘)。标尺:A – C = 0.8 mm, D – F = 80 μm。

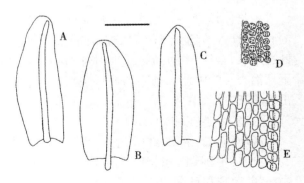

图 150 净口藓 *Gymnostomum calcareum* Nees & Hornsch., A – C. 叶;D. 叶中部细胞;E. 叶基部细胞(任昭杰、付旭 绘)。标尺:A – C = 330 μm, D – E = 80 μm。

2. 净口藓（照片 53）

Gymnostomum calcareum Nees & Hornsch. , Bryol. Germ. 1：153. 1823.

本种与铜绿净口藓 *G. aeruginosum* 相似,但本种叶较短,长椭圆形、长椭圆状披针形或舌形,而后者叶较长,披针形、卵状披针形至线状披针形。

生境:生于土表、岩面或岩面薄土生。

产地:牟平,昆嵛山,小憩洞,海拔 300 m,黄正莉 20100697。牟平,昆嵛山,红松林,海拔 500 m,成玉良 20100937。黄岛,铁橛山,赵遵田 89301。临朐,沂山,歪头崮,赵遵田 90207。青州,仰天山,海拔 800 m,李林 20112225、20112307。博山,鲁山,林场西沟,赵遵田 90492。曲阜,孔庙,赵遵田 84154。曲阜,孔林,赵遵田 84173。曲阜,周公庙,赵遵田 84147。枣庄,抱犊崮,赵遵田 911356。泰安,大汶口镇,海拔 100 m,任昭杰 20110486 – A。泰安,岱庙,宋天贶殿前,任昭杰 20113117 – A。济南,龙洞,海拔 150 m,李林 20113117 – A。济南,山东师范大学,任昭杰 20071316。

分布:中国(内蒙古、河北、北京、山东、陕西、宁夏、甘肃、新疆、江苏、上海、四川、重庆、贵州、云南、西藏、广东、广西)。印度、智利、澳大利亚、西亚,欧洲、北美洲和非洲北部。

10. 立膜藓属 Hymenostylium Brid. Bryol. Univ. 2：181. 1827.

植物体多中等大小,绿色至棕色,密集或垫状丛生。茎直立,常分枝,基部多生假根,中轴通常不分化。叶干时贴茎或卷曲,湿时伸展至背仰,舌形、披针形至线状披针形,上部常呈龙骨状,先端急尖或圆钝;叶边平展或背卷,全缘;中肋及顶或略突出于叶尖,有时达叶尖稍下部消失,横切面具两列厚壁细胞束。叶中上部细胞方形、菱形或短矩形,具密疣,基部细胞分化,长方形,通常薄壁。雌雄异株。雌苞叶略分化,基部略呈鞘状。蒴柄细长,棕黄色至红色。孢蒴卵圆形或短圆柱形。环带略分化。蒴齿缺失。蒴盖圆锥形,具斜喙。蒴帽兜形,平滑。孢子棕色,具疣。

本属全世界现有 15 种。中国有 2 种和 2 变种;山东有 1 种和 1 变种。

1. 立膜藓

Hymenostylium recurvirostrum (Hedw.) Dixon, Rev. Bryol. Lichenol. 6：96. 1934.

Gymnostomum recurvirostrum Hedw. , Sp. Musc. Frond. 33：1801.

Gymnostomum curvirostrum Hedw. ex Brid. , J. Bot. (Schrad.) 1800 (1)：273. 1801, *nom. illeg.*

1a. 立膜藓原变种（照片 54）

Hymenostylium recurvirostrum var. **recurvirostrum**

植物体高不及 2 cm。茎直立,多具分枝。叶披针形,先端渐尖;叶边多平展,全缘;中肋及顶。叶中上部细胞圆方形或圆多边形,被密疣,基部细胞长方形,平滑。

生境:生于土表、岩面或岩面薄土上。

产地:文登,昆嵛山,二分场缓冲区,海拔 400 m,成玉良 20100562。文登,昆嵛山,玉屏池,海拔 400 m,黄正莉 20100577。牟平,昆嵛山,三岔河,赵遵田 89419 – Ⅱ。栖霞,艾山,山脚苹果园,海拔 300 m,黄正莉 20113073。平度,大泽山,海拔 250 m,黄正莉 20112084、20112133。青岛,崂山,任昭杰、杜超 20071190。黄岛,小珠山,南天门下,海拔 500 m,任昭杰 20111689 – B。临朐,嵩山,赵遵田 90403 – C。蒙阴,蒙山,刀山沟,海拔 650 m,黄正莉 20111001 – A。青州,仰天山,海拔 800 m,郭萌萌 20112190 – A。博山,鲁山,赵遵田 90486、90609。济南,朱凤山,任昭杰 R20140014。济南,辛西路花坛,赵遵田 85004 – B。临清,运河东岸,赵遵田 85011 – A。

分布:中国(吉林、内蒙古、河北、山西、山东、河南、陕西、宁夏、甘肃、江苏、浙江、湖南、湖北、四川、重庆、贵州、云南、西藏、福建、台湾)。印度、尼泊尔、巴基斯坦、日本、俄罗斯,欧洲、北美洲和非洲北部。

2b. 立膜藓橙色变种

Hymenostylium recurvirostrum var. **cylindricum** (E. B. Bartram) R. H. Zander. Canad. J. Bot.

60：1599. 1982.

Hymenostylium glaucum var. *cylindricum* E. B. Bartram, J. Washington Acad. Sci. 26：8. 1936.

Gymnostomum aurantiacum (Mitt.) A. Jaeger, Ber. Thätigk. St. Gallischen Naturwiss. Ges. 1869 – 1870：285 (Gen. Sp. Musc. 1：45). 1870.

Hymenostylium aurantiacum Mitt., J. Proc. Linn. Soc., Bot., Suppl. 1：32. 1859.

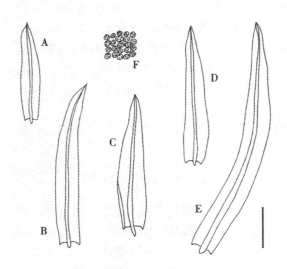

图 151 立膜藓原变种 *Hymenostylium recurvirostrum* (Hedw.) Dixon var. *recurvirostrum*, A – E. 叶；F. 叶中部细胞(任昭杰、付旭 绘)。标尺：A – E = 1.7 mm, F = 170 μm。

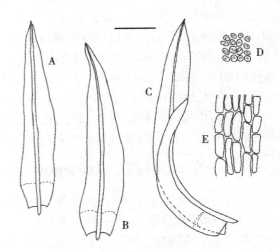

图 152 立膜藓橙色变种 *Hymenostylium recurvirostrum* (Hedw.) Dixon var. *cylindricum* (E. B. Bartram) R. H. Zander, A – C. 叶；D. 叶中部细胞；E. 叶基部细胞(任昭杰、付旭 绘)。标尺：A – C = 1.7 mm, D – E = 170 μm。

本变种与原变种的主要区别是：本变种叶中上部细胞通常具单个大圆疣,而原变种叶中上部细胞密被小圆疣,稀具 1 – 2 疣。

生境：生于土表。

产地：济南,龙洞,海拔 200 m,李林 20113160、20113161。

分布：中国(吉林、内蒙古、山东、河南、陕西、宁夏、甘肃、江苏、上海、四川、重庆、贵州、云南、西藏、福建、台湾)。印度、尼泊尔、菲律宾、大洋洲、中美洲、北美洲和非洲北部。

11. 湿地藓属 Hyophila Brid. Bryol. Univ. 1：760. 1827.

植物体形小,黄绿色至暗绿色,密集丛生。茎直立,单一或稀分枝。叶干燥时强烈内卷,湿时伸展,呈椭圆形、舌形或匙形,先端圆钝,具小尖头；叶边全缘或先端具微齿；中肋粗壮,长达叶尖或略突出于叶尖。叶中上部细胞小,方形、多边形或圆多边形,具疣、乳头状突起或平滑,基部细胞长方形,平滑透明。雌雄异株。苞叶与茎叶同形。蒴柄细长,直立。孢蒴圆柱形,直立。环带分化,成熟后自行卷落。蒴齿缺失。蒴盖圆锥形,具斜长喙。蒴帽兜形。孢子平滑。

本属全世界现有 86 种。中国有 7 种,山东有 6 种。

分种检索表

1. 叶边上部具细齿或粗齿 ·· 2
1. 叶边全缘 ·· 3

2. 叶椭圆形至椭圆状匙形,边缘上部具粗齿;叶细胞光滑,或仅在腹面具不明显乳头状突起 ……………………………………………………………………… 2.卷叶湿地藓 H. *involuta*

2. 叶卵状舌形,边缘上部具细齿;叶细胞背腹面均具乳头状突起或疣 … 5.芽胞湿地藓 H. *propagulifera*

3. 叶细胞具明显乳头状突起或疣 …………………………………… 4.花状湿地藓 H. *nymaniana*

3. 叶细胞平滑 ………………………………………………………………………………… 4

4. 叶中上部细胞壁厚 ……………………………………………………… 3.湿地藓 H. *javanica*

4. 叶中上部细胞壁薄 ……………………………………………………………………………… 5

5. 叶椭圆形;中肋突出于叶尖 ………………………………………… 1.尖叶湿地藓 H. *acutifolia*

5. 叶匙形;中肋及顶…………………………………………………… 6.匙叶湿地藓 H. *spathulata*

Key to the species

1. Upper leaf margins serrulate to serrate ………………………………………………………… 2

1. Leaf margins entire ………………………………………………………………………………… 3

2. Leaves oblong to oblong-spathulate, upper margins serrate; laminal cells smooth, or slightly mammillose on the ventral surface ………………………………………………… 2. H. *involuta*

2. Leaves ovate-ligulate, upper margins serrulate; laminal cells mammillose on both surfaces ………………………………………………………………………………………… 5. H. *propagulifera*

3. Upper laminal cells highly mammillose or papillose ……………………… 4. H. *nymaniana*

3. Upper laminal cells smooth ……………………………………………………………………… 4

4. Upper laminal cells thick-walled ……………………………………………… 3. H. *javanica*

4. Upper laminal cells thin-walled ………………………………………………………………… 5

5. Leaves oblong; costa excurrent …………………………………………… 1. H. *acutifolia*

5. Leaves spathulate; costa percurrent ……………………………………… 6. H. *spathulata*

1. 尖叶湿地藓

Hyophila acutifolia K. Saito, J. Hattori Bot. Lab. 39: 470. Pl. 38, f. 1 – 15. 1975.

植物体形小,绿色,丛生。茎直立,较短;中轴不分化。无性芽胞缺失。叶干时卷曲,湿时伸展,椭圆形,1.5 – 1.8 × 0.45 mm,先端急尖或具小尖头;叶边平展,全缘;中肋突出于叶尖,背腹面均光滑,腹面细胞近方形或矩形,中上部横切面背腹面均具厚壁细胞束。叶中上部细胞六边形,7.0 – 8.5 μm,薄壁,透明,渐基趋长,基部细胞椭圆状长方形至长方形,50 – 65 × 10 – 14 μm,薄壁,渐边趋狭。孢子体未见。

生境:生于土表。

产地:青州,仰天山,海拔 800 m,李超 20112231 – B。青州,仰天山,海拔 800 m,李林 20112253。

分布:中国(山东、浙江)。日本。

2. 卷叶湿地藓(照片 55)

Hyophila involuta(Hook.)A. Jaeger, Ber. Thätigk. St. Gallischen Naturwiss. Ges. 1871 – 72: 354 (Gen. Sp. Musc. 1: 208.). 1873.

Gymnostomum involutum Hook., Musci Exot. 2: 154. 1819.

植物体形小,密集丛生。茎直立,单一或分枝。叶干时强烈内卷,湿时伸展,长椭圆状舌形,先端圆钝,具小尖头;叶边平展,叶边下部稍具波曲,上部具明显锯齿;中肋粗壮,及顶。叶中上部细胞较小,圆多边形,壁薄,无疣,仅腹面略具乳头状突起,基部细胞较大,长方形,平滑,透明。蒴柄细长。孢蒴圆柱形,直立。环带分化,自行卷落。蒴齿缺失。蒴盖圆锥形,具长喙。孢子圆形,平滑。

生境:生于土表、岩面或岩面薄土上。

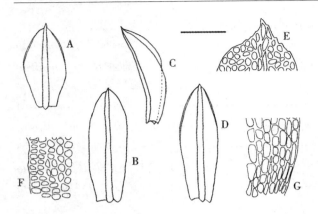

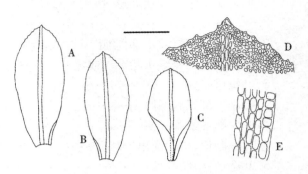

图 153 尖叶湿地藓 *Hyophila acutifolia* K. Saito，A－D. 叶；E. 叶尖部细胞；F. 叶中部细胞；G. 叶基部细胞（任昭杰 绘）。标尺：A－B＝670 μm，E－G＝80 μm。

图 154 卷叶湿地藓 *Hyophila involuta*（Hook.）A. Jaeger，A－C. 叶；D. 叶尖部细胞；E. 叶基部细胞（李德利 绘）。标尺：A－C＝1.1 mm，D－E＝140 μm。

产地：文登，昆嵛山，仙女池，海拔 300 m，姚秀英 20101154。文登，昆嵛山，二分场缓冲区，海拔 400 m，李林 20101302。牟平，昆嵛山，马腚，海拔 200 m，姚秀英 20101463、20101676。牟平，昆嵛山，黑龙潭，海拔 300 m，曹同 20110153。栖霞，牙山，海拔 450 m，黄正莉 20111891。招远，罗山，海拔 350 m，李林 20112002－A。平度，大泽山，海拔 450 m，黄正莉 20112085、20112142－A。青岛，崂山，小靛缸湾，付旭 R20131326。青岛，崂山，滑溜口，海拔 550 m，李林 20112908－B。黄岛，大珠山，海拔 130 m，黄正莉 20111487－A、20111491－B。黄岛，小珠山，海拔 150 m，任昭杰 20111660。五莲，五莲山，海拔 300 m，李林 R20130106。莒县，龙山，赵遵田 91103－B。临朐，沂山，转拰台，赵遵田 90156。蒙阴，蒙山，砂山，海拔 600 m，任昭杰 R20131344。蒙阴，蒙山，大牛圈，海拔 650 m，李林 R20120108。青州，仰天山，赵遵田 88079－B。博山，鲁山，海拔 700 m，郭萌萌 20112500。枣庄，抱犊崮，海拔 350 m，赵遵田 911424。新泰，莲花山，海拔 500 m，黄正莉 20110633－A、20110672。莱芜，雪野镇，南栾宫村下河，魏雪萍 20089197。泰安，徂徕山，纪念碑，海拔 300 m，李林 R11954－B。泰安，岱庙，宋天贶殿前，任昭杰 R20120023－B。泰安，大汶口镇，海拔 100 m，任昭杰 20110486－B。泰安，泰山，桃花峪，海拔 400 m，黄正莉 20110461。长清，万寿山，赵遵田 911579－A。长清，灵岩寺，赵遵田 87182－1。济南，四门塔，千佛岩，赵遵田 90458－B。济南，龙洞，海拔 300 m，李林 20113111－B、20113155－B。济南，趵突泉公园，赖桂玉 R11928，R15396。济南，佛慧山，海拔 200 m，任昭杰、赖桂玉 R20120055－A。

分布：中国（吉林、内蒙古、山西、山东、河南、上海、浙江、江西、湖南、湖北、四川、重庆、贵州、云南、西藏、福建、台湾、广东、广西、海南、香港、澳门）。巴基斯坦、尼泊尔、印度、斯里兰卡、缅甸、泰国、越南、柬埔寨、印度尼西亚、日本、俄罗斯、玻利维亚、巴西、厄瓜多尔，欧洲、北美洲和大洋洲。

本种在山东分布较为广泛，常与其他土生种类混生，叶形变化较大，叶边上部锯齿有时不明显，叶细胞有时无乳头状突起。

3. 湿地藓

Hyophila javanica（Nees & Blume）Brid.，Bryol. Univ. 1：761. 1827.

Gymnostomum javanicum Nees & Blume，Nova Acta Phys.－Med. Acad. Caes. Leop.－Carol. Nat. Cur. 11（1）：129. 1823.

植物体形小。茎直立，单一，不分枝。无性芽胞卵形或球形，由多细胞组成。叶椭圆状舌形，先端圆钝，具小尖头；叶边全缘；中肋及顶；叶中上部细胞圆多边形，壁强烈加厚，平滑，基部细胞较大，长方形。孢子体未见。

生境：生于岩面。

产地:泰安,泰山,中天门,赵遵田 33966 - A。

分布:中国(北京、山东、上海、四川、贵州、云南、福建、海南、香港)。越南和印度尼西亚。

4. 花状湿地藓

Hyophila nymaniana(M. Fleisch.)Menzel, Willdenowia 22:198. 1992.

Glyphomitrium nymanianum M. Fleisch., Musci Buitenzorg 1:372 f. 69. 1904.

Hyophila rosea R. S. Williams, Bull. New York Bot. Gard. 8:341. 1914.

植物体形小,丛生。茎直立,多具分枝。叶腋生星状无性芽胞。叶舌形或长椭圆形,先端较圆钝,具小尖头;叶边平展,有时下部反卷,全缘;中肋及顶或略突出于叶尖。叶中上部叶细胞圆多边形,背腹两面均稍具乳头,同时具明显细疣,叶基细胞较长大,平滑。

生境:生于土表、岩面或岩面薄土上。

产地:牟平,昆嵛山,三官殿,海拔 250 m,成玉良 20100648。青岛,崂山,赵遵田 89374 - B、91100。黄岛,小珠山,海拔 120 m,黄正莉 20111698。青州,仰天山,仰天寺,赵遵田 88115。青州仰天山,海拔 800 m,黄正莉 20112283 - A。博山,鲁山,赵遵田 90748。枣庄,抱犊崮,赵遵田 911421。枣庄,抱犊崮,赵遵田 911422、911423。长清,灵岩寺,任昭杰 R14011。济南,火车站,赖桂玉 R11978。

分布:中国(吉林、河北、北京、山东、陕西、安徽、江苏、浙江、江西、湖南、重庆、贵州、云南、西藏、福建、台湾、广东、海南)。喜马拉雅地区,印度、泰国、马来半岛和菲律宾。

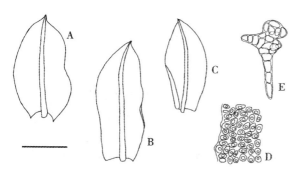

图 155 花状湿地藓 *Hyophila nymaniana*(M. Fleisch.)Menzel,A - C. 叶;D. 叶中部细胞;E. 芽胞(任昭杰、李德利 绘)。标尺:A - C = 0.8 mm,D = 80 μm,E = 170 μm。

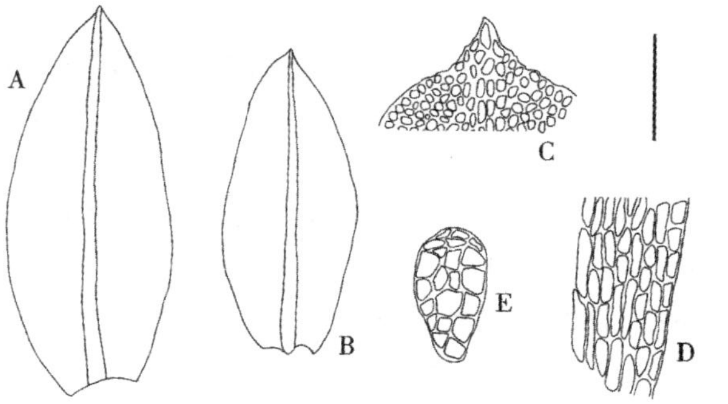

5. 芽胞湿地藓

Hyophila propagulifera Broth., Hedwigia 38:212. 1899.

植物体形小,丛生。茎直立,单一。叶腋密生球形或卵形无性芽胞,有时较少。叶卵状舌形,先端急尖,或圆钝而具小尖头;叶边多平展,上部具细齿;中肋及顶。叶中上部细胞圆多边形,具乳头状突起,有时具圆环形或半月形密疣,基部细胞较大,长方形,平滑。孢子体未见。

生境:生于土表或岩面。

产地:文登,昆嵛山,无染寺,海拔 350 m,黄正莉

图 156 芽胞湿地藓 *Hyophila propagulifera* Broth.,A - B. 叶;C. 叶尖部细胞;D. 叶基部细胞;E. 芽胞(任昭杰、李德利 绘)。标尺:A - B = 1.1 mm,C - E = 110 μm。

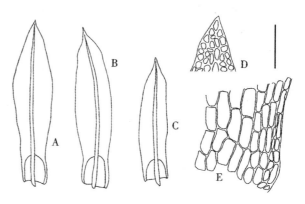

图 157 匙叶湿地藓 *Hyophila spathulata*(Harv.)A. Jaeger,A - C. 叶;D. 叶尖部细胞;E. 叶基部细胞(任昭杰、付旭 绘)。标尺:A - C = 1.1 mm,D - E = 110 μm。

20100434。牟平，昆嵛山，马腚，海拔 200 m，任昭杰 20101696 - A。牟平，昆嵛山，水帘洞，海拔 350 m，任昭杰 20100376。青岛，崂山，北九水，海拔 400 m，任昭杰 R20131352 - A。泰安，泰山，玉皇顶，海拔 1500 m，黄正莉 20110428。

分布：中国（北京、山东、江苏、浙江、湖北、重庆、贵州、云南、台湾、广东、澳门）。日本。

6. 匙叶湿地藓

Hyophila spathulata（Harv.）A. Jaeger, Ber. Thätigk. St. Gallischen Naturwiss. Ges. 1871 – 1872：353（Gen. Sp. Musc. 1：201）. 1873.

Gymnostomum spathulatum Harv. in Hook., Icon. Pl. 1：pl. 17. 1836.

植物体形小。茎直立，单一或分枝。叶多呈匙形，先端急狭，具小尖头；叶边平展，多全缘；中肋及顶。叶中上部细胞小，多边形至圆多边形，薄壁，平滑，基部细胞短长方形至长方形，平滑。孢子体未见。

生境：生于土表或岩面。

产地：荣成，正棋山，海拔 400 m，黄正莉 20112964。青州，仰天山，海拔 800 m，李超 20112237。博山，鲁山，赵遵田 90643。济南，南护城河，五莲泉，任昭杰、赖桂玉 20113132 - A。济南，山东师范大学校园，韩国营 20113179。

分布：中国（山东、江苏、浙江、湖南、贵州、云南、福建、广西）。尼泊尔、孟加拉国、斯里兰卡和印度尼西亚。

12. 芦氏藓属 Luisierella Thér. & P. de la Varde Bull. Soc. Bot. France 83：73. 1936.

植物体形小，绿色至暗绿色，丛生。茎直立，较短，单一；中轴不分化。叶舌形或椭圆形，先端圆钝；叶边平展或背卷，上部具疣突出形成的细圆齿；中肋宽阔，达叶尖下部消失。叶中上部细胞圆六边形，厚壁，具乳头状突起，基部细胞明显分化，长方形，透明，薄壁。雌雄异株。雌苞叶基部鞘状。蒴柄较短，约 4 – 5 mm，橘红色。孢蒴圆柱形，直立，对称。环带分化，长存。蒴齿单层，发育不全或缺失。蒴盖圆锥形，具长喙。蒴帽兜形，平滑。孢子小，亮棕色，平滑。

本属全世界现知 1 种。山东有分布。

1. 短茎芦氏藓

Luisierella barbula（Schwägr.）Steere, Bryologist 48：84. 1945.

Gymnostomum barbula Schwägr., Sp. Musc. Frond., Suppl. 2, 2 (1)：77. 1826.

Gyroweisia brevicaulis（Müll. Hal.）Broth., Nat. Pflanzenfam. I (3)：389. 1902.

Trichostomum brevicaule Hampe ex Müll. Hal., Syn. Musc. Frond. 1：567. 1849.

种特征同属。

生境：生于土表、岩面或岩面薄土上。

产地：荣成，正棋山，海拔 450 m，黄正莉 20112989 - A、20113012。荣成，伟德山，海拔 550 m，李林 20112361、20112370。牟平，昆嵛山，老师坟，海拔 350 m，任昭杰 20101782 - A。栖霞，牙山，海拔

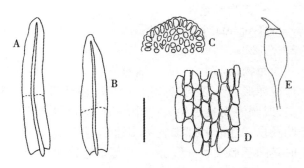

图 158 短茎芦氏藓 *Luisierella barbula*（Schwägr.）Steere, A – B. 叶；C. 叶尖部细胞；D. 叶基部细胞；E. 孢蒴（任昭杰、付旭 绘）。标尺：A – B = 0.8 mm, C = 80 μm, D = 170 μm, E = 110 μm。

320 m,赵遵田 90817。栖霞,艾山,李林 20113062。招远,罗山,海拔 300 m,黄正莉 20112009 – A、20112018 – B。平度,大泽山,海拔 500 m,郭萌萌 20112067、20112087。崂山,蔚竹观,付旭 R20131325。黄岛,铁橛山,海拔 300 m,郭萌萌 R20130103。黄岛,灵山岛,海拔 250 m,黄正莉 20111439。黄岛,大珠山,海拔 100 m,黄正莉 20111541。黄岛,小珠山,海拔 150 m,黄正莉 20111707。五莲,五莲山,海拔 300 m,付旭 R20130115、R20130131。青州,仰天山,海拔 800 m,黄正莉 20112167。博山,鲁山,海拔 700 m,郭萌萌 20112496 – B、20112596。新泰,莲花山,海拔 600 m,黄正莉 20110664、20110665。泰安,徂徕山,光华寺,海拔 850 m,任昭杰 20110768。泰安,徂徕山,太平顶,海拔 1000 m,黄正莉 20110775 – B。泰安,泰山,普照寺东坡,赵遵田 34121。

分布:中国(山东、四川、贵州、云南、西藏、香港)。印度尼西亚、日本、巴西、洪都拉斯、牙买加、波多黎各、海地、古巴和美国。

13. 大丛藓属 Molendoa Lindb. Utkast. Eur. Bladmoss. 29. 1878.

植物体形小至粗壮,黄绿色至鲜绿色,疏松丛生。茎直立,易折断,多单一,稀分枝,横切面三角形;中轴分化。叶干时卷缩,湿时倾立,基部阔大,呈鞘状,上部狭长呈披针形;叶边多平展,通常全缘;中肋强劲,达叶下部消失、及顶或突出于叶尖。叶中上部细胞近方形或不规则六边形,厚壁,绿色,具多个圆疣,基部细胞长方形,平滑,多透明。雌雄异株。蒴柄细长。孢蒴倒卵形。蒴齿缺失。蒴盖圆锥形,具长斜喙,常与蒴轴相连。蒴帽兜形,平滑。孢子棕黄色,平滑或具密疣。

本属全世界现有 14 种。中国有 3 种和 1 变种;山东有 2 种和 1 变种。

分种检索表

1. 叶先端圆钝;中肋达叶尖下部消失 ·················· 1. 侧立大丛藓 M. schliephackei
1. 叶先端急尖或渐尖;中肋及顶或略突出叶尖·················· 2. 高山大丛藓 M. sendtneriana

Key to the species

1. Leaf apices blunt or rounded-obtuse; costa ending below the apex ·················· 1. M. schliephackei
1. Leaf apices acute or acuminate; costa percurrent or shortly excurrent ··········· 2. M. sendtneriana

1. 侧立大丛藓(见前志图 109)

Molendoa schliephackei (Limpr.) R. H. Zander, Bull. Buffalo Soc. Nat. Sci. 32:170. 1993.

Pleuroweisia schliephackei Limpr. , Jahresber. Scles. Ges. Vaterl. Cult. 61:224. 1864.

植物体形小至中等大小,疏松至密集丛生。茎直立,单一,稀分枝;中轴略分化。叶略背仰,披针状舌形,先端圆钝,稀具小尖头;叶边略背卷,全缘;中肋达叶尖下部消失。叶中上部细胞方形至圆多边形,具密疣,基部细胞椭圆状长方形至圆长方形,平滑。

生境:生于土表或岩面。

产地:牟平,昆嵛山,海拔 220 m,赵遵田 20117282 – A。青岛,崂山,崂顶下部,1000 m,全治国 156 (PE)。青州,仰天山,海拔 300 m,黄正莉 20112181 – B。泰安,泰山,玉皇顶,海拔 1500 m,赵遵田 84102 – A。长清,灵岩寺,张艳敏 89210(SDAU)。

分布:中国(黑龙江、辽宁、内蒙古、河北、北京、山西、山东、宁夏、江苏、浙江、湖北、四川、云南、西藏、福建)。俄罗斯和瑞士。

2. 高山大丛藓

Molendoa sendtneriana (Bruch & Schimp.) Limpr. , Laubm. Deutschl. 1:250. 1886.

Anoectangium sendtnerianum Bruch & Schimp. in B. S. G. , Bryol. Eur. 1：91. Pl. 39（Fasc. 33 – 36. Monogr. 7. Pl. 3）. 1846.

2a. 高山大丛藓原变种

Molendoa sendtneriana var. **sendtneriana**

植株较粗壮,黄绿色至暗绿色,疏松丛生。茎直立,多分枝;中轴分化。叶线状披针形,先端渐尖;叶边全缘;中肋粗壮,及顶或略突出于叶尖。叶中上部细胞不规则圆多边形,具数个圆疣,基部细胞长方形,较透明,多平滑。

生境:生于岩面或土表。

产地:栖霞,牙山,赵遵田 90925、90892。博山,鲁山,海拔 600 m,赵遵田 90621。枣庄,抱犊崮,赵遵田 911450。济南,龙洞,海拔 300 m,李林 20113137、20113138 – A。

分布:中国(吉林、内蒙古、河北、北京、山西、山东、河南、陕西、宁夏、甘肃、新疆、安徽、江苏、浙江、江西、四川、贵州、云南、西藏、台湾、广东、广西)。日本、印度、俄罗斯、美国(阿拉斯加)、巴西,中亚。

2b. 高山大丛藓云南变种

Molendoa sendtneriana var. **yuennaensis**（Broth. ）Györffy in Thér. , Bull. Soc. Sci. Nancy 2：704. 1926.

Molendoa yuennanensis Broth. , Akad. Wiss. Wien Sitzungsber. , Math. – Naturwiss. Kl. , Abt. 1, 131：209. 1922.

本变种与原变种的主要区别为:植物体形较小,叶较短小,先端急尖,中肋及顶,但不突出于叶尖,叶中上部细胞具不明显细疣,或平滑。

生境:生于土表或岩面。

产地:栖霞,牙山,赵遵田 90915。蒙阴,蒙山,小天麻顶,赵遵田 91260。曲阜,孔林,赵遵田 84145。泰安,泰山,赵遵田 20110563 – D。济南,龙洞,赵遵田 88734 – A。济南,四门塔,竹林,赵遵田 90464 – A。

分布:中国特有种(吉林、内蒙古、河北、山西、山东、河南、陕西、新疆、安徽、江西、四川、云南、西藏)。

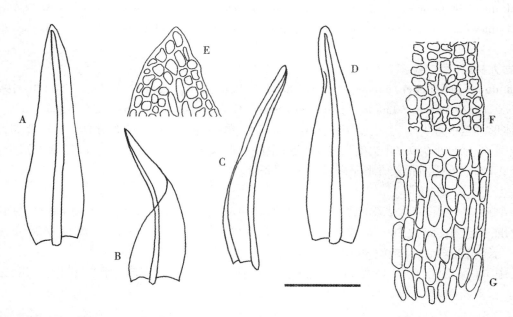

图 159 高山大丛藓云南变种 *Molendoa sendtneriana*（Bruch & Schimp. ）Limpr. var. *yuennaensis*（Broth. ）Györffy, A – D. 叶;E. 叶尖部细胞;F. 叶中部细胞;G. 叶基部细胞(任昭杰、付旭 绘)。标尺:A – D = 0.8 mm, E – G = 110 μm。

14. 拟合睫藓属 Pseudosymblepharis Broth. Nat. Pflanzenfam.（ed. 2），10：261. 1924.

植株较粗壮，多呈黄绿色，疏松丛生成垫状群落。茎直立，单一或分枝，中轴分化或不分化。叶干时皴缩，湿时四散扭曲，龙骨状背凸，基部较宽，呈鞘状，向上渐狭呈狭长披针形，先端渐尖；叶边平直，全缘；中肋粗壮，长达叶尖或突出于叶尖。叶中上部细胞绿色，不规则多角形，被数个粗疣，基部细胞方形至长方形，平滑，无色透明，沿叶缘向上延伸，呈明显分化的边缘。雌雄异株。蒴柄细长。孢蒴圆柱形，直立。蒴齿单层，齿片短披针形，直立，黄色，具细疣。

本属全世界现有 9 种。中国有 2 种；山东有 2 种。

分种检索表

1. 叶基部明显呈鞘状；中轴分化 ·········· 1. 狭叶拟合睫藓 P. angustata
1. 叶基部不呈鞘状至略呈鞘状；中轴不分化 ·········· 2. 细拟合睫藓 P. duriuscula

Key to the species

1. Leaves obviously sheating at the base; stem central strand present ·········· 1. P. angustata
1. Leaves not sheating or weakly sheating at the base; stem central strand present ··· 2. P. duriuscula

1. 狭叶拟合睫藓（图 160A – E）

Pseudosymblepharis angustata （Mitt.） Hilp.，Beih. Bot. Centralbl. 50（2）：670. 1933.

Tortula angustata Mitt.，J. Proc. Linn. Soc.，Bot.，Suppl. 1：28. 1859.

Pseudosymblepharis papillosula （Cardot & Thér.） Broth.，Nat. Pflanzenfam.（ed. 2），10：261. 1924.

Symblepharis papillosula Cardot & Thér.，Bull. Acad. Int. Géogr. Bot. 19：17. 1909.

植物体粗壮，黄绿色。茎直立，高多不及 2 cm；中轴分化。叶干时强烈卷缩，湿时上部扭曲，基部呈鞘状抱茎，向上呈狭长披针形，先端渐尖；叶边平展，全缘；中肋及顶至突出于叶尖。叶中上部细胞圆方形或圆六边形，被密疣，基部细胞长方形，平滑透明，平滑。孢子体未见。

生境：生于土表、岩面或岩面薄土上。

产地：荣成，伟德山，海拔 420 m，黄正莉 20112348 – A。荣成，正棋山，海拔 500 m，李林 20112993 – B。牟平，昆嵛山，黑龙潭，海拔 300 m，黄正莉 20110168 – B。牟平，昆嵛山，赵遵田 84105。栖霞，牙山，赵遵田 90857。青

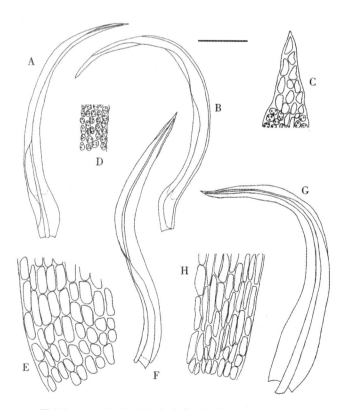

图 160　A – E. 狭叶拟合睫藓 *Pseudosymblepharis angustata* （Mitt.） Hilp.，A – B. 叶；C. 叶尖部细胞；D. 叶中部细胞；E. 叶基部细胞；F – H. 细拟合睫藓 *Pseudosymblepharis duriuscula* （Mitt.） P. C. Chen，F – G. 叶；H. 叶基部细胞（任昭杰 绘）。标尺：A – B，F – G = 1.1 mm，C – E = 80 μm，H = 170 μm。

岛,崂山,潮音瀑,海拔 600 m,邵娜 20112892 - A。青岛,崂山,滑溜口,海拔 500 m,李林 20112910 - B。黄岛,铁橛山,李林 R20130170 - A。黄岛,小珠山,南天门,海拔 450 m,黄正莉 20111642。蒙阴,蒙山,小天麻顶,赵遵田 91287 - B。青州,仰天山,海拔 800 m,黄正莉 20112173 - A、20112176 - B。枣庄,抱犊崮,赵遵田 911336、911494。曲阜,孔林,赵遵田 84168。泰安,泰山,赵遵田 34033。长清,灵岩寺,塔头村坟地,赵遵田 87168。

分布:中国(吉林、内蒙古、河北、山西、山东、河南、陕西、宁夏、甘肃、新疆、安徽、江苏、浙江、江西、湖北、四川、重庆、贵州、云南、西藏、福建、台湾、广东、广西)。日本、印度、不丹、缅甸、泰国、印度尼西亚和巴布亚新几内亚。

2. 细拟合睫藓(图 160F - H)

Pseudosymblepharis duriuscula(Mitt.)P. C. Chen, Hedwigia 80: 153. 1941.

Tortula duriuscula Mitt., J. Proc. Linn. Soc., Bot., Suppl. 1: 27. 1859.

本种与狭叶拟合睫藓 *P. angustata* 类似,但本种叶基部略呈鞘状或不呈鞘状,而后者叶基多明显呈鞘状;本种茎中轴不分化,而后者分化。

生境:生于土表、岩面或岩面薄土上。

产地:文登,昆嵛山,二分场玉屏池,海拔 360 m,黄正莉 20100524 - A。招远,罗山,海拔 600 m,黄正莉 20112028。青岛,崂山顶,海拔 1100 m,赵遵田 89357、89380。黄岛,灵山岛,海拔 100 m,黄正莉 20111446 - A。枣庄,抱犊崮,赵遵田 911480 - C。泰安,徂徕山,赵遵田 91922。泰安,泰山,赵遵田 20110549 - G。

分布:中国(山东、陕西、浙江、湖南、四川、重庆、贵州)。斯里兰卡。

15. 仰叶藓属 Reimersia P. C. Chen Hedwigia 80: 62. 1941.

本属全世界仅 1 种。

1. 仰叶藓

Reimersia inconspicua(Griff.)P. C. Chen, Hedwigia 80: 62. 1941.

Gymnostomum inconspicum Griff., Calcutta J. Nat. Hist. 2: 480. 1842.

《中国苔藓志》第二卷记载本种在烟台有分布,但我们未采到标本。

16. 舌叶藓属 Scopelophila(Mitt.)Lindb. Acta Soc.
Sci. Fenn. 10: 269. 1872.

植物体形小至中等大小,有时较大,黄绿色至棕色,疏松或密集丛生。茎直立,单一,稀分枝,中轴不分化。叶干时扭转或卷曲,湿时伸展,舌形、舌状披针形或椭圆状披针形,基部狭缩,先端钝,或具小尖头,或阔急尖;叶边多平展,有时基部略背卷,全缘或先端具细圆齿,有时边缘有几列厚壁细胞组成的边;中肋细弱,达叶尖稍下部消失或及顶,横切面具 1 列厚壁细胞束。叶中上部细胞圆方形或不规则多边形,薄壁或略加厚,平滑,基部细胞较大,长方形,薄壁,平滑。雌雄异株。雌苞叶不明显分化。蒴柄细长,直立。孢蒴椭圆状卵形或短圆柱形,直立。环带分化。蒴齿缺失。蒴盖圆锥形,具喙。蒴帽兜形,平滑。孢子棕色,平滑或具疣。

本属全世界有 4 种。中国有 2 种;山东有 2 种。

分种检索表

1. 叶先端急尖至阔急尖,叶缘无厚壁细胞组成的边 ·················· 1. 剑叶舌叶藓 S. cataractae
1. 叶先端钝或具小尖头,叶缘有由数列厚壁细胞组成的边 ·················· 2. 舌叶藓 S. ligulata

Key to the species

1. Leaves acute to broadly acute, margins not bordered ·················· 1. S. cataractae
1. Leaves obtuse to rounded apiculate, margins often bordered by a few rows of ticker-walled cells
·················· 2. S. ligulata

1. 剑叶舌叶藓

Scopelophila cataractae（Mitt.）Broth., Nat. Pflanzenfam. I（3）: 436. 1902.

Weissia cataractae Mitt., J. Linn. Soc., Bot. 12: 135. 1869.

Merceyopsis sikkimensis（Müll. Hal.）Broth. & Dixon, J. Bot., 48: 301 f. 7. 1910.

Scopelophila sikkimensis Müll. Hal. in Renauld & Cardot, Bull. Soc. Roy. Bot. Belgique 41（1）: 53. 1905.

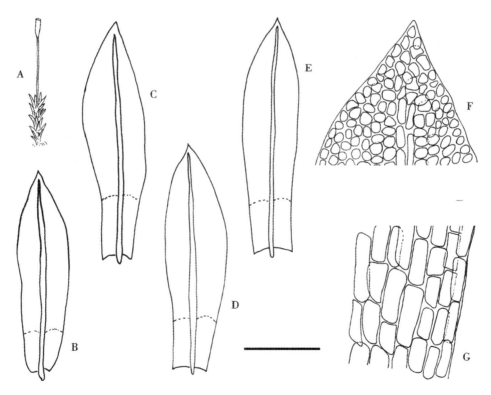

图 161 剑叶舌叶藓 *Scopelophila cataractae*（Mitt.）Broth., A. 植物体;B－E. 叶;F. 叶尖部细胞;G. 叶基部细胞(任昭杰 绘)。标尺:A=1.3 cm, B－E=0.8 mm, C－D=110 μm。

植物体柔弱,紧密丛生。茎直立,多单一。叶长椭圆状披针形,基部狭缩,先端急尖至阔急尖;叶边平展,基部略背卷,全缘;中肋达叶尖稍下部消失,或及顶。叶中上部细胞不规则多边形,平滑,薄壁或略加厚,基部细胞较大,长方形,平滑。孢蒴长椭圆柱形,直立。蒴盖具长喙。

生境:生于土表、岩面或岩面薄土上。

产地:文登,昆嵛山,玉屏池,400 m,黄正莉20100585。文登,昆嵛山,王母洗脚盆,350 m,任昭杰20100332。栖霞,牙山,赵遵田90847－A。青岛,长门岩岛,赵遵田89012－A、89014－A。青州,仰天山,摩云山寨,海拔200 m,黄正莉20112219－A。博山,鲁山,海拔890 m,赵遵田90644。新泰,莲花山,海拔200 m,黄正莉20110600－B。

分布:中国(辽宁、山东、河南、陕西、甘肃、安徽、江苏、江西、湖南、四川、云南、西藏、福建、台湾、广西、香港)。朝鲜、日本、尼泊尔、印度、不丹、印度尼西亚、菲律宾、巴布亚新几内亚、墨西哥、秘鲁、危地马拉、厄瓜多尔,北美洲。

2. 舌叶藓

Scopelophila ligulata (Spruce) Spruce, J. Bot. 19：14. 1881.

Encalypta ligulata Spruce, Musci Pyren. 331. 1847.

Merceya ligulata (Spruce) Schimp., Syn. Musc. Eur. (ed. 2), 2：852. 1876.

植物体密集丛生,暗绿色。茎直立,高不及2 cm,单一或叉状分枝。叶干时皱缩,湿时倾立,长椭圆状舌形或倒卵状舌形,多具纵褶,基部狭缩,先端较阔,顶端圆钝;叶边平展,基部略内卷,全缘,具由几列厚壁细胞组成的分化边;中肋达叶尖稍下部消失。叶中上部细胞多边形,平滑,基部细胞较长大,长方形,平滑。孢蒴卵圆柱形,直立。

生境:生于土表或岩面薄土上。

产地:栖霞,牙山,海拔280 m,赵遵田90847－A。新泰,莲花山,海拔650 m,黄正莉20110575。泰安,泰山,普照寺,任昭杰R20123001。

分布:中国(辽宁、山东、安徽、浙江、湖南、四川、贵州、云南、台湾、广西)。日本、印度、菲律宾、印度尼西亚,欧洲、南美洲、北美洲和非洲北部。

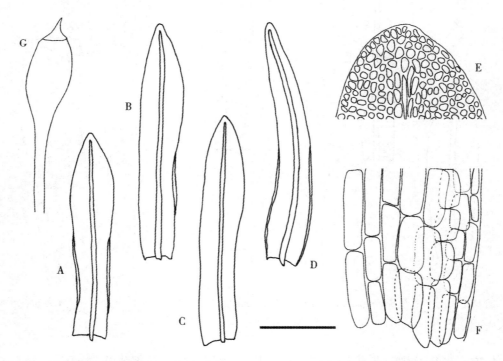

图162 舌叶藓 *Scopelophila ligulata* (Spruce) Spruce, A－D. 叶;E. 叶尖部细胞;F. 叶基部细胞;G. 孢蒴(任昭杰绘)。标尺:A－D=0.8 mm, E－G=110 μm。

17. 赤藓属 Syntrichia Brid. J. Bot.（Schrad.）1（2）：299. 1801.

植物体通常中等大小至大形,较粗壮,黄绿色至红棕色,紧密或疏松丛生。茎直立,单一,或不规则分枝,中轴多分化,稀不分化。叶干时扭转,有时卷曲,湿时伸展或背仰,卵状舌形至匙形,或狭披针形,先端圆钝、阔急尖,或具小尖头,上部多呈龙骨状,基部略抱茎;叶边多背卷,常具由疣突出形成的圆齿,多具由数列厚壁细胞组成的边,黄色至棕色,稀无分化边。中肋多突出于叶尖,呈短或长芒状,其尖部常具齿,稀及顶或达叶尖下部消失。叶中上部细胞近方形至圆多边形,密被马蹄形疣,基部细胞明显分化,长方形,薄壁,透明,平滑。雌雄异株或雌雄同株。蒴柄细长,直立,黄棕色。孢蒴圆柱形,直立或略倾立。环带分化。蒴齿齿片 32,线形或丝状,扭转,稀直立,具疣,基膜较高。蒴盖圆锥形,具长斜喙。蒴帽兜形,平滑。孢子黄绿色或红棕色,平滑,或具疣。

本属全世界约 90 种。中国有 12 种;山东有 2 种。

分种检索表

1. 叶边上部具齿;中肋及顶,但不突出于叶尖 ·················· 1. 芽胞赤藓 *S. gemmascens*
1. 叶边全缘;中肋突出于叶尖 ························· 2. 高山赤藓 *S. sinensis*

Key to the species

1. Upper leaf margins serrate; costa percurrent ·················· 1. *S. gemmascens*
1. Leaf margins entire; costa excurrent ························· 2. *S. sinensis*

1. 芽胞赤藓

Syntrichia gemmascens（P. C. Chen）R. H. Zander, Bull. Buffalo Soc. Nat. Sci. 32：269. 1993.

Desmatodon gemmascens P. C. Chen, Hedwigia 80：297. 1941.

植物体黄棕色,稀疏丛生。茎直立,高不及 1 cm,单一,稀分枝。叶腋或叶片上具多数由多细胞组成的无性芽胞。叶倒卵圆形,基部狭,先端阔急尖,具小尖头;叶边平展,稀背卷,上部具齿,具明显分化的狭边;中肋及顶。叶中上部细胞圆多边形,厚壁,密被细疣,基部细胞较长大,多平滑。

生境:生于岩面。

产地:泰安,泰山,玉皇顶,海拔 1500 m,赵遵田 33990 – A。

分布:中国(河北、北京、山东、甘肃、四川、云南、广东)。印度、尼泊尔和日本。

2. 高山赤藓

Syntrichia sinensis（Müll. Hal.）Ochyra, Fragm. Florist. Geobot. 37：213. 1992.

Barbula sinensis Müll. Hal., Nuovo Giorn. Bot. Ital., n. s. 3：100. 1896.

Tortula sinensis（Müll. Hal.）Broth. Nuovo Giorn. Bot. Ital., n. s. 13：279. 1906.

植物体绿色至暗绿色,有时带红棕色。茎直立,高不及 2 cm,多单一,稀叉状分枝。叶长倒卵圆形;叶边全缘;中肋突出于叶尖,呈毛尖状。叶中上部细胞圆多边形,密被马蹄形和圆形细疣,基部细胞长大,长方形,多平滑。

生境:生于土表或岩面薄土上。

产地:新泰,莲花山,海拔 700 m,黄正莉 20110565。泰山,斗母宫,任昭杰 R20131372。

分布:中国(内蒙古、河北、山西、山东、陕西、宁夏、甘肃、青海、新疆、江苏、浙江、江西、湖北、四川、云南、西藏、福建)。巴基斯坦,亚洲中部及西部、欧洲、北美洲和非洲北部。

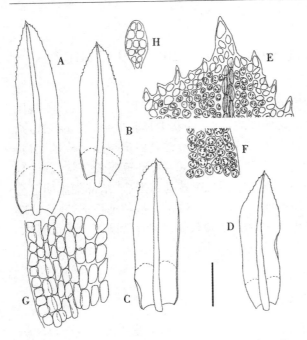

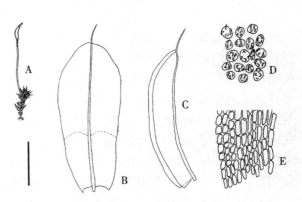

图 163　芽胞赤藓 Syntrichia gemmascens（P. C.
Chen）R. H. Zander, A – D. 叶；E. 叶尖部细胞；F. 叶
中部细胞；G. 叶基部细胞；H. 芽胞(任昭杰 绘)。标尺：
A – D = 1.1 mm, E – G = 110 μm, H = 110 μm。

图 164　高山赤藓 Syntrichia sinensis（Müll. Hal.）
Ochyra, A. 植物体；B – C. 叶；D. 叶中部细胞；E. 叶基
部细胞(任昭杰 绘)。标尺：A = 1.1 cm, B – C = 1.7
mm, D – E = 80 μm。

18. 反纽藓属 Timmiella（De Not. ）Limpr. Laubm.
Dentschl. 1：590. 1888.

　　植物体黄绿色至暗绿色,疏松丛生。茎直立,单一,稀分枝。叶多丛生茎顶,干时旋扭或卷曲,湿时
伸展,长披针形或舌状披针形,先端急尖；叶边多平展,或略有不规则背卷,中上部具齿；中肋达叶尖稍
下部消失。叶中上部细胞圆多边形,除叶边外均为 2 层细胞,腹面一层具明显乳头状突起,基部细胞单
层,长方形,平滑。雌雄同株或雌雄异株。蒴柄细长。孢蒴长圆柱形,直立或略倾立。蒴齿直立或右
旋,具矮基膜。蒴盖圆锥形,具长喙。蒴帽兜形。孢子被密疣。

　　本属全世界有 13 种。中国有 2 种；山东有 2 种。

分种检索表

1. 叶边中上部具齿；蒴齿较长,旋扭 ···················· 1. 反纽藓 T. anomala
1. 叶边仅先端具齿；蒴齿较短,直立 ···················· 2. 小反纽藓 T. diminuta

Key to the species

1. Upper leaf margins dentate; peristome teeth longer, dextrorse ·············· 1. T. anomala
1. Leaf margins dentate only near apex; peristome teeth shorter, erect ·············· 2. T. diminuta

1. 反纽藓(照片 56)
Timmiella anomala（Bruch & Schimp. ）Limpr. , Laubm. Deutschl. 1：592. 1888.

Barbula anomala Bruch & Schimp. in B. S. G. , Bryol. Eur. 2：107 pl. 169. 1842.

Rhamphidium crassicostatum X. J. Li, Acta Bot. Yunnan. 3（1）：101. 1981.

植物体黄绿色至暗绿色,疏松丛生。茎直立,高不及 1 cm,单一,稀分枝。叶长披针形或舌状披针形,先端急尖;叶边平展,有时不规则背卷,中上部具齿;中肋达叶尖稍下部消失。叶中上部细胞圆多边形,腹面具明显乳头状突起,基部细胞长方形,平滑。蒴柄细长。孢蒴长圆柱形,直立或略倾立。蒴盖圆锥形,具长喙。

生境:生于土表、岩面或砖墙壁上。

产地:青州,仰天山,仰天寺,赵遵田 88122 - I - A。新泰,莲花山,海拔 200 m,黄正莉 20110184。长清,万寿山,赵遵田 911580 - B。长清,灵岩寺,赵遵田 87163 - 1。济南,泉城公园,任昭杰、赖桂玉 R20130101、R20131331。济南,山东师范大学校园,赖桂玉 20113180。平阴,张淮涛 2536(SDAU)。

分布:中国(吉林、辽宁、内蒙古、河北、北京、山西、山东、河南、陕西、宁夏、甘肃、青海、新疆、安徽、浙江、江西、湖南、湖北、四川、重庆、贵州、云南、西藏、福建、台湾、广东)。日本、印度、巴基斯坦、缅甸、泰国、越南、菲律宾、欧洲、北美洲和非洲北部。

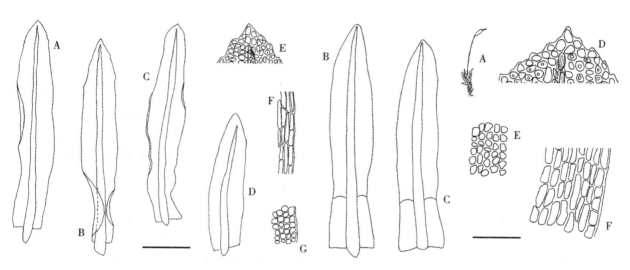

图 165　反纽藓 Timmiella anomala(Bruch & Schimp.)Limpr.，A－D. 叶;E. 叶尖部细胞;F. 叶中部细胞;G. 叶基部细胞(任昭杰、付旭 绘)。标尺:A－D = 1.1 mm,D－G = 110 μm。

图 166　小反纽藓 Timmiella diminuta(Müll. Hal.)P. C. Chen, A. 植物体;B－C. 叶;D. 叶尖部细胞;E. 叶中部细胞;F. 叶基部细胞(任昭杰、李德利 绘)。标尺:A = 1.1 cm, B－C = 1.1 mm, D－F = 80 μm。

2. 小反纽藓

Timmiella diminuta(Müll. Hal.)P. C. Chen, Hedwigia 80：176. 1941.

Trichostomum diminuta Müll. Hal., Nuovo Giorn. Bot. Ital., n. s., 5：177. 1898.

本种与反纽藓 *T. anomala* 类似,但本种叶边仅先端具齿,而后者叶边中上部均具齿;本种蒴齿较短,直立,而后者蒴齿较长,旋扭。

生境:生于土表或岩面。

产地:蒙阴,蒙山,小天麻顶,赵遵田 91278。博山,鲁山,赵遵田 90468 - C、90737。曲阜,孔村,赵遵田 84145。泰安,徂徕山,纪念碑,海拔 200 m,李林 R11954 - A。泰安,泰山,万芳朝天下,赵遵田 33938 - D。东平,李法曾 1745(SDAU)。长清,灵岩寺千佛殿外,87191 - A、87192。济南,千佛山,赵遵田 83141。济南,泉城公园,海拔 80 m,赖桂玉 R20131374。聊城,孟伟 2517(SDAU)。

分布:中国(黑龙江、吉林、辽宁、内蒙古、河北、北京、河南、陕西、甘肃、安徽、江苏、湖南、四川、重庆、贵州、云南、西藏)。印度。

19. 纽藓属 Tortella（Lindb.）Limpr. in Rab.
Laubm. Deutsch. 1：520. 1888.

植物体深绿色,往往大片垫状丛生。茎直立,多具分枝。叶在枝端常密集成丛,叶倾立或背仰,狭长披针形或线形,先端狭长,渐尖,叶边平展或稍呈波状,全缘或先端具微齿,叶干时强烈卷缩;中肋下部粗壮,渐向尖部渐细,长达叶尖或稍突出;叶上部细胞绿色,呈4－6角形或稍圆,两面皆具密疣,基部细胞明显分化呈狭长方形,平滑无疣,且无色透明,与上部绿色细胞分界明显,且沿叶边上延形成分化的角部及边缘。雌雄异株。蒴柄细长,孢蒴直立或倾立,长卵状圆柱形,红棕色;蒴齿单层,基膜低,齿片32枚,细长线形,具疣,常向左螺旋状扭曲;蒴盖长圆锥形。孢子黄褐色,外壁平滑或具疣。

本属与拟合睫藓属 *Pseudosymblepharis* 植物叶形相似,且在山东境内,二者孢子体皆不常见,因此易混淆,但本属叶基部细胞与上部细胞具有明显界限,形成一个"V"形基部,可区别于后者。

本属全世界约51种。中国有4种;山东有3种。

分种检索表

1. 叶干燥时直立,贴生,易折断,上部由双层细胞组成 ·············· 1. 折叶纽藓 *T. fragilis*
1. 叶干燥时扭转或卷曲,不易折断,由单层细胞组成 ·············· 2
2. 叶舌形、椭圆形或狭卵状椭圆形,先端较钝;中肋达叶尖下部消失至及顶;雌雄同株
   ··· 2. 纽藓 *T. humilis*
2. 叶狭披针形至线状披针形,先端刚毛状;中肋突出于叶尖;雌雄异株 ·········· 3. 长叶纽藓 *T. tortuosa*

Key to the species

1. Leaves very fragile, erect and appressed when dry, upper portion of lamina bistratose ···············
   ··· 1. *T. fragilis*
1. Leaves not fragile, contorted curved or crisped when dry, lamina unistratose throughout ··········· 2
2. Leaves ligulate to oblong or narrowly ovate-oblong, obtuse at apex; costa ending below apex to percurrent; autoicous ································· 2. *T. humilis*
2. Leaves narrowly lanceolate to linear-lanceolate, setaceous at apex; costa excurrent; dioicous
   ··· 3. *T. tortuosa*

1. 折叶纽藓
Tortella fragilis（Hook. & Wilson）Limpr., Laubm. Deutschl. 1：606. 1888.

Didymodon fragilis Hook. & Wilson in Drumm., Musci Amer., Brit. N. Amer. 127. 1828.

植物体黄绿色至绿色,有时带棕色,密集丛生。茎直立,单一。叶披针形,长渐尖,多由2层细胞构成,叶尖硬而易折断,折断的叶尖可进行营养繁殖;叶边全缘;中肋粗壮,及顶至突出于叶尖。叶中上部细胞4－6角形,壁薄,被数个圆疣,基部细胞狭长方形,平滑,与上部细胞形成明显界限,形成一个"V"形基部。孢子体未见。

生境:生于岩面、土表或岩面薄土上。

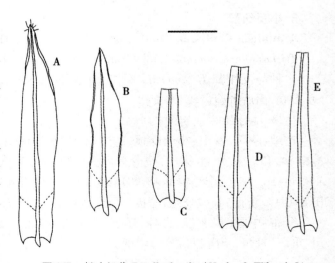

图167 折叶纽藓 *Tortella fragilis*（Hook. & Wilson）Limpr., A－E. 叶(任昭杰、付旭 绘)。标尺:A－E＝1.1 mm。

产地:牟平,昆嵛山,赵遵田91717。平度,大泽山,赵遵田91012。青岛,崂山,北九水,任昭杰、杜超20071191。青岛,崂山,黑风口,赵遵田89387 – A。青岛,崂山,明霞洞,89359。黄岛,灵山岛,赵遵田91146。五莲,五莲山,海拔300 m,黄正莉R20130149。五莲,五莲山,赵遵田89268 – C。临朐,沂山,赵遵田90286 – B。平邑,蒙山,大洼林场,海拔400 m,张艳敏133(PE)。青州,仰天山,仰天寺,赵遵田88070、88092。蒙阴,蒙山,望海楼,海拔1000 m,赵遵田20111371 – B。博山,鲁山,赵遵田90620 – 2。泰安市,徂徕山,上池,赵遵田91924。泰安,泰山,万芳朝天,赵遵田33967。泰安,泰山,中天门西坡,赵遵田34105 – A。

分布:中国(内蒙古、河北、山西、山东、河南、陕西、宁夏、甘肃、青海、新疆、湖南、湖北、四川、重庆、贵州、云南、西藏、福建、广西)。巴基斯坦、日本、俄罗斯,欧洲和北美洲。

2. 纽藓

Tortella humilis (Hedw.) Jenn., Man. Mosses W. Pennsylvania 96:13. 1913.

Barbula humilis Hedw., Sp. Musc. Frond. 116. 1801.

植物体黄绿色至绿色,稀疏丛生。叶干时强烈卷缩,湿时伸展或背仰,舌形或狭椭圆形,先端略钝,具小尖头;叶边平展或不规则狭背卷,全缘;中肋达叶尖稍下部消失至及顶。叶中上部细胞方形至六边形,被多个圆疣,基部细胞长方形,平滑,与上部细胞戏称明显界限,形成一个"V"形基部。孢子体未见。

生境:生于土表。

产地:文登,昆嵛山,二分场缓冲区,海拔400 m,任昭杰20101176 – B。

分布:中国(山东、陕西、安徽、湖南、重庆、云南、西藏)。日本、俄罗斯、巴西、坦桑尼亚,太平洋岛屿,欧洲、北美洲和亚洲西部。

3. 长叶纽藓

Tortella tortuosa (Hedw.) Limpr., Laubm. Deutschl. 1:604. 1888.

Tortula tortuosa Ehrh. ex Hedw., Sp. Musc. Frond. 124. 1801.

植物体黄绿色至绿色,密集丛生。茎直立,通常分枝。叶狭长披针形至线状披针形;叶边平展或不规则狭背卷,全缘;中肋突出于叶尖。叶中上部细胞方形至六边形,被多个圆疣,基部细胞长方形,平滑,与上部细胞形成明显界限,形成一个"V"形基部。孢子体未见。

生境:生于土表、岩面或岩面薄土上。

产地:牟平,昆嵛山,三工区东山坡,赵遵田84114 – 1 – A。牟平,昆嵛山,三岔河,赵遵田89420 – C。招远,罗山,海拔600 m,黄正莉

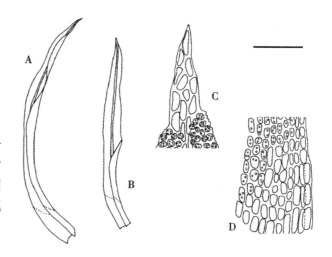

图168 长叶纽藓 *Tortella tortuosa* (Hedw.) Limpr., A – B. 叶;C. 叶尖部细胞;D. 叶近基部细胞(任昭杰 绘)。标尺:A – B = 1.1 mm, C – D = 80 μm。

20110218。平度,大泽山,海拔270 m,李林20112064 – B。青岛,崂山,赵遵田91082。蒙阴,蒙山,小天麻顶,赵遵田91283 – 1 – A。蒙阴,蒙山,前柴南沟,海拔600 m,黄正莉20120004。青州,仰天山,海拔800 m,李林20112162 – D、20112278。博山,鲁山,海拔800 m,黄正莉20112514、20112616。

分布:中国(内蒙古、山西、山东、河南、陕西、宁夏、甘肃、青海、新疆、安徽、江苏、浙江、江西、湖北、四川、重庆、云南、西藏、福建、台湾、广东)。巴基斯坦、尼泊尔、印度、日本、俄罗斯、秘鲁、智利,欧洲、北美洲和非洲北部。

20. 墙藓属 Tortula Hedw. Sp. Musc. Frond. 122. 1801.

植物体多小形,粗壮,上部亮绿色至暗绿色,基部红棕色,疏松或密集丛生。茎直立,单一,稀不规则分枝;中轴多分化。叶干时旋扭或皱缩,湿时伸展或倾立,卵形、倒卵形或舌形,先端圆钝,具小尖头或渐尖,基部有时呈鞘状;叶边背卷或平展,多全缘;中肋粗壮,多突出于叶尖呈短刺状或长毛尖,先端及背面有时具刺状齿,稀达叶尖下部即消失。叶中上部细胞圆多边形,密被新月形、马蹄形或圆环状疣,稀平滑,叶边有时具厚壁细胞组成的黄色分化边,基部细胞长方形,无色,透明,平滑。雌雄同株或雌雄异株。蒴柄细长,直立。孢蒴圆柱形或卵状圆柱形,直立或倾立。环带分化。蒴齿旋扭或直立。蒴帽圆锥形,具长斜喙。蒴帽兜形,平滑。孢子小,黄绿色或黄棕色,平滑或疏生细疣。

张艳敏等(1998)报道芽胞墙藓 T. pagorum (Mild.) De Not. ,本次研究未见到引证标本,因此将该种存疑。

本属全世界约 195 种。中国有 20 种和 1 变种;山东有 6 种。

分种检索表

1. 叶细胞平滑 ··· 2. 具齿墙藓 T. lanceola
1. 叶细胞具密疣 ··· 2
2. 叶边明显背卷 ··· 3
2. 叶边平展或略背卷 ··· 4
3. 叶无分化边或具由短的厚壁细胞组成的分化边 ··················· 4. 泛生墙藓 T. muralis
3. 叶具由狭长细胞组成的分化边 ······························ 6. 墙藓 T. subulata
4. 叶边平展 ··· 5. 平叶墙藓 T. planifolia
4. 叶边略背卷 ··· 5
5. 叶长舌形或长椭圆形,先端钝 ······················ 1. 长尖墙藓 T. hoppeana
5. 叶卵形,先端渐尖 ································ 3. 北方墙藓 T. leucostoma

Key to the species

1. Laminal cells smooth ··· 2. T. lanceola
1. Laminal cells papillose ··· 2
2. Leaf margins distinctly recurved ··· 3
2. Leaf margins plane or weakly recurved ··· 4
3. Leaf margins not bordered or bordered by short thick-walled cells ··········· 4. T. muralis
3. Leaf margins bordered by elongate thick-walled cells ··················· 6. T. subulata
4. Leaf margins plane ··· 5. T. planifolia
4. Leaf margins weakly recurved ··· 5
5. Leaves elongate ligulate or elongate oblong, apices obtuse ··················· 1. T. hoppeana
5. Leaves ovate, apices auminate ································ 3. T. leucostoma

1. 长尖墙藓(见前志图 145)

Tortula hoppeana (Schultz) Ochyra, Bryologist 107:499. 2004.

Trichostomum hoppeanum Schultz, Syll. Pl. Nov. 2:140. 1828.

Desmatodon latifolius (Hedw.) Brid., Muscol. Rec. Suppl. 4:86. 1819 [1818].

Dicranum latifolium Hedw. , Sp. Musc. Frond. 140. 1801.

植物体形小,稀疏丛生。叶长舌形或长椭圆形,先端圆钝;叶边略背卷,全缘;中肋突出于叶尖,呈毛尖状。叶中上部细胞多边形至圆多边形,具数个马蹄形或圆环形疣,边缘具明显分化边,基部细胞长方形,平滑。

生境:生于岩面薄土上。

产地:泰安,徂徕山,赵遵田 911096。泰安,泰山,朝阳洞,赵遵田 34025。

分布:中国(河北、山东、甘肃)。俄罗斯(远东地区),亚洲、欧洲、北美洲和非洲北部。

2. 具齿墙藓

Tortula lanceola R. H. Zander, Bull. Buffalo Soc. Nat. Sci. 32:223. 1993.

Pottia lanceolata (Hedw.) Müll. Hal. Syn. Musc. Frond. 1:548. 1849.

Encalypta lanceolata Hedw. , Sp. Musc. Frond. 63. 1801.

植物体形小。叶卵圆形或倒卵形,先端急尖,具短尖头;叶边平展,全缘;中肋粗壮,突出于叶尖,呈毛尖状。叶中上部细胞多边形至圆多边形,平滑,边缘具明显分化边;基部细胞长方形,平滑,透明。孢子体未见。

生境:生于土表。

产地:青州,仰天山,海拔 600 m,黄正莉 20112222 – D。

分布:中国(内蒙古、山东、江苏、西藏)。蒙古、日本,西亚,欧洲和北美洲。

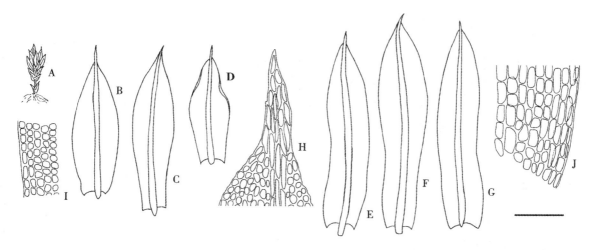

图 169 具齿墙藓 *Tortula lanceola* R. H. Zander, A. 植物体;B – G. 叶;H. 叶尖部细胞;I. 叶中部细胞;J. 叶基部细胞(任昭杰 绘)。标尺:A = 4.4 mm, B – G = 0.8 mm, H – J = 110 μm。

3. 北方墙藓(见前志图 146)

Tortula leucostoma (R. Br. bis) Hook. & Grev. , Edinburgh J. Sci. 1:294. 1824.

Barbula leucostoma R. Br. bis, Chlor. Melvill. 40. 1823.

Desmatodon suberectus (Hook.) Limpr. , Laubm. Deutschl. 1:651. 1888.

本种与长尖墙藓 *T. hoppeana* 类似,但本种叶卵形,先端渐尖;而后者叶长舌形或长椭圆形,先端圆钝。

生境:生于土表。

产地:泰山,朝阳洞,赵遵田 33982 – D。

分布:中国(吉林、内蒙古、山东、宁夏、四川、西藏)。俄罗斯(西伯利亚),中亚,欧洲和北美洲。

4. 泛生墙藓

Tortula muralis Hedw. , Sp. Musc. Frond. 123. 1801.

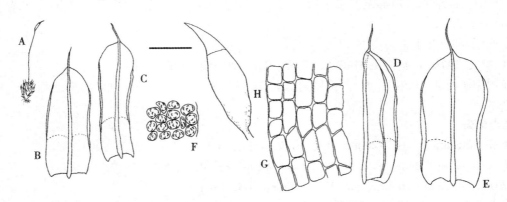

图170 泛生墙藓 *Tortula muralis* Hedw. , A. 植物体；B－E. 叶；F. 叶中上部细胞；G. 叶基部细胞；H. 孢蒴(任昭杰 绘)。标尺：A＝1.1 cm, B－E＝1.0 mm, F－G＝100 μm, H＝1.7 mm。

植物体形小,密集丛生。茎直立,高不及 1 cm,单一,或分枝。叶长椭圆状舌形,先端急尖,具小尖头；叶边背卷,全缘或先端具微齿；中肋突出于叶尖,呈毛尖状。叶中上部细胞多边形至圆多边形,密被马蹄形疣,无分化边,或具有短厚壁细胞组成的分化边,基部细胞长方形,平滑。孢蒴长圆柱形,直立。蒴齿左旋。

生境：生于土表、岩面或岩面薄土上。

产地：青岛,崂山,北九水,任昭杰、杜超20071189。青州,仰天山,海拔800 m,黄正莉20112239－C。曲阜,孔林,赵遵田89239。莱芜,莱城区,赖桂玉R20120067－A。泰安,泰山,玉泉寺,任昭杰R20131376。泰安,泰山,步云桥,33984－A。泰安,泰山,玉皇顶,海拔1500 m,赵遵田20110520。

分布：中国(吉林、辽宁、内蒙古、河北、山东、河南、陕西、甘肃、宁夏、青海、新疆、江苏、上海、浙江、江西、湖南、湖北、四川、重庆、贵州、云南、西藏、福建、台湾)。巴基斯坦、日本、俄罗斯、秘鲁、智利,欧洲、北美洲和非洲。

5. 平叶墙藓

Tortula planifolia X. J. Li, Acta. Bot. Yunnan. 3 (1)：109. 1981.

植物体形小,暗绿色。茎直立,高不及 1 cm,多分枝。叶倒卵状舌形,先端圆钝；叶边平展,全缘；中肋突出于叶尖,呈毛尖状。叶中上部细胞多边形至圆多边形,薄壁,密被马蹄形细疣,基部细胞长方形,平滑。

生境：生于岩面或树干上。

产地：黄岛,小珠山,南天门下,海拔500 m,黄正莉20111635－A。临朐,沂山,古寺,赵遵田90410－1。泰安,泰山,中天门,赵遵田33949－B。泰安,泰山,中天门,海拔870 m,李林20110469－A。

分布：中国特有种(山东、新疆、重庆、西藏)。

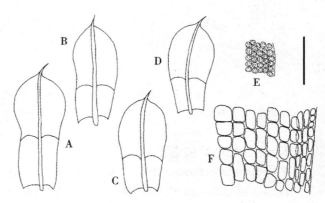

图171 平叶墙藓 *Tortula planifolia* X. J. Li, A－D. 叶；E. 叶中上部细胞；F. 叶基部细胞(任昭杰 绘)。标尺：A－D＝1.1 mm, E＝110 μm, F＝170 μm。

6.墙藓

Tortula subulata Hedw. , Sp. Musc. Frond. 122. 1801.

本种与泛生墙藓 *T. muralis* 类似,但本种叶边具由狭长厚壁细胞组成的黄色分化边,而后者无分化边,若有则由短厚壁细胞组成。

生境:生于岩面。

产地:蒙阴,蒙山,望海楼,赵遵田 91308 – C、91310 – B。蒙阴,蒙山,望海楼,海拔 1000 m,赵洪东 91314 – D。

分布:中国(河北、山东、河南、甘肃、新疆)。土耳其、俄罗斯,欧洲、北美洲和非洲。

21. 毛口藓属 Trichostomum Bruch Flora 12：396. 1929.

植物体形小,黄绿色至暗绿色,密集丛生。茎直立,单一或分枝。叶舌形、卵状披针形、长披针形或线状披针形,先端渐尖、急尖,或圆钝而具小尖头;叶边平展或背卷,多全缘;中肋粗壮,达叶尖下部消失,及顶或突出于叶尖。叶中上部细胞圆多边形,密被圆疣或马蹄形疣,基部细胞长大,不规则长方形,平滑,透明。雌雄异株。蒴柄细长。孢蒴长圆锥形,台部较短,直立。环带分化。蒴齿无基膜或具短基膜,齿片直立,狭长披针形,平滑或具疣。蒴盖圆锥形,先端具短喙。蒴帽兜形。孢子具粗疣。

本属全世界约 106 种。中国有 9 种;山东有 7 种。

分种检索表

1. 中肋达叶尖稍下部消失 ·· 6. 波边毛口藓 *T. tenuirostre*
1. 中肋及顶或突出于叶尖 ··· 2
2. 叶边平展 ··· 3
2. 叶边背卷 ··· 4
3. 叶基部不明显狭缩,上部有时龙骨状,先端圆钝 ·············· 3. 平叶毛口藓 *T. planifolium*
3. 叶基部明显狭缩,上部平展,先端急尖 ·················· 4. 阔叶毛口藓 *T. platyphyllum*
4. 叶先端兜状 ·· 2. 皱叶毛口藓 *T. crispulum*
4. 叶先端不呈兜状 ··· 5
5. 叶狭长披针形或线状披针形 ·································· 1. 毛口藓 *T. brachydontium*
5. 叶卵状披针形或舌形 ··· 6
6. 叶先端急尖成小尖头;叶基部细胞明显分化 ·················· 5. 舌叶毛口藓 *T. sinochenii*
6. 叶先端圆钝,具小尖头;叶基部细胞不明显分化 ·············· 7. 芒尖毛口藓 *T. zanderi*

Key to the species

1. Costa ending below the leaf apex ·································· 6. *T. tenuirostre*
1. Costa percurrent or excurrent ··· 2
2. Leaf margins plane ··· 3
2. Leaf margins recurved ··· 4
3. Leaves not clearly narrowed at base, upper lamina sometimes keeled, rounded-obtuse at apex
   ·· 3. *T. planifolium*
3. Leaves distinctly narrowed at base, upper lamina plane, acute at apex ········· 4. *T. platyphyllum*
4. Leaves apex often cucullate ·································· 2. *T. crispulum*
4. Leaves apex not cucullate ······································· 5
5. Leaves elongate lanceolate or linear lanceolate ······ 1. *T. brachydontium*
5. Leaves ovate lanceolate or ligulate ························ 6

6. Leaves apiculate at apex; basal cells clearly differentiated ·················· 5. *T. sinochenii*

6. Leaves obtusely pointed at apex; basal cells not clearly differentiated ·············· 7. *T. zanderi*

1. 毛口藓

Trichostomum brachydontium Bruch in F. A. Müll. , Flora 12：393. 1829.

植物体形小,黄绿色,疏松丛生。茎直立,高不及 1 cm。叶干时卷缩,狭长披针形,先端钝具短尖头;叶边背卷,全缘;中肋粗壮,突出叶尖。叶中上部细胞圆多边形,密被圆疣,基部细胞长方形,平滑。

生境:生于土表。

产地:牟平,昆嵛山,三岔河,赵遵田 91711 - 1 - A。青岛,崂山,赵遵田 91584 - A。青岛,崂山,柳树台,海拔 600 m,全治国 138 - A(PE)。青州,仰天山,仰天寺,赵遵田 88088 - B。青州,仰天山,海拔 800 m,郭萌萌 20112300 - A。博山,鲁山,圣母石,海拔 650 m,黄正莉 20112505 - B。泰安,泰山,对松山,海拔 950 m,黄正莉 20110439 - A。济南,泉城公园,任昭杰、赖桂玉 R20120051。济南,藏龙涧,任昭杰 R15489、R15494 - A。临清,京杭运河东岸,赵遵田 85016。

分布:中国(黑龙江、吉林、辽宁、河北、山西、山东、河南、陕西、安徽、江苏、上海、浙江、江西、四川、重庆、贵州、云南、西藏、福建、台湾、广东)。日本、巴基斯坦、马来西亚、印度尼西亚、俄罗斯、秘鲁、巴西、智利,欧洲、北美洲、非洲北部和西亚。

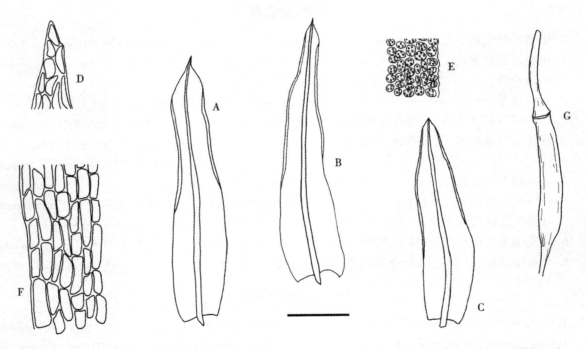

图 172 毛口藓 *Trichostomum brachydontium* Bruch, A - C. 叶;D. 叶尖部细胞;E. 叶中部细胞;F. 叶基部细胞; G. 孢蒴(任昭杰 绘)。标尺:A - C, G = 1.1 mm, D - F = 110 μm。

2. 皱叶毛口藓

Trichostomum crispulum Bruch in F. A. Müll. , Flora 12：395. 1829.

植物体密集丛生。茎直立。叶干时卷缩,长披针形,先端急尖,常呈兜状,基部略呈鞘状;叶边背卷,全缘;中肋略突出于叶尖。叶中上部细胞圆多边形,密被圆疣,基部细胞长大,长方形,平滑。

生境:生于土表。

产地:青岛,青岛公园,全治国 13(PE)。青岛,崂山,后石屋,赵遵田 89367。青岛,崂山,仰口,任昭杰、杜超 20071187。日照,丝山,赵遵田 89260。博山,鲁山,赵遵田 90598 - A。济南,千佛山,赵遵

87173、87175。

分布:中国(吉林、辽宁、内蒙古、山东、陕西、宁夏、江苏、上海、浙江、江西、湖南、四川、贵州、云南、福建、广西)。朝鲜、日本、俄罗斯、阿尔及利亚、突尼斯,欧洲和北美洲。

3. 平叶毛口藓(照片 57)

Trichostomum planifolium (Dixon) R. H. Zander, Bull. Buffalo Soc. Nat. Sci. 32: 92: 1993.

Weissia planifolium Dixon, Rev. Bryol., n. S., 1: 179. 1928.

植物体绿色至暗绿色,密集丛生。茎直立,多具分枝。叶干时卷缩,湿时倾立,长卵状舌形,上部多呈龙骨状,叶基宽阔,先端钝;叶边平展,全缘;中肋粗壮,及顶或略突出于叶尖。叶中上部细胞多边形至圆多边形,密被细疣,基部细胞短距形至长方形,平滑。孢蒴长卵形,直立。

生境:生于土表、岩面或岩面薄土上。

产地:荣成,正棋山,海拔 300 m,黄正莉

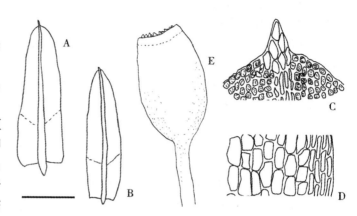

图 173 平叶毛口藓 *Trichostomum planifolium* (Dixon) R. H. Zander, A – B. 叶;C. 叶尖部细胞;D. 叶基部细胞;E. 孢蒴(任昭杰、付旭 绘)。标尺:A – B = 0.8 mm, C – D = 80 μm, E = 670 μm。

20112986 – A、20113016。荣成,伟德山,海拔 400 m,黄正莉 20112333 – A。文登,昆嵛山,无染寺,海拔 250 m,任昭杰 20101424。文登,昆嵛山,二分场缓冲区,海拔 350 m,任昭杰 20101199 – A。牟平,昆嵛山,三官殿,海拔 350 m,任昭杰 20100675。牟平,昆嵛山,马腚,海拔 200 m,任昭杰 20101535。长岛,大黑山,赵遵田 89014。栖霞,牙山,海拔 350 m,李林 20111904。招远,罗山,海拔 350 m,黄正莉 20112027 – B、20112032 – A。平度,大泽山,400 m,郭萌萌 20112082 – B。青岛,崂山,北宅,海拔 400 m,韩国营 20112855 – A、20112881 – B。青岛,崂山,潮音瀑,海拔 400 m,任昭杰 20112938 – A。黄岛,灵山岛,海拔 450 m,任昭杰 20111442 – A、20111454 – A。黄岛,大珠山,海拔 100 m,黄正莉 20111506。黄岛,小珠山,南天门,海拔 500 m,黄正莉 20111751。日照,丝山,赵遵田 89250、89258。临朐,嵩山,赵遵田 90384 – C。临朐,沂山,赵遵田 90122、90419。蒙阴,蒙山,小天麻顶,海拔 500 m,赵遵田 91243 – A。蒙阴,蒙山,望海楼,海拔 1000 m,赵遵田 20111370 – D。青州,仰天山,仰天寺,赵遵田 88122 – C。青州,仰天山,海拔 800 m,黄正莉 20112240 – A、20112283 – B。博山,鲁山,圣母石,海拔 700 m,黄正莉 20112444 – A。东营,赵遵田 911587 – B。枣庄,抱犊崮,赵遵田 911542。枣庄,赵遵田 20113144。曲阜,周公庙,赵遵田 84148。曲阜,孔林,赵遵田 84180、89246。莱芜,北郊,巩山,赵遵田 85024。泰安,徂徕山,马场,赵遵田 911243。泰安,徂徕山,大寺,赵遵田 91845。泰安,泰山,赵遵田 34128 – A、34159。章丘,百脉泉,任昭杰 20113130 – A。长清,万寿山,赵遵田 911575、911576、911579 – B。长清,灵岩寺,赵遵田 84188。济南,佛慧山,赖桂玉 20081140。济南,龙洞,海拔 300 m,李林 20113138 – B。济南,仲宫镇,卧虎山水库,赵遵田 85039 – B。临清,京杭运河东岸,赵遵田 85006、85015 – B。

分布:中国(黑龙江、吉林、辽宁、内蒙古、河北、北京、山西、山东、河南、宁夏、安徽、江苏、上海、浙江、江西、湖南、湖北、四川、重庆、贵州、云南、福建、台湾)。日本和俄罗斯。

本种在山东较为常见,常与其他土生藓类混生。

4. 阔叶毛口藓(见前志图 119)

Trichostomum platyphyllum (Broth. ex Iisiba) P. C. Chen, Hedwigia 80: 166. 1941.

Tortella platyphylla Broth. ex Iisiba, Cat. Mosses Japan 65. 1929.

植物体形小,暗绿色。茎直立,高不及 1 cm,单一或分枝。叶长椭圆形至匙形,先端急尖或略钝,基部狭窄;叶边平展,稀略背卷,全缘;中肋粗壮,长达叶尖。叶中上部细胞多边形,具多个圆疣,基部细胞短距形,平滑透明。

生境:生于岩面。

产地:黄岛,大珠山,海拔 100 m,黄正莉 20111589 - A。黄岛,小珠山,海拔 500 m,黄正莉 20111675 - A。平邑,蒙山,大洼林场洼店,海拔 400 m,张艳敏 133(SDAU)。

分布:中国(黑龙江、辽宁、山东、江苏、浙江、江西、湖南、湖北、四川、贵州、西藏、台湾、广西)。越南和日本。

本种与平叶毛口藓 *T. planifolium* 类似,但本种叶基部狭缩,上部不呈龙骨状,先端急尖;本种与毛口藓 *T. brachydontium* 类似,本种叶最宽处在叶中部,而后者在基部,本种叶边多平展,稀略背卷,而后者叶边多背卷,稀平展。

5. 舌叶毛口藓

Trichostomum sinochenii Redf. & B. C. Tan, Trop. Bryol. 10:68. 1995.

Trichostomum barbuloides (Broth.) P. C. Chen, Hedwigia 80:168. 1941, *hom. illeg.*

Hyophila barbuloides Broth., Symb. Sin. 4:37. 1929.

植物体形小,绿色至暗绿色,密集丛生。茎直立,高不及 1 cm,单一或分枝。叶阔披针状舌形,先端急尖成小尖头;叶边背卷,全缘;中肋粗壮,及顶或略突出于叶尖。叶中上部细胞多方形至圆多边形,密被圆疣,基部细胞长方形,平滑。

生境:生于土表。

产地:牟平,昆嵛山,水帘洞,海拔 350 m,姚秀英 20100377。

分布:中国特有种(山东、河南、江苏、上海、浙江、贵州)。

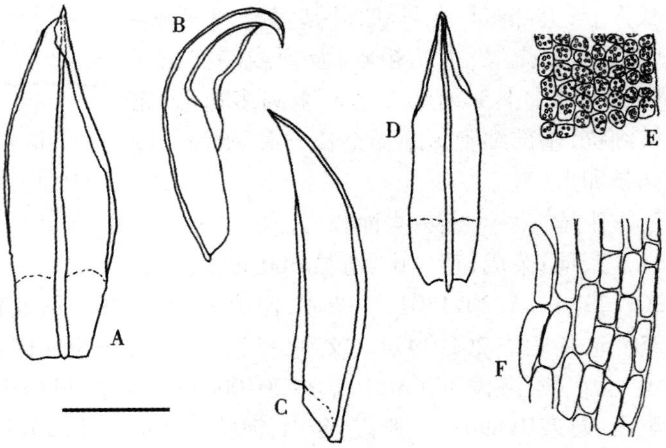

图 174　舌叶毛口藓 *Trichostomum sinochenii* Redf. & B. C. Tan, A - D. 叶;E. 叶中部细胞;F. 叶基部细胞(任昭杰、李德利绘)。标尺:A - D = 0.8 mm, E - F = 110 μm。

6. 波边毛口藓(见前志图 111 - 112)

Trichostomum tenuirostre (Hook. f. & Taylor) Lindb., Öfvers. Förh. Kongl. Svenska Vetensk. - Akad. 21 (4):225. 1864.

Weissia tenuirostris Hook. f. & Taylor, Muscol. Brit. (ed. 2), 2:83. 1827.

Oxystegus cylindricus (Brid.) Hilp., Beih. Bot. Centralbl. 50 (2):620. 1933.

Weissia cylindrica Brid. ex Brid., Bryol. Univ. 1:806. 1827.

Oxystegus cuspidatus (Dozy & Molk.) P. C. Chen, Hedwigia 80:143. 1941.

Didymodon cuspidatus Dozy & Molk. in Zoll., Syst. Verz. 31. 1854.

植物体形小,黄绿色至棕色,密集丛生。茎直立,通常分枝。叶干时强烈卷缩,线状披针形,先端渐尖或具小尖头,基部略抱茎;叶边波状背卷,全缘;中肋达叶尖下部消失。叶中上部细胞方形至多边形,或圆方形至圆多边形,密被圆疣,基部细胞长方形,平滑。

生境:生于土表。

产地:文登,昆嵛山,二林区,张艳敏 891033(PE)。牟平,昆嵛山,任昭杰 R20131316 青岛,崂山,滑溜口,海拔 700 m,任昭杰 20112925 - A。黄岛,小珠山,南天门,海拔 500 m,任昭杰 20111685 - B。青州,仰天山,海拔 800 m,黄正莉 20112238 - A。

分布:中国(黑龙江、吉林、辽宁、内蒙古、河北、北京、山西、山东、河南、陕西、宁夏、新疆、江苏、浙江、江西、湖南、湖北、四川、重庆、贵州、云南、西藏、福建、台湾、广东、广西、海南)。印度、缅甸、老挝、日本、俄罗斯、巴西,欧洲、北美洲和非洲。

7. 芒尖毛口藓
Trichostomum zanderi Redf. & B. C. Tan, Trop. Bryol. 10:68. 1995.

Trichostomum aristatulum (Broth.) Hilp. ex P. C. Chen, Hedwigia 80:167. 1941, *hom. illeg.*

Hyophila aristatula Broth., Akad. Wiss. Wien Sitzungsber., Math. - Naturwiss. Kl., Abt. 1, 133:211. 1923.

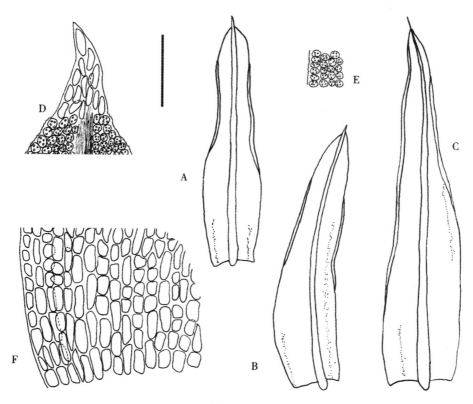

图 175 芒尖毛口藓 *Trichostomum zanderi* Redf. & B. C. Tan, A - C. 叶;D. 叶尖部细胞;
E. 叶中部细胞;F. 叶基部细胞(任昭杰 绘)。标尺:A - C = 0.8 mm, D - F = 110 μm。

植物体暗绿色,密集丛生。茎直立,多分枝。叶干时卷缩,卵状披针形至长卵状披针形,先端钝,具小尖头;叶边背卷,全缘;中肋粗壮,突出于叶尖,呈毛尖状。叶中上部细胞圆多边形,密被圆疣,基部细胞分化不明显,短距形,平滑。

生境:生于土表。

产地:青州,仰天山,海拔 800 m,李林 20112270 - A。曲阜,孔林,赵遵田 84160。

分布:中国特有种(河北、山东、河南、江西、湖南、湖北、贵州、云南、西藏)。

22. 托氏藓属 Tuerckheimia Broth. Öfvers. Förh.
Finska Vetensk. – Soc. 52 A (7): 1. 1910.

植物体形小至中等大小,密集丛生。茎直立,单一,或分枝。叶干时卷缩,湿时伸展,狭长披针形至线状披针形,先端渐尖,或具小尖头;叶边平展,多全缘;中肋及顶或略突出叶尖。叶中上部细胞较小,不规则方形、短长方形、椭圆形、圆方形或圆多边形,被密疣,基部细胞不规则长方形,平滑。雌雄异株。蒴齿发育不良或缺失。

本属全世界现有 4 种。中国有 1 种;山东有分布。

1. 线叶托氏藓(照片 58)

Tuerckheimia svihlae（E. B. Bartram）R. H. Zander, Bull. Buffalo Soc. Nat. Sci. 32: 94. 1993.

Trichostomum svihlae E. B. Bartram, Rev. Bryol. Lichénol. 23: 245. 1954.

植物体形小,黄绿色至暗绿色,密集丛生。茎直立,单一,稀分枝,中轴略分化。叶干时强烈卷曲,湿时伸展,线状披针形,先端狭渐尖,有时偏曲;叶边平展,全缘;中肋及顶或略突出于叶尖。叶中上部细胞小,不规则短矩形或椭圆形,厚壁,被密疣,基部细胞较大,长方形,平滑。孢子体未见。

生境:生于土表或岩面。

产地:博山,鲁山,海拔 600 m,赵遵田 90620 – 1。博山,鲁山,海拔 950 m,赵遵田 90638、90639。泰安,徂徕山,海拔 300 m,刘志海 911357。济南,藏龙涧,任昭杰、卞新玉 R15482。

分布:中国(吉林、山东、陕西、江苏、浙江、江西、四川、云南、西藏、福建)。朝鲜、日本、印度和缅甸。

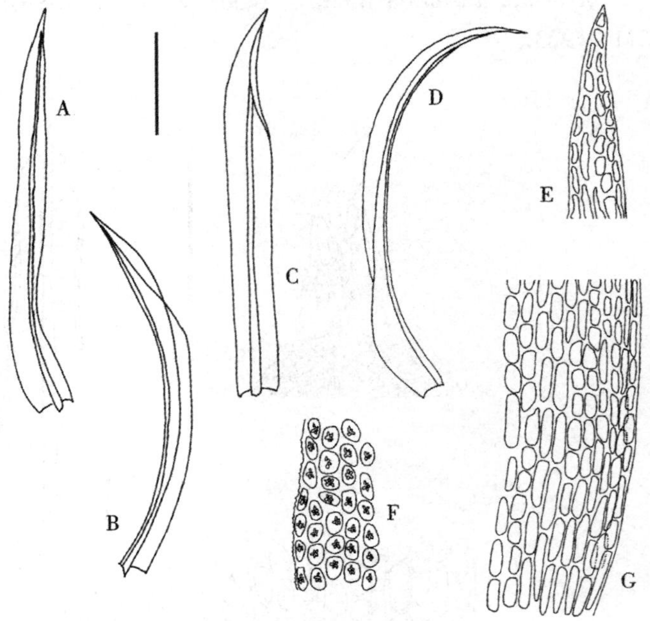

图 176　线叶托氏藓 *Tuerckheimia svihlae*（E. B. Bartram）R. H. Zander, A – D. 叶;E. 叶尖部细胞;F. 叶中部细胞;G. 叶基部细胞(任昭杰 绘)。标尺:A – D = 0.8 mm, E – G = 110 μm。

23. 小墙藓属 Weisiopsis Broth. Öfvers. Förh.
Finska Vetensk. – Soc. 62 A (9): 7. 1921.

植物体形小,黄绿色至暗绿色,密集丛生。茎直立,多单一。叶干时卷缩,湿时伸展或倾立,椭圆状舌形至卵状舌形,上部平展,先端圆钝,或具小尖头,基部两侧多具皱褶;叶边平展,全缘;中肋达叶尖稍下部消失。叶上部细胞较小,多边形,平滑或具疣,有时具乳头状突起,基部细胞较长大,平滑。雌雄同株。蒴柄黄色,细长。孢蒴长圆柱形,直立。环带分化,成熟后自行脱落。蒴齿短,直立,平滑或具疣。蒴盖圆锥形,具长喙。蒴帽兜形。

本属全世界现有 7 种。中国有 2 种;山东有 2 种。

分种检索表

1. 叶长椭圆状舌形,先端具小尖头;叶中上部细胞较大,薄壁,基部细胞与上部细胞无明显分化边

界 ···································· 1. 褶叶小墙藓 *W. anomala*

1. 叶匙形,先端圆钝;叶中上部细胞较小,厚壁,基部细胞与上部细胞具明显分化边界
   ······································· 2. 小墙藓 *W. plicata*

Key to the species

1. Leaves oblong ligulate, apiculate; upper laminal cells large, thin-walled, basal cells not sharply differentiated from the cells above ·········· 1. *W. anomala*

1. Leaves spathulate, rounded-obtuse; upper laminal cells small, thick-walled, basal cells sharply differentiated from the cells above ·········· 2. *W. plicata*

1. 褶叶小墙藓(照片 59)(见前志图 143)

Weisiopsis anomala (Broth. & Paris) Broth., Öfvers. Förh. Finska Vetensk. - Soc. 62 A (9): 9. 1921.

Hyophila anomala Broth. & Paris in Cardot, Bull. Herb. Boissier, sér. 2, 7: 717. 1907.

植物体形小,黄绿色或绿色,密集丛生。茎直立,高不及 1 cm。叶长椭圆状舌形,先端具小尖头,基部两侧具深纵褶;叶边平展,全缘;中肋达叶尖下部消失。叶中上部细胞较小,不规则多边形,薄壁,具乳头状突起,基部细胞长方形,平滑。蒴柄长约 7 mm。孢蒴卵圆柱形,直立。蒴齿线形,直立。

生境:生于土表。

产地:牟平,昆嵛山,三分场老四坟,海拔 350 m,任昭杰 20101781、20101880。栖霞,牙山,赵遵田 90817、90847 - A。博山,鲁山,赵遵田 90469。枣庄,抱犊崮,赵遵田 911361 - A。曲阜,孔庙,赵遵田 84154。泰安,泰山,普照寺东坡,赵遵田 34121。泰安,泰山,南天门,海拔 1400 m,任昭杰、李法虎 R20141000。

分布:中国(吉林、辽宁、河北、北京、山东、安徽、江苏、上海、浙江、贵州、云南、西藏、福建、广东、广西)。朝鲜和日本。

2. 小墙藓

Weisiopsis plicata (Mitt.) Broth., Öfvers. Förh. Finska Vetensk. – Soc. 62 A (9): 8. 1921.

Hyophila plicata Mitt., J. Linn. Soc., Bot. 22: 304. pl. 15, f. 13 – 16. 1886.

植物体矮小。茎直立,单一或分枝。叶干时皱缩,湿时倾立,匙形,先端圆钝;叶边平展,全缘;中肋达叶尖下部消失。叶中上部细胞圆多边形,厚壁,具乳头状突起,基部细胞长方形,平滑,与上部细胞形成明显的分界线。

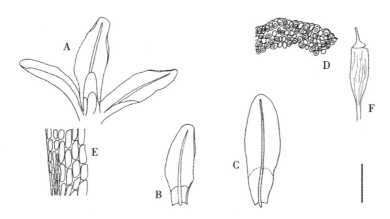

图 177 小墙藓 *Weisiopsis plicata* (Mitt.) Broth., A. 植物体一部分;B - C. 叶;D. 叶尖部细胞;E. 叶基部细胞;F. 干燥状态下的孢蒴(任昭杰、付旭 绘)。标尺:A - C = 0.8 mm, D - E = 110 μm, F = 1.1 mm。

生境：生于土表或岩面薄土上。

产地：牟平，昆嵛山，黄连口，海拔 300 m，成玉良 20100035 – A。青州，仰天山，郭萌萌 20112299。泰安，泰山，黑龙潭水库，海拔 230 m，黄正莉 20110473、20110476。

分布：中国（山东、江苏、湖南、云南、西藏、福建、台湾、广东、海南）。非洲东南部。

24. 小石藓属 Weissia Hedw. Sp. Musc. Frond. 64. 1801.

植物体形小至中等大小，黄绿色至暗绿色，密集丛生或疏松丛生。茎直立，单一或分枝。叶长卵形、披针形或狭长披针形，先端细长渐尖或急尖或具小尖头；叶缘平展或内卷，多全缘；中肋粗壮，及顶或突出于叶尖。叶中上部细胞较小，圆多边形，密被细疣，基部细胞明显分化呈长方形，薄壁，平滑透明。雌雄同株或雌雄杂株。雌苞叶基部略呈鞘状。孢蒴圆柱形、卵圆形或球形，隐生于雌苞叶之内或高出雌苞叶。蒴齿常存或缺失，齿片多成长披针形，具横脊且具疣。蒴盖分化或不分化。蒴帽兜形。孢子球形，黄色或棕红色，表面具细疣。

本属全世界约 119 种。中国有 8 种；山东有 6 种。

分种检索表

1. 叶散生于茎上；孢蒴蒴盖分化，开裂 ·· 2
1. 叶多簇生于茎顶；孢蒴为闭蒴的，蒴盖不分化或略分化，不开裂 ·· 4
2. 蒴齿缺失 ·· 3. 缺齿小石藓 W. edentula
2. 蒴齿常存 ·· 3
3. 叶边平展 ·· 1. 短柄小石藓 W. breviseta
3. 叶边强烈背卷 ·· 2. 小石藓 W. controversa
4. 孢蒴高出于雌苞叶之外，蒴盖略分化 ··· 4. 东亚小石藓 W. exserta
4. 孢蒴隐生于雌苞叶之内，蒴盖不分化 ·· 5
5. 叶长卵形或卵状披针形 ·· 5. 皱叶小石藓 W. longifolia
5. 叶狭长披针形 ··· 6. 木何兰小石藓 W. muhlenbergiana

Key to the species

1. Leaves scattered throughout stems; capsules steigocarpous, opercula differentiated, dehiscent ······ 2
1. Leaves often crowded at stem tips; capsules cleistocarpous, opercula not differentiated or weakly differentiated, not dehiscent ·· 4
2. Peristome teeth absent ·· 3. W. edentula
2. Peristome teeth present ·· 3
3. Leaf margins plane ··· 1. W. breviseta
3. Leaf margins strongly recurved ··· 2. W. controversa
4. Capsules exserted above perichaetial leaves, opercula weakly differentiated ············· 4. W. exserta
4. Capsules immersed in perichaetial leaves, opercula not differentiated ····································· 5
5. Leaves elongate-ovate or ovate-lanceolate ··· 5. W. longifolia
5. Leaves narrowly elongate lanceolate ··· 6. W. muhlenbergiana

1. 短柄小石藓

Weissia breviseta (Thér.) P. C. Chen, Hedwigia 80：165. 1941.

Trichostomum brevisetum Thér., Ann. Crypt. Exot. 5：171. 1932.

植物体形小，黄绿色，密集丛生。茎直立，叶干时皱缩，湿时伸展，长匙形；叶边平展，全缘；中肋粗壮,及顶至略突出于叶尖。叶中上部细胞圆形至多边形,密被疣,基部细胞较大,长方形,平滑。蒴柄直立,长约 5 mm。孢蒴长圆柱形。蒴齿直立。

生境:生于土表或岩面薄土上。

产地:荣成,伟德山,海拔 500 m,黄正莉 20112402 - A。牟平,昆嵛山,老四坟,海拔 350 m,黄正莉 20101909。牟平,昆嵛山,诸王香会牌,海拔 350 m,任昭杰 20100727。青岛,崂山,北九水,赵遵田 34089 - A。五莲,五莲山,海拔 300 m,任昭杰 R20130135 - A、R20130138 - A。蒙阴,蒙山,小天麻顶,赵遵田 91264 - B。博山,鲁山,圣母石,海拔 700 m,黄正莉 20112538。济南,千佛山,赵遵田 87158。

分布:中国特有种(黑龙江、河北、山东、江西、福建)。

2. 小石藓(照片 60)(见前志图 115)

Weissia controversa Hedw. , Sp. Musc. Frond. 67. 1801.

植物体形小,黄绿色至绿色,密集丛生。茎直立,单一或分枝。叶狭长披针形,先端渐尖;叶边强烈背卷,全缘;中肋粗壮,突出于叶尖呈芒刺状。叶中上部细胞圆多边形,薄壁,密被粗疣,基部细胞长方形,平滑。孢蒴卵圆柱形,直立。

生境:生于土表、岩面或岩面薄土上。

产地:荣成,伟德山,海拔 350 m,黄正莉 20112373。荣成,正棋山,李林 20112985 - A、20113019。文登,昆嵛山,玉屏池,海拔 350 m,姚秀英 20100467。文登,昆嵛山,无染寺,海拔 400 m,黄正莉 20100556 - A。牟平,昆嵛山,海拔 250 m,姚秀英 - R20100661 - A。牟平,昆嵛山,三官殿,海拔 250 m,成玉良 20100658。长岛,大黑山,赵遵田 89015。栖霞,牙山,赵遵田 90780。栖霞,艾山,黄正莉 20113058 - B。平度,大泽山,海拔 250 m,黄正莉 20112113 - A。黄岛,小珠山,海拔 120 m,任昭杰 20111703 - A。黄岛,小珠山,南天门,海拔 500 m,黄正莉 20111761 - B。黄岛,灵山岛,赵遵田 91148 - B。临朐,沂山,赵遵田 90100 - A。蒙阴,蒙山,花园庄,赵遵田 91156 - B。蒙阴,蒙山,天麻村,赵遵田 91242 - A。博山,鲁山,赵遵田 90749。新泰,莲花山,海拔 300 m,黄正莉 20110579 - B。泰安,徂徕山,光华寺,海拔 960 m,任昭杰 20110707 - A。泰安,徂徕山,中军帐,海拔 600 m,黄正莉 20110737 - A。泰安,泰山,黑龙潭,赵遵田 34132 - A、34134 - 2。济南,千佛山,赵遵田 87172。济南,四门塔,千佛岩,赵遵田 90458 - A。济南,龙洞,赵遵田 88127。

分布:中国(黑龙江、吉林、辽宁、内蒙古、北京、山西、山东、河南、陕西、宁夏、甘肃、新疆、安徽、江苏、上海、浙江、江西、湖南、湖北、四川、重庆、贵州、云南、西藏、福建、台湾、广东、广西、海南、香港、澳门)。世界广布种。

3. 缺齿小石藓(照片 61)

Weissia edentula Mitt. , J. Proc. Linn. Soc. , Bot. , Suppl. 1:27. 1859.

Weissia semipallida Müll. Hal. , Nuovo Giorn. Bot. Ital. , n. s. , 5:185. 1898.

植物体形小,密集丛生。茎直立,多分枝。叶干时卷曲,湿时伸展,狭长披针形,先端渐尖;叶边平展或略背卷,全缘;中肋略突出于叶尖。叶中上部细胞不多边形或圆多边形,密被细疣,基部细胞不规则长方形,平滑。孢蒴卵圆柱形。蒴齿缺如。

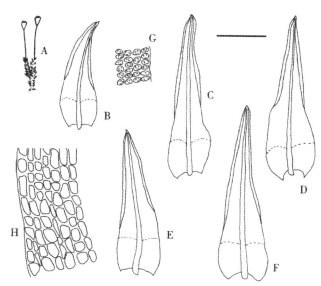

图 178　缺齿小石藓 *Weissia edentula* Mitt. , A. 植物体;B - F. 叶;G. 叶中部细胞;H. 叶基部细胞(任昭杰、李德利绘)。标尺:A = 0.7 cm, B - F = 0.8 mm, G - H = 80 μm。

生境:生于土表、岩面或岩面薄土上。

产地:荣成,正棋山,海拔500 m,黄正莉20112976 - C、20112979 - A。牟平,昆嵛山,九龙池,海拔250 m,姚秀英20100272 - A。招远,罗山,黄正莉20111972 - A、20112016 - A。平度,大泽山,海拔300 m,黄正莉20112082 - B、20112136 - A。青岛,崂山,仰口,海拔70 m,任昭杰、杜超R00382。青岛,崂山,下清宫,赵遵田91559 - B。黄岛,灵山岛,海拔300 m,黄正莉20111432。临朐,沂山,赵遵田90230。青州,仰天山,海拔800 m,李林20112173 - B、20112174 - A。蒙阴,蒙山,赵遵田91151 - B。博山,鲁山,海拔700 m,郭萌萌20112470。博山,鲁山,海拔1000 m,李林20112521 - B。枣庄,抱犊崮,赵遵田911450。莱芜,雪野镇,南栾宫村下河,魏雪萍20089208。泰安,泰山,中天门,赵遵田34073 - C。泰安,泰山,长寿桥下,赵遵田34103 - A。长清,灵岩寺,赵遵田87188。济南,佛慧山,海拔230 m,任昭杰、赖桂玉R20120054 - A。济南,黄河森林公园,任昭杰、赖桂玉R20111003、R20111006 - A。

分布:中国(黑龙江、吉林、辽宁、内蒙古、北京、山东、河南、陕西、宁夏、新疆、安徽、江苏、上海、浙江、湖南、四川、重庆、贵州、云南、西藏、福建、台湾、广东、香港)。印度、斯里兰卡、泰国、越南、柬埔寨、马来西亚、印度尼西亚、菲律宾、巴布亚新几内亚、澳大利亚,非洲。

4. 东亚小石藓

Weissia exserta(Broth.)P. C. Chen, Hedwigia 80:158. 1941.

Astomum exsertum Broth., Hedwigia 38:212. 1899.

植物体密集丛生。茎直立,多具分枝。叶多簇生于茎顶,干时皱缩,湿时伸展,狭长披针形,中肋及顶至略突出于叶尖。叶中上部细胞圆多边形,密被马蹄形细疣,基部细胞短距形,平滑。蒴柄长1 - 2 cm。孢蒴长椭圆状卵形,直立。蒴盖略分化。

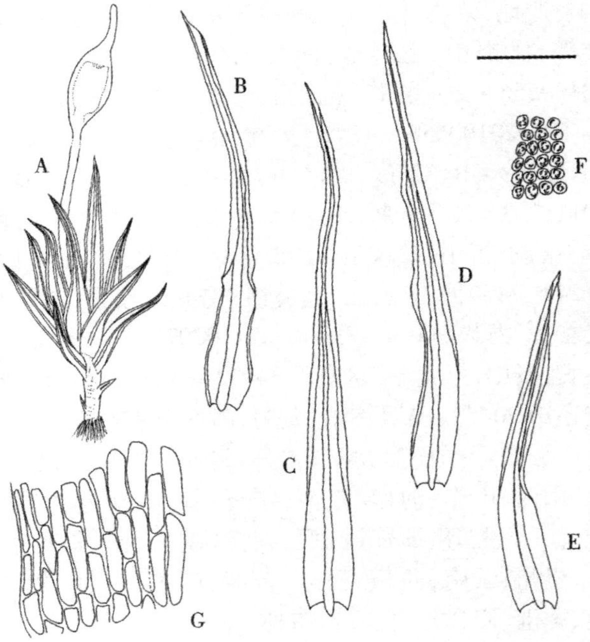

生境:生于土表或岩面。

产地:荣成,正棋山,海拔250 m,黄正莉20113018。栖霞,牙山,赵遵田90907、90917 - 1。平度,大泽山,海拔500 m,李超20112057 - B、20112096 - A。青岛,崂山,赵遵田91068 - A。黄岛,小珠山,南天门下,海拔450 m,黄正莉20111744 - B。临朐,嵩山,赵遵田90403 - 1。东营市,赵遵田911586。博山,鲁山,赵遵田90617。枣庄,抱犊崮,赵遵田911401、911548、911549。曲阜,孔林,赵遵田84168、89244 - 1。济南,卧虎山,赵遵田911571。济南千佛山,91999 - 1 - B、20112188 - A。

图179 东亚小石藓 *Weissia exserta*(Broth.)P. C. Chen, A. 植物体;B - E. 叶;F. 叶中部细胞;G. 叶基部细胞(任昭杰、李德利 绘)。标尺:A = 1.7 mm, B - E = 1.1 mm, F - G = 110 μm。

分布:中国(黑龙江、吉林、辽宁、河北、山西、山东、陕西、安徽、江苏、上海、浙江、湖南、湖北、四川、贵州、云南、西藏、福建、台湾、广东、广西、海南)。印度和日本。

5. 皱叶小石藓

Weissia longifolia Mitt., Ann. Mag. Nat. Hist., Ser. 2, 8:317. 1851.

植物体形小,绿色至暗绿色。叶多簇生于茎顶,长卵形或卵状披针形,基部阔,鞘状;叶边背卷,全缘;中肋及顶或略突出于叶尖。叶中上部细胞圆多边形,密被马蹄形细疣,基部细胞长方形,平滑。蒴柄极短。孢蒴圆球形,隐生于雌苞叶之内。

生境:生于土表、岩面或岩面薄土上。

产地:荣成,正棋山,海拔 500 m,黄正莉 20112990 - A。牟平,昆嵛山,五分场东山顶,海拔 450 m,黄正莉 20100822。牟平,昆嵛山,老师坟,海拔 350 m,李林 20101883 - C。长岛,李林 20110988。栖霞,牙山,海拔 600 m,李林 20111900 - A。栖霞,艾山,山脚苹果园,黄正莉 20113056 - A。青岛,崂山,下清宫,海拔 300 m,李林 20112939 - A。青岛,崂山,滑溜口,海拔 500 m,李林 20112871 - B。黄岛,铁橛山,付旭 R20130172 - A。黄岛,灵山岛,海拔 300 m,任昭杰 20111457。黄岛,小珠山,海拔 100 m,黄正莉 20111643。临朐,沂山,百丈崖,赵遵田 90283、90407。蒙阴,蒙山,三分区,赵遵田 91332 - A。青州,仰天山,海拔 800 m,黄正莉 20112308 - A。青州,仰天山,仰天寺,赵遵田 88018 - A。博山,鲁山,圣母石,海拔 600 m,黄正莉 20112542。曲阜,孔林,赵遵田 84139。枣庄,抱犊崮,赵遵田 911393、911451。泰安,徂徕山,大寺,赵遵田 91843。长清,五峰山,赵遵田 20113187。济南,龙洞,海拔 200 m,李林 20113117 - B、20113163 - B。济南,佛慧山,任昭杰、赖桂玉 20113183。济南,千佛山,赵遵田 87158。临清,京杭运河东岸,赵遵田 85019 - A。

分布:中国(黑龙江、吉林、辽宁、山西、山东、河南、宁夏、安徽、江苏、上海、浙江、湖南、四川、贵州、云南、西藏、福建、台湾、海南、香港)。日本、印度、巴基斯坦、俄罗斯(远东地区),欧洲、北美洲和非洲北部。

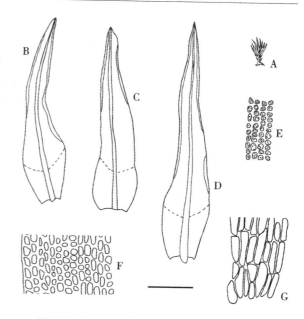

图 180 皱叶小石藓 *Weissia longifolia* Mitt.,A. 植物体;B - D. 叶;E. 叶中部细胞;F. 叶近基部细胞;G. 叶基部细胞(任昭杰 绘)。标尺:A = 0.9 cm,B - D = 0.8 mm,E - G = 80 μm。

6. 木何兰小石藓

Weissia muhlenbergiana(Swartz)W. D. Reese & B. A. E. Lemmon, Bryologist 68:282. 1965.

Phascum muhlenbergianum Swartz, Adnot. Bot., 74. 1829.

植物体形小,呈暗绿色,密集丛生。茎直立,单一或分枝,中轴无分化。叶干燥时皱缩,湿时倾立,长披针形,先端急尖;叶边中上部强烈内卷,全缘;中肋粗壮,突出叶尖呈芒刺状,横切面中央为一列大型薄壁细胞,周围细胞较小,厚壁。叶中上部细胞不规则圆形,厚壁,具多个马蹄形疣,基部细胞长方形,平滑、薄壁透明。雌雄同株异苞。蒴柄极短,长约 0.5 mm,不伸出苞叶外。孢蒴闭蒴,圆球形,直径约 0.5 mm,有喙状或圆锥状小尖头,无蒴盖分化,蒴壁无气孔。孢子直径 14～28 μm,棕红色,具细密疣。

生境:生于土表。

产地:荣成,正棋山,海拔 500 m,黄正莉

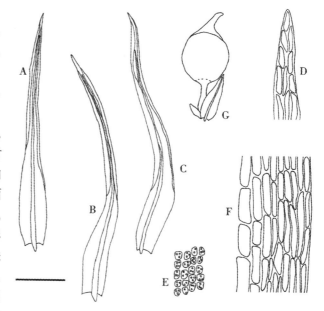

图 181 木何兰小石藓 *Weissia muhlenbergiana*(Swartz)W. D. Reese & B. A. E. Lemmon,A - C. 叶;D. 叶尖部细胞;E. 叶中部细胞;F. 叶基部细胞;G. 孢蒴(任昭杰、付旭绘)。标尺:A - C,G = 0.8 mm,D - F = 110 μm。

20112969 – A。莱州,城南,任昭杰 R20131365。曲阜,孔林,赵遵田 84182。

分布:中国(山东、贵州)。加拿大,美国和东亚地区。

本种叶形与东亚小石藓 *W. exserta* 相似,两者都呈狭长披针形,中肋稍突出于叶尖,但后者蒴柄长,约 1 – 2 cm,虽然也是闭蒴型孢蒴,但有蒴盖分化;与本种相似的另外一种是皱叶小石藓 *W. longifolia*,两种蒴柄均短、无蒴盖分化,但后者叶形为长卵形或卵状披针形,比本种叶更宽。

19. 虎尾藓科 HEDWIGIACEAE

植物体稍硬挺,黄绿色至深绿色,偶带棕褐色或紫红色。主茎匍匐,支茎直立或倾立,不规则分枝或羽状分枝。叶多为长卵形或椭圆形,具短尖或长尖,有时具透明毛尖;叶边全缘,多背卷,稀平展;中肋缺失。叶细胞小,多具疣,基部细胞较长,角细胞一般不分化。雌雄同株异苞,稀同苞。蒴柄长,直立。孢蒴长卵形或圆柱形,直立或略微弯曲。蒴齿一般缺失。蒴盖圆锥形,具喙。蒴帽兜形。孢子表面具疣。

本科全世界 4 属。中国有 3 属;山东有 1 属。

1. 虎尾藓属 Hedwigia P. Beauv. Mag. Encycl. 5:304. 1804.

植物体硬挺,绿色至深绿色,有时呈棕黄色至黑褐色。茎不规则分枝,不具鞭状枝。叶卵状披针形,具长或短的披针形尖,尖部多具无色透明毛尖,具齿。叶边全缘;中肋缺失。叶上部细胞卵状方形至椭圆形,具粗疣或叉状疣,基部细胞不规则长方形,具多疣,角细胞多不分化。雌雄同株异苞。孢蒴近球形,隐生于雌苞叶之内。蒴齿缺失。蒴盖具喙。蒴帽兜形。

本属世界现有 4 种。中国有 1 种;山东有分布。

1. 虎尾藓

Hedwigia ciliata(Hedw.)P. Beauv., Prodr. Aethéogam. 15. 1805.

Anictangium ciliatum Hedw., Sp. Musc. Frond. 40. 1801.

叶卵状披针形,略内凹,先端具透明毛尖,具齿;叶边全缘,略背卷,中肋缺失。叶细胞具粗疣或叉状疣,基部细胞具多疣。孢子体未见。

生境:石生。

产地:文登,昆嵛山,仙女池,海拔 400 m,任昭杰 20100565。牟平,昆嵛山,东至庵,海拔 250 m,赵遵田 84018、84030。牟平,昆嵛山,三工区苹果园,赵遵田 84122。青岛,崂山,海拔 660 m,赵遵田 91074 - A。青岛,崂山,靛缸湾,全治国 29(SDAU)。

分布:世界广布种,分布于我国南北各省。

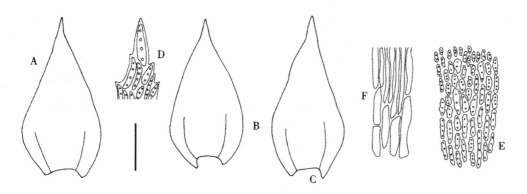

图 182 虎尾藓 *Hedwigia ciliata*(Hedw.)P. Beauv., A - C. 叶;D. 叶尖部细胞;E. 叶近基部细胞;F. 叶基部细胞(任昭杰、付旭 绘)。标尺:A - C = 0.8 mm, D - F = 80 μm。

20. 珠藓科 BARTRAMIACEAE

植物体密集丛生,多呈垫状。茎中轴分化。叶5-8列,卵状披针形、披针形至狭长披针形,基部通常不下延;叶边平展或背卷,中上部具齿;中肋强劲,达叶尖稍下部消失、及顶或突出于叶尖,背面多具齿。叶细胞圆方形,长方形,稀狭长方形,无壁孔,背腹面均具疣突,稀平滑,基部细胞多平滑,透明,角细胞不分化或略分化。雌雄同株或异株。蒴柄较长。孢蒴通常球形,直立或倾立,稀下垂,具长纵褶,气孔显型,多数,位于孢蒴台部。环带多不分化。蒴齿双层,稀单层,或部分退化。蒴盖小,圆锥形。蒴帽小,兜形,平滑,易脱落。孢子圆形、椭圆形或肾形,具疣。

本科全世界10属。中国有6属;山东有1属。

1. 泽藓属 Philonotis Brid. Bryol. Univ. 2：15. 1827.

植物体密集丛生。茎通常叉状分枝,中轴分化。叶倾立或一侧偏斜,长卵形、卵状披针形或披针形至长披针形,先端渐尖,或圆钝;叶边具齿;中肋单一,强劲,达叶尖稍下部消失、及顶或突出于叶尖。叶中上部细胞菱形、方形或长方形,具疣突,多位于细胞前角,稀位于细胞上端或下端,叶基部细胞大形,排列疏松。雌雄异株,稀同株。蒴柄长,直立。孢蒴近于球形,台部短,具皱纹,不对称。蒴齿双层。蒴盖多平凸,或短圆锥形,具短喙。蒴帽兜形,易脱落。

本属全世界约185种。中国有19种;山东有9种。

分种检索表

1. 中肋在叶尖稍下部消失 ……………………………………… 3. 密叶泽藓 *P. hastata*
1. 中肋及顶或突出于叶尖 ……………………………………………………………… 2
2. 叶边强烈卷曲 ………………………………………………………………………… 3
2. 叶边平展或略卷曲 …………………………………………………………………… 4
3. 中肋及顶 …………………………………………………… 4. 毛叶泽藓 *P. lancifolia*
3. 中肋突出于叶尖 …………………………………………… 8. 细叶泽藓 *P. thwaitesii*
4. 叶狭三角形或狭披针形,上部渐成细长尖 ………………………………………… 5
4. 叶卵形至阔卵形或卵状披针形至披针形,上部突成锐尖或细长尖 ……………… 6
5. 叶狭卵状披针形至线状披针形,最宽处在叶基上部;叶边平展或中部略卷曲;中肋突出呈长芒状 ……………………………………………………… 6. 柔叶泽藓 *P. mollis*
5. 叶狭三角状披针形,最宽处在叶基部;叶边平展;中肋及顶或略突出,但不呈芒状 ……………………………………………………… 9. 东亚泽藓 *P. turneriana*
6. 叶卵形至阔卵形 …………………………………………… 5. 直叶泽藓 *P. marchica*
6. 叶卵状披针形至披针形 ……………………………………………………………… 7
7. 叶先端急尖至渐尖,呈龙骨状凸起;叶不具褶皱;中肋达叶尖稍下部消失至及顶 ……………………………………………………… 1. 偏叶泽藓 *P. falcata*
7. 叶先端狭渐尖,不呈龙骨状凸起;叶具褶皱;中肋及顶或突出叶尖 …………… 8
8. 叶中部细胞长方形至近线形,疣突位于细胞前角或后角 ……… 2. 泽藓 *P. fontana*
8. 叶中部细胞椭圆状六边形,六边形或矩形,疣突通常位于细胞中部 ……… 7. 齿缘泽藓 *P. seriata*

Key to the species

1. Costa ending below the leaf apex ································ 3. *P. hastate*
1. Costa extending to the leaf apex or excurrent ················ 2
2. Leaf margins strongly revolute ······························· 3
2. Leaf margins plane or slightly recurved ····················· 4
3. Costa extending to the leaf apex ····················· 4. *P. lancifolia*
3. Costa excurrent ······································· 8. *P. thwaitesii*
4. Leaves narrowly triangular or narrowly lanceolate, gradually tapering to an elongate subulate acumen ··· 5
4. Leaves broad ovate to ovate or ovate-lanceolate to lanceolate, abruptly tapering to an acute or acuminate point ··· 6
5. Leaves narrowly oblong lanceolate to linear lanceilate, broadest above the leaf insertion; margins plane or slightly recurved at middle; costa extending into a long arista ············· 6. *P. mollis*
5. Leaves narrowly triangular lanceolate, broadest at the leaf insertion; margins plane; costa extending to the leaf apex or shortly excurrent ················ 9. *P. turneriana*
6. Leaves broad ovate to ovate ························· 5. *P. marchica*
6. Leaves ovate-lanceolate to lanceolate ····················· 7
7. Leaf apices acute to acuminate, keeled; leaves not plicate; costa ending near the leaf apex ································· 1. *P. falcata*
7. Leaf apices narrowly acuminate, not keeled; leaves plicate; costa percurrent or excurrent ········· 9
8. Median laminal cells elongate-rectangular to sublinear, with a papilla at the upper or lower end ································· 2. *P. fontana*
8. Median laminal cells oblong-hexagonal, hexagonal or renctangular, usually with a central papilla ································· 7. *P. seriata*

1. 偏叶泽藓(照片 62)

Philonotis falcata (Hook.) Mitt., J. Proc. Linn. Soc., Bot., Suppl. 1：62. 1859.

Bartramia falcata Hook., Trans. Linn. Soc. London 9：317. 1808.

植物体纤细,黄绿色至绿色,密集丛生。叶卵状披针形至卵状三角形,龙骨状内凹,基部阔,先端渐尖,偏曲;叶边背卷,具细齿;中肋粗壮,及顶或略突出于叶尖。叶中上部细胞方形至长方形,疣突位于细胞上部,基部细胞较短而宽。

生境:生于岩面、土表或岩面薄土上。

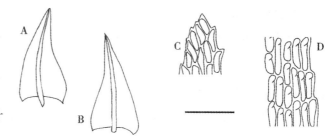

图 183 偏叶泽藓 *Philonotis falcata* (Hook.) Mitt., A – B. 叶;C. 叶尖部细胞;D. 叶中部细胞(任昭杰、付旭 绘)。标尺:A – B = 0.8 mm, C – D = 80 μm。

产地:牟平,昆嵛山,赵遵田 89423。栖霞,牙山,海拔 400 m,赵遵田 90855 – A。青岛,崂山,赵遵田 91507。临朐,沂山,百丈崖,赵遵田 90127。蒙阴,蒙山,砂山,海拔 650 m,任昭杰 R20120102。蒙阴,蒙山,小天麻顶,赵遵田 91445 – A。泰安,泰山,桃花峪,海拔 400 m,黄正莉 R11965。

分布:中国(内蒙古、山东、河南、宁夏、江苏、湖北、四川、重庆、贵州、云南、西藏、福建、台湾、广东)。孟加拉国、巴基斯坦、不丹、缅甸、越南、朝鲜、日本、菲律宾、尼泊尔、印度、美国(夏威夷),非洲。

经检视标本发现,杜超等(2010)报道的垂蒴泽藓 *P. cernua* (Wilson) Griff. & W. R. Buck 系本种

误定。

2. 泽藓（照片 63）

Philonotis fontana（Hedw.）Brid.，Bryol. Univ. 2：18. 1872.

Mnium fontanum Hedw.，Sp. Musc. Frond. 195. 1801.

植物体密集丛生。叶卵形或披针形,先端渐尖,多一侧偏曲;叶边平展或略背卷,中上部具细齿;中肋粗壮,及顶或突出于叶尖。叶中部细胞多边形、长方形至近线形,腹面观疣突位于细胞的上端,背面观疣突位于细胞的下端。

生境:生于岩面、土表或岩面薄土上。

产地:文登,昆嵛山,无染寺,海拔 350 m,任昭杰 20100440。牟平,昆嵛山,九龙池,海拔 300 m,任昭杰 20100290。牟平,昆嵛山,赵遵田 87049。牟平,昆嵛山,马腚,任昭杰 20101557 - C。蒙阴,蒙山,三分区,赵遵田 91182。蒙阴,蒙山,小天麻顶,赵遵田 91223 - A。泰安,徂徕山,赵遵田 91946 - A。泰安,泰山,天烛峰天烛灵龟,海拔 1000 m,任昭杰、李法虎 R20141005,R20141020。

分布:中国(吉林、内蒙古、河北、山东、河南、陕西、甘肃、新疆、安徽、浙江、江西、湖南、湖北、四川、贵州、云南、西藏、福建、台湾)。巴基斯坦、日本、蒙古、俄罗斯、坦桑尼亚,欧洲和美洲。

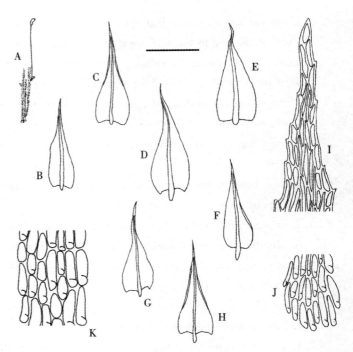

图 184 泽藓 *Philonotis fontana*（Hedw.）Brid.，A. 植物体;B - H. 叶;I. 叶尖部细胞;J. 叶中部细胞;K. 叶基部细胞(任昭杰绘)。标尺:A = 3.3 cm, B - H = 0.8 mm, I - K = 80 μm。

3. 密叶泽藓

Philonotis hastata（Duby）Wijk & Marg.，Taxon 8：74. 1959.

Hypnum hastatum Duby in Moritzi, Syst. Verz. 132. 1846.

植物体纤细,密集丛生,黄绿色,具光泽。叶椭圆状卵形、长卵圆形、卵状披针形或近三角形,先端渐尖,基部平截,最宽处位于叶基上部;叶边平展或略背卷,中上部具齿;中肋粗壮,多达叶尖稍下部消失。叶上部细胞近方形或菱形,中下部细胞长方形、多边形,平滑。

生境:多见于岩面。

产地:牟平,昆嵛山,海峰岭,海拔 900 m,黄正莉 20101094。青岛,崂山,仰口,海拔 100 m,任昭杰、杜超 20071204。黄岛,小珠山,海拔 150 m,黄正莉 20111700。临朐,沂山,赵遵田 90129 - B。泰安,徂徕山,光华寺,海拔 350 m,周现勇

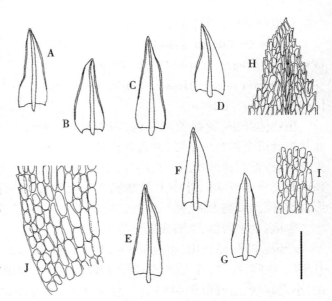

图 185 密叶泽藓 *Philonotis hastata*（Duby）Wijk & Marg.，A - G. 叶;H. 叶尖部细胞;I. 叶中部细胞;J. 叶基部细胞(任昭杰 绘)。标尺:A - G = 0.8 mm, H - J = 110 μm。

911313 – A、911314 – A。

分布:中国(山东、江苏、上海、浙江、湖南、湖北、贵州、云南、西藏、福建、台湾、广东、海南、香港、澳门)。日本、缅甸、越南、柬埔寨、菲律宾、印度尼西亚、夏威夷、马达加斯加、秘鲁、巴西和坦桑尼亚。

4. 毛叶泽藓

Philonotis lancifolia Mitt. , J. Linn. Soc. , Bot. 8:151. 1865.

植物体密集丛生。叶椭圆状披针形或卵状披针形,先端渐尖;叶边背卷,上部具齿;中肋粗壮,及顶。叶上部细胞长方形或狭菱形,中下部细胞方形至长方形,腹面观疣突位于细胞上端,背面观疣突位于细胞下端。

生境:生于岩面、土表或岩面薄土上。

产地:牟平,昆嵛山,三林场,赵遵田91645 – A。临朐,沂山,赵遵田90051。蒙阴,蒙山,天麻顶,赵遵田91227。泰安,泰山,黑龙潭,赵遵田34150。

分布:中国(吉林、辽宁、内蒙古、山东、安徽、江苏、浙江、湖南、四川、重庆、贵州、云南、福建、广东、广西、海南)。朝鲜、日本、印度、泰国和印度尼西亚。

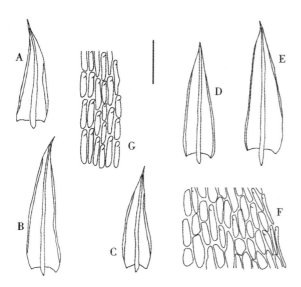

图186　毛叶泽藓 *Philonotis lancifolia* Mitt. , A – E. 茎叶;F. 叶中上部细胞(腹面观);G. 叶中下部细胞(腹面观)(任昭杰、付旭 绘)。标尺:A – E = 0.8 mm, F – G = 80 μm。

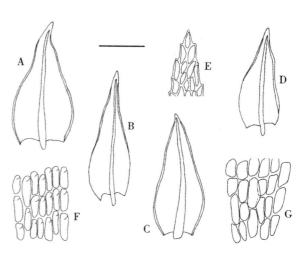

图187　直叶泽藓 *Philonotis marchica* (Hedw.) Brid. , A – D. 叶;E. 叶尖部细胞;F. 叶中部细胞;G. 叶基部细胞(任昭杰、李德利 绘)。标尺:A – D = 0.8 mm, E – G = 110 μm。

5. 直叶泽藓

Philonotis marchica (Hedw.) Brid. , Bryol. Univ. 2:23. 1827.

Mnium marchicum Hedw. , Sp. Musc. Frond. 196. 1801.

植物体疏松丛生。叶阔卵圆形、卵圆形、三角形或披针形,上部呈龙骨状,先端渐尖;叶边略背卷,上部具齿;中肋及顶或突出于叶尖。叶细胞长方形至近线形,疣突位于细胞上端。

生境:生于土表或岩面。

产地:牟平,昆嵛山,水帘洞,海拔300 m,黄正莉 20100003。青岛,崂山,赵遵田91090。青岛,小珠山,赵遵田91138。蒙阴,蒙山,小天麻顶,赵遵田91254、91289 – 1 – A。泰安,徂徕山,大寺,赵遵田91824 – 1。

分布:中国(吉林、山东、浙江、云南)。巴基斯坦、俄罗斯,欧洲和北美洲。

6. 柔叶泽藓

Philonotis mollis（Dozy & Molk.）Mitt.，J. Proc. Linn. Soc.，Bot.，Suppl. 1：60. 1859.

Bartramia mollis Dozy & Molk.，Ann. Sci. Nat. Bot.，sér. 3，2：300. 1844.

植物体纤细。叶卵状披针形至线状披针形，或长钻形；叶边平展，或略背卷，上部具齿；中肋突出于叶尖，呈长芒状。叶中上部细胞长菱形至线形，腹面观疣突位于细胞上端，背面观疣突位于细胞下端，基部细胞长方形。

生境：生于岩面或岩面薄土上。

产地：泰安，泰山，云步桥，赵遵田 33983 - A。泰安，泰山，中天门，赵遵田 33971。

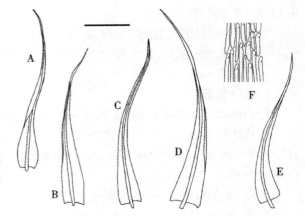

图 188　柔叶泽藓 *Philonotis mollis*（Dozy & Molk.）Mitt.，A - E. 叶；F. 叶中部细胞（任昭杰、付旭 绘）。标尺：A - E = 0.8 mm，F = 110 μm。

分布：中国（山东、浙江、贵州、云南、福建、台湾、广东）。日本、不丹、孟加拉国、缅甸、泰国、菲律宾、越南、印度、印度尼西亚和巴布亚新几内亚。

7. 齿缘泽藓

Philonotis seriata Mitt.，J. Proc. Linn. Soc.，Bot.，Suppl. 1：63. 1859.

Philonotis fontana（Hedw.）Brid. var. *seriata*（Mitt.）Kindb.，Bih. Kongl. Svenska Vetensk. Akad. Handl. 7（9）：255. 1883.

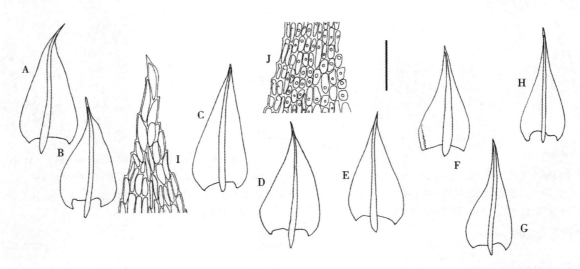

图 189　齿缘泽藓 *Philonotis seriata* Mitt.，A - H. 叶；I. 叶尖部细胞；J. 叶中部细胞（任昭杰 绘）。标尺：A - E = 0.8 mm，F = 110 μm。

本种植物体及叶形均与泽藓 *P. fontana* 类似，但本种叶细胞较宽，椭圆状六边形、六边形或矩形，疣突多位于细胞中部；而后者叶细胞较窄，长方形至近线形，疣突位于细胞的上端或下端。

生境：多生于岩面或土表。

产地：牟平，昆嵛山，阳沟，赵遵田 91671 - A。牟平，昆嵛山，三林区西水沟，赵遵田 87006 - A、87021 - B。栖霞，牙山，赵遵田 90836 - B。栖霞，牙山，海拔 350 m，赵遵田 90845 - E。泰安，泰山，黑龙潭，赵遵田 34131、34134 - B。

分布：中国（黑龙江、内蒙古、山西、山东、青海、安徽、江西、贵州）。蒙古、朝鲜、日本，欧洲、北美洲和非洲。

8. 细叶泽藓（照片64）

Philonotis thwaitesii Mitt., J. Proc. Linn. Soc., Bot., Suppl. 1：60. 1859.

植物体形小，黄绿色，具光泽。叶披针形或长三角形，基部多平截，先端长渐尖；叶边背卷，明显具齿；中肋突出于叶尖，呈芒状。叶上部细胞长方形至近线形，中下部细胞方形至长方形，腹面观疣突位于细胞上端，背面观无疣突。

生境：生于土表、岩面或岩面薄土上。

产地：文登，昆嵛山，二分场缓冲区，海拔400 m，黄正莉20100608。牟平，昆嵛山，三岔河，海拔300 m，任昭杰20100034。牟平，昆嵛山，九龙池，海拔200 m，成玉良20100220。栖霞，牙山，赵遵田90868、90926。青岛，崂山，海拔650 m，赵遵田91091。青岛，崂山，潮音瀑，海拔400 m，任昭杰20112938 – E。黄岛，铁橛山，海拔260 m，任昭杰R20130137 – B、R20130183 – C。黄岛，小珠

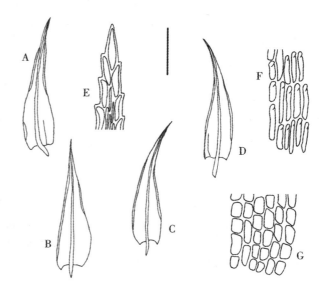

图190 细叶泽藓 *Philonotis thwaitesii* Mitt., A – D. 叶；E. 叶尖部细胞；F. 叶中部细胞；G. 叶基部细胞（任昭杰、付旭绘）。标尺：A – D = 0.8 mm，E – G = 80 μm。

山，海拔120 m，任昭杰20111703 – B。黄岛，小珠山，幻住桥，黄正莉20111719 – B。黄岛，大珠山，海拔100 m，李林20111521 – B。五莲，五莲山，赵遵田89268 – B。莒县，龙山，潘维锋91103 – A。临朐，沂山，百丈崖瀑布下，赵遵田90405。蒙阴，蒙山，望海楼，海拔850 m，赵遵田91302 – C。蒙阴，蒙山，小天麻顶，海拔500 m，赵遵田91243。平邑，蒙山，赵遵田91330 – B。博山，鲁山，海拔700 m，赵遵田90740 – A。新泰，莲花山，海拔500 m，黄正莉20110565 – C。泰安，徂徕山，大寺，海拔510 m，刘志海91824 – 1。泰安，泰山，中天门，赵遵田33962 – A。泰安，泰山，黑龙潭，赵遵田34136。

分布：中国（辽宁、山西、山东、河南、陕西、安徽、江苏、上海、浙江、江西、湖南、湖北、四川、重庆、贵州、云南、西藏、福建、台湾、广东、广西、海南、香港、奥门）。朝鲜、日本、孟加拉国、印度、尼泊尔、不丹、斯里兰卡、缅甸、泰国、马来西亚、印度尼西亚、菲律宾、美国（夏威夷）和瓦努阿图。

经检视标本发现，杜超等（2010）发表的倒齿泽藓 *P. runcinata* Müll. Hal. ex Ångstr. 系本种误定。

9. 东亚泽藓（照片65）

Philonotis turneriana (Schwägr.) Mitt., J. Proc. Linn. Soc., Bot. Suppl. 1：62. 1859.

Bartramia turneriana Schwägr., Sp. Musc. Frond. Suppl. 3, 1 (2)：238. 1828.

Philonotis nitida Mitt., J. Proc. Linn. Soc., Bot,. Suppl. 1：62. 1859.

Philonotis setschuanica (Müll. Hal.) Paris, Index Bryol. Suppl. 268. 1900.

Bartramia setschuanica Müll. Hal., Nuovo Giorn. Bot. Ital., n. s., 4：250. 1897.

植物体黄绿色至绿色，具光泽。叶三角状披针形至狭披针形，基部阔且平截，先端狭渐尖；叶边平展，具齿；中肋粗壮，及顶或突出于叶尖，先端背面具齿，有时不明显。叶中上部细胞长方形至近线形，腹面观疣突位于细胞上端，背面观疣突不明显。

生境：生于土表、岩面或岩面薄土上。

产地：荣成，伟德山，海边450 m，黄正莉20112333 – B、20112363。荣成，正棋山，海拔400 m，李林20112983。文登，昆嵛山，王母娘娘洗脚盆，海拔350 m，任昭杰20100441 – B。文登，昆嵛山，无染寺，海拔350 m，黄正莉20100492。牟平，昆嵛山，马腚，海拔250 m，任昭杰20101602。牟平，昆嵛山，九龙

池,海拔250 m,成玉良20100230。栖霞,牙山,海拔390 m,赵遵田90850 – B。平度,大泽山,海拔450
m,李林20112141。青岛,崂山,海拔660 m,赵遵田91081 – B。青岛,滑溜口,海拔500 m,李林
20112870 – C。黄岛,灵山岛,海拔300 m,任昭杰20111462 – B。黄岛,铁橛山,海拔200 m,任昭杰
R20130100 – B。黄岛,大珠山,海拔150 m,李林20111533 – A。黄岛,小珠山,海拔100 m,任昭杰
20111641。黄岛,小珠山,海拔120 m,黄正莉20111753 – B。黄岛,铁橛山,任昭杰R20120021。五莲,
五莲山,海拔250 m,任昭杰R20130168 – B。临朐,沂山,百丈崖,赵遵田90117 – C。蒙阴,蒙山,望海
楼,赵遵田91300 – D。蒙阴,蒙山,天麻顶,赵遵田91229 – B。青州,仰天山,海拔800 m,黄正莉
20112280 – C。博山,鲁山,赵遵田90565 – B。曲阜,孔村,赵遵田84169。新泰,莲花山,海拔500 m,黄
正莉20110567 – A、20110588 – C。泰安,徂徕山,上池,海拔730 m,赵遵田91911 – B。泰安,泰山,桃花
峪,海拔400 m,黄正莉R11965。济南,藏龙涧至黑峪途中,岩面薄土生,任昭杰R15488。长清,灵岩
寺,赵遵田87164 – 1 – C。

分布:中国(吉林、山东、新疆、宁夏、江苏、江西、湖南、湖北、四川、重庆、贵州、云南、西藏、福建、台
湾、广东、香港、澳门)。朝鲜、日本、巴基斯坦、缅甸、越南、菲律宾、印度尼西亚和美国(夏威夷)。

本种在山东分布较为广泛,株形和叶形变化幅度较大。经检视标本发现,杜超等(2010)发表的罗
氏泽藓 *P. roylei* (Hook. f.) Mitt. 和粗尖泽藓 *P. yezoana* Besch & Cardot 系本种误定。

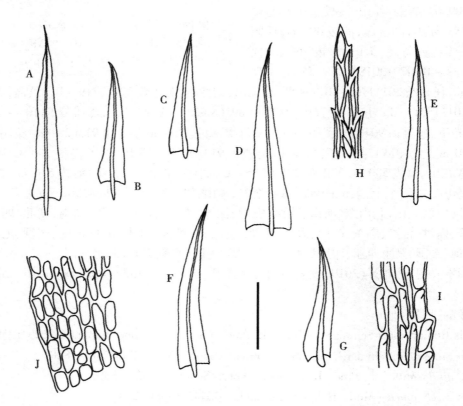

图191 东亚泽藓 *Philonotis turneriana* (Schwägr.) Mitt., A – G. 叶;H. 叶尖部细胞;I. 叶中部细
胞;J. 叶基部细胞(任昭杰、付旭 绘)。标尺:A – G = 0.8 mm, H – J = 80 μm。

21. 壶藓科 SPLACHNACEAE

植物体密集丛生。茎柔弱,中轴分化。叶阔卵形,先端钝或具长尖;叶边平展或内卷,平滑或具齿;中肋多远离叶尖消失。叶细胞大,薄壁,长方形或六边形,平滑,排列比较疏松。多雌雄同株,稀雌雄异株。蒴柄直立。孢蒴多具膨大具色的台部,气孔多数,大形。环带不分化。蒴齿单层,齿片16。蒴轴长存。蒴盖凸出。

张艳敏等(2002)报道壶藓属 Splachnum 的卵叶壶藓 S. sphaericum Hedw. ,本次研究我们未见到引证标本,因此将该属和种存疑。

本科全世界6属。中国有4属;山东有1属。

1. 小壶藓属 Tayloria Hook. J. Sci. Arts(London)2(3):144. 1816

植物体密集丛生,黄绿色至绿色。茎直立,不分枝或分枝。叶卵形、舌形或剑形,先端钝或具长尖;叶边多平展,全缘或具齿;中肋多远离叶尖消失,或突出叶尖成刺状尖。叶细胞矩形或多边形,平滑,排列疏松。雌雄同株,稀异株。孢蒴多具明显台部。蒴齿单层,齿片16。蒴盖多圆锥形。蒴帽基部多瓣裂。

本属世界现有47种。中国有11种;山东有1种。

1. 尖叶小壶藓(见前志图 162)

Tayloria acuminata Hornsch., Flora 8:78. 1825.

植物体形小。茎直立,高不及1 cm。叶卵状披针形,具剑形叶尖,龙骨状内凹;叶边全缘,先端具不规则齿。中肋远离叶尖消失。叶细胞圆六边形,薄壁,平滑,基部细胞长方形。孢子体未见。

生境:生于土表或岩石上。

产地:荣成,伟德山,海拔500 m,黄正莉20112402-C。青岛,崂山,赵遵田99023。平邑,蒙山,龟蒙顶,海拔1100 m,任昭杰R09303。泰安,徂徕山,赵遵田Zh911074。泰安,泰山,玉皇顶,海拔1500 m,赵遵田33990-B、Zh89396。

分布:中国(内蒙古、山西、山东、新疆、四川、西藏)。欧洲和北美洲。

22. 寒藓科 MEESIACEAE

植物体小形至大形,密集丛生。茎直立,各处多生假根,具叶腋毛,红色,上部细胞长,无色。叶常严格排列,倾立或背仰,披针形至狭长披针形或长椭圆形;叶边不分化,先端多具微齿;中肋强劲。叶细胞短长方形至线形,平滑或具乳头状突起。雌雄同株或异株。蒴柄长,可达 10 cm。孢蒴弯曲,不对称,梨形或棒状,台部明显。环带缺失。蒴齿双层,稀缺失。蒴盖圆锥形。蒴帽兜形,平滑。

本科全世界 5 属。中国有 4 属;山东有 1 属。

1. 薄囊藓属 Leptobryum (Bruch & Schimp.)
Wilson Bryol. Brit. 219. 1855.

植物体矮小。茎直立,细弱。叶狭长披针形,多向一侧弯曲;叶边平展或背卷,全缘或先端具微齿;中肋宽阔,充满叶尖部,或在叶尖下部消失。叶细胞长方形,尖部细胞更为细长。雌雄同株或异株。蒴柄长,先端弯曲。孢蒴垂倾,长梨形,台部明显。蒴齿双层。孢子具疣。

本属世界现有 3 种。中国有 1 种;山东有分布。

1. 薄囊藓

Leptobryum pyriforme (Hedw.) Wilson, Bryol. Brit. 219. 1855.

Webera pyriformis Hedw., Sp. Musc. Frond. 169. 1801.

植物体矮小,丛生,黄绿色。茎直立,高 1 –2 cm。茎下部叶少,小,上部叶丛集,狭长披针形;叶边平展或略背卷,全缘,仅尖部具微齿;中肋粗壮,占满叶中上部。叶细胞长方形。孢蒴长梨形,具明显台部。

生境:多生于土表,稀树生。

产地:青岛,崂山,北九水,海拔 400 m,任昭杰 R20131362。青岛,长门岩岛,赵遵田 Zh89012。黄岛,小珠山,赵遵田 Zh90539。博山,鲁山,龙凤石,海拔 700 m,黄正莉 20112571 – C。莱芜,赵遵田 Zh95024。枣庄,抱犊崮,赵遵田 Zh911407。泰安,泰山,斗母宫,张艳敏 1521(SDAU)。济南,趵突泉,张艳敏 1718(SDAU)。

分布:中国(黑龙江、吉林、内蒙古、河北、山西、山东、新疆、江苏、云南、西藏、福建、台湾、海南)。世界广布种。

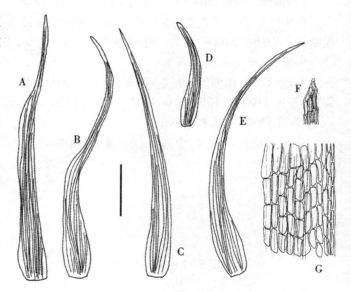

图 192 薄囊藓 *Leptobryum pyriforme* (Hedw.) Wilson, A – E. 叶;F. 叶尖部细胞;G. 叶基部细胞(任昭杰、付旭 绘)。标尺:A – E = 0.8 mm, F – G = 170 μm。

23. 真藓科 BRYACEAE

植物体小形至大形,通常密集丛生。茎直立,单一或分叉,稀呈莲座状,中轴分化。叶卵形或披针形;叶边平展或背卷,全缘或具齿,分化或不分化;中肋单一,强劲,多达叶中部以上,及顶或突出。叶中上部细胞菱形至狭菱形、长六边形等,基部细胞多长方形。雌雄异株或雌雄同序混生或雌雄同株异苞。蒴柄通常较长,直立或弯曲,平滑。孢蒴高出雌苞叶之上,圆球形至卵圆球形或梨形,直立或下垂,台部通常明显,具显型气孔。环带发育或缺失。蒴齿双层。蒴盖圆锥形。蒴帽兜形,平滑。孢子平滑或具疣。

本科全世界 10 属。中国有 5 属;山东有 5 属。

分属检索表

1. 茎呈柔荑花序状 ··· 1. 银藓属 Anomobryum
1. 茎不呈柔荑花序状 ·· 2
2. 孢蒴不对称 ··· 4. 平蒴藓属 Plagiobryum
2. 孢蒴对称 ·· 3
3. 孢蒴直立或倾立 ··· 2. 短月藓属 Brachymenium
3. 孢蒴平列或下垂 ·· 4
4. 植物体无匍匐茎,茎直立,茎上下部叶近同形,均匀着生 ········· 3. 真藓属 Bryum
4. 主茎匍匐,支茎直立,下部叶小,鳞片状疏生,顶部叶长大,丛集呈花瓣状
·· 5. 大叶藓属 Rhodobryum

Key to the genera

1. Stem julaceous ··· 1. Anomobryum
1. Stem not julaceous ··· 2
2. Capsules asymmetric ····································· 4. Plagiobryum
2. Capsules symmetric ·· 3
3. Capsules erect or inclined ······························· 2. Brachymenium
3. Capsules horizontal or pendulous ·································· 4
4. Primary and secondary stems not differentiates, stems crowded, more or less erect, leaves not strongly dimorphic regular arrangemented ·· 3. Bryum
4. Primary stems underground, creeping, secondary stems erect, bearing small scale leaves sparsely on the below and a terminal rosette of foliage leaves ················ 5. Rhodobryum

1. 银藓属 Anomobryum Schimp. Syn. Musc. Eur. 382. 1860.

植物体细长,黄绿色,具光泽。茎直立,单一,呈柔荑花序状;中轴分化。叶紧密贴茎,呈覆瓦状,长椭圆形,内凹,先端钝;叶边平直,全缘;中肋强劲,达叶尖稍下部消失。叶中上部细胞线形或狭菱形,基部细胞方形至短长方形。

本属全世界约 47 种。中国有 4 种;山东 2 种。

分种检索表

1. 腋生大量芽胞 ·· 1. 芽胞银藓 A. *gemmigerum*
1. 腋生芽胞少数或无 ·· 2. 银藓 A. *julaceum*

Key to the species

1. Gemmae much ··· 1. *A. gemmigerum*
1. Gemmae few or absent ··· 2. *A. julaceum*

1. 芽胞银藓(照片66)

Anomobryum gemmigerum Broth. , Philipp. J. Sci. 5（2C）：146.1910.

本种外形及叶形与银藓 A. *julaceum* 甚为相似,但本种叶腋生有大量无性芽胞,而后者仅生有少量芽胞或没有芽胞。

生境:生于土表或岩面薄土上。

产地:招远,罗山,海拔300 m,黄正莉20111955。青州,仰天山,海拔800 m,黄正莉20112166 – B、20112187 – C、20112272 – C。博山,鲁山,龙凤石,海拔500 m,黄正莉20112571 – A。博山,鲁山,林场西沟,海拔560 m,赵遵田90486 – C。莱芜,北郊巩山,赵遵田85029 – C、85030 – C。济南,藏龙涧,任昭杰 R15483 – A、R15484。

分布:中国(吉林、辽宁、河北、山东、陕西、甘肃、安徽、江西、湖南、湖北、四川、重庆、贵州、云南、西藏、广西)。尼泊尔和菲律宾。

2. 银藓

Anomobryum julaceum（Gärtn. , Meyer & Scherb.）Schimp. , Syn. Musc. Eur. 382.1860.

Bryum julaceum Schrad. ex P. Gaertn. , B. Mey. & Scherb. , Oekon. Fl. Wetterau 3（2）：97.1802.

Bryum filiforme Dicks. , Fasc. Pl. Crypt. Brit. 4：16.1801.

Anomobryum filiforme（Dicks.）Husn. , Muscol. Gall. 222.1888, *hom. illeg.*

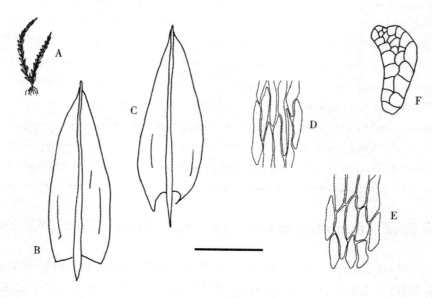

图193 银藓 *Anomobryum julaceum*（Gärtn. , Meyer & Scherb.）Schimp. , A. 植物体;B – C. 叶;D. 叶中部细胞;E. 叶基部细胞;F. 芽胞(任昭杰、付旭 绘)。标尺:A = 5.6 mm, B – C = 0.8 mm, D – F = 170 μm。

植物体细长,黄绿色,有光泽。茎呈柔荑花序状。叶长椭圆形,内凹,先端急尖或钝;叶边平直,全缘;中肋及顶或在叶尖稍下部消失。孢子体未见。

生境:多生于土表和岩面薄土上,偶见树生。

产地:文登,昆嵛山,二分场,赵遵田 Zh990728 – A。栖霞,艾山,海拔 350 m,黄正莉 20113065 – C、20113079 – B。青岛,崂山,滑溜口,海拔 600 m,李林 20112909 – A。青岛,崂山,滑溜口,海拔 450 m,李林 20112934 – A。黄岛,小珠山,海拔 100 m,黄正莉 20111625 – B、20111379。临朐,临朐副食品招待所,赵遵田 90002 – A。临朐,沂山,古寺,赵遵田 90081。青州,仰天山,海拔 800 m,黄正莉 20112260 – B。蒙阴,蒙山,海拔 400 m,任昭杰 20111274。枣庄,抱犊崮,赵遵田 911332 – B。泰安,徂徕山,中军帐,海拔 700 m,黄正莉 20110744 – A、20110769 – A。泰安,泰山,玉皇顶,海拔 1500 m,赵遵田 33980 – A。泰安,泰山,对松山,海拔 950 m,黄正莉 20110439 – B。章丘,明水,赵遵田 86004 – B。

分布:中国(吉林、辽宁、内蒙古、山西、山东、陕西、宁夏、新疆、湖北、四川、重庆、贵州、云南、台湾、广东、海南)。世界广布种。

2. 短月藓属 Brachymenium Schwägr. Sp. Musc. Frond. , Suppl. 2, 2: 131. 1824.

植物体小形至中等大小,黄绿色至暗绿色,或褐色,疏松或密集丛生。茎直立,单一或分枝。叶卵圆形、心形、披针形、卵状披针形、三角状披针形或匙形,渐尖或具狭长尖;叶边背卷或平展,多具细齿;中肋强劲,多突出叶尖成毛尖状,少数达叶尖或短突出。叶细胞六边形或菱形至长菱形,基部细胞长方形。雌雄异株或同株。蒴柄长,直立或稍微弯曲。孢蒴多直立或倾立,梨形或卵形,台部明显。环带分化。蒴齿双层。蒴盖圆锥形。孢子具疣。

本属全世界约 96 种。中国有 15 种;山东有 5 种。

分种检索表

1. 中肋及顶至略超出,不呈毛尖状 …… 3. 砂生短月藓 B. muricola
1. 中肋突出叶尖呈毛尖状 …… 2
2. 叶较大,长匙形 …… 4. 短月藓 B. nepalense
2. 叶较小,卵状披针形或三角状披针形 …… 3
3. 植物体密集覆瓦状 …… 1. 尖叶短月藓 B. acuminatum
3. 植物体不呈密集覆瓦状 …… 4
4. 叶三角状披针形,叶边背卷 …… 5. 丛生短月藓 B. pendulum
4. 叶卵状披针形,叶边平展 …… 2. 纤枝短月藓 B. exile

Key to the species

1. Costa percurrent to short – excurrent, not aristate …… 3. B. muricola
1. Costa excurrent, aristate …… 2
2. Leaves larger, long spathulate …… 4. B. nepalense
2. Leaves minor, ovate lanceolate or triangle lanceolate …… 3
3. Plants with imbricate leaves appressed …… 1. B. acuminatum
3. Plants with separate leaves not so appressed …… 4
4. Leaves triangle lanceolate, leaf margins recurved …… 5. B. pendulum
4. Leaves ovate lanceolate, leaf margins plane …… 2. B. exile

1. 尖叶短月藓

Brachymenium acuminatum Harv. , Icon. Pl. 1：pl. 19, f. 3.1836.

该种叶形与纤枝短月藓 B. exile 相似,本种植物体呈覆瓦状可区别于后者。

生境:生于土表。

产地:荣成,正棋山,海拔 500 m,李林 20112993 - C。牟平,昆嵛山,三官殿,海拔 200 m,任昭杰 20100631、20100636。牟平,昆嵛山,九龙池,海拔 250 m,姚秀英 20100262。蒙阴,蒙山,天麻村,赵遵田 91242 - F。济南,中井庄后山,任昭杰,R15486、R15487 - A。长清,灵岩寺,赵遵田 87178。

分布:中国(北京、山东、云南、西藏)。巴基斯坦、斯里兰卡、缅甸、泰国、印度尼西亚、澳大利亚、秘鲁、智利、南非,中美洲。

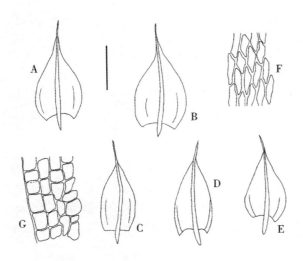

图 194 尖叶短月藓 Brachymenium acuminatum Harv. , A - E. 叶;F. 叶中部细胞;G. 叶基部细胞(任昭杰、付旭 绘)。标尺:A - E = 1.1 mm, F - G = 110 μm。

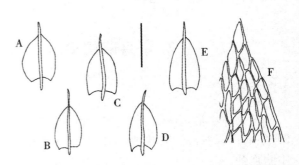

图 195 纤枝短月藓 Brachymenium exile（Dozy & Molk）Bosch et Sande Lac. , A - E. 叶;F. 叶中上部细胞 (任昭杰、付旭 绘)。标尺:A - E = 0.8 mm, F = 80 μm。

2. 纤枝短月藓(照片 67)

Brachymenium exile（Dozy & Molk）Bosch & Sande Lac. , Bryol. Jav. 1：139.1860.

Brynm exile Dozy & Molk. , Ann. Sci. Nat. , Bot. , sér. 3, 2：300.1844.

植物体形小,黄绿色至褐绿色,丛生。茎直立。叶卵状披针形,稍呈龙骨状;叶边平展,全缘;中肋粗壮,突出成毛尖状。叶细胞厚壁,菱形至长菱形或六边形,上部边缘有一列不明显长方形细胞,基部细胞长方形。孢子体未见。

生境:生于林缘土坡、路边或岩面薄土上。

产地:荣成,正棋山,海拔 550 m,黄正莉 20112969 - B。荣成,正棋山,海拔 250 m,李林 20112331 - A。荣成,伟德山,海拔 550 m,李林 20112354、20112364。文登,昆嵛山,二分场缓冲区,海拔 400 m,李林 20101137。牟平,昆嵛山,马腚,海拔 200 m,任昭杰 20101593、20111680。栖霞,艾山,山脚苹果园,海拔 350 m,黄正莉 20113056 - C、20113060 - B。栖霞,牙山,海拔 400 m,郭萌萌 R20111000。招远,罗山,海拔 600 m,黄正莉 20111965 - A、20111972 - B。平度,大泽山,海拔 450 m,黄正莉 20112095 - A、20112140 - B。青岛,崂山,下清宫,海拔 300 m,任昭杰 20112940 - A。青岛,崂山,北宅,海拔 400 m,韩国营 20112855 - B。青岛,崂山,太和观,海拔 300 m,付旭 R20131323。青岛,长门岩岛,赵遵田 89010。黄岛,积米崖,赵遵田 89319 - B。黄岛,灵山岛,海拔 300 m,任昭杰 20111435、20111449。黄岛,小珠山,海拔 350 m,李林 R11931。黄岛,大珠山,海拔 150 m,黄正莉 20111536 - B、20111550。黄岛,铁橛山,海拔200 m,黄正莉 20110812。五莲,五莲山,海拔 300 m,任昭杰 R20130125。日照,丝山,赵遵田

89249。临朐,沂山,古寺,赵遵田 90079。临朐,沂山,歪头崮,海拔 900 m,赵遵田 90455 – A。青州,仰天山,仰天寺,赵遵田 88104 – B。青州,仰天山,海拔 800 m,李林 20112270 – D。蒙阴,蒙山,望海楼,赵遵田 91473 – 1 – A。平邑,蒙山,核桃涧,海拔 600 m,郭萌萌 R121006 – B。费县,蒙山,花园庄,赵遵田 91344 – B。博山,鲁山,海拔 700 m,黄正莉 20112557。东营,河口区水库,赵遵田 89234。莱芜,北郊巩山,赵遵田 85025 – A、85029 – A。新泰,莲花山,海拔 650 m,黄正莉 20110601。新泰,莲花山,海拔 200 m,黄正莉 20110647。泰安,徂徕山,中军帐,海拔 500 m,任昭杰 20110766 – A。泰安,徂徕山,太平顶,海拔 1000 m,黄正莉 20110775 – C。泰安,泰山,桃花峪,海拔 500 m,黄正莉 R11958。曲阜,颜庙,赵遵田 84144。枣庄,抱犊崮,赵遵田 911443、911446。章丘,赖桂玉 R20120050 – B。济南千佛山,赵遵田 87170、87171。济南,党家庄,赖桂玉 R20120069 – C。长清,灵岩寺,赵遵田 87193。长清,土生,赖桂玉 R20120048。平阴,赖桂玉 R20120049。济阳,赖桂玉 R20120063。临清,运河东岸,赵遵田 85007 – B。德州,高铁站,任昭杰 R14005。

分布:中国(河北、山东、新疆、安徽、江苏、上海、湖北、四川、贵州、云南、西藏、福建、台湾、广东、广西、海南、香港、澳门)。巴基斯坦、印度、缅甸、泰国、越南、马来西亚、印度尼西亚、菲律宾、日本、朝鲜、秘鲁、智利、南非、马达加斯加,中美洲。

该种在山东分布极为广泛,常与其他藓类混生,在林缘土坡常与真藓 *Bryum argenteum* Hedw. 混生,形成大片群落。

3. 砂生短月藓

Brachymenium muricola Broth. , Sitzungsber. Kaiserl. Akad. Wiss. , Math. – Naturwiss. Cl. 131:213.1923.

植物体形小,丛生。叶略呈龙骨状,狭卵状披针形;叶全缘,下部略背卷;中肋及顶至略突出,但不呈毛尖状。

生境:生于土表。

产地:青岛,崂山,下清宫,海拔 300 m,任昭杰 20112940 – B。

分布:中国特有种(山东、四川、重庆、云南、西藏)。

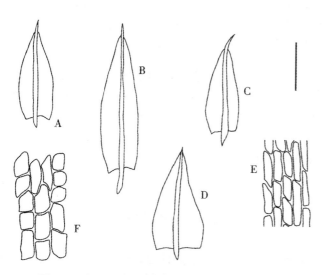

图196 砂生短月藓 *Brachymenium muricola* Broth. , A – D. 叶;E. 叶中部细胞;F. 叶基部细胞(任昭杰、付旭 绘)。标尺:A – D = 0.8 mm, E – F = 80 μm。

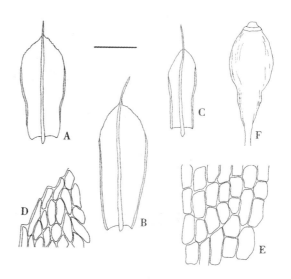

图197 短月藓 *Brachymenium nepalense* Hook. , A – C. 叶;D. 叶中上部边缘细胞;E. 叶基部细胞;F. 孢蒴(任昭杰、付旭 绘)。标尺:A – C, F = 1.1 mm, D – E = 110 μm。

4. 短月藓(照片 68)

Brachymenium nepalense Hook. , Sp. Musc. Frond. , Suppl. 2, 2: 131. 1824.

植物体较粗壮,丛生。茎直立,高可达 2 cm。叶丛集于枝端呈莲座状,长匙形,渐尖;叶边背卷,上部具齿;中肋粗壮,突出成毛尖状,基部红色。叶中上部细胞菱形或六边形,基部细胞长方形,上部边缘分化 1 – 3 列狭长细胞。孢子体未见。

生境:生于树基部、土表及岩面薄土上。

产地:牟平,昆嵛山,赵遵田 Zh91045。青岛,崂山,赵遵田 96033。黄岛,小珠山,赵遵田 Zh89302。博山,鲁山,海拔 600 m,李林 20112595。济南,龙洞,赵遵田 88733。

分布:中国(黑龙江、吉林、辽宁、内蒙古、河北、山东、河南、陕西、甘肃、安徽、江苏、上海、浙江、湖北、四川、重庆、贵州、云南、西藏、福建、台湾、广东、广西)。尼泊尔、不丹、斯里兰卡、缅甸、泰国、越南、印度尼西亚、日本、巴布亚新几内亚、毛里求斯和马达加斯加。

5. 丛生短月藓

Brachymenium pendulum Mont. , Ann. Sci. Nat. , sér. 2, 17: 254. 1842.

植物体丛生,茎直立。叶龙骨状,三角状披针形;叶边背卷,上部具细齿;中肋突出呈毛尖状。叶细胞菱形至长六边形,基部细胞短长方形,叶边不明显分化 1 – 2 列狭长细胞。

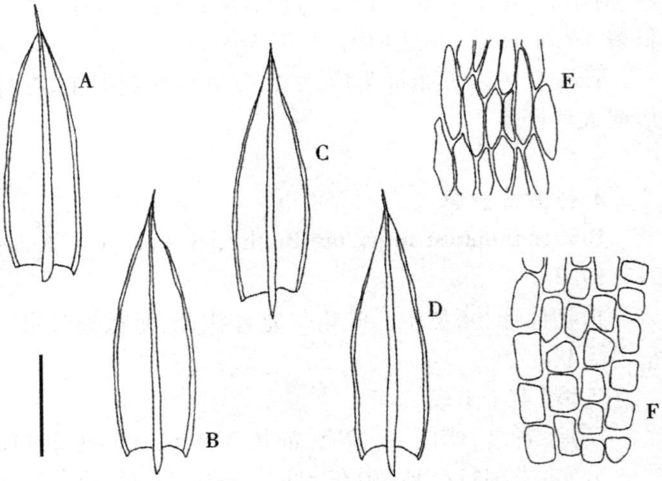

图 198 丛生短月藓 *Brachymenium pendulum* Mont. , A – D. 叶;E. 叶中部细胞;F. 叶基部细胞(任昭杰、付旭 绘)。标尺:A – D = 1.1 mm, D – G = 110 μm。

生境:生于土表或岩面薄土上。

产地:文登,昆嵛山,二分场缓冲区,海拔 300 m,任昭杰 20101102 – A、20101308 – A。牟平,昆嵛山,黑龙潭,海拔 300 m,黄正莉 20110144、20110172。栖霞,牙山,赵遵田 90909。青岛,崂山,北九水林场,赵遵田 89407 – A。临朐,嵩山,赵遵田 90384 – D。临朐,沂山,转拵台,赵遵田 90154。蒙阴,蒙山,望海楼,赵遵田 91325 – B。博山,鲁山,龙凤石,海拔 700 m,黄正莉 20112571 – B。新泰,莲花山,土生,海拔 600 m,赵遵田 20110561 – A。枣庄,山亭区,东山山腰,黄正莉 20113143 – A。泰安,泰山,桃花峪,海拔 400 m,黄正莉 20110406 – B。济南,龙洞,海拔 300 m,李林 20113111 – A。

分布:中国(山东、陕西、湖南、云南)。印度。

经检视标本发现,杜超等(2010)报道的多枝短月藓 *B. leptophyllum* (Müll. Hal.) A. Jaeger 系本种误定。

3. 真藓属 Bryum Hedw. Sp. Musc. Frond. 178. 1801.

植物体小形至中等大小。茎直立,单一或分枝。叶卵圆形、椭圆形或披针形,先端钝、急尖或渐尖;叶边全缘或具齿,平展或背卷,多具分化边缘;中肋单一,粗壮,消失于叶尖稍下部、及顶或突出,呈或不呈毛尖状。叶细胞多数菱形或六边形,薄壁,平滑,近边缘细胞较狭,叶基部细胞多长方形,较大。雌雄异株、雌雄同株异序或雌雄同株混生。蒴柄长。孢蒴倾斜或下垂,多具明显台部。蒴齿双层。蒴盖圆锥形。蒴帽兜形。孢子圆球形。

本属全世界约 440 种。中国有 49 种和 3 变种;山东有 34 种。

分种检索表

1. 植物体银白色（叶上部透明） ·· 5. 真藓 B. argenteum
1. 植物体非银白色 ·· 2
2. 植物体具根生无性芽胞 ··· 3
2. 植物体无根生无性芽胞 ··· 6
3. 无性芽胞梨形 ·· 31. 沙氏真藓 B. sauteri
3. 无性芽胞球形 ·· 4
4. 叶边明显背卷 ·· 27. 球根真藓 B. radiculosum
4. 叶边平展或略背卷 ··· 5
5. 叶尖部具齿 ··· 9. 瘤根真藓 B. bornholmense
5. 叶全缘或近全缘 ······································· 29. 近土生真藓 B. riparium
6. 雌雄同株异序 ··· 7
6. 雌雄异株或同序混生 ·· 8
7. 内齿层发育良好 ······································· 23. 黄色真藓 B. pallescens
7. 齿毛不发育 ··· 34. 垂蒴真藓 B. uliginosum
8. 中肋达叶尖稍下部消失、及顶或略突出，但不呈芒状 ··························· 9
8. 中肋突出叶尖呈芒状 ··· 24
9. 叶先端圆钝 ··· 10
9. 叶先端渐尖或急尖 ·· 13
10. 叶分化边缘不明显 ··· 11
10. 叶具明显分化边缘 ··· 12
11. 叶具明显纵褶 ··· 12. 柔叶真藓 B. cellulare
11. 叶无纵褶 ··· 14. 圆叶真藓 B. cyclophyllum
12. 叶细胞狭菱形；叶尖受压后易开裂成丫状 ··········· 17. 韩氏真藓 B. handelii
12. 叶细胞宽菱形；叶尖受压多不开裂 ················· 21. 卷尖真藓 B. neodamense
13. 叶具明显分化边缘 ··· 14
13. 叶无分化边缘或分化边缘不明显 ··· 18
14. 叶边自基部至中上部具分化边缘 ··················· 30. 橙色真藓 B. rutilans
14. 叶边全部具分化边缘 ··· 15
15. 雌雄同序混生 ··· 26. 紫色真藓 B. purpurascens
15. 雌雄异株 ··· 16
16. 叶基部具膨大、红褐色细胞 ·························· 33. 球蒴真藓 B. turbinatum
16. 叶基部细胞与中上部细胞颜色相同 ·· 17
17. 叶边强烈背卷；孢子直径小于 10 μm ············· 6. 红蒴真藓 B. atrovirens
17. 叶边略背卷；孢子直径大于 12 μm ················ 22. 灰黄真藓 B. pallens
18. 中肋在叶尖稍下部消失或及顶 ·· 19
18. 中肋略突出叶尖 ··· 21
19. 叶具明显纵褶 ··· 12. 柔叶真藓 B. cellulare
19. 叶无纵褶 ··· 20
20. 叶边平展 ··· 16. 宽叶真藓 B. funkii
20. 叶边背卷 ··· 19. 沼生真藓 B. knowltonii
21. 叶边明显背卷 ··· 22

21. 叶边平展或略背卷 ……………………………………………………… 23

22. 假根无根生芽胞 ……………………………………… 2. 高山真藓 B. alpinum

22. 假根偶见梨形无性芽胞 ………………………… 3. 毛状真藓 B. apiculatum

23. 叶在茎上明显呈覆瓦状排列 ………………………… 8. 卵蒴真藓 B. blindii

23. 叶在茎上不呈覆瓦状排列 ………………………… 18. 喀什真藓 B. kashmirense

24. 叶明显具齿;叶在枝顶或通常在能预的茎上排列成莲座状 ……… 7. 比拉真藓 B. billarderi

24. 叶全缘或先端具细齿;叶在枝顶排列无明显莲座状 …………………… 25

25. 叶具明显分化边缘 ……………………………………………………… 26

25. 叶无分化边缘或分化边缘不明显 ……………………………………… 30

26. 孢蒴台部粗 ……………………………………………………………… 27

26. 孢蒴台部细长 …………………………………………………………… 28

27. 孢蒴长圆形,台部粗于壶部 ………………………… 13. 蕊形真藓 B. coronatum

27. 孢蒴广椭圆形,台部与壶部等粗或略细于壶部 …… 15. 双色真藓 B. dichotomum

28. 叶三角状披针形 ……………………………………… 32. 卷叶真藓 B. thomsonii

28. 叶披针形或卵状披针形 ………………………………………………… 29

29. 叶细胞狭菱形至线形 ………………………………… 24. 近高山真藓 B. paradoxum

29. 叶细胞菱形 …………………………………………… 28. 弯叶真藓 B. recurvulum

30. 蒴口小;蒴盖小;内齿层附着于外齿层下部 ……………………………… 31

30. 蒴口大;蒴盖大;内齿层发育完全 …………………………………………… 32

31. 叶边单层细胞 ………………………………………… 1. 狭网真藓 B. algovicum

31. 叶边常两层细胞 ……………………………………… 4. 极地真藓 B. arcticum

32. 雌雄同序混生 ………………………………………… 20. 刺叶真藓 B. lonchocaulon

32. 雌雄异株 ………………………………………………………………… 33

33. 植物体粗壮;叶边明显背卷 ………………………… 25. 拟三列真藓 B. pseudotriquetrum

33. 植物体不粗壮;叶边略背卷 ……………………………………………… 34

34. 叶披针形或卵状披针形 ……………………………… 10. 丛生真藓 B. caespiticium

34. 叶倒卵圆形或舌形 …………………………………… 11. 细叶真藓 B. capillare

Key to the species

1. Plants whitish to silvery green (leaves hyaline above) …………………… 4. B. argenteum

1. Plants not whitish to silvery ………………………………………………… 2

2. Gemmae on rhizoids ………………………………………………………… 3

2. Without gemmae on rhizoids ……………………………………………… 6

3. Gemmae pyriform …………………………………………………… 31. B. sauteri

3. Gemmae globose ……………………………………………………………… 4

4. Leaf margins recurved obviously ………………………………… 27. B. radiculosum

4. Leaf margins plane or recurved lightly …………………………………… 5

5. Leaf apex serrulate ………………………………………………… 9. B. bornholmense

5. Leaf margins entire or nearly entire ……………………………… 29. B. riparium

6. Autoicous ……………………………………………………………………… 7

6. Dioicous or heteroicous …………………………………………………… 8

7. Endostome developed well ………………………………………… 23. B. pallescens

7. Endostome and cilium undeveloped ……………………………… 34. B. uliginosum

8. Costa ending below apex, percurrent to short – excurrent, not aristate ·················· 9

8. Costa excurrent, aristate ······································· 24

9. Leaves apex obtuse ·· 10

9. Leaves apex acuminate or acute ·································· 13

10. Laminal margins differentiated weekly or not diierentiated ············· 11

10. Laminal margins differentiated obviously ························· 12

11. Laminae plicate obviously ································· 12. *B. cellulare*

11. Laminae plane or weekly plicate ······················· 14. *B. cyclophyllum*

12. Laminal cells narrow rhombic, apex often divulse ············· 17. *B. handelii*

12. Laminal cells broad rhombic, apex not divulse ············· 21. *B. neodamense*

13. Laminal margins differentiated obviously ························ 14

13. Laminal margins differentiated weekly or not diierentiated ············· 18

14. Laminal margins differentiated from middle to base ········· 30. *B. rutilans*

14. Laminal margins differentiated from top to base ·················· 15

15. Heteroicous ····································· 26. *B. purpurascens*

15. Dioicous ··· 16

16. Cells of leaf base reddish brown ················· 33. *B. turbinatum*

16. Cells of leaf apex to base always same colour ···················· 17

17. Leaf margins revurved obviously; spores less than 10 μm length ·········· 6. *B. atrovirens*

17. Leaf margins weekly recurved or not recurved; spores more than 12 μm length ····· 22. *B. pallens*

18. Costa ending below apex, percurrent ······················· 19

18. Costa short – excurren ···································· 21

19. Laminae plicate obviously ································· 12. *B. cellulare*

19. Laminae plane ·· 20

20. Leaf margins plane ································ 16. *B. funkii*

20. Leaf margins recurved ····························· 19. *B. knowltonii*

21. Laminae plicate obviously ································· 22

21. Laminae plane or weekly plicate ···························· 23

22. Without gemmae on rhizoids ·························· 2. *B. alpinum*

22. Gemmae occurs on rhizoids ························· 3. *B. apiculatum*

23. Plants with imbricate leaves appressed ················· 8. *B. blindii*

23. Plants with separate leaves not so appressed ············· 18. *B. kashmirense*

24. Leaf margins serrate; usually with rosette leaves on base ········· 7. *B. billarderi*

24. Leaf margins near entire; without rosette leaves on base ·············· 25

25. Laminal margins differentiated obviously ························ 26

25. Laminal margins differentiated weekly or not diierentiated ············· 30

26. Apophysis short and thick ································· 27

26. Apophysis long and slender ································ 28

27. Capsules oblong, apophysis thick, more broad than urn ········· 13. *B. coronatum*

27. Capsules short elliptical, apophysis almost same size with urn ······ 15. *B. dichotomum*

28. Leaves triangle lanceolate ························· 32. *B. thomsonii*

28. Leaves lanceolate or ovate lanceolate ······················ 29

29. Laminal cells narrow rhombic to linear ················ 24. *B. paradoxum*

29. Laminal cells rhombic ·································· 28. *B. recurvulum*

30. Mouth and operculum of capsules small size; endostome teeth attached in the outer surface of base

·· 31

30. Mouth and operculum of capsules big size; endostome developed well ······· 32

31. Leaf margins composited by single row cells ·············· 1. *B. algovicum*

31. Leaf margins often composited by 2 row cells ·············· 4. *B. arcticum*

32. Heteroicous ······································ 20. *B. lonchocaulon*

32. Dioicous ·· 33

33. Plants strong; leaf margins recurved obviously ·········· 25. *B. pseudotriquetrum*

33. Plants not strong; leaf margins weekly recurved ················· 34

34. Leaves lanceolate or ovate lanceolate ················ 10. *B. caespiticium*

34. Leaves oblong – ovate or spathulate ················· 11. *B. capillare*

1. 狭网真藓

Bryum algovicum Sendt. ex Müll. Hal., Syn. Musc. Frond. 2：569. 1851.

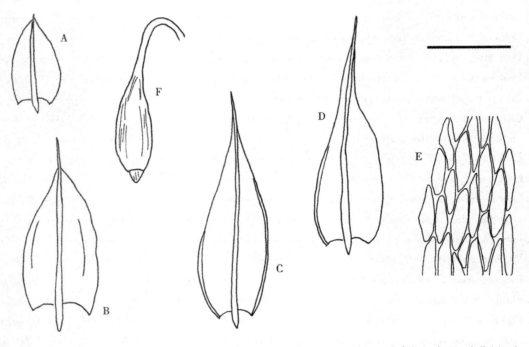

图 199 狭网真藓 *Bryum algovicum* Sendt. ex Müll. Hal., A – D. 叶；E. 叶中部细胞；F. 孢蒴（任昭杰、付旭 绘）。标尺：A – D = 0.8 mm, E = 110 μm, F = 1.6 mm。

叶长椭圆形至卵圆形,渐尖或急尖;叶边全缘,仅先端具细齿,中下部多背卷;中肋突出于叶尖,呈芒状,多具齿。叶中上部细胞长椭圆状六边形。孢蒴长卵圆形,下垂。

生境:多生于土表、岩面薄土上。

产地:文登,昆嵛山,玉屏池,海拔 350 m,姚秀英 20100477、20100491。牟平,昆嵛山,三岔河,海拔 325 m,李林 20110235 – B。平度,大泽山,西林场,赵遵田 91731。黄岛,小珠山,赵遵田 91128。莒县,潘家屯,赵遵田 91102。沂南,蒙山,赵遵田 91204 – A。蒙阴,蒙山,望海楼,赵遵田 91482 – B。青州,仰天寺,赵遵田 88100 – B。临朐,沂山,黑风口,海拔 830 m,赵遵田 90424。临朐,沂山,百丈崖,赵遵田

90124。莱芜市,雪野镇,南栾宫村下河,魏雪萍 20089195、20089199 – A。

分布:中国(内蒙古、山东、陕西、青海、新疆、宁夏、安徽、四川、贵州)。秘鲁、智利,大洋洲、亚洲、欧洲、北美洲和非洲。

2. 高山真藓(见前志图 172)

Bryum alpinum Huds. ex With. , Syst. Arr. Brit. Pl. (ed. 4) , 3:824.1801.

叶卵状披针形,明显龙骨状;叶边全缘,仅先端具微齿,背卷;中肋略突出叶尖,不呈芒状。叶细胞狭菱形。孢蒴长梨形,下垂。

生境:多生于土表或岩面薄土上。

产地:牟平,昆嵛山,赵遵田 Zh91045。青岛,崂山,北九水,海拔 400 m,任昭杰、杜超 20071179。青岛,长门岩岛,赵遵田 Zh89011。黄岛,小珠山,赵遵田 Zh91394。蒙阴,蒙山,小天麻顶,赵遵田 91223 – D、91264 – A。泰安,泰山,黑龙潭,赵遵田 34130。泰安,泰山,赵遵田 Zh34130。

分布:中国(黑龙江、吉林、辽宁、内蒙古、山西、山东、陕西、宁夏、新疆、江西、四川、贵州、云南、西藏)。缅甸、越南、柬埔寨、印度尼西亚、波多黎各、南亚,欧洲和非洲。

3. 毛状真藓

Bryum apiculatum Schwägr. , Sp. Musc. Frond. , Suppl. 1, 2:102 f. 72.1816.

Bryum porphyroneuron Müll. Hal. , Bot. Zeitung (Berlin) 11:22.1853.

叶披针形至椭圆状披针形,先端渐尖,明显呈龙骨状;叶边全缘,仅先端具微齿,背卷;中肋及顶或略突出于叶尖,但不呈芒状。叶细胞狭菱形,叶边不明显分化。假根偶见梨形芽胞。

生境:多生于潮湿的岩石上、土表及岩面薄土上。

产地:荣成,正棋山,海拔 250 m,李林 20113015 – A。牟平,昆嵛山,三岔河,海拔 300 m,任昭杰 20100038。栖霞,牙山,赵遵田 90834 – C。青岛,崂山,滑溜口,付旭 R20131337。蒙阴,蒙山,小天麻顶,赵遵田 91285、91290。青

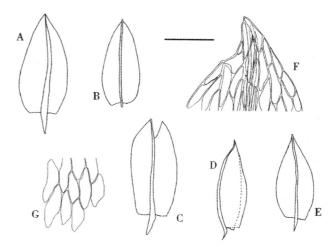

图 200 毛状真藓 *Bryum apiculatum* Schwägr. , A – E. 叶;F. 叶尖部细胞;G. 叶基部细胞(任昭杰、付旭 绘)。标尺:A – E = 1.1 mm, F – G = 170 μm。

州,仰天山,海拔 800 m,郭萌萌 20112245 – D。临朐,沂山,百丈崖,赵遵田 90115 – 1、90117 – A。泰安,徂徕山,大寺,湿石生,赵遵田 91796 – B、91797 – B。枣庄,抱犊崮,赵遵田 911358。济南,趵突泉公园,易安旧居,赖桂玉 R20131352。

分布:中国(山西、山东、四川、贵州、云南、西藏、台湾、广东)。斯里兰卡、印度尼西亚、玻利维亚、巴西和厄瓜多尔。

4. 极地真藓(见前志图 173)

Bryum arcticum (R. Br.) Bruch & Schimp. , Bryol. Eur. 4:154 pl. 335.1846.

Pohlia arctica R. Br. bis, Chlor. Melvill. 38.1823.

叶卵圆形、披针形或卵状披针形,急尖;叶边全缘,仅先端具微齿,背卷;中肋粗壮,突出于叶尖,呈芒状,具齿。孢蒴棒槌形至长梨形,下垂。

生境:生于土表或岩面薄土上。

产地:牟平,昆嵛山,三官殿,海拔 250 m,姚秀英 20100404。牟平,昆嵛山,赵遵田 Zh83007。青岛,崂山,赵遵田 Zh88020。蒙阴,蒙山,三分区,赵遵田 91172 – A、91186。泰安,徂徕山,赵遵田 Zh911314。泰安,泰山,玉皇顶,海拔 1500 m,赵遵田 34023 – B、34036 – A。泰安,泰山,黑龙潭下,赵遵田 34128 – B、34145 – B。

分布:中国(黑龙江、吉林、辽宁、内蒙古、河北、山西、山东、新疆、安徽、四川、贵州、西藏)。日本,北极及附近地区。

5. 真藓(照片 69)

Bryum argenteum Hedw. , Sp. Musc. Frond. 181.1801.

植物体银白色至淡绿色。叶覆瓦状状排列,宽卵圆形或近圆形,先端具长尖或短渐尖或钝尖,上部无色透明,下部淡绿色;叶边全缘,平展;中肋多在叶尖稍下部消失。孢蒴卵圆形或长椭圆形,下垂。

生境:多生于土表。

产地:荣成,正棋山,海拔 500 m,黄正莉 20112976 – A、20112990 – B。荣成,伟德山,海拔 450 m,黄正莉 20112398 – A、20112350 – A。文登,昆嵛山,玉屏池,海拔 450 m,姚秀英 20100541。牟平,昆嵛山,九龙池,海拔 400 m,任昭杰 20100291。牟平,昆嵛山,水帘洞,海拔 300 m,任昭杰 20100842 – B。栖霞,艾山,山脚苹果园,海拔 450 m,黄正莉 20113056 – D。招远,罗山,海拔 600 m,黄正莉 20111952 – B。青岛,崂山,下清宫,海拔 300 m,任昭杰 20112940 – C。青岛,崂山顶,海拔 1000 m,韩国营 20112856 – B。莒县,龙山,赵遵田 91107。蒙阴,蒙山,孙膑洞,海拔 600 m,赵遵田 R20131381。蒙阴,蒙山,三分区,赵遵田 91359 – B。青州,仰天山,仰天寺,赵遵田 88073 – A。临朐,沂山,赵遵田 90161、90167。临朐,嵩山,赵遵田 90403 – A。曲阜,周公庙,赵遵田 84149。曲阜,孔庙,大成殿前,赵遵田 84189。新泰,莲花山,海拔 300 m,黄正莉 20110627 – A。新泰,莲花山,海拔 700 m,黄正莉 20110636 – B。泰安,泰山,中天门,赵遵田 33952、33962 – B。泰安,徂徕山,太平顶,海拔 900 m,任昭杰 20110692 – A。莱芜,莱城区,赖桂玉 R20120067 – B。枣庄,抱犊崮,赵遵田 911360。商河,赖桂玉 R20110059 – A。长清,灵岩寺,赵遵田 87186。济南,匡山小区,赖桂玉。济南,黄河森林公园,赖桂玉 R20111006 – B。临清,运河东岸,赵遵田 85008、85009。

分布:中国南北各省皆有分布。世界广布种。

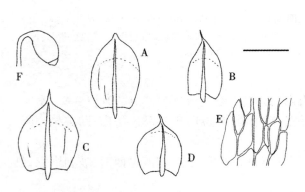

图 201 真藓 *Bryum argenteum* Hedw. , A – D. 叶;E. 叶基部细胞;F. 孢蒴(任昭杰、付旭 绘)。标尺:A – D = 0.8 mm, E = 110 μm, F = 1.9 mm.

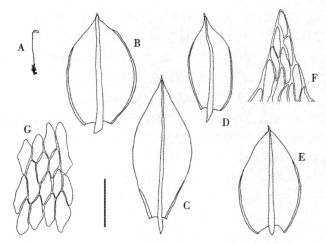

图 202 红蒴真藓 *Bryum atrovirens* Brid. , A. 植物体;B – E. 叶;F. 叶尖部细胞;G. 叶中部细胞(任昭杰、付旭 绘)。标尺:A = 3.3 cm, B – E = 1.1 mm, F – G = 140 μm。

6. 红蒴真藓

Bryum atrovirens Brid. , Muscol. Recent. 2 (3):48 1803.

植物体矮小,丛生。叶卵圆形至卵状披针形,先端渐尖;叶先端具微齿,下部背卷;中肋及顶或略突出于叶尖,不呈芒状。叶中部细胞长六边形,边缘分化 2 - 3 列狭长细胞。孢蒴棒状或梨形,下垂,台部与壶部等长或稍短。

生境:生于土表。

产地:东营,赵遵田 Zh89234。临清,赵遵田 Zh85013。

分布:中国(山东、新疆、江苏、浙江、江西、贵州、西藏、台湾、香港、澳门)。巴基斯坦、缅甸和越南。

7. 比拉真藓

Bryum billarderi Schwägr. , Sp. Musc. Frond. , Suppl. 1 , 2:115. 1816.

植物体稀疏丛生。叶在茎顶端密集排列,呈莲座状,长椭圆形至倒卵圆形,先端急尖或短渐尖;叶中下部背卷,先端具齿;中肋突出于叶尖,呈短芒状。叶中部细胞长六边形,边缘分化 3 - 5 列狭长细胞,基部细胞长方形。孢子体未见。

生境:多生于土表或岩面薄土上。

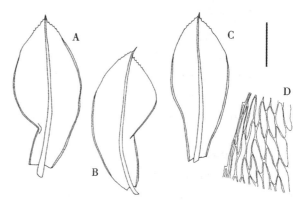

图 203　比拉真藓 *Bryum billarderi* Schwägr. , A – C. 叶;D. 叶中上部细胞(任昭杰、付旭 绘)。标尺:A – C = 1.1 mm, D = 110 μm。

产地:文登,昆嵛山,仙女池,海拔 200 m,黄正莉 20100571。牟平,昆嵛山,三岔河,海拔 400 m,任昭杰 20100163。牟平,昆嵛山,赵遵田 Zh87000。栖霞,牙山,海拔 350 m,郭萌萌 20111849 – A。青岛,崂山,潮音瀑,海拔 600 m,邵娜 20112892 – B。青岛,崂山,黑风口,赵遵田 Zh89387。五莲,五莲山,海拔 250 m,任昭杰 R20130168 – B。蒙阴,蒙山,凌云寺,海拔 730 m,黄正莉 20111237。博山,鲁山,赵遵田 90514。枣庄,抱犊崮,赵遵田 Zh91154。泰安,徂徕山,大寺,赵遵田 91942。泰安,泰山,赵遵田 33966 – C。泰安,泰山,桃花峪,海拔 400 m,李林 20110414。

分布:中国(山东、陕西、新疆、安徽、江苏、浙江、江西、湖南、湖北、四川、重庆、贵州、云南、西藏、福建、台湾、广西、香港)。斯里兰卡、印度、尼泊尔、不丹、缅甸、泰国、越南、印度尼西亚、菲律宾、日本、巴布亚新几内亚、澳大利亚、新西兰、秘鲁、巴西、智利,北美洲、中美洲和非洲。

8. 卵蒴真藓

Bryum blindii Bruch & Schimp. , Bryol. Eur. 4:163. 1846.

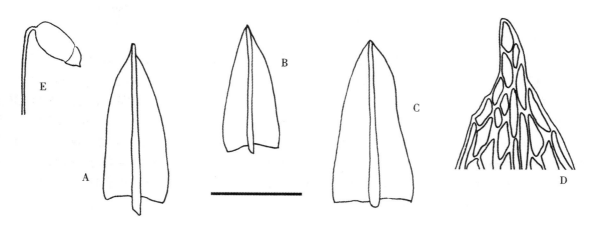

图 204　卵蒴真藓 *Bryum blindii* Bruch & Schimp. , A – C. 叶;D. 叶尖部细胞;E. 孢蒴(任昭杰、付旭 绘)。标尺:A – C = 0.8 mm, D = 80 μm, E = 3.7 mm。

植物体矮小，稀疏丛生。茎略呈柔荑花序状。叶明显覆瓦状排列，卵状披针形，多具短尖；叶边平展或略背卷，全缘；中肋及顶或略突出于叶尖，不呈芒状。叶中部细胞狭长菱形。孢蒴近球形，下垂，蒴台短。

生境：多生于土表。

产地：荣成，正棋山，海拔 250 m，李林 20112331 - B。荣成，伟德山，海拔 500 m，李林 20112331 - B。青岛，崂山，赵遵田 89334。五莲，五莲山，赵遵田 89285 - 1 - B。临朐，沂山，歪头崮，赵遵田 90454 - A。青州，仰天山，海拔 800 m，李林 20112310 - C。博山，鲁山，赵遵田 90627 - A、90628 - 1 - B。

分布：中国（山东、新疆、宁夏、贵州、云南）。巴基斯坦，欧洲和北美洲。

本种植物体较细小，多与其他土生藓类混生。

9. 瘤根真藓

Bryum bornholmense Winkelm. & Ruthe, Hedwigia 38（Beibl. 3）: 120. 1899.

植物体较柔软，稀疏丛生。茎高可达 1.5 cm，单一，未见分枝。叶在茎上稀疏着生，卵状披针形至长披针形，渐尖；叶边平展或背卷，先端具齿；中肋突出于叶尖，呈短芒状。叶中部细胞长菱形，薄壁，边缘分化 1 - 3 列狭长细胞。无性芽胞着生于假根上，球形，具短柄，红褐色，表面细胞凸起。

生境：多生于土表或岩面薄土上。

产地：荣成，正棋山，海拔 300 m，黄正莉 20112985 - B、20113005 - B。文登，昆嵛山，仙女池，海拔 350 m，任昭杰 20100451。文登，昆嵛山，二分场缓冲区，土生，海拔 300 m，任昭杰 20100451。牟平，昆嵛山，马腚，海拔 200 m，任昭杰 20101728。牟平，昆嵛山，小井，海拔 800 m，任昭杰 20101047。长岛，海拔 10 m，黄正莉 20110993 - B、20110996。栖霞，艾山，海拔 450 m，黄正莉 20113077 - B。栖霞，牙山，海拔 350 m，黄正莉 20111848 - B。招远，罗山，海拔 400 m，黄正莉 20111974、20112016 - C。平度，

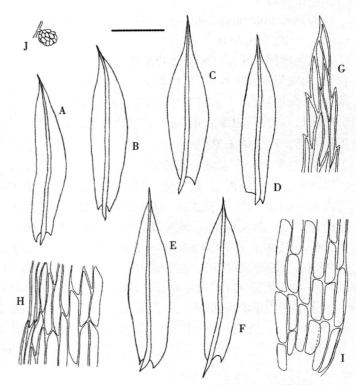

图 205 瘤根真藓 *Bryum bornholmense* Winkelm. & Ruthe，A - F. 叶；G. 叶尖部细胞；H. 叶中部细胞；I. 叶基部细胞；J. 芽胞（任昭杰 绘）。标尺：A - F = 1.1 mm，G - I = 140 μm，J = 80 μm。

大泽山，海拔 550 m，李林 20112069 - A、20112111。青岛，崂山，赵遵田 88021。青岛，崂山，下清宫，海拔 300 m，任昭杰 20112940 - D。黄岛，铁橛山，郭萌萌 R20130174 - A。黄岛，灵山岛，海拔 400 m，任昭杰 20111433、20111454 - B。黄岛，大珠山，海拔 100 m，黄正莉 20111490 - B。蒙阴，蒙山，三分区，赵遵田 91359 - A。蒙阴，蒙山，小天麻顶，赵遵田 91428 - A。临朐，沂山，赵遵田 90126。青州，仰天山，海拔 800 m，黄正莉 20112176 - C、20112200。东营，赵遵田 911581。博山，鲁山，海拔 700 m，郭萌萌 20112465、20112496 - C。泰安，徂徕山，光华寺，海拔 900 m，黄正莉 20110696。泰安，徂徕山，海拔 879 m，李林 20110770。泰安，泰山，桃花峪，海拔 400 m，黄正莉 R11948 - A。济南，仲宫，卧虎山水库，赵遵田 85036。济南，藏龙涧，任昭杰 R15494 - B。

分布：中国（山东、江苏）。欧洲。

本种在山东分布较为广泛，叶形变化幅度较大，但具球形根生无性芽胞，易与其他种类区别。

10. 丛生真藓

Bryum caespiticium Hedw. , Sp. Musc. Frond. 180. 1801.

植物体密集丛生。叶披针形至长披针形,或椭圆状披针形,渐尖;叶边背卷,先端具微齿;中肋强劲,突出叶尖,呈长芒状。叶中部细胞长六边形,近边缘细胞趋狭,叶边分化狭长细胞。孢蒴长椭圆形或梨形,平列至下垂,台部明显,粗壮。

生境:多生于土表或岩面薄土上。

产地:荣成,正棋山,海拔 500 m,李林 20113006 – B、20113009。文登,昆嵛山,仙女池,海拔 200 m,姚秀英 20100417 – A。牟平,昆嵛山,烟霞洞,海拔 350 m,黄正莉 20110326 – A。牟平,昆嵛山,黑龙潭,海拔 250 m,曹同 20110187 – A。栖霞,艾山,海拔 400 m,黄正莉 20113063 – A。青岛,崂山,滑溜口,海拔 500 m,李林 20112870 – A。黄岛,灵山岛,海拔 300 m,任昭杰 20111462 – A。黄岛,大珠山,海拔 100 m,李林 20111497 – B。黄岛,小珠山,海拔 100 m,黄正莉 20111727 – C。黄岛,小珠山,南天门下,海拔 500 m,任昭杰 20111622 – A。五莲,五莲山,海拔 300 m,任昭杰 R20130105 – B、R20130138 – B。日照,赵遵田 Zh89266。蒙阴,蒙山,三分区,赵遵田 91185 – B。临朐,沂山,赵遵田 Zh90114。枣庄,抱犊崮,赵遵田 911391。泰安,泰山,十八盘,赵遵田 34050 – A。泰安,泰山,黑龙潭,赵遵田 34132 – B。济南,龙洞,李林 20113118、20113139。济南,千佛山,赵遵田 83144。

分布:中国(黑龙江、吉林、辽宁、内蒙古、河北、山西、山东、河南、陕西、甘肃、新疆、安徽、江苏、上海、浙江、江西、湖北、四川、重庆、贵州、云南、台湾、广东、香港)。世界广布种。

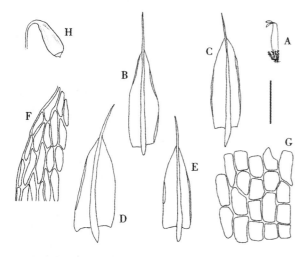

图 206 丛生真藓 Bryum caespiticium Hedw. , A. 植物体;B – E. 叶;F. 叶中上部细胞;G. 叶基部细胞;H. 孢蒴(任昭杰、付旭 绘)。标尺:A = 3.3 cm, B – E = 0.8 mm, F – G = 80 μm, H = 3.7 mm。

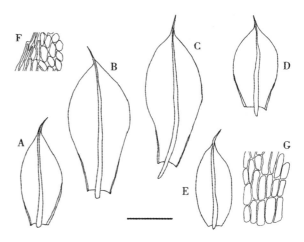

图 207 细叶真藓 Bryum capillare Hedw. , A – E. 叶;F. 叶中上部细胞;G. 叶基部细胞(任昭杰 绘)。标尺:A – E = 1.4 mm, F – G = 220 μm。

11. 细叶真藓

Bryum capillare Hedw. , Sp. Musc. Frond. 182. 1801.

植物体丛生。叶卵圆形、长椭圆形、舌形或倒卵形,最宽处在叶中部,具短尖;叶边平展或略背卷,先端具细齿;中肋突出于叶尖,呈芒状。叶中上部细胞六边形或菱形,薄壁,边缘分化 1 – 2 列狭长细胞,下部细胞较大,长方形或长六边形。孢蒴长椭圆形或棒槌形,平列至下垂,台部明显,短于壶部。蒴盖具喙。

生境:多生于土表或岩面薄土上,偶见于石壁上或树基部。

产地:文登,昆嵛山二分场缓冲区,海拔 400 m,李林 20101226、20101380。牟平,昆嵛山,三岔河,海拔 300 m,成玉良 20100089 - B。牟平,昆嵛山,五分场东山,海拔 450 m,李林 20100801。平度,大泽山,赵遵田 91770。平度,大泽山,海拔 500 m,李林 20112131 - B。青岛,崂山,北九水,任昭杰 R20131352。青岛,崂山,北九水,任昭杰、杜超 20071175。黄岛,铁橛山,海拔 300 m,黄正莉 R20130146。黄岛,小珠山,海拔 100 m,任昭杰 20111646 - B。黄岛,小珠山,海拔 250 m,黄正莉 20111704。五莲,五莲山,海拔 300 m,任昭杰 20110101。莒县,潘家屯,赵遵田 91103 - 1。蒙阴,蒙山,天麻顶,赵遵田 91229 - A。蒙阴,蒙山,三分区,赵遵田 91183 - B。枣庄,抱犊崮,赵遵田 911331 - B。泰安,徂徕山,赵遵田 Zh911532。泰安,泰山,黑龙潭,赵遵田 34166。泰安,泰山,马蹄峪,赵遵田 34051 - B。

分布:中国(吉林、辽宁、内蒙古、山西、山东、陕西、宁夏、新疆、安徽、江苏、上海、浙江、湖北、四川、重庆、贵州、云南、西藏、福建、台湾、广东、广西、香港、澳门)。世界广布种。

12. 柔叶真藓

Bryum cellulare Hook. , Sp. Musc. Frond. , Suppl. 3, 1 (1): 214. 1827.

植物体稀疏丛生。叶卵圆形或长椭圆状披针形,先端圆钝,具纵褶;叶边平展,全缘;中肋在叶尖下部消失。叶中上部细胞六边形或菱形,叶边分化 1 - 2 列狭菱形细胞,基部细胞长方形。孢子体未见。

生境:生于水湿环境中。

产地:济南,趵突泉公园,赵遵田、李法曾 90001。济南,大明湖,任昭杰、赖桂玉 R20131117。

分布:中国(山东、陕西、新疆、安徽、江苏、上海、浙江、江西、湖北、重庆、贵州、云南、西藏、福建、台湾、广东、香港、澳门)。巴基斯坦、泰国、越南、印度尼西亚、日本、澳大利亚、法国(留尼望岛),中美洲、北美洲和非洲南部。

本种叶形变化较大,且具纵褶,易与其他种类区别。

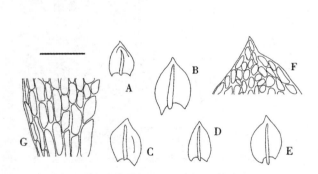

图 208 柔叶真藓 *Bryum cellulare* Hook. , A - E. 叶;F. 叶尖部细胞;G. 叶基部细胞(任昭杰、付旭 绘)。标尺:A - E = 0.8 mm, F = 80 μm, G = 140 μm。

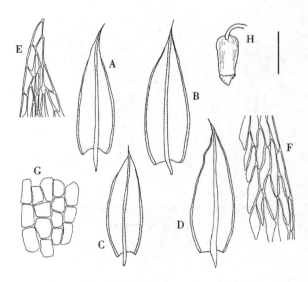

图 209 蕊形真藓 *Bryum coronatum* Schwägr. , A - D. 叶;E. 叶尖部细胞;F. 叶中上部细胞;G. 叶基部细胞;H. 孢蒴(任昭杰、付旭 绘)。标尺:A - D = 0.8 mm, E - G = 110 μm, H = 1.8 mm。

13. 蕊形真藓

Bryum coronatum Schwägr. , Syn. Musc. Frond. , Suppl. 1, 2: 103 pl. 71. 1816.

植物体密集丛生。叶披针形、卵状披针形或三角状披针形,渐尖,叶尖多向一侧偏曲;叶边背卷,全缘;中肋粗壮,突出于叶尖,呈芒状。叶中上部细胞菱形或长六边形,薄壁,边缘不明显分化 1 - 2 列狭长细胞,基部细胞长方形。孢蒴长椭圆形,下垂,红褐色,台部膨大,明显粗于壶部。

生境:多生于土表或岩面薄土上。

产地:牟平,昆嵛山,泰礴顶下,海拔 850 m,黄正莉 20101058 – B。牟平,昆嵛山,老永清,赵遵田 89414。栖霞,牙山,赵遵田 90797 – B。平度,大泽山,赵遵田 91024。青岛,青岛公园,仝治国 0046 (PE)。青岛,崂山,赵遵田 Zh88007。黄岛,小珠山,赵遵田 Zh84140。临朐,嵩山,赵遵田 90397 – A。临朐,沂山,黑风口,赵遵田 90424 – B。青州,仰天山,仰天寺,赵遵田 88018、88095。蒙阴,蒙山,小天麻顶,赵遵田 91239、91246。枣庄,抱犊崮,赵遵田 911359、911456。新泰,莲花山,海拔 500 m,黄正莉 20110622。泰安,徂徕山,光华寺,赵遵田 911272。泰安,徂徕山,中军帐,海拔 700 m,任昭杰 20110727 – A。泰安,泰山,桃花峪,海拔 400 m,黄正莉 R11948 – B。临清,运河东岸,赵遵田 85015 – A。

分布:中国(山东、陕西、宁夏、江苏、湖南、贵州、云南、西藏、台湾、广东、香港、澳门)。巴基斯坦、不丹、缅甸、泰国、柬埔寨、越南、马来西亚、新加坡、印度尼西亚、日本、澳大利亚、秘鲁、智利、巴西、哥伦比亚、厄瓜多尔、非洲。

14. 圆叶真藓(照片 70)

Bryum cyclophyllum (Schwägr.) Bruch & Schimp., Bryol. Eur. 4:133.1839.

Mnium cyclophyllum Schwägr., Sp. Musc. Frond., Suppl. 2, 2(2):160 pl. 194.1827.

植物体稀疏丛生。茎单一,或叉状分枝。叶卵形、长椭圆状卵形至椭圆形,先端圆钝,基部较狭;叶边平展,全缘;中肋达叶尖稍下部消失。叶中上部细胞长椭圆状菱形,边缘部分明显分化 1 – 2 列虫形细胞。

生境:多生于土表、岩面或岩面薄土上。

产地:荣成,正棋山,海拔 250 m,黄正莉 20112965、20113031 – A。文登,昆嵛山,仙女池,海拔 300 m,任昭杰 20101108。文登,昆嵛山,二分场缓冲区,海拔 350 m,姚秀英 20101376。牟

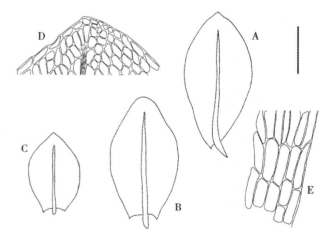

图210 圆叶真藓 *Bryum cyclophyllum* (Schwägr.) Bruch & Schimp., A – C. 叶;D. 叶尖部细胞;E. 叶基部细胞(任昭杰、付旭 绘)。标尺:A – C = 1.1 mm, D – E = 170 μm。

平,昆嵛山,水帘洞,海拔 300 m,成玉良 20100285 – B。牟平,昆嵛山,马腚,海拔 200 m,黄正莉 20101533。栖霞,牙山,赵遵田 90822、90839。栖霞,艾山,海拔 350 m,李林 20113083。青岛,崂山,北九水停车场旁,海拔 300 m,任昭杰 R11989 – A。青岛,崂山,蔚竹观,任昭杰、杜超 20071185。黄岛,大珠山,海拔 100 m,黄正莉 20111524 – B。黄岛,小珠山,一切智园,海拔 200 m,任昭杰 20111616。五莲,五莲山,海拔 310 m,任昭杰 R20120128、R20130164 – C。临朐,沂山,赵遵田 90041、90045 – A。蒙阴,蒙山,里沟,海拔 700 m,任昭杰 R20120061 – D。

分布:中国(吉林、辽宁、内蒙古、山东、河南、陕西、新疆、安徽、江苏、四川、贵州、云南、西藏、广西)。北半球广布。

15. 双色真藓

Bryum dichotomum Hedw., Sp. Musc. Frond. 183.1801.

植物体密集丛生。叶腋常有具叶原基的无性芽胞。叶卵状披针形或长椭圆状披针形,渐尖;叶边平展,仅下部略背卷,全缘,或仅先端具微齿;中肋粗壮,突出于叶尖,呈芒状。叶中上部细胞六边形或菱形,近缘趋狭,但不形成明显分化边缘,基部细胞方形至长方形。孢蒴椭圆形,下垂,台部膨大。

生境:多生于土表或岩面薄土上。

产地：荣成，伟德山，海拔 450 m，黄正莉 20112350 - B、20112398 - B。荣成，正棋山，海拔 500 m，郭萌萌 20112997 - B。文登，昆嵛山，仙女池，海拔 400 m，黄正莉 20100594。牟平，昆嵛山，三岔河，海拔 300 m，成玉良 20100041。招远，罗山，海拔 350 m，黄正莉 20112029 - B。青岛，崂山，赵遵田 Zh97023。临朐，沂山，赵遵田 Zh90436。青州，仰天山，仰天寺，赵遵田 88018 - B。新泰，莲花山，海拔 600 m，黄正莉 20110580。莱芜，莱城区，赖桂玉 R20110067 - C。枣庄，山亭区，东山山腰，黄正莉 20113145。济南，十六里河村，任昭杰 R20131360。平阴，赖桂玉 R20120052。济宁，黄正莉 20113149。

分布：中国（内蒙古、北京、山东、陕西、宁夏、甘肃、新疆、安徽、江苏、湖北、四川、重庆、贵州、云南、西藏、台湾、广东、澳门）。世界广布种。

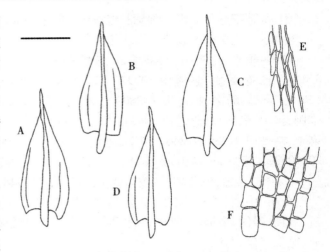

图 211 双色真藓 *Bryum dichotomum* Hedw.，A - D. 叶；E. 叶中上部细胞；F. 叶基部细胞（任昭杰、付旭 绘）。标尺：A - D = 0.8 mm，E - F = 110 μm。

16. 宽叶真藓

Bryum funkii Schwägr.，Sp. Musc. Frond.，Suppl. 1，2：89. 1816.

植物体形小，丛生。茎直立，多单一，高约 5 - 8 mm。叶卵形、阔卵形或卵圆形，内凹至强烈内凹，先端急尖；叶边平展，基部略背卷，全缘，或仅在先端具不明显齿；中肋及顶或达叶尖稍下部消失。叶中部细胞菱形或六边形，排列疏松，边缘细胞分化不明显，基部细胞长方形。

生境：生于土表。

产地：临朐，沂山，歪头崮下，赵遵田 90209 - B。

分布：中国（河北、北京、山东、新疆、贵州、西藏）。东亚，欧洲和非洲北部。

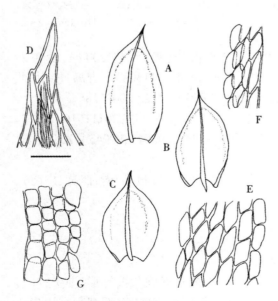

图 212 宽叶真藓 *Bryum funkii* Schwägr.，A - C. 叶；D. 叶尖部细胞；E. 叶中部细胞；F. 叶中部边缘细胞；G. 叶基部细胞（任昭杰 绘）。标尺：A - C = 690 μm，D - G = 83 μm。

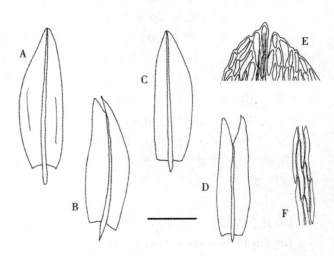

图 213 韩氏真藓 *Bryum handelii* Broth.，A - D. 叶；E. 叶尖部细胞；F. 叶中部细胞（任昭杰、李德利 绘）。标尺：A - D = 0.8 mm，E = 80 μm，F = 170 μm。

17. 韩氏真藓

Bryum handelii Broth. , Symb. Sin. 4：58.1929.

Bryum blandum Hook. f. & Wilson subsp. *handelii*（Broth.）Ochi, J. Jap. Bot. 43：484.1968.

植物体较粗壮,丛生。叶舌形或长卵圆形,先端钝,明显呈龙骨状,受压后尖部易呈"丫"状开裂;叶边平展,全缘,仅先端具微齿;中肋达叶尖稍下部消失。叶中部细胞线状菱形,薄壁,渐边趋狭,但无明显分化边缘。孢蒴长椭圆形,平列至下垂。

生境:生于土表。

产地:黄岛,灵山岛,海拔 100 m,黄正莉 20111434。蒙阴,蒙山,天麻村,赵遵田 91242 - C。新泰,莲花山,海拔 550 m,黄正莉 20110588 - A。济南,南护城河,任昭杰、赖桂玉 R20140032。

分布:中国(山东、陕西、湖南、湖北、四川、重庆、贵州、云南、西藏、台湾、广西)。喜马拉雅地区,日本。

18. 喀什真藓

Bryum kashmirense Broth. , Acta Soc. Sci. Fenn. 24（2）：24.1899.

本种叶形与卵蒴真藓 *B. blindii* 相似,但后者叶在茎上呈明显覆瓦状排列,植物体呈柔荑花序状,而本种无上述特点。

生境:生于土表。

产地:荣成,伟德山,海拔 500 m,李林 20112389。新泰,莲花山,天成观音,海拔 600 m,黄正莉 20110596。

分布:中国(山东、湖南、贵州、云南、西藏)。克什米尔地区,喜马拉雅地区,印度。

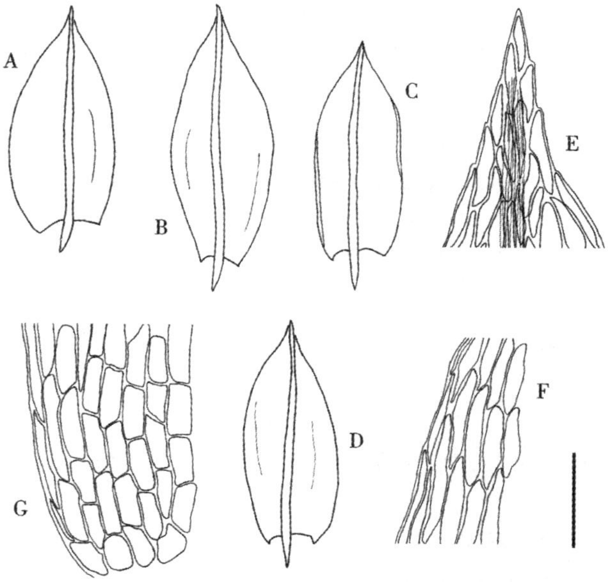

19. 沼生真藓

Bryum knowltonii Barnes, Bot Gaz. 14：44. 1889.

植物体密集丛生。叶卵圆形或椭圆形,急尖或短渐尖;叶边平展,基部略背卷,全缘;中肋粗壮,及顶或达叶尖稍下处消失。叶中上部细胞长椭圆状菱形,渐边趋狭,但无明显分化边缘。

生境:土生。

产地:黄岛,大珠山,海拔 100 m,李林 20111529 - C。

分布:中国(黑龙江、山东、陕西、新疆、浙江、贵州、西藏)。亚洲、欧洲和北美洲。

图 214 喀什真藓 *Bryum kashmirense* Broth. , A－D. 叶;E. 叶尖部细胞;F. 叶中部细胞;G. 叶基部细胞(任昭杰、付旭绘)。标尺:A－D = 0.8 mm, E－G = 110 μm。

20. 刺叶真藓

Bryum lonchocaulon Müll. Hal. , Flora 58：93.1875.

叶卵状披针形或椭圆状披针形,渐尖;叶边背卷,先端具齿;中肋粗壮,突出于叶尖,呈芒状。叶中部细胞长菱形,边缘明显分化,基部细胞长方形。孢蒴长梨形或棒槌形,下垂。

生境:多生于土表或岩面薄土上。

产地:牟平,昆嵛山,九龙池,海拔 300 m,黄正莉 20100371。栖霞,牙山,赵遵田 90914。青岛,崂山,北九水,任昭杰、杜超 20071188 - B。青岛,崂山,下清宫,赵遵田 89332。青岛,长门岩岛,赵遵田89005。五莲,五莲山,海拔500 m,黄正莉 R20130159 – B。莒县,龙山,赵遵田90002 – B。蒙阴,蒙山,三分区,赵遵田91171。青州,仰天山,仰天寺,赵遵田88073 – B。临朐,沂山,歪头崮,赵遵田90208。临朐,沂山,黑风口,赵遵田90426。枣庄,黄正莉20113142。泰安,徂徕山,太平顶西坡,赵遵田911123。泰安,徂徕山,光华寺,赵遵田911303。泰安,泰山,南天门后坡,海拔1400 m,赵遵田34085 – B。泰安,泰山,玉皇顶,海拔1500 m,赵遵田34023 – C。泰安,泰山,十八盘,赵遵田34112 – B。济南,千佛山,赵遵田87174。济南,仲宫,卧虎山水库,赵遵田85039 – D。微山,黄正莉20113148。

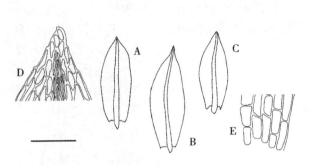

图 215 沼生真藓 *Bryum knowltonii* Barnes,A – C. 叶;D. 叶尖部细胞;E. 叶基部细胞(任昭杰、李德利绘)。标尺:A – C = 0.8 mm,D – E = 110 μm。

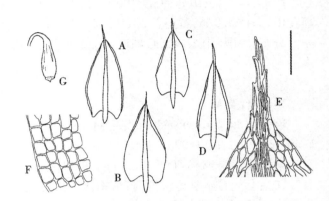

图 216 刺叶真藓 *Bryum lonchocaulon* Müll. Hal.,A – D. 叶;E. 叶尖部细胞;F. 叶基部细胞;G. 孢蒴(任昭杰、付旭 绘)。标尺:A – D = 0.8 mm,E – F = 110 μm,G = 2.8 mm。

分布:中国(黑龙江、吉林、辽宁、内蒙古、山西、山东、河南、陕西、宁夏、新疆、江苏、浙江、江西、四川、贵州、云南、西藏)。北极地区及北半球高地。

21. 卷尖真藓

Bryum neodamense Itzigs. , Sp. Musc. Frond. 1:286.1848.

植物体疏松丛生。叶卵圆形、披针形至卵状披针形,钝尖或急尖,多少平截;叶边背卷,全缘;中肋及顶或达叶尖稍下部消失。叶中上部细胞菱形、六边形,边缘分化2 – 5列狭长细胞,基部细胞方形至短长方形。

生境:多生于土表或岩面薄土上。

产地:文登,昆嵛山,仙女池,海拔350 m,任昭杰20101256 – A。文登,昆嵛山,二分场缓冲区,海拔300 m,姚秀英20101148 – A。牟平,昆嵛山,海拔200 m,任昭杰20101660。牟平,昆嵛山,三官殿,海拔200 m,任昭杰20100704。青岛,崂山,北九水大崂村,海拔360 m,燕丽梅20150136 – B。青岛,崂山,海拔400 m,赵遵田98032。黄岛,大珠山,海拔100 m,李林20111481 – A、20111483。蒙阴,蒙山,海拔650 m,郭萌萌 R121037 – B。平邑,蒙山,核桃涧,海拔600 m,李超 R121036 – A。泰安,徂徕山,太平顶,赵遵田911173。

分布:中国(黑龙江、内蒙古、山东、河南、新疆、贵州、西藏)。亚洲北部、欧洲和美洲。

22. 灰黄真藓

Bryum pallens Sw. , Monthly Rev. London 34:538.1801.

本种叶形与红蒴真藓 *B. atrovirens* 相似,本种叶边略背卷,而后者叶边强烈背卷;本种叶中部细胞较之后者略宽;本种孢子直径大于12 μm,而后者约8 – 10 μm。以上两点可以区分二者。

生境:生于土表。

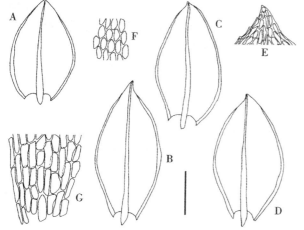
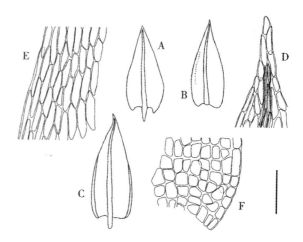

图 217　卷尖真藓 Bryum neodamense Itzigs. ，A－D.
叶;E. 叶尖部细胞;F. 叶中部细胞;G. 叶基部细胞(任昭
杰、付旭 绘)。标尺:A－D＝1.1 mm，E－G＝220 μm。

图 218　灰黄真藓 Bryum pallens Sw. ，A－C. 叶;D.
叶尖部细胞;E. 叶中部细胞;F. 叶基部细胞(任昭杰、燕
丽梅 绘)。标尺:A－C＝0.8 mm，D－F＝120 μm。

产地:牟平,昆嵛山,赵遵田 Zh87005。青岛,崂山,赵遵田 Zh85030。泰安,徂徕山,太平顶西坡,海拔 970 m,刘志海 911123。

分布:中国(辽宁、内蒙古、山东、陕西、青海、新疆、安徽、上海、湖南、四川、重庆、贵州、云南、西藏)。巴基斯坦、秘鲁和智利。北半球广布,也见于南半球高山区。

23. 黄色真藓

Bryum pallescens Schleich. ex Schwägr. ，Sp. Musc. Frond. ，Suppl. 1，2：107.1816.

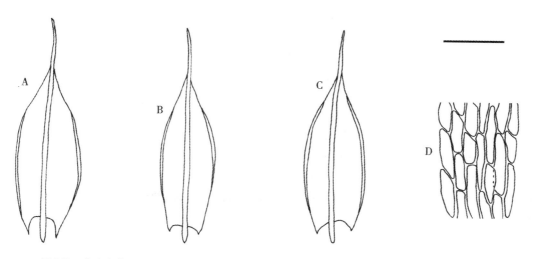

图 219　黄色真藓 Bryum pallescens Schleich. ex Schwägr. ，A－C. 叶;D. 叶中部细胞(任昭杰、付旭绘)。标尺:A－C＝0.8 mm，D＝98 μm。

本种叶形与垂蒴真藓 B. uliginosum 类似,本种内齿层发育良好,而后者齿毛多不发育;本种孢子较小,直径约 20 μm,而后者孢子直径在 25 μm 以上。故,二者在没有孢子体情况下易混淆。

生境:多生于土表、岩面或岩面薄土上。

产地:荣成,伟德山,海拔 300 m,任昭杰 20112371。文登,昆嵛山,二分场缓冲区,海拔 350 m,任昭

杰 20101371。文登,昆嵛山,二分场缓冲区,海拔 400 m,姚秀英 20100383。青岛,长门岩岛,赵遵田 Zh89011。青岛,崂山,赵遵田 89363、91506。黄岛,小珠山,赵遵田 Zh91133。日照,丝山,赵遵田 Zh89288。五莲,五莲山,赵遵田 Zh89288。莒县,赵遵田 Zh91107。蒙阴,蒙山,大牛圈,海拔 600 m,任昭杰 R20131350。蒙阴,蒙山,天麻顶,赵遵田 91221。蒙阴,蒙山,小天麻顶,赵遵田 91428 - B。泰安,徂徕山,光华寺,赵遵田 911298。泰安,泰山,中天门,赵遵田 33958、33974。泰安,泰山,朝阳洞,赵遵田 33982 - A。枣庄,抱犊崮,赵遵田 Zh911327。济南,龙洞,海拔 200 m,李林 20113135 - A。济南,千佛山,赵遵田 Zh911591。

分布:中国(黑龙江、吉林、辽宁、内蒙古、河北、山西、山东、河南、陕西、新疆、安徽、上海、浙江、江西、四川、重庆、贵州、云南、西藏、福建、台湾、广东)。巴基斯坦、秘鲁、智利、新西兰,南美洲高山区。

24. 近高山真藓

Bryum paradoxum Schwägr. , Sp. Musc. Frond. , Suppl. 3, 1 (1): 244. 1827.

植物体密集丛生。叶披针形、卵状披针形至长椭圆状披针形,渐尖;叶边背卷,上部具齿;中肋突出于叶尖,呈芒状,基部多呈红褐色。叶中上部细胞狭六边形至狭菱形,叶边不明显分化。孢蒴长梨形,下垂。

生境:多生于土表、岩面或岩面薄土上。

产地:荣成,伟德山,海拔 375 m,黄正莉 20112368 - B、20112394。文登,昆嵛山,无染寺,海拔 300 m,姚秀英 20101262。文登,昆嵛山,二分场缓冲区,海拔 300 m,任昭杰 20101204。牟平,昆嵛山,一分场核心区,海拔 200 m,黄正莉 20101494。牟平,昆嵛山,马腚,海拔 250 m,任昭杰 20101726。栖霞,牙山,赵遵田 90797 - A。平度,大泽山,赵遵田 Zh91044。青岛,崂山,明霞洞,赵遵田 91594 - A。青岛,崂山,崂顶下,海拔 900 m,任昭杰 20112876 - B。黄岛,铁橛山,海拔 200 m,黄正莉 20110850。莒县,龙山,赵遵田 90003 - B。临朐,嵩山,赵遵田 90401。临朐,沂山,赵遵田 90129 - A、90431 - C。蒙阴,蒙山,刀山沟,海拔 600 m,黄正莉 20111001 - B。泰安,徂徕山,上池,赵遵田 91921。

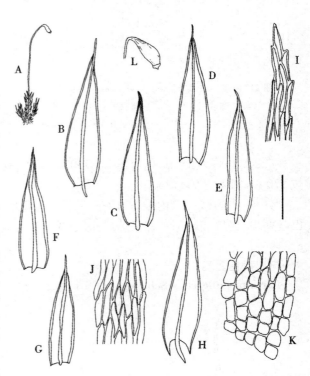

图 220 近高山真藓 Bryum paradoxum Schwägr. , A. 植物体;B - H. 叶;I. 叶尖部细胞;J. 叶中部细胞;K. 叶基部细胞;L. 孢蒴(任昭杰 绘)。标尺:A = 8.9 mm, B - H = 0.8 mm, I - K = 110 μm, L = 3.4 mm。

分布:中国(辽宁、山东、河南、陕西、甘肃、安徽、湖南、贵州、云南、西藏、台湾、广东、广西)。斯里兰卡、印度、尼泊尔、日本、韩国、秘鲁和智利。

25. 拟三列真藓(照片71)

Bryum pseudotriquetrum (Hedw.) Gaertn., Meyer & Scherb., Oek. Fl. Wetterau 3: 102. 1802.

Mnium pseudotriquetrum Hedw., Sp. Musc. Frond. 191. 1801.

植物体粗壮,丛生。茎密被假根。叶卵圆形、卵状披针形或长椭圆状披针形,渐尖,基部多为红色;叶边背卷,全缘,或仅先端具微齿;中肋粗壮,略突出于叶尖。叶中部细胞菱形或六边形,薄壁,中上部边缘分化 1 - 3 列狭长细胞,下部 4 - 5 列,基部细胞长方形或长六边形。孢蒴棒状,平列至下垂。

生境:多生于土表或岩面薄土上。

产地:文登,昆嵛山,二分场缓冲区,海拔 250 m,姚秀英 20101135、20101274。牟平,昆嵛山,三分场,海拔 200 m,任昭杰 20100018。牟平,昆嵛山,马腚,海拔 200 m,李林 20101450。栖霞,牙山,赵遵田 90829、90885。青岛,崂山,潮音瀑,海拔 400 m,任昭杰 20112938 – D。青岛,崂山,小靛缸湾,付旭 R20131332。黄岛,小珠山,海拔 250 m,李林 20111652 – A。黄岛,小珠山,赵遵田 Zh91631。莒县,龙山,赵遵田 91105。蒙阴,蒙山,里沟,海拔 650 m,黄正莉 20100141。蒙阴,蒙山,大牛圈,海拔 600 m,李林 20120021 – A。平邑,蒙山,核桃涧,海拔 600 m,郭萌萌 R121006 – A。博山,鲁山,林场西沟,海拔 560 m,赵遵田 90486 – C。新泰,莲花山,海拔 450 m,黄正莉 20110656 – A。泰安,徂徕山,赵遵田 Zh910844。泰安,泰山,赵遵田 Zh03004。枣庄,抱犊崮,赵遵田 911320。

分布:中国(黑龙江、吉林、辽宁、内蒙古、河北、山西、山东、河南、陕西、新疆、安徽、江苏、浙江、湖南、湖北、四川、重庆、贵州、云南、西藏、福建、台湾、广东)。巴基斯坦、不丹、越南、秘鲁、智利和巴西。

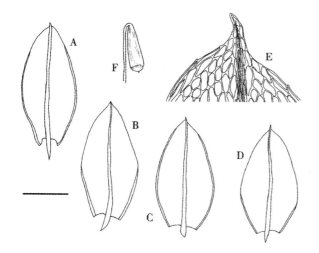

图 221 拟三列真藓 *Bryum pseudotriquetrum* (Hedw.) Gaertn. , A – D. 叶;E. 叶尖部细胞;F. 孢蒴(任昭杰、付旭 绘)。标尺:A – D = 1.4 mm, E = 140 μm, F = 2.6 mm。

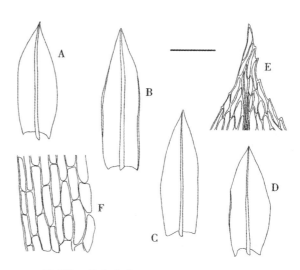

图 222 紫色真藓 *Bryum purpurascens*(R. Br.)Bruch & Schimp. , A – D. 叶;E. 叶尖部细胞;F. 叶基部细胞(任昭杰 绘)。标尺:A – D = 1.4 mm, E – F = 140 μm。

26. 紫色真藓

Bryum purpurascens(R. Br.)Bruch & Schimp. , Bryol. Eur. 4:154.1846.

Pohlia purpurascens R. Br. bis, Chlor. Melvill. 39.1823.

植物体丛生。茎基部略呈紫色。叶卵圆形,渐尖;叶边背卷,先端具微齿;中肋达叶尖稍下部消失至及顶。叶中部细胞狭菱形或狭六边形,叶边分化 1 – 3 列狭长细胞。孢蒴长梨形,下垂。

生境:生于土表。

产地:青岛,崂山,赵遵田 Zh03012。枣庄,抱犊崮,赵遵田 Zh911360。泰安,泰山,桃花峪,土生,海拔 400 m,黄正莉 20110403 – A、20110459 – B。

分布:中国(吉林、辽宁、山东、陕西、新疆、安徽、西藏)。亚洲、欧洲和北美洲。

27. 球根真藓

Bryum radiculosum Brid. , Muscol. Recent. Suppl. 3:18.1817.

本种叶形与瘤根真藓 *B. bornholmense* 类似,但本种叶边强烈背卷,后者叶边平展;此外,本种根生无性芽胞无柄,表面细胞不突起,而后者,根生无性芽胞具短柄,且表面细胞突出。以上两点可区别二者。

生境:多生于土表、岩石或岩面薄土上。

产地:文登,昆嵛山,二分场缓冲区,海拔 200 m,任昭杰 20101358 – C。文登,昆嵛山,仙女池,海拔 400 m,黄正莉 20100589。牟平,昆嵛山,三官殿,海拔 300 m,任昭杰 20100641 – B。牟平,昆嵛山,大学生实习基地,海拔 200 m,李林 20101589 – B。招远,罗山,海拔 500 m,李林 R11994。黄岛,小珠山,海拔 120 m,黄正莉 20111679 – A。蒙阴,蒙山,天麻村,赵遵田 91242 – E。博山,鲁山,海拔 700 m,黄正莉 20112556 – A。

分布:中国(山东、江苏、福建)。日本、新西兰、秘鲁、埃及,欧洲和北美洲。

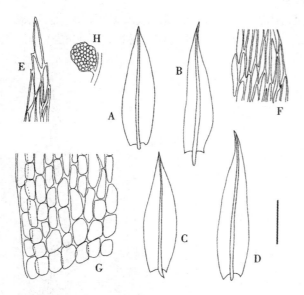

图 223 球根真藓 Bryum radiculosum Brid., A – D. 叶;E. 叶尖部细胞;F. 叶中部细胞;G. 叶基部细胞;H. 芽胞(任昭杰 绘)。标尺:A – D = 1.1 mm, E – G = 110 μm, H = 340 μm。

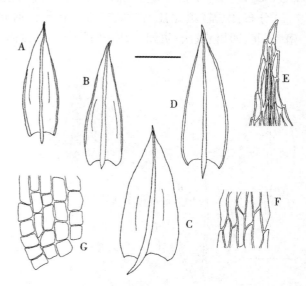

图 224 弯叶真藓 Bryum recurvulum Mitt., A – D. 叶;E. 叶尖部细胞;F. 叶中部细胞;G. 叶基部细胞(任昭杰、付旭 绘)。标尺:A – D = 0.8 mm, E – G = 110 μm。

28. 弯叶真藓(照片 72)

Bryum recurvulum Mitt., J. Linn. Soc., Bot., Suppl. 1:74.1859.

本种叶形与近高山真藓 B. paradoxum 类似,本种叶尖多一侧偏曲,且叶中部细胞较之后者更宽。

生境:生于土表、岩石或岩面薄土上。

产地:荣成,正棋山,海拔 300 m,黄正莉 20112976 – B。文登,昆嵛山,二分场缓冲区,海拔 250 m,任昭杰 20100552、20101357 – B。牟平,昆嵛山,九龙池,海拔 350 m,成玉良 20100279、20100298。栖霞,艾山,海拔 400 m,黄正莉 20113052 – B、20113082。栖霞,牙山,赵遵田 90834 – B、90869。招远,罗山,海拔 300 m,黄正莉 20111995。招远,罗山,海拔 600 m,黄正莉 20111952 – C。平度,大泽山,赵遵田 91742。青岛,崂山,崂顶下,海拔 960 m,任昭杰 20112876 – C。青岛,崂山,潮音瀑,海拔 400 m,任昭杰 20112938 – C。黄岛,大珠山,海拔 100 m,黄正莉 R20112233 – B。黄岛,小珠山,赵遵田 91640 – 1。黄岛,铁橛山,海拔 350 m,黄正莉 R20130148 – A。五莲,五莲山,海拔 350 m,任昭杰 R20130151 – B。莒县,龙山,赵遵田 91106。蒙阴,蒙山,砂山,海拔 650 m,任昭杰 R20120103。蒙阴,蒙山,大牛圈,海拔 650 m,任昭杰 R20131351。临朐,嵩山,赵遵田 90403 – B。临朐,沂山,赵遵田 90160 – A、90429 – 1。博山,鲁山,赵遵田 90558、90565 – A。新泰,莲花山,海拔 550 m,黄正莉 20110655。泰安,徂徕山,光华寺,海拔 960 m,任昭杰 20110707 – B。泰安,徂徕山,中军帐,海拔 700 m,任昭杰 20110739。泰安,泰山,玉皇顶,海拔 1500 m,赵遵田 34001。济南,大明湖,任昭杰、赖桂玉 20113184。济南,山东建筑大学,赖桂玉 R20120064 – B。商河,赖桂玉 R20110059 – B。长清,山水集团,赖桂玉 R20120056 – B。

分布:中国(吉林、山西、山东、陕西、新疆、安徽、湖南、湖北、四川、贵州、云南、西藏、台湾)。不丹、泰国、印度尼西亚和日本。

29. 近土生真藓

Bryum riparium I. Hagen, Kongel. Norske Vidensk. Selsk. Skr. (Trondheim) 1907 (1): 33. 1908.

植物体形小。茎直立,高 5 – 9 mm,单一,稀分枝。叶柔弱,披针形至卵状披针形;叶边平展或略背卷,全缘或先端具细齿;中肋及顶至略突出。叶中部细胞长六边形或长菱形,基部细胞长方形。根生无性芽孢圆形,红褐色,多数。

生境:生于土表。

产地:博山,鲁山,海拔 1060 m,赵遵田 90588 – A。

分布:中国(山东、云南、海南)。土耳其,欧洲和北美洲。

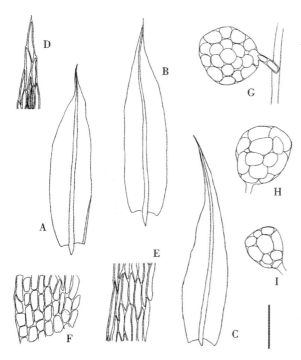

图 225 近土生真藓 *Bryum riparium* I. Hagen, A – C. 叶;D. 叶尖部细胞;E. 叶中部细胞;F. 叶基部细胞;G – I. 芽胞(任昭杰 绘)。标尺:A – C = 1.2 mm, D – I = 120 μm。

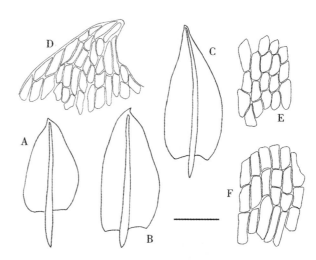

图 226 橙色真藓 *Bryum rutilans* Brid. , A – C. 叶;D. 叶尖部细胞;E. 叶中部细胞;F. 叶基部细胞(任昭杰绘)。标尺:A – C = 0.8 mm, D – F = 140 μm。

30. 橙色真藓

Bryum rutilans Brid. , Bryol. Univ. 1: 684. 1826.

植物体密集丛生。叶阔卵圆形,渐尖或具小尖头;叶边略背卷,全缘;中肋达叶尖稍下部消失或及顶。叶中部细胞六边形,基部细胞较大,长方形,中下部边缘分化 1 – 3 列狭长细胞。孢蒴长梨形,下垂。

生境:生于土表。

产地:蒙阴,蒙山,天麻村,赵遵田 91242 – B。蒙阴,蒙山,三分区,赵遵田 91181。蒙阴,蒙山,小天麻顶,赵遵田 91262。临朐,沂山,赵遵田 Zh90129。泰安,泰山,黑龙潭,赵遵田 Zh34127。济南,龙洞,海拔 150 m,李林 20113170。

　　分布:中国(内蒙古、山东、新疆、西藏)。俄罗斯(西伯利亚),中亚,欧洲和北美洲。

31.沙氏真藓(见前志图 187)

Bryum sauteri Bruch & Schimp. , Bryol. Eur. 4:162.1846.

　　植物体矮小,丛生。叶卵状披针形或三角状披针形;叶边平展或略背卷,先端具微齿;中肋粗壮,略突出于叶尖,但不呈芒状。根生无性芽胞多数,红褐色,梨形。

　　生境:生于土表。

　　产地:牟平,昆嵛山,赵遵田 Zh90728。青岛,崂山,赵遵田 Zh86274。泰安,泰山,全治国 130(PE)。

　　分布:中国(山东、宁夏、新疆、湖南、湖北、重庆、贵州、西藏)。欧洲。

　　本种具梨形根生无性芽胞,易与其他种类区别。

32.卷叶真藓

Bryum thomsonii Mitt. , J. Linn. Soc. , Bot. , Suppl. 1:73.1859.

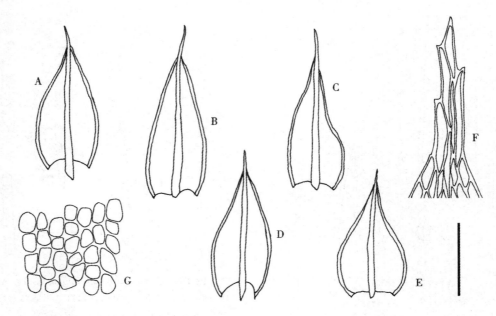

　　图 227　卷叶真藓 *Bryum thomsonii* Mitt. , A – E. 叶;F. 叶尖部细胞;G. 叶基部细胞(任昭杰、付旭 绘)。标尺:A – E = 0.8 mm, F – G = 110 μm。

　　植物体矮小,丛生。叶三角状披针形至长三角状披针形,渐尖;叶边背卷,先端具细齿;中肋突出于叶尖,呈芒状。叶细胞长菱形,壁稍加厚,边缘分化 2 – 4 列狭长细胞,基部细胞长方形。

　　生境:多生于土表或岩面薄土上。

　　产地:文登,昆嵛山,无染寺,海拔 350 m,任昭杰 20100462。牟平,昆嵛山,马腚,海拔 250 m,姚秀英 20101657、20101713。栖霞,牙山,赵遵田 90818 – A。青岛,崂山,赵遵田 93020。蒙阴,蒙山,赵遵田 Zh91204。枣庄,山亭区,东山山腰,黄正莉 20113143 – B。长清,灵岩寺,赵遵田 87178 – B。

　　分布:中国(内蒙古、山东、贵州、西藏)。巴基斯坦、斯里兰卡和印度尼西亚。

　　本种叶三角状披针形至长三角状披针形,叶边自上至下强烈背卷,易与其他种类区别。

33.球蒴真藓

Bryum turbinatum（Hedw.）Turn, Musc. Hib. Spic. 127.1804.

Mnium turbinatum Hedw., Sp. Musc. Frond. 191.1801.

植物体密集丛生。叶阔椭圆状披针形、阔卵状披针形至卵圆状三角形,渐尖,基部略下延;叶边平展或略背卷,全缘;中肋及顶至略突出,但不呈芒状。叶中部细胞六边形,边缘分化 2 - 4 列狭长细胞,基部细胞明显膨大,红褐色,与上部细胞形成明显界限。孢蒴长梨形,下垂,壶部明显膨大呈球形。

生境:多生于土表。

产地:牟平,昆嵛山,三岔河,海拔 400 m,黄正莉 20100094。黄岛,小珠山,赵遵田 91640。临朐,沂山,黑风口,海拔 830 m,赵遵田 90424 - C。博山,鲁山,赵遵田 90702、90740 - B、90744。

分布:中国(内蒙古、河北、山东、山西、河南、陕西、新疆、江苏、浙江、湖南、贵州、云南、西藏)。巴基斯坦、智利。北半球广布,也见于南半球高山区。

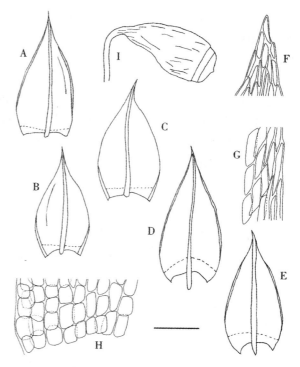

图 228　球蒴真藓 *Bryum turbinatum*（Hedw.）Turn, A - E. 叶;F. 叶尖部细胞;G. 叶中部细胞;H. 叶基部细胞;I. 孢蒴(任昭杰、付旭 绘)。标尺:A - E = 0.8 mm, F - H = 110 μm, I = 1.9 mm。

34. 垂蒴真藓(照片 73)

Bryum uliginosum（Brid.）Bruch & Schimp., Bryol. Eur. 4:88.1839.

Cladodium uliginosum Brid., Bryol. Univ. 1:841.1827.

植物体密集或稀疏丛生。茎直立,单一或具叉状分枝。叶披针形至长卵状披针形;叶边背卷,全缘;中肋粗壮,突出于叶尖,呈芒状。叶中部细胞六边形或菱形,边缘明显分化 2 - 4 列线形细胞。孢蒴长棒状至梨形,平列至下垂。

生境:生于土表、岩石、岩面薄土或树基上。

产地:荣成,伟德山,海拔 520 m,黄正莉 20112347、20112410 - A。荣成,正棋山,海拔 250 m,李林 20112994 - B。文登,昆嵛山,仙女池,海拔 400 m,任昭杰 20100576。文登,昆嵛山,无染寺,海拔 400 m,任昭杰 20100616 - A。牟平,昆嵛山,三岔河,海拔 350 m,成玉良 20100074。牟平,昆嵛山,马腚,海拔 200 m,任昭杰 20101487 - C。长岛,海拔 100 m,黄正莉 20110986、20110992。栖霞,艾山,海拔 400 m,黄正莉 20113066 - B、20113077 - C。栖霞,牙山,赵遵田 90813 - B。招远,罗山,海拔 350 m,李林 20112015。招远,罗山,云屯潭,海拔 530 m,黄正莉 20111960 - A。平度,大泽山,海拔 500 m,黄正莉 20112059。青岛,长门岩岛,赵遵田

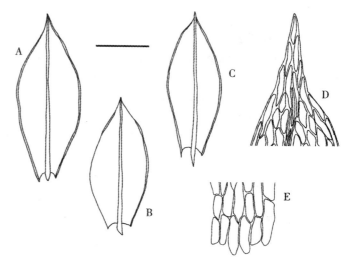

图 229　垂蒴真藓 *Bryum uliginosum*（Brid.）Bruch & Schimp., A - C. 叶;D. 叶尖部细胞;E. 叶基部细胞(任昭杰、李德利 绘)。标尺:A - C = 1.1 mm, D - E = 140 μm。

89007。青岛,崂山,滑溜口,海拔 500 m,李林 20112870 - B。黄岛,铁橛山,海拔 360 m,任昭杰 R20130183 - B。黄岛,大珠山,海拔 100 m,黄正莉 20111527 - B、20111567 - A。黄岛,灵山岛,海拔 100 m,黄正莉 20111445。黄岛,小珠山,海拔 100 m,黄正莉 20111713 - B、20111731 - B。蒙阴,蒙山, 砂山,海拔 600 m,任昭杰 R20120029 - B。蒙阴,蒙山,里沟,海拔 700 m,黄正莉 R20120027。临朐,沂 山,百丈崖,赵遵田 90118 - A。青州,仰天山,海拔 800 m,郭萌萌 20112178。博山,鲁山,海拔 700 m,黄 正莉 20112556 - B、20112560。新泰,莲花山,海拔 650 m,黄正莉 20110586 - B。新泰,莲花山,海拔 800 m,李林 20110635 - B。泰安,徂徕山,海拔 800 m,黄正莉 20110710、20110720 - A。

分布:中国(内蒙古、河北、山西、山东、河南、陕西、宁夏、新疆、江苏、浙江、江西、四川、重庆、贵州、 云南、西藏)。新西兰、智利,北极地区和北半球高山区。

4. 平蒴藓属 Plagiobryum Lindb. Öfvers. Förh. Kongl. Svenska Vetensk. – Akad. 19:606.1863.

植物体矮小,丛生。叶卵圆形至卵状长椭圆形;叶边平展,全缘;中肋达叶尖稍下部消失至突出于 叶尖。叶中部细胞六边形,渐边趋狭,但不形成明显分化边缘。雌雄异株。蒴柄直立或扭曲。孢蒴棒 状至梨形,具长的台部。

本属全世界有 9 种。中国有 4 种;山东有 2 种。

分种检索表

1. 叶在茎上不呈明显覆瓦状排列,中肋突出于叶尖 ························· 1. 尖叶平蒴藓 *P. demissum*
1. 叶在茎上呈明显覆瓦状排列,中肋达叶尖稍下部消失 ··························· 2. 平蒴藓 *P. zierii*

Key to the species

1. Leaves separate distributed on stem; costa excurrent ···················· 1. *P. demissum*
1. Leaves imbricate arranged on stem; costa ending beow leaf apex ············ 2. *P. zierii*

1. 尖叶平蒴藓
Plagiobryum demissum (Hook.) Lindb., Öfvers. Förh. Kongl. Svenska Vetensk. – Akad. 19: 606.1863.

Bryum demissum Hook., Musci Exot. 2: 16 f. 99.1819.

植物体矮小,丛生。茎单一,或分枝。叶披针形至卵状披针形,呈明显龙骨状,先端急尖;叶边平展 或背卷,全缘;中肋强劲,突出于叶尖,呈芒状。叶中部细胞六边形至长方形,叶边分化边缘不明显。

生境:多生于土表。

产地:牟平,昆嵛山,黑龙潭,海拔 300 m,李林 20110150。牟平,昆嵛山,海拔 400 m,任昭杰 20100594 - A。青岛,崂山,北九水林场,赵遵田 89407 - A。博山,鲁山,龙凤石,海拔 700 m,黄正莉 20112571 - B。新泰,莲花山,海拔 600 m,黄正莉 20110561 - A。枣庄,山亭区,东山山腰,黄正莉 20113143 - A。济南,龙洞,海拔 300 m,李林 20113111 - A。

分布:中国(辽宁、内蒙古、山东、陕西、新疆、贵州、云南、西藏)。北半球广布。

2. 平蒴藓
Plagiobryum zierii (Hedw.) Lindb., Öfvers. Förh. Kongl. Svenska Vetensk. – Akad. 19:606.1863.

Bryum zierii Dicks. ex Hedw., Sp. Musc. Frond. 182.1801.

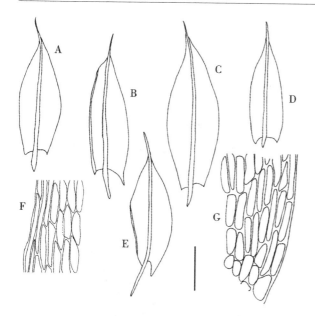

图 230　尖叶平蒴藓 *Plagiobryum demissum*（Hook.）Lindb., A – E. 叶；F. 叶中部细胞；G. 叶基部细胞（任昭杰、付旭 绘）。标尺：A – E = 0.8 mm, F = 110 μm, G. = 120 μm。

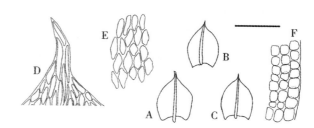

图 231　平蒴藓 *Plagiobryum zierii*（Hedw.）Lindb., A – C. 叶；D. 叶尖部细胞；E. 叶中部细胞；F. 叶基部细胞（任昭杰、付旭 绘）。标尺：A – C = 0.8 mm, D – F = 110 μm。

植物体矮小，丛生。茎单一或基部分枝。叶干时明显覆瓦状贴于茎上，茎呈柔荑花序状。叶卵圆状心形至心形，明显龙骨状，先端急尖，尾尖状；叶边平展，全缘；中肋达叶尖稍下部消失。叶中部细胞六边形至长方形，叶边不分化或不明显分化，基部细胞方形至长方形。

生境：生于土表。

产地：文登，昆嵛山，二分场，海拔 400 m，姚秀英 20100564 – B。牟平，昆嵛山，九龙池，海拔 250 m，任昭杰 20100229。牟平，昆嵛山，海拔 400 m，任昭杰 20100594 – B。青岛，长门岩岛，赵遵田 89011。

分布：中国（辽宁、内蒙古、山东、陕西、青海、新疆、湖南、湖北、四川、贵州、云南、西藏、广东）。俄罗斯，亚洲、欧洲、北美洲和非洲。

5. 大叶藓属 Rhodobryum（Schimp.）Hampe
Laubm. Deutschl. 2：444. 1892.

植物体稀疏丛生。主茎匍匐，支茎直立。支茎下部叶小，鳞片状，紧贴于茎上，长圆状披针形，先端渐尖，顶部叶大形，簇集呈花瓣状，长圆状倒卵形或长圆状匙形，先端圆钝，具小尖头；叶边上部平展，具齿，下部背卷；中肋及顶或达叶尖稍下部消失。雌雄异株。孢子体常丛生于茎顶。蒴柄细长。孢蒴平列至下垂，圆柱状。蒴齿双层。蒴盖半圆形。孢子小。

本属全世界有 34 种。中国有 4 种；山东有 1 种。

1. 狭边大叶藓

Rhodobryum ontariense（Kindb.）Paris, Europ. Northamer. Bryin. 2：346. 1897.

Bryum ontariense Kindb., Bull. Torrey Bot. Club 16：96. 1889.

茎顶部叶簇集呈花瓣状，长舌形；叶边上部平展，具齿，下部背卷；中肋及顶，横切面中后部具厚壁细胞束，背部具 1 层大形细胞。叶细胞长菱形，边缘细胞不明显分化。

生境:生于岩面或岩面薄土上。

产地:泰安,泰山,中天门上,海拔 1000 m,赵遵田 33966。泰安,泰山,玉皇顶后坡,海拔 1500 m,李法曾 0021(PE)。泰安,泰山,青桐沟,张艳敏 881(SDAU)。

分布:中国(吉林、辽宁、山西、山东、陕西、宁夏、安徽、湖南、四川、重庆、贵州、云南、西藏、台湾、广东、广西、香港)。亚洲和非洲的温带地区。

经检视标本发现,前志收录的大叶藓 R. roseum (Hedw.) Limpr. 系本种误定,本种中肋横切面厚壁细胞束位于中后部,背部仅 1 层大形细胞,而后者厚壁细胞束位于横切面中部,背部具 2 层大形细胞。

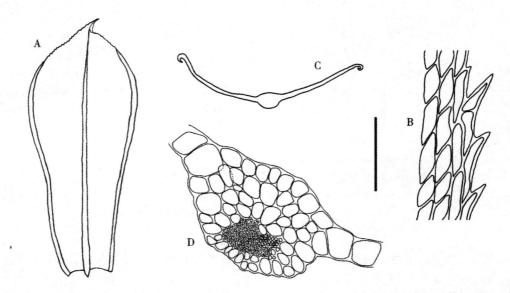

图 232　狭边大叶藓 *Rhodobryum ontariense* (Kindb.) Paris,A. 叶;B. 叶中上部细胞;C. 叶横切面;D. 叶中肋横切面(任昭杰 绘)。标尺:A = 1.0 mm, B = 220 μm, C = 1.7 mm, D = 170 μm。

24. 提灯藓科 MNIACEAE

　　植物体通常小形至中等大小,稀疏或密集丛生,或呈垫状。茎单一,或分枝,偶见树形分枝,多具假根;中轴分化。叶圆形至披针形,基部下延或不下延;叶边多平展,全缘、具细齿或粗齿,多分化;中肋达叶尖稍下部消失、及顶或突出于叶尖。叶细胞圆方形、六边形或线形,多薄壁,平滑或少数具乳头状突起或疣。雌雄异株、同株异苞、同序异苞、同序混生或雌雄杂株。蒴柄长,直立,单生或簇生。孢蒴卵圆形至圆柱形或梨形,平列至下垂,对称或不对称,台部通常明显,显型气孔或隐型气孔。环带通常分化。蒴齿双层、单层,稀退化。蒴盖圆锥形,多具长喙。蒴帽兜状,平滑。孢子通常具疣。

　　前志收录拟真藓属 Pseudobryum 的拟真藓 P. cinclidioides(Huebener)T. J. Kop.,引证两号标本,本次研究检视标本过程中,发现其中一号标本已无法鉴定,另一号标本未见;赵遵田等(1998)报道毛灯藓属 Rhizomnium 的细枝毛灯藓 R. striatulum(Mitt.)T. J. Kop.,本次研究未见到引证标本,另外,张艳敏等(1998)报道拟扇叶毛灯藓 R. pseudo-punotatum(Bruch & Schimp.)T. J. Kop.,本次研究也未见到标本,因此将以上两属和三种存疑。

　　本科全世界 15 属。中国有 12 属;山东有 5 属。

分属检索表

1. 叶细胞多具乳头状突起 ························· 5. 疣灯藓属 Trachycystis
1. 叶细胞平滑 ·· 2
2. 叶无分化边缘或分化边缘不明显 ················· 4. 丝瓜藓属 Pohlia
2. 叶具明显分化边缘 ··· 3
3. 叶边全缘,仅先端具细齿 ··················· 1. 小叶藓属 Epipterygium
3. 叶边具粗齿 ·· 4
4. 叶边具双列齿 ····························· 2. 提灯藓属 Mnium
4. 叶边具单列齿 ························· 3. 匍灯藓属 Plagiomnium

Key to the genera

1. Laminal cells mamillse ································· 5. Trachycystis
1. Laminal cells smooth ·· 2
2. Leaf margins unbordered or bordered weekly ············· 4. Pohlia
2. Leaf margins bordered obviously ······························ 3
3. Leaf margins entire or serrulate at apex ············· 1. Epipterygium
3. Leaf margins serrate ··· 4
4. Leaf margins with double teeth ······················· 2. Mnium
4. Leaf margins with single teeth ···················· 3. Plagiomnium

1. 小叶藓属 Epipterygium Lindb. Öfvers. Förh. Kongl. Svenska Vetensk. – Akad. 19:603.1862.

　　植物体形小,稀疏丛生。叶卵状长椭圆形至倒卵形,具短尖,基部下延;叶边平展,全缘或先端具细齿;中肋达叶上部或及顶。叶细胞菱形或六边形,薄壁,边缘分化数列线形细胞。雌雄异株。孢蒴卵球形,倾立或下垂,台部短而粗。环带不常存。

本属全世界约 12 种。中国有 1 种;山东有分布。

1. 小叶藓(照片 74)

Epipterygium tozeri(Grev.)Lindb., Öfvers. Förh. Svenska Vetenska. - Akad. 21:576.1865.

Bryum tozeri Grev., Scott. Crypt. Fl. 5:285.1827.

植物体矮小,丛生。叶长椭圆形,急尖;叶边平展,先端具细齿;中肋达叶长的 3/4 或更长。叶中部细胞菱形或六边形,薄壁,边缘分化 1-3 列线形细胞。

生境:生于土表。

产地:牟平,昆嵛山,三岔河,海拔 300 m,黄正莉 20100028。青岛,崂山,小靛缸湾,付旭 R20131334 - A。

分布:中国(山东、陕西、甘肃、浙江、湖南、四川、重庆、云南、西藏、福建、台湾、广东)。印度、印度尼西亚、日本、朝鲜、伊朗、欧洲、北美洲和非洲北部。

2. 提灯藓属 Mnium Hedw. Sp. Musc. Frond. 188.1801.

植物体形较小,直立丛生,绿色,有时带红色。茎直立,单一,稀分枝。叶在茎基部多呈鳞片状,在茎顶端多呈莲座状,卵圆形、披针形、卵状披针形至长披针形,干时多皱缩或卷曲;叶边多平展,多具双列锯齿,稀单列锯齿;中肋单一,强劲,达叶尖稍下部消失或及顶。叶细胞多 5-6 边形,叶边明显分化数列狭长细胞。雌雄异株,稀同株。蒴柄粗壮,橙色。孢蒴多长卵形,倾立或下垂。蒴齿双层。蒴盖圆锥形,具喙。

本属全世界有 19 种。中国有 10 种;山东有 6 种。

分种检索表

1. 叶不具分化边缘 ························ 5. 硬叶提灯藓 M. stellare
1. 叶具分化边缘 ···································· 2
2. 中肋背面先端具刺状齿 ····························· 3
2. 中肋背面平滑 ···································· 4
3. 叶多长卵状披针形,稀卵状披针形;中肋多达叶尖稍下部消失,稀及顶 ···················· 3. 长叶提灯藓 M. lycopodioiodes
3. 叶多卵圆形,卵状披针形,稀长卵状披针形;中肋及顶 ······ 6. 偏叶提灯藓 M. thomsonii
4. 叶片干燥时不皱缩 ··············· 1. 异叶提灯藓 M. heterophyllum
4. 叶片干燥时皱缩 ···································· 5
5. 叶细胞较大,直径约 20-25 μm ·········· 2. 平肋提灯藓 M. laevinerve
5. 叶细胞较小,直径约 17 μm ············ 4. 具缘提灯藓 M. marginatum

Key to the species

1. Leaves without borders ····················· 5. M. stellare
1. Leaves with borders ·························· 2
2. Dorsal surface of costa with numerous sharp teeth ········· 3
2. Dorsal surface of costa smooth ····················· 4
3. Leaves elongate ovate - lanceolate, rarely ovate - lanceolate; costa ending below the leaf apex, rarely percurrent ····························· 3. M. lycopodioiodes
3. Leaves orbicular - ovate, ovate - lanceolate, rarely elongate ovate - lanceolate; costa percurrent

.... 6. *M. thomsonii*

4. Leaves scarecely crisped when dry ················· 1. *M. heterophyllum*

4. Leaves distinctly crisped when dry ····················· 5

5. Laminal cells larger, about 20 – 25 μm in diameter ·········· 2. *M. laevinerve*

5. Laminal cells smaller, about 17 μm in diameter ·········· 4. *M. marginatum*

1. 异叶提灯藓(见前志图 192)

Mnium heterophyllum(Hook.)Schwägr., Sp. Musc. Frond., Suppl. 2, 2(1):22.1826.

Bryum heterophyllun Hook., Trans. Linn. Soc. London 9:318.1808.

植物体稀疏丛生。叶异形,茎下部叶卵圆形,先端渐尖,叶边全缘,分化边不明显;茎中上部叶长卵圆状披针形,渐尖;叶边具双列具齿;中肋达叶尖稍下部消失,背面光滑,无刺状突起。叶细胞不规则多边形,或稍带圆形,叶边分化 1 – 3 列狭菱形细胞。

生境:多生于土表、岩面或岩面薄土上。

产地:牟平,昆嵛山,三岔河,海拔400 m,成玉良 20100389 – B。青岛,崂山,赵遵田 Zh88038。蒙阴,蒙山,赵遵田 Zh91215。泰安,泰山,中天门下,赵遵田 34027。泰安,泰山,南天门下,赵遵田 34098 – C。

分布:中国(黑龙江、吉林、内蒙古、河北、山东、陕西、宁夏、甘肃、江苏、浙江、江西、四川、贵州、西藏、台湾)。巴基斯坦、印度、尼泊尔、不丹、日本、朝鲜、俄罗斯(远东地区),欧洲和北美洲。

2. 平肋提灯藓(照片 75)(图 233A – D)

Mnium laevinerve Cardot, Bull. Soc. Bot. Genève, sér. 2, 1:128.1909.

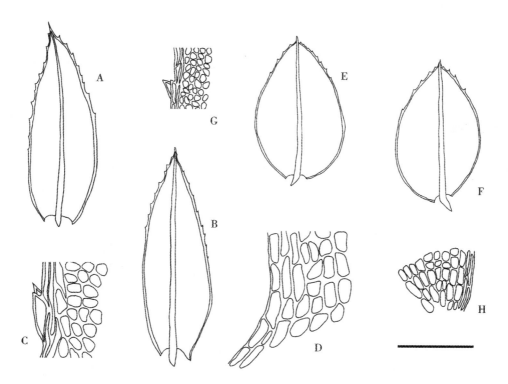

图 233 A – D. 平肋提灯藓 *Mnium laevinerve* Cardot, A – B. 叶;C. 叶中部边缘细胞;D. 叶基部细胞;E – H. 具缘提灯藓 *Mnium marginatum*(With.)P. Beauv., E – F. 叶;G. 叶中部细胞;H. 叶基部细胞(任昭杰、付旭 绘)。标尺:A – B, E – F = 1.4 mm, C – D, G – H = 140 μm。

植物体疏松丛生。叶卵圆形至卵圆状披针形,渐尖;叶边具双列锯齿;中肋及顶,背面光滑,无刺状突起。叶细胞不规则多边形,或稍带圆形,叶边分化 2 – 3 列狭菱形至斜长方形细胞。

生境:多生于土表、岩面或岩面薄土上。

产地:文登,昆嵛山,仙女池,海拔 400 m,任昭杰 20100381 – A。文登,昆嵛山,二分场缓冲区,海拔 300 m,李林 20101264。牟平,昆嵛山,泰礴顶,海拔 900 m,曹同、任昭杰 20110093 – B。牟平,昆嵛山,马腚,海拔 200 m,姚秀英 20101592。栖霞,牙山,赵遵田 90826、90851。栖霞,艾山,海拔 400 m,赵遵田 R11981 – B。招远,罗山,海拔 400 m,李超 20111998 – A。青岛,崂山,赵遵田 89403。青岛,崂山,滑溜口,海拔 500 m,李林 20112869 – A、20112910 – B。黄岛,大珠山,海拔 100 m,李林 20111520 – A、20111569 – B。黄岛,小珠山,一切智园,黄正莉 20111623 – A。黄岛,小珠山,南天门,海拔 500 m,任昭杰 20111708 – B。蒙阴,蒙山,百花峪,海拔 500 m,黄正莉 R11973 – B。蒙阴,蒙山,橛子沟,海拔 800 m,任昭杰 R20120025。平邑,蒙山,核桃涧,海拔 650 m,李林 R20123003 – B。临朐,沂山,百丈崖,赵遵田 90117 – B。临朐,沂山,赵遵田 90362 – B。博山,鲁山,海拔 1100 m,李林 20112510 – A。博山,鲁山,海拔 700 m,李超 20112610。新泰,莲花山,海拔 500 m,黄正莉 20110565 – B、20110578 – A。泰安,徂徕山,海拔 800 m,黄正莉 20110702 – B。泰安,徂徕山,赵遵田 911147。

分布:遍及我国南北各省。巴基斯坦、印度、不丹、菲律宾、朝鲜、日本和俄罗斯(远东地区)。

3. 长叶提灯藓

Mnium lycopodioiodes Schwägr., Sp. Musc. Frond., Suppl. 2, 2 (1):24. pl. 160.1826.

植物体疏松丛生。叶疏生,干时卷缩,卵状披针形至长卵状披针形,渐尖;叶边具双列锯齿;中肋达叶尖稍下部消失或及顶,背面上部具刺状齿。叶细胞不规则多边形,或稍带圆形,叶边分化 2 – 3 列线形细胞。

生境:生于土表或岩面。

产地:青岛,崂山,茶涧庙下,海拔 450 m,任昭杰、卞新玉 20150022。泰安,泰山,赵遵田 Zh85023。

分布:中国(黑龙江、吉林、辽宁、内蒙古、河北、山西、山东、河南、陕西、甘肃、新疆、安徽、江西、湖北、四川、重庆、贵州、云南、西藏、福建、台湾、广西)。巴基斯坦、阿富汗、尼泊尔、越南、日本、巴布亚新几内亚,欧洲和北美洲。

4. 具缘提灯藓(照片 76)(图 233E – H)

Mnium marginatum (With.) P. Beauv., Prodr. Aethéogam. 75.1805.

Bryum marginatum Dick. ex. With., Syst. Arr. Brit. Pl. (ed. 4), 3:824.1801.

本种叶形与平肋提灯藓 *M. laevinerve* 类似,但本种叶仅中上部具齿,而后者叶边上下均具齿;本种叶细胞较小,而后者叶细胞较大。以上两点可区别二者。

生境:多生于土表、岩面或岩面薄土上。

产地:文登,昆嵛山,帷幄洞,海拔 400 m,任昭杰 20100546 – B。文登,昆嵛山,二分场缓冲区,海拔 350 m,黄正莉 20101382。牟平,昆嵛山,黄连口,海拔 500 m,成玉良。牟平,昆嵛山,天然氧吧,海拔 500 m,姚秀英 20100905。栖霞,牙山,赵遵田 90814。平度,大泽山,赵遵田 91063 – B。青岛,崂山,赵遵田 86034、96035。黄岛,大珠山,海拔 100 m,李林 20111570 – A。黄岛,小珠山,南天门,海拔 500 m,任昭杰 20111661 – A、20111678 – A。沂南,蒙山,海拔 790 m,赵遵田 R121003 – A。平邑,蒙山,赵遵田 91212、Zh91271。费县,塔山,茶蓬峪,海拔 300 m,李林 R121002。临朐,沂山,百丈崖,赵遵田 90118 – C。博山,鲁山,赵遵田 90531。博山,鲁山,海拔 700 m,黄正莉 20112602 – A。泰安,泰山,南天门后坡,海拔 1400 m,赵遵田 34098 – B。

分布:中国(内蒙古、河北、山西、山东、陕西、宁夏、甘肃、青海、新疆、安徽、浙江、江西、湖北、四川、贵州、西藏、台湾)。巴基斯坦、蒙古、阿富汗、印度、俄罗斯(远东地区),中亚地区,欧洲、中美洲、北美洲、大洋洲和非洲北部。

5. 硬叶提灯藓

Mnium stellare Hedw. , Sp. Musc. Frond. 191 pl. 45. 1801.

植物体疏松丛生。茎直立,单一或分枝。叶倒卵圆形或椭圆形,先端急尖;叶边中上部具单列钝齿;中肋平滑,长达叶上部。叶细胞不规则多边形,或稍带圆形,边缘无明显分化。

生境:生于岩面。

产地:泰安,泰山,后石坞,海拔 1300 m,赵遵田 85007。

分布:中国(吉林、内蒙古、河北、山东、新疆)。巴基斯坦、印度、日本、朝鲜、俄罗斯(远东地区)、波兰、丹麦、挪威、英国、比利时,中亚,北美洲和非洲北部。

本种叶边具单列齿,明显区别于属内其他种类。

6. 偏叶提灯藓

Mnium thomsonii Schimp. , Syn. Musc. Eur. (ed. 2), 485. 1876.

植物体疏松丛生。茎直立,无分枝。叶多卵圆形或卵状披针形,稀长卵状披针形,先端渐尖,多一侧偏曲;叶边具双列锯齿;中肋及顶。叶细胞不规则多边形,或稍带圆形,边缘分化 2-4 列狭菱形至线形细胞。

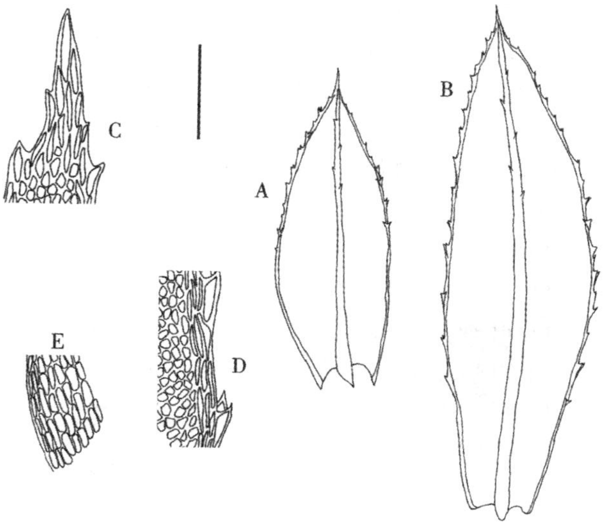

生境:生于土表或岩面薄土上。

产地:栖霞,牙山,赵遵田 Zh90764。青岛,崂山,赵遵田 Zh86359。青岛,崂山,北九水,海拔 500 m,任昭杰 R20131380。平邑,蒙山,龟蒙顶,张艳敏 190(SDAU)。泰安,泰山,玉皇顶后坡,张艳敏 1953(SDAU)。

分布:中国(黑龙江、吉林、辽宁、内蒙古、河北、山东、河南、陕西、宁夏、甘肃、青海、新疆、安徽、浙江、江西、湖南、湖北、四川、贵州、云南、西藏、福建、台湾、广西)。蒙古、尼泊尔、印度、不丹、日本、朝鲜、俄罗斯(哈巴罗夫斯克),中亚,北美洲和非洲北部。

图 234 偏叶提灯藓 *Mnium thomsonii* Schimp. , A – B. 叶;C. 叶尖部细胞;D. 叶中部边缘细胞;E. 叶基部细胞(任昭杰、付旭 绘)。标尺:A – B = 1.4 mm, C – E = 220 μm。

3. 匐灯藓属 Plagiomnium T. J. Kop. Ann. Bot. Fenn. 5:145. 1968.

植物体多粗壮,常形成大面积群落。茎平展,基部簇生匍匐枝,或茎顶端生鞭状枝。叶卵圆形、倒卵圆形、长椭圆形、舌形或卵状披针形,先端钝、平截、急尖、渐尖,多具小尖头,干燥时多皱缩,湿时平展;叶边具单列齿,稀全缘;中肋及顶,或在叶尖稍下部消失。叶细胞不规则多边形,有时因角部增厚而近圆形,叶边多分化数列狭长细胞,稀不分化或分化不明显。多雌雄同株,稀异株。孢蒴倾立或下垂,多长卵圆形。蒴齿双层。蒴盖圆锥形。

本属全世界约 25 种。中国有 17 种;山东有 13 种。

分种检索表

1. 叶边锯齿多由 2 个细胞构成 ·· 2
1. 叶边锯齿为单个细胞 ·· 4
2. 叶中肋达叶尖稍下部消失 ····························· 6. 日本匐灯藓 *P. japonicum*

2. 叶中肋及顶 ……………………………………………………………………………… 3

3. 叶边自上而下均具齿 …………………………………… 2. 皱叶匐灯藓 *P. arbusculum*

3. 叶边仅上部具齿 ………………………………………… 12. 瘤柄匐灯藓 *P. venustum*

4. 叶先端圆钝,呈截形或具小尖头 ……………………………………………………… 5

4. 叶先端近急尖、急尖或渐尖 …………………………………………………………… 8

5. 近中肋的一列细胞明显大于相邻细胞,透明 ………… 7. 侧枝匐灯藓 *P. maximoviczii*

5. 近中肋的一列细胞不明显增大 ……………………………………………………… 6

6. 叶边分化较强,由 4 - 6 列狭长细胞构成 …………… 13. 圆叶匐灯藓 *P. vesicatum*

6. 叶边分化较弱,由 2 - 4 列狭长细胞构成 …………………………………………… 7

7. 叶基下延;叶细胞较小,直径约 10 - 25 μm ………… 9. 具喙匐灯藓 *P. rhynchophorum*

7. 叶基不下延;叶细胞较大,直径约 30 - 50 μm ……… 10. 钝叶匐灯藓 *P. rostratum*

8. 叶分化边宽阔,由 4 - 8 列狭长细胞构成 …………… 4. 阔边匐灯藓 *P. ellipticum*

8. 叶分化边较狭窄,由 2 - 4 列细胞构成 ……………………………………………… 9

9. 叶边近于全缘 ………………………………………… 5. 全缘匐灯藓 *P. integrum*

9. 叶边明显具齿 ………………………………………………………………………… 10

10. 叶中肋达叶尖稍下部消失 …………………………… 11. 大叶匐灯藓 *P. succulentum*

10. 叶中肋及顶 …………………………………………………………………………… 11

11. 叶细胞角部不增厚 …………………………………… 1. 尖叶匐灯藓 *P. acutum*

11. 叶细胞角部明显增厚 ………………………………………………………………… 12

12. 叶边仅中上部具齿 …………………………………… 3. 匐灯藓 *P. cuspidatum*

12. 叶边自上而下均具齿 ………………………………… 8. 多蒴匐灯藓 *P. medium*

Key to the species

1. Marginal teeth of leaves formed by bicells ……………………………………………… 2

1. Marginal teeth of leaves formed by uni – cell …………………………………………… 4

2. Leaf costa ending below the leaf apex ………………………………… 6. *P. japonicum*

2. Leaf costa percurrent ……………………………………………………………………… 3

3. Leaf margin serrate …………………………………………………… 2. *P. arbusculum*

3. Leaf margin serrate from apex to the middle ………………………… 12. *P. venustum*

4. Leaf apex obtuse, truncate or apiculate ………………………………………………… 5

4. Leaf apex acute or cuspidate …………………………………………………………… 8

5. A single row of juxtacostal cells distinctly larger than the other cells, hyaline ··· 7. *P. maximoviczii*

5. Juxtacostal cells not distinctly larger than the other cells, not hyaline ………………… 6

6. Leaf margin broader, consisting of 4 – 6 row narrow elongate cells ………… 13. *P. vesicatum*

6. Leaf margin narrow, consisting of 2 – 4 row narrow elongate cells …………………… 7

7. Leaves decurrent; laminal cells smaller, about 10 – 25 μm in diameter ……… 9. *P. rhynchophorum*

7. Leaves not decurrent; laminal cells larger, about 30 – 50 μm in diameter ……… 10. *P. rostratum*

8. Leaf border broad, formed by 4 – 8 rows of narrow elongated cells ………… 4. *P. ellipticum*

8. Leaf border narrow, formed by 2 – 4 rows of narrow elongated cells ………………… 9

9. Leaf margins nearly entire ……………………………………………… 5. *P. integrum*

9. Leaf margins serrate …………………………………………………………………… 10

10. Leaf costa ending below the leaf apex ……………………………… 11. *P. succulentum*

10. Leaf costa percurrent …………………………………………………………………… 11

11. Laminal cells without corner thickenings ·· 1. *P. acutum*

11. Laminal cells with corner thickenings ·· 12

12. Leaf margins serrate from apex to middle ··· 3. *P. cuspidatum*

12. Leaf margins serrate from apex to base ··· 8. *P. medium*

1. 尖叶匐灯藓(照片 77)(见前志图 198)

Plagiomnium acutum (Lindb.) T. J. Kop., Ann. Bot. Fenn. 12：57.1975.

Mnium acutum Lindb., Contr. Fl. Crypt. As. 10：227.1873.

茎匐匍。叶疏生,干时皱缩,湿时伸展,卵状披针形至披针形,先端渐尖,基部狭缩;叶边中上部具单列齿;中肋及顶。叶细胞不规则多边形,薄壁,边缘分化 2 - 4 列狭长细胞。

生境:多生于土表、岩面或岩面薄土上。

产地:青岛,崂山,潮音瀑,赵遵田 20040702。青岛,崂山,北九水,任昭杰、杜超 20071181、20071182。黄岛,铁橛山,海拔 350 m,任昭杰 R20120037 - A。黄岛,铁橛山,海拔 310 m,付旭 R20130145 - A。蒙阴,蒙山,小天麻顶,赵遵田 91441。蒙阴,蒙山,天麻顶,赵遵田 91218 - B。临朐,沂山,百丈崖,赵遵田 90118 - B。泰安,泰山,回马岭,赵遵田 33919 - A。泰安,泰山,中天门下,赵遵田 34111。

分布:广布于我国南北各省。蒙古、印度、尼泊尔、不丹、缅甸、老挝、越南、柬埔寨、朝鲜、日本、俄罗斯(伯力地区及萨哈林岛)和中亚。

2. 皱叶匐灯藓(图 235A - B)

Plagiomnium arbusculum (Müll. Hal.) T. J. Kop., Ann. Bot. Fenn. 5：146.1968.

Mnium arbuscula Müll. Hal., Nuovo Giorn. Bot. Ital., n. s., 5：161.1898.

主茎匐匍,支茎直立。叶干时皱缩,狭长卵形或舌形,茎叶较大,小枝叶较小,具明显横波纹,先端急尖或渐尖,基部狭缩,下延;叶边通体具齿,齿由 1 - 2 个细胞组成;中肋粗壮,及顶。叶细胞为不规则多边形至圆形,角部明显增厚,边缘分化 2 - 3 列狭长细胞。

生境:生于石上。

产地:泰安,泰山,回马岭,赵遵田 33919 - B。泰安,泰山,中天门,赵遵田 33993 - B。

分布:中国(黑龙江、吉林、辽宁、河北、山西、山东、河南、陕西、宁夏、甘肃、青海、浙江、四川、重庆、贵州、云南、西藏、海南)。尼泊尔、不丹和印度。

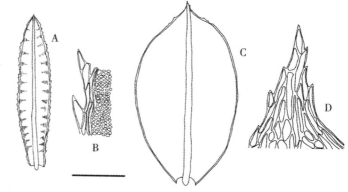

图 235 A - B. 皱叶匐灯藓 *Plagiomnium arbusculum* (Müll. Hal.) T. J. Kop., A. 叶;B. 叶中部细胞。C - D. 匐灯藓 *Plagiomnium cuspidatum* (Hedw.) T. J. Kop., C. 叶;D. 叶尖部细胞。(任昭杰、付旭 绘)。标尺:A, C = 1. 7 mm, B = 330 μm, D = 170 μm。

3. 匐灯藓(图 235C - D)

Plagiomnium cuspidatum (Hedw.) T. J. Kop., Ann. Bot. Fenn. 5：146.1968.

Mnium cuspidatum Hedw., Sp. Musc. Frond. 192 pl. 45.1801.

本种与尖叶匐灯藓 *P. acutum* 叶形类似,但本种叶细胞角部明显增厚,而后者细胞薄壁,角部不增厚。

生境:生于土表、石上或岩面薄土上。

产地:栖霞,牙山,赵遵田 90823－1。青岛,崂山,下清宫,赵遵田 88049、89340。青岛,崂山,崂顶下部,赵遵田 89397－A。黄岛,铁橛山,海拔 280 m,郭萌萌 R20130173－A。黄岛,铁橛山,付旭 R20130187－C。黄岛,大珠山,海拔 120 m,黄正莉 20111482－A。平邑,蒙山,核桃涧,海拔 600 m,李林 R121029－A。泰安,徂徕山,海拔 200 m,任昭杰 20110691－A。泰安,徂徕山,太平顶,海拔 1000 m,黄正莉 20110716－A。泰安,泰山,桃花峪,海拔 400 m,黄正莉 R11964。泰安,泰山,五大夫松,赵遵田 34088－B。

分布:中国(黑龙江、吉林、辽宁、内蒙古、山西、山东、甘肃、新疆、江苏、上海、浙江、江西、湖南、湖北、四川、重庆、贵州、云南、西藏、香港)。巴基斯坦、不丹、朝鲜、蒙古、泰国、印度、日本、俄罗斯(伯力地区及萨哈林岛)、墨西哥、古巴,西亚,欧洲、北美洲、非洲中部和北部。

4. 阔边匐灯藓

Plagiomnium ellipticum (Brid.) T. J. Kop., Ann. Bot. Fenn. 8：367.1971.

Mnium ellipticum Brid., Sp. Musc. Frond. 3：53.1817.

茎匐匐。叶疏生,椭圆形、卵圆形或卵状披针形,先端急尖,或圆钝,具小尖头,基部狭缩;叶边中上部疏具细齿;中肋及顶,先端较细。叶细胞不规则多边形,薄壁,边缘明显分化4－8列狭长细胞。

生境:多生于土表。

产地:牟平,昆嵛山,赵遵田 Zh84161。栖霞,牙山,赵遵田 90841。栖霞,牙山,赵遵田 90845－B。黄岛,小珠山,赵遵田 Zh90174。临朐,沂山,赵遵田 90044。青州,仰天山,仰天寺,赵遵田 Zh88124。泰安,泰山,中天门西坡下,赵遵田 33977－B。

分布:中国(黑龙江、吉林、辽宁、内蒙古、河北、山东、陕西、甘肃、新疆、四川、贵州、云南)。蒙古、日本、俄罗斯(伯力地区及萨哈林岛)、智利、南非,中亚和北美洲。

本种叶边中上部疏具细齿,分化边宽阔,可明显区别于其他种类。

5. 全缘匐灯藓

Plagiomnium integrum (Bosch & Sande Lac.) T. J. Kop., Hikobia 6：57.1972.

Mnium integrum Bosch & Sande Lac. in Dozy & Molk., Bryol. Jav. 1：153 pl. 122. 1861.

主茎匐匐,次生茎直立。叶疏生,干时皱缩,阔椭圆形或阔卵圆形,先端急尖,具小尖头,基部狭缩;叶边全缘,或上部疏具微齿;中肋粗壮,及顶。叶细胞椭圆状六边形,角部增厚,叶边分化1－2列狭长细胞。

生境:生于土表、石上或岩面薄土上。

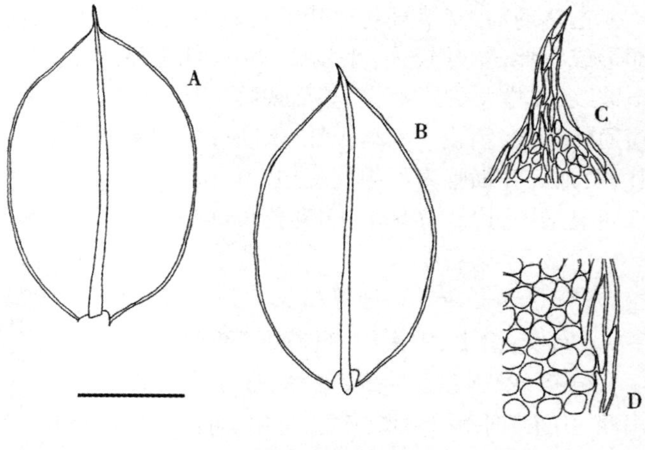

产地:平度,大泽山顶,海拔 750 m,赵遵田 91062－A。黄岛,大珠山,海拔 150 m,黄正莉 20111502、20111535。蒙阴,蒙山,小天麻岭,赵遵田 91281。泰安,徂徕山,中军帐,海拔 700 m,任昭杰 20110709－A。泰安,泰山,中天门,赵遵田 33979。

图 236　全缘匐灯藓 *Plagiomnium integrum* (Bosch & Sande Lac.) T. J. Kop., A－B. 叶;C. 叶尖部细胞;D. 叶中部细胞(任昭杰、付旭 绘)。标尺:A－B＝1.4 mm, C＝280 μm, D＝140 μm。

分布:中国(黑龙江、吉林、河北、山西、山东、陕西、甘肃、新疆、安徽、浙江、湖南、四川、重庆、贵州、云南、西藏、福建、台湾)。印度、尼泊尔、不丹、缅甸、泰国、老挝、马来西亚、印度尼西亚和菲律宾。

6. 日本匐灯藓(见前志图 196)

Plagiomnium japonicum (Lindb.) T. J. Kop. , Ann. Bot. Fenn. 5：146. 1968.

Mnium japonicum Lindb. , Contr. Fl. Crypt. As. 226. 1873.

植物体粗壮。主茎匐匍,生殖枝直立。叶干时皱缩,倒卵状菱形,先端急尖,具小尖头,略弯,基部狭缩,下延;叶边中上部具齿,齿由 1 - 2 个细胞构成,先端多呈钩状弯曲;中肋在叶尖稍下部消失。叶细胞不规则多边形,叶边上部分化 1 - 2 列狭长细胞,中下部分化 3 - 5 列狭长细胞。

生境:生于土表或岩面。

产地:牟平,昆嵛山,赵遵田 Zh89431。临朐,沂山,赵遵田 Zh90117。泰安,泰山,赵遵田 Zh34059。

分布:中国(黑龙江、吉林、辽宁、河北、山东、陕西、甘肃、安徽、上海、浙江、江西、湖南、湖北、四川、重庆、贵州、云南、西藏、福建、台湾)。印度、尼泊尔、朝鲜、日本和俄罗斯(远东地区)。

7. 侧枝匐灯藓

Plagiomnium maximoviczii (Lindb.) T. J. Kop. , Ann. Bot. Fenn. 5：147. 1986.

Mnium maximoviczii Lindb. , Contr. Fl. Crypt. As. 224. 1872.

Mnium micro - ovale Müll. Hal. , Nuovo Giorn. Bot. Ital. , n. s. ,4：246. 1897.

Mnium rostratum Schrad. var. *micro - ovale* (Müll. Hal.) Kabiersch, Hedwigia. 76：46. 1936.

主茎匐匍,支茎直立。叶干时皱缩,长卵状或长椭圆状舌形,先端急尖,圆钝或呈截形,具小尖头,基部狭缩,下延,具明显横波纹;叶边具齿;中肋粗壮,及顶。

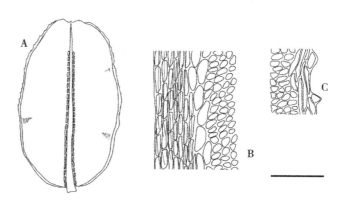

图 237 侧枝匐灯藓 *Plagiomnium maximoviczii* (Lindb.) T. J. Kop. , A 叶;B. 叶中部近中肋处细胞;C. 叶中部边缘细胞(任昭杰、李德利 绘)。标尺:A = 1.7 mm, B - C = 170 μm。

叶细胞不规则圆形,角部增厚,中肋两侧各有一列大形整齐细胞,呈长方形或五边形,且较透明,比临近细胞大 2 - 4 倍,叶边中下部分化 2 - 4 列狭长细胞,上部分化不明显。

生境:生于土表或岩面。

产地:牟平,昆嵛山,三分场,海拔 500 m,黄正莉 20110127。青州,仰天山,仰天寺,赵遵田 88124 - A。青州,仰天山,海拔 800 m,黄正莉 20112260 - D、20112311 - B。博山,鲁山,海拔 700 m,郭萌萌 20112503 - A。

分布:中国(黑龙江、吉林、内蒙古、河北、山西、山东、河南、陕西、甘肃、安徽、江苏、浙江、江西、湖南、湖北、四川、重庆、贵州、云南、西藏、福建、台湾、广东、广西)。泰国、巴基斯坦、印度、朝鲜、日本和俄罗斯(伯力地区)。

8. 多蒴匐灯藓(图 238A - B)

Plagiomnium medium (Bruch & Schimp.) T. J. Kop. , Ann. Bot. Fenn. 5：146. 1968.

Mnium medium Bruch & Schimp. , Bryol. Eur. 4：196 pl. 389. 1838.

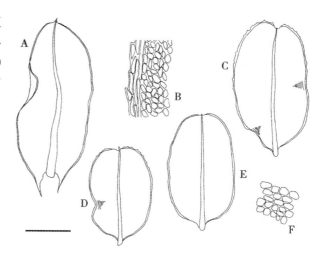

图 238 A - B. 多蒴匐灯藓 *Plagiomnium medium* (Bruch & Schimp.) T. J. Kop. , A. 叶;B. 叶中部边缘细胞(任昭杰、李德利 绘)。C - F. 具喙匐灯藓 *Plagiomnium rhynchophorum* (Hook.) T. J. Kop. , C - E. 叶;F. 叶中部细胞(任昭杰、付旭绘)。标尺:A, C - E = 1.7 mm, B, F = 170 μm。

叶疏生,干时皱缩,阔卵圆形,先端急尖,常具稍扭曲的尖,基部狭缩,下延;叶边通体具锐齿;中肋及顶。叶细胞不规则多边形至圆形,角部细胞明显增厚,边缘分化 3 – 4 列狭长细胞。

生境:生于土表或石上。

产地:平度,大泽山顶,海拔 750 m,赵遵田 91062。临朐,沂山,赵遵田 90355。泰安,徂徕山,海拔 800 m,黄正莉 R11956。

分布:中国(黑龙江、吉林、内蒙古、山西、山东、陕西、新疆、安徽、江苏、江西、湖北、贵州、云南、西藏)。蒙古、巴基斯坦、印度、不丹、日本、朝鲜、俄罗斯(伯力地区及萨哈林岛),欧洲、中美洲、北美洲和非洲北部。

9.具喙匐灯藓(照片 78)(图 238C – F)

Plagiomnium rhynchophorum (Hook.) T. J. Kop., Hikobia 6:57.1927.

Mnium rhynchophorum Hook., Icon. Pl. 1:pl. 20, f. 3.1836.

本种叶形与钝叶匐灯藓 *P. rostratum* 类似,本种叶细胞较小,直径约 10 – 25 μm,而后者叶细胞较大,直径约 30 – 50 μm。

生境:生于土表、岩面或岩面薄土上。

产地:牟平,昆嵛山,流水石,海拔 400 m,黄正莉 20101811。牟平,昆嵛山,流水石,海拔 400 m,李林 20101912 – A。青岛,崂山,下清宫,赵遵田 89336。临朐,沂山,赵遵田 90284。博山,鲁山,赵遵田 90691。泰安,泰山,五大夫松,赵遵田 33992 – B。

分布:中国(山东、陕西、江苏、江西、湖南、湖北、四川、重庆、云南、西藏、台湾、广东、海南)。印度、不丹、尼泊尔、斯里兰卡、缅甸、泰国、越南、马来西亚、印度尼西亚、菲律宾,大洋洲、南美洲、北美洲和非洲。

10.钝叶匐灯藓(图 239A – C)

Plagiomnium rostratum (Schrad.) T. J. Kop., Ann. Bot. Fenn. 5:147.1968.

Mnium rostratum Schrad., Bot. Zeitung (Regensburg) 1:79.1802.

叶疏生,干时皱缩,椭圆形或倒卵圆状舌形,先端圆钝,具小尖头,基部狭缩,不下延至略下延,具横波纹;叶边中上部具钝齿;中肋及顶。叶细胞较大,不规则椭圆形,角部略增厚,边缘分化 2 – 4 列狭长细胞。

生境:生于土表、岩面或岩面薄土上。

产地:临朐,沂山,赵遵田 90353。泰安,徂徕山中军帐,海拔 500 m,黄正莉 20110737 – B。泰安,徂徕山,海拔 700 m,任昭杰 20110747 – A。泰安,泰山,中天门下,赵遵田 34057 – B。泰安,泰山,五大夫松,赵遵田 34088 – A。泰安,泰山,中天门,海拔 1000 m,赵遵田 34078、34114 – A。

分布:中国(黑龙江、吉林、辽宁、内蒙古、河北、北京、山西、山东、河南、陕西、宁夏、甘肃、青海、新疆、安徽、江苏、上海、浙江、江西、湖南、湖北、四川、重庆、贵州、云南、西藏、福建、台湾、广东)。巴基斯坦、阿富汗、印度、缅甸、老挝、越南、俄罗斯(远东地区)、澳大利亚、智利,欧洲、中美洲、北美洲和非洲北部。

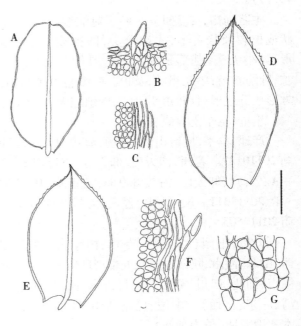

图 239 A – C. 钝叶匐灯藓 *Plagiomnium rostratum* (Schrad.) T. J. Kop., A. 叶;B. 叶尖部细胞;C. 叶中部边缘细胞。D – G. 瘤柄匐灯藓 *Plagiomnium venustum* (Mitt.) T. J. Kop., D – E. 叶;F. 叶中部边缘细胞;G. 叶基部细胞。(任昭杰 绘)。标尺:A,D – E = 1.7 mm,B,F – G = 170 μm。

11. 大叶匐灯藓(见前志图 199)

Plagiomnium succulentum (Mitt.) T. J. Kop., Ann. Bot. Fenn. 5：147. 1968.

Mnium succulentum Mitt., J. Proc. Linn. Soc., Bot., Suppl. 1：143. 1859.

植物体粗壮。叶疏生,椭圆形至阔椭圆形,先端圆钝,具小尖头,基部狭缩;叶边中上部具细齿;中肋达叶先端,在叶尖稍下部消失。叶细胞较大,不规则多边形,薄壁,排列整齐,近叶边的 1－2 列细胞较大,叶边分化 1－3 列狭长细胞。

生境:生于土表。

产地:博山,鲁山,赵遵田 Zh90335。日照,丝山,赵遵田 Zh89265。

分布:中国(山西、山东、河南、陕西、甘肃、安徽、江苏、浙江、江西、湖南、湖北、四川、重庆、贵州、云南、西藏、福建、台湾、广东、广西、海南、香港)。印度、尼泊尔、不丹、缅甸、泰国、越南、柬埔寨、马来西亚、新加坡、印度尼西亚、菲律宾、朝鲜、日本、巴布亚新几内亚和瓦努阿图。

12. 瘤柄匐灯藓(图 239D－G)

Plagiomnium venustum (Mitt.) T. J. Kop., Ann. Bot. Fenn. 5：146. 1968.

Mnium venustum Mitt., Hooker's J. Bot. Kew Gard. Misc. 8：231. pl. 12. 1856.

叶疏生,干时皱缩,狭椭圆形或狭长倒卵状矩圆形,先端急尖,基部下延,略狭;叶边中上部具齿,齿由 1－2 个细胞构成;中肋及顶。叶细胞不规则多边形,边缘分化 2－4 列狭长细胞。

生境:生于土表。

产地:黄岛,铁橛山,海拔 200 m,任昭杰 R20130100－A、R20130137－A。泰安,泰山,赵遵田 Zh14002、Zh14006。泰安,泰山,日观峰,仝治国 75(PE)。

分布:中国(黑龙江、吉林、辽宁、内蒙古、山西、山东、河南、陕西、甘肃、新疆、安徽、上海、浙江、江西、湖南、湖北、四川、贵州、云南、西藏)。北美洲。

13. 圆叶匐灯藓(照片 79)

Plagiomnium vesicatum (Besch.) T. J. Kop., Ann. Bot. Fenn. 5：147. 1968.

Mnium vesicatum Besch. Ann. Sci. Nat., Bot., sér. 7, 17：345. 1893.

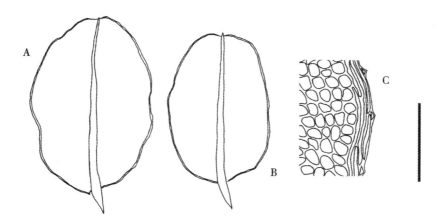

图 240 圆叶匐灯藓 *Plagiomnium vesicatum* (Besch.) T. J. Kop., A－B. 叶;C. 叶中部边缘细胞(任昭杰、付旭 绘)。标尺:A－B＝1.7 mm, C＝170 μm。

茎及分枝均匍匐。叶疏生,干时皱缩,阔卵状椭圆形,先端圆钝,具小尖头,基部狭缩;叶边上部具微齿,中下部全缘;中肋及顶;叶细胞较大,不规则多边形,薄壁,边缘分化 2－4 列狭长细胞。

生境:生于土表、岩面或岩面薄土上。

产地:牟平,昆嵛山,流水石,海拔 400 m,黄正莉 20101833 – A。青岛,崂山,任昭杰、杜超 20071178。青岛,崂山,赵遵田 91101 – 1。黄岛,大珠山,海拔 150 m,李林 20111492 – B、20111533 – B。日照,丝山,赵遵田 8926。临朐,沂山,百丈崖,赵遵田 90120、90121。平邑,蒙山,核桃涧,海拔 700 m,黄正莉 R121004 – C。青州,仰天山,千佛洞,海拔 500 m,黄正莉 20112172 – A、20112204 – B。博山,鲁山,海拔 700 m,黄正莉 20112443 – B、20112462。新泰,莲花山,海拔 500 m,黄正莉 20110638 – A。泰安,徂徕山,中军帐,海拔 700 m,任昭杰 20110727 – B。泰安,徂徕山,光华寺,海拔 890 m,黄正莉 20110771 – A。泰安,泰山,十八盘,海拔 1000 m,黄正莉 R11959。泰安,泰山,十八盘,海拔 1200 m,任昭杰、李法虎 R2014021。

分布:中国(黑龙江、吉林、辽宁、内蒙古、河北、山西、山东、河南、陕西、甘肃、新疆、安徽、江苏、浙江、江西、湖南、湖北、四川、重庆、贵州、云南、福建、台湾、广东、香港、澳门)。日本、朝鲜、俄罗斯(伯力地区及萨哈林岛)和欧洲。

4. 丝瓜藓属 **Pohlia** Hedw. Sp. Musc. Frond. 171. 1801.

前志曾收录瓦氏丝瓜藓 *P. wahlenbergii* (F. Weber & D. Mohr) A. L. Andrews,本次研究未见到引证标本,也未采到相关标本,因此将该种存疑。

本属全世界有 138 种。中国有 29 种及 1 变种;山东有 7 种。

分种检索表

1. 不育枝常具叶腋生无性芽胞 ··· 2
1. 不育枝无叶腋生无性芽胞 ·· 4
2. 芽胞先端萌发的叶原基细小或无 ································· 6. 卵蒴丝瓜藓 *P. proligera*
2. 芽胞先端萌发的叶原基较宽大 ··· 3
3. 无性芽胞多为长锥形,常有卵状无性芽胞 ···················· 1. 夭命丝瓜藓 *P. annotina*
3. 无性芽胞为单一的线形 ··································· 4. 疣齿丝瓜藓 *P. flexuosa*
4. 植物体明显具光泽 ······································ 2. 泛生丝瓜藓 *P. cruda*
4. 植物体无光泽或略具光泽 ·· 5
5. 叶在茎上稀疏排列 ······································· 7. 大丝瓜藓 *P. sphagnicola*
5. 叶在茎上密集排列 ··· 6
6. 植物体无光泽,暗绿色 ·································· 3. 丝瓜藓 *P. elongata*
6. 植物体略具光泽,黄绿色 ························ 5. 拟长蒴丝瓜藓 *P. longicolla*

Key to the species

1. Unfertile branch usually with gemmae in leaf axils ···························· 2
1. Unfertile branch usually with gemmae in leaf axils ···························· 4
2. Short brood branches of primordium are small or absent ················· 6. *P. proligera*
2. Short brood branches of primordium are broad ······························· 3
3. Gemmae ovate or foliate woth short brrod branches ····················· 1. *P. annotina*
3. Gemmae linear ·· 4. *P. flexuosa*
4. Plants glossy obviously ·· 2. *P. cruda*
4. Plants not glossy or a little glossy ·· 5
5. Leaves separately arranged on the stem ····························· 7. *P. sphagnicola*

5. Leaves densely arranged on the stem ·· 6

6. Plants without glossy, dark green ······························· 3. *P. elongata*

6. Plants with little glossy, yellow green ···················· 5. *P. longicolla*

1. 夭命丝瓜藓

Pohlia annotina（Hedw.）Lindb., Musci Scand. 17.1879.

Bryum annotinum Hedw., Sp. Musc. Frond. 183.1801.

植物体矮小,细弱,疏生。无性芽胞多数,椭圆形、卵形至线形,上部较大,呈近倒三角形或钉形,顶部具 3 - 5 个叶原基。叶狭披针形至卵状披针形,急尖;叶边平展,中上部具齿;中肋达叶尖稍下部消失。叶中上部细胞狭长菱形至菱形,薄壁,边缘不分化。

生境:生于土表。

产地:文登,昆嵛山,二分场缓冲区,海拔 600 m,姚秀英 20100534 - A。栖霞,牙山,海拔 400 m,黄正莉 20111801、20111904 - D。青岛,崂山,海拔 190 m,任昭杰、杜超 20071204。泰安,泰山,桃花峪,海拔 400 m,黄正莉 20110406 - A。

分布:中国(黑龙江、吉林、辽宁、山东、上海、贵州、西藏)。欧洲和美洲。

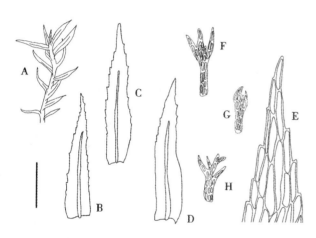

图 241　夭命丝瓜藓 *Pohlia annotina*（Hedw.）Lindb.,
A. 植物体;B - D. 叶;E. 叶尖部细胞;F - H. 芽胞(任昭杰、李德利 绘)。标尺:A = 1.7 mm, B - D = 670 μm, E - H = 170 μm。

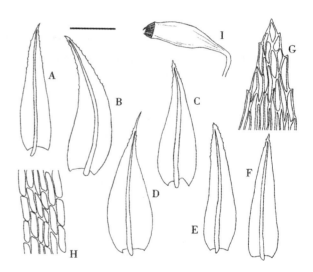

图 242　泛生丝瓜藓 *Pohlia cruda*（Hedw.）Lindb.,
A - F. 叶;G. 叶尖部细胞;H. 叶基部细胞;I. 孢蒴(任昭杰、付旭 绘)。标尺:A - F = 1.7 mm, G - H = 170 μm, I = 3.7 mm。

2. 泛生丝瓜藓

Pohlia cruda（Hedw.）Lindb., Musci. Scand. 18.1879.

Mnium crudum Hedw., Sp. Musc. Frond. 189.1801.

植物体小形至中等大小,丛生,明显具光泽。叶卵状披针形、披针形至狭披针形,急尖或渐尖;叶边平展,中上部具齿;中肋达叶尖稍下部消失。叶中上部细胞线形或近蠕虫形,薄壁,边缘不分化,基部细胞短。孢蒴平列至下垂,稀倾立,长椭圆状梨形或棒形,台部不明显。

生境:生于土表、岩面或岩面薄土上。

产地:荣成,伟德山,海拔 500 m,黄正莉 20112402 - B、20112405 - B。牟平,昆嵛山,三岔河,海拔 300 m,姚秀英 20100027。牟平,昆嵛山,泰礴顶,海拔 900 m,赵遵田 91676。招远,罗山,海拔 600 m,李林 R11994。青岛,崂山,赵遵田 Zh89359。蒙阴,蒙山,赵遵田 Zh91204。东营,赵遵田 911590。泰安,徂徕山,赵遵田 Zh91860。泰安,泰山,云步桥,海拔 1000 m,赖桂玉 R20070236。泰安,泰山,总理碑后,赵遵田 33914。济南,历城,四门塔,赵遵田 Zh90463。

分布:中国(黑龙江、吉林、辽宁、内蒙古、河北、山西、山东、陕西、甘肃、新疆、安徽、江苏、浙江、湖北、四川、贵州、云南、西藏、台湾、广东)。世界广布种。

经检视标本发现,杜超等(2010)报道的小丝瓜藓 *P. crudoides* (Sull. & Lesq.) Broth. 系本种误定。

3. 丝瓜藓

Pohlia elongata Hedw., Sp. Musc. Frond. 171. 1801.

植物体丛生,暗绿色,无光泽。叶披针形至狭披针形,渐尖;叶边中下部背卷,先端具细齿;中肋及顶。叶中上部细胞近线形,边缘不分化,基部细胞长方形。孢蒴倾立至平列,棒槌形或长梨形,台部明显,与壶部等长或略长于壶部。

生境:生于岩面或岩面薄土上。

产地:牟平,昆嵛山,海拔 750 m,任昭杰 20110110。牟平,昆嵛山,三林区,海拔 300 m,张艳敏 672(SDAU)。泰安,徂徕山,赵遵田 Zh91162。泰安,泰山,中天门,海拔 1000 m,赵遵田 R20131377。泰安,泰山,玉泉寺,海拔 400 m,任昭杰 R20131377。泰安,泰山,陈锡典 840(PE)。

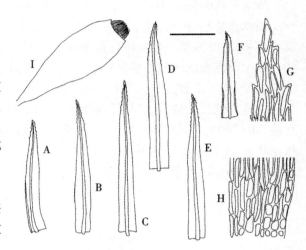

图 243　丝瓜藓 *Pohlia elongata* Hedw., A-F. 叶;G. 叶尖部细胞;H. 叶基部细胞;I. 孢蒴(任昭杰、付旭 绘)。标尺:A-F, I=1.7 mm, G-H=170 μm。

分布:中国(黑龙江、吉林、内蒙古、河北、山西、山东、陕西、甘肃、青海、新疆、安徽、上海、江西、湖北、四川、重庆、贵州、云南、西藏、福建、台湾、广西、香港)。巴基斯坦、不丹、印度尼西亚、日本、巴布亚新几内亚、巴西、坦桑尼亚、欧洲和北美洲。

4. 疣齿丝瓜藓(照片80)

Pohlia flexuosa Harv., Icon. Pl. 1: pl. 19, f. 5. 1836.

植物体丛生。无性芽胞少数,棒槌状,细胞在芽体上螺旋状扭曲伸长,上部具2-4个叶原基。叶披针形,渐尖;叶边多平展,偶背卷,上部具细齿;中肋达叶尖稍下部消失。叶中部细胞蠕虫性或近线形,薄壁至略厚壁,上部和基部细胞短。

生境:生于土表、岩面或岩面薄土上。

产地:文登,昆嵛山,二分场缓冲区,海拔 350 m,姚秀英 20101433。牟平,昆嵛山,长廊,海拔 500 m,任昭杰 20110104。牟平,昆嵛山,老师坟南山,海拔 350 m,任昭杰 20101751。黄岛,大珠山,海拔 100 m,黄正莉 20111568。蒙阴,蒙山,小天麻顶,赵遵田 91244-A。

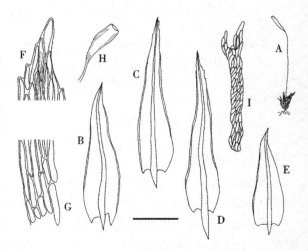

图 244　疣齿丝瓜藓 *Pohlia flexuosa* Harv., A. 植物体;B-E. 叶;F. 叶尖部细胞;G. 叶基部细胞;H. 孢蒴;I. 芽胞(任昭杰、付旭 绘)。标尺:A=2.2 cm, B-E=1.7 mm, F-J=170 μm, H=0.5 mm, I=330 μm。

分布:中国(山东、宁夏、新疆、安徽、江苏、浙江、江西、湖南、四川、重庆、贵州、云南、西藏、福建、台湾、广东、广西)。马来西亚、印度尼西亚、菲律宾、日本、巴布亚新几内亚、秘鲁和东南亚。

5. 拟长蒴丝瓜藓 (见前志图 167)

Pohlia longicolla (Hedw.) Lindb., Musci Scand. 18.1879.

Webera longicolla Hedw., Sp. Musc. Frond. 169.1801.

本种与丝瓜藓 *P. elongata* 类似,本种植物体黄绿色,略具光泽,后者植物体暗绿色,无光泽;本种孢蒴台部明显短于壶部,后者台部与壶部等长或略长于壶部。以上两点可区别二者。

生境:生于土表。

产地:烟台,赵遵田 Zh84132。青岛,赵遵田 Zh91837。青岛,青岛公园,全治国 0019(PE)。

分布:中国(黑龙江、吉林、辽宁、内蒙古、山东、陕西、四川、贵州、云南、西藏、台湾)。巴基斯坦、不丹、日本、俄罗斯、秘鲁,欧洲和北美洲。

6. 卵蒴丝瓜藓

Pohlia proligera (Kindb.) Lindb. ex Arnell, Bot. Not. 1894:54.1894.

Webera proligera Kindb., Förh. Vidensk. Sellsk. Kristiania 1888 (6):30.1888

植物体丛生。无性芽胞线形或蠕虫性,宽两个细胞,顶部具 1-3 个叶原基,多见于新生枝中上部叶腋。叶卵状披针形至长披针形,先端急尖至渐尖,多向一侧弯曲,基部稍狭;叶边平展,先端具细齿;中肋达于叶尖稍下部消失。叶中部细胞线形,薄壁,上部和基部细胞短。孢蒴长梨形,平列至下垂。

生境:生于土表。

产地:牟平,昆嵛山,赵遵田 87029-B。牟平,昆嵛山,阳沟,赵遵田 91657。牟平,昆嵛山,泰礴顶,赵遵田 91676。青岛,崂山,赵遵田 97033-B。青岛,崂山,崂顶下部,赵遵田 91617-A。

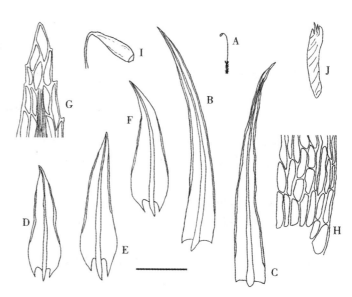

图 245 卵蒴丝瓜藓 *Pohlia proligera* (Kindb.) Lindb. ex Arnell, A. 植物体;B-F. 叶;G. 叶尖部细胞;H. 叶基部细胞;I. 孢蒴;J. 芽胞(任昭杰、付旭 绘)。标尺:A=6.7 cm, B-F=1.7 mm, G-H=170 μm, I=9.5 mm, J=110 μm。

分布:中国(黑龙江、吉林、辽宁、内蒙古、山东、陕西、新疆、安徽、江苏、浙江、江西、湖南、四川、贵州、云南、福建、广东、广西、香港)。俄罗斯和北美洲。

7. 大丝瓜藓 (见前志图 168)

Pohlia sphagnicola (Bruch & Schimp.) Broth., Nat. Pflanzenfam. 1 (3):549.1903.

Bryum sphagnicola Bruch & Schimp., Bryol. Eur. 4:156. pl. 349.1846.

植物体丛生。叶疏生,卵状披针形至狭披针形,先端急尖或渐尖;叶边平展或略背卷,全缘,仅先端具微齿;中肋强劲,及顶或略突出于叶尖。叶细胞狭菱形,厚壁。孢蒴棒槌形或长卵形,下垂。

生境:生于土表。

产地:荣成,石岛山,赵遵田 Zh88251。牟平,昆嵛山,赵遵田 91679。青岛,崂山,赵遵田 99111。

分布:中国(黑龙江、吉林、辽宁、内蒙古、山东)。俄罗斯(西伯利亚和远东地区)、欧洲和北美洲。

5. 疣灯藓属 Trachycystis Lindb. Not. Sällsk.
Fauna Fl. Fenn. Förh. 9：80. 1868.

植物体中等大小,纤细至粗壮,丛生。茎直立,顶部有时丛生多数鞭状枝。茎下部叶小,疏生,上部叶较大,密集,干燥时多皱缩,湿时伸展,卵状披针形至披针形或长椭圆形,先端渐尖;叶边多平展,中上部多具粗齿;中肋强劲,及顶,先端背面多具刺状齿;鞭状枝上的叶鳞片状,较小。叶细胞圆方形或圆多边形,具疣或乳头状突起,或平滑,叶边细胞多狭长,平滑。雌雄异株。孢蒴卵圆柱形,顶生。蒴齿两层,外齿层红棕色,齿片披针形,内齿层橙红色,齿条披针形。蒴盖圆盘状,具短喙。

本属全世界有 3 种。中国有 3 种;山东有 2 种。

分种检索表

1. 叶细胞具乳头状突起 ·················· 1. 疣灯藓 T. microphylla
1. 叶细胞平滑,无乳头状突起 ·················· 2. 树形疣灯藓 T. ussuriensis

Key to the species

1. Laminal cells with mamillate ·················· 1. T. microphylla
1. Laminal cells smooth, without mamillate ·················· 2. T. ussuriensis

1. 疣灯藓（图 246A – B）

Trachycystis microphylla（Dozy & Molk.）Lindb., Not. Sällsk. Fauna Fl. Fenn. Förh. 9：80. 1868.

Mnium microphyllum Dozy & Molk., Musci. Frond. Ined. Archip. Ind. 2：26. 1846.

植物体纤细,丛生。茎单一,或从顶端丛生多数细枝。叶长卵状披针形,渐尖;叶边平展,中上部具粗齿;中肋及顶,先端背面具刺状齿。叶细胞多角状圆形,两面均具单一乳头状突起,叶边细胞短矩形,平滑。

生境:生于土表、岩面或岩面薄土上。

产地:牟平,昆嵛山,赵遵田 88065。平度,大泽山,赵遵田 Zh91302。青岛,崂山,赵遵田 Zh89349。黄岛,小珠山,赵遵田 Zh90324。平邑,蒙山,赵遵田 Zh91206。枣庄,抱犊崮,赵遵田 Zh911546。泰安,徂徕山,赵遵田 Zh91865。泰安,泰山,经石峪,任昭杰 R20122799。

分布:中国(黑龙江、吉林、辽宁、河北、山东、河南、陕西、新疆、安徽、江苏、上海、浙江、江西、湖北、湖南、四川、重庆、贵州、云南、福建、台湾、广东、广西、香港)。朝鲜、日本和俄罗斯(伯力地区)。

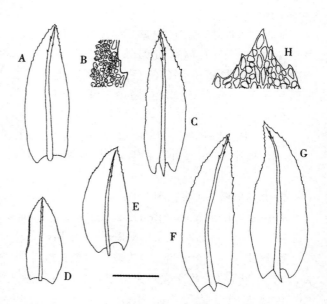

图 246 A – B. 疣灯藓 Trachycystis microphylla（Dozy & Molk.）Lindb., A. 叶;B. 叶中部边缘细胞。C – H. 树形疣灯藓 Trachycystis ussuriensis（Maack & Regel）T. J. Kop., C – G. 叶;H. 叶尖部细胞。(任昭杰 绘)。标尺:A, C – G = 1.7 mm, B, H = 170 μm。

2. **树形疣灯藓**(图 246C – H)

Trachycystis ussuriensis（Maack & Regel）T. J. Kop. , Ann. Bot. Fenn. 14：206.1977.

Mnium ussuriense Maack & Regel, Mém. Acad. Imp. Sci. Saint Petersbourg, sér. 7, 4（4）：182. 1861.

本种叶形与疣灯藓 *T. microphylla* 类似,但本种叶细胞平滑明显区别与后者。

生境:生于石上。

产地:泰安,泰山,玉皇顶,赵遵田 34102 – B。泰安,泰山,桃花峪,任昭杰 R20123002。

分布:中国(黑龙江、吉林、辽宁、内蒙古、河北、山西、山东、河南、陕西、宁夏、甘肃、新疆、安徽、湖北、湖南、四川、重庆、贵州、云南、西藏、台湾、广东)。蒙古、朝鲜、日本和俄罗斯(萨哈林岛、伯力地区及远东地区)。

25. 木灵藓科 ORTHOTRICHACEAE

植物体垫状或成片附生于树上或岩石上。主茎直立或匍匐,中轴不分化,单一或分枝,密被假根。叶干时贴茎或扭曲,湿时倾立或背仰,卵状披针形或阔披针形,稀舌形;叶边背卷或平展,多全缘;中肋单一,及顶或略突出,或达叶尖稍下部消失。叶中上部细胞圆多边形,平滑或多疣,基部细胞多长方形至近线形。雌雄同株或异株。雌苞叶多略分化。孢蒴卵形或圆柱形,稀梨形,直立,对称,隐生于雌苞叶内,或高出雌苞叶。环带分化。蒴齿多双层。蒴盖圆锥形或平凸,具喙。蒴帽兜形、钟形,平滑或具纵褶,或具黄棕色毛。

本科全世界 19 属。中国有 8 属;山东有 2 属。

分属检索表

1. 茎匍匐,近羽状分枝 ··· 1. 蓑藓属 Macromitrium
1. 茎直立,近二歧分枝 ··· 2. 木灵藓属 Orthotrichum

Key to the genera

1. Stem prostrate, nearly pinnately branched ··································· 1. Macromitrium
1. Stem straight, nearly dichotomously branched ··························· 2. Orthotrichum

1. 蓑藓属 Macromitrium Brid. Muscol. Recent. 4: 132. 1819 [1818]

植物体中等大小至大形,平展,通常暗绿色或棕褐色,多大片生于树干或岩面。主茎匍匐,多生假根,具多数分枝。叶直立或背仰,干时贴茎或皱缩,或向一侧卷扭,基部微凹或具纵褶,披针形、卵状披针形至狭披针形或长椭圆形,先端渐尖或钝;叶边平展或背卷,多全缘;中肋粗壮,及顶或达叶尖稍下部消失,稀突出于叶尖。叶中上部细胞圆多边形,平滑或具疣,多厚壁,基部细胞长方形、近线形,多厚壁,排列较松散。雌雄同株或异株。雌苞叶与营养叶同形或分化。蒴柄长,稀甚短。孢蒴近球形或长卵圆形,具气孔。蒴齿双层或单层或缺失。蒴盖圆锥形,具喙。蒴帽兜形或钟形,多有毛。孢子具疣。

本属植物曾广布于山东各大山区,现该属植物在山东境内已濒临绝迹,2000 年之后,仅在蒙阴蒙山发现过一次钝叶蓑藓 M. japonicum Dozy & Molk.。本实验室原来采集的标本之中,有一大部分没有孢子体,或有孢子体但未成熟,因此无法鉴定,故本属植物原来在山东的分布范围比本志记载更广。

本属全世界约 365 种。中国有 28 种和 1 变种;山东有 4 种。

分种检索表

1. 外齿层缺失 ··· 3. 缺齿蓑藓 M. gymnostomum
1. 外齿层存在 ·· 2
2. 叶先端钝 ··· 4. 钝叶蓑藓 M. japonicum
2. 叶先端渐尖 ·· 3
3. 蒴帽钟形 ··· 1. 中华蓑藓 M. cavaleriei
3. 蒴帽兜形 ··· 2. 福氏蓑藓 M. ferriei

Key to the species

1. Exostome teeth absent ·· 3. *M. gymnostomum*
1. Exostome teeth present ·· 2
2. Leaf apex obtuse ··· 4. *M. japonicum*
2. Leaf apex acuminate ··· 3
3. Calyptra mitrate ·· 1. *M. cavaleriei*
3. Calyptra cucullate ··· 2. *M. ferriei*

1. 中华蓑藓（见前志图 210）

Macromitrium cavaleriei Cardot & Thér. , Bull. Acad. Int. Géogr. Bot. 16：40. 1906.

Macromitrium sinense E. B. Bartram, Ann. Bryol. 8：13. f. 7. 1936.

主茎匍匐,分枝直立。茎叶椭圆状披针形至三角状披针形,先端渐尖;叶边平展,全缘;中肋达叶尖稍下部消失。枝叶叶形变化较大,卵状披针形、披针形至狭披针形。叶中上部细胞圆方形,多疣,稀平滑,基部细胞长方形,平滑,排列松散。雌雄同株。蒴柄平滑,向右扭曲。孢蒴椭圆柱形。外齿层存在,齿片披针形。蒴帽钟形,被大量黄色至棕黄色毛。

生境:生于岩面。

产地:泰安,泰山,赵遵田 Zh33951。

分布:中国(吉林、山东、河南、安徽、江苏、浙江、江西、湖南、湖北、四川、重庆、贵州、云南、西藏、福建、广东、广西、台湾)。日本。

2. 福氏蓑藓

Macromitrium ferriei Cardot & Thér. , Bull. Acad. Int. Géogr. Bot. 18：250. 1908.

主茎匍匐,分枝密集。茎叶椭圆状披针形,渐尖,明显呈龙骨状;叶边外曲,全缘;中肋及顶。枝叶干时卷缩,椭圆状披针形或卵状披针形。叶中部细胞多边形,厚壁,具 1 至数个疣,基部细胞近线形。雌雄同株异苞。孢蒴卵状椭圆形或椭圆形。蒴齿单层,齿片披针形。蒴帽兜形,具黄褐色的毛。

生境:生于岩面。

产地:青岛,崂山,赵遵田 90576。

分布:中国(山西、山东、安徽、江苏、浙江、江西、湖南、四川、重庆、贵州、云南、西藏、湖北、福建、台湾、广西、海南、香港)。朝鲜、日本、越南和泰国。

3. 缺齿蓑藓

Macromitrium gymnostomum Sull. & Lesq. , Proc. Amer. Acad. Arts. Sci. 4：78. 1859.

本种叶形与福氏蓑藓 *M. ferriei* 类似,但本种蒴齿缺失,明显区别于前者。

生境:生于岩面。

产地:荣成,槎山林场,张艳敏 831(SDAU)。黄岛,小珠山,赵遵田 91136、91634。平邑,蒙山,大洼

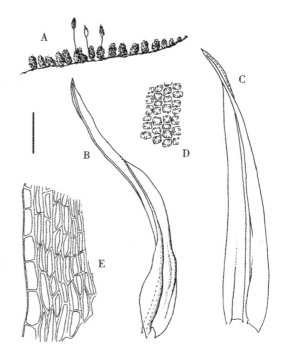

图 247 福氏蓑藓 *Macromitrium ferriei* Cardot & Thér. ,A. 植物体;B – C. 叶;D. 叶中部细胞;E. 叶基边缘细胞(于宁宁 绘)。标尺:A = 9. 3 mm, B – C = 330 μm, D – E = 34 μm。

林场,海拔700 m,张艳敏223a(SDAU)。泰安,徂徕山,光华寺,海拔400 m,赵遵田911297。

分布:中国(吉林、山东、安徽、江苏、浙江、江西、湖南、四川、贵州、云南、福建、台湾、广西、海南、香港)。朝鲜、日本和越南。

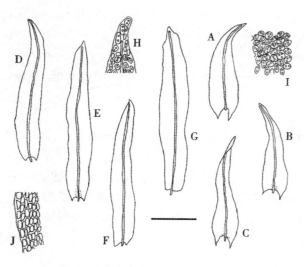

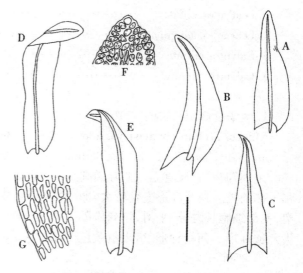

图248 缺齿蓑藓 *Macromitrium gymnostomum* Sull. & Lesq. , A – C. 茎叶;D – G. 枝叶;H. 叶尖部细胞;I. 叶中部细胞;J. 叶基部细胞(任昭杰、付旭 绘)。标尺:A – G = 0.8 mm, I – J = 80 μm。

图249 钝叶蓑藓 *Macromitrium japonicum* Dozy & Molk. , A – C. 茎叶;D – E. 枝叶;F. 叶尖部细胞;G. 叶基部细胞(任昭杰、李德利 绘)。标尺:A – E = 0.8 mm, F – G = 80 μm。

4. 钝叶蓑藓

Macromitrium japonicum Dozy & Molk. , Ann. Sci. Nat. , Bot. , Sér. 3, 2:311.1844.

植物体中等大小至大形,黄褐色,顶部黄色至黄绿色,基部红褐色至黑色。茎匍匐,分枝直立,末端圆钝,单一。茎叶稀疏,多干枯,三角状披针形、卵状披针形或椭圆状披针形,先端圆钝,有小尖,或急尖,呈明显龙骨状;叶边全缘;中肋粗壮,至叶尖下部消失。叶中、上部细胞圆多边形,壁极度加厚,具2 – 4 个疣,偶平滑,下部细胞长方形,厚壁,平滑。枝叶干燥时卷缩,湿润时伸展,舌形、椭圆状披针形至线形,先端锐尖,或钝且具小尖头,内凹,明显龙骨状,基部具纵褶,叶缘背卷。雌雄异株。内雌苞叶卵状披针形,内凹,成龙骨状,中肋达叶尖稍下部消失。蒴柄平滑,棕黄色。孢蒴直立,卵状椭圆形或近球形。蒴齿单层。蒴盖圆锥形,具短喙。蒴帽兜形,具纵褶,其上有黄白色长毛。孢子近球形或卵形,具密疣。

生境:多生于树干或岩面上。

产地:牟平,昆嵛山,海拔260m,赵遵田84051 – A、84065、84089。栖霞,牙山,海拔660 m,赵遵田90794、90802 – A。黄岛,灵山岛,赵遵田91148 – C。黄岛,铁橛山,赵遵田89301。黄岛,小珠山,赵遵田89310。五莲,五莲山,赵遵田89285 – 1 – D。青州,仰天山,仰天寺,赵遵田88090 – A、88091 – A、88117 – C。蒙阴,蒙山,望海楼,海拔1000 m,赵洪东91476 – B。泰安,徂徕山,海拔740 m,刘志海、赵洪东91865 – A、91866 – A。泰安,泰山,南天门后坡,海拔1400 m,赵遵田34076 – C。泰安,泰山天街,海拔400 m,赵遵田20110514。

分布:中国(内蒙古、山东、河南、陕西、甘肃、江苏、上海、浙江、湖南、湖北、重庆、云南、福建、台湾、广东、广西、香港)。泰国、越南、日本、朝鲜和俄罗斯(远东地区)。

2. 木灵藓属 Orthotrichum Hedw. Sp. Musc. Frond. 162.1801.

本属全世界约 106 种。中国有 35 种和 2 变种;山东有 1 种。

1. 木灵藓

Orthotrichum anomalum Hedw. , Sp. Musc. Frond. 162.1801.

植物体黄绿色至暗绿色,丛生。茎直立,二歧分枝,高可达 2 cm。叶片干时贴生,近直立,披针形或卵状披针形,急尖至渐尖;叶边全缘,通体背卷;中肋单一,达叶尖稍下部消失。叶中上部细胞圆方形或短矩形,厚壁,每个细胞具 1 - 2 个疣,基部细胞长方形,平滑,多无壁孔。雌雄同苞混生。雌苞叶不分化。孢蒴圆柱形至椭圆状圆柱形,干燥时具 8 或 16 纵沟。气孔隐型,多分布于孢蒴中部。蒴齿单层。蒴帽圆柱形,具纵褶,具毛。

生境:生于树干上。

产地:牟平,昆嵛山,海拔 220 m,赵遵田 20117282 - B。

分布:中国(内蒙古、河北、山东、宁夏、青海、新疆、四川、云南、西藏、福建)。阿富汗、巴基斯坦、印度、日本,欧洲、中美洲和北美洲。

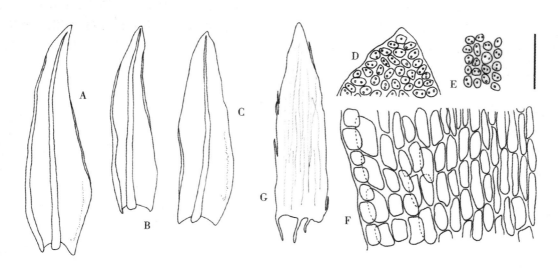

图 250 木灵藓 *Orthotrichum anomalum* Hedw. , A – C. 叶;D. 叶尖部细胞;E. 叶中部细胞;F. 叶基部细胞;G. 蒴帽(任昭杰 绘)。标尺:A – C, G = 1.1 mm, D – F = 85 μm。

26. 油藓科 HOOKERIACEAE

　　植物体小形至大形,多呈垫状。茎呈扁平状,中轴分化或不分化。假鳞毛披针形。叶腋毛由 2 个细胞组成,透明。叶卵形、阔披针形,先端具阔短尖或渐尖;叶边平展,全缘或具齿;中肋多缺失。叶细胞大形,排列较松散,边缘细胞不分化或略分化。雌雄异株或同株异苞。蒴柄长,平滑或具疣。孢蒴卵形至圆柱形,平列至下垂。蒴齿双层。蒴盖圆锥形,具喙。蒴帽钟形。

　　本科全世界有 2 属。中国有 1 属;山东有分布。

1. 油藓属 Hookeria Sm. Trans. Linn. Soc. London 9:275.1808.

　　植物体扁平贴生,灰绿色,具光泽。茎单一或稀疏分枝,中轴分化。叶略分化,背、腹叶斜列,侧叶与枝垂直,背叶两侧对称,侧叶两侧不对称,卵形、阔披针形至披针形,具短尖或渐尖;叶边平展,全缘;中肋缺失。叶细胞较大,菱形、方形或六边形,薄壁,排列疏松,边缘细胞不分化,或仅分化 1 列狭长细胞。雌雄同株异苞。孢蒴长卵形,平列至下垂。环带发达。蒴齿双层。蒴盖圆锥形,具喙。蒴帽钟形。

　　本属世界现有 10 种。我国有 1 种;山东有分布。

1. 尖叶油藓(照片 81)

Hookeria acutifolia Hook. & Grev., Edinburgh J. Sci. 2:225.1825.

　　植物体扁平贴生。茎单一,稀分枝。叶异形,卵形、阔披针形至披针形,先端急尖或渐尖,多生有棒状无性芽胞;叶边平展,全缘;中肋缺失;叶细胞大,六边形至短方形,边缘细胞不分化或不明显分化。蒴柄平滑,黄色至红褐色。孢蒴长卵形,平列至下垂。蒴盖具喙。蒴帽钟形。孢子具细疣。

　　生境:多生于阴湿土表或石缝内。

　　产地:文登,昆嵛山,二分场缓冲区,海拔 400 m,任昭杰 20101419。文登,昆嵛山,二分场缓冲区,海拔 350 m,黄正莉 20101235。牟平,昆嵛山,黑龙潭,海拔 275 m,李林 20110147 – A。

　　分布:中国(山东、安徽、江苏、浙江、江西、湖南、湖北、四川、重庆、贵州、云南、西藏、福建、台湾、广东、广西、海南、香港、澳门)。亚洲、非洲、北美洲东部和南美洲北部。

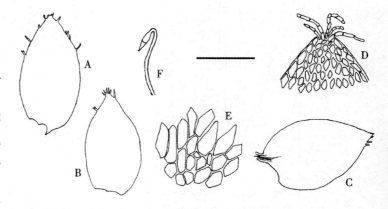

图 251 尖叶油藓 *Hookeria acutifolia* Hook. & Grev., A – B. 背叶;C. 侧叶;D. 叶尖部细胞;E. 叶基中部细胞;F. 孢蒴(黄正莉、任昭杰 绘)。标尺:A – C = 1.3 mm, D = 500 μm, E = 200 μm, F = 7 mm。

27. 棉藓科 PLAGIOTHECIACEAE

植物体小形至大形。茎匍匐,稀少分枝或不规则分枝,中轴分化。假鳞毛多缺失。叶腋毛由 2 – 6 个成列细胞组成,基部细胞常透明。叶两侧对称或不对称,椭圆形、卵形、披针形至卵状披针形,先端渐尖或急尖;叶边全缘或具齿;中肋单一,或分叉,或双中肋,或缺失。叶细胞线状菱形或蠕虫形,平滑,角细胞分化或不分化。雌雄异株或同株异苞。蒴柄长,直立,平滑。孢蒴多圆柱形,有时略弯曲,对称或不对称,直立、平列至下垂。环带发育。蒴齿双层。蒴盖圆锥形,具喙。蒴帽兜形。

本科全世界 7 属。中国有 7 属;山东有 3 属。

分属检索表

1. 茎具假鳞毛 ⋯⋯⋯⋯⋯⋯⋯⋯⋯⋯⋯⋯⋯⋯⋯⋯⋯⋯⋯⋯ 3. 细柳藓属 *Platydictya*
1. 茎不具假鳞毛 ⋯⋯⋯⋯⋯⋯⋯⋯⋯⋯⋯⋯⋯⋯⋯⋯⋯⋯⋯⋯⋯⋯⋯⋯⋯⋯ 2
2. 叶基不下延 ⋯⋯⋯⋯⋯⋯⋯⋯⋯⋯⋯⋯⋯⋯⋯⋯ 1. 拟同叶藓属 *Isopterygiopsis*
2. 叶基下延 ⋯⋯⋯⋯⋯⋯⋯⋯⋯⋯⋯⋯⋯⋯⋯⋯⋯ 2. 棉藓属 *Plagiothecium*

Key to the genera

1. Stem wth pseudoparaphyllia ⋯⋯⋯⋯⋯⋯⋯⋯⋯⋯⋯⋯⋯⋯⋯⋯ 3. *Platydictya*
1. Stem without pseudoparaphyllia ⋯⋯⋯⋯⋯⋯⋯⋯⋯⋯⋯⋯⋯⋯⋯⋯⋯⋯ 2
2. Leaves not decurrent ⋯⋯⋯⋯⋯⋯⋯⋯⋯⋯⋯⋯⋯⋯⋯⋯ 1. *Isopterygiopsis*
2. Leaves decurrent ⋯⋯⋯⋯⋯⋯⋯⋯⋯⋯⋯⋯⋯⋯⋯⋯⋯ 2. *Plagiothecium*

1. 拟同叶藓属 Isopterygiopsis Z. Iwats.
J. Hattori Bot. Lab. 33:379.1970.

植物体形小,具光泽。茎匍匐,近羽状分枝。假鳞毛缺失。茎叶内凹,长椭圆状披针形,先端渐尖或急尖,基部不下延;叶边全缘;中肋 2 条,短弱或缺失。枝叶与茎叶近同形。叶细胞狭长菱形,平滑,角细胞不分化。雌雄异株。蒴柄长,红色或橘黄色,平滑。孢蒴长圆柱形,直立或近直立,辐射对称,具短的台部,有气孔。环带分化。蒴齿双层。蒴盖圆锥形,具喙。蒴帽兜形,平滑。孢子表面粗糙。

本属全世界有 3 种。中国有 2 种;山东 2 种。

分种检索表

1. 叶长椭圆形或长卵形,先端骤成小尖头 ⋯⋯⋯⋯⋯⋯⋯⋯ 1. 北地拟同叶藓 *I. muelleriana*
1. 叶长卵状披针形,先端渐尖成长尖 ⋯⋯⋯⋯⋯⋯⋯⋯ 2. 美丽拟同叶藓 *I. pulchella*

Key to the species

1. Leaves oblong or oblong – oval, acute ⋯⋯⋯⋯⋯⋯⋯⋯⋯⋯ 1. *I. muelleriana*
1. Leaves linear – lanceolate, acuminate ⋯⋯⋯⋯⋯⋯⋯⋯⋯⋯ 2. *I. pulchella*

1. 北地拟同叶藓

Isopterygiopsis muelleriana（Schimp.）Z. Iwats.，J. Hattori Bot. Lab. 33：379.1970.

Plagiothecium muellerianum Schimp.，Syn. Musc. Eur. 1：584.1860.

植物体形小,具光泽。茎匍匐,常单一;中轴分化。无性芽胞棒状,呈束状生长,透明。茎叶长卵形至长椭圆形,先端具细短尖,两侧对称至略不对称,内凹;叶边平展,全缘;中肋极短或缺失。枝叶与茎叶同形,略小。叶中部细胞线形,薄壁,上部和基部细胞短,角细胞不分化。孢子体未见。

生境:生于岩面或土表上。

产地:文登,昆嵛山,二分场缓冲区,海拔 350 m,任昭杰 20101362 – A。栖霞,牙山,海拔 600 m,郭萌萌 20111809。招远,罗山,海拔 600 m,黄正莉 20111999。

分布:中国(吉林、山东、四川、重庆)。巴基斯坦、不丹、日本、俄罗斯(西伯利亚和远东地区),欧洲和北美洲。

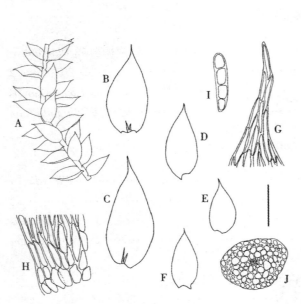

图 252 北地拟同叶藓 *Isopterygiopsis muelleriana* (Schimp.) Z. Iwats.，A. 植物体一段;B – C. 茎叶;D – F. 枝叶;G. 叶尖部细胞;H. 叶基部细胞;I. 无性芽胞; J. 茎横切面(任昭杰 绘)。标尺:A = 1.7 mm, B – F = 0.8 mm, G – H, J = 110 μm, I = 1.1 mm。

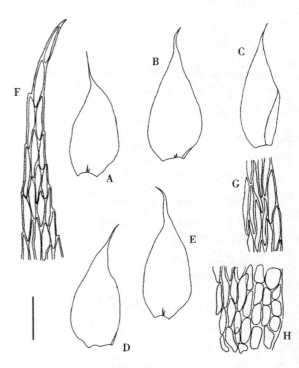

图 253 美丽拟同叶藓 *Isopterygiopsis pulchella* (Hedw.) Z. Iwats.，A – E. 叶;F. 叶尖部细胞;G. 叶中部边缘细胞;H. 叶基部细胞(任昭杰 绘)。标尺:A – E = 1.0 mm, F – H = 83 μm。

2. 美丽拟同叶藓

Isopterygiopsis pulchella（Hedw.）Z. Iwats.，J. Hattori Bot. Lab. 63：450.1987.

Leskea pulchella Hedw.，Sp. Musc. Frond. 220：1801.

植物体黄绿色,具金属光泽。茎匍匐,不规则稀疏分枝,中轴分化。叶平展,披针形至长卵状披针形,先端渐尖,具长尖;叶边平展,全缘或先端具细齿;中肋 2,短弱或缺失。叶细胞线形,薄壁,平滑,角细胞略分化,稀不分化。

生境:生于岩面上。

产地:青州,仰天山,海拔 500 – 600 m,黄正莉 20112172 – B、20112183 – C、20112261。

分布:中国(吉林、内蒙古、河北、山东、宁夏、新疆、贵州、西藏)。巴基斯坦、蒙古、俄罗斯(远东地区和西伯利亚）、新西兰,欧洲、非洲和北美洲。

2. 棉藓属 Plagiothecium Bruch & Schimp. Bryol. Eur. 5：179. 1851.

植物体小形至中等大小,多扁平,具光泽。茎匍匐,不规则分枝,无鳞毛。植物体多具芽胞,圆柱形或纺锤形,由单列细胞组成。叶卵圆形、披针形、卵状披针形或椭圆形,多平展,稀具横波纹,先端急尖或渐尖,基部多下延;叶边全缘或先端具稀齿;中肋2条,不等长。叶中部细胞线形、长菱形或长六边形,薄壁,平滑,基部细胞短,角细胞明显分化。蒴柄长,平滑。孢蒴多圆柱形,近直立至下垂,对称或不对称。环带分化。蒴齿双层。蒴盖圆锥形,具斜喙。蒴帽兜形,无毛。孢子球形。

前志收录直叶棉藓 P. euryphyllum（Cardot & Thér）Z. Iwats. 和阔叶棉藓 P. platyphyllum Mönk.,本次研究我们未见到引证标本,也未能采到相关标本,因此将以上两种存疑。

本属全世界约90种。中国有17种、6变种和1变型;山东有2种。

分种检索表

1. 叶细胞线形 ·· 1. 圆条棉藓 P. cavifolium
1. 叶细胞长六边形或长菱形 ······················· 2. 垂蒴棉藓 P. nemorale

Key to the species

1. Laminal cells linear ····································· 1. P. cavifolium
1. Laminal cells elongate hexagonal or elongate rhomboid ··········· 2. P. nemorale

1. 圆条棉藓

Plagiothecium cavifolium（Brid.）Z. Iwats., J. Hattori. Bot. Lab. 33：260. 1970.

Hypnum cavifolium Brid., Bryol. Univ. 2：556. 1827.

植物体小形至中等大小,具光泽。茎不规则密集分枝,多少呈圆条状,中轴分化。叶覆瓦状排列,卵圆形、椭圆形,或略呈卵状披针形,急尖或略渐尖,基部略下延或不下延,两侧近对称至略不对称,内凹,叶边平展,先端具微齿;中肋2条,较短。叶中部细胞线形,先端和基部细胞略短。

生境:生于土表、岩面或岩面薄土上。

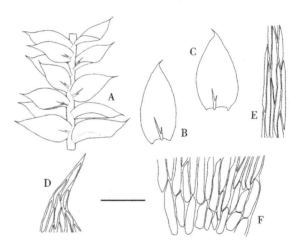

图 254 圆条棉藓 *Plagiothecium cavifolium*（Brid.）Z. Iwats., A. 植物体一段；B－C. 叶；D. 叶尖部细胞；E. 叶中部细胞；F. 叶基部细胞(任昭杰 绘)。标尺:A－C = 1.2 mm, D－F = 120 μm.

产地:荣成,石岛山,赵遵田 Zh88267。荣成,伟德山,海拔400 m,黄正莉 20112388、20112410－B。威海,张家山,张艳敏 363(SDAU)。文登,昆嵛山,二分场缓冲区,海拔350 m,任昭杰 20101353。文登,昆嵛山,帷幄洞,海拔400 m,任昭杰 20100546－A。牟平,昆嵛山,三岔河,海拔400 m,任昭杰 20100051。牟平,昆嵛山,泰礴顶下,海拔700 m,曹同、任昭杰 20110093－C。栖霞,艾山,小孩沟,赵遵田 Zh040502。招远,罗山,海拔600 m,黄正莉 20111990－B、20112003－B。平度,大泽山,黄正莉 R20111102－1－B。青岛,崂山,赵遵田 89409－B。青岛,崂山,潮音瀑,海拔400 m,任昭杰 20112938－H。黄岛,小珠山,海拔500 m,任昭杰 20111626。黄岛,小珠山,海拔450 m,黄正莉 20111684－B。临朐,沂山,赵遵田 90290－I。蒙阴,蒙山,橛子沟,海拔900 m,付旭 R20120102、R20120106－D。博山,鲁山,驼禅寺,海拔

1100 m,黄正莉 20112533。泰安,徂徕山,海拔 800 m,黄正莉 20110765 – B。

分布:中国(吉林、内蒙古、山东、陕西、甘肃、新疆、安徽、江苏、上海、浙江、湖南、四川、重庆、贵州、云南、西藏、福建、香港)。巴基斯坦、尼泊尔、不丹、日本、朝鲜、蒙古、俄罗斯(远东地区)、欧洲和北美洲。

本种在山东分布范围较广,叶形变化较大。经检视标本发现,李林等(2013)报道的分布于山东沂山的光泽棉藓 *P. laetum* Bruch & Schimp. 系本种误定。

2. 垂蒴棉藓(照片 82)

Plagiothecium nemorale (Mitt.) A. Jaeger, Ber. Thätigkeit Gallischen Naturwiss. Ges. 1876 – 1877: 451. 1878.

Stereodon nemorale Mitt., J. Proc. Linn. Soc. Bot. Suppl. 1: 104. 1859.

本种植物体和叶形与圆条棉藓 *P. cavifolium* 类似,但本种叶中部细胞较宽,为长六边形至长菱形,而后者叶中部细胞狭窄,为线形。

生境:生于土表或岩面。

产地:荣成,伟德山,海拔 350 m,黄正莉 20112367 – A。牟平,昆嵛山,赵遵田 Zh89431、Zh89442。牟平,昆嵛山,流水石,海拔 400 m,黄正莉 20101903 – B。招远,罗山,海拔 600 m,黄正莉 20111937、20111999。招远,罗山,海拔 600 m,李林 20112017 – B。青岛,崂山,靛缸湾上,海拔 500 m,任昭杰、卞新玉 20150031。博山,鲁山,海拔 1100 m,黄正莉 20112516。

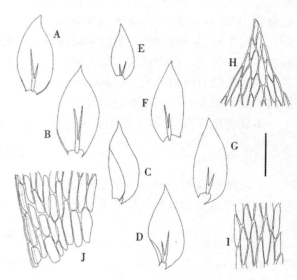

图 255　垂蒴棉藓 *Plagiothecium nemorale*(Mitt.) A. Jaeger, A – D. 茎叶;E – G. 枝叶;H. 叶尖部细胞;I. 叶中部细胞;J. 叶基部细胞(任昭杰 绘)。标尺:A – G = 1.7 mm, H – J = 170 μm。

分布:中国(黑龙江、吉林、内蒙古、山东、陕西、安徽、江苏、上海、浙江、江西、湖南、四川、重庆、贵州、云南、西藏、福建、广东、广西、香港)。巴基斯坦、朝鲜、日本、印度、尼泊尔、不丹、缅甸、俄罗斯,欧洲和非洲。

3. 细柳藓属 Platydictya Berk. Handb. Brit. Mosses 145. 1863.

植物体细小,淡绿色至深绿色,无光泽。茎匍匐,不规则分枝,中轴不分化。假鳞毛丝状或片状。茎叶直立,披针形至狭披针形,先端渐尖;叶边平展,全缘或具细齿;中肋单一,极短,不明显。叶细胞菱形至长六边形,角细胞分化,较多,方形至扁长方形。雌雄同株或异株。内雌苞叶披针形,具长尖,中肋分叉。蒴柄橙黄色或紫色。孢蒴长卵形或圆柱形,直立,对称或不对称。环带分化。蒴齿双层。孢子平滑或具疣。

本属全世界有 7 种。中国有 2 种;山东有 2 种。

分种检索表

1. 叶边具齿 ·· 1. 细柳藓 *P. jungermannioides*
1. 叶边全缘 ·· 2. 小细柳藓 *P. subtilis*

Key to the species

1. Leaf margins serrulate ·· 1. *P. jungermannioides*
1. Leaf margins entire ··· 2. *P. subtilis*

1. 细柳藓

Platydictya jungermannioides（Brid.）H. A. Crum, Michigan Bot. 3：60. 1964.

Hypnum jungermannioides Brid., Sp. Musc. Frond. 2：255. 1812.

植物体细小,柔弱。茎不规则分枝;中轴不分化。假鳞毛片状。茎叶披针形至卵状披针形,渐尖;叶边平直,具细齿;中肋不明显。叶中部细胞菱形,角细胞方形或短长方形。孢子体未见。

生境:生于石上。

产地:牟平,昆嵛山,林场西沟,海拔 260 m,赵遵田 84084 – B。栖霞,牙山,海拔 780 m,赵遵田 90773 – C。蒙阴,蒙山,天麻顶,海拔 800 m,赵遵田 91211 – B、91216 – B。临朐,沂山,育林河,海拔 900 m,赵遵田 90177 – 1、90445 – A。青州,仰天山,海拔 750 m,李林 20112246 – B、20112274。泰安,泰山,玉皇顶,海拔 1500 m,李林 20110498。

分布:中国(内蒙古、山西、山东、新疆、江苏、云南、西藏)。巴基斯坦、日本,高加索地区,欧洲和北美洲。

2. 小细柳藓

Platydictya subtilis（Hedw.）H. A. Crum, Michigan Bot. 3：60. 1964.

Leskea subtilis Hedw., Sp. Musc. Frond. 221. 1801.

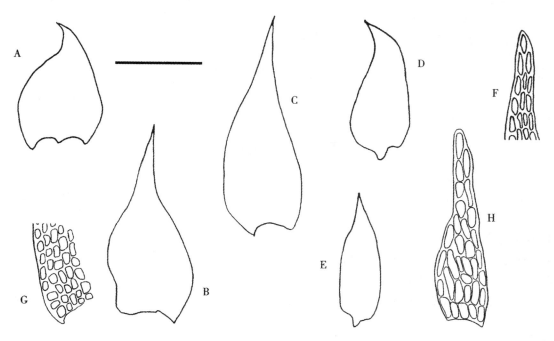

图 256 小细柳藓 *Platydictya subtilis*（Hedw.）H. A. Crum, A – C. 茎叶;D – E. 枝叶;F. 叶尖部细胞;G. 叶基部细胞;H. 假鳞毛(任昭杰、付旭 绘)。标尺:A – E = 550 μm, F – H = 220 μm。

本种与细柳藓 *P. jungermannioides* 类似,但本种叶全缘明显区别于后者。

生境:生于树干基部或岩面。

产地:栖霞,牙山,海拔 720 m,赵遵田 90787 – 1。黄岛,铁橛山,海拔 450 m,任昭杰 20110868。

分布:中国(黑龙江、内蒙古、山东、陕西、贵州)。日本、印度、不丹,高加索地区,欧洲和北美洲。

28. 碎米藓科 FABRONIACEAE

植物体形小。主茎匍匐,不规则分枝,分枝倾立,中轴不分化或略分化。假鳞毛叶状,少。叶卵形至椭圆状披针形,先端渐尖,内凹或平展;叶边平直,全缘或具齿突;中肋单一,稀缺失。叶细胞圆方形至线形,平滑,角细胞分化明显。雌雄同株异苞。蒴柄长,平滑,常扭曲。孢蒴卵形至圆柱形,直立。环带分化,或缺失。蒴盖圆锥形,具短喙。

本科全世界有5属。中国有2属;山东有1属。

1. 碎米藓属 Fabronia Raddi Atti. Accad. Sci. Siena 9:231.1808.

植物体细小,平铺交织生长。茎不规则分枝。叶疏生或覆瓦状排列,卵形或卵状披针形,先端渐尖,有时一侧偏曲;叶边平滑或具粗齿,有时具长毛状齿;中肋单一,短弱至不明显。叶细胞长菱形至长六边形,角细胞多分化,方形。雌雄同株。内雌苞叶鞘状,具长尖,边缘具齿或毛,无中肋。蒴柄黄色,平滑。孢蒴倒卵形或梨形,直立。蒴齿单层,稀缺失。蒴盖圆锥形,具喙。

本属全世界约62种。中国有11种;山东有2种。

分种检索表

1. 孢蒴具蒴齿 ·· 1. 八齿碎米藓 *F. ciliaris*
1. 孢蒴无蒴齿 ·· 2. 东亚碎米藓 *F. matsumurae*

Key to the species

1. Capsules with peristome teeth ·· 1. *F. ciliaris*
1. Capsules without peristome teeth ·· 2. *F. matsumurae*

1. 八齿碎米藓(见前志图 218)
Fabronia ciliaris(Brid.)Brid., Bryol. Univ. 2:171.1827.
Hypnum ciliare Brid., Sp. Musc. Frond. 2:155.1812.

本种与东亚碎米藓 *F. matsumurae* 植物体、叶形及叶细胞均相似,但本种孢蒴具蒴齿,明显区别于后者。

生境:生于树上。

产地:牟平,昆嵛山,老师坟,海拔 350 m,李林 20101906。栖霞,牙山,赵遵田 90632、90867 - A。青岛,崂山,下清宫,赵遵田 88051。青岛,崂山,明霞洞,赵遵田 89345。黄岛,小珠山,赵遵田 Zh84152。临朐,沂山,赵遵田 Zh90056。博山,鲁山,林场上部,海拔 550 m,赵遵田 90476 - B、90478 - A。泰安,岱庙,海拔 160 m,赵遵田 34119。泰安,泰山,赵遵田 Zh33921。

分布:中国(吉林、内蒙古、河北、河南、山东、宁夏、新疆、江苏、浙江、湖南、云南、西藏、台湾、广西)。世界广布种。

2. 东亚碎米藓
Fabronia matsumurae Besch., J. Bot.(Morot)13:40.1899.

植物体细小,绿色,具光泽。茎匍匐,不规则分枝,分枝直立。叶卵形,渐尖;叶边平直,中上部具齿;中肋单一,达叶中部。叶中部长菱形,排列整齐,薄壁,基部细胞较短,角细胞方形。蒴柄黄棕色,干燥时扭曲。孢蒴卵圆形,直立。蒴齿缺失。蒴盖平凸。蒴帽兜形。

生境:多生于树干,稀生于石上。

产地:牟平,昆嵛山,赵遵田 89437 – B。栖霞,牙山,赵遵田 Zh90428。莱州,云峰山,任昭杰 R00604、R00605。青岛,崂山,下清宫,赵遵田 91543。黄岛,铁橛山,黄正莉 R20130143。五莲,五莲山,海拔 300 m,任昭杰 R20110015。沂南,五彩山,赵遵田 95528 – B。蒙阴,蒙山,里沟,海拔 750 m,任昭杰 R20110028。临朐,沂山,赵遵田 90055 – A。青州,仰天山,海拔 800 m,黄正莉 20112255 – A。博山,鲁山,海拔 700 m,赵遵田 90738。曲阜,孔林,赵遵田 84186 – B。泰安,泰山,壶天阁下,赵遵田 33935。泰安,泰山,中天门,海拔 800 m,赵遵田 34107 – A。

分布:中国(吉林、内蒙古、北京、山西、山东、陕西、宁夏、甘肃、湖北、四川、云南、西藏、福建、台湾)。日本、朝鲜和俄罗斯。

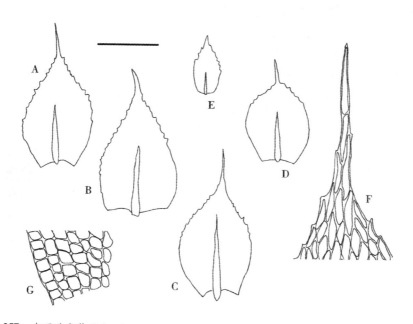

图 257 东亚碎米藓 *Fabronia matsumurae* Besch. , A – C. 茎叶;D. 枝叶;E. 小枝先端叶;F. 叶尖部细胞;G. 叶基部细胞(任昭杰、付旭 绘)。标尺:A – E = 440 μm, F – G = 110 μm。

29. 腋苞藓科 PTERIGYNANDRACEAE

植物体小形至中等大小。茎匍匐,不规则分枝或近羽状分枝,分枝多弯曲;中轴不分化。假鳞毛丝状或叶状。叶腋毛高 2－4 个细胞。叶卵形,先端急尖或长渐尖;叶边全缘或上部具齿;中肋 2 条,或单一,短弱。叶细胞线形,角细胞分化。雌雄异株。蒴柄长,平滑。孢蒴圆柱形,直立或倾立。环带分化或不分化。蒴齿双层。

本科全世界有 2 属。中国有 2 属;山东有 1 属。

1. 叉肋藓属 Trachyphyllum A. Gepp. in Hiern Cat. Afr. Pl. 2 (2)：298.1901.

植物体小形至中等大小,黄色至黄褐色。主茎匍匐,不规则分枝,枝短,圆条形,先端钝。叶卵状心形,内凹,先端急尖,中肋 2 条,较短。叶细胞菱形或长椭圆形,具疣,角细胞明显分化,方形至扁方形。

本属世界现有 2 种。我国有 1 种;山东有分布。

1. 叉肋藓

Trachyphyllum inflexum（Harv.）A. Gepp.,
Cat. Afr. Pl. 2（2）：299.1901.

Hypnum inflexum Harv. in Hook., Icon. Pl. 1：pl. 24, f. 6. 1836.

植物体纤细,黄绿色至暗绿色。主茎匍匐,不规则分枝,分枝干燥时弯曲。叶卵状心形,内凹,先端急尖,具小尖头;叶边全缘;中肋 2 条,较短。叶中部细胞长菱形,具疣,叶基部细胞圆方形。孢子体未见。

生境:多生于树干或岩石上,稀生于土表。

产地:文登,昆嵛山,仙女池,海拔 400 m,任昭杰 20100107、20100584。牟平,昆嵛山,五分场东山,海拔 400 m,姚秀英 20100752。牟平,昆嵛山,房门,海拔 550 m,任昭杰 20100969－A。栖霞,牙山,海拔 780 m,赵遵田 90772－A。栖霞,牙山,海拔 780 m,黄正莉 90773－D。青岛,崂山,崂顶后部,海拔 1100 m,赵遵田 89375。青岛,崂山,海拔 750 m,赵遵田 91098。黄岛,铁橛山,赵遵田 89305－B。黄岛,铁橛山,海拔 300 m,黄正莉 R20130161－B。临朐,沂山,赵遵田 90255－A、90264。枣庄,抱犊崮,海拔 530 m,刘志海 911563－1－B。新泰,莲花山,海拔 300 m,黄正莉 20110627－B。

分布:中国(山东、安徽、浙江、云南、西藏)。尼泊尔、印度、缅甸、泰国、柬埔寨、越南、印度尼西亚、摩洛哥、菲律宾、澳大利亚、新喀里多尼亚和马达加斯加。

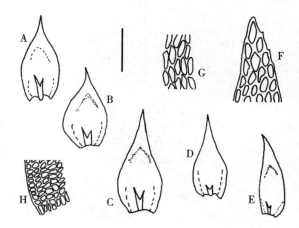

图 258 叉肋藓 *Trachyphyllum inflexum*（Harv.）A. Gepp., A－C. 茎叶;D－E. 枝叶;F. 叶尖部细胞;G. 叶中部细胞;H. 角细胞(任昭杰、付旭 绘)。标尺:A－E＝560 μm;F－G＝56 μm;H＝110 μm。

30. 柔齿藓科 HABRODONTACEAE

植物体小形,无光泽。茎匍匐,不规则分枝,分枝短,直立。叶片干燥时覆瓦状排列,湿时倾立,卵形,内凹,先端急尖或渐尖;叶边平展,全缘或具细齿;中肋缺失,或仅基部略有痕迹。叶细胞长卵形、菱形或长椭圆形,基部细胞阔,角细胞分化,扁方形。雌雄异株。蒴柄细长,黄褐色和紫红色。孢蒴长卵圆形,直立。环带分化。蒴齿单层。蒴盖圆锥性,具短喙。蒴帽兜形。

本科全世界有 1 属。山东有分布。

1. 柔齿藓属 Habrodon Schimp. Syn. Musc. Eur. 505.1860.

属特征同科。

本属世界现有 2 种。我国有 1 种;山东有分布。

1. 柔齿藓(见前志图 222)

Habrodon perpusillus (De Not.) Lindb., Öfvers. Förh. Kongl. Svenska Vetensk. – Akad. 20:401. 1863.

Pterogonium perpusillum De Not., Musc. Ital. Spic. 84.1838.

植物体纤细。叶卵形,内凹,先端具细长尖;叶边平展,具微齿;中肋缺失,或仅在基部有痕迹。叶细胞长卵形或长菱形,渐向叶边及角部呈斜列菱形或方形。孢子体未见。

生境:生于岩面。

产地:荣成,伟德山,赵遵田 Zh88203。牟平,昆嵛山,赵遵田 Zh84108。青岛,崂山,赵遵田 Zh96041。

分布:中国(辽宁、山东、四川、西藏)。朝鲜、俄罗斯,欧洲和北美洲。

31. 万年藓科 CLIMACIACEAE

植物体粗壮,硬挺,具光泽。主茎匍匐,支茎直立,一至二回羽状分枝。鳞毛多,丝状,单一或分枝。茎下部叶鳞片状,贴生,上部叶和枝叶椭圆状卵形或近于心形,先端钝或急尖,基部多呈耳状,多具纵褶;叶边中上部具不规则粗齿;中肋单一,达叶中上部,先端背面有时具刺突。叶细胞狭菱形至线形,平滑,基部细胞大,具壁孔,角细胞分化,多呈长方形,较大,透明,薄壁,由多层细胞组成。雌雄异株。蒴柄细长,红棕色。孢蒴长卵形至长圆柱形,直立或弓形弯曲。蒴齿双层。蒴盖圆锥形,具喙。蒴帽兜形。孢子平滑或具疣。

本科全世界有 2 属。中国有 2 属;山东有 1 属。

1. 万年藓属 Climacium F. Weber & D. Mohr Naturh. Reise Schwedens 96. 1804.

植物体粗壮,黄绿色至深绿色,略具光泽。主茎匍匐,支茎直立;鳞毛密生,线形,分枝。叶心状卵形,略内凹,先端圆钝,具小尖头,基部阔;叶边中上部具粗齿;中肋达叶中上部,先端背面具齿或平滑。叶细胞长菱形或线形,薄壁,基部细胞大,厚壁且具壁孔,角细胞分化,方形至长方形。雌雄异株。孢蒴长卵形至长圆柱形,直立。蒴齿双层。

本属世界现有 3 种。我国有 2 种;山东有 1 种。

1. 东亚万年藓

Climacium japonicum Lindb. , Contr. Fl. Crypt. As. 232. 1872.

植物体粗壮。主茎匍匐,支茎直立,上部不规则密羽状分枝,分枝末端趋细成尾状尖。茎叶阔卵形,先端钝,具纵褶,基部明显耳状;叶边平展,全缘或中上部具微齿;中肋达叶中上部。枝叶阔卵状披针形,具多数长纵褶,基部呈耳状;叶边中上部具粗齿;中肋达叶中上部,先端背面具刺。叶细胞长菱形至狭长方形,角细胞分化。

生境:生于土表或岩面薄土上。

产地:平邑,蒙山,龟蒙顶,海拔 1100 m,赵遵田 93400。平邑,蒙山,龟蒙顶,海拔 1150 m,张艳敏 118(PE)。博山,鲁山,赵遵田 Zh90469。泰安,徂徕山,赵遵田 Zh90469。泰安,徂徕山,太平顶,海拔 1000 m,任昭杰 R20110197。

分布:中国(黑龙江、吉林、山西、山东、河南、陕西、宁夏、甘肃、安徽、浙江、江西、湖南、湖北、四川、重庆、贵州、云南、西藏、台湾)。日本、朝鲜和俄罗斯(西伯利亚)。

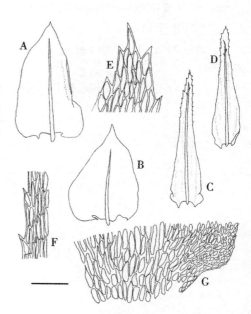

图 259 东亚万年藓 *Climacium japonicum* Lindb. , A - B. 茎叶;C - D. 枝叶;E. 枝叶尖部细胞;F. 枝叶中上部边缘细胞;G. 枝叶基部细胞(任昭杰 绘)。标尺:A - D = 1.1 mm, E - G = 110 μm。

32. 柳叶藓科 AMBLYSTEGIACEAE

植物体小形至大形,疏松或密集生长。茎倾立、直立或匍匐,不规则分枝或羽状分枝,中轴分化或不分化。鳞毛多缺失,常具丝状或片状假鳞毛。叶直立或镰刀形弯曲,基部卵形至阔椭圆形,上部披针形,先端圆钝、急尖或渐尖;叶边全缘或具细齿;中肋单一、分叉、双中肋或缺失。叶中部细胞六边形、菱形、蠕虫形或近线形,多平滑,稀具疣或前角突,叶基部细胞短,细胞壁常加厚,角细胞分化或不分化。雌雄同株或异株。蒴柄较长,红色至红棕色,平滑。孢蒴圆筒形或椭圆形,倾立或平列。蒴齿双层。蒴盖圆锥形,具喙。蒴帽兜形。孢子球形,具疣。

本科全世界 23 属。中国有 13 属;山东有 9 属。

分属检索表

1. 茎具多数鳞毛 ⋯⋯⋯⋯⋯⋯⋯⋯⋯⋯⋯⋯⋯⋯⋯⋯ 5. 牛角藓属 Cratoneuron
1. 茎无鳞毛或稀具假鳞毛 ⋯⋯⋯⋯⋯⋯⋯⋯⋯⋯⋯⋯⋯⋯⋯⋯⋯⋯ 2
2. 叶镰刀形弯曲 ⋯⋯⋯⋯⋯⋯⋯⋯⋯⋯⋯⋯⋯⋯ 6. 镰刀藓属 Drepanocladus
2. 叶不呈镰刀形弯曲 ⋯⋯⋯⋯⋯⋯⋯⋯⋯⋯⋯⋯⋯⋯⋯⋯⋯⋯⋯⋯ 3
3. 叶尖部细胞较中部细胞短 ⋯⋯⋯⋯⋯⋯⋯⋯⋯⋯ 8. 水灰藓属 Hygrohypnum
3. 叶尖部细胞较中部细胞长 ⋯⋯⋯⋯⋯⋯⋯⋯⋯⋯⋯⋯⋯⋯⋯⋯⋯⋯ 4
4. 叶中部细胞长轴形 ⋯⋯⋯⋯⋯⋯⋯⋯⋯⋯⋯⋯⋯⋯⋯⋯⋯⋯⋯⋯ 5
4. 也中部细胞短轴形 ⋯⋯⋯⋯⋯⋯⋯⋯⋯⋯⋯⋯⋯⋯⋯⋯⋯⋯⋯⋯ 6
5. 中轴分化明显;中肋单一,较长 ⋯⋯⋯⋯⋯⋯ 3. 拟细湿藓属 Campyliadelphus
5. 中轴分化较弱;中肋较短,分叉、双中肋或缺失 ⋯⋯⋯⋯ 4. 细湿藓属 Campylium
6. 中轴不分化 ⋯⋯⋯⋯⋯⋯⋯⋯⋯⋯⋯⋯⋯ 2. 反齿藓属 Anacamptodon
6. 中轴分化 ⋯⋯⋯⋯⋯⋯⋯⋯⋯⋯⋯⋯⋯⋯⋯⋯⋯⋯⋯⋯⋯⋯ 7
7. 植物体形大;假鳞毛丝状或片状;叶中部细胞长,长 50 – 120 μm ⋯⋯ 9. 薄网藓属 Leptodictyum
7. 植物体形小;假鳞毛片状;叶中部细胞短,长 20 – 50 μm ⋯⋯⋯⋯ 8
8. 中肋细弱,达叶中部或上部 ⋯⋯⋯⋯⋯⋯⋯⋯ 1. 柳叶藓属 Amblystegium
8. 中肋长,达叶尖部或略突出 ⋯⋯⋯⋯⋯⋯⋯ 7. 湿柳藓属 Hygroamblystegium

Key to the genera

1. Stem with dense paraphyllia ⋯⋯⋯⋯⋯⋯⋯⋯⋯⋯⋯⋯ 5. Cratoneuron
1. Stem without paraphyllia, only spare pseudoparaphyllia present ⋯⋯⋯⋯ 2
2. Leaves falcate – secund ⋯⋯⋯⋯⋯⋯⋯⋯⋯⋯⋯ 6. Drepanocladus
2. Leaves not falcate – secund ⋯⋯⋯⋯⋯⋯⋯⋯⋯⋯⋯⋯⋯⋯ 3
3. Apical leaf cells shorter than median leaf cells ⋯⋯⋯⋯ 8. Hygrohypnum
3. Apical leaf cells longer than median leaf cells ⋯⋯⋯⋯⋯⋯⋯ 4
4. Median leaf cells long ⋯⋯⋯⋯⋯⋯⋯⋯⋯⋯⋯⋯⋯⋯ 5
4. Median leaf cells long ⋯⋯⋯⋯⋯⋯⋯⋯⋯⋯⋯⋯⋯⋯ 6
5. Stem central strand present; costa usually single, long and strong ⋯⋯ 3. Campyliadelphus
5. Stem central strand weak; costa forked, double or absebt, short and slender ⋯⋯ 4. Campylium

6. Stem central strand absent ·· 2. *Anacamptodon*

6. Stem central strand present ·· 7

7. Plants robust; pseudoparaphyllia filamentous or foliose; median leaf cells long, 50 – 120 μm long ·· 9. *Leptodictyum*

7. Plants small; pseudoparaphyllia foliose; median leaf cells short, 20 – 50 μm long ·················· 8

8. Costa slender, reaching about the middle of leaf, or upper ·················· 1. *Amblystegium*

8. Costa strong, reaching about the acumen, or percurrent ·················· 7. *Hygroamblystegium*

1. 柳叶藓属 Amblystegium Bruch & Schimp.
Bryol. Eur. 6: 45. 1853.

植物体小形,纤细,黄绿色至深绿色,无光泽或略有光泽。茎匍匐,不规则分枝或羽状分枝;中轴分化。假鳞毛片状。茎叶卵状披针形,倾立,先端渐尖;叶边平展,全缘或先端具微齿;中肋单一,达叶中部或上部。叶中部细胞菱形至六边形,基部细胞短长方形,角细胞略分化,方形。雌雄异株。蒴柄细长,干时扭转。孢蒴长圆筒形,拱形弯曲。环带分化。蒴齿双层。孢子小,具疣。

本属全世界约 17 种。中国有 2 种和 1 变种;山东有 2 种和 1 变种。

分种检索表

1. 中肋细弱,达于叶的 1/2 – 2/3 ·················· 1. 柳叶藓 A. *serpens*

1. 中肋达于叶尖·················· 2. 多姿柳叶藓 A. *varium*

Key to the species

1. Costa slender, up to 1/2 – 2/3 leaf length ·················· 1. A. *serpens*

1. Costa extending to tip ·················· 2. A. *varium*

1. 柳叶藓

Amblystegium serpens (Hedw.) Bruch & Schimp., Bryol. Eur. 6: 53. 1853.

Hypnum serpens Hedw., Sp. Musc. Frond. 268. 1801.

1a. 柳叶藓原变种(见前志图 262)

Amblystegium serpens var. **serpens**

植物体小形,纤细。茎匍匐,不规则分枝;中轴分化。假鳞毛片状。茎叶卵状披针形,向上渐成长尖;叶边平展,具细齿;中肋单一,达于叶片的 1/2 – 2/3。枝叶与茎叶同形,略小。叶中部细胞长六边形至长菱形,上部细胞较长,基部细胞较宽短,角细胞分化,方形。蒴柄细长,红色。孢蒴长圆筒形,红褐色,倾立。蒴盖圆锥形。

生境:生于潮湿的岩石、树干或岩面薄土上。

产地:荣成,伟德山,海拔 550 m,黄正莉 20112372 – A。牟平,昆嵛山,赵遵田 Zh88149。青岛,崂山,海拔 650 m,赵遵田 91088。平度,大泽山,海拔 600 m,赵遵田 91046 – A。平度,大泽山,黄正莉 R20111102 – 1 – A。临朐,沂山,育林河,海拔 700 m,赵遵田 90444 – A。蒙阴,蒙山,望海楼,海拔 850 m,赵遵田 91300 – F。博山,鲁山,海拔 1000 m,李超 20112484 – A、20112450 – A。泰安,徂徕山,海拔 800 m,黄正莉 20110720 – B、20110732 – A。泰安,泰山,南天门北坡,海拔 1360 m,赵遵田 34016 – B。泰安,泰山,黑龙潭,赵遵田 34129。济南,趵突泉公园,任昭杰、赖桂玉 R11929。

分布:中国(黑龙江、吉林、辽宁、内蒙古、河北、山东、宁夏、甘肃、青海、新疆、上海、湖南、云南)。日本、朝鲜、巴基斯坦、印度、俄罗斯、墨西哥、秘鲁、新西兰,欧洲和非洲北部。

1b. 柳叶藓长叶变种(照片 83)

Amblystegium serpens var. **juratzkanum**(Schimp.)Rau & Herv., Cat. N. Amer. Musci 44.1880.

Amblystegium juratzkanum Schimp., Syn Musc. Frond. 693.1860.

本变种角细胞长方形,而原变种角细胞方形,可区别二者。

生境:生于潮湿的岩石、树干或岩面薄土上。

产地:文登,昆嵛山,无染寺,海拔 350 m,姚秀英 20100504 - A。牟平,昆嵛山,马腚,海拔 200 m,任昭杰 20101655 - A。牟平,昆嵛山,老师坟,海拔 350 m,李林 20101788。临朐,沂山,赵遵田 90110 - C。泰安,泰山,黑龙潭西,赵遵田 34164。济南,南护城河,任昭杰 20113128。济南,趵突泉公园,赖桂玉 R15399、R15400。

分布:中国(黑龙江、辽宁、内蒙古、北京、山西、山东、青海、江苏)。巴基斯坦、印度、日本、朝鲜、墨西哥、新西兰,高加索地区,欧洲和北美洲。

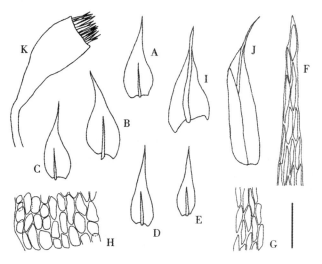

图 260 柳叶藓长叶变种 *Amblystegium serpens*(Hedw.)Bruch & Schimp. var. *juratzkanum*(Schimp.)Rau & Herv, A - C. 茎叶;D - E. 枝叶;F. 叶尖部细胞;G. 叶中部细胞;H. 叶基部细胞;I - J. 雌苞叶;K. 孢蒴(任昭杰、付旭 绘)。标尺:A - E, I - J = 0.8 mm, F - H = 110 μm, K = 2.8 mm。

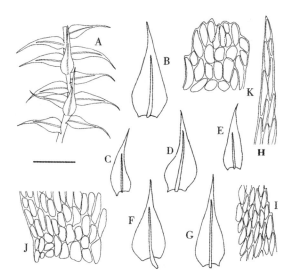

图 261   多姿柳叶藓 *Amblystegium varium*(Hedw.)Lindb., A. 植物体一段;B - D. 茎叶;E - G. 枝叶;H. 叶尖部细胞;I. 叶中部细胞;J. 叶基部细胞;K. 假鳞毛(任昭杰 绘)。标尺:A = 1.4 mm, B - G = 0.8 mm, H - J = 110 μm。

2. 多姿柳叶藓

Amblystegium varium(Hedw.)Lindb., Musci. Scand. 32.1879.

Leskea varia Hedw., Sp. Musc. Frond. 216.1801.

本种中肋达于叶尖且上部常扭曲,角细胞分化不明显,以上特征可区别于柳叶藓 *A. serpens*。

生境:生于阴湿岩面、树干、枯木或岩面薄土上。

产地:栖霞,牙山,海拔 400 m,李林 20111888 - A。青岛,崂山,北九水,海拔 250 m,李德利 20150069 - A。蒙阴,蒙山,望海楼,海拔 480 m,赵洪东 91296 - A。枣庄,抱犊崮,赵遵田 Zh911331。泰安,徂徕山,光华寺,海拔 850 m,任昭杰 R11957。泰安,徂徕山,海拔 800 m,黄正莉 20110741。泰安,徂徕山,太平顶,海拔 780 m,刘志海 911195 - A。

分布:中国(黑龙江、吉林、内蒙古、北京、山东、新疆、云南)。日本、印度、墨西哥、秘鲁、澳大利亚,高加索地区,北美洲、欧洲和非洲北部。

2. 反齿藓属 Anacamptodon Brid. Muscol. Recent. Suppl. 4：136.1819〔1818〕.

植物体形小,交织生长,深绿色,具光泽。茎匍匐,分枝短,直立或倾立。叶基部卵形,内凹,先端渐尖,常一侧偏曲;叶边平展,全缘或具细齿;中肋粗壮,达叶上部。叶中部细胞长六边形至长菱形,角细胞分化,方形。雌雄同株异苞。蒴柄长,紫红色或棕色,干时扭转。孢蒴卵形,两侧对称,直立,具短的台部。环带分化,常存。蒴齿双层。蒴盖圆锥形,具喙。蒴帽兜形。

本属全世界有 12 种。中国有 3 种;山东有 1 种。

1. 阔叶反齿藓(照片 84)

Anacamptodon latidens (Besch.) Broth., Nat. Pflanzenfam. I (3)：906.1907.

Schwetschkea latidens Besch., J. Bot. (Morot) 13：41.1899.

植物体形小,具光泽。茎匍匐,多次不规则分枝。叶基部卵形,向上呈阔披针形,有时一侧偏曲;叶边平展,全缘;中肋达叶上部。叶细胞长椭圆形至长六边形,角细胞分化,方形。蒴柄直立,红褐色,干时扭转。孢蒴椭圆形,对称,直立。

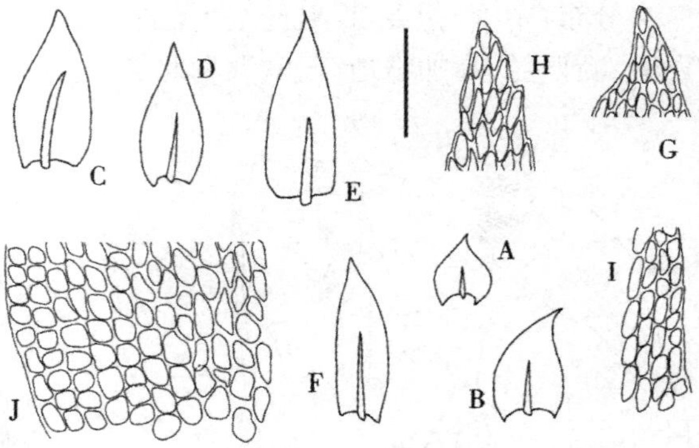

生境:生于岩面或树干基部。

产地:文登,昆嵛山,赵遵田 Zh89445。青岛,崂山,赵遵田 Zh99044 - B。临朐,沂山,赵遵田 Zh90636。枣庄,抱犊崮,赵遵田 Zh911324。泰安,泰山,赵遵田 Zh34139。泰安,泰山,天街,海拔 1400 m,赵遵田 20110531 - A。泰安,泰山后石坞,海拔 1400 m,任昭杰 R20141033。

分布:中国(吉林、辽宁、山东、新疆、湖北、贵州、云南、西藏)。日本和俄罗斯。

图 262　阔叶反齿藓 *Anacamptodon latidens* (Besch.) Broth., A – B. 茎叶;C – F. 枝叶;G. 茎叶尖部细胞;H. 枝叶尖部细胞;I. 叶中部细胞;J. 叶基部细胞(任昭杰 绘)。标尺:A – F = 0.8 mm, G – J = 110 μm。

3. 拟细湿藓属 Campyliadelphus (Kindb.) R. S. Chopra. Taxon. Indian Mosses 442.1975.

植物体小形至中等大小,具光泽。茎匍匐,不规则分枝或羽状分枝,中轴分化。假鳞毛片状,三角形、披针形或卵形。茎叶基部卵状心形或三角状心形,向上渐尖或急尖,有时一侧偏曲;叶边多平展,全缘或具微齿;中肋短,分叉,双中肋或缺失。枝叶与茎叶同形,略小。叶细胞狭长方形或线形,基部细胞短,厚壁,角细胞分化,多数,长方形。雌雄异株。蒴柄长,红色。孢蒴椭圆形,平列。环带分离。蒴齿双层。蒴帽圆锥形。孢子具疣。

前志曾收录多态细湿藓 *Campylium protensum* (Brid.) Kindb. = *Campyliadelphus protensus* (Brid.) Kanda 和仰叶细湿藓 *Campylium stellatum* (Hedw.) C. E. O. Jensen = *Campyliadelphus stellatus* (Hedw.) Kanda 两种,本次研究未能见到引证标本,也未能采到相关标本,因此将以上两种存疑。

本属全世界约 4 种。中国有 4 种;山东有 1 种。

1. 阔叶拟细湿藓

Campyliadelphus polygamum (Bruch & Schimp.) Kanda, J. Sci. Hiroshima Univ., ser. B, Div. 2

Bot. 15：263．1975.

Amblystegium polygamum Bruch & Schimp.，Bryol. Eur. 6：60 pl. 572．1853.

植物体黄绿色，或黄色，具光泽。茎匍匐，不规则分枝，中轴分化。假鳞毛片状。茎叶阔披针形；叶边平展，全缘；中肋细弱，单一或分叉。枝叶与茎叶同形，略小。叶中上部细胞线形，基部细胞短，壁稍厚，角细胞明显分化，膨大。蒴柄长，弯曲。孢蒴圆柱形，弯曲。孢子具疣。

生境：生于土表或岩面薄土上。

产地：牟平，昆嵛山，黄连口，海拔 500 m，任昭杰 20101018。牟平，昆嵛山，海拔 250 m，姚秀英 20101504 – B。牟平，昆嵛山，三官殿，海拔 300 m，黄正莉 20100709。青岛，崂山，赵遵田 Zh010004。黄岛，小珠山，赵遵田 Zh89317。临朐，沂山，赵遵田 Zh90437。青州，仰天山，海拔 800 m，李林 20112186 – B、20112238 – B。泰安，徂徕山，上池，赵遵田 Zh91982。泰安，泰山，南天门，海拔 1300 m，赵遵田 Zh34094。

分布：中国（黑龙江、吉林、辽宁、内蒙古、河北、北京、山西、山东、河南、陕西、甘肃、新疆、江西、湖南、湖北、四川、云南、西藏）。日本、俄罗斯（西伯利亚）、墨西哥、智利、欧洲、北美洲、非洲北部、大洋洲和南极洲。

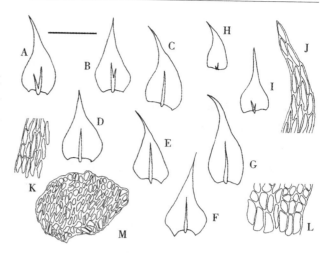

图 263　阔叶拟细湿藓 *Campyliadelphus polygamum* (Bruch & Schimp.) Kanda，A – G. 茎叶；H – I. 枝叶；J. 叶尖部细胞；K. 叶中部细胞；L. 叶基部细胞；M. 假鳞毛（任昭杰、付旭 绘）。标尺：A – I = 0.8 mm，J – M = 110 μm。

4. 细湿藓属 Campylium (Sull.) Mitt. J. Linn. Soc., Bot. 12：631．1869.

植物体小形至中等大小，绿色，带黄色或棕色，具光泽。茎匍匐，不规则分枝或羽状分枝，中轴分化。假鳞毛小，片状。茎叶从卵状心形或阔三角形基部向上呈披针形长尖，常扭转；叶边平展，具细齿；单中肋，分叉或双中肋。枝叶与茎叶同形，略小。叶中部细胞线形，基部细胞较短，角细胞明显分化，长方形，膨大透明。雌雄同株。蒴柄长，红色。孢蒴椭圆状圆筒形，平列。环带分离。蒴齿双层。蒴盖圆锥形。蒴帽兜形。孢子具疣。

本属全世界有 28 种。中国有 5 种和 2 变种；山东有 4 种和 1 变种。

分种检索表

1. 双中肋，较短 ·· 2. 细湿藓 C. hispidulum
1. 单中肋 ··· 2
　2. 叶基部三角状卵形，明显下延 ······················ 3. 根生柳叶藓 C. radicale
　2. 叶基部阔卵形至卵形，不下延或不明显下延 ································ 3
　　3. 叶先端渐呈长披针形尖 ···················· 1. 黄叶细湿藓 C. chrysophyllum
　　3. 叶先端骤成长披针形尖 ················· 4. 粗肋细湿藓 C. squarrosulum

Key to the species

1. Costa double, short ·· 2. *C. hispidulum*
1. Costa single ··· 2
　2. Leaf base triangular ovate, obviously decurrent ··············· 3. *C. radicale*

2. Leaf base broad ovate to ovate, not or slightly decurrent ┈┈┈┈┈┈┈┈┈ 3

3. Leaves gradually narrowed into a long acumen ┈┈┈┈┈┈┈ 1. *C. chrysophyllum*

3. Leaves abruptly narrowed into a long acumen ┈┈┈┈┈┈ 4. *C. squarrosulum*

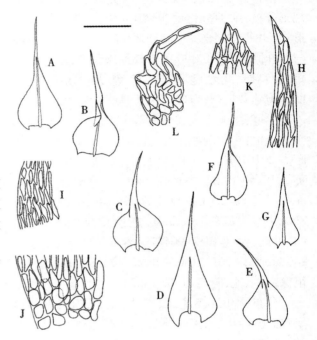

图 264 黄叶细湿藓 *Campylium chrysophyllum*（Brid.）J. Lange, A–E. 茎叶；F–G. 枝叶；H. 叶尖部细胞；I. 叶中下部细胞；J. 角细胞；K–L. 假鳞毛（任昭杰 绘）。标尺：A–G = 0.8 mm, H–L = 80 μm。

1. 黄叶细湿藓（照片 85）

Campylium chrysophyllum（Brid.）J. Lange, Nomencl. Fl. Dan. 210. 1887.

Hypnum chrysophyllum Brid., Muscol. Recent. 2（2）：84. 1801.

Campyliadelphus chrysophyllus（Brid.）R. S. Chopra, Taxon. Indian Mosses 443. 1975.

植物体黄色、黄绿色至绿色，具光泽。茎匍匐，不规则分枝；中轴分化。假鳞毛片状，形态变化较大。茎叶背仰，基部阔卵形至卵形，向上渐呈长披针形；叶边平展，全缘或基部具微齿；中肋单一，达叶中上部。枝叶与茎叶同形，略小。叶细胞虫形，角细胞分化，短长方形，厚壁。蒴柄红色，较长，弯曲。孢蒴长圆筒形，红色，倾立或平列。

生境：生于岩面、土表、岩面薄土或树干上。

产地：文登，昆嵛山，二分场缓冲区，海拔 350 m，任昭杰 20101203。文登，昆嵛山，无染寺，海拔 300 m，姚秀英 20100548 – A。牟平，昆嵛山，三岔河，海拔 400 m，任昭杰 20100109。牟平，昆嵛山，水帘洞，海拔 350 m，任昭杰 20100334 – A。栖霞，牙山，海拔 600 m，赵遵田 90858 – A、90859 – A。平度，大泽山，海拔 300 m，赵遵田 20113146 – B。平度，大泽山，海拔 500 m，李林 20112074 – C。青岛，崂山，潮音瀑，海拔 500 m，赵遵田 88002 – A。青岛，崂山，赵遵田 83137。黄岛，大珠山，海拔 120 m，黄正莉 20111573 – B。黄岛，小珠山，赵遵田 89309 – B。黄岛，小珠山，海拔 120 m，黄正莉 20111621 – A。临朐，沂山，赵遵田 90146。临朐，沂山，海拔 1000 m，赵遵田 90149。蒙阴，蒙山，望海楼，海拔 850 m，赵遵田 91457 – B、91460 – A。蒙阴，蒙山，大牛圈，海拔 600 m，李林 R20131351 – C。青州，仰天山，仰天寺，赵遵田 88084 – B、88087 – A、88089 – A。博山，鲁山，海拔 700 m，郭萌萌 20112503 – B。博山，鲁山，海拔 1100 m，黄正莉 20112575 – A。莱芜，北郊巩山，赵遵田 85023。泰安，徂徕山，上池，海拔 730 m，赵洪东 91928、91829。泰安，泰山，赵遵田 20110542 – C。泰安，泰山，南天门后坡，海拔 1360 m，赵遵田 34110。

分布：中国（黑龙江、吉林、辽宁、内蒙古、河北、山西、山东、河南、陕西、甘肃、安徽、上海、江苏、湖北、贵州、云南）。日本、朝鲜、印度、墨西哥，高加索地区，欧洲、北美洲和非洲北部。

本种在山东分布较为广泛，叶下部宽度变化较大。

2. 细湿藓

Campylium hispidulum（Brid.）Mitt., J. Linn. Soc., Bot. 12：631. 1869.

Hypnum hispidulum Brid., Sp. Musc. Frond. 2：198. 1812.

2a. 细湿藓原变种（见前志图 255）

Campylium hispidulum var. **hispidulum**

植物体细弱，绿色，带黄色，具光泽。茎匍匐，不规则分枝；中轴分化。假鳞毛片状。茎叶背仰，基部宽卵形或心形,向上呈披针形长尖;叶边平展,具细齿;中肋 2 条,短弱,或缺失。枝叶与茎叶同形,略小。叶中部细胞虫形,基部细胞短,角细胞方形。蒴柄红色。孢蒴长圆柱形,多少弯曲。

生境:生于岩面、土表或岩面薄土上。

产地:牟平,昆嵛山,赵遵田 Zh88059。牟平,昆嵛山,千米速滑,海拔 600 m,任昭杰 R20100101。蒙阴,蒙山,大牛圈,海拔 600 m,李林 20120021 – C。临朐,沂山,古寺,赵遵田 90094。临朐,沂山,赵遵田 90231。

分布:中国(黑龙江、吉林、辽宁、内蒙古、河北、山西、山东、陕西、甘肃、青海、新疆、浙江、湖北、西藏、云南)。日本、墨西哥、秘鲁,欧洲和北美洲。

2b. 细湿藓稀齿变种(照片 86)

Campylium hispidulum var. **sommerfeltii**(Myrin)Lindb.,Contr. Fl. Crypt. As. 279. 1872.

Hypnum sommerfeltii Myrin,Aorsber. Bot. Arb. Upptackt. 1831:328. 1832.

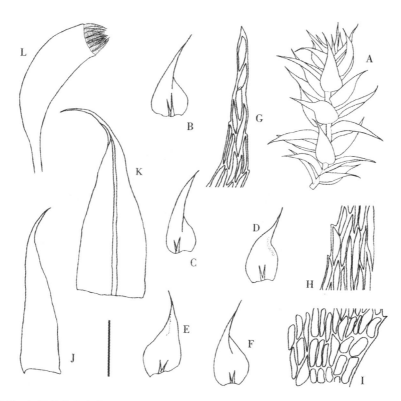

图 265 细湿藓稀齿变种 *Campylium hispidulum*(Brid.)Mitt. var. *sommerfeltii*(Myrin)Lindb.,A. 植物体一段;B – F. 叶;G. 叶尖部细胞;H. 叶中部细胞;I. 叶基部细胞;J – K. 雌苞叶;L. 孢蒴(任昭杰 绘)。标尺:A = 2.2 mm,B – F,J – K = 1.7 mm,G – I = 170 μm,L = 3.3 mm。

本种区别于原变种的主要特征为:茎叶基部卵形,较原变种窄,叶基明显下延;角细胞分化不明显,方形至长方形。

生境:生于岩面、土表或树干上。

产地:栖霞,牙山,海拔 660 m,赵遵田 90802 – B。蒙阴,蒙山,橛子沟,海拔 900 m,李林 R20120106 – A。蒙阴,蒙山,小天麻顶,海拔 750 m,赵遵田 91348 – A、91349。

分布:中国(黑龙江、吉林、辽宁、内蒙古、山东、陕西、宁夏、甘肃、青海、新疆、云南)。巴基斯坦、日本、印度、俄罗斯(西伯利亚)、墨西哥、格陵兰岛,欧洲和北美洲。

3. 根生细湿藓

Campylium radicale (P. Beauv.) Grout, Moss Fl. N. Am. 3：84.1931.

Hypnum radicale P. Beauv., Prodr. 68.1805.

植物体小形,纤细,绿色。主茎匍匐,不规则分枝,中轴分化。茎叶基部三角状卵形,上部披针形,渐尖,呈一狭长沟状尖,叶最宽处在叶基上部,基部明显下延;叶边平展,全缘;中肋单一,达叶中部或更长。枝叶与茎叶同形,略小。叶中部细胞狭长六边形,35 – 50 × 10 – 15 äm,薄壁,平滑,基部细胞较大,35 – 50 × 10 – 15 μm,厚壁,平滑,角细胞略分化,方形至短长方形,排列松散。孢子体未见。

生境:生于岩面薄土上。

产地:平度,大泽山,海拔 600 m,李林 20112112。

分布:中国(山东)。日本,欧洲、北美洲和中美洲。

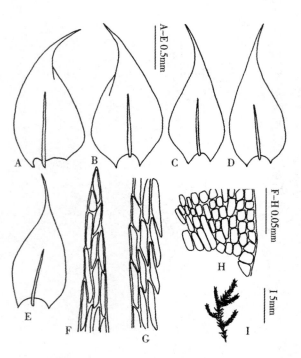

图 266 根生细湿藓 *Campylium radicale* (P. Beauv.) Grout, A – B. 茎叶;C – E. 枝叶;F. 叶尖部细胞;G. 叶中部边缘细胞;H. 叶基部细胞;I. 植物体一段(任昭杰、付旭 绘)。

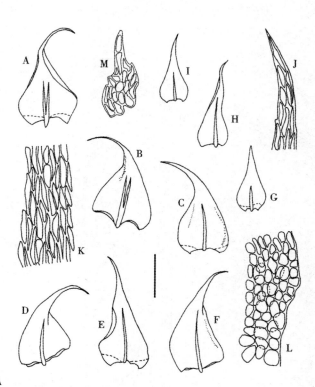

图 267 粗肋细湿藓 *Campylium squarrosulum* (Besch. & Cardot) Kanda, A – F. 叶;G – I. 枝叶;J. 叶尖部细胞;K. 叶中部细胞;L. 叶基部细胞;M. 假鳞毛(任昭杰、李德利 绘)。标尺:A – I = 1.7 mm, J – M = 170 μm。

4. 粗肋细湿藓

Campylium squarrosulum (Besch. & Cardot) Kanda, J. Sci. Hiroshima Univ., Ser. B, Div. 2, Bot. 15：258.1975.

Amblystegium squarrosulum Besch. & Cardot, Bull. Soc. Bot. Genève, sér. 2, 5：320.1913.

本种叶形与黄叶细湿藓 *C. chrysophyllum* 类似,但本种叶先端骤成长尖,这一特征可明显区别于后者。

生境:生于土表或岩面。

产地:牟平,昆嵛山,五分场东山,海拔 400 m,任昭杰 20100756。栖霞,牙山,海拔 400 m,李林 20111888 – B。临朐,沂山,赵遵田 90292 – A。蒙阴,蒙山,槲子沟,海拔 900 m,郭萌萌 R20131348。博山,鲁山,海拔 700 m,赵遵田 90727 – B。

分布:中国(辽宁、内蒙古、河北、山东、湖北、贵州)。日本和朝鲜。

5.牛角藓属 Cratoneuron(Sull.)Spruce Cat. Musc. 21.1867.

植物体中等大小至大形,常交织大片生长,黄绿色至绿色,无光泽。茎倾立或直立,羽状分枝,或不规则分枝,多生褐色假根,分枝短。鳞毛片状。茎叶疏生,宽卵形至卵状披针形,先端渐尖或急尖,叶基下延;叶边平展,具齿;中肋粗壮,达叶尖稍下部消失或突出于叶尖。枝叶与茎叶同形,略小。叶细胞圆六边形,薄壁,角细胞明显分化,突出成叶耳,无色或黄色,薄壁或厚壁,分化达中肋。雌雄同株。蒴柄长,红褐色。孢蒴长柱形,红褐色。环带分化。蒴齿双层。蒴盖圆锥形,具短尖。孢子具密疣。

本属全世界有 1 种和 1 变种。山东有分布。

1.牛角藓
Cratoneuron filicinum(Hedw.)Spruce, Cat. Musc. 21.1867.

Hypnum filicinum Hedw., Sp. Musc. Frond. 285.1801.

1a.牛角藓原变种(照片 87)
Cratoneuron filicinum var. **filicinum**
特征见属特征。

生境:多生于潮湿岩面、土表、岩面薄土或树干上,喜生于水湿环境。

产地:文登,昆嵛山,二分场缓冲区,海拔 300 m,任昭杰 20101179 – A。牟平,昆嵛山,三岔河,海拔 400 m,任昭杰 20100127 – A。牟平,昆嵛山,泰礴顶,海拔 900 m,李林 20110061。栖霞,牙山,海拔 200 m,赵遵田 90825 – 1、90844 – C。黄岛,小珠山,赵遵田 Zh91110。临朐,沂山,古寺,赵遵田 90084 – B、90086。临朐,嵩山,海拔 370 m,赵遵田、李荣贵 90382 – A、90383。蒙阴,蒙山,里沟,海拔 800 m,任昭杰 R20120035。平邑,蒙山,海拔 760 m,赵遵田 91215 – D。青州,仰天山,仰天寺,赵遵田 88072。博山,鲁山,林场场部,海拔 570 m,赵遵田 90505 – 1。博山,鲁山,海拔 830 m,赵遵田 90688。枣庄,抱犊崮,海拔 230 m,赵遵田 911323、911327。泰安,徂徕山,马场,海拔 940 m,刘志海 911306。泰安,徂徕山,太平顶,海拔 800 m,赵遵田 911169 – A。泰安,泰山,桃花峪,海拔 350 m,李林 R11952。章丘,明水,赵遵田 911582 – A。济南,卧虎山水库,赵遵田 85302、85303。济南,四门塔,赵遵田 90462、90463。济南,藏龙涧至黑峪途中,任昭杰 R15475、R15477。

分布:中国(黑龙江、吉林、辽宁、内蒙古、河北、北京、山西、山东、河南、陕西、宁夏、甘肃、青海、新疆、安徽、湖南、湖北、四川、重庆、贵州、云南、西藏、台湾)。孟加拉国、日本、尼泊尔、不丹、印度、巴基斯坦、俄罗斯、秘鲁、智利、新西兰、欧洲和非洲北部。

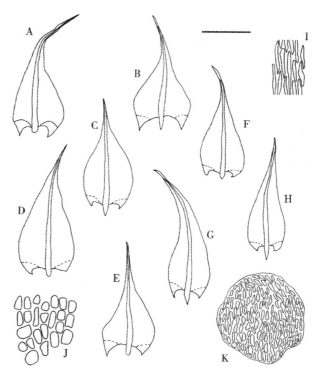

图 268　牛角藓原变种 *Cratoneuron filicinum*(Hedw.) Spruce var. *filicinum*,A – E. 茎叶;F – H. 枝叶;I. 叶中部细胞;J. 叶基部细胞;K. 鳞毛(任昭杰、付旭 绘)。标尺:A – H = 0.8 mm, I – J = 80 μm, K = 110 μm。

本种叶形变化较大,山东的标本叶形多为卵状披针形,稀基部阔卵形;叶尖较长,稀叶尖短急尖。经检视标本发现,前志收录的长叶牛角藓 *C. commutatum*（Hedw.）G. Roth 系本种误定。

1b. 牛角藓宽肋变种

Cratoneuron filicinum var. atrovirens（Brid.）Ochyra, J. Hattori Bot. Lab. 67：210. 1989.

Hypnum vallis – clausae Brid. var. *atro – virens* Brid. , Bryol. Univ. 2：534. 1827.

本变种中肋强劲,突出于叶尖,而原变种中肋达叶尖稍下部消失,这一特征可明显区别二者。

生境:生于潮湿岩面或土表。

产地:泰安,泰山,赵遵田 20110542 – B。长清,万寿山,赵遵田 Zh911582。济南,四门塔,海拔100 m,陈汉斌 87161 – B。济南,龙洞,李林 20113126、20113175。

分布:中国(辽宁、内蒙古、北京、河北、山西、山东、河南、甘肃、新疆、江苏、四川、贵州、云南)。俄罗斯,欧洲、北美洲和非洲北部。

经检视标本发现,前志收录的沼生湿柳藓 *Hygroamblystegium noterophilum*（Sull. &Lesq.）Warnst. 系本变种误定。

6. 镰刀藓属 Drepanocladus（Müll. Hal.）G. Roth Hedwigia 38（Beibl.）：6. 1899.

植物体较粗壮,稀柔弱,黄绿色至绿色,略具光泽。茎匍匐,不规则分枝或羽状分枝。假鳞毛片状。茎叶镰刀形弯曲或钩状弯曲,具纵褶,常内凹,卵状披针形至披针形,叶基稍下延;叶边平展,多全缘;中肋单一,达叶中上部至叶尖,或略突出于叶尖。枝叶多与茎叶同形,略小。叶中部细胞线形,平滑,基部细胞短,厚壁,角细胞多明显分化,薄壁或厚壁,多形成叶耳,稀角细胞不分化。雌雄异株,稀雌雄同株。蒴柄细长。孢蒴卵形,拱形弯曲,倾立或平列。环带分化。蒴盖圆锥形,具短喙。蒴齿双层。孢子黄色,平滑。

本属全世界有 20 种。中国有 7 种和 1 变种;山东有 1 种和 1 变种。

1. 镰刀藓

Drepanocladus aduncus（Hedw.）Warnst. , Beih. Bot. Centralbl. 13：400. 1903.

Hypnum aduncum Hedw. , Sp. Musc. Frond. 295. 1801.

1a. 镰刀藓原变种

Drepanocladus aduncus var. aduncus

植物体中等大小。茎匍匐,不规则分枝或羽状分枝,中轴分化。假鳞毛少,片状。茎叶卵状披针形,多镰刀形弯曲,形态变化较大;叶边内卷,全缘;中肋单一,达叶中上部。枝叶与茎叶同形,更为弯曲,略小。叶细胞线形,基部细胞短,角细胞明显分化,凸出。孢子体未见。

生境:喜生于水湿环境。

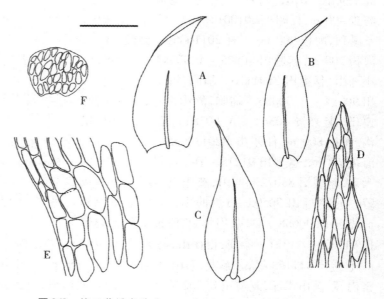

图 269 镰刀藓原变种 *Drepanocladus aduncus*（Hedw.）Warnst. var. *aduncus*, A – C. 叶;D. 叶尖部细胞;E. 叶基部细胞;F. 鳞毛(任昭杰、付旭 绘)。标尺:A – C = 0.8 mm, D – E = 80 μm, F = 1.1 mm.

产地:章丘,百脉泉公园,任昭杰 20113129。章丘,百脉泉公园,任昭杰 20113130 – B。章丘,百脉泉公园,任昭杰 20113131。济南,黑虎泉,赖桂玉 20113191。济南,五莲泉,任昭杰 20113132 – B。济南,大明湖,赖桂玉 R20134036。

分布:中国(黑龙江、吉林、辽宁、内蒙古、山东、甘肃、青海、新疆、浙江、贵州、云南、西藏)。巴基斯坦、印度、日本、俄罗斯、格陵兰岛、墨西哥、秘鲁、智利、坦桑尼亚,大洋洲、欧洲和北美洲。

1b. 镰刀藓直叶变种

Drepanocladus aduncus var. **kneiffii**（Bruch & Schimp.）Mönk., Laubm. Eur. 755. 1927.

Amblystegium kneiffii Bruch & Schimp., Bryol. Eur. 6:61 pl. 573. 1853.

本变种与原变种的主要区别在于叶平直,不呈镰刀状弯曲,叶尖常扭转,角细胞分化更为明显。本变种叶形与薄网藓 *Leptodictyum riparium*（Hedw.）Warnst. 类似,但本变种角细胞分化极为明显,凸出成耳状,并且叶尖常扭转,可区别于后者。

生境:喜生于水湿环境。

产地:栖霞,牙山,赵遵田 90824 – A。临朐,沂山,赵遵田 90187。临朐,沂山,赵遵田 90255 – A。

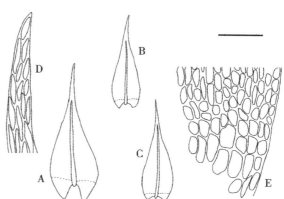

图 270 镰刀藓直叶变种 *Drepanocladus aduncus*（Hedw.）Warnst. var. *kneiffii*（Bruch & Schimp.）Mönk., A. 茎叶;B – C. 枝叶;D. 叶尖部细胞;E. 叶基部细胞(任昭杰、付旭 绘)。标尺:A – L = 1.1 mm, M – N = 110 μm。

分布:中国(黑龙江、吉林、辽宁、内蒙古、河北、北京、山东、新疆、安徽、江苏、上海、浙江、江西、贵州、云南、西藏)。日本、俄罗斯、智利,欧洲、北美洲和非洲北部。

7. 湿柳藓属 Hygroamblystegium Loeske Moosfl. Harz. 298. 1903.

植物体小形,黄绿色至深绿色,无光泽。茎不规则分枝,中轴分化。假鳞毛少,片状。茎叶基部卵形或长椭圆形,向上成披针形,多向一侧偏曲;叶边平展,全缘或具细齿;中肋达叶尖稍下部消失,或突出于叶尖。枝叶与茎叶同形,略小。叶细胞,长菱形至长六边形,角细胞分化不明显,方形或长方形。雌雄同株。

本属全世界有 18 种。中国有 2 种和 1 变种;山东有 1 种。

1. 湿柳藓

Hygroamblystegium tenax（Hedw.）Jenn., Man. Mosses W. Pennsylvania 277 f. 39. 1913.

Hypnum tenax Hedw., Sp. Musc. Frond. 277. 1801.

植物体小形,绿色或黄绿色。茎不规则分枝。茎叶卵形或卵状披针形,先端多一侧偏曲;中肋达叶尖稍下部消失。叶中部细胞菱形至长菱形,角细胞分化部明显。孢子体未见。

生境:生于潮湿土表或岩面。

产地:蒙阴,蒙山,赵遵田 91234 – B。泰山,长寿桥,海拔 480 m,赵遵田 34104。泰安,黑龙潭,赵遵田 34139。

分布:中国(辽宁、内蒙古、山西、山东、河南、陕西、新疆)。巴基斯坦、印度、墨西哥,高加索地区,欧洲、北美洲和非洲北部。

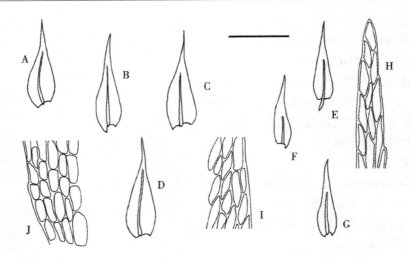

图 271 湿柳藓 *Hygroamblystegium tenax*（Hedw.）Jenn.，A–D. 茎叶；E–G. 枝叶；H. 叶尖部细胞；I. 叶中部细胞；J. 叶基部细胞（任昭杰、付旭 绘）。标尺：A–G=0.8 mm，H–J=110 μm。

8. 水灰藓属 Hygrohypnum Lindb. Contr. Fl. Crypt. As. 277. 1872.

植物体中等大小，黄绿色至暗绿色，有时带红色，多具光泽。茎匍匐，不规则稀疏分枝，老茎常无叶；中轴分化。假鳞毛大，片状，较少或缺失。叶卵状披针形或阔卵形，先端圆钝或具小尖头，有时一侧偏曲；叶边平展，全缘或具细齿；中肋单一，分叉或双中肋。叶中部细胞狭长方形或虫形，尖部细胞较短，角细胞明显分化，方形或长方形。雌雄同株，稀雌雄异株。蒴柄红色，干时扭转。孢蒴椭圆形，拱形弯曲，倾立或平列。环带分化。蒴齿双层。蒴盖圆锥形，具短尖。蒴帽兜形。孢子具疣。

前志曾收录山地水灰藓 *H. montanum*（Lindb.）Broth. 和钝叶水灰藓 *H. smithii*（Sw.）Broth. 两种，本次研究未见到标本，我们也未采到相关标本，因将以上两种存疑。

本属全世界约 11 种。中国有 10 种和 1 变种；山东有 3 种。

分种检索表

1. 双中肋，短，达叶中部以下 ·· 1. 扭叶水灰藓 *H. eugyrium*
1. 中肋单一或分叉，达叶中部以上 ··· 2
2. 中肋不分叉 ··· 2. 水灰藓 *H. luridum*
2. 中肋分叉 ··· 3. 褐黄水灰藓 *H. ochraceum*

Key to the species

1. Costa double, shorter, ending below the middle of leaf ······················ 1. *H. eugyrium*
1. Costa single, or forked, longer, reaching above the middle of leaf ················· 2
2. Costa single ··· 2. *H. luridum*
2. Costa forked ··· 3. *H. ochraceum*

1. 扭叶水灰藓（照片 88）

Hygrohypnum eugyrium（Bruch & Schimp.）Broth.，Nat. Pflanzenfam. I（3）：1040. 1908.

Limnobium eugyrium Bruch & Schimp.，Bryol. Eur. 6：73. 1855.

植物体中等大小，黄绿色至绿色，具光泽。茎匍匐，不规则分枝，中轴分化。茎叶阔披针形、卵形或椭圆形,渐尖,先端钝,直立或一侧弯曲;叶边平滑,仅先端具细齿。枝叶小,一侧弯曲。叶中部细胞蠕虫形,尖部细胞短,角细胞分化,圆方形,膨大,有时凸出呈耳状。孢子体未见。

生境:生于水中或水边石上。

产地:青岛,崂山,北九水双石屋,海拔 250 m,任昭杰、卞新玉 20150054。章丘,明水,赵遵田 86003、86004。济南,趵突泉公园,赖桂玉 20113150、20113152。济南,趵突泉公园,任昭杰 R11927。济南,南护城河,赖桂玉 R20120044 - A。

分布:中国(黑龙江、吉林、辽宁、内蒙古、山东、陕西、甘肃、安徽、上海、浙江、湖南、湖北、贵州)。日本,欧洲和北美洲。

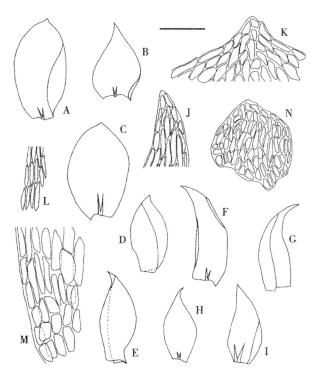

图 272 扭叶水灰藓 *Hygrohypnum eugyrium* (Bruch & Schimp.) Broth. , A – E. 茎叶;F – I. 枝叶;J – K. 叶尖部细胞;L. 叶中部细胞;M. 叶基部细胞;N.假鳞毛(任昭杰绘)。标尺:A – I = 1.1 mm, J – N = 110 μm。

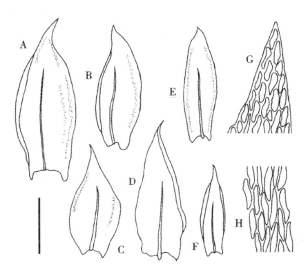

图 273 水灰藓 *Hygrohypnum luridum* (Hedw.) Jenn. , A – D. 茎叶;E – F. 枝叶;G. 叶尖部细胞;H. 叶中部细胞(任昭杰、李德利 绘)。标尺:A – F = 1.1 mm, G – H =110 μm。

2. 水灰藓

Hygrohypnum luridum (Hedw.) Jenn. , Man. Mosses West Pennsylvania 287. 1913.

Hypnum luridum Hedw. , Sp. Musc. Frond. 291. 1801.

植物体小形至中等大小,绿色。茎不规则分枝,中轴分化。茎叶卵形,先端钝,具小尖头,略偏曲;叶边内卷,全缘;中肋单一,可达叶中部以上。枝叶与茎叶同形,略小。叶中部细胞长菱形,尖部细胞短,角细胞小,方形。孢子体未见。

生境:生于潮湿岩面。

产地:牟平,昆嵛山,赵遵田 Zh84007。青岛,崂山,柳树台,海拔 800 m,全治国 150、190(PE)。青岛,崂山,赵遵田 Zh90845。黄岛,灵山岛,赵遵田 Zh89321。临朐,沂山,赵遵田 Zh90527。蒙阴,蒙山,望海楼,海拔 950 m,赵遵田 91316 - C。

分布:中国(吉林、辽宁、内蒙古、河北、山西、山东、河南、陕西、甘肃、青海、新疆、湖北、四川、重庆、贵州、云南、西藏）。巴基斯坦、日本、印度，高加索地区，欧洲和北美洲。

3. 褐黄水灰藓（照片 89）

Hygrohypnum ochraceum (Wilson) Loeske, Moofl. Harz. 321. 1903.

Hypnum ochraceum Turner ex Wilson, Bryol. Brit. 400. 58. 1855.

本种叶形与水灰藓 *H. luridum* 类似，本种中肋分叉，有时自基部分为 2 至 5 条强劲短中肋，后者不分叉；本种茎横切面具透明皮层，而后者茎横切面不具透明皮层。以上两点可区别二者。

生境：生于潮湿岩面。

产地：牟平，昆嵛山，赵遵田 Zh91728。青岛，崂山，北九水至蔚竹观途中，仝治国 96（PE）。青岛，崂山，赵遵田 93453。青岛，崂山，靛缸湾上，海拔 480 m，任昭杰、卞新玉 20150005。黄岛，小珠山，赵遵田 Zh91119。蒙阴，蒙山，冷峪，海拔 500 m，李林 R120144。平邑，蒙山，核桃涧，海拔 580 m，郭萌萌 R121014。泰安，泰山，玉皇顶，海拔 1500 m，赵遵田 34097。泰安，泰山顶，仝治国 101（PE）。

分布：中国（黑龙江、吉林、内蒙古、山西、山东、宁夏、甘肃）。日本、朝鲜、俄罗斯，欧洲和北美洲。

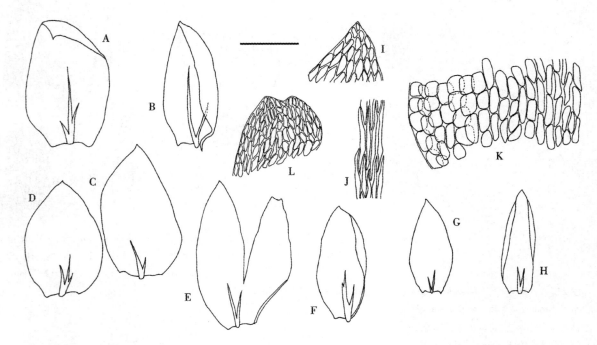

图 274 褐黄水灰藓 *Hygrohypnum ochraceum* (Wilson) Loeske, A – F. 茎叶；G – H. 枝叶；I. 叶尖部细胞；J. 叶中部细胞；K. 叶基部细胞；L. 假鳞毛（任昭杰 绘）。标尺：A – H = 1.4 mm, I – L = 140 μm。

9. 薄网藓属 Leptodictyum (Schimp.) Warnst.
Krypt. Fl. Brandenburg 2：840. 1906.

植物体小形至中等大小，黄绿色至绿色。茎匍匐，不规则分枝，中轴分化。假鳞毛丝状或片状。茎叶长卵形，直立，渐尖；叶边平展，全缘或具微齿；中肋达叶尖下部，有时先端扭曲。枝叶与茎叶同形，略小。叶中部细胞菱形至长菱形，角细胞分化不明显。雌雄同株或雌雄异株。蒴柄细长，干时扭转。孢蒴长圆柱形，略弯曲，倾立。环带分化。蒴齿双层。蒴盖圆锥形，具短尖。孢子具细疣。

本属全世界有 8 种。中国有 2 种；山东有 2 种。

分种检索表

1. 雌雄同株;中肋先端扭曲 ··· 1. 曲肋薄网藓 *L. humile*
1. 雌雄异株;中肋平直 ·· 2. 薄网藓 *L. riparium*

Key to the species

1. Autoicous; costa curved at the apical part of leave ················· 1. *L. humile*
1. Dioicous; costa straight ··· 2. *L. riparium*

1. 曲肋薄网藓

Leptodictyum humile（P. Beauv.）Ochyra,
Fragm. Florist. Geobot. 26：385.1981.

Hypnum humile P. Beauv., Prodr. Aethéogam.
65.1805.

植物体形小,黄绿色至绿色。茎匍匐,稀疏不规则分枝。茎叶卵状披针形至三角状披针形;叶边平展,全缘或具微齿;中肋达叶中上部,先端多扭曲。枝叶与茎叶同形,略小。叶中上部细胞长菱形,平滑,角细胞大,方形或长方形,不形成明显区域。雌雄同株。蒴柄光滑,弯曲。孢蒴长圆柱形,平列。蒴盖圆锥形,具短尖。

生境:生于潮湿岩面、土表或树干上。

产地:牟平,昆嵛山,黄连口,海拔450 m,黄正莉20100392。牟平,昆嵛山,烟霞洞,海拔200 m,黄正莉20110272。栖霞,牙山,海拔240 m,赵遵田90823 - A、90824 - B。青岛,崂山,黑风口,赵遵田89389 - D。青岛,崂山,北九水至小靛缸湾途中,海拔400 m,燕丽梅20150125 - B。临朐,嵩山,海拔360 m,赵遵田、李荣贵90379。临朐,沂山,百丈崖,赵遵田90115。临朐,沂山,赵遵田

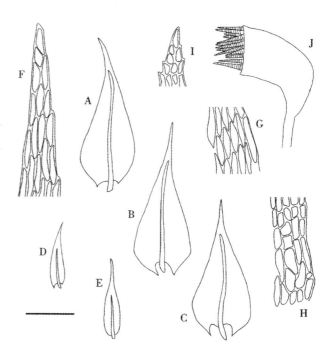

图 275 曲肋薄网藓 *Leptodictyum humile*（P. Beauv.）Ochyra, A - C. 茎叶;D - E. 枝叶;F. 叶尖部细胞;G. 叶中部细胞;H. 叶基部细胞;I. 假鳞毛;J. 孢蒴(任昭杰 绘)。标尺:A - E = 1.1 mm, F - I = 110 μm, J = 1.7 mm。

90234 - A。平邑,蒙山,大洼林场,张艳敏239 - A（PE）。青州,仰天山,仰天寺,赵遵田88081。博山,鲁山,海拔625 m,赵遵田90521 - A、90534。枣庄,抱犊崮,海拔530 m,刘志海911563 - 1 - C。泰安,泰山,徂徕山,光华寺,海拔800 m,黄正莉20110733 - A。泰安,泰山,玉皇顶,海拔1500 m,赵遵田34029 - A。济南,龙洞,赵遵田88131。济南,龙洞,海拔150 m,李林20113125 - B。

分布:中国(黑龙江、吉林、辽宁、内蒙古、河北、山西、山东、上海、江西、贵州、西藏)。日本、俄罗斯、墨西哥,欧洲和北美洲。

经检视标本发现,张艳敏等(2002)报道的林地青藓 *Brachythecium starkei*（Brid.）Schimp. 系本种误定。

2. 薄网藓

Leptodictyum riparium（Hedw.）Warnst., Krypt. Fl. Brandenburg 2：878.1906.

Hypnum riparium Hedw., Sp. Musc. Frond. 241.1801.

植物体略粗壮。茎匍匐,不规则分枝。叶形变化较大,长披针形,或卵状披针形;叶边平展,全缘;

中肋平直,达叶中上部。叶中部细胞菱形至长菱形,基部细胞长方形,角细胞不明显分化。雌雄异株。孢蒴长圆柱形,弓形弯曲。

生境:生于岩面、土表或枯木上。

产地:牟平,昆嵛山,马腚,海拔 200 m,任昭杰 20101564 – A。牟平,昆嵛山,海拔 700 m,赵遵田 87032 – B。栖霞,牙山,海拔 500 m,赵遵田 90803 – C、90815。临朐,沂山,赵遵田 90023、90024。蒙阴,蒙山,海拔 750 m,赵遵田 91152 – A。博山,鲁山,海拔 850 m,赵遵田 90715。曲阜,孔林,赵遵田 89244。

分布:中国(黑龙江、吉林、辽宁、内蒙古、河北、山东、河南、陕西、宁夏、新疆、江苏、上海、浙江、贵州、云南)。巴基斯坦、越南、日本、朝鲜、巴布亚新几内亚、俄罗斯、墨西哥、智利,欧洲、北美洲和非洲。

33. 湿原藓科 CALLIERGONACEAE

植物体形大,黄绿色、绿色,常带有金黄色、棕色或红色。茎直立或匍匐,稀疏分枝;中轴分化。假鳞毛片状。叶腋毛多,2－9 个细胞高。叶形变化较大,阔卵形、卵形、矩圆形、卵状披针形,直立或镰刀形弯曲;叶边全缘或具齿;中肋单一,较长。叶细胞线形,平滑,角细胞分化,扁方形,透明。雌雄同株或雌雄异株。蒴柄长,平滑。孢蒴圆柱形,弯曲,倾立或平列。蒴齿双层。蒴盖圆锥形。蒴帽兜形。

本科全世界有 5 属。中国有 2 属;山东有 1 属。

1. 湿原藓属 Calliergon（Sull.）Kindb. Canad. Rec. Sci. 6（2）: 72.1894.

植物体粗壮,黄绿色、绿色,有时带红棕色,略具光泽。茎不规则稀疏分枝,或羽状分枝,中轴分化。假鳞毛大,片状。茎叶长卵形、卵形或近圆形,略内凹,先端圆钝;叶边平滑或具细齿;中肋单一,长达叶尖。枝叶与茎叶同形,略小。叶中部细胞线形,尖部和基部细胞短,角细胞分化,较大,透明,膨大成耳状。雌雄同株或雌雄异株。蒴柄细长,干时扭转,红色或紫色。孢蒴长圆柱形,多拱形弯曲,倾立或平列。环带常缺失,或分化不明显。蒴齿双层。蒴盖圆锥形。蒴帽兜形。孢子具细疣。

本属世界现有 6 种。中国有 5 种;山东有 1 种。

1. 湿原藓

Calliergon cordifolium（Hedw.）Kindb., Canad. Rec. Sci. 6（2）: 72.1894.

Hypnum cordifolium Hedw., Sp. Musc. Frond. 254.1801.

植物体黄绿色至绿色。茎直立或倾立,稀疏不规则分枝。茎叶卵状心形,直立,先端钝,常内凹成兜形;叶边全缘;中肋单一,达叶尖稍下部消失。枝叶与茎叶同形,较窄小。叶中部细胞长虫形,尖部和基部细胞短,角细胞分化,大型,透明,凸出成耳状。孢子体未见。

生境:生于潮湿土表或岩面薄土上。

产地:荣成,伟德山,赵遵田 Zh88257。威海,张家山,张艳敏 38（SDAU）。牟平,昆嵛山,赵遵田 Zh89427。青岛,崂山,赵遵田 Zh93002－C。青岛,崂山,靛缸湾,仝治国 194、228、241（PE）。泰安,泰山,张艳敏 871（SDAU）。

分布:中国(黑龙江、吉林、辽宁、内蒙古、山东、甘肃、新疆、贵州)。日本、尼泊尔、格陵兰岛、俄罗斯、欧洲、北美洲和大洋洲。

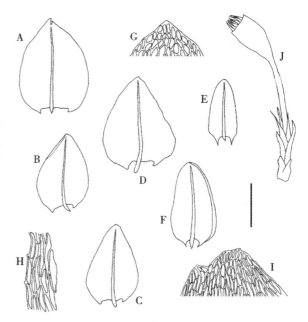

图 276 湿原藓 *Calliergon cordifolium*（Hedw.）Kindb., A－D. 茎叶;E－F. 枝叶;G. 叶尖部细胞;H. 叶中部细胞;I. 假鳞毛;J. 孢蒴(任昭杰、李德利 绘)。标尺:A－F＝1.1 mm, G－H＝110 μm, I＝170 μm, J＝1.7 mm。

34. 薄罗藓科 LESKEACEAE

植物体小形至中等大小。茎匍匐至直立,规则或不规则分枝,中轴略分化或不分化。鳞毛存在或缺失。假鳞毛存在,片状。叶腋毛高 2 – 5 个细胞,基部细胞有颜色或无色。叶卵形或卵状披针形,多具褶皱,先端急尖或渐尖;叶边全缘或具齿;中肋单一,达叶中部以上,或达叶尖。叶细胞等轴形至线状菱形,平滑或具疣,角细胞多分化,多为方形。雌雄同株或雌雄异株。蒴柄长,多平滑,干时常扭转。孢蒴直立或倾立,多不对称。蒴齿双层。蒴盖圆锥形,具喙。蒴帽兜形。孢子圆球形,较小。

本科全世界 15 属。中国有 11 属;山东有 6 属。

分属检索表

1. 雌雄异株 ·· 2
1. 雌雄同株 ·· 4
2. 叶细胞具疣 ·· 1. 麻羽藓属 *Claopodium*
2. 叶细胞平滑 ·· 3
3. 叶先端渐呈长披针形尖,平滑 ····································· 3. 细罗藓属 *Leskeella*
3. 叶先端短急尖,具粗齿 ··· 5. 瓦叶藓属 *Miyabea*
4. 内齿层齿条退化 ·· 4. 细枝藓属 *Lindbergia*
4. 内齿层齿条常存 ·· 5
5. 孢蒴直立,辐射对称,台部不明显 ···················· 2. 薄罗藓属 *Leskea*
5. 孢蒴弓形倾立,不呈辐射对称,台部明显 ··· 6. 拟草藓属 *Pseudoleskeopsis*

Key to the genera

1. Dioicous ·· 2
1. Autoicous ··· 4
2. Laminal cells papillose ·· 1. *Claopodium*
2. Laminal cells smooth ·· 3
3. Leaves acuminate, smooth ··· 3. *Leskeella*
3. Leaves acute, serrate ·· 5. *Miyabea*
4. Endostomium segments rudimenal ······························· 4. *Lindbergia*
4. Endostomium segments existed ·· 5
5. Capsules erect, radial symmetrical, apophysis inconspicuous ·············· 2. *Leskea*
5. Capsules inclined, not radial symmetrical, apophysis conspicuous ·········· 6. *Pseudoleskeopsis*

1. 麻羽藓属 Claopodium (Lesq. & James)
Renauld & Cardot Rev. Bryol. 20:16. 1893.

植物体中等大小,黄绿色至绿色,无光泽。茎匍匐或倾立,不规则分枝或羽状分枝,中轴不分化。鳞毛缺失。茎叶排列疏松,干时多卷曲,湿时倾立,基部卵形或三角状卵形,向上渐尖呈毛尖状,或长披针形;叶边平展或略背卷,具齿;中肋粗壮,及顶或突出于叶尖。枝叶与茎叶略异形,较小。叶细胞菱形、六边形或长卵形,具单疣或多疣,边缘细胞多较长,且平滑,叶基部细胞较长,多平滑。雌雄异株。蒴柄细长,平滑或粗糙。孢蒴长卵形,平列或下垂,褐色。环带分化。蒴齿双层。蒴盖具长喙。蒴帽兜形,无毛。

本属全世界有 13 种。中国有 7 种;山东有 2 种。

分种检索表

1. 叶细胞具单疣···1. 狭叶麻羽藓 *C. aciculum*
1. 叶细胞具多疣···2. 多疣麻羽藓 *C. pellucinerve*

Key to the species

1. Laminal cell unipapillose ···1. *C. aciculum*
1. Laminal cell multipapillose ···2. *C. pellucinerve*

1. 狭叶麻羽藓

Claopodium aciculum(Broth.)Broth., Nat. Pflanzenfam. I(3):1009. 1908.

Thuidium aciculum Broth., Hedwigia 30:245. 1899.

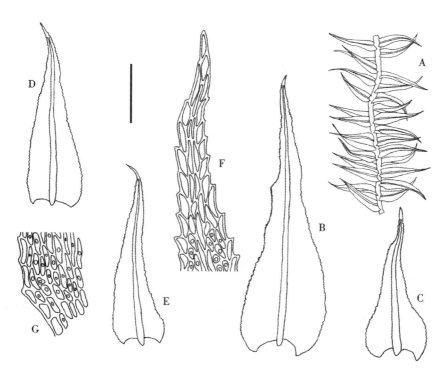

图 277 狭叶麻羽藓 *Claopodium aciculum*(Broth.)Broth., A. 植物体一段;B – C. 茎叶;D – E. 枝叶;F. 叶尖部细胞;G. 叶基部细胞(任昭杰 绘)。标尺:A – E = 1.7 mm, F – G = 170 μm。

植物体纤细。茎匍匐,近羽状分枝。鳞毛缺失。茎叶长卵形至披针形,先端渐尖;叶边平展,具齿;中肋及顶或达叶尖稍下部消失。叶细胞菱形至长卵形,中央具单个圆疣,边缘细胞略长,平滑,基部细胞长,平滑。孢子体未见。

生境:生于岩面、土表或树干上。

产地:荣成,正棋山,赵遵田 Zh88142。牟平,昆嵛山,流水石,海拔 200 m,任昭杰 20101470 – C。牟平,昆嵛山,黑龙潭,海拔 250 m,黄正莉 20110166 – A。平度,大泽山,海拔 500 m,李林 20112074 – B。

青岛,崂山,下清宫,赵遵田 89333。青岛,崂山,赵遵田 Zh91100。黄岛,小珠山,赵遵田 91138、91139。黄岛,小珠山,南天门下,海拔 500 m,任昭杰 20111661 – B。黄岛,大珠山,海拔 100 m,黄正莉 20111507 – A、20111528 – C。蒙阴,蒙山,天麻顶,海拔 750 m,赵遵田 91385 – 1 – B。蒙阴,蒙山,天麻顶,海拔 600 m,赵洪东 91416 – B。新泰,莲花山,海拔 200 m,黄正莉 20110600 – D。新泰,莲花山,海拔 600 m,黄正莉 20110620。泰安,徂徕山,海拔 800 m,黄正莉 20110779 – A。

分布:中国(山东、陕西、江苏、上海、浙江、江西、四川、重庆、贵州、福建、台湾、广西、海南、香港)。朝鲜、日本、老挝和越南。

2. 多疣麻羽藓(见前志图 244)

Claopodium pellucinerve (Mitt.) Best, Bryologist 3:19.1900.

Leskea pellucinerve Mitt., J. Linn. Soc., Bot., Suppl. 1:130.1859.

本种叶细胞具多达 10 个以上的细密疣,可明显区别于狭叶麻羽藓 *C. aciculum*。

生境:生于岩面或腐木上。

产地:威海,张家山,张艳敏 347(SDAU)。牟平,昆嵛山,赵遵田 Zh89429。青岛,崂山,赵遵田 Zh89333。泰安,徂徕山,赵遵田 Zh91931。泰安,泰山,赵遵田 Zh34001。泰安,泰山,玉皇顶后坡,张艳敏 1986(SDAU)。

分布:中国(吉林、辽宁、内蒙古、山西、山东、陕西、甘肃、湖北、四川、贵州、云南)。朝鲜、日本、巴基斯坦和印度。

2. 薄罗藓属 Leskea Hedw. Sp. Musc. Frond. 211.1801.

植物体纤细,深绿色,无光泽。茎匍匐,羽状分枝或近羽状分枝,分枝短,倾立至直立。鳞毛少,多披针形,稀缺失。茎叶基部心形或卵形,先端钝或锐尖,有时一侧偏曲,基部稍下延;叶边多背卷,全缘或叶尖具细齿;中肋单一,粗壮,达叶尖下部。枝叶与茎叶同形,略小。叶上部细胞圆形或六边形,具疣或平滑,中部细胞多为菱形,具疣或平滑,基部细胞近方形,平滑。雌雄同株异苞。内雌苞叶基部呈鞘状,叶细胞平滑。蒴柄细长。孢蒴长圆柱形,直立,有时稍弯曲或垂倾。环带分化,自行脱落。蒴齿双层。蒴盖圆锥形。孢子具疣。

本属全世界有 24 种。中国有 5 种;山东有 2 种。

分种检索表

1. 叶细胞具疣 ·· 1. 薄罗藓 *L. polycarpa*
1. 叶细胞平滑 ·· 2. 粗肋薄罗藓 *L. scabrinervis*

Key to the species

1. Laminal cell papillose ·································· 1. *L. polycarpa*
1. Laminal cell smooth ··································· 2. *L. scabrinervis*

1. 薄罗藓(照片 90)(见前志图 225)

Leskea polycarpa Ehrh. ex Hedw., Sp. Musc. Frond. 225.1801.

植物体暗绿色,无光泽。茎匍匐,近羽状分枝。鳞毛披针形至宽披针形。茎叶卵状,中下部具两道纵褶,先端一侧偏曲;叶边平展,仅基部略背卷,全缘或先端具细齿。中肋粗壮,平滑,达叶尖稍下部消失。叶中上部细胞圆多边形,具单疣,基部细胞扁方形,平滑。孢子体未见。

生境:生于岩面。

产地：文登,昆嵛山,二分场缓冲区,海拔 400 m,姚秀英 20101148 - B、20111260 - A。青岛,崂山,蔚竹观至滑溜口途中,海拔 550 m,李德利、燕丽梅 20150106。青岛,崂山,太和观,海拔 250m,李德利、燕丽梅 20150084。临朐,沂山,赵遵田 Zh90108。枣庄,抱犊崮,赵遵田 Zh911407。泰安,泰山,赵遵田 Zh34053。

分布：中国(内蒙古、山东、新疆、上海、湖南、西藏、台湾)。日本、俄罗斯(西伯利亚),高加索地区,欧洲和北美洲。

2. 粗肋薄罗藓

Leskea scabrinervis Broth. & Paris, Rev. Bryol. 33：26.1906.

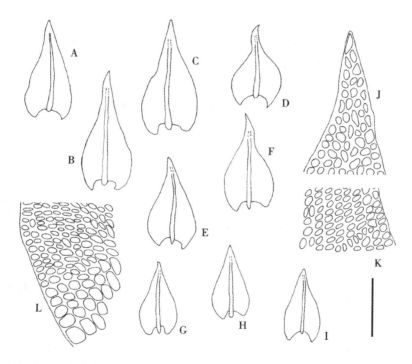

图 278　粗肋薄罗藓 *Leskea scabrinervis* Broth. & Paris, A - F. 茎叶；G - I. 枝叶；J. 叶尖部细胞；K. 叶中部细胞；L. 叶基部细胞(任昭杰 绘)。标尺：A - I = 1.1 mm, J - L = 110 μm。

本种叶形与薄罗藓 *L. polycarpa* 类似,本种叶细胞平滑,前者叶细胞具单疣;本种中肋背面粗糙,前者中肋平滑,以上两点可明显区别二者。

生境：生于岩面或岩面薄土上。

产地：临朐,沂山,歪头崮,赵遵田 90194 - B。泰安,徂徕山,光华寺,海拔 850 m,任昭杰 R11967。

分布：中国特有种(山东、河南、上海、江西、云南、福建)。

3. 细罗藓属 Leskeella (Limpr.) Loeske Moosfl. Harz. 255.1903.

植物体纤细,绿色至暗绿色,有时带棕色,无光泽。茎匍匐,具短分枝。鳞毛缺失。茎叶心形或长卵形,常具两条纵褶,基部稍下延;叶边平展,仅下部背卷,全缘;中肋单一,粗壮,达叶尖下部。枝叶与茎叶同形,较小,叶边平展。叶中上部细胞圆多边形,平滑,角细胞分化,方形。雌雄异株。蒴柄直立。孢蒴圆柱形至长圆柱形,直立,稀略弯曲,红色或棕色。环带分化,自行脱落。蒴齿双层。蒴盖圆锥形,具斜喙。孢子小,具细密疣。

本属全世界有 5 种。中国有 2 种；山东有 1 种。

1. 细罗藓

Leskeella nervosa（Brid.）Loeske, Moosfl. Harz. 255，1903.

Pterigynandrum nervosum Brid.，Sp. Muscol. Recent. Suppl. 1：132.1806.

植物体纤细，暗绿色，无光泽。茎匍匐，不规则分枝或近羽状分枝。鳞毛缺失。茎叶基部卵状心形，向上呈细长尖，中下部常具纵褶；叶边平展，下部略背卷，全缘；中肋达叶尖稍下部。枝叶略小，中肋细弱。叶上部细胞圆多边形，平滑，基部细胞近方形。雌雄异株。蒴柄直立，红色。孢蒴短圆柱形，直立或倾立。蒴齿双层。蒴盖圆锥形，具喙。

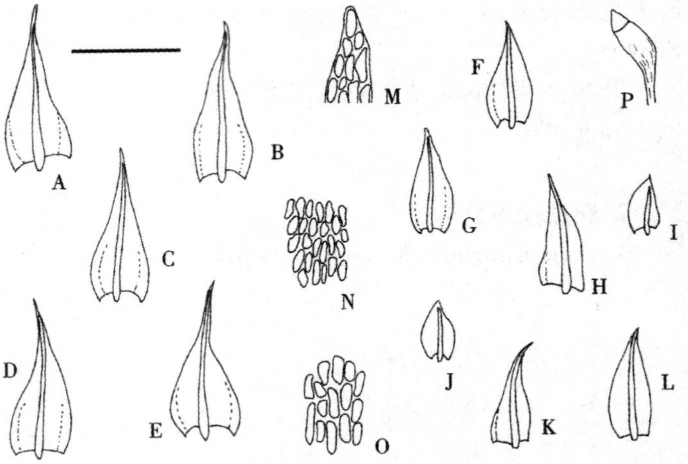

生境：生于岩面或土表。

产地：牟平，昆嵛山，三岔河，海拔 400

图 279　细罗藓 *Leskeella nervosa*（Brid.）Loeske，A－E. 茎叶；F－L. 枝叶；M. 叶尖部细胞；N. 叶中部细胞；O. 叶基部细胞；P. 孢蒴（任昭杰 绘）。标尺：A－L＝1.1 mm，M－O＝110 μm，P＝1.7 mm。

m，任昭杰 20100082。牟平，昆嵛山，房门，海拔 550 m，任昭杰 20100967。牟平，昆嵛山，水帘洞，海拔 350 m，成玉良 20100349、20100365。青岛，崂山，赵遵田 Zh010233。青岛，崂山，北九水大崂村，海拔 360 m，燕丽梅 20150134。临朐，沂山，赵遵田 90237－1－C。临朐，沂山，赵遵田 90024。蒙阴，蒙山，赵遵田 Zh91166。曲阜，孔村，赵遵田 84169－B。泰安，泰山，赵遵田 34093－A。泰安，泰山，岱顶孔子庙，全治国 561（PE）。

分布：中国（黑龙江、吉林、内蒙古、河北、山西、山东、陕西、新疆、江苏、四川、重庆、云南、西藏）。巴基斯坦、日本，格陵兰岛，欧洲和北美洲。

4. 细枝藓属 Lindbergia Kindb. Gen. Eur. N. Amer. Bryin. 15.1897.

植物体细弱，绿色，无光泽。茎匍匐，不规则分枝。鳞毛稀少，或缺失。茎叶卵形或卵状披针形，略内凹，基部稍下延；叶边平展，多全缘；中肋单一，粗壮，达叶尖下部。枝叶与茎叶同形，略小。叶细胞卵圆形或菱形，平滑或具疣，边缘细胞较小，扁方形至方形，基部细胞扁方形至方形。雌雄同株。内雌苞叶基部鞘状，上部披针形。蒴柄直立。孢蒴长卵形，直立。环带分化或不分化。蒴齿双层。蒴盖圆锥形，先端圆钝。孢子具疣。

本属全世界有 19 种。中国有 5 种；山东 2 种。

分种检索表

1. 叶细胞具疣 ·· 1. 细枝藓 L. *brachyptera*
1. 叶细胞平滑 ··· 2. 中华细枝藓 L. *sinensis*

Key to the species

1. Laminal cell papillose ·· 1. L. *brachyptera*
1. Laminal cell smooth ··· 2. L. *sinensis*

1. 细枝藓（照片 91）

Lindbergia brachyptera（Mitt.）Kindb., Eur. N. Am. Bryin. 1：13. 1897.

Pterogonium brachypterum Mitt., J. Linn. Soc., Bot. 8：37. 1865.

本种植物体及叶形皆与中华细枝藓 *L. sinensis* 类似,但本种叶细胞具单疣明显区别于后者。

生境:生于树干上。

产地:泰安,泰山,赵遵田 Zh33909。泰安,泰山,后石坞,海拔 1350 m,任昭杰、李法虎 R20141010 - 1。

分布:中国(辽宁、内蒙古、山东、陕西、江苏、上海、湖北、四川、贵州、云南、西藏)。日本、俄罗斯,欧洲和北美洲。

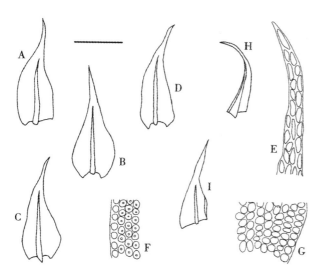

图 280 细枝藓 *Lindbergia brachyptera*（Mitt.）Kindb.,A – D. 叶;E. 叶尖部细胞;F. 叶中部细胞;G. 叶基部细胞;H – I. 雌苞叶(任昭杰 绘)。标尺:A – D = 1.7 mm, E – G = 110 μm, H – I = 0.8 mm。

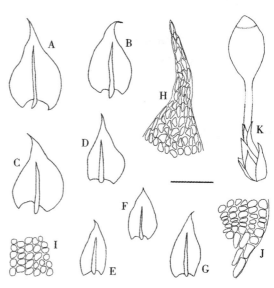

图 281 中华细枝藓 *Lindbergia sinensis*（Müll. Hal.）Broth., A – D. 茎叶;E – G. 枝叶;H. 叶尖部细胞;I. 叶中部细胞;J. 叶基部细胞;K. 孢子体(任昭杰 绘)。标尺:A – G = 0.8 mm, H – J = 110 μm, K = 1.7 mm。

2. 中华细枝藓

Lindbergia sinensis（Müll. Hal.）Broth., Nat. Pflanzenfam. I（3）：993. 1907.

Schwetschkea sinensis Müll. Hal., Nuovo Giorn. Bot. Ital., n. s., 3：111. 1896.

植物体细弱。茎不规则分枝。茎叶阔卵形或三角状卵形,先端急尖或渐尖,中下部略具褶皱;叶边平展,全缘;中肋单一,达叶中上部。枝叶卵形,较小。叶中上部细胞圆多边形,平滑,基部边缘细胞扁方形。孢子体未见。

生境:生于岩面、土表或树干上。

产地:牟平,昆嵛山,赵遵田 Zh89195。平度,大泽山,滴水崖,海拔 560 m,赵遵田 91007。青岛,崂山,赵遵田 88020 - B、Zh89534。黄岛,小珠山,海拔 150 m,任昭杰 20111668。临朐,沂山,古寺,赵遵田 90093、90232。蒙阴,蒙山,小天麻顶,海拔 600 m,赵遵田 91415 - B。泰安,泰山,玉皇顶,海拔 1500 m,黄正莉 R11961 - A、20110446。

分布:中国特有种(黑龙江、辽宁、内蒙古、河北、山东、陕西、甘肃、新疆、江苏、上海、四川、重庆、贵州、云南、西藏、福建)。

5. 瓦叶藓属 **Miyabea** Broth. Nat. Pflanzenfam. Ⅰ（3）：984.1907.

植物体硬挺,暗绿色,交织生长。主茎匍匐,支茎直立或倾立,树形分枝或不规则羽状分枝;中轴不分化。鳞毛稀少,近于缺失。茎叶干时覆瓦状排列,湿时倾立,卵形至阔卵形,内凹,先端锐尖;叶尖部具粗齿;中肋单一,达叶中上部。枝叶与茎叶同形,略小。叶中部细胞菱形、卵状菱形或六边形,尖部细胞卵形,基部细胞卵形至长椭圆形,胞壁强烈加厚。雌雄异株。蒴柄纤细。孢蒴卵形,直立,对称。内齿层缺失。蒴盖具长喙。蒴帽兜形。孢子具疣。

本属全世界有 4 种。中国有 3 种;山东有 1 种。

1. 瓦叶藓

Miyabea fruticella（Mitt.）Broth., Nat. Pflanzenfam. Ⅰ（3）：984.1907.

Lasia fruticella Mitt., Trans. Linn. Soc. London, Bot. 3：173.1891.

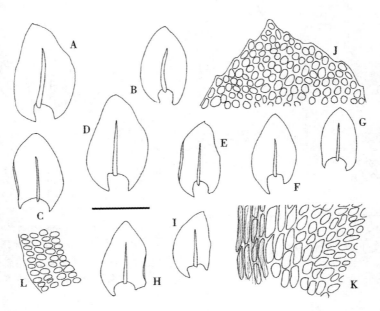

图 282　瓦叶藓 *Miyabea fruticella*（Mitt.）Broth., A - D. 茎叶;E - I. 枝叶;J. 叶尖部细胞;
K. 叶基近中肋处细胞;L. 叶基边缘细胞(任昭杰 绘)。标尺:A - I = 1.1 mm, J - L = 110 μm。

植物体硬挺,黄褐色,无光泽。茎匍匐,规则羽状分枝或不规则分枝。茎叶阔卵形,先端锐尖;叶尖部具粗齿;中肋单一,达叶中上部。枝叶与茎叶同形,略小。叶细胞菱形或六边形,平滑。孢子体未见。

生境:生于树干上。

产地:泰安,泰山,中天门,海拔 800 m,赵遵田 20110553 - A、20110559 - A。

分布:中国(内蒙古、山东、安徽、浙江、湖北、台湾)。日本和朝鲜。

6. 拟草藓属 **Pseudoleskeopsis** Broth. Nat. Pflanzenfam. Ⅰ（3）：1002.1907.

植物体粗壮,黄绿色至暗绿色,无光泽。茎匍匐,分枝密而短、鳞毛稀疏,狭披针形。茎叶卵形或长卵形,先端圆钝,基部略下延;叶边平展,具齿;中肋达叶尖之下,常扭曲。枝叶与茎叶近同形,略小。叶细胞卵圆形或斜菱形,平滑或具疣,基部细胞短长方形,角细胞分化,扁方形至方形。雌雄同株。内雌苞叶长披针形,中肋及顶或略突出,叶细胞平滑。蒴柄细长。孢蒴长卵形或长圆柱形,平列或倾立,不对称,具明显台部。环带分化。蒴齿双层。蒴盖圆锥形。蒴帽兜形。孢子具疣。

本属全世界有 9 种。中国有 2 种;山东有 2 种。

分种检索表

1. 枝叶先端急尖;叶细胞较长,长方形 ······················· 1. 尖叶拟草藓 *P. tosana*
1. 枝叶先端较钝;叶细胞圆六边形或菱形 ····················· 2. 拟草藓 *P. zippelii*

Key to the species

1. Branch leaf apices acute; laminal cells longer, rectangular ····················· 1. *P. tosana*
1. Branch leaf apices obtuse; laminal cells rounded – hexagonal or rhomboid ············· 2. *P. zippelii*

1. 尖叶拟草藓(照片 92)

Pseudoleskeopsis tosana Cardot, Bull. Soc. Bot. Genève, sér. 2, 5: 317. 1913.

植物体黄绿色至暗绿色,有时带褐色。主茎匍匐,分枝密而短。茎叶阔披针形,先端急尖至渐尖;叶边平展,中上部具齿;中肋粗壮,达叶尖稍下部消失。枝叶卵形,先端急尖,常向一侧弯曲。叶中部细胞长方形,基部细胞短长方形,厚壁。雌雄同株。内雌苞叶披针形,具纵褶。蒴柄长,红棕色。孢蒴长卵形,倾立,具明显台部。环带分化。蒴齿双层。孢子圆球形。

生境:多生于潮湿岩面、土表或岩面薄土上,偶见树生。

产地:荣成,伟德山,赵遵田 88039。文登,昆嵛山,仙女池,海拔 300 m,任昭杰 20101201。文登,昆嵛山,无染寺,海拔 350 m,姚秀英 20100428。牟平,昆嵛山,马腚,海拔 200 m,任昭杰 20101446。牟平,昆嵛山,红松林,成玉良 20100862。平度,大泽山,海拔 500 m,李林 20112063 – A、20112108。青岛,崂山,小靛缸湾,付旭 R20131334。青岛,崂山,滑溜口,海拔 500 m,李林

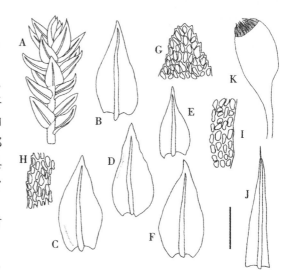

图 283 尖叶拟草藓 *Pseudoleskeopsis tosana* Cardot, A. 植物体一段;B – F. 叶;G. 叶尖部细胞;H. 叶中部细胞;I. 叶基部细胞;J. 雌苞叶;K. 孢蒴(任昭杰 绘)。标尺:A – F, J = 1.1 mm, G – I = 80 μm, K = 1.7 mm。

20112870 – D、20112871 – D。黄岛,大珠山,海拔 100 m,黄正莉 20111487 – B、20111589 – B。黄岛,小珠山,南天门,海拔 500 m,任昭杰 20111624、20111645。五莲,五莲山,海拔 350 m,任昭杰 R20130112。五莲,五莲山,海拔 300 m,黄正莉 R20130171。临朐,沂山,赵遵田 90012 – A。蒙阴,蒙山,里沟,海拔 700 m,李林 R20131345。蒙阴,蒙山,大牛圈,海拔 500 m,李林 20120021 – B。平邑,蒙山,核桃涧,海拔 500 m,李林 R121005。博山,鲁山,海拔 630 m,赵遵田 90523。博山,鲁山,海拔 700 m,李林 20112545、20112589。新泰,莲花山,海拔 500 m,黄正莉 20110581 – A。泰安,徂徕山,中军帐,海拔 500 m,任昭杰 20110766 – C。泰安,徂徕山,光华寺,海拔 800 m,李林 20110750。

分布:中国(山东、浙江、湖北、湖南、四川、贵州、海南)。日本。

本种喜生于水湿环境,在山东分布较为广泛,常与水生长喙藓 *Rhynchostegium riparioides* (Hedw.) Cardot 在水中岩面上组成大片群落。

2. 拟草藓(见前志图 230)

Pseudoleskeopsis zippelii (Dozy & Molk.) Broth., Nat. Pflanzenfam. I (3): 1003. 1907.

Hypnum zippelii Dozy & Molk., Ann. Sci. Nat., Bot., sér. 3, 2：310. 1844.

本种与尖叶拟草藓 *P. tosana* 类似,本种叶先端较钝,后者叶先端锐尖,本种叶细胞菱形至六边形,后者叶细胞多长方形。

生境:生于潮湿岩面或岩面薄土上。

产地:牟平,昆嵛山,马腚,海拔 200 m,任昭杰 20101565。牟平,昆嵛山,流水石,海拔 400 m,任昭杰 20101902 – B。平度,大泽山,滴水崖,海拔 560 m,赵遵田 91008。平度,大泽山,海拔 400 m,赵遵田 91029 – B。青岛,崂山,明霞洞,赵遵田 89344 – A。青岛,崂山,下清宫至崂顶途中,赵遵田 89346。临朐,沂山,赵遵田 90318、90420。蒙阴,蒙山,小天麻岭,海拔 600 m,赵洪东 91288 – B。蒙阴,蒙山,三分区,赵遵田 91337。

分布:中国(吉林、辽宁、河北、山东、安徽、江苏、上海、浙江、湖南、四川、重庆、贵州、云南、福建、台湾、广东、广西、海南、香港)。日本、朝鲜、菲律宾、泰国、印度、斯里兰卡、越南、马来西亚、印度尼西亚、巴布亚新几内亚、澳大利亚。

35. 拟薄罗藓科 PSEUDOLESKEACEAE

植物体小形至大形。茎匍匐,规则或不规则分枝,中轴略分化或不分化。鳞毛通常存在,片状。叶腋毛高 2 - 5 个细胞。茎叶卵形至披针形,多具褶,先端急尖至长渐尖;叶边平展或背卷,全缘,或具细齿;中肋单一,粗壮,达叶尖稍下部消失、及顶或略突出。叶细胞等轴形至线形,平滑或具疣,角细胞不分化,或略分化,方形至长方形。雌雄异株,稀叶生雌雄异株。蒴柄长。蒴柄卵球形至椭圆形,通常直立。环带不分化,或略分化。蒴齿双层。蒴盖圆锥形,具短喙。

本科全世界有 3 属。中国有 2 属;山东有 1 属。

1. 多毛藓属 Lescuraea Bruch & Schimp. Bryol. Eur. 5:101.1851.

植物体较纤细,黄绿色至绿色,略具光泽。主茎匍匐,规则或不规则分枝,分枝直立或弯曲。茎上鳞毛密生或稀疏,枝上鳞毛稀少,丝状或三角状披针形,短。茎叶卵状披针形,基部略下延;叶边平展或背卷,上部具细齿。中肋单一,粗壮,达叶尖稍下部消失或及顶。枝叶与茎叶同形,略小。叶细胞等轴形至长菱形,平滑或具疣,角细胞分化,扁方形至方形。雌雄异株。蒴柄长,直立,平滑。孢蒴直立或倾立,对称或不对称。环带分化。蒴齿双层。蒴盖圆柱形,具短喙。孢子具疣。

本属世界现有 40 种。中国有 6 种;山东有 1 种。

1. 弯叶多毛藓(见前志图 229)

Lescuraea incurvata (Hedw.) Lawt., Bull. Torrey Bot. Club 84:290.1957.

Leskea incurvata Hedw., Sp. Musc. Frond. 216.1801.

植物体小形,无光泽。近羽状分枝。鳞毛披针形。茎叶倒卵状披针形,急尖或渐尖成短尖,多一侧偏曲,内凹;叶边背卷,先端具细齿;中肋粗壮,达叶尖稍下部消失,先端背部具不明显齿。叶中部细胞形状和大小变化较大,具前角突,上部细胞较长,基部细胞六边形,薄壁,平滑,角细胞分化,近方形。孢子体未见。

生境:生于岩面或岩面薄土上。

产地:临朐,沂山,歪头崮,赵遵田 90194。蒙阴,蒙山,天麻顶,海拔 760 m,赵遵田 91190 - A、90191 - A。

分布:中国(内蒙古、山东、新疆、江苏、浙江、四川、云南、西藏)。巴基斯坦、日本,欧洲和北美洲。

36. 假细罗藓科 PSEUDOLESKEELLACEAE

植物体小形。茎匍匐至直立,规则或不规则分枝,中轴分化。鳞毛小,稀少或缺失,假鳞毛披针形。叶腋毛高 2-7 个细胞。叶直立或倾立,阔卵形至披针形,先端钝或长渐尖;叶边平展或背卷,全缘或先端具微齿;中肋单一,分叉或双中肋,较短。叶细胞圆形至菱形,平滑或具疣,角细胞不分化,或略分化。雌雄异株。蒴柄细长。孢蒴卵球形至圆柱形,通常略弯曲。环带分化。蒴齿双层。蒴盖圆锥形,具喙。孢子小,近于平滑。

本科全世界有 1 属。山东有分布。

1. 假细罗藓属 Pseudoleskeella Kindb. Gen. Eur. N. Amer. Bryin. 20. 1897.

属特征同科。

本属世界现有 8 种。中国有 3 种;山东有 1 种。

1. 瓦叶假细罗藓

Pseudoleskeella tectorum (Brid.) Kindb., Eur. N. Amer. Bryin. 1: 48. 1897.

Hypnum tectorum Funck ex Brid., Bryol. Univ. 2: 582. 1827.

Leskeella tectorum (Brid.) I. Hagen, Kongel. Norske Vidensk. Selsk. Skr. (Trondheim) 1908 (9): 92. 1909.

植物体小形,绿色,无光泽。茎匍匐,不规则分枝。叶三角状卵形,具两条不明显纵褶,先端为细长尖或钝尖;叶边平展,全缘;中肋较短,从基部或中部分叉。叶细胞圆方形或短菱形,平滑。孢子体未见。

生境:生于岩面、土表或树干上。

产地:牟平,昆嵛山,三岔河,赵遵田89426-1-B。牟平,昆嵛山,海拔 600 m,任昭杰20110090。栖霞,牙山,海拔 600 m,赵遵田90802-D。青岛,崂山,赵遵田96032。临朐,沂山,赵遵田Zh90200。枣庄,抱犊崮,赵遵田Zh911443。泰安,泰山,赵遵田Zh34093。

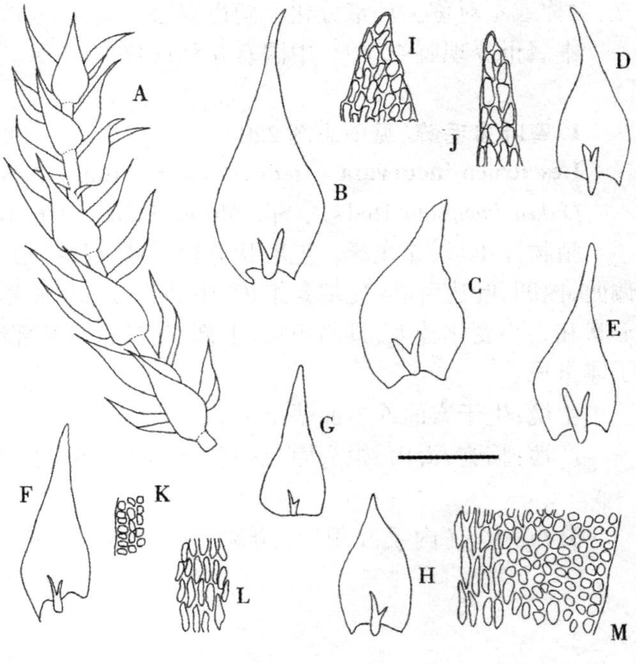

分布:中国(黑龙江、吉林、辽宁、内蒙古、河北、山西、山东、甘肃、青海、新疆、四川、云南、西藏)。俄罗斯(远东地区),欧洲和北美洲。

经检视标本发现,前志收录的假细罗藓 *P. catenulata* (Brid. ex Schrad.) Kindb. 系本种误定。

图 284 瓦叶假细罗藓 *Pseudoleskeella tectorum* (Brid.) Kindb., A. 植物体一段;B-E. 茎叶;F-H. 枝叶;I-J. 叶尖部细胞;K. 叶中部边缘细胞;L. 叶中部细胞;M. 叶基部细胞(任昭杰 绘)。A=1.1 mm, B-H=440 μm, I-M=110 μm。

37. 羽藓科 THUIDIACEAE

植物体小形至大形。植物体多规则羽状分枝;中轴通常不分化。鳞毛较多,单一或在基部分为多条,分叉或不分叉,细胞短至长。叶腋毛高 2 – 8 个细胞,基部细胞 1 – 2 个细胞。茎叶通常心形、三角形或卵状三角形;叶边通常强烈背卷;中肋单一,粗壮。枝叶通常与茎叶异形,明显较小。叶细胞通常等轴形至长椭圆形,具单疣或多疣,角细胞不分化或略分化。雌雄异株,或枝生同株,稀同序混生。蒴柄较长,平滑,具疣或刺状突起。孢蒴弓形弯曲,不对称。蒴齿双层。蒴帽兜形,稀钟形,通常平滑。

前志收录毛羽藓属 Bryonoguchia Z. Iwats. & Inoue 的毛羽藓 B. molkenboeri (Sande Lac.) Z. Iwats. ,本次研究未见到引证标本,我们也未能采到相关标本,因此将该属和种存疑。

本科全世界 15 属。中国有 12 属;山东有 4 属。

分属检索表

1. 植物体不规则羽状分枝 ···································· 1. 小羽藓属 Haplocladium
1. 植物体规则羽状分枝 ·· 2
2. 植物体纤细;蒴柄具乳突、刺或平滑 ·················· 3. 鹤嘴藓属 Pelekium
2. 植物体粗壮;蒴柄光滑 ··· 3
3. 植物体通常 1 回羽状分枝 ····························· 2. 沼羽藓属 Helodium
3. 植物体通常 2 – 3 回羽状分枝 ···························· 4. 羽藓属 Thuidium

Key to the genera

1. Plants irregularly pinnately branched ····················· 1. Haplocladium
1. Plants regularly pinnately branched ································· 2
2. Plants slender; seta mamillose to spinulose, or smooth ········· 3. Pelekium
2. Plants robust; seta smooth ······································ 3
3. Plants usually pinnately branched ····························· 2. Helodium
3. Plants usually 2 – 3 pinnately branched ····················· 4. Thuidium

1. 小羽藓属 Haplocladium (Müll. Hal.) Müll.
Hal. Hedwigia 38: 149. 1899.

植物体纤细,黄绿色至暗绿色,有时带褐色。茎匍匐,不规则分枝或羽状分枝。鳞毛少数至多数,形态变化较大。茎叶卵形,两侧各有一道纵褶,具短或长披针形尖;叶边平展,或基部略背卷,先端具细齿;中肋单一,强劲,及顶或突出于叶尖。枝叶狭小。叶细胞不规则方形至菱形,具疣。雌雄同株异苞。雌苞叶长卵形,具长披针形尖。蒴柄细长,平滑,红棕色。孢蒴卵形至长圆柱形。环带分化。蒴齿双层。蒴盖圆锥形,具短喙。

本属全世界现有 17 种。中国有 4 种;山东有 3 种。

分种检索表

1. 叶具短尖 ·· 3. 东亚小羽藓 H. strictulum
1. 叶具披针形长尖 ·· 2
2. 叶细胞疣多位于细胞前端 ······················ 1. 狭叶小羽藓 H. angustifolium
2. 叶细胞疣多位于细胞中部 ······················ 2. 细叶小羽藓 H. microphyllum

Key to the species

1. Leaf apices short and acute ·································· 3. H. strictulum
1. Leaf apices elongate lanceolate ······························· 2
2. Papilla at the front corner of laminal cells ·················· 1. H. angustifolium
2. Papilla at the middle of laminal cells ···················· 2. H. microphyllum

1. 狭叶小羽藓（照片 93）

Haplocladium angustifolium（Hampe & Müll. Hal.）Broth.，Nat. Pflanzenfam. I（3）：1008. 1907.

Hypnum angustifolium Hampe & Müll. Hal.，Bot. Zeitung（Berlin）13：88. 1855.

植物体小形至中等大小，黄绿色至深绿色，有时带棕褐色。茎匍匐，羽状分枝；中轴分化。鳞毛披针形。茎叶基部卵形至阔卵形，向上呈长披针形；叶边平展至略背卷，具细齿；中肋多突出于叶尖。枝叶较茎叶狭小。叶中部细胞方形至菱形，胞壁厚，具前角突，有时不明显。雌雄同株异苞。蒴柄较长，橙红色。孢蒴多弓形弯曲。孢子具疣。

生境：生于岩面、树干、土表或岩面薄土上。

产地：荣成，伟德山，海拔 300 m，李林 20112346 - B。荣成，伟德山，海拔 550 m，黄正莉 20112420 - A。文登，昆嵛山，无染寺，海拔 250 m，任昭杰 20100439。牟平，昆嵛山，烟霞洞，海拔 200 m，黄正莉 20110267。牟平，昆嵛山，泰礴顶，

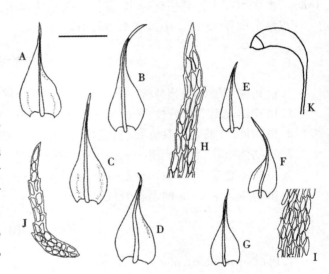

图 285 狭叶小羽藓 *Haplocladium angustifolium*（Hampe & Müll. Hal.）Broth.，A - D. 茎叶；E - G. 枝叶；H. 叶尖部细胞；I. 叶中部细胞；J. 鳞毛；K. 孢蒴（任昭杰 绘）。标尺：A - G = 0.8 mm，H - J = 110 μm，K = 2.2 mm。

海拔 850 m，李林 20110034 - C。栖霞，牙山，海拔 550 m，赵遵田 90811 - C。栖霞，牙山，海拔 280 m，赵遵田 90848 - A。平度，大泽山，海拔 400 m，李超 20112096 - B。青岛，崂山，海拔 300 m，任昭杰 R11970。青岛，崂山，下清宫，赵遵田 91555。黄岛，小珠山，海拔 120 m，黄正莉 20111662。黄岛，小珠山，海拔 120 m，黄正莉 20111679 - B。临朐，沂山，赵遵田 90042、90097。蒙阴，蒙山，天麻顶，海拔 760 m，赵遵田 91354 - A。蒙阴，蒙山，望海楼，海拔 450 m，赵遵田 91446。费县，塔山，茶蓬峪，海拔 350 m，李林 R121002 - A。博山，鲁山，海拔 600 m，黄正莉 20112454 - A、20112472 - A。曲阜，孔林，赵遵田 89244。枣庄，抱犊崮，海拔 330 m，赵遵田 911384 - A、911394。泰安，徂徕山，海拔 800 m，任昭杰 R11950。泰安，徂徕山，海拔 800 m，黄正莉 20110779 - B。泰安，泰山，玉皇顶，海拔 1500 m，赵遵田 34011。泰安，泰山，中天门，海拔 800 m，赵遵田 34019。

分布：中国（吉林、辽宁、内蒙古、河北、山西、山东、河南、陕西、江苏、上海、浙江、江西、湖北、四川、贵州、云南、福建、台湾、广东、香港、澳门）。朝鲜、日本、越南、缅甸、柬埔寨、印度、巴基斯坦、尼泊尔、不丹、俄罗斯（西伯利亚）、墨西哥、牙买加、海地、多米尼加，欧洲、北美洲和非洲。

本种在山东分布范围较广,常与其他种类混生。

2. 细叶小羽藓

Haplocladium microphyllum（Hedw.）Broth.，Nat. Pflanzenfam. I（3）：1007. 1907.

Hypnum microphyllum Hedw.，Sp. Musc. Frond. 269. Pl. 69，f. 1–4. 1801.

本种植株及叶形均与狭叶小羽藓 *H. angustifolium* 类似,但本种叶细胞疣位于细胞中央,明显区别于后者。

生境:多生于土表、岩面或岩面薄土上。

产地:青岛,崂山,北九水,海拔 500 m,任昭杰 R20131381。青岛,崂山,赵遵田 05324、05325。黄岛,小珠山,赵遵田 Zh916311。黄岛,小珠山,海拔 150 m,任昭杰 20111618 – A。蒙阴,蒙山,天麻林场,海拔 300 m,赵遵田 91233。曲阜,孔林,赵遵田 84133、84146 – A。曲阜,孔庙,赵遵田 84152。枣庄,抱犊崮,赵遵田 911444。泰安,徂徕山,海拔 230 m,赵遵田 911326。泰安,泰山,南天门后坡,海拔 1300 m,赵遵田 34052。泰安,药乡林场,张艳敏 89082（SDAU）。长清,灵岩寺,赵遵田 87164 – B。

分布:中国(吉林、辽宁、内蒙古、山东、河南、陕西、宁夏、江苏、上海、浙江、江西、湖北、四川、重庆、贵州、云南、福建、台湾、广东、香港、澳门)。朝鲜、日本、巴基斯坦、印度、不丹、越南、泰国、俄罗斯,欧洲和北美洲。

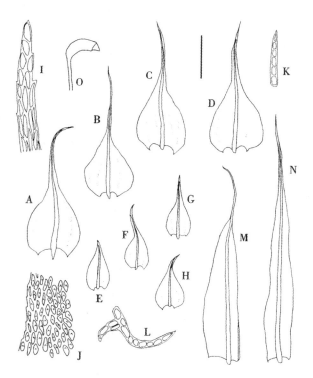

图 286 细叶小羽藓 *Haplocladium microphyllum*（Hedw.）Broth.，A – D. 茎叶;E – H. 枝叶;I. 叶尖部细胞;J. 叶中部细胞;K – L. 鳞毛;M – N. 雌苞叶;O. 孢蒴（任昭杰 绘）。标尺:A – H = 0.9 mm, I, K – L = 104 μm, J = 80 μm, M – N = 0.8 mm, O = 4.8 mm。

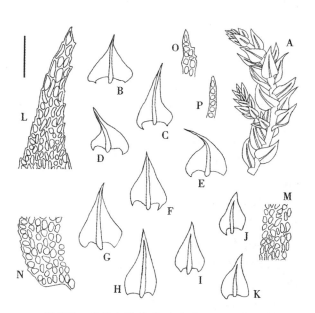

图 287 东亚小羽藓 *Haplocladium strictulum*（Cardot）Reimers，A. 植物体一段;B – G. 茎叶;H – K. 枝叶;L. 叶尖部细胞;M. 叶中部细胞;N. 叶基部细胞;O – P. 鳞毛（任昭杰 绘）。标尺:A = 1.1 mm, B – K = 67 μm, L – P = 80 μm。

3. 东亚小羽藓

Haplocladium strictulum（Cardot）Reimers，Hedwigia 76：199. 1937.

Thuidium strictulum Cardot，Beih. Bot. Centralbl. 17：29. f. 18. 1904.

植物体小形。茎匍匐,规则分枝。鳞毛披针形。茎叶卵形至卵状三角形,向上突成短尖;叶边平展,具齿;中肋粗壮,达叶尖稍下部至略突出,背面具刺状疣。枝叶卵形至卵状椭圆形,较小。叶细胞长菱形或椭圆形,厚壁,具前角突。

生境:多生于土表或岩面。

产地:栖霞,牙山,海拔 400 m,赵遵田 90905。青岛,崂山,北九水,海拔 300 m,任昭杰 R11989 - B。青岛,崂山,滑溜口,海拔 600 m,李林 20112929。黄岛,铁橛山,200 m,任昭杰 20110870。黄岛,大珠山,海拔 150 m,黄正莉 20111593 - A。五莲,五莲山,赵遵田 89280 - B。临朐,沂山,歪头崮,赵遵田 90196。蒙阴,蒙山,槲子沟,海拔 900 m,郭萌萌 R20131348。蒙阴,蒙山,望海楼,海拔 480 m,赵洪东 91296 - C。蒙阴,蒙山,小天麻岭,海拔 500 m,赵洪东 91289 - B。博山,鲁山,海拔 1000 m,李林 20112563。泰安,徂徕山,上池,海拔 730 m,刘志海 91912 - A。泰安,泰山,中天门,海拔 850 m,赵遵田 34006、34031。泰安,泰山,南天门后坡,海拔 1360 m,赵遵田 34074。

分布:中国(辽宁、内蒙古、河北、山东、宁夏、浙江、四川、贵州)。朝鲜和日本。

2. 沼羽藓属 Helodium Warnst. Krypt. – Fl. Brandenburg, Laubm. 2:675.1905. *nom. cons.*

植物体粗壮,黄绿色至绿色。茎匍匐,规则羽状分枝。鳞毛多数,由单列细胞组成或分枝。茎叶卵状披针形或心状披针形,具纵褶;叶边平展,有时内卷,基部平滑或具纤毛;中肋达叶中上部至叶尖稍下部消失。叶细胞长卵状六边形或椭圆状六边形,具单疣;枝叶与茎叶近同形,较小。雌雄多异苞同株。雌苞叶狭长卵状披针形。蒴柄较长,平滑。孢蒴卵状圆柱形,平展或呈弓形弯曲。蒴齿双层。蒴帽平滑。

本属全世界有 3 种。中国有 2 种;山东有 1 种。

1. 狭叶沼羽藓

Helodium paludosum (Austin) Broth. , Nat. Pflanzenfam. I (3):1009.1908.

Elodium paludosum Austin, Musci Appalach. 301.1870.

植物体粗壮。茎匍匐,规则羽状分枝。鳞毛多数,由单列细胞组成或分枝。茎叶基部椭圆形或卵形,渐上呈披针形,具纵褶;叶边平展,有时内卷;中肋达叶上部。叶细胞长六边形,每个细胞上部具一细疣。雌苞叶狭长卵状披针形。蒴柄棕色,长达 3.5 cm,平滑。孢蒴弓形弯曲。

生境:生于阴湿岩面。

产地:文登,昆嵛山,无染寺,赵遵田 89286。牟平,昆嵛山,三林区,海拔 400 m,张艳敏 410 - A (PE)。

分布:中国(黑龙江、吉林、内蒙古、山东、四川)。日本、俄罗斯(西伯利亚),北美洲。

经检视标本发现,赵遵田等(1993)报道的沼羽藓 *H. blandowii* (F. Weber & D. Mohr) Warnst.

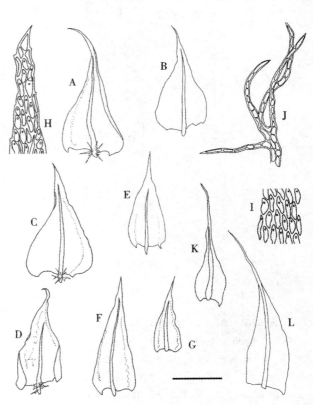

图 288　狭叶沼羽藓 *Helodium paludosum* (Austin) Broth. , A – D. 茎叶;E – G. 枝叶;H. 叶尖部细胞;I. 叶中部细胞;J. 鳞毛;K – L. 雌苞叶(任昭杰 绘)。标尺:A – G, K – L = 1.1 mm, H – I = 83 μm, J = 170 μm。

系本种误定。

3. 鹤嘴藓属 Pelekium Mitt. J. Linn. Soc., Bot. 10：176. 1868.

植物体纤细,黄绿色至绿色,有时带褐色,交织生长。茎匍匐,规则二回羽状分枝,偶一回或三回羽状分枝;中轴分化。鳞毛多,披针形至线形,稀分枝。茎叶基部阔卵形或三角状卵形,渐上呈披针形;叶边通常平展、全缘;中肋达叶尖下部、及顶至突出。枝叶与茎叶异形,内凹,卵形至卵状三角形;叶边具齿;中肋达叶片中上部消失。叶细胞六边形或椭圆形,具单疣或多疣。枝生同株,稀同序混生。蒴柄平滑,具疣或刺突。孢蒴圆柱形或卵圆形,平列或下垂。蒴齿双层。蒴盖具喙。蒴帽兜形或钟形,无毛或有毛。

本属全世界有 29 种。中国有 9 种;山东有 2 种。

分种检索表

1. 叶细胞具单个尖疣 ························· 1. 尖毛鹤嘴藓 P. fuscatum
1. 叶细胞具 3 - 8 个细疣 ······················ 2. 多疣鹤嘴藓 P. pygmaeum

Key to the species

1. Laminal cells with single sharp papilla ············· 1. P. fuscatum
1. Laminal cells with 3 - 8 minute papillae ············· 2. P. pygmaeum

1. 尖毛鹤嘴藓
Pelekium fuscatum (Besch.) A. Touw, J. Hattori Bot. Lab. 90：203. 2001.
Thuidium fuscatum Besch., Ann. Sci. Nat., Bot., sér. 7, 15：78. 1892.
Cyrto - hypnum fuscatum (Besch.) P. C. Wu, Crosby & S. He, Chenia 6：10. 1999.

植物体纤细,黄绿色。茎匍匐,规则羽状分枝。鳞毛密生,多由 3 - 6 个细胞组成,常分叉,顶端细胞尖锐。茎叶基部卵形,渐上呈披针形;叶边平展,具细齿;中肋达叶尖稍下部。枝叶与茎叶略异形,长卵形,较小。叶细胞方形至六边形,具单疣。孢子体未见。

生境:生于土表。
产地:牟平,昆嵛山,大学生实习基地附近,海拔 200 m,任昭杰 20101516。
分布:中国(山东、贵州、云南)。印度、不丹、缅甸和泰国。

2. 多疣鹤嘴藓
Pelekium pygmaeum (Schimp.) A. Touw, J. Hattori Bot. Lab. 90：204. 2001.
Thuidium pygmaeum Schimp., B. S. G., Bryol. Eur. 5：162. 1852.
Cyrto - hypnum pygmaeum (Schimp.) W. R. Buck & H. A. Crum, Contr. Univ. Michigan Herb. 17：67. 1990.

植物体纤细。茎匍匐,规则二回羽状分枝,中轴分化。茎上具疣和鳞毛,枝上仅具疣;鳞毛丝状,尖端细胞具 2 - 4 个疣。茎叶三角状卵形,先端渐尖;叶边背卷,具齿;中肋达叶上部。枝叶较小,狭卵形至三角形,内凹。叶细胞方形至多边形,薄壁,每个细胞具 3 - 8 个细疣,叶尖部细胞平滑或具 1 - 3 个疣。

生境:多生于岩面,偶见于岩面薄土上。
产地:牟平,昆嵛山,三工区东山沟,海拔 310 m,赵遵田 84117。牟平,昆嵛山,泰礴顶,海拔 850 m,任昭杰 20110100。牟平,昆嵛山,千米速滑,海拔 650 m,黄正莉 20110097 - A。青州,仰天山,海拔 600 m,黄正莉 20112183 - B、20112305。青州,仰天山,海拔 650 m,李超 20112232。

分布：中国（辽宁、河北、山东、湖南、重庆、贵州）。朝鲜、日本，北美洲。

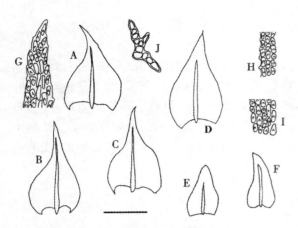

图 289 尖毛鹤嘴藓 *Pelekium fuscatum*（Besch.）
A. Touw, A – D. 茎叶；E – F. 枝叶；G. 叶尖部细胞；
H. 叶中部边缘细胞；I. 叶基部细胞；J. 鳞毛（任昭杰、
付旭 绘）。标尺：A – F = 330 μm, G – J = 83 μm。

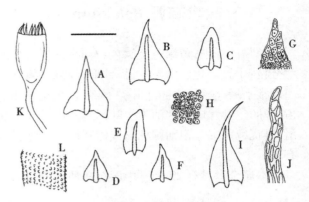

图 290 多疣鹤嘴藓 *Pelekium pygmaeum*（Schimp.）
A. Touw, A – B. 茎叶；C – F. 枝叶；G. 叶尖部细胞；H.
叶中部细胞；I. 雌苞叶；J. 雌苞叶尖部细胞；K. 孢蒴；L.
茎一段（任昭杰、付旭 绘）。标尺：A – F, I = 330 μm, G
– H, J = 83 μm, K = 1.4 mm, L = 83 μm。

4. 羽藓属 Thuidium Bruch & Schimp. Bryol. Eur. 5：157.1852.

植物体小形至大形，黄绿色至暗绿色，有时带褐色。茎匍匐，二至三回羽状分枝。鳞毛密生，由单列或多列细胞组成，多具疣。茎叶卵形或卵状心形，多具纵褶，基部狭缩、下延，先端多具长尖；叶边多背卷，上部具齿；中肋达叶上部。第一回枝叶与茎叶近同形，较小；第二、三回枝叶与茎叶异形，较小，卵形或长卵形，内凹，叶边平展，中肋短。叶细胞六边形至圆六边形，具单疣或多疣。雌雄异株。蒴柄通常光滑或上部具疣。雌苞叶披针形至卵状披针形，具细长尖，有时叶边具长纤毛，中肋及顶至略突出；叶细胞长方形，平滑或具疣。孢蒴卵圆柱形，略呈弓形弯曲，褐色，倾立至平列。环带分化。蒴齿双层。蒴盖锥形至圆锥形，具斜喙。蒴帽兜形或钟形，多平滑。

前志曾收录细羽藓 *T. minutulum*（Hedw.）Bruch & Schimp.，引证5号标本，本次研究仅见到1号，经检视发现该标本为东亚小羽藓 *Haplocladium strictulum*（Cardot）Reimers 的误定；张艳敏等（2002）报道细叶羽藓 *T. lepidoziaceum* Sakurai，本次研究我们未见到引证标本，因此将以上两种存疑。

本属全世界约64种。中国有14种；山东有6种。

分种检索表

1. 叶具短钝尖 ·· 4. 灰羽藓 *T. pristocalyx*
1. 叶具长披针形尖 ··· 2
2. 叶细胞具多疣或星状疣，稀单疣 ······························· 3
2. 叶细胞具单疣 ··· 4
3. 茎中轴分化 ································· 3. 短肋羽藓 *T. kanedae*
3. 茎中轴不分化 ····························· 6. 短枝羽藓 *T. submicropteris*
4. 茎叶尖部不由单列细胞组成 ···················· 5. 钩叶羽藓 *T. recognitum*
4. 茎叶尖部由单列细胞组成 ····································· 4
5. 茎叶尖部由3–6个单列细胞组成 ···················· 1. 绿羽藓 *T. assimile*
5. 茎叶尖部由6–10个单列细胞组成 ·················· 2. 大羽藓 *T. cymbifolium*

Key to the species

1. Leaf apex short and obtuse ·· 4. *T. pristocalyx*
1. Leaf apex long lanceolate ·· 2
  2. Laminal cells with multi – papillae or stellate papilla, rarely with uni – papilla ·············· 3
  2. Laminal cells with uni – papilla ·· 4
    3. Central strand of stem present ·· 3. *T. kanedae*
    3. Central strand of stem absent ·· 6. *T. submicropteris*
    4. Apex of stem leaves not consisted of single – row cells ················ 5. *T. recognitum*
    4. Apex of stem leaves consisted of several single – row cells ···················· 4
      5. Apex of stem leaves consisted of 3 – 6 single – row cells ··············· 1. *T. assimile*
      5. Apex of stem leaves consisted of 6 – 10 single – row cells ·············· 2. *T. cymbifolium*

1. 绿羽藓(照片 94)

Thuidium assimile(Mitt.)A. Jaeger, Ber. Thätigk. St. Gallischen Naturwiss. Ges. 1876 – 1877：260. 1878.

Leskea assimilis Mitt., J. Proc. Linn. Soc., Bot., Suppl. 1：133. 1859.

Thuidium philibertii Limpr., Laubm. Deutschl. 2：835. 1895.

Thuidium pycnothallum（Müll. Hal.）Paris, Index Bryol. 1289. 1898.

Tamarisicella pycnothalla Müll. Hal., Nouvo Giorn. Ital., n. s., 3：116. 1896.

本种植物体及叶形均与大羽藓 *T. cymbifolium* 相似,本种叶尖较短多由 3 – 6 个单列细胞组成,或更短,而后者叶尖较长,多由 6 – 10 个单列细胞组成。

生境:生于岩面或土表。

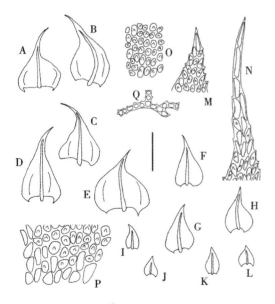

图 291 绿羽藓 *Thuidium assimile*（Mitt.）A. Jaeger, A – E. 茎叶；F – H. 枝叶；I – L. 小枝叶；M – N. 叶尖部细胞；O. 叶中部细胞；P. 叶基部细胞；Q. 鳞毛(任昭杰 绘)。标尺:A – L = 0.8 mm, M – P = 80 μm, Q = 110 μm。

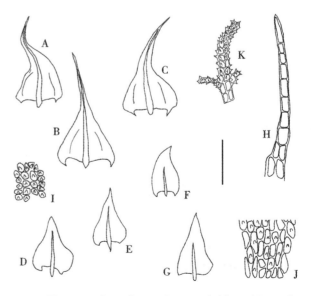

图 292 大羽藓 *Thuidium cymbifolium*（Dozy & Molk.）Dozy & Molk., A – C. 茎叶；D – E. 枝叶；F – G. 小枝叶；H. 叶尖部细胞；I. 叶中部细胞；J. 叶基部近中肋处细胞；K. 鳞毛(任昭杰、付旭 绘)。标尺:A – G = 0.8 mm, H – J = 80 μm, K = 1.1 mm。

产地:牟平,昆嵛山,东至庵,海拔 250 m,赵遵田 84028。牟平,昆嵛山,三岔河,赵遵田 91697 - B。蒙阴,蒙山,橛子沟,海拔 950 m,任昭杰 20120159 - B。蒙阴,蒙山,海拔 760 m,赵遵田 91377。泰安,泰山,南天门北坡,海拔 1200 m,赵遵田 33978。泰安,泰山,南天门后坡,海拔 1150 m,赵遵田 34000。

分布:中国(吉林、内蒙古、河北、山西、山东、河南、陕西、宁夏、青海、新疆、上海、浙江、江西、湖南、湖北、四川、重庆、贵州、云南、福建、广西)。日本、俄罗斯(西伯利亚),欧洲和北美洲。

2. 大羽藓(照片 95)

Thuidium cymbifolium (Dozy & Molk.) Dozy & Molk., Bryol. Jav. 2:115.1867.

Hypnum cymbifolium Dozy & Molk., Ann. Sci. Nat., Bot., sér. 3, 2:306.1844.

植物体形大,黄绿色至暗绿色,老时黄褐色,交织大片生长。茎匍匐,规则二回羽状分枝;中轴分化。鳞毛密生,披针形至线形,顶端细胞具 2 - 4 个疣。茎叶基部三角状卵形,突成狭长披针形尖,毛尖由 6 - 10 个单列细胞组成;叶边多背卷,稀平展,上部具细齿;中肋达叶尖部。枝叶卵形至长卵形,内凹,中肋达叶上部。叶细胞卵状菱形至椭圆形,具单个刺状疣。孢子体未见。

生境:生于土表、岩面或岩面薄土上。

产地:文登,昆嵛山,二分场缓冲区,海拔 300 m,黄正莉。文登,昆嵛山,二分场缓冲区,海拔 350 m,任昭杰 20101229。牟平,昆嵛山,水帘洞,海拔 350 m,任昭杰 20100334 - B。牟平,昆嵛山,黄连口,海拔 450 m,黄正莉 20100129。青岛,崂山,北九水,赵遵田 89406。蒙阴,蒙山,砂山,海拔 650 m,付旭 R20123326。蒙阴,蒙山,橛子沟,海拔 900 m,任昭杰 R20120031。博山,鲁山,海拔 800 m,李林 20112567。

分布:中国(河北、山东、陕西、宁夏、甘肃、新疆、安徽、江苏、上海、浙江、江西、湖南、湖北、四川、重庆、贵州、云南、福建、台湾、广东、广西、海南、香港)。世界广布种。

3. 短肋羽藓(照片 96)

Thuidium kanedae Sakurai, Bot. Mag. (Tokyo) 57:345.1943.

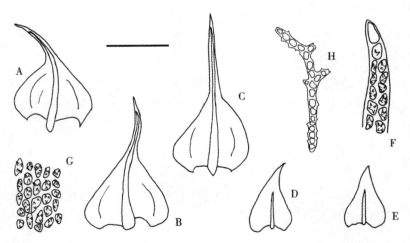

图 293 短肋羽藓 *Thuidium kanedae* Sakurai, A - C. 茎叶;D - E. 枝叶;F. 叶尖部细胞;G. 叶中部细胞;H. 鳞毛(任昭杰、付旭 绘)。标尺:A - E = 0.8 mm, F - G, I = 80 μm, H = 1.1 mm。

植物体形大。茎匍匐,规则二回羽状分枝;中轴分化。鳞毛较多。茎叶基部三角状卵形或阔卵形,稀心形,向上呈披针形,叶尖都有 2 - 6 个单列细胞组成;叶边平展或背卷;中肋达叶尖部。叶中部细胞椭圆形至卵状菱形,具 2 - 4 个刺疣或单个星状疣。

生境:生于土表、岩面或岩面薄土上。

产地:文登,昆嵛山,二分场缓冲区,海拔300 m,任昭杰20101172 – A、20101242。牟平,昆嵛山,流水石,海拔400 m,任昭杰20101840。牟平,昆嵛山,水帘洞,海拔300 m,任昭杰20110114。青岛,崂山,北九水,赵遵田91607、91608。青岛,崂山,潮音瀑,海拔450 m,任昭杰20112938 – F。黄岛,小珠山,海拔350 m,任昭杰20111676。黄岛,小珠山,海拔500 m,任昭杰R11930 – A。蒙阴,蒙山,天麻顶,海拔760 m,赵遵田91224 – B。蒙阴,蒙山,橛子沟,海拔650 m,李林R20120105。曲阜,孔林,赵遵田84165 – A。泰安,泰山,三岔,张艳敏1814(SDAU)。

分布:中国(辽宁、山东、宁夏、甘肃、安徽、江苏、上海、浙江、江西、湖南、湖北、四川、重庆、贵州、云南、福建、台湾)。朝鲜和日本。

4. 灰羽藓

Thuidium pristocalyx(Müll. Hal.)A. Jaeger., Ber. Thätigk. St. Gallischen Naturwiss. Ges. 1876 – 1877:257. 1878.

Hypnum pristocalyx Müll. Hal., Bot. Zeitung(Berlin)12:573. 1854.

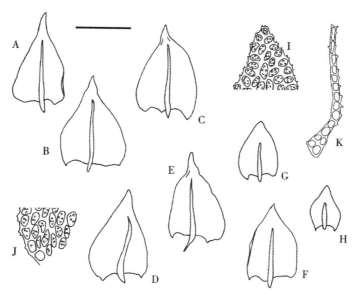

图 294　灰羽藓 *Thuidium pristocalyx*(Müll. Hal.)A. Jaeger., A – F. 茎叶;G – H. 枝叶;I. 叶尖部细胞;J. 叶基部细胞;K. 鳞毛(任昭杰、李德利 绘)。标尺:A – H = 0.8 mm, I – J = 80 μm, K = 1.1 mm。

植物体形大。茎匍匐,规则羽状分枝;中轴不分化。鳞毛稀少,披针形,常缺失。茎叶卵形至卵状三角形,内凹,先端略钝;叶边具齿;中肋达叶中上部。枝叶卵形至阔卵形,较小。叶细胞卵形至菱形,具星状疣。孢子体未见。

生境:生于土表或岩面。

产地:牟平,昆嵛山,赵遵田89437 – A。青岛,崂山顶下部,全治国251a(PE)。黄岛,小珠山,赵遵田89315 – B、91644。

分布:中国(辽宁、山东、江苏、上海、浙江、江西、湖南、重庆、贵州、云南、福建、台湾、广东、广西、海南、香港)。朝鲜、日本、印度、尼泊尔、不丹、缅甸、斯里兰卡、越南、老挝、柬埔寨、泰国、马来西亚、印度尼西亚、菲律宾、巴布亚新几内亚、瓦努阿图和俄罗斯(远东地区)。

5. 钩叶羽藓

Thuidium recognitum(Hedw.)Lindb., Not. Sällsk. Fauna Fl. Fenn. Förh. 13:416. 1874.

Hypnum recognitum Hedw. , Sp. Musc. Frond. 261.1801.

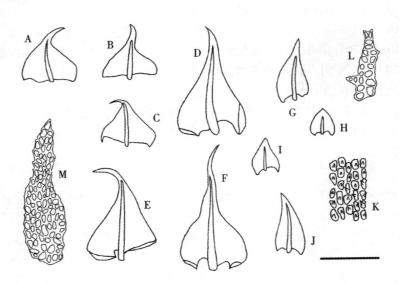

图 295 钩叶羽藓 *Thuidium recognitum*（Hedw.）Lindb. , A－F. 茎叶；G－J. 枝叶；K. 叶中部
细胞；L－M. 鳞毛（任昭杰 绘）。标尺：A－J＝0.8 mm, K＝80 μm, L－M＝1.1 mm。

植物体中等大小。茎匍匐,二回羽状分枝。茎叶基部阔卵形,多具纵褶,向上突成长披针形尖,尖部弯曲;叶边具齿;中肋粗壮,及顶至略突出。枝叶与茎叶异形,卵形至卵状披针形,叶边平展,中肋达叶中上部。叶细胞长椭圆形或圆多边形,厚壁,具单疣。孢子体未见。

生境:生于岩面。

产地:泰安,泰山,赵遵田 34109。

分布:中国(黑龙江、吉林、辽宁、内蒙古、山东、陕西、新疆、安徽、浙江、贵州)。日本、俄罗斯(远东地区),欧洲和北美洲。

6. 短枝羽藓(照片 97)

Thuidium submicropteris Cardot , Beih. Bot. Centralbl. 17：28.1904.

植物体粗壮,黄绿色至褐绿色。茎匍匐,规则二回羽状分枝;中轴不分化。鳞毛密生,线形至披针形,具分枝,细胞常具疣突。茎叶基部卵状心形或心形,稀阔卵形,向上骤成披针形长尖;叶边多平展,有时略背卷,通常全缘;中肋达叶尖稍下部,背面多具疣突;枝叶内凹,卵形至阔卵形。叶细胞卵形至椭圆形,具单个明显至不明显星状疣或刺疣。

生境:生于土表或枯木上。

产地:牟平,昆嵛山,三林区,李建秀 9(PE)。蒙阴,蒙山,冷峪,海拔 500 m,李林 R121008。泰安,泰山,日观峰,全治国 109、123(PE)。泰安,泰山,后石坞,海拔 1400 m,任昭杰 R20141051。

分布:中国(吉林、山东、湖北、重庆、贵州)。日本和朝鲜。

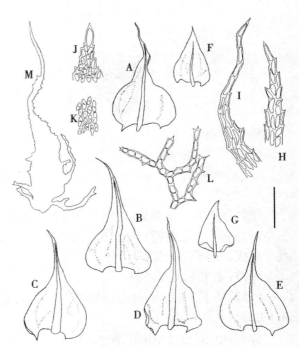

图 296 短枝羽藓 *Thuidium submicropteris* Cardot, A－E. 茎叶；F－G. 枝叶；H－I. 茎叶尖部细胞；J. 枝叶尖部细胞；K. 叶中部细胞；L－M. 鳞毛(任昭杰 绘)。标尺:A－G＝1.0 mm, H－L＝119 μm, M＝238 μm。

38. 异枝藓科 HETEROCLADIACEAE

植物体小形至中等大小。茎匍匐,不规则分枝或规则羽状分枝,中轴不分化,或略分化。鳞毛稀少,或缺失。假鳞毛叶状。叶腋毛高 2-4 个细胞。叶近圆形或卵形,先端渐尖或长渐尖;中肋通常较短或缺失,单一或双中肋。叶细胞较短,通常具单疣,稀平滑,角细胞多分化。雌雄异株。孢蒴椭圆柱形至长圆柱形,直立或弯曲,下垂至直立。环带分化,或缺失。蒴齿双层。

本科全世界 3 属。中国有 3 属;山东有 2 属。

分属检索表

1. 孢蒴下垂至平列;叶细胞多具疣,稀平滑 ··· 1. 异枝藓属 Heterocladium
1. 孢蒴直立;叶细胞平滑 ··· 2. 小柔齿藓属 Iwatsukiella

Key to the genera

1. Capsule inclined to horizontal; laminal cells papillose, rarely smooth ·············· 1. Heterocladium
1. Capsule erect; laminal cells smooth ·· 2. Iwatsukiella

1. 异枝藓属 Heterocladium Bruch & Schimp.
Bryol. Eur. 5:151.1852.

植物体小形至中等大小,黄绿色至暗绿色。茎匍匐,不规则分枝至羽状分枝。鳞毛稀少,假鳞毛叶状。茎叶基部心状卵形,略下延,先端渐尖;叶边平展,具细齿;中肋短弱,单一或双中肋,稀不明显。枝叶与茎叶异形,阔卵形,先端钝尖或锐尖。叶细胞菱形、方形至六边形,基部细胞小,平滑或具疣。雌雄异株。蒴柄纤细,光滑。孢蒴长圆柱形,下垂至平列。环带分化。蒴齿双层。蒴盖圆锥形。蒴帽平滑。

前志曾收录粗疣异枝藓 H. papillosum (Lindb.) Lindb.,本次研究未能见到引证标本,我们也未能采到相关标本,故将该种存疑。

本属全世界现有 8 种。中国有 1 种;山东有分布。

1. 狭叶异枝藓

Heterocladium angustifolium(Dixon)R. Watan., J. Jap. Bot. 35:261.1960.

Rauia angustifolia Dixon, Rev. Bryol. Lichénol. 7:111.1934.

植物体形小,黄绿色,无光泽。茎匍匐,稀疏分枝。茎叶长卵状披针形或三角状披针形;叶边平展,具齿;中肋单一,达叶尖部。枝叶椭圆状披针形,较小。叶细胞椭圆形至椭圆状菱形。孢子体未见。

生境:生于岩面或土表。

产地:博山,鲁山,海拔 700 m,李林 20112564-

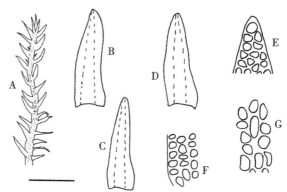

图 297 狭叶异枝藓 *Heterocladium angustifolium* (Dixon) R. Watan., A. 植物体一部分;B-D. 叶;E. 叶尖部细胞;F. 叶基部细胞;G. 叶基部中肋处细胞(任昭杰、付旭 绘)。标尺:A = 1.1 mm, B-D = 560 μm, E-G = 56 μm。

B。泰安,泰山,中天门,海拔 800 m,高谦 20110562。

分布:中国(辽宁、山东)。日本。

2. 小柔齿藓属 Iwatsukiella W. R. Buck & H. A.
Crum J. Hattori Bot. Lab. 44:351.1978.

植物体形小,绿色,略具光泽。茎匍匐,不规则分枝。假鳞毛多数,叶状。叶基部近圆形或卵形,不下延,渐上呈细长毛尖,毛尖常弯曲,由多个单列细胞组成;叶边平展,全缘,仅先端具微齿;中肋缺失,或具不明显短分叉中肋。叶细胞椭圆形,厚壁,角细胞略分化。雌雄异株。内雌苞叶基部不呈鞘状,具细长尖,叶边具齿。蒴柄纤细,紫红色或红褐色,干时扭转。孢蒴长椭圆柱形,直立,对称。环带分化。蒴齿双层。蒴盖圆锥形。蒴帽兜形。

本属全世界仅 1 种。山东有分布。

1. 小柔齿藓

Iwatsukiella leucotricha(Mitt.)W. R. Buck & H. A. Crum, J. Hattori Bot. Lab. 44:352.1978.

Heterocladium leucotrichum Mitt., Trans. Linn. Soc. London, Bot. 3:176.1891.

种特征见属。

生境:生于土表或岩面。

产地:青岛,崂山,北九水,海拔 280 m,任昭杰、杜超 20070412。青岛,崂山,北九水,海拔 290 m,任昭杰、杜超 20070416。

分布:中国(吉林、山东、四川、云南、西藏)。日本。

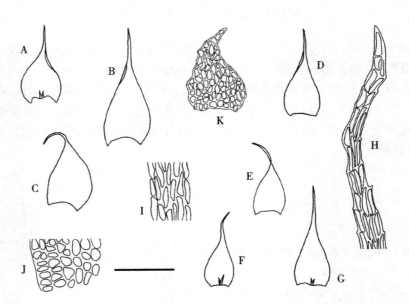

图 298　小柔齿藓 *Iwatsukiella leucotricha*(Mitt.)W. R. Buck & H. A. Crum, A-C. 茎叶;D-G. 枝叶;H. 叶尖部细胞;I. 叶中部细胞;J. 叶基部细胞;K. 假鳞毛(任昭杰绘)。标尺:A-G=0.8 mm, H-J=110 μm, K=170 μm。

39. 青藓科 BRACHYTHECIACEAE

　　植物体纤细至粗壮,黄绿色至暗绿色,略具光泽,紧密或疏松成片生长。茎匍匐或斜生,稀直立,不规则分枝或羽状分枝。无鳞毛,假鳞毛多缺失。叶腋毛高 2–9 个细胞。叶紧贴或直立伸展,或成镰刀状弯曲,宽卵形至披针形,多具褶皱,先端长渐尖,稀先端钝或圆钝;叶边多平展,全缘或具齿;中肋单一,长达叶中部以上或近于及顶,有时背面先端具刺状突起。叶细胞多菱形、长菱形至线形,平滑或背部稀具前角突起,基角部细胞排列疏松,近于方形,有时形成明显角区。雌雄异株、雌雄同株或叶生雌雄异株。雌苞叶分化。蒴柄细长,平滑或具疣。孢蒴卵球形或长椭圆状圆柱形,弯曲或平展,稀直立。环带多分化。蒴齿双层,披针状钻形。蒴盖圆锥形,有短尖或长喙。蒴帽兜形,平滑无毛。孢子圆球形。

　　前志收录斜蒴藓属 Camptothecium Schimp. 的斜蒴藓 C. lutescens（Hedw.）Schimp. 和异叶藓属 Kindbergia Ochyra 的异叶藓 K. praelonga（Hedw.）Ochyra,本次研究未见到引证标本,我们也未能采到相关标本,因将以上两属和两种存疑。

　　本科全世界有 43 属。中国有 19 属,山东有 10 属。

分属检索表

1. 叶强烈内凹,先端圆钝 ·· 6. 鼠尾藓属 Myuroclada
1. 叶不强烈内凹,先端通常不圆钝 ·· 2
2. 雌苞叶多数,反卷 ··· 1. 青藓属 Brachythecium
2. 雌苞叶少数,直立 ·· 3
3. 中肋先端背面常具 1 至数个刺状突起 ·································· 4. 美喙藓属 Eurhynchium
3. 中肋先端背面不具刺状突起 ·· 4
4. 叶细胞背面常具前角突 ··· 2. 燕尾藓属 Bryhnia
4. 叶细胞平滑 ·· 5
5. 叶三角状披针形或三角状卵形;孢蒴直立 ··· 6
5. 叶卵形、卵状披针形或长椭圆状披针形;孢蒴下垂或平列 ··· 7
6. 叶基部平截 ··· 5. 同蒴藓属 Homalothecium
6. 叶基部心形 ··· 8. 褶叶藓属 Palamocladium
7. 叶先端急尖成毛尖状,内凹或匙形 ···································· 3. 毛尖藓属 Cirriphyllum
7. 叶先端长渐尖或渐尖成小尖头,不内凹或略内凹 ·· 8
8. 枝扁平;蒴柄平滑 ·· 10. 长喙藓属 Rhynchostegium
8. 枝不扁平;蒴柄粗糙 ·· 9
9. 叶明显具褶皱;雌雄异株 ··· 7. 褶藓属 Okamuraea
9. 叶稀具褶皱;雌雄同株 ··· 9. 细喙藓属 Rhynchostegiella

Key to the genera

1. Leaves strongly concave, apice rounded – obtuse ································ 6. Myuroclada
1. Leaves not strongly concave, apice usually not rounded – obtuse ····················· 2
2. Perichaetial leaves numerous, recurved ································· 1. Brachythecium

2. Perichaetial leaves few, erect ·· 3

3. Costa often ending in one or more teeth on dorsal surface ·············· 4. *Eurhynchium*

3. Costa lacking such teeth ·· 4

4. Laminal cells usually papillose at the front corner ····················· 2. *Bryhnia*

4. Laminal cells smooth ··· 5

5. Leaves triangular – lanceolate or triangular – ovate; capsules erect ········ 6

5. Leaves ovate, ovate – lanceolate or oblong – lanceolate; capsules inclined or horizontal ······ 7

6. Leaf base truncate ··· 5. *Homalothecium*

6. Leaf base cordate ·· 8. *Palamocladium*

7. Leaves abruptly tapering to a piliferous point, cochleariform – concave ········ 3. *Cirriphyllum*

7. Leaves gradually tapering to an acute or long acuminate point, not concave or weekly concave ····· 8

8. Branches complanate; setae smooth ·· 10. *Rhynchostegium*

8. Branches not complanate; setae scabrous ·································· 9

9. Leaves obviously plicate; dioicous ·· 7. *Okamuraea*

9. Leaves rarely plicate; monoicous ··· 9. *Rhynchostegiella*

1. 青藓属 **Brachythecium** Bruch & Schimp.
Bryol. Eur. 6: 5. 1853.

植物体小形至大形,黄绿色至暗绿色,多具光泽,交织成片生长。茎匍匐,有时倾立,稀直立,不规则分枝或羽状分枝。茎叶宽卵形、卵状披针形或三角状心形,先端急尖或渐尖,基部多呈心形,下延或不下延;叶边平展或背卷,全缘或具齿;中肋单一,达叶中部以上,稀达叶尖稍下部。枝叶与茎叶同形或异形。叶中上部细胞长菱形至线形,平滑,基部细胞短,排列疏松,近方形或矩形。雌雄同株或雌雄异株。雌苞叶分化,先端多卷曲。蒴柄细长,平滑或具疣。孢蒴椭圆柱形,稀弓形弯曲,倾立或平列,稀直立。环带分化。蒴齿双层,等长。蒴盖圆锥形,圆钝或具短尖头。孢子小,平滑或具疣。

罗健馨等(1991)曾报道膨叶青藓 *B. turgidum* (Hartm.) Kindb. 在崂山有分布,前志收录斜蒴青藓 *B. camptothecioides* Takaki,本次研究未见到引证标本,我们也未采到相关标本,因此将以上两种存疑。

本属全世界现有 149 种。中国有 50 种;山东有 30 种。

分种检索表

1. 茎叶叶尖部常扭曲呈鹅颈状 ·················· 12. 皱叶青藓 *B. kuroishicum*

1. 茎叶叶尖部不呈鹅颈状 ·· 2

2. 中肋较长,达叶尖部或叶尖稍下部 ··· 3

2. 中肋较短,达叶中部或中上部 ··· 8

3. 叶明显具褶皱 ···························· 21. 羽状青藓 *B. propinnatum*

3. 叶不具褶皱或略具褶皱 ··· 4

4. 茎叶先端通常偏曲或反卷 ··· 5

4. 茎叶先端不偏曲或反卷 ··· 6

5. 植物体羽状分枝,茎叶三角形或三角状卵形 ······ 23. 弯叶青藓 *B. reflexum*

5. 植物体不规则分枝,茎叶卵形 ·············· 28. 钩叶青藓 *B. uncinifolium*

6. 叶基心形 ······························ 17. 华北青藓 *B. pinnirameum*

6. 叶基平截,或略下延 ··· 7

7. 茎叶卵状三角形,几乎无纵褶 ·············· 19. 长肋青藓 *B. populeum*

7. 茎叶宽卵状披针形,具纵褶 ………………………………… 30. 绿枝青藓 B. viridefactum

8. 植物体小形 ………………………………………………………………… 9

8. 植物体中等大小至大形,稀小形 ………………………………………… 11

9. 茎叶卵形、阔卵形或椭圆形 ……………………………… 8. 台湾青藓 B. formosanum

9. 茎叶披针形、卵状披针形或长卵状披针形 ……………………………… 10

10. 植物体不规则羽状分枝 ……………………………… 15. 小青藓 B. perminusculum

10. 植物体规则羽状分枝 …………………………………… 22. 青藓 B. pulchellum

11. 茎叶尖部不呈毛尖状 …………………………………………………… 12

11. 茎叶尖部呈毛尖状 ……………………………………………………… 15

12. 茎叶先端阔急尖,基部明显阔下延 …………………… 24. 溪边青藓 B. rivulare

12. 茎叶先端急尖或渐尖,基部略下延 …………………………………… 13

13. 茎叶披针形至卵状披针形 ……………………………… 1. 灰白青藓 B. albicans

13. 茎叶卵形、阔卵形或椭圆形 …………………………………………… 14

14. 茎叶阔卵形至卵形,基部不收缩或略收缩;蒴柄粗糙 … 26. 卵叶青藓 B. rutabulum

14. 茎叶卵形或椭圆形,基部强烈收缩;蒴柄平滑 …… 27. 褶叶青藓 B. salebrosum

15. 茎叶明显具不规则纵褶 ………………………………………………… 16

15. 茎叶不具纵褶、略具纵褶或具两条明显纵褶 ………………………… 18

16. 茎叶叶边全缘;叶中部细胞较小,一般短于 60 μm … 4. 多褶青藓 B. buchananii

16. 茎叶叶边上部具细齿;叶中部细胞较大,一般长于 60 μm ………… 17

17. 茎叶角细胞长六边形至近线形;蒴柄粗糙 …………… 6. 尖叶青藓 B. coreanum

17. 茎叶角细胞矩形或椭圆状六边形;蒴柄平滑 ……… 10. 石地青藓 B. glareosum

18. 茎叶先端突成长尖 ……………………………………………………… 19

18. 茎叶先端渐成长尖 ……………………………………………………… 24

19. 茎叶阔卵形、卵形或三角状卵形 ……………………………………… 20

19. 茎叶长卵形、卵形或椭圆状卵形 ……………………………………… 22

20. 植物体规则羽状分枝;蒴柄粗糙 ……………………… 3. 勃氏青藓 B. brotheri

20. 植物体不规则羽状分枝;蒴柄平滑 …………………………………… 21

21. 茎叶平展或略具纵褶 ………………………………… 13. 柔叶青藓 B. moriense

21. 茎叶明显具两条纵褶 ………………………………… 20. 匍枝青藓 B. procumbens

22. 植物体规则羽状分枝 ………………………………… 25. 长叶青藓 B. rotaeanum

22. 植物体不规则分枝 ……………………………………………………… 23

23. 枝扁平状;叶角细胞分化不明显 ……………………… 9. 圆枝青藓 B. garovaglioides

23. 枝圆条状;叶角细胞分化明显 ……………………… 11. 平枝青藓 B. helminthocladum

24. 茎叶角区较宽阔,分化达中肋 ………………………………………… 25

24. 茎叶角区较狭窄,分化不达中肋,或仅在基部达中肋 ……………… 28

25. 茎叶阔卵形、阔卵状披针形或三角状披针形 ……… 7. 多枝青藓 B. fasciculirameum

25. 茎叶披针形、卵状披针形至长卵状披针形 …………………………… 26

26. 叶长卵状披针形 ……………………………………… 14. 野口青藓 B. noguchii

26. 叶披针形或卵状披针形 ………………………………………………… 27

27. 叶中部细胞长宽比约为 12∶1 ……………………… 2. 密枝青藓 B. amnicola

27. 叶中部细胞长宽比约为 9 – 10∶1 …………………… 5. 斜枝青藓 B. campylothallum

28. 茎叶明显具两条纵褶 ………………………………… 18. 羽枝青藓 B. plumosum

28. 茎叶平展或略具纵褶 …………………………………………………… 29

29. 茎叶具褶皱 ·· 16. 毛尖青藓 *B. piligerum*
29. 茎叶平展 ·· 29. 绒叶青藓 *B. velutinum*

Key to the genera

1. Leaf apices cygneous ···································· 12. *B. kuroishicum*
1. *Leaf apices not cygneous* ································ 2
2. *Costa longer, extending to the leaf apex or ending below the apex* ············ 3
2. *Costa shorter, extending to mid – leaf, or longer* ·················· 8
3. *Leaves obviously plicate* ······························ 21. *B. propinnatum*
3. Leaves not plicate or weekly plicate ······················ 4
4. Stem leaf acumen usually recurved ······················ 5
4. Stem leaf acumen not recurved ························· 6
5. Plants pinnately branched, stem leaves deltoid to deltoid – ovate ········· 23. *B. reflexum*
5. Plants irregularly branched, stem leaves ovate ·············· 28. *B. uncinifolium*
6. Leaf base cordate ·································· 17. *B. pinnirameum*
6. Leaf base truncate, or slightly decurrent ·················· 7
7. Stem leaves ovate – deltoid, scarcely plicate ·············· 19. *B. populeum*
7. Stem leaves ovate – lanceolate, usually plicate ·············· 30. *B. viridefactum*
8. Plants minute ···································· 9
8. Plants medium to larger, rarely small ····················· 11
9. Stem leaves ovate, broadly ovate or elliptic ·············· 8. *B. formosanum*
9. Stem leaves lanceolate, ovate – lanceolate or elongate ovate – lanceolate ······· 10
10. Plants irregularly pinnately branched ·················· 15. *B. perminusculum*
10. Plants regularly pinnately branched ·················· 22. *B. pulchellum*
11. Stem leaves not piliferous at apex ····················· 12
11. Stem leaves piliferous at apex ······················ 15
12. Stem leaves broadly acute at apex, broadly decurrent at base ········· 24. *B. rivulare*
12. Stem leaves acute or acuminate at apex, slightly decurrent at base ······· 13
13. Stem leaves lanceolate or ovate – lanceolate ·············· 1. *B. albicans*
13. Stem leaves ovate, broadly ovate or elliptic ··············· 14
14. Stem leaves broadly ovate to ovate, leaf base not contracted or slightly contracted; setae scabrous
·· 26. *B. rutabulum*
14. Stem leaves ovate to elliptic, leaf base strongly contracted; setae smooth ······· 27. *B. salebrosum*
15. Stem leaves obviously longitudinal plicate irregularly ·············· 16
15. Stem leaves not to slightly plicate or with two longitudinal plications ········· 18
16. Stem leaf margins entire, laminal cells smaller, usually shorter than 60 μm ······ 4. *B. buchananii*
16. Stem leaf margins serrulate above, laminal cells larger, usually longer than 60 μm ·············· 17
17. Alar cells of stem leaf elongate – hexagonal to sublinear; setae scabrous ······· 6. *B. coreanum*
17. Alar cells of stem leaf rectangular or oblong – hexagonal; setae smooth ········· 10. *B. glareosum*
18. Stem leaves abruptly tapering to a subulate acumen ·············· 19
18. Stem leaves gradually tapering to a subulate acumen ·············· 24
19. Stem leaves broadly ovate, ovate or deltoid – ovate ·············· 20
19. Stem leaves elongate – ovate, ovate or oblong – ovate ·············· 22

20. Plants regularly pinnately branched; setae scabrous ······················ 3. *B. brotheri*

20. Plants irregularly pinnately branched; setae smooth ·································· 21.

21. Stem leaves not plicate to slightly plicate ························ 13. *B. moriense*

21. Stem leaves with two longitudinal plications ·············· 20. *B. procumbens*

22. Plants regularly pinnately branched ···················· 25. *B. rotaeanum*

22. Plants irregularly branched ··· 23

23. Branches plane; alar cells obviously differentiated ········ 9. *B. garovaglioides*

23. Branches terete; alar cells weekly differentiated ·········· 11. *B. helminthocladum*

24. Alar regions of stem leaves broad, extending to costa ························· 25

24. Alar regions of stem leaves narrow, not extending to costa or only extending to costa at the base

··· 28

25. Stem leaves broadly ovate, broadly ovate – lanceolate or deltoid – lanceolate

·· 7. *B. fasciculirameum*

25. Stem leaves lanceolate or ovate – lanceolate to elongate ovate – lanceolate ·········· 26

26. Leaves elongate ovate – lanceolate ························ 14. *B. noguchii*

26. Leaves lanceolate to ovate – lanceolate ·································· 27

27. The ratio length vs width of median laminal cells about 12:1 ·········· 2. *B. amnicola*

27. The ratio length vs width of median laminal cells 9 – 10:1 ········· 5. *B. campylothallum*

28. Stem leaves with two longitudinal plications ·················· 18. *B. plumosum*

28. Stem leaves not plicate to slightly plicate ·································· 29

29. Stem leaves plicate ····································· 16. *B. piligerum*

29. Stem leaves not plicate ······························ 29. *B. velutinum*

1. 灰白青藓

Brachythecium albicans（Hedw.）Bruch & Schimp.,
Bryol. Eur. 6：23. pl. 553. 1853.

Hypnum albicans Neck. ex Hedw, Sp. Musc. Frond.
251. 1801.

植物体中等大小,黄绿色或灰绿色,略具光泽。茎
多匍匐,稀斜生。茎叶长卵形或卵状披针形,先端急尖
或渐尖,基部略下延;叶边平展,全缘或先端具细齿;中
肋单一,达叶中上部。枝叶与茎叶同形或略异形。叶中
上部细胞长菱形至线形,平滑,角细胞明显分化,矩形或
近方形,分化达中肋。孢子体未见。

生境:生于岩面、土表或岩面薄土上,偶见于树基
部。

产地:文登,昆嵛山,二分场缓冲区,海拔 350 m,任
昭杰 20100612。牟平,昆嵛山,海拔 250 m,赵遵田
84003。牟平,昆嵛山,小憩洞,海拔 300 m,成玉良
20100687。栖霞,牙山,海拔 260 m,赵遵田 90920。青
岛,崂山,下清宫,赵遵田 91486 – A。青岛,崂山,滑溜
口,海拔 450 m,李林 20112863。临朐,沂山,赵遵田
90359 – B。枣庄,抱犊崮,海拔 530 m,刘志海 911539、

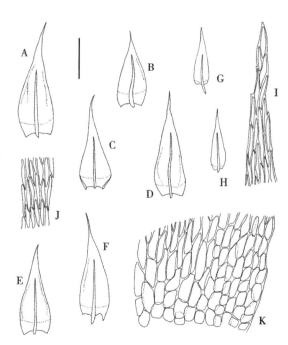

图 299 灰白青藓 *Brachythecium albicans*（Hedw.）
Bruch & Schimp., A – F. 茎叶;G – H. 枝叶;I. 叶尖部细
胞;J. 叶中部细胞;K. 叶基部细胞(任昭杰 绘)。标尺:A
– H = 1.1 mm, I – K = 110 μm。

911563 - C。泰安,徂徕山,太平顶,海拔 780 m,赵遵田 911195 - C。泰安,泰山,中天门,海拔 800 m,赵遵田 34031。

　　分布:中国(内蒙古、山西、山东、陕西、宁夏、新疆、湖南、湖北、四川、重庆、云南、西藏)。美国、加拿大、高加索地区、格陵兰岛、智利、澳大利亚、新西兰,欧洲。

2. 密枝青藓

Brachythecium amnicola Müll. Hal. , Nuovo Giorn. Bot. Ital. , n. s. , 3:125.1896.

　　植物体绿色至暗绿色,交织生长。茎匍匐,稀疏分枝。茎叶卵状披针形,内凹,具 2 条褶皱,先端长渐尖,基部下延;叶边平展,全缘或先端具微齿;中肋单一,中肋达叶中上部。枝叶与茎叶同形。叶中上部细胞线形,平滑,角细胞方形、多边形或长方形。孢子体未见。

　　生境:生于岩面或土表。

　　产地:牟平,昆嵛山,"昆嵛山"石碑后,海拔 500 m,任昭杰 20100859。黄岛,铁橛山,海拔 350 m,郭萌萌 R20130152 - A。博山,鲁山,海拔 700 m,赵遵田 90706。新泰,莲花山,海拔 500 m,黄正莉 20110638 - B。

　　分布:中国特有种(吉林、内蒙古、山西、山东、陕西、甘肃、贵州)。

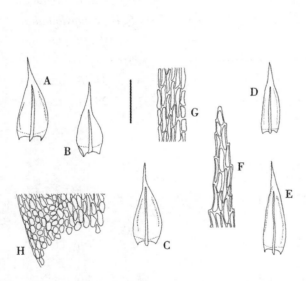

图 300　密枝青藓 *Brachythecium amnicola* Müll. Hal. , A - C. 茎叶;D - E. 枝叶;F. 叶尖部细胞;G. 叶中下部细胞;H. 叶基部细胞(任昭杰、付旭 绘)。标尺:A - E = 1.1 mm, F - H = 110 μm。

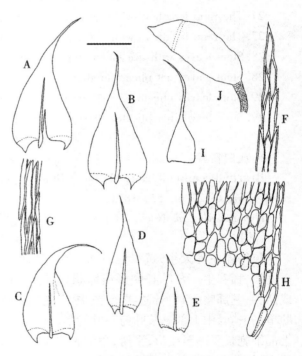

图 301　勃氏青藓 *Brachythecium brotheri* Paris, A - C. 茎叶;D - E. 枝叶;F. 叶尖部细胞;G. 叶中部细胞;H. 叶基部细胞;I. 雌苞叶;J. 孢蒴(任昭杰 绘)。标尺:A - E, I = 1.1 mm, F - H = 110 μm, J = 1.7 mm。

3. 勃氏青藓

Brachythecium brotheri Paris, Index. Bryol. ed. 2:139.1904.

　　植物体形大。茎匍匐,稀疏或紧密分枝。茎叶基部阔卵形或阔心形,下延,略具褶皱,先端呈狭长的叶尖,常偏曲;叶边平展,先端具细齿;中肋达叶中部或中上部。枝叶与茎叶近同形,略小,叶边先端明显具齿。叶中上部细胞长菱形至线形,薄壁,平滑,角细胞长方形或多边形,薄壁,膨大。蒴柄粗糙,具疣。孢蒴平列至垂倾,卵形至椭圆形。蒴盖具短喙。

生境:生于岩面或土表。

产地:牟平,昆嵛山,老师坟南山,海拔 350 m,黄正莉 20101856。青岛,崂山,潮音瀑,海拔 210 m,任昭杰、杜超 200700403。

分布:中国(河北、山西、山东、陕西、江苏、上海、浙江、江西、重庆、贵州、云南)。日本。

4. 多褶青藓(照片 98)

Brachythecium buchananii(Hook.)A. Jaeger, Ber. Thätigk. St. Gallischen Naturwiss. Ges. 1876 – 1877:341.1878.

Hypnum buchananii Hook., Trans. Linn. Soc. London 9:320. pl. 28, f. 3.1808.

植物体中等大小。茎匍匐,不规则分枝。茎叶卵形至阔卵形,具多深纵褶,先端具钻状长尖;叶边平展,全缘,或先端具细齿;中肋单一,达叶中上部。枝叶与茎叶同形,略小。叶中上部细胞线形,末端较尖锐,平滑,薄壁,基部细胞较宽短,角细胞分化明显,近方形或矩形。蒴柄细长。孢蒴长椭圆柱形,台部较明显,下垂。

生境:生于岩面、土表或岩面薄土上,稀生于树干上。

产地:文登,昆嵛山,玉屏池,海拔 400 m,任昭杰 20100464。文登,昆嵛山,无染寺附近,海拔 350 m,任昭杰 20100456。牟平,昆嵛山,三工区东山坡,海拔 350 m,赵遵田 84113。牟平,昆嵛山,水帘洞,海拔 350 m,任昭杰 20100374。栖霞,牙山,海拔 280 m,赵遵田 90845 – D。平度,大泽山,海拔 600 m,赵遵田 91014。青岛,崂山,海拔 680 m,赵遵田 91071。青岛,崂山顶,海拔 1000 m,韩国营 20112936 – A。黄岛,铁橛山,海拔 300 m,黄正莉 R20120016。临朐,沂山,赵遵田 90256 – B。临朐,沂山,赵遵田 90366 – B。青州,仰天山,仰天寺,赵遵田 88087 – E、88096 – B。泰安,泰山,中天门西坡,海拔 650 m,赵遵田 34082。济南,柳埠,跑马岭,海拔 80 m,陈汉斌 97197 – A。

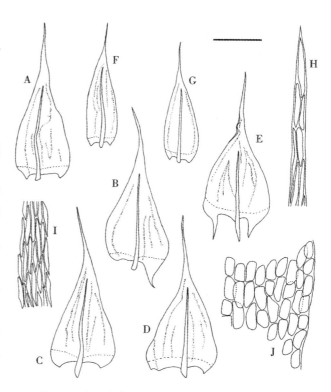

图 302　多褶青藓 *Brachythecium buchananii*(Hook.)A. Jaeger, A – E. 茎叶;F – G 枝叶;H. 叶尖部细胞;I. 叶中部细胞;J. 叶基部细胞(任昭杰、付旭 绘)。标尺:A – G = 1.1 mm, H – J = 110 μm。

分布:中国(黑龙江、内蒙古、山西、山东、陕西、甘肃、青海、新疆、安徽、江苏、上海、江西、湖南、湖北、重庆、贵州、云南)。巴基斯坦、不丹、斯里兰卡、泰国、老挝、越南、日本和朝鲜。

5. 斜枝青藓(照片 99)

Brachythecium campylothallum Müll. Hal., Nuovo Giorn. Bot. Ital., n. s., 3:124.1896.

本种与密枝青藓 *B. amnicola* 类似,但本种叶较后者更宽,多纵褶,叶细胞较后者短宽。

生境:生于岩面或土表。

产地:临朐,沂山,赵遵田 90300。临朐,沂山,海拔 870 m,赵遵田 90440 – C。新泰,莲花山,海拔 500 m,黄正莉 20110638。

分布:中国特有种(黑龙江、山东、陕西、浙江、四川、重庆、贵州、云南、西藏、广西)。

6. 尖叶青藓（照片 100）

Brachythecium coreanum Cardot, Bull. Soc. Bot. Genève, sér. 2, 3：289.1911.

植物体形大,黄绿色。茎匍匐,密集羽状分枝。茎叶长卵状披针形,先端渐尖,基部略下延,具纵褶;叶边平展,上部具细齿,下部全缘;中肋达叶中上部。枝叶与茎叶近同形,褶皱较茎叶深。叶中上部细胞线形,薄壁,基部细胞宽短,角细胞矩形、方形至多边形。孢子体未见。

生境:生于土表。

产地:黄岛,小珠山,南天门,海拔 400 m,李林 R11946。博山,鲁山,海拔 950 m,赵遵田 90671 - B。

分布:中国(北京、山东、陕西、新疆、安徽、江苏、湖南、贵州、云南、西藏、广西)。朝鲜和日本。

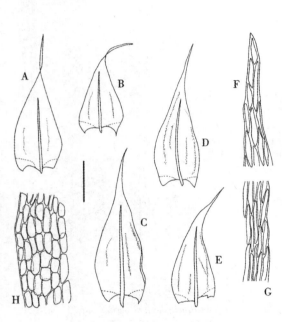

图 303　尖叶青藓 *Brachythecium coreanum* Cardot, A - B. 茎叶;C - E. 枝叶;F. 叶尖部细胞;G. 叶中部细胞;H. 叶基部细胞(任昭杰 绘)。标尺:A - E = 1.1 mm, F - H =110 μm。

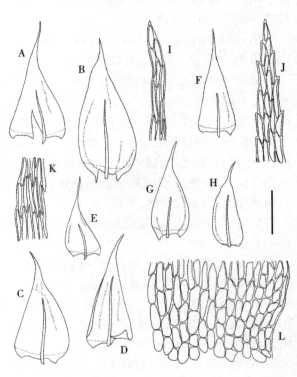

图 304　多枝青藓 *Brachythecium fasciculirameum* Müll. Hal.,A - D. 茎叶;E - H. 枝叶;I - J. 叶尖部细胞;K. 叶中部细胞;L. 叶基部细胞(任昭杰 绘)。标尺: A - H = 1.3 mm, I - L = 130 μm。

7. 多枝青藓

Brachythecium fasciculirameum Müll. Hal., Nuovo Giorn. Bot. Ital., n. s., 4：269.1897.

植物体形大。茎匍匐,羽状分枝。茎叶阔卵形、卵状披针形或三角状披针形,内凹,先端长渐尖;叶边平展,全缘;中肋达叶中上部。枝叶卵状披针形,具多条纵褶。叶中上部细胞长菱形至线形,平滑,角细胞矩形、方形或多边形,分化至中肋。孢子体未见。

生境:生于岩面或土表。

产地:文登,昆嵛山,无染寺附近,海拔 350 m,任昭杰 20100478。牟平,昆嵛山,马槽湾,海拔 300 m,任昭杰 20101659。牟平,昆嵛山林场,海拔 350 m,赵遵田 84113。蒙阴,蒙山,橛子沟,海拔 900 m,李林 R20120106 - B。

分布:中国特有种(吉林、辽宁、山东、陕西、湖北、四川、重庆、贵州、云南、广西)。

8. 台湾青藓

Brachythecium formosanum Takaki, J. Hattori Bot. Lab. 15：2. 1955.

植物体形小至中等大小,黄绿色至绿色,具光泽。主茎匍匐,不规则分枝。茎叶卵形至宽卵形,内凹,具纵褶,基部下延,先端渐尖,多偏曲;叶边平展,有时基部略背卷,上部具细齿,下部全缘;中肋达叶中部。枝叶卵形、长卵形、卵状披针形或椭圆形至长椭圆形,尖部呈钻状。叶中上部细胞菱形至狭菱形,薄壁,角细胞方形或短矩形,透明。孢子体未见。

生境:生于土表。

产地:文登,昆嵛山,二分场缓冲区,海拔 350 m,任昭杰 20101191。

分布:中国特有种(吉林、辽宁、内蒙古、河北、山东、陕西、宁夏、安徽、江苏、浙江、江西、湖南、四川、重庆、贵州、云南、西藏、广东)。

9. 圆枝青藓(见前志图 273)

Brachythecium garovaglioides Müll. Hal., Nuovo Giorn. Bot. Ital., n. s., 4：270. 1897.

Brachythecium wichurae (Broth.) Paris, Index Bryol. Suppl. 52. 1900.

Hypnum wichurae Broth., Hedwigia 38：239. 1899.

植物体形大,黄绿色。茎匍匐,不规则分枝。茎叶长卵形至长椭圆形,内凹,常具不规则褶皱,先端骤成长毛尖;叶边平展,上部具细齿,下部全缘;中肋达叶中上部。枝叶与茎叶同形,略小。叶中上部细胞线形,薄壁,角细胞矩形,分化达中肋。孢子体未见。

生境:生于岩面薄土上。

产地:牟平,昆嵛山,海拔 430 m,赵遵田 99021 – C。牟平,昆嵛山,红松林,海拔 500 m,黄正莉 20100925。泰安,徂徕山,海拔 800 m,赵遵田 91929。

分布:中国(内蒙古、山东、陕西、新疆、江苏、浙江、江西、湖南、湖北、四川、重庆、贵州、云南、福建、香港)。朝鲜、日本、俄罗斯(远东地区)、印度、巴基斯坦、尼泊尔、不丹、缅甸和印度尼西亚。

10. 石地青藓

Brachythecium glareosum (Spruce) Bruch & Schimp., Bryol. Eur. 6：23. pl. 552. 1853.

Hypnum glareosum Bruch ex Spruce, Musci Pyren. 29. 1847.

植物体中等大小,淡绿色,具光泽。茎匍匐,不规则分枝。茎叶宽卵形,内凹,具多条深纵褶,先端骤成长毛尖,基部下延;叶边平展,多全缘,或上部具微齿;中肋达叶中部以上。枝叶卵状披针形,先端渐尖,边缘上部具细齿。叶中上部细胞长菱形至线形,薄壁,平滑,角细胞分化,方形至矩形。

生境:生于岩面或土表。

产地:文登,昆嵛山,无染寺附近,海拔 350 m,任昭杰 20100478。牟平,昆嵛山,泰礴顶途中,海拔 500 m,任昭杰 20110078。牟平,昆嵛山,马腚,海拔 200 m,姚秀英 20101740 – B。青岛,崂山,北九水大崂村,海拔 400 m,燕丽梅 20150122 – A。黄岛,小珠山,南天门,海拔 450 m,任昭杰 20111754。泰安,泰山,赵遵田 Zh14001。

分布:中国(吉林、辽宁、内蒙古、山东、河南、陕西、新疆、江苏、湖南、四川、重庆、贵州、云南)。巴基斯坦、日本、俄罗斯(西伯利亚),高加索地区和北美洲。

11. 平枝青藓(照片 101)

Brachythecium helminthocladum Broth. & Paris, Rev. Bryol. 31：63. 1904.

植物体中等大小至大形,黄绿色,具光泽。茎匍匐,不规则分枝。叶阔卵形至长卵形,内凹,平展或略有褶皱,先端急尖或渐尖,呈毛尖状;叶边平展,上部具细齿,下部全缘;中肋达叶中部以上。枝叶长卵形或椭圆状卵形,较茎叶大,尖部常扭曲。叶中上部细胞长菱形至线形,薄壁,角细胞明显分化,矩形或多边形,略膨大。蒴柄细长。孢蒴圆柱形。

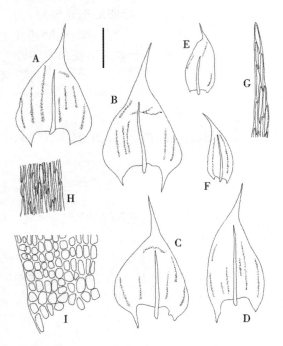

图 305 石地青藓 *Brachythecium glareosum* (Spruce) Bruch & Schimp. , A – D. 茎叶;E – F. 枝叶;G. 叶尖部细胞;H. 叶中部细胞;I. 叶基部细胞 (任昭杰 绘)。标尺:A – F = 1.3 mm, G – H = 130 μm, I = 83 μm。

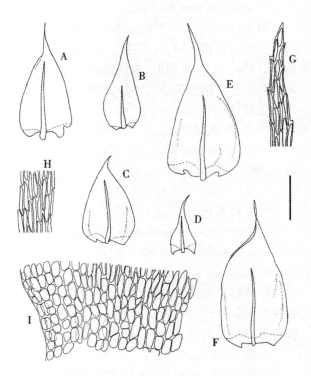

图 306 平枝青藓 *Brachythecium helminthocladum* Broth. & Paris, A – D. 茎叶;E – F. 枝叶;G. 叶尖部细胞;H. 叶中部细胞;I. 叶基部细胞(任昭杰 绘)。标尺:A – F = 1.1 mm, G – I = 110 μm。

生境:生于岩面或土表。

产地:牟平,昆嵛山,三岔河,海拔 400 m,成玉良 20100143。牟平,昆嵛山,房门,海拔 500 m,姚秀英 20100946。青岛,崂山,靛缸湾上,海拔 500 m,任昭杰、卞新玉 20150011 – A。临朐,沂山,赵遵田 90005 – A、90034。蒙阴,蒙山,橛子沟,海拔 960 m,李林 R20120062 – B。

分布:中国(黑龙江、辽宁、内蒙古、山东、陕西、安徽、浙江、湖南、四川、贵州、云南)。日本。

12. 皱叶青藓(见前志图 275)

Brachythecium kuroishicum Besch. , Ann. Sci. Nat. , Bot. ,sér. 7, 17:373.1893.

植物体淡绿色。茎匍匐,不规则分枝。茎叶卵状三角形,具纵褶,基部阔心形,先端急尖,叶尖有时扭曲呈鹅颈状;叶边平展,全缘;中肋达叶中部以上。枝叶披针形至卵状披针形,先端呈长毛尖状,有时偏曲。叶中上部细胞菱形、长菱形至线形,薄壁,角细胞分化明显,方形或矩形。孢子体未见。

生境:生于土表。

产地:牟平,昆嵛山,三林区,张艳敏 424(PE)。

分布:中国(内蒙古、山西、山东、陕西、宁夏、新疆、江西、湖北、四川、贵州、云南、福建)。日本。

13. 柔叶青藓

Brachythecium moriense Besch. , Ann. Sci. Nat. , Bot. , sér. 7, 17:375.1893.

植物体中等大小,黄绿色至绿色,具光泽。茎匍匐,柔弱,不规则分枝。茎叶卵形至三角状卵形,平展或略内凹,先端急尖呈长毛尖状;叶边平展,上部具细齿,下部全缘;中肋达叶中部以上。枝叶卵状披针形至狭披针形。叶中上部细胞长菱形至线形,薄壁,角细胞方形、近方形或矩形,分化达中肋。

生境:生于岩面或土表。

产地:牟平,昆嵛山,石碑后,海拔 500 m,任昭杰 20100864。牟平,昆嵛山,赵遵田 87007。栖霞,牙山,海拔 400 m,黄正莉 20111903。平度,大泽山,海拔 400 m,李林 20112093 – A。黄岛,小珠山,海拔 450 m,任昭杰 20111630。黄岛,铁橛山,海拔 200 m,黄正莉 20110885 – A。五莲,五莲山,海拔 200 m,任昭杰 R20130168 – C。临朐,沂山,古寺,赵遵田 90039、90072。蒙阴,蒙山,大牛圈,海拔 650 m,付旭 20120154。平邑,蒙山,任昭杰 200900611。泰安,泰山,中天门,海拔 800 m,赵遵田 33999。济南,黑虎泉,赖桂玉 20113186 – B。

分布:中国(河北、山东、陕西、安徽、江西、重庆、贵州、云南、西藏、香港)。日本。

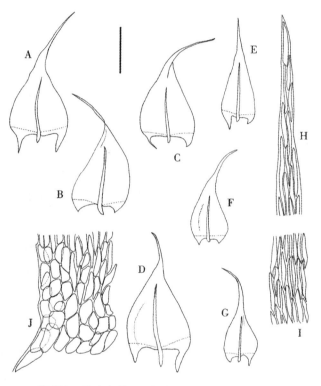

图 307 柔叶青藓 *Brachythecium moriense* Besch., A – D. 茎叶;E – G. 枝叶;H. 叶尖部细胞;I. 叶中部细胞;J. 叶基部细胞(任昭杰、付旭 绘)。标尺:A – G = 1.1 mm, H – J = 110 μm。

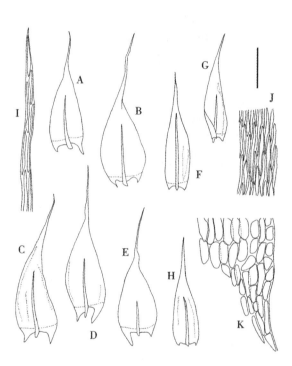

图 308 野口青藓 *Brachythecium noguchii* Takaki, A – E. 茎叶;F – H. 枝叶;I. 叶尖部细胞;J. 叶中部细胞;K. 叶基部细胞(任昭杰 绘)。标尺:A – H = 1.1 mm, I – K = 110 μm。

14. 野口青藓

Brachythecium noguchii Takaki, J. Hattori Bot. Lab. 15:47.1955.

植物体形小,黄绿色,略具光泽。茎匍匐,羽状分枝。茎叶长卵状披针形至狭长披针形,基部收缩,略内凹,先端渐尖,呈长毛尖状;叶边平展,上部具细齿,下部全缘;中肋达叶中上部。枝叶与茎叶同形,略小。叶中上部细胞线形,薄壁,角细胞方形至矩形,薄壁,明显分化。

生境:生于土表。

产地:牟平,昆嵛山,马腚,海拔 250 m,任昭杰 20101618。牟平,昆嵛山,老师坟,海拔 350 m,黄正莉 20101763。青岛,崂山,李德利 R20140036。

分布:中国(吉林、内蒙古、山东、陕西、江西、四川、重庆、贵州、云南、西藏、广西)。日本。

15. 小青藓（见前志图 283）

Brachythecium perminusculum Müll. Hal. , Nuovo Giorn. Bot. Ital. , n. s. , 5：200. 1898.

植物体形小,黄绿色至绿色。主茎匍匐,不规则分枝。茎叶长卵状披针形,内凹,先端呈长毛尖状;叶边平展,上部具细齿;中肋达中部以上。枝叶与茎叶同形,略小。叶中上部细胞线形,角细胞方形至矩形。孢子体未见。

生境:生于土表。

产地:牟平,昆嵛山,三岔河,海拔 450 m,姚秀英 20100162 - A。黄岛,铁橛山,海拔 150 m,黄正莉 20110974 - B。

分布:中国特有种(黑龙江、内蒙古、山西、山东、陕西、安徽、湖南、四川、重庆、贵州、云南、西藏)。

16. 毛尖青藓

Brachythecium piligerum Cardot, Bull. Soc. Bot. Genève, sér. 2, 3：290. 1911.

植物体中等大小,黄绿色至绿色,具光泽。茎匍匐,不规则分枝。叶长卵状披针形至长椭圆形,内凹,具褶皱,先端渐尖或急尖呈毛尖状;叶边平展,全缘或先端具细齿;中肋达叶中上部。枝叶长椭圆形、长卵形或卵状披针形,先端多呈钻状长尖。叶中上部细胞线形,薄壁,角细胞方形或矩形。孢蒴长椭圆柱形,台部不明显,下垂。

生境:生于岩面、土表或岩面薄土上。

产地:文登,昆嵛山,二分场缓冲区,海拔 300 m,任昭杰 20101133。牟平,昆嵛山,水帘洞,海拔 350 m,任昭杰 20100350。牟平,昆嵛山,长廊,海拔 600 m,任昭杰 20110985。平度,大泽山,海拔 600 m,赵遵田 91052 - A。青岛,崂山,海拔 1000 m,赵遵田 89380 - 1 - C。青岛,崂山,潮音瀑,赵遵田 88015。黄岛,小珠山,海拔 500 m,任昭杰 20111669。临朐,沂山,赵遵田 90022。临朐,沂山,百丈崖,赵遵田 90121 - A。青州,仰天山,海拔 800 m,李林 20112262 - B。泰安,徂徕山,大寺,海拔 500 m,赵遵田 91830 - A。泰安,泰山,朝阳洞,海拔 1050 m,赵遵田 34048 - A。

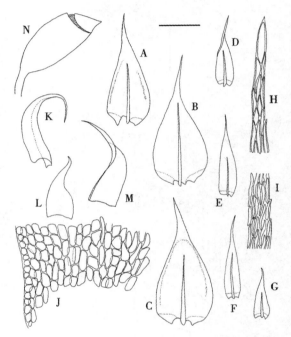

图 309 毛尖青藓 *Brachythecium piligerum* Cardot, A - C. 茎叶;D - G. 枝叶;H. 叶尖部细胞;I. 叶中部细胞;J. 叶基部细胞;K - M. 雌苞叶;N. 孢蒴(任昭杰绘)。标尺:A - G, K - M = 1.1 mm, H - J = 110 μm, N = 1.9 mm。

分布:中国(黑龙江、吉林、辽宁、内蒙古、北京、山东、陕西、安徽、江苏、浙江、江西、湖南、湖北、重庆、贵州、云南、西藏、福建、广西)。日本。

17. 华北青藓

Brachythecium pinnirameum Müll. Hal. , Nuovo Giorn. Bot. Ital. , n. s. , 3：126. 1896.

植物体中等大小至大形,黄绿色至绿色。茎匍匐,羽状分枝。茎叶基部宽心形,略下延,内凹,具两条深纵褶,先端具钻状长尖;叶边平展,全缘;中肋细长,达叶尖稍下部。枝叶长卵状披针形。叶中上部细胞线形,角细胞椭圆状矩形或方形。孢子体未见。

生境:生于岩面、土表或岩面薄土上。

产地:文登,昆嵛山,玉屏池,海拔 350 m,任昭杰 20100463。牟平,昆嵛山,房门,海拔 500 m,成玉良 20100866。牟平,昆嵛山,任昭杰 20100152 - A 、R20131317。栖霞,牙山,海拔 400 m,李林 20111793

－B。青岛,崂山,赵遵田 91606－C。青岛,崂山,黑风口,赵遵田 89390－A。临朐,沂山,赵遵田 90189－B、90399－C。蒙阴,蒙山,天麻顶,海拔 750 m,赵遵田 91224－C。泰安,徂徕山,上池,海拔 950 m,赵洪东 91970－B、911004－C。

分布:中国特有种(山东、陕西、宁夏、安徽、四川、云南)。

18. 羽枝青藓(照片 102)

Brachythecium plumosum (Hedw.) Bruch & Schimp., Bryol. Eur. 6:8. pl. 537. 1853.

Hypnum plumosum Hedw., Sp. Musc. Frond. 257－258. 1801.

植物体黄绿色至暗绿色,具光泽。茎匍匐,多羽状分枝。茎叶卵状披针形,内凹,具 2 条纵褶,先端渐尖;叶边平展,全缘或先端具细齿;中肋达叶中上部。枝叶狭卵状披针形,基部常有 2 条弧形褶皱。叶中上部细胞线形,薄壁,基部细胞宽短,角细胞分化明显,方形或矩形。孢蒴长椭圆柱形,下垂。

生境:生于岩面、土表或岩面薄土上。

产地:文登,昆嵛山,二分场缓冲区,海拔 200 m,黄正莉 20101255。牟平,昆嵛山,西至庵,海拔 300 m,任昭杰 20100039。牟平,昆嵛山,水帘洞,海拔 350 m 黄正莉 20100329。栖霞,牙山,海拔 350 m,李林 20111818。平度,大泽山,海拔 450 m,黄正莉 20112095－B。青岛,崂山,北九水,海拔 250 m,任昭杰、杜超 20070373、

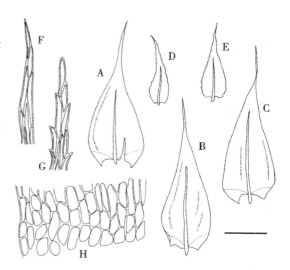

图 310　羽枝青藓 *Brachythecium plumosum* (Hedw.) Bruch & Schimp., A－C. 茎叶;D－E. 枝叶;F. 茎叶尖部细胞;G. 枝叶尖部细胞;H. 叶基部细胞(任昭杰 绘)。标尺:A－E＝1.1 mm, F－H＝110 μm。

200700423。青岛,崂山,仰口,海拔 270 m,任昭杰、杜超 200700357。黄岛,铁橛山,海拔 300 m,黄正莉 20110973。黄岛,小珠山,海拔 450 m,任昭杰 20111630。临朐,沂山,赵遵田 90187。临朐,沂山,歪头崮,赵遵田 90176、90179。临朐,沂山,海拔 870 m,赵遵田 90440－A。青州,仰天山,仰天寺,海拔 800 m,赵遵田 88087－B。博山,鲁山,海拔 735 m,赵遵田 90541－C。博山,鲁山,海拔 925 m,赵遵田 90717－C。蒙阴,蒙山,花园庄,海拔 300 m,赵遵田 91345－A。蒙阴,蒙山,前雕崖,海拔 550 m,黄正莉 20111259。枣庄,抱犊崮,解放洞,海拔 520 m,赵遵田 911538－B。泰安,徂徕山,马场,海拔 880 m,赵洪东 911048。泰安,徂徕山,上池,海拔 730 m,刘志海 91911－C。泰安,泰山,赵遵田 20110552－B、Zh14009。泰安,泰山,玉皇顶,海拔 1500 m,任昭杰、李法虎 R20141009。济南,藏龙涧至黑峪途中,任昭杰 R15491。

分布:中国(黑龙江、吉林、辽宁、内蒙古、河北、山东、陕西、宁夏、甘肃、青海、新疆、安徽、江苏、上海、浙江、江西、湖南、湖北、四川、重庆、贵州、云南、西藏、福建、广西、香港)。巴基斯坦、不丹、斯里兰卡、印度尼西亚、智利和坦桑尼亚。

前志曾收录羽枝青藓狭叶变种 *B. plumosum* var. *mimmayae* Card.,本次研究未见到引证标本,我们也未采到相关标本,因将该变种存疑。经检视标本发现,李林等(2013)报道的狭叶美喙藓 *Eurhynchium coarctum* Müll. Hal. 系本种误定。

19. 长肋青藓(照片 103)

Brachythecium populeum (Hedw.) Bruch & Schimp., Bryol. Eur. 6:7. pl. 535. 1853.

Hypnum populeum Hedw, Sp. Musc. Frond. 270. 1801.

植物体中等大小,绿色至暗绿色,略具光泽。茎匍匐,羽状分枝。茎叶卵状披针形、三角状披针形

或卵状三角形,略具褶皱,先端渐尖,基部平截或心形;叶边平展,全缘或上部具细齿;中肋粗壮,达叶尖。枝叶狭卵状披针形至狭长披针形。叶中上部细胞长菱形至线形,角细胞分化明显,方形、短矩形或多边形。蒴柄细长。孢蒴长椭圆柱形,红褐色。

生境:多生于岩面、土表或岩面薄土上,稀生于腐木或树干上。

产地:牟平,昆嵛山,千米速滑,海拔700 m,任昭杰20101010。牟平,昆嵛山,任昭杰R20131319。栖霞,牙山,海拔250 m,赵遵田90822。青岛,崂山,滑溜口,付旭R20131336。青岛,崂山,北九水,海拔220 m,任昭杰、杜超R00371 - C。黄岛,小珠山,海拔120 m,黄正莉20111655。临朐,沂山,歪头崮,赵遵田90128、90225。青州,仰天山,仰天寺,赵遵田88109。枣庄,抱犊崮,海拔230 m,赵遵田911317。泰安,泰山,黑龙潭西边,赵遵田34163。泰安,泰山,后石坞,海拔1300 m,任昭杰、李法虎R20141010。长清,灵岩寺,赵遵田87164 - A。

分布:中国(吉林、辽宁、内蒙古、北京、山东、河南、陕西、甘肃、新疆、安徽、江苏、上海、浙江、江西、湖南、湖北、四川、重庆、西藏)。日本、巴基斯坦、不丹、印度尼西亚、哥伦比亚、亚州中部和欧洲。

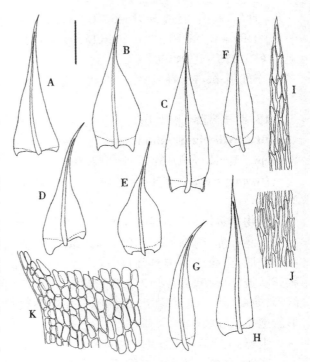

图 311　长肋青藓 Brachythecium populeum（Hedw.）Bruch & Schimp., A - E. 茎叶;F - H. 枝叶;I. 叶尖部细胞;J. 叶中部细胞;K. 叶基部细胞(任昭杰 绘)。标尺:A - H = 0.9 mm, I - K = 110 μm。

20. 匐枝青藓

Brachythecium procumbens（Mitt.）A. Jaeger, Thätigk. St. Gallischen Naturwiss. Ges. 1876 - 1877: 341. 1879.

Hypnum procumbens Mitt., J. Proc. Linn. Soc., Bot., Suppl. 1: 70. 1859.

植物体中等大小,黄绿色。主茎匍匐,不规则分枝。茎叶阔卵形,内凹,具褶皱,先端具短尖;中肋达叶中上部。枝叶卵圆形至卵状披针形,具长尖。叶细胞菱形至长菱形,角细胞膨大,方形至矩形。

生境:生于岩面薄土上。

产地:平度,大泽山,海拔600 m,赵遵田91049。

分布:中国(山西、山东、陕西、新疆、宁夏、安徽、江西、湖北、贵州、云南、西藏)。印度、尼泊尔、巴基斯坦、斯里兰卡、朝鲜和日本。

21. 羽状青藓

Brachythecium propinnatum Redf., B. C. Tan & S. He, J. Hattori Bot. Lab. 79: 184. 1996.

Brachythecium pinnatum Takaki, J. Hattori Bot. Lab. 15: 6. 1955, *hom. illeg.*

植物体中等大小,黄绿色至深绿色,具光泽。茎匍匐,紧密分枝。茎叶卵状三角形,具多条深纵褶,基部近心形,下延,先端渐尖,呈毛尖状;叶边平展,全缘或具细齿;中肋达叶中上部。枝叶卵状披针形。叶中上部细胞线形,角细胞方形或矩形。

生境:生于土表或岩面薄土上。

产地:黄岛,小珠山,赵遵田89315 - A。蒙阴,蒙山,大牛圈,海拔650 m,任昭杰R20120107。

分布:中国(吉林、山东、陕西、新疆、宁夏、安徽、上海、湖南、贵州、四川、云南)。日本。

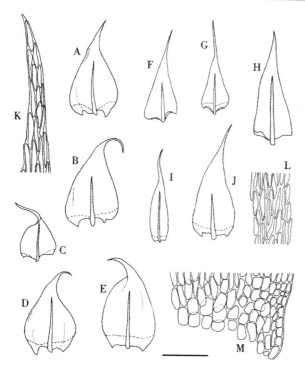

图 312 匍枝青藓 Brachythecium procumbens（Mitt.）A. Jaeger, A－E. 茎叶；F－J. 枝叶；K. 叶尖部细胞；L. 叶中部细胞；M. 叶基部细胞（任昭杰 绘）。标尺：A－J＝0.8 mm, K－M＝110 μm。

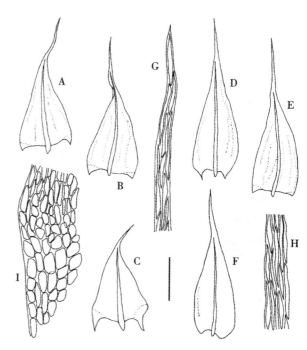

图 313 羽状青藓 Brachythecium propinnatum Redf.，B. C. Tan & S. He, A－C. 茎叶；D－F. 枝叶；G. 叶尖部细胞；H. 叶中部细胞；I. 叶基部细胞（任昭杰 绘）。标尺：A－F＝1.0 mm, G－I＝104 μm。

22. 青藓

Brachythecium pulchellum Broth. & Paris, Rev. Bryol. 31：63. 1904.

Brachythecium rhynchostegielloides Cardot, Bull. Soc. Bot. Genève, sér. 2, 3：292. 1911.

植物体形小，具光泽。茎匍匐，稀疏分枝。茎叶披针形或卵状披针形，稀三角状披针形，具褶皱，先端长渐尖，基部平截或略下延；叶边平展，具细齿；中肋达叶中部或中部以上。枝叶狭长披针形至披针形，较茎叶小。叶中上部细胞长菱形至线形，角细胞多边形或矩形，延伸至中肋。蒴柄细长。孢蒴椭圆柱形，下垂。

生境：生于岩面、土表或岩面薄土上。

产地：荣成，伟德山，海拔 550 m，黄正莉 20112360－A。文登，昆嵛山，二分场缓冲区，海拔 300 m，李林 20101123、20101436。牟平，昆嵛山，黄连口，海拔 500 m，任昭杰 20100183。牟平，昆嵛山，三岔河，赵遵田 91701－1－D。蓬莱，艾山，海拔 510 m，赵遵田 20112896。栖霞，牙山，海拔 650 m，黄正莉 20111846－C。青岛，崂山，赵遵田 89411、91577。黄岛，小珠山，海拔 150 m，任昭杰 20111663。黄岛，铁

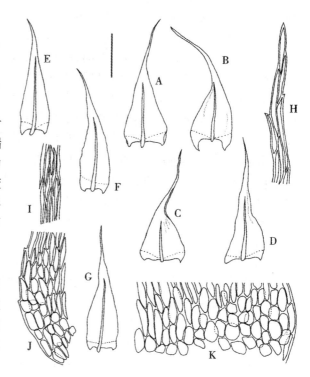

图 314 青藓 Brachythecium pulchellum Broth. & Paris, A－D. 茎叶；E－G. 枝叶；H. 叶尖部细胞；I. 叶中部细胞；J－K. 叶基部细胞（任昭杰 绘）。标尺：A－G＝1.0 mm, H－K＝104 μm。

橛山,海拔 310 m,付旭 R20130145－B。黄岛,铁橛山,海拔 200 m,黄正莉 R20130177－C。临朐,沂山,育林河,海拔 880 m,赵遵田 90438－A。临朐,沂山,赵遵田 90256－A。博山,鲁山,海拔 700 m,赵遵田 90706。枣庄,抱犊崮,海拔 200 m,赵遵田 911513。泰安,徂徕山,太平顶,海拔 900 m,黄正莉 20110700－B。泰安,泰山,赵遵田 20110552－C。济南,黑虎泉,任昭杰、赖桂玉 R20140033－B。

分布:中国(黑龙江、吉林、辽宁、内蒙古、山西、山东、陕西、新疆、湖南、湖北、四川、贵州、云南)。日本。

23. 弯叶青藓

Brachythecium reflexum (Stark.) Bruch & Schimp. , Bryol. Eur. 6: 12. pl. 539. 1853.

Hypnum reflexum Stark. in F. Weber & D. Mohr, Bot. Taschenb. 306. pl. 476. 1807.

植物体形小至中等大小,绿色至暗绿色,具光泽。茎匍匐,羽状分枝。茎叶阔三角形或三角状卵形,先端突成长尖,常偏曲或反卷,基部多下延;叶边平展,全缘或先端具细齿;中肋细长,几达叶尖。枝叶卵状披针形,叶边具细齿。叶中上部细胞长菱形至线形,角细胞矩形或椭圆形。孢蒴长椭圆柱形,深褐色。

生境:生于岩面、土表或岩面薄土上。

产地:牟平,昆嵛山,房门,海拔 500 m,黄正莉 20100858。牟平,昆嵛山,水帘洞,海拔 350 m,任昭杰 20100310。栖霞,艾山,海拔 500 m,赵遵田 20113068－B。栖霞,艾山,小孩沟,海拔 490 m,赵遵田 R11980。栖霞,牙山,海拔 600 m,李林 20111900－B。招远,罗山,海拔 600 m,李超 20111994。青岛,崂山,北九水,海拔 600 m,付旭 R20131338。青岛,崂山,滑溜口,海拔 600 m,李林 20112906－B、20112935－B。曲阜,孔林,赵遵田 84183－A。泰安,徂徕山,中军帐,海拔 700

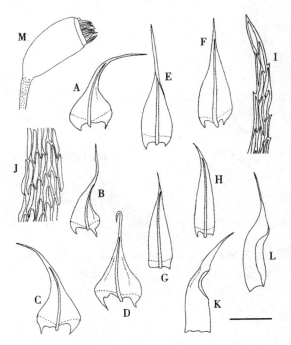

图 315 弯叶青藓 *Brachythecium reflexum* (Stark.) Bruch & Schimp. , A－D. 茎叶;E－H. 枝叶;I. 叶尖部细胞;J. 叶中部细胞;K－L. 雌苞叶;M. 孢蒴(任昭杰绘)。标尺:A－H, K－M=0.8 mm, I－J=83 μm。

m,黄正莉 20110709－B。泰安,徂徕山,太平顶,海拔 800 m,赵遵田 911174、911177。泰安,泰山,赵遵田 20110529。泰安,泰山,后石坞,海拔 1300 m,任昭杰 R20141014。

分布:中国(黑龙江、吉林、辽宁、内蒙古、河北、山西、山东、陕西、新疆、安徽、江苏、上海、浙江、江西、湖南、四川、重庆、贵州、云南、西藏、福建)。日本、俄罗斯(西伯利亚和库页岛)、巴基斯坦,高加索地区、克什米尔、格陵兰岛,欧洲和北美洲。

24. 溪边青藓

Brachythecium rivulare Bruch & Schimp. , Bryol. Eur. 6: 17. pl. 546. 1853.

植物体形大,黄绿色或淡绿色。茎匍匐,多回分枝呈树形。茎叶阔卵形,平展或略具褶皱,先端宽阔,锐尖,基部阔下延;叶边平展,全缘或中上部具细齿;中肋达叶中部以上。叶中上部细胞线形,薄壁,角细胞椭圆形或六边形,薄壁,膨大,形成明显的角部。孢子体未见。

生境:生于土表或岩面薄土上。

产地:青岛,崂山,北九水,海拔 480 m,任昭杰 R20131379。泰安,徂徕山,太平顶,海拔 780 m,刘志海 911153。

分布:中国(黑龙江、吉林、辽宁、内蒙古、河北、山西、山东、河南、陕西、新疆、安徽、浙江、湖南、湖北、四川、重庆、贵州、云南、福建)。巴基斯坦,高加索地区,欧洲、南美洲和北美洲。

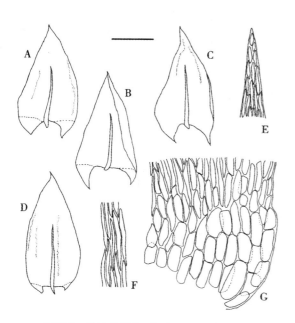

图 316　溪边青藓 *Brachythecium rivulare* Bruch & Schimp. ，A - C. 茎叶；D. 枝叶；E. 叶尖部细胞；F. 叶中部细胞；G. 叶基部细胞(任昭杰、李德利 绘)。标尺：A - D = 1.1 mm，E - G = 110 μm。

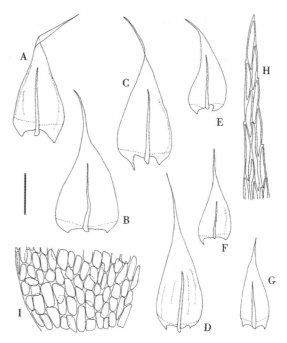

图 317　长叶青藓 *Brachythecium rotaeanum* De Not. ，A - C. 茎叶；D - G. 枝叶；H. 叶尖部细胞；I. 叶基部细胞(任昭杰 绘)。标尺：A - G = 1.1 mm，H - I = 110 μm。

25. 长叶青藓

Brachythecium rotaeanum De Not. ，Cronac. Briol. Ital. ，n. s. ，2：19. 1867.

植物体中等大小，黄绿色，具光泽。茎匍匐，羽状分枝。茎叶阔卵形，内凹，具 2 条浅褶皱，基部略下延，先端呈长毛尖状；叶边平展，全缘；中肋达叶中部以上。枝叶与茎叶近同形，略小。叶中上部细胞线形，薄壁，角细胞分化明显，方形、圆方形、矩圆形或六边形。孢子体未见。

生境：生于岩面、土表或岩面薄土上。

产地：文登，昆嵛山，二分场缓冲区，海拔 350 m，姚秀英 20100669。牟平，昆嵛山，水帘洞，任昭杰 20100257。牟平，昆嵛山，天然氧吧，海拔 500 m，姚秀英 20100916。蒙阴，蒙山，刀山沟，海拔 500 m，黄正莉 20111126。

分布：中国(吉林、山东、陕西、浙江、湖南、四川、重庆、贵州、云南)。日本，欧洲和北美洲。

26. 卵叶青藓(照片 104)

Brachythecium rutabulum (Hedw.) Bruch & Schimp. in B. S. G. ，Bryol. Eur. 6：15. pl. 543. 1853.

Hypnum rutabulum Hedw. ，Sp. Musc. Frond. 276. 1801.

植物体形大，绿色，具光泽。茎匍匐，密集分枝。茎叶阔卵形，内凹，具褶皱，基部阔心形，略下延，先端急尖成狭尖；叶边平展，具细齿；中肋达叶中上部。枝叶卵形至卵状披针形。叶中上部细胞菱形至长菱形，角细胞方形或椭圆形。蒴柄细长，具疣。孢蒴卵形，下垂。

生境：生于岩面、土表或岩面薄土上。

产地：牟平，昆嵛山，三岔河，海拔 300 m，任昭杰 20100025。牟平，昆嵛山，流水石，海拔 400 m，黄正莉 20101903 - A。栖霞，牙山，海拔 550 m，黄正莉 20111843、20111845。平度，大泽山，海拔 600 m，赵遵田 91052 - A。青岛，崂山，任昭杰 R130710。青岛，崂山，滑溜口，付旭 R20131337。黄岛，铁橛山，任昭杰 R20140033 – B。费县,蒙山,三连峪,海拔 500 m,李林 20120168。

分布:中国(辽宁、内蒙古、山东、陕西、新疆、安徽、浙江、湖南、湖北、重庆、贵州、云南、西藏)。巴基斯坦、高加索地区、俄罗斯(西伯利亚)、叙利亚、智利、阿尔及利亚、坦桑尼亚,欧洲和北美洲。

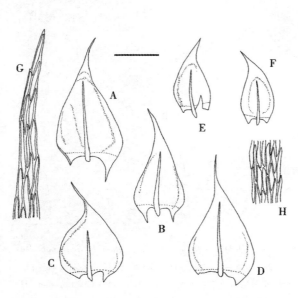

图 318　卵叶青藓 *Brachythecium rutabulum* (Hedw.) Bruch & Schimp., A – D. 茎叶;E – F. 枝叶;G. 叶尖部细胞;H. 叶中部细胞(任昭杰 绘)。标尺:A – F = 1.1 mm, G – H = 110 μm。

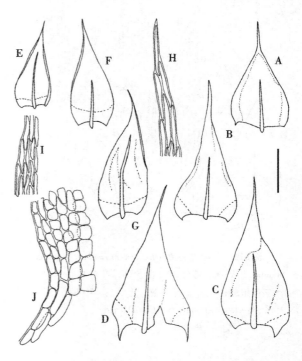

图 319　褶叶青藓 *Brachythecium salebrosum* (F. Weber & D. Mohr) Bruch & Schimp., A – D. 茎叶;E – G. 枝叶;H. 叶尖部细胞;I. 叶中部细胞;J. 叶基部细胞(任昭杰绘)。标尺:A – G = 0.8 mm, H – J = 110 μm。

27. 褶叶青藓(照片 105)

Brachythecium salebrosum (F. Weber & D. Mohr) Bruch & Schimp., Bryol. Eur. 6: 20. pl. 549. 1853.

Hypnum salebrosum Hoffm. ex F. Weber & D. Mohr, Bot. Taschenb. 312. 1807.

植物体中等大小。茎匍匐,羽状分枝。茎叶卵形或椭圆形,基部明显收缩,具 2 条短纵褶,先端渐尖或急尖;叶边平展,先端具细齿;中肋达叶中部以上。枝叶与茎叶同形,略小。叶中上部细胞长菱形,薄壁,角细胞方形、矩形或六边形。

生境:生于岩面、土表或岩面薄土上。

产地:文登,昆嵛山,二分场缓冲区,海拔 350 m,姚秀英 20101379。文登,昆嵛山,二分场缓冲区,海拔 350 m,黄正莉 20101377。牟平,昆嵛山,大学生实习基地前,海拔 200 m,李林 20101525。牟平,昆嵛山,小井,海拔 700 m,成玉良 20101004。青岛,崂山,赵遵田 89404。临朐,沂山,赵遵田 90236。博山,鲁山,海拔 570 m,赵遵田 90502 – A。泰安,泰山,玉皇顶,海拔 1500 m,赵遵田 20110530。

分布:中国(吉林、内蒙古、河北、山东、河南、陕西、宁夏、新疆、湖南、四川、重庆、贵州、云南、西藏、广西)。巴基斯坦、高加索地区、亚速尔群岛、摩洛哥、塔斯马尼亚,欧洲和北美洲。

28. 钩叶青藓

Brachythecium uncinifolium Broth. & Paris, Rev. Bryol. 31: 64. 1904.

植物体中等大小,黄绿色至暗绿色,略具光泽。茎匍匐,稀疏不规则分枝。茎叶卵形,先端渐尖或狭缩成长毛尖,常偏曲或反卷;叶边平展,基部两侧略背卷,全缘;中肋达叶中上部至叶尖稍下部。枝叶卵形至椭圆形,先端渐尖,多偏曲。叶中上部细胞长菱形至线形,角细胞方形或多边形。孢子体未见。

生境:生于岩面、土表或岩面薄土上。

产地:牟平,昆嵛山,水帘洞,海拔 350 m,姚秀英 20100326 - A。牟平,昆嵛山,马腚,海拔 250 m,姚秀英 20101455 - B。栖霞,牙山,杜远达 R15306 - A。黄岛,铁橛山,赵遵田 89304。青岛,崂山,赵遵田 91604。青岛,崂山,下清宫,赵遵田 89338。临朐,沂山,赵遵田 90176、90349。

分布:中国(黑龙江、吉林、内蒙古、北京、山东、陕西、安徽、江苏、浙江、江西、重庆、贵州、云南、西藏、福建)。日本。

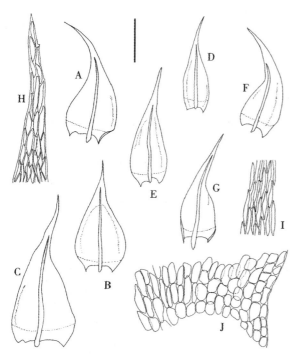

图 320　钩叶青藓 *Brachythecium uncinifolium* Broth. & Paris,A - C. 茎叶;D - G. 枝叶;H. 叶尖部细胞;I. 叶中部细胞;J. 叶基部细胞(任昭杰 绘)。标尺:A - G =0.9 mm,H - J =120 μm。

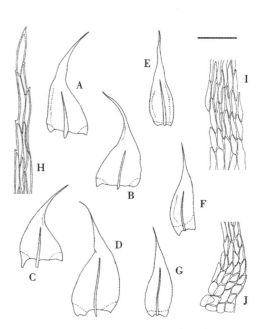

图 321　绒叶青藓 *Brachythecium velutinum* (Hedw.) Bruch & Schimp.,A - D. 茎叶;E - G. 枝叶;H. 叶尖部细胞;I. 叶中下部细胞;J. 叶基部细胞(任昭杰 绘)。标尺:A - G =0.8 mm,H - J =110 μm。

29. 绒叶青藓(照片 106)

Brachythecium velutinum (Hedw.) Bruch & Schimp., Bryol. Eur. 6:9 (fasc. 52 - 54. Monogr. 5).1853.

Hypnum velutinum Hedw., Sp. Musc. Frond. 272.1801.

植物体形小,黄绿色至绿色,略具光泽。茎匍匐,羽状分枝。茎叶卵状披针形,略具褶皱,先端渐尖;叶边平展,具细齿;中肋达叶中部以上。枝叶与茎叶近同形,较狭窄。叶中上部细胞线形,角细胞方形至椭圆形。

生境:生于岩面或树干上。

产地:牟平,昆嵛山,马腚,海拔 200 m,任昭杰 20101477。牟平,昆嵛山,阳沟,赵遵田 91658。青岛,崂山,靛缸湾上,海拔 450 m,任昭杰、卞新玉 20150028。青岛,青岛公园,全治国 15(PE)。

分布:中国(吉林、辽宁、内蒙古、山西、山东、河南、陕西、青海、新疆、宁夏、安徽、江苏、浙江、江西、湖南、湖北、重庆、贵州、四川、云南、西藏、广西）。巴基斯坦,欧洲、美洲和非洲。

30. 绿枝青藓

Brachythecium viridefactum Müll. Hal. , Nuovo Giorn. Bot. Ital. , n. s. , 4：270. 1897.

本种与羽枝青藓 *B. plumosum* 类似,但本种叶尖更长,中肋几达叶尖。

生境:生于岩面、土表或岩面薄土上。

产地:牟平,昆嵛山,马腚,海拔 200 m,姚秀英 20101619。牟平,昆嵛山,红松林,海拔 500 m,任昭杰 20100878。平度,大泽山,滴水崖,赵遵田 91011。青岛,崂山,潮音瀑,海拔 400 m,任昭杰 20112938。黄岛,小珠山,南天门,海拔 450 m,任昭杰 20111754 - B。黄岛,小珠山,赵遵田 91635。临朐,沂山,歪头崮,赵遵田 90179。临朐,沂山,赵遵田 90280 - A。蒙阴,蒙山,望海楼,海拔 800 m,赵遵田 91299 - B。曲阜,孔林,赵遵田 84183。枣庄,抱犊崮,海拔 520 m,赵遵田 911516。

分布:中国特有种(山东、陕西、云南)。

2. 燕尾藓属 Bryhnia Kaurin Bot. Not. 1892：60. 1892.

植物体中等大小至大形,黄绿色至绿色,略具光泽。茎匍匐,近羽状分枝,中轴略分化。茎叶卵形至卵状披针形,先端急尖,多呈宽短尖头,基部下延;叶边具齿;中肋单一,达叶中上部至叶尖稍下部。枝叶比茎叶略小,略窄。叶中上部细胞菱形至长菱形,薄壁,背面具前角突,基部细胞较宽阔,角细胞明显分化,较大,矩形或圆多边形。雌雄异株。内雌苞叶椭圆状披针形,狭渐尖。蒴柄细长,具粗疣。孢蒴长椭圆状圆柱形,略弯曲,基部具气孔。环带分化。蒴齿双层。蒴盖圆锥形,具斜短喙。蒴帽兜形,平滑或具稀疏毛。孢子球形。

本属全世界现有 13 种。中国有 5 种,山东有 4 种。

分种检索表

1. 茎叶先端钝或阔急尖 ………………………………………………………………………… 2
1. 茎叶先端渐尖 ……………………………………………………………………………… 3
2. 茎叶平展或略内凹 ……………………………………………… 1. 短枝燕尾藓 B. brachycladula
2. 茎叶强烈内凹 ……………………………………………………… 2. 短尖燕尾藓 B. hultenii
3. 茎叶明显下延;蒴帽平滑 …………………………………………… 3. 燕尾藓 B. novae - angliae
3. 茎叶略下延;蒴帽具毛 ………………………………………… 4. 毛尖燕尾藓 B. trichomitria

Key to the species

1. Stem leaves obtuse or broadly acute ……………………………………………………………… 2
1. Stem leaves acuminate …………………………………………………………………………… 3
2. Stem leaves plane to lightly concave ………………………………………… 1. B. brachycladula
2. Stem leaves strongly concave ……………………………………………………… 2. B. hultenii
3. Stem leaves obviously decurrent; calyptra smooth ……………………………… 3. B. novae - angliae
3. Stem leaves slightly decurrent; calyptra hairy ……………………………………… 4. B. trichomitria

1. 短枝燕尾藓

Bryhnia brachycladula Cardot, Bull. Soc. Bot. Genève, sér. 2, 4：379. 1912.

植物体中等大小,黄绿色,略具光泽。茎匍匐,不规则分枝,分枝圆条形。茎叶阔卵形,略具褶皱,基部略下延,先端锐尖或具小尖头;叶边平展,中上部具细齿,基部全缘;中肋达叶中上部。枝叶与茎叶同形略小。叶中部细胞长菱形至线形,略具前角突,上部细胞短,菱形至阔菱形,角细胞分化明显,矩圆形或六边形,膨大。孢子体未见。

生境:生于岩面、土表或岩面薄土上。

产地:文登,昆嵛山,无染寺,海拔 350 m,成玉良 20100436 – A。文登,昆嵛山,二分场缓冲区,海拔 350 m,任昭杰 20101134。牟平,昆嵛山,马腚,海拔 200 m,任昭杰 20101736。牟平,昆嵛山,阳沟,赵遵田 91671 – C。栖霞,牙山,海拔 230 m,赵遵田 90824 – B。平度,大泽山,海拔 600 m,赵遵田 91744 – A。临朐,沂山,赵遵田 90359 – B。蒙阴,蒙山,大牛圈,海拔 600 m,任昭杰 20120166。泰安,徂徕山,马场,海拔 940 m,赵洪东 91104。泰安,泰山,南天门后坡,海拔 1150 m,赵遵田 34002。

分布:中国(山东、陕西、安徽、湖南、贵州、云南、西藏)。日本。

经检视标本发现,前志收录的疣柄藓 Scleropodium coreense Cardot 为本种误定。

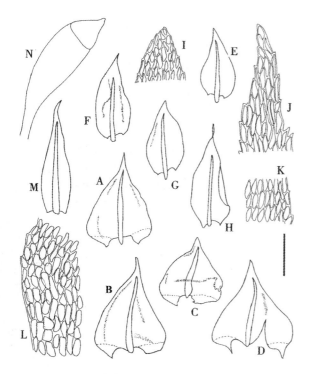

图 322 短枝燕尾藓 Bryhnia brachycladula Cardot, A – D. 茎叶;E – H. 枝叶;I – J. 叶尖部细胞;K. 叶中部细胞;L. 叶基部细胞;M. 雌苞叶;N. 孢蒴(任昭杰 绘)。标尺:A – H, M = 0.8 mm, I – M = 110 μm, N = 1.7 mm。

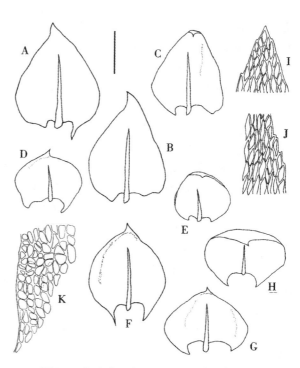

图 323 短尖燕尾藓 Bryhnia hultenii E. B. Bartram, A – H 叶;I. 叶尖部细胞;J. 叶中部细胞;K. 叶基部细胞(任昭杰 绘)。标尺:A – H = 0.8 mm, I – K = 110 μm。

2. 短尖燕尾藓

Bryhnia hultenii E. B. Bartram in Grout, Moss Fl. N. Amer. 3(4):264.1934.

植物体中等大小,黄绿色至绿色,具光泽。茎匍匐,近羽状分枝。茎叶卵形至阔卵形,强烈内凹,先端钝,阔急尖或具小尖头,基部下延;叶边平展,具细齿;中肋达叶中上部。叶中部细胞菱形至阔菱形,具前角突,尖部和基部细胞较短,角细胞分化明显,方形或矩形,膨大。孢子体未见。

生境:生于岩面、土表或岩面薄土上。

产地:青岛,崂山,小靛缸湾,付旭 R20131332。临朐,沂山,赵遵田 90240、90244 – B。博山,鲁山,海拔 900 m,赵遵田 90675、90692 – A。泰安,徂徕山,马场,海拔 940 m,刘志海 911042。泰安,泰山,南天门后坡,海拔 1350 m,赵遵田 84113。

分布:中国(黑龙江、辽宁、山东、陕西、四川、云南、西藏)。日本。

3. 燕尾藓

Bryhnia novae – angliae（Sull. & Lesq.）Grout,
Bull. Torrey. Bot. Club 25：229. 1898.

Hypnum novae – angliae Sull. & Lesq., Musci
Bor. Amer. 1：73. 1856.

Bryhnia tokubuchii（Broth.）Paris, Index Bryologi-
cus, editio secunda 1：77. 1904.

Hypnum tokubuchii Broth., Hedwigia 38. 241.
1899.

植物体中等大小至大形。茎匍匐,不规则分枝。
茎叶卵形至阔卵形,内凹,具褶皱,基部收缩,下延,先
端渐尖;叶边平展,具细齿;中肋达叶中上部,或达叶
尖,有时末端具不明显刺突。枝叶卵形至卵状披针
形。叶中部细胞长菱形至线形,薄壁,具前角突,角细
胞矩形、六边形或圆六边形,膨大,透明。孢子体未
见。

生境:生于岩面、土表或岩面薄土上。

产地:牟平,昆嵛山,马腚,海拔 200 m,任昭杰
20101488。牟平,昆嵛山,老乳坟,海拔 350 m,姚秀英
20101756。牟平,昆嵛山,烟霞洞,海拔 200 m,黄正莉
20110278。平度,大泽山,海拔 600 m,赵遵田 91744。
临朐,沂山,赵遵田 90297、90355 – B。博山,鲁山,海
拔 930 m,赵遵田 90719。博山,鲁山,海拔 1030 m,赵
遵田 90662。泰安,徂徕山,海拔 700 m,任昭杰 R11949。泰安,泰山,玉皇顶,海拔 1500 m,赵遵田
20110530。

分布:中国(吉林、河北、山西、山东、陕西、甘肃、新疆、安徽、江苏、上海、江西、湖南、湖北、四川、重
庆、贵州、云南、西藏、福建)。巴基斯坦,欧洲和北美洲。

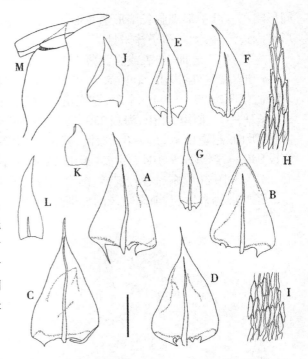

图 324 燕尾藓 *Bryhnia novae – angliae*（Sull. &
Lesq.）Grout, A – D. 茎叶;E – G. 枝叶;H. 叶尖部细
胞;I. 叶中部细胞;J – L. 雌苞叶;M. 具蒴帽的孢蒴(任
昭杰 绘)。标尺:A – D, J – L = 1.1 mm, H – I = 110
μm, M = 1.7 mm。

4. 毛尖燕尾藓

Bryhnia trichomitria Dixon & Thér., Rev. Bryol., n. s., 4：163. 1932.

植物体大形。茎匍匐,不规则分枝。茎叶阔卵形,或三角状卵形,平展,少褶皱,基部明显收缩,下
延,先端渐尖,常扭曲;叶边平展,具齿;中肋达叶中上部,末端具刺突。枝叶卵形,较小。叶中部细胞长
菱形,具前角突,角细胞矩圆形或六边形。孢子体未见。

生境:生于土表。

产地:博山,鲁山,海拔 700 m,李林 20112471 – B。

分布:中国(山东、陕西、安徽、湖北、贵州、广西)。日本。

3. 毛尖藓属 Cirriphyllum Grout Bull. Torrey Bot. Club 25：222. 1898.

植物体黄绿色至深绿色,多具光泽。茎匍匐,不规则分枝或近羽状分枝。茎叶椭圆形、卵形、匙形、
卵状披针形或披针形,内凹,常呈兜状,具褶皱,先端渐尖或急尖,呈长毛尖状或钻状,基部下延;叶边平
展,全缘或具齿;中肋单一,达叶中部以上。枝叶较茎叶狭小。叶中上部细胞线性,末端尖锐,薄壁,平
滑,角细胞短矩形或近方形。雌雄异株。蒴柄细长,多粗糙。孢蒴长椭圆状圆柱形,不对称,下垂至平

列。环带分化。蒴齿双层。蒴盖圆锥形,具喙。蒴帽兜形,平滑。

本属全世界现有 8 种。我国有 4 种;山东有 2 种。

分种检索表

1. 叶卵状椭圆形、匙形,略具褶皱,基部略下延 ················ 1. 匙叶毛尖藓 *C. cirrosum*
1. 叶阔卵形或阔卵状披针形,具褶皱,基部明显下延 ················ 2. 毛尖藓 *C. piliferum*

Key to the species

1. Leaves ovate – oblong or cochleariform, slightly plicate, slightly decurrent ··········· 1. *C. cirrosum*
1. Leaves broadly ovate to broadly ovate – lanceolate, plicate, long decurrent ··········· 2. *C. piliferum*

1. 匙叶毛尖藓

Cirriphyllum cirrosum (Schwägr.) Grout, Bull. Torrey Bot. Club 25:223.1898.

Hypnum cirrosum Schwägr. in Schultes, Reise Glockner 365.1804.

植物体中等大小。茎匍匐,多不规则分枝。茎叶匙形或长椭圆形,具褶皱,先端骤缩成一细长毛尖,形成明显肩部;叶边具齿;中肋达叶中部以上。枝叶与茎叶同形,略小。叶中上部细胞线形,薄壁,角细胞矩形或六边形。孢子体未见。

生境:生于岩面。

产地:青岛,崂山,任昭杰、杜超 20074093。

分布:中国(吉林、内蒙古、山西、山东、陕西、宁夏、甘肃、青海、新疆、浙江、四川、重庆、贵州、云南、西藏、台湾)。巴基斯坦、日本、俄罗斯(西伯利亚)、高加索地区、土耳其和北美洲。

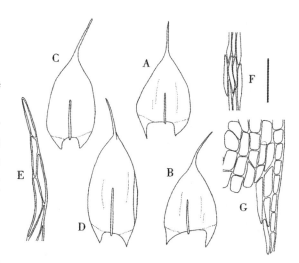

图 **325** 匙叶毛尖藓 *Cirriphyllum cirrosum* (Schwägr.) Grout, A – B. 茎叶;C – D. 枝叶;E. 叶尖部细胞;F. 叶中部细胞;G. 叶基部细胞(付旭 绘)。标尺:A – D = 1.1 mm, E – G = 110 μm。

2. 毛尖藓

Cirriphyllum piliferum (Hedw.) Grout, Bull. Torrey Bot. Club 25:225.1898.

Hypnum piliferum Hedw., Sp. Musc. Frond. 275.1801.

植物体中等大小,黄绿色至绿色,具光泽。茎匍匐,不规则分枝或羽状分枝。茎叶宽卵形或卵状披针形,内凹,具纵褶,先端渐尖成长毛尖,扭曲,叶边具细齿;中肋达叶中部。枝叶披针形至卵状披针形,略小。叶中上部细胞长菱形至线形,薄壁,角细胞方形或矩圆形。

生境:生于岩面、土表或岩面薄土上。

产地:牟平,昆嵛山,三岔河,海拔 450 m,姚秀英 20100145。牟平,昆嵛山,水帘洞,海拔 350 m,黄正莉 20100019。青岛,崂山,滑溜口,海拔 700 m,任昭杰 20112925 – C。黄岛,小珠山,海拔 450 m,任昭杰 20111665。

分布:中国(吉林、辽宁、内蒙古、山东、陕西、宁夏、甘肃、新疆、安徽、浙江、湖南、四川、贵州、云南、西藏、台湾)。日本、俄罗斯(西伯利亚),高加索地区和北美洲。

4. 美喙藓属 Eurhynchium Bruch & Schimp.

Bryol. Eur. 5：217.1854.

植物体小形至大形,黄绿色至暗绿色,具光泽。茎匍匐,近羽状分枝,枝圆条形或扁平。茎叶卵形至阔卵形或近心形,内凹,常具褶皱,先端短渐尖或长渐尖,基部下延或略下延;叶边平展或略背卷,具齿;中肋达叶中部以上,背面先端具刺状突起。枝叶与茎叶同形或异形,较小。叶中部细胞长菱形至线形,平滑,基部细胞宽短,角细胞矩圆形或近方形。雌苞叶基部鞘状,上部钻形。蒴柄细长,平滑或粗糙。孢蒴近圆筒形或卵球状圆柱形。环带分化或缺失。蒴齿双层。蒴盖长圆锥形。蒴帽兜状,平滑。

本属全世界现有 26 种。中国有 14 种;山东有 7 种。

分属检索表

1. 带叶的枝呈扁平状 ·· 2
1. 带叶的枝呈圆条状 ·· 3
2. 茎叶阔卵形或长椭圆形,叶边通体具齿 ······················· 5. 疏网美喙藓 E. laxirete
2. 茎叶卵形至心状卵形,叶边中上部具齿 ······················· 7. 密叶美喙藓 E. savatieri
3. 枝叶先端钝 ··· 6. 美喙藓 E. pulchellum
3. 枝叶先端急尖或渐尖 ·· 4
4. 叶先端渐尖至长渐尖 ··· 3. 尖叶美喙藓 E. eustegium
4. 叶先端急尖或宽渐尖 ·· 5
5. 茎叶阔椭圆形 ··· 4. 宽叶美喙藓 E. hians
5. 茎叶阔卵形 ··· 6
6. 中肋末端不具刺突或具不明显刺突 ·························· 1. 短尖美喙藓 E. angustirete
6. 中肋末端明显具刺突 ··· 2. 疣柄美喙藓 E. asperisetum

Key to the genera

1. Branches complanate foliate ·· 2
1. Branches terete foliate ·· 3
2. Stem leaves ovate or oblong – elliptic, margins serrate thoughout ·········· 5. E. laxirete
2. Stem leaves ovate to cordate, margins serrate above ························· 7. E. savatieri
3. Apical branch leaves obtuse ··· 6. E. pulchellum
3. Apical branch leaves acute or acuminate ··· 4
4. Apical leaves acuminate to long acuminate ·························· 3. E. eustegium
4. Apical leaves acute or broadly acuminate ··· 5
5. Stem leaves broadly elliptic ··· 4. E. hians
5. Stem leaves broadly ovate ··· 6
6. Costa without teeth or with inconspicuous teeth ····················· 1. E. angustirete
6. Costa ending in a teeth on dorsal suface ···························· 2. E. asperisetum

1. 短尖美喙藓

Eurhynchium angustirete（Broth.）T. J. Kop., Mem. Soc. Fauna. Fl. Fenn. 43：53. f. 12. 1967.

Brachythecium angustirete Broth., Rev. Bryol. n. s., 2：11. 1929.

植物体形大,黄绿色至绿色,具光泽。茎匍匐,羽状分枝或不规则分枝,茎枝圆条形。茎叶阔卵形,略具褶皱,先端锐尖;叶边平展,具细齿;中肋达叶中部以上,末端不具刺状突起或具不明显刺状突起。枝叶卵形至阔卵形,较小,叶边具明显锯齿。叶中上部细胞蠕虫形或线形,角细胞分化明显,矩圆形或菱形。蒴柄细长。孢蒴圆柱形,下垂。

生境:多生于岩面或岩面薄土上,偶见于枯木或土表上。

产地:文登,昆嵛山,二分场缓冲区,海拔 300 m,任昭杰 20101179 – B。牟平,昆嵛山,红松林,海拔 500 m,任昭杰 20100894。牟平,昆嵛山,三岔河,海拔 400 m,任昭杰 20100092、20100097。平度,大泽山,海拔 500 m,李林 20112128。青岛,崂山,北九水,海拔 400 m,赵遵田 Zh98098 – C。临朐,沂山,赵遵田 90242、90357。蒙阴,蒙山,橛子沟,海拔 900 m,李林 R20120106 – C。平邑,蒙山,核桃涧,海拔 650 m,郭萌萌 R121017。平邑,蒙山,大洼林场,张艳敏 239 – B(PE)。博山,鲁山,海拔 850 m,赵遵田 90685、90686。泰安,徂徕山,马场,海拔 940 m,赵洪东 911005。泰安,徂徕山,海拔 800 m,任昭杰 R11947。

分布:中国(内蒙古、山西、山东、陕西、甘肃、青海、江西、湖南、湖北、四川、重庆、贵州)。亚洲东部和欧洲。

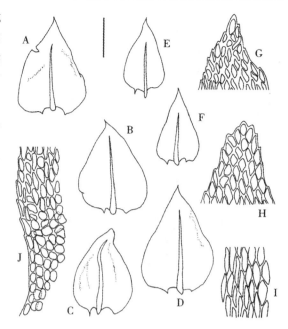

图 326　短尖美喙藓 *Eurhynchium angustirete* (Broth.) T. J. Kop., A – D. 茎叶;E – F. 枝叶;G – H. 叶尖部细胞;I. 叶中部细胞;J. 叶基部细胞(任昭杰 绘)。标尺:A – F = 0.8 mm, G – J = 83 μm。

2. 疣柄美喙藓

Eurhynchium asperisetum(Müll. Hal.)E. B. Bartram, Philipp. J. Sci. 68:300. 1939.

Hypnum asperisetum Müll. Hal., Bot. Zeitung(Berlin)16:171. 1858.

植物体中等大小,黄绿色至绿色,具光泽。茎匍匐,不规则分枝。茎叶卵形至阔卵形,基部略收缩,不明显下延,先端渐尖至急尖;叶边平展,具细齿;中肋达叶尖下部,先端背面具刺突。枝叶与茎叶同形,略小。叶中部细胞线形,尖部和基部细胞短,角细胞矩形或多边形。

生境:多生于岩面或岩面薄土生,偶见于土表。

产地:牟平,昆嵛山,三官殿,海拔 250 m,成玉良 20100405 – B、20100407 – B。牟平,昆嵛山,三岔河,海拔 325 m,黄正莉 20110224 – A。栖霞,牙山,海拔 350 m,赵遵田 90813 – A。招远,罗山,海拔 350 m,李林 20111957 – B、20112004。青岛,崂山,赵遵田 911583 – A。泰安,徂徕山,海拔 700 m,任昭杰 20110747 – C。

分布:中国(山东、陕西、安徽、浙江、湖北、贵州、云南、台湾、香港)。日本、泰国、印度尼西亚和菲律宾。

经检视标本发现,李林等(2013)报道的羽枝美喙藓 *E. longirameum*(Müll. Hal.)Y. F. Wang & R. L. Hu 为本种误定。

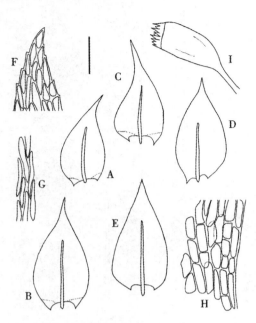

图 327 　疣柄美喙藓 *Eurhynchium asperisetum* (Müll. Hal.) E. B. Bartram, A – B. 茎叶；C – E. 枝叶；F. 叶尖部细胞；G. 叶中部细胞；H. 叶基部细胞；I. 孢蒴（任昭杰、付旭 绘）。标尺：A – E = 0.8 mm, F – H = 83 μm, I = 1.3 mm。

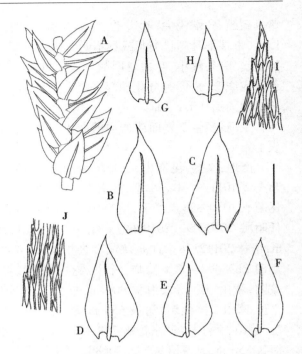

图 328 　尖叶美喙藓 *Eurhynchium eustegium* (Besch.) Dixon, A. 植物体一部分；B – F. 茎叶；G – H. 枝叶；I. 叶尖部细胞；J. 叶中部边缘细胞（任昭杰 绘）。标尺：A = 1.2 mm, B – H = 0.8 mm, I – L = 830 μm。

3. 尖叶美喙藓

Eurhynchium eustegium (Besch.) Dixon, J. Bot. 75：126.1937.

Brachythecium eustegium Besch., Ann. Sci. Nat., Bot., sér. 7, 17：375.1893.

植物体中等大小至大形，黄绿色至绿色，略具光泽。茎匍匐，不规则分枝。茎叶披针形或卵状披针形，先端渐尖，基部略下延；叶边平展，基部略背卷，全缘具齿；中肋达叶中上部，末端具明显刺突。枝叶与茎叶同形，略小。叶中部细胞长菱形或线状菱形，尖部和基部细胞较短，角细胞方形或矩圆形。

生境：生于岩面、土表或岩面薄土上。

产地：文登，昆嵛山，二分场缓冲区，海拔 350 m，任昭杰 20101217、20101430。牟平，昆嵛山，赵遵田 91660。牟平，昆嵛山，黄连口，海拔 400 m，黄正莉 20100111。牟平，昆嵛山，三岔河，海拔 300 m，黄正莉 20110198。栖霞，牙山，海拔 390 m，赵遵田 90850。栖霞，牙山，海拔 265 m，赵遵田 90921 – A。平度，大泽山，林场上部，海拔 550 m，赵遵田 91005。青岛，崂山，明霞洞，赵遵田 89356。青岛，崂山，小靛缸湾，付旭 R20131340。黄岛，小珠山，赵遵田 91642 – B。黄岛，大珠山，海拔 150 m，黄正莉 20111554、20111583。蒙阴，蒙山，砂山，海拔 600 m，任昭杰 20120155。蒙阴，蒙山，里沟，海拔 610 m，黄正莉 20120167。平邑，蒙山，核桃涧，海拔 600 m，郭萌萌 R121006 – C。博山，鲁山，海拔 700 m，李林 20112471 – B。博山，鲁山，海拔 950 m，赵遵田 90671 – A。枣庄，抱犊崮，海拔 530 m，赵遵田 911531。泰安，徂徕山，马场，海拔 940 m，赵遵田 91037。泰安，徂徕山，太平顶，海拔 800 m，刘志海 911153。

分布：中国（黑龙江、吉林、辽宁、内蒙古、河北、北京、山东、河南、陕西、江苏、江西、湖南、湖北、四川、重庆、贵州、云南、西藏、广西）。日本。

经检视标本发现，李林等（2013）报道的扭尖美喙藓 *E. kirishimense* Takaki 和小叶美喙藓 *E. filiforme* (Müll. Hal.) Y. F. Wang & R. L. Hu 系本种误定。

4. 宽叶美喙藓（照片107）

Eurhynchium hians（Hedw.）Sande Lac., Ann. Mus. Bot. Lugduno－Batavi 2：299.1866.

Hypnum hians Hedw., Sp. Musc. Frond. 272.1801.

本种与短尖美喙藓 *E. angustirete* 类似，但本种叶椭圆形至阔椭圆形，叶中部细胞较后者短。

生境：生于岩面、土表，或岩面薄土上。

产地：文登，昆嵛山，二分场，赵遵田 Zh990728－C。牟平，昆嵛山，马腚，海拔 250 m，任昭杰 20101562－A。牟平，昆嵛山，三岔河，海拔 350 m，成玉良 20100103。栖霞，牙山，海拔 600 m，赵遵田 90812－1－A。招远，罗山，海拔 500 m，李超 20111953、20112014。平度，大泽山，海拔 600 m，赵遵田 91785－B。青岛，崂山，李德利 20140001－A。青岛，崂山，滑溜口，海拔 600 m，李林 20112859－B。黄岛，大珠山，海拔 150 m，黄正莉 20111544－A、20111557。蒙阴，蒙山，橛子沟，海拔 750 m，任昭杰 R20120040。蒙阴，蒙山，砂山，海拔 600 m，任昭杰 20120142。博山，鲁山，野葡萄园，海拔 1000 m，李林 20112587－A。博山，鲁山，海拔 600 m，黄正莉 20112544。新泰，莲花山，海拔 500 m，黄正莉 20110561－B、20110631－A。泰安，徂徕山，海拔 740 m，赵洪东

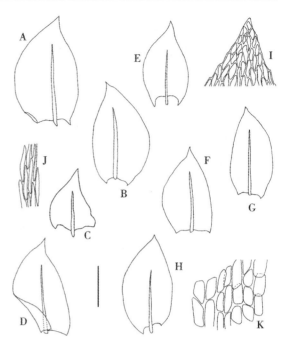

图 329 宽叶美喙藓 *Eurhynchium hians*（Hedw.）Sande Lac., A－D. 茎叶；E－H. 枝叶；I. 叶尖部细胞；J. 叶中部细胞；K. 叶基部细胞（任昭杰 绘）。标尺：A－H＝1.1 mm，I－K＝110 μm。

91939。泰安，泰山，南天门后坡，海拔 1350 m，赵遵田 34113。济南，趵突泉公园，任昭杰、赖桂玉 R15395。

分布：中国（黑龙江、吉林、辽宁、内蒙古、山东、河南、陕西、江苏、浙江、江西、湖南、湖北、四川、贵州、云南、福建、广西、香港）。巴基斯坦、尼泊尔、不丹、日本、高加索地区、坦桑尼亚、喀麦隆、科特迪瓦和北美洲。

5. 疏网美喙藓（照片108）

Eurhynchium laxirete Broth. in Cardot, Bull. Soc. Bot. Genève, sér. 2.4：380.1912.

植物体纤细，绿色至暗绿色，具光泽。茎匍匐，羽状分枝，分枝扁平。茎叶长椭圆形，先端急尖，具小尖头；叶边平展，明显具齿；中肋达叶尖下部，先端具明显刺突。枝叶与茎叶同形，略小。叶中部细胞线形，尖部和基部细胞宽短，角细胞明显分化，矩形。

生境：生于岩面、土表或岩面薄土上，偶生于树干或腐木上。

产地：文登，昆嵛山，二分场缓冲区，海拔 400 m，任昭杰 20101361。牟平，昆嵛山，三岔河，赵遵田 91701－1－C。牟平，昆嵛山，马腚，海拔 200 m，任昭杰 20101560。栖霞，牙山，赵遵田 90244－2。招远，罗山，海拔 550 m，李林 20111970－B。青岛，崂山，潮音瀑，海拔 400 m，韩国营 R11985。青岛，崂山，滑溜口，海拔 600 m，李林 20112909－B。黄岛，大珠山，海拔 100 m，李林 20111540－B、20111560－B。黄岛，小珠山，一切智园，海拔 200 m，任昭杰 20111612。五莲，五莲山，赵遵田 89280－D。蒙阴，蒙山，小天麻顶，海拔 600 m，赵洪东 91415－A、91416－A。蒙阴，蒙山，砂山，海拔 600 m，付旭 20120157、R20131346。平邑，蒙山，核桃涧，海拔 300 m，李超 R121031－B。泰安，徂徕山，上池，海拔 940 m，赵遵田 911014。泰安，徂徕山，上池，海拔 940 m，刘志海 911038。泰安，泰山，赵遵田 20110543－B。泰安，泰山，赵遵田 20110548－I。

分布：中国（山东、陕西、安徽、江苏、上海、江西、湖南、湖北、四川、重庆、贵州、云南、西藏、福建、广西）。朝鲜和日本。

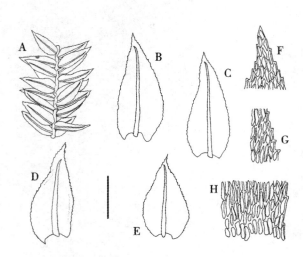

图330 疏网美喙藓 *Eurhynchium laxirete* Broth., A. 植物体一部分;B－E. 茎叶;F. 叶尖部细胞;G. 叶中部细胞;H 叶基部细胞(任昭杰 绘)。标尺:A = 1.4 mm, B－E = 1.1 mm, F－H = 110 μm。

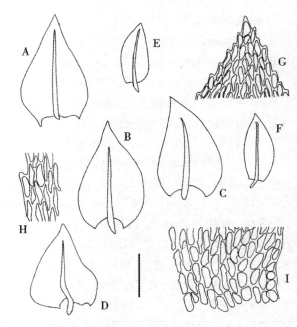

图331 美喙藓 *Eurhynchium pulchellum* (Hedw.) Jenn., A－D. 茎叶;E－F. 枝叶;G. 叶尖部细胞;H. 叶中部细胞;I. 叶基部细胞(任昭杰、付旭 绘)。标尺:A－F = 0.8 mm, G－I = 83 μm。

6. 美喙藓

Eurhynchium pulchellum (Hedw.) Jenn., Man. Mosses W. Pennsylvania 350. 1913.

Hypnum pulchellum Hedw., Sp. Musc. Frond. 265. pl. 68, f. 1－4. 1801.

植物体中等大小,黄绿色至绿色。茎匍匐,羽状分枝或不规则分枝。茎叶卵状三角形,略具褶皱,先端渐尖至急尖;叶边平展,具齿;中肋达叶中上部,先端背面具刺突。枝叶长卵形或长椭圆形,先端较钝。叶中部细胞长菱形,尖部和基部细胞宽短,角细胞略分化,矩圆形或方形。

生境:生于岩面。

产地:牟平,昆嵛山,马腚,海拔 300 m,任昭杰 20101670－A。平度,大泽山,海拔 600 m,赵遵田 91744－1。

分布:中国(黑龙江、吉林、辽宁、内蒙古、山西、山东、新疆、江苏、上海)。巴基斯坦、蒙古、日本、朝鲜、俄罗斯(远东地区)、欧洲、南美洲、北美洲和非洲。

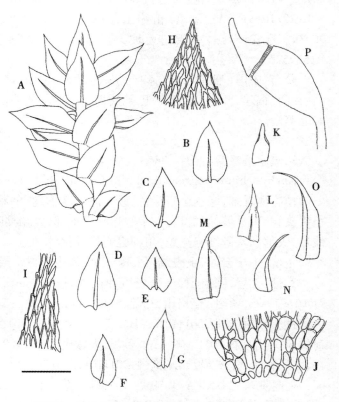

图332 密叶美喙藓 *Eurhynchium savatieri* Schimp. ex Besch., A. 植物体;B－E. 茎叶;F－G. 枝叶;H. 叶尖部细胞;I. 叶中部细胞;J. 叶基部细胞;K－O. 雌苞叶;P. 孢蒴(任昭杰 绘)。标尺:A－G, K－P = 0.8 mm, H－J = 83 μm。

7. 密叶美喙藓（照片 109）

Eurhynchium savatieri Schimp. ex Besch. , Ann. Sci. Nat. , Bot. , sér. 7.17：378.1893.

植物体形小,淡绿色,具光泽。密集羽状分枝,分枝扁平。茎叶卵形或心状卵形,先端渐尖;叶边平展,中上部具细齿;中肋达叶尖稍下部,先端具刺突。枝叶与茎叶同形,略小。叶中部细胞长线形,角细胞椭圆形或矩形。

生境：生于岩面、土表或岩面薄土上。

产地：文登,昆嵛山,无染寺附近,海拔 350 m,任昭杰 20100489。牟平,昆嵛山,天然氧吧,海拔 500 m,成玉良 20100879。牟平,昆嵛山,流水石,海拔 400 m,姚秀英 20101748 – A。栖霞,牙山,海拔 600 m,李超 20111867、20111907。招远,罗山,听泉,海拔 450 m,黄正莉 20111945 – A。黄岛,大珠山,海拔 100 m,李林 20111523 – C。蒙阴,蒙山,里沟,海拔 700 m,任昭杰 20120162。平邑,蒙山,龟蒙顶,张艳敏 20(PE)。博山,鲁山,海拔 850 m,赵遵田 90687 – B。博山,鲁山,海拔 700 m,黄正莉 20112612。泰安,泰山,由四槐树至岱顶途中,全治国 42c(PE)。

分布：中国(黑龙江、内蒙古、山西、山东、河南、陕西、新疆、安徽、江苏、上海、浙江、江西、湖南、湖北、四川、重庆、贵州、云南、西藏、广西、香港)。朝鲜、日本和瓦努阿图。

5. 同蒴藓属 Homalothecium Bruch & Schimp. Bryol. Eur. 5：91.1851.

植物体纤细至粗壮,黄绿色至暗绿色,有时带褐色,具光泽。茎匍匐,近羽状分枝,分枝密集。通常具假鳞毛。茎叶卵形、卵状披针形或披针形,具明显纵褶,先端渐尖;叶边全缘或通体具齿;中肋单一,达叶中上部。枝叶与茎叶近同形,略小。叶中上部细胞长菱形至线形,平滑或具不明显前角突,角细胞小,近方形。雌雄异株。蒴柄较长,干时扭曲。孢蒴矩圆状卵形或矩圆状圆柱形,有时弯曲,直立或下垂。环带分化。蒴齿双层。蒴盖圆锥形,具斜喙。蒴帽兜形,平滑。

本属全世界现有 21 种。中国有 3 种;山东有 1 种。

1. 白色同蒴藓

Homalothecium leucodonticaule（Müll. Hal. ）Broth. , Nat. Pflanzenfam. I（3）：1135.1908.

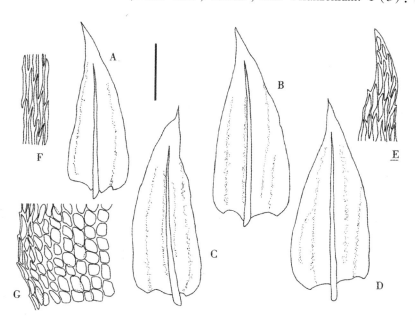

图 333 白色同蒴藓 *Homalothecium leucodonticaule*（Müll. Hal. ）Broth. , A – C. 茎叶;D. 枝叶;E. 叶尖部细胞;F. 叶中部细胞;G. 叶基部细胞(任昭杰 绘)。标尺：A – D = 1.1 mm, E – G = 110 μm。

Ptychodium leucodoticule Müll. Hal. , Nuovo Giorn. Bot. Ital. , n. s. , 4：268. 1897.

Homalothecium perimbricatum Broth. , Akad. Wiss. Wien Sitzungsber. , Math. – Naturwiss. Kl. , Abt. 1，131：220. 1922.

植物体粗壮,黄绿色至绿色,具光泽。茎匍匐,密集分枝。茎叶宽卵状三角形,具2至多条褶皱,基部平截,先端急尖至渐尖;叶边平展,有时略背卷,中上部具齿;中肋达叶中上部。枝叶与茎叶同形,略小。叶中部细胞线形,尖部和基部宽短,角细胞方形或多边形,分化明显,达中肋。孢子体未见。

生境:生于土表。

产地:泰安,泰山,中天门,海拔1000 m,付旭 R20131371。

分布:中国特有种(山东、河南、重庆、贵州、云南、西藏、福建、湖北、安徽、江苏、上海、浙江、江西)。

6. 鼠尾藓属 Myuroclada Besch. Ann. Sci. Nat. , Bot. sér. 7，17：379. 1893.

植物体粗壮,绿色或鲜绿色,具光泽。茎匍匐,不规则分枝,分枝通常直立或弓形弯曲,圆钝,呈柔荑花序状,有时具鞭状枝;中轴分化。叶圆形、近圆形或阔椭圆形,强烈内凹,基部心形,略下延,先端圆钝,具小尖头;叶边全缘,或中上部具细齿;中肋单一,达叶中上部。叶中部细胞菱形至长菱形,角细胞矩形或多边形。雌苞叶卵状披针形,先端急尖。蒴柄平滑,红棕色。孢蒴长椭圆柱形,拱形弯曲,红褐色,倾立。环带分化。蒴齿双层。蒴盖具长斜喙。蒴帽兜形,平滑。

本属全世界有1种。山东有分布。

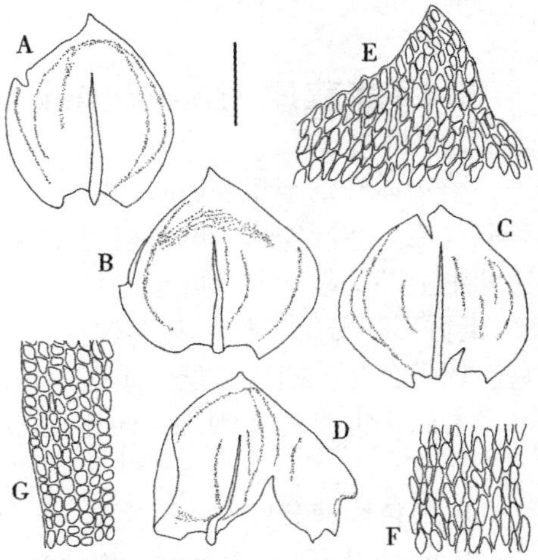

1. 鼠尾藓(照片110)

Myuroclada maximowiczii (G. G. Borshch.) Steere & W. B. Schofield, Bryologist 59：1. 1956.

Hypnum maximowiczii G. G. Borshch. in Maximowicz, Prim. Fl. Amur. 467. 1859.

种特征同属。

生境:生于土表。

产地:五莲,五莲山,张艳敏 511(PE)。蒙阴,蒙山,望海楼,海拔1000 m,赵遵田 20111378。泰安,泰山,日观峰,仝治国 108(PE)。

分布:中国(黑龙江、吉林、辽宁、内蒙古、山西、山东、陕西、重庆、甘肃、江苏、上海、浙江、江西、湖南、四川、云南)。朝鲜、日本、俄罗斯,欧洲和北美洲。

图 334 鼠尾藓 *Myuroclada maximowiczii* (G. G. Borshch.) Steere & W. B. Schofield, A–D. 叶;E. 叶尖部细胞;F. 叶中部细胞;G. 叶基部细胞(任昭杰 绘)。标尺:A–D=1.1 mm, F–H=110 μm。

7. 褶藓属 Okamuraea Broth. Orthomniopsis und Okamuraea 2. 1906.

植物体小形至中等大小,黄绿色至绿色,略具光泽。茎匍匐,不规则分枝,分枝圆条形,有时具鞭状枝。茎叶卵状披针形,内凹,两侧有纵褶,基部略下延,先端渐尖;叶边平展,基部背卷,全缘;中肋达叶中上部。枝叶与茎叶同形,略小。叶中部细胞菱形至长菱形,平滑,角细胞近方形。雌雄异株。内雌苞叶分化,基部鞘状,先端急尖。蒴柄细长,直立,红色,平滑。孢蒴长卵形,直立或下垂。环带不分化;蒴齿双层。蒴盖圆锥形,具长喙。蒴帽兜形,被疏毛。孢子卵圆形,具密疣。

本属全世界现有5种。中国有3种和1变种及1变型;山东有2种。

分种检索表

1. 植物体分枝短,先端圆钝;叶先端短渐尖 ·················· 1. 短枝褶藓 *O. brachydictyon*
1. 植物体分枝长,先端尖细;叶先端长渐尖 ·················· 2. 长枝褶藓 *O. hakoniensis*

Key to the species

1. Plant with short branches, apex obtuse; leaves short acuminate ·················· 1. *O. brachydictyon*
1. Plant with long branches, apex acute; leaves long acuminate ·················· 2. *O. hakoniensis*

1. 短枝褶藓

Okamuraea brachydictyon(Cardot)Nog., J. Hattori Bot. Lab. 9:10.1953.

Brachythecium brachydictyon Cardot, Beih. Centralbl. 17:34.1904.

本种与长枝褶藓 *O. hakoniensis* 类似,但本种植物体较细小,无鞭状枝,叶纵褶较少,先端短渐尖,以上特征可以与后者区别。

生境:生于岩面。

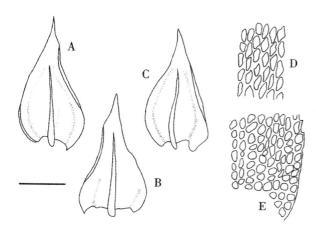

图 335 短枝褶藓 *Okamuraea brachydictyon*(Cardot)Nog., A – C. 叶;D. 叶中部细胞;E. 叶基部细胞(任昭杰 绘)。标尺:A – C = 0.8 mm, D – E = 83 μm。

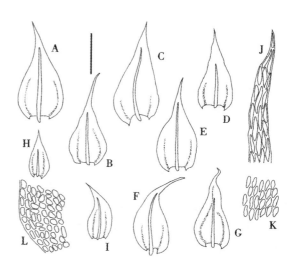

图 336 长 枝 褶 藓 *Okamuraea hakoniensis*(Mitt.)Broth., A – G. 茎叶;H – I. 枝叶;J. 叶尖部细胞;K. 叶中部细胞;L. 叶基部细胞(任昭杰 绘)。标尺:A – I = 0.8 mm, J – L = 110 μm。

产地:牟平,昆嵛山,水帘洞,海拔 350 m,任昭杰 20100341 – A。牟平,昆嵛山,赵遵田 91664。

分布:中国(吉林、辽宁、内蒙古、山东、湖南、湖北、台湾、广东)。朝鲜和日本。

2. 长枝褶藓

Okamuraea hakoniensis(Mitt.)Broth., Nat. Pflanzenfam. I(3):1133.1908.

Hypnum hakoniense Mitt., Trans. Linn. Soc. Bot. ser. 2, 3:185.1891.

植物体较粗壮。茎匍匐,具鞭状枝。茎叶卵形至长卵形,明显具纵褶,先端长渐尖;叶边平展,全缘;中肋单一,达叶中部以上。枝叶与茎叶同形,略小。叶中部细胞长椭圆形、长菱形,尖部细胞略狭长,基部细胞短,厚壁,角细胞近方形。孢子体未见。

生境:生于岩面、土表或岩面薄土上。

产地:牟平,昆嵛山,泰礴顶,海拔 900 m,赵遵田 91683 – A、91696。青岛,崂山顶,海拔 1100 m,赵遵田 89386 – B。青岛,崂山,仝治国 25a – F(PE)。黄岛,铁橛山,海拔 260 m,任昭杰 R20130183 – F。泰安,泰山,南天门后坡,泉海拔 1400 m,赵遵田 34025 – B。

分布:中国(黑龙江、吉林、辽宁、山东、安徽、江苏、上海、浙江、江西、重庆、广西、贵州、湖南、湖北、四川、西藏)。不丹和日本。

8. 褶叶藓属 Palamocladium Müll. Hal. Flora 82:465.1896.

植物体略粗壮,黄绿色至绿色,有时带褐色,具光泽。茎匍匐,近羽状分枝。茎叶干时略呈镰刀状弯曲,披针形至卵状披针形,先端长渐尖;叶边平展,上部具齿;中肋单一,达叶尖下部。枝叶与茎叶近同形,略小。叶中不细胞蠕虫形或线形,厚薄,角细胞较小,方形,分化明显。雌雄异株。雌苞叶长披针形,先端渐尖或急尖。蒴柄细长,红色,平滑。孢蒴长椭圆状圆柱形,对称。环带分化。蒴齿双层。蒴盖圆锥形,具长喙。蒴帽兜形,无毛。

本属全世界现有 3 种。中国有 2 种;山东有 1 种。

1. 褶叶藓

Palamocladium leskeoides (Hook.) E. Britton, Bull. Torrey. Bot. Club 40:673.1914.

Hookeria leskeoides Hook., Musci Exot. 1:55.1818.

Palamocladium nilgheriense (Mont.) Müll. Hal., Flora 82:465.1896.

Isothecium nilgeheriense Mont., Ann. Sci. Nat., Bot., sér. 2, 17:246.1842.

植物体略粗壮,黄绿色,具光泽。茎匍匐,密集分枝。茎叶长卵状披针形,具纵褶,基部近心形,先端具细长尖;叶边平展,中上部具齿;中肋细长,达叶尖稍下部。枝叶与茎叶同形,略小。叶中部细胞线形,角细胞小,圆形或多边形,厚壁。孢子体未见。

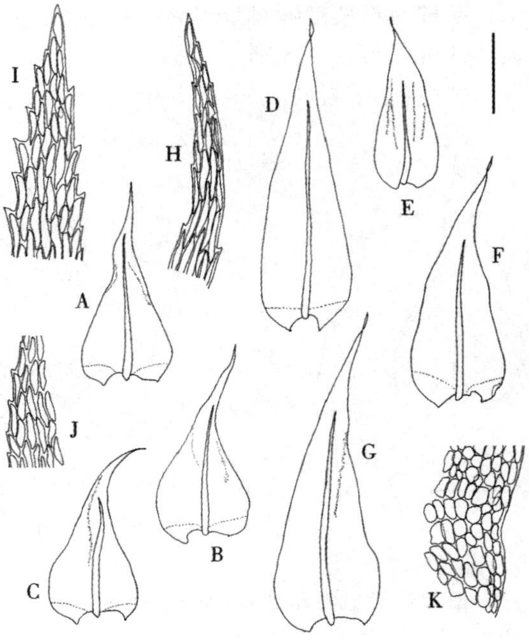

生境:生于土表或岩面薄土上。

产地:牟平,昆嵛山,老师坟南山,海拔 350 m,任昭杰 20101763。蒙阴,蒙山,大牛圈,海拔 950 m,任昭杰 20120156。平邑,蒙山,龟蒙顶,海拔 1100 m,张艳敏 61 (PE)。

图 337 褶叶藓 *Palamocladium leskeoides* (Hook.) E. Britton, A – C. 茎叶;D – G. 枝叶;H. 茎叶尖部细胞; I. 枝叶尖部细胞;J. 叶中上部边缘细胞;K. 叶基部细胞 (任昭杰 绘)。标尺:A – G = 1.3 mm, H – K = 130 μm。

分布:中国(黑龙江、吉林、辽宁、内蒙古、河北、山东、陕西、新疆、安徽、江苏、上海、浙江、湖南、湖北、四川、重庆、贵州、云南、西藏、福建、台湾、广西)。日本、朝鲜、印度、越南、印度尼西亚、菲律宾、新西兰、哥斯达黎加、危地马拉、西印度群岛、巴西、阿根廷、玻利维亚、秘鲁、厄瓜多尔、哥伦比亚、委内瑞拉、美国、索马里、埃塞俄比亚、肯尼亚、乌干达、卢旺达、坦桑尼亚、斯威士兰、南非和马达加斯加。

9. 细喙藓属 Rhynchostegiella (Bruch & Schimp.) Limpr.
Laubm. Deutschl. 3:207.1896.

植物体形小至中等大小,黄绿色至绿色,具光泽。茎匍匐,不规则分枝,或近羽状分枝。茎叶长卵形或长椭圆形,先端渐尖;叶边平展,全缘或上部具细齿;中肋单一。枝叶与茎叶同形或异形。叶中部细胞狭长,角细胞分化,方形或矩形。雌雄同株。雌苞叶狭长披针形,先端长毛尖状。蒴柄细长,扭曲,红色。孢蒴卵圆形或圆柱形,直立或平列。蒴齿双层。蒴盖圆锥形,具长喙。

本属全世界现有 40 种。中国有 6 种,山东有 3 种。

分种检索表

1. 中肋通常达叶中部以下 ··· 3. 细肋细喙藓 *R. leptoneura*
1. 中肋达叶中部以上 ··· 2
　2. 叶卵状披针形至椭圆形 ··· 1. 日本细喙藓 *R. japonica*
　2. 叶长卵状披针形至狭披针形 ······························ 2. 光柄细喙藓 *R. laeviseta*

Key to the species

1. Costa usually ending below mid – leaf or shorter ················· 3. *R. leptoneura*
1. Costa ending beyond mid – leaf ··· 2
　2. Leaves ovate – lancolate to ellipitic ··· 1. *R. japonica*
　2. Leaves elongate ovate – lanceolate to narrow lanceolate ················· 2. *R. laeviseta*

1. 日本细喙藓

Rhynchostegiella japonica Dixon & Thér. , Rev. Bryol. n. s. , 4: 167. 1932.

植物体形小,暗绿色,略具光泽。茎匍匐,不规则分枝或近羽状分枝,分枝扁平。茎叶长卵形、长椭圆形或卵状披针形,内凹,先端渐尖,基部两侧不对称;叶边平展,上部具齿;中肋达叶中部或中部以上。枝叶与茎叶同形,略小。叶中部细胞长菱形至近线形,有时具质壁分离现象,角细胞矩圆形,排列疏松。

生境:生于岩面、土表、岩面薄土上或树干上。

产地:文登,昆嵛山,无染寺,海拔 350 m,任昭杰 20100505。牟平,昆嵛山,马槽湾,海拔 300 m,黄正莉 20101643。牟平,昆嵛山,流水石,海拔 400 m,黄正莉 20101820。牟平,昆嵛山,三分场,海拔 600 m,任昭杰

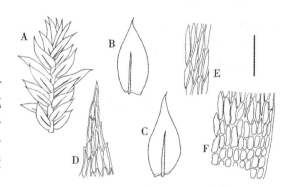

图 338　日本细喙藓 *Rhynchostegiella japonica* Dixon & Thér. , A. 植物体一部分;B – C 叶;D. 叶尖部细胞;E. 叶中部细胞;F. 叶基部细胞(任昭杰绘)。标尺:A = 1.1 mm, B – C = 0.8 mm, D – F = 110 μm。

20110349。栖霞,牙山,赵遵田 90864。平度,大泽山,海拔 550 m,赵遵田 911741。青岛,崂山,下清宫,赵遵田 88042。青岛,崂山,赵遵田 91611 – C。黄岛,铁橛山,赵遵田 89292 – A。临朐,沂山,赵遵田 90326、90329。蒙阴,蒙山,天麻顶,海拔 759 m,赵遵田 91216 – A、91222。平邑,蒙山,核桃涧,海拔 650 m,李林 R121021。费县,塔山,茶蓬谷,海拔 350 m,李林 R120140 – B。青州,仰天山,仰天寺,赵遵田 88096 – 1、88097 – A。博山,鲁山,海拔 700 m,郭萌萌 20112513。博山,鲁山,海拔 570 m,赵遵田 90616。泰安,徂徕山,上池,海拔 730 m,赵遵田 91930。泰安,徂徕山,太平顶,海拔 800 m,赵遵田 911192。济南,趵突泉公园,赵遵田 83150。

分布:中国(山东、陕西、新疆、湖南、重庆、贵州、云南、广东)。日本。

2. 光柄细喙藓

Rhynchostegiella laeviseta Broth. , Symb. Sin. 4: 109. 1929.

植物体黄绿色至绿色,具光泽。茎匍匐,羽状分枝。茎叶长卵状披针形,长渐尖;叶边平展,仅先端具细齿;中肋纤细,达叶中上部。枝叶狭披针形。叶细胞狭长菱形至线形,角细胞方形、矩形或矩圆形。

生境:生于土表。

产地:文登,昆嵛山,二分场缓冲区,海拔 200 m,姚秀英 20101181。

分布:中国特有种(山东、重庆、贵州、湖南、江西、陕西、新疆、云南、浙江)。

3. 细肋细喙藓

Rhynchostegiella leptoneura Dixon & Thér. , Rev. Bryol. n. s. , 4:168.1932.

本种与日本细喙藓 *R. japonica* 类似,但本种叶平展,中肋明显短弱,多不达叶中部,叶中部细胞狭窄,以上特点区别于后者。

生境:生于岩面、土表、岩面薄土或树干上。

产地:栖霞,牙山,海拔 780 m,赵遵田 90774。青岛,崂山,黑风口下,海拔 700 m,任昭杰 20150001。青州,仰天山,仰天寺,赵遵田 88089 – B、88096 – C。博山,鲁山,海拔 1000 m,赵遵田 90664。

分布:中国特有种(吉林、辽宁、内蒙古、山东、四川、贵州、云南、台湾)。

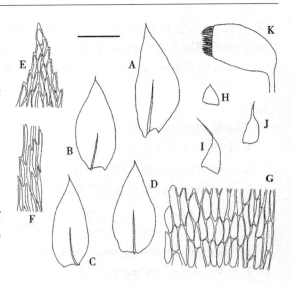

图 339 细肋细喙藓 *Rhynchostegiella leptoneura* Dixon & Thér. , A – D. 叶;E. 叶尖部细胞;F. 叶中部边缘细胞;G. 叶基部细胞;H – J. 雌苞叶;K. 孢蒴(任昭杰 绘)。标尺:A – D, H – J = 1.1 mm, E – G = 140 μm, K = 1.7 mm。

10. 长喙藓属 Rhynchostegium Bruch & Schimp.
Bryol. Eur. 5:197.1852.

植物体小形至大形,多具光泽。茎匍匐,不规则分枝。茎叶卵形、阔卵形、椭圆形或卵状披针形,常内凹,先端渐尖、急尖、圆钝或具小尖头;叶边多平展,全缘或具细齿;中肋单一,达叶中部或中部以上。枝叶与茎叶近同形,略小。叶中部细胞长菱形至线形,平滑,角细胞矩形或方形。雌雄同株异苞。内雌苞叶披针形,先端呈毛尖状,中肋短弱。蒴柄平滑,红色。孢蒴卵圆柱形或长圆柱形。环带分化。蒴齿双层。蒴盖圆锥形,具喙。蒴帽兜形,平滑。孢子平滑或具疣。

本属全世界现有 128 种。中国有 19 种;山东有 9 种。

分属检索表

1. 叶先端钝或阔急尖 ……………………………………………………………… 2
1. 叶先端急尖或渐尖 ……………………………………………………………… 3
  2. 叶明显具纵褶,基部下延 …………………………… 3. 褶叶长喙藓 *R. muelleri*
  2. 叶不具纵褶或略具纵褶,基部不下延 …………… 7. 水生长喙藓 *R. riparioides*
  3. 叶先端急尖 ………………………………………………………………… 4
  3. 叶先端渐尖 ………………………………………………………………… 5
    4. 叶细胞线形,长宽比约为 15:1 ………………… 2. 斜枝长喙藓 *R. inclinatum*
    4. 叶细胞长菱形,长宽比约为 7:1 ………………… 4. 卵叶长喙藓 *R. ovalifolium*
    5. 叶狭披针形至狭卵状披针形 …………………………………………… 6
    5. 叶卵状披针形至阔卵状披针形 ………………………………………… 7
      6. 叶细胞长宽比约为 12:1 ………………………… 1. 狭叶长喙藓 *R. fauriei*
      6. 叶细胞长宽比约为 20:1 ……………………… 5. 淡枝长喙藓 *R. pallenticaule*

7. 叶基部两侧明显不对称 ·· 9. 美丽长喙藓 *R. subspeciosum*

7. 叶基部两侧对称或略不对称 ·· 8

8. 叶较大, 长大于 2 mm, 尖部稀扭曲 ······················ 6. 淡叶长喙藓 *R. pallidifolium*

8. 叶较小, 长小于 2 mm, 尖部常扭曲 ······················ 8. 匍枝长喙藓 *R. serpenticaule*

Key to the genera

1. Leaves obtuse or broadly acute ··· 2

1. Leaves acute or acuminate ··· 3

2. Leaves obviously plicate, decurrent ·· 3. *R. muelleri*

2. Leaves not plicate or weekly plicate, not decurrent ·············· 7. *R. riparioides*

3. Apical leaves acute ··· 4

3. Apical leaves acuminate ··· 5

4. Laminal cells linear, ratio of length vs width 15：1 ················ 2. *R. inclinatum*

4. Laminal cells linear – rhomboid, ratio of length vs width 7：1 ············ 4. *R. ovalifolium*

5. Leaves narrowly lanceolate to narrowly ovate – lanceolate ····························· 6

5. Leaves ovate – lanceolate to broadly ovate – lanceolate ····························· 7

6. Ratio of laminal cells length vs width 12：1 ································ 1. *R. fauriei*

6. Ratio of laminal cells length vs width 20：1 ··························· 5. *R. pallenticaule*

7. Leaf base evidently asymmetrical ·· 9. *R. subspeciosum*

7. Leaf base symmetrical or lightly asymmetrical ··································· 8

8. Leaves larger, longer than 2 mm, acumen rarely twist ············· 6. *R. pallidifolium*

8. Leaves smaller, shorter than 2 mm, acumen usually twist ············· 8. *R. serpenticaule*

1. 狭叶长喙藓

Rhynchostegium fauriei Cardot, Bull. Soc. Bot. Genève, sér. 2, 4：381.1912.

植物体形小, 黄绿色至淡绿色, 具光泽。茎匍匐, 不规则分枝。茎叶狭披针形至狭卵状披针形, 先端细长, 略呈镰刀状偏曲; 叶边平展, 具齿; 中肋达叶中上部。枝叶与茎叶同形, 略小。叶中上部细胞线形, 平滑, 薄壁, 基部细胞宽短, 角细胞方形至矩形。孢子体未见。

生境: 生于岩面、土表或岩面薄土上。

产地: 牟平, 昆嵛山, 马腚, 海拔 200 m, 任昭杰 20101577 – A。牟平, 昆嵛山, 黄连口, 海拔 450 m, 黄正莉 20100076 – B。栖霞, 牙山, 海拔 520 m, 赵遵田 908798。平度, 大泽山, 海拔 600 m, 赵遵田 91046 – D。黄岛, 大珠山, 溪光煮茗, 海拔 200 m, 黄正莉 20111585 – B。临朐, 沂山, 赵遵田 90253。蒙阴, 蒙山, 天麻顶, 赵遵田 91367 – A。青州, 仰天山, 仰天寺, 赵遵田 88102。博山, 鲁山, 海拔 1000 m, 黄正莉 20112450 – B。泰安, 徂徕山, 上池, 海拔 730 m, 赵遵田 91931 – B。

分布: 中国(内蒙古、山西、山东、陕西、安徽、浙江、四川、重庆、贵州、云南、福建)。朝鲜。

2. 斜枝长喙藓(照片 111)

Rhynchostegium inclinatum (Mitt.) A. Jaeger, Ber. Thätigk. Gallischen Naturwiss. Ges. 1876 – 1877：366.1878.

Hypnum inclinatum Mitt., J. Linn. Soc. Bot. 8：152.1865.

植物体中等大小, 绿色至暗绿色, 具光泽。茎匍匐, 近羽状分枝, 分枝扁平。茎叶卵形至阔卵形, 或卵状披针形, 先端渐尖; 叶边平展, 具齿; 中肋达叶中上部。枝叶卵状披针形, 略小。叶中部细胞线形, 角细胞矩圆形或多边形, 分化明显。蒴柄细长, 光滑。孢蒴圆柱形, 下垂。

生境:生于岩面、土表或岩面薄土上。

产地:荣成,伟德山,海拔 420 m,黄正莉 20112344 – A。文登,昆嵛山,无染寺,海拔 300 m,任昭杰 20100506。文登,昆嵛山,仙女池,海拔 400 m,成玉良 20100484 – A。牟平,昆嵛山,房门,海拔 550 m,任昭杰 20100963。牟平,昆嵛山,三岔河,海拔 350 m,任昭杰 20110255 – C。栖霞,牙山,海拔 300 m,赵遵田 90835 – 1、90850 – 1。招远,罗山,海拔 400 m,李超 20111998 – B、20112002 – C。平度,大泽山,海拔 550 m,赵遵田 91040。青岛,崂山,蔚竹观,海拔 400 m,邵娜 20112842 – A。青岛,崂山,赵遵田 91547。黄岛,大珠山,海拔 150 m,黄正莉 20111593 – B。黄岛,小珠山,南天门,海拔 600 m,任昭杰 20111622 – B、20111708 – C。临朐,沂山,赵遵田 90302、90362 – C。蒙阴,蒙山,天麻顶,海拔 750 m,赵遵田 91354 – B、91355。蒙阴,蒙山,刀山沟,海拔 600 m,黄正莉 20111001 – C。青州,仰天山,仰天寺,赵遵田 88086 – A。博山,鲁山,海拔 700 m,赵遵田 90532、90679。新泰,莲花山,海拔 650 m,黄正莉 20110576 – B、20110578 – B。泰安,徂徕山,海拔 800 m,赵遵田 911173 – 1、911191。泰安,泰山,南天门后坡,海拔 1400 m,赵遵田 34025 – A。

分布:中国(山东、河南、陕西、新疆、安徽、江苏、湖南、重庆、贵州、云南、西藏、广西)。日本。

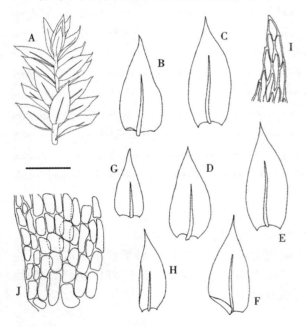

图 340 斜枝长喙藓 Rhynchostegium inclinatum (Mitt.) A. Jaeger, A. 植物体一部分;B – F. 茎叶;G – H. 枝叶;I. 叶尖部细胞;J. 叶基部细胞(任昭杰 绘)。标尺:A = 1.7 mm, B – H = 0.8 mm, I – J = 83 μm。

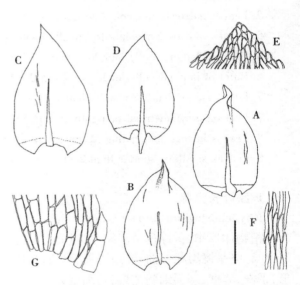

图 341 褶叶长喙藓 Rhynchostegium muelleri A. Jeager, A – B. 茎叶;C – D. 枝叶;E. 叶尖部细胞;F. 叶中部细胞;G. 叶基部细胞(任昭杰、付旭 绘)。标尺:A – B = 1.1 mm, E – G = 140 μm。

3. 褶叶长喙藓(照片 112)

Rhynchostegium muelleri A. Jeager, Ber. S. Gall. Naturwiss Ges. 77:378. 1876(1878).

本种与水生长喙藓 R. riparioides 类似,但本种叶明显褶皱,且叶基明显下延,区别于后者。

生境:生于阴湿岩面。

产地:临朐,沂山,赵遵田 90311。蒙阴,蒙山,里沟,海拔 650 m,任昭杰 R20120030。

分布:中国(山东)。日本、印度尼西亚(苏门答腊和爪哇)、美国(夏威夷)。

4. 卵叶长喙藓(照片 113)

Rhynchostegium ovalifolium S. Okamura, J. Coll. Sci. Imp. Univ. Tokyo 38(4):94. 1916.

植物体淡绿色。茎匍匐,不规则分枝。茎叶阔卵形,先端具小尖头,有时扭曲;叶边具齿;中肋达叶中上部;枝叶卵形,较茎叶小。叶中部细胞长菱形,角细胞分化不明显,矩形至矩圆形。

生境:生于岩面或岩面薄土上。

产地:文登,昆嵛山,无染寺附近,海拔350 m,任昭杰20100502。文登,昆嵛山,仙女池,海拔350 m,成玉良20100459。牟平,昆嵛山,房门,海拔500 m,黄正莉20100919。牟平,昆嵛山,小憩洞,海拔300 m,姚秀英20100693。平度,大泽山,海拔500 m,赵遵田911741。

分布:中国(吉林、山东、陕西、湖南、重庆、贵州、四川、云南)。日本。

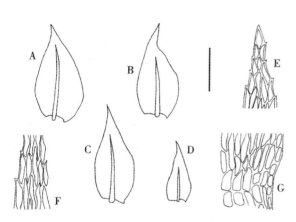

图342 卵叶长喙藓 Rhynchostegium ovalifolium S. Okamura,A - C. 茎叶;D. 枝叶;E. 叶尖部细胞;F. 叶中部边缘细胞;G. 叶基部细胞(任昭杰、付旭 绘)。标尺:A - D = 0.8 mm,E - G = 110 μm。

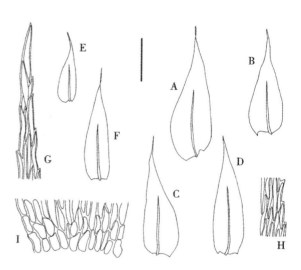

图343 淡枝长喙藓 Rhynchostegium pallenticaule Müll. Hal.,A - D. 茎叶;E - F. 枝叶;G. 叶尖部细胞;H. 叶中部细胞;I. 叶基部细胞(任昭杰 绘)。标尺:A - F = 1.1 mm,G - I = 110 μm。

5. 淡枝长喙藓(照片114)

Rhynchostegium pallenticaule Müll. Hal., Nuovo Giron. Bot. Ital., n. s., 4:271.1897.

植物体略具光泽。茎匍匐。茎叶卵状披针形至狭卵状披针形或长椭圆形,先端渐尖,常扭曲;叶缘具细齿,基部全缘;中肋纤细,达叶中上部;枝叶与茎叶同形。叶细胞线形,角细胞较少,方形或矩形。

生境:生于岩面、土表或树干基部。

产地:牟平,昆嵛山,三分场,海拔600 m,任昭杰20110349。招远,罗山,海拔600 m,黄正莉20111958、20111992。蒙阴,蒙山,冷峪,海拔500 m,李林R121035 - A。青州,仰天山,仰天寺,赵遵田88093 - B。

分布:中国特有种(山东、陕西)。

6. 淡叶长喙藓

Rhynchostegium pallidifolium (Mitt.) A. Jaeger, Ber. Thätigk. Gallischen Naturwiss. Ges. 1876 - 1877:369.1878.

Hypnum pallidifolium Mitt., J. Linn. Soc., Bot., 8:153.1864.

植物体中等大小,黄绿色至绿色,具光泽。茎匍匐,近羽状分枝。茎叶阔卵状披针形至卵状披针形或卵形,先端渐尖;叶边平展,上部具疏齿;中肋达叶中上部。枝叶与茎叶近同形。叶中部细胞线形,角细胞矩圆形,横跨叶基部。孢子体未见。

生境:生于岩面、土表或岩面薄土上。

产地:牟平,昆嵛山,马槽湾,海拔 300 m,李林 20101646。博山,鲁山,赵遵田 90616。牟平,昆嵛山,三林区,海拔 800 m,张艳敏 704(PE)。临朐,沂山,赵遵田 90331 – A。

分布:中国(吉林、山西、山东、河南、陕西、新疆、安徽、上海、浙江、江西、湖南、湖北、四川、重庆、贵州、云南、西藏、海南、香港)。日本。

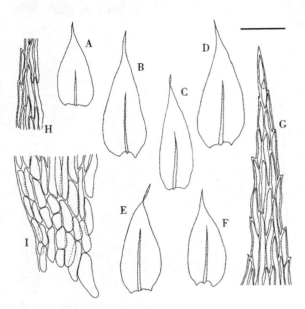

图 344　淡叶长喙藓 *Rhynchostegium pallidifolium* (Mitt.) A. Jaeger, A – F. 叶;G. 叶尖部细胞;H. 叶中部细胞;I. 叶基部细胞(任昭杰 绘)。标尺:A – F = 1.2 mm, G – I = 120 μm。

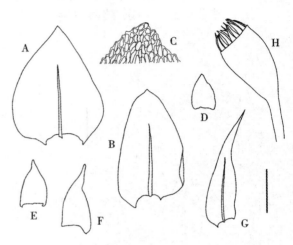

图 345　水生长喙藓 *Rhynchostegium riparioides* (Hedw.) Cardot, A – B. 叶;C. 叶尖部细胞;D – G. 雌苞叶;H. 孢蒴(任昭杰、李德利 绘)。标尺:A – B, D – G = 1.2 mm, C = 120 μm, H = 1.4 mm。

7. 水生长喙藓(照片 115)

Rhynchostegium riparioides (Hedw.) Cardot in Tourret, Bull. Soc. Bot. France 60:231.1913.

Hypnum riparioides Hedw., Sp. Musc. Frond. 242.1801.

Eurhynchium riparioides (Hedw.) Richards, Ann. Bryol. 9:135.1936.

植物体粗壮,暗绿色,略具光泽。茎匍匐,稀生叶,有时光裸无叶,稀疏分枝,分枝直立或倾立,枝密生叶。茎叶阔卵形至近圆形,先端圆钝,具小尖头,基部收缩,略反卷;叶边平展,具齿;中肋达叶中上部。枝叶与茎叶同形,略小。叶中部细胞长菱形至线形,薄壁,平滑,尖部和基部细胞短,角细胞椭圆形至矩形。雌苞叶披针形。蒴柄细长,红褐色,平滑。孢蒴矩圆形,下垂。蒴盖圆锥形,具短而弯曲的喙。

生境:生于阴湿岩面、土表或岩面薄土上。

产地:文登,昆嵛山,二分场缓冲区,海拔 350 m,任昭杰 20101209。文登,昆嵛山,仙女池,海拔 400 m,任昭杰 20101439 – B。牟平,昆嵛山,马腚,海拔 250 m,任昭杰 20101687。牟平,昆嵛山,水帘洞,海拔 350 m,任昭杰 20100050 – A。栖霞,艾山,海拔 400 m,赵遵田 R11981 – C。栖霞,牙山,海拔 400 m,赵遵田 90926 – 1 – B。招远,罗山,听泉,海拔 450 m,黄正莉 20111945 – B。青岛,崂山,滑溜口,海拔 500 m,李林 20112912。青岛,崂山,北九水停车场,海拔 300 m,任昭杰 R11989 – C。黄岛,大珠山,溪光煮茗,海拔 200 m,黄正莉 20111585 – C、20111587。黄岛,小珠山,一切智园,海拔 200 m,任昭杰 20111733 – B。临朐,沂山,赵遵田 90012 – B、90111 – 1。蒙阴,蒙山,天麻顶,海拔 800 m,赵遵田 91211 – C。蒙阴,蒙山,海拔 760 m,赵遵田 91380 – C。平邑,蒙山,核桃涧,海拔 580 m,李林 R121025。泰安,徂徕山,太平顶,海拔 780 m,赵遵田 911197、911198。泰安,泰山,天烛峰天烛灵龟,海拔 1000 m,任昭杰、李法虎 R20141013。济南,南护城河,赖桂玉 R20120044 – C。

分布:中国(吉林、辽宁、河北、山东、陕西、甘肃、上海、浙江、湖南、湖北、重庆、贵州、云南、广东、广西)。印度、不丹、尼泊尔、巴基斯坦、朝鲜、日本、坦桑尼亚,欧洲、北美洲和南美洲。

8. 匍枝长喙藓

Rhynchostegium serpenticaule (Müll. Hal.) Broth. in Levier, Nuovo Giorn. Bot. Ital., n. s., 13: 275. 1906.

Eurhynchium serpenticaule Müll. Hal. Nuovo Giorn. Bot. Ital., n. s., 4: 271. 1897.

植物体中等大小,黄绿色至绿色,具光泽。茎匍匐,近羽状分枝。茎叶卵状披针形至阔卵状披针形,先端渐尖,常扭曲;叶边平展,中上部具齿;中肋达叶中上部。枝叶与茎叶同形,略小。叶中部细胞线形,角细胞菱形或矩圆形,横跨叶基。孢子体未见。

生境:生于岩面或土表。

产地:栖霞,牙山,海拔 350 m,黄正莉 20111787、20111848 - A。青岛,崂山,靛缸湾上,海拔 500 m,任昭杰、卞新玉 20150063。临朐,沂山,赵遵田 90292 - B。博山,鲁山,海拔 800 m,赵遵田 90703、90359 - 3。泰安,泰山,赵遵田 20110548 - F。

分布:中国(山西、山东、陕西、湖南、四川、重庆、贵州)。越南。

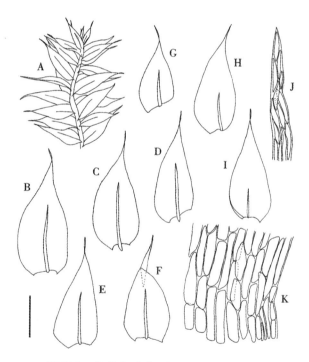

图 346 匍枝长喙藓 *Rhynchostegium serpenticaule* (Müll. Hal.) Broth.,A. 植物体一部分;B－F. 茎叶;G－I. 枝叶;J. 叶尖部细胞;K. 叶基部细胞(任昭杰 绘)。A = 1.7 mm, B－I = 1.1 mm, J－K = 110 μm。

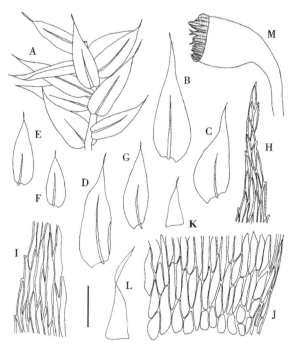

图 347 美丽长喙藓 *Rhynchostegium subspeciosum* (Müll. Hal.) Müll. Hal.,A. 植物体一部分;B－D. 茎叶;E－G. 枝叶;H. 叶尖部细胞;I. 叶中部边缘细胞;J. 叶基部细胞;K－L. 雌苞叶;M. 孢蒴(任昭杰 绘)。标尺:A－G, K－M = 1.2 mm, H－J = 120 μm。

9. 美丽长喙藓

Rhynchostegium subspeciosum (Müll. Hal.) Müll. Hal., Nuovo Giorn. Bot. Ital., n. s., 4: 272. 1897.

Eurhynchium subspeciosum Müll. Hal. Nuovo Giorn. Bot. Ital., n. s., 3: 124. 1896.

　　植物体柔弱,黄绿色至绿色。茎匍匐,羽状分枝。茎叶卵状披针形,先端渐尖,基部明显两侧不对称;叶边平展,中上部具细齿;中肋细弱,达叶中上部。枝叶与茎叶近同形,略小。叶中部细胞线形,末端尖锐,基部细胞较短,角细胞分化不明显,椭圆形或长方形。雌苞叶长披针形,先端常扭转。蒴柄橙黄色,长约1-1.5 cm。孢蒴倾立至平列,短圆柱形,具不明显台部。

　　生境:生于岩面。

　　产地:青州,仰天山,仰天寺,赵遵田88102。

　　分布:中国特有种(山东、陕西、重庆、贵州)。

40. 蔓藓科 METEORIACEAE

植物体通常中等大小至大形,黄绿色至暗绿色,有时带黑褐色,无光泽或具暗光泽。主茎匍匐,不规则或规则分枝,中轴分化或不分化。假鳞毛有或无,如有,片状。叶腋毛高 2 – 15 个细胞,两列细胞或分叉,细胞通常较短且透明。叶阔卵形至披针形,内凹或平展,多具纵褶或波纹,叶基有或无叶耳,叶尖突出毛尖或具长毛尖;叶边具齿;中肋多单一,较细弱,稀分叉或缺失。叶细胞多为长轴形,具单疣或多疣,角细胞分化或不分化。雌雄异株。蒴柄长或短,平滑或具疣。孢蒴长卵圆柱形或圆柱形,直立,对称。环带通常分化。蒴齿双层。蒴盖圆锥形,具短喙。蒴帽兜形或钟形,多被毛。

本科全世界现有 21 属。中国有 19 属;山东有 2 属。

分属检索表

1. 叶细胞具单疣 ·· 1. 蔓藓属 Meteorium
1. 叶细胞密被细疣 ··· 2. 扭叶藓属 Trachypus

Key to the genera

1. Laminal cells unipapillose ································· 1. Meteorium
1. Laminal cells pluri – papillose ····························· 2. Trachypus

1. 蔓藓属 Meteorium Dozy & Molk. Musci Frond. Ined. Archip. Ind. 157.1854.

植物体粗壮,黄绿色至暗绿色,老时带黑色,无光泽。主茎匍匐,支茎下垂,密集或稀疏不规则分枝至近羽状分枝;中轴分化。叶干燥时覆瓦状排列,阔卵状椭圆形至卵状三角形,上部多宽阔,强烈内凹,具多数纵褶,先端突成毛尖,或渐尖,基部多具叶耳;叶边全缘;中肋单一,细弱,达叶中上部。叶细胞卵形、菱形至线形,由上向下趋长,多厚壁,具单一粗疣,基部着生处细胞多平滑,胞壁强烈加厚,具壁孔。雌雄异株。蒴柄粗糙。孢蒴卵圆柱形至椭圆柱形,直立。蒴齿双层。蒴盖圆锥形,具斜喙。蒴帽兜形,被长毛。孢子球形,具疣。

本属全世界现有 37 种。中国有 7 种;山东有 1 种。

1. 川滇蔓藓

Meteorium buchananii(Brid.)Broth., Nat. Pflanzenfam. I(3):818.1906.

Isothecium buchananii Brid., Bryol. Univ. 2:363.1827.

Meteorium buchananii subsp. *helminthocladulum*(Cardot)Nog., J. Hattori Bot. Lab. 41:254.1976.

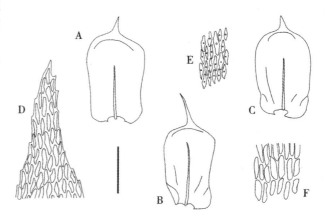

图348 川滇蔓藓 *Meteorium buchananii*(Brid.)Broth., A – C. 叶;D. 叶尖部细胞;E. 叶中部细胞;F. 叶基近中肋处细胞(任昭杰 绘)。标尺:A – C = 1.1 mm, D – F = 110 μm。

Meteorium helminthocladulum (Cardot) Broth., Nat. Pflanzenfam. I (3): 818.1906.

植物体粗壮。主茎匍匐,稀疏不规则羽状分枝。茎叶卵形、阔卵形至椭圆形,呈兜形,具纵褶,先端较宽阔、圆钝,突成短尖,基部有时呈耳状;叶边全缘或上部具齿;中肋细弱,达叶中部。枝叶与茎叶同形,略小。叶上部细胞长卵形,中部细胞狭长菱形,胞壁不规则加厚,具单个粗疣,叶基中央细胞平滑,厚壁,具壁孔。孢子体未见。

生境:生于岩面。

产地:青岛,崂山,赵遵田 Zh91099。青岛,崂山,柳树台,海拔 700 m,全治国 144(PE)。青岛,崂山,潮音瀑,全治国 55(PE)。

分布:中国(山东、陕西、甘肃、江苏、浙江、江西、湖南、湖北、四川、云南、西藏、广东)。日本、朝鲜、尼泊尔、不丹、印度、泰国和越南。

2. 扭叶藓属 Trachypus Reinw. & Hornsch. Nova Acta Phys. – Med. Acad. Caes. Leop. – Carol. Nat. Cur. 14 (2): 708.1829.

植物体小形至中等大小,黄绿色至暗绿色,有时带黑褐色,无光泽。主茎匍匐,支茎倾立或垂倾,不规则分枝或近羽状分枝,有时具鞭状枝。叶卵状披针形、披针形至长披针形,略具纵褶,叶尖部常扭曲;叶边多具细齿;中肋单一,细弱,达叶中上部。枝叶与茎叶同形,略小。叶细胞菱形至线形,密被细疣,仅叶基中央细胞平滑。雌雄异株。蒴柄细长。孢蒴球形或卵形,直立。蒴齿双层。蒴盖圆锥形,具长喙。蒴帽兜形,被纤毛。

本属全世界现有 5 种。中国有 3 种和 1 变种;山东有 1 种。

1. 扭叶藓

Trachypus bicolor Reinw. & Hornsch., Nova Acta Phys. – Med. Acad. Caes. Leop. – Carol. Nat. Cur. 14 (2): 708.1829.

植物体纤细,绿色,无光泽。主茎匍匐,羽状分枝或近羽状分枝。叶卵状披针形至长披针形,平展或略具纵褶,尖部有时扭曲;叶边全缘,或具细齿;中肋单一,达叶上部。叶细胞狭长六边形至线形,密被成列细疣,基部细胞多平滑,角细胞方形。孢子体未见。

生境:生于土表或岩面。

产地:牟平,昆嵛山,房门,海拔 500 m,姚秀英 20100941 – B。牟平,昆嵛山,赵遵田 91729 – C。牟平,昆嵛山,三岔河,赵遵田 89421、91704。泰安,徂徕山,上池,海拔 730 m,赵洪东 91932。泰安,泰山,南天门后坡,海拔 1400 m,赵遵田 34094 – C。

分布:中国(山东、甘肃、安徽、江西、湖南、湖北、四川、重庆、贵州、云南、西藏)。日本、印度、斯里兰卡、缅甸、泰国、越南、印度尼西亚、菲律宾、巴布亚新几内亚和巴西。

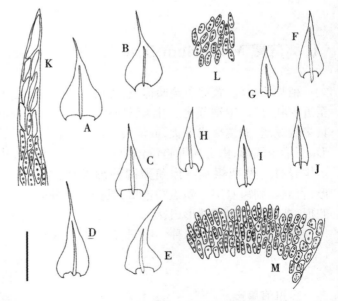

图 349 扭叶藓 *Trachypus bicolor* Reinw. & Hornsch., A – E. 茎叶;F – J. 枝叶;K. 叶尖部细胞;L. 叶中部细胞;M. 叶基部细胞(任昭杰 绘)。标尺:A – J = 0.8 mm, K – M = 80 μm。

41. 灰藓科 HYPNACEAE

植物体通常中等大小至大形。茎匍匐至直立,规则分枝或不规则分枝,分枝通常较短,茎和枝多呈扁平状,中轴分化或不分化。鳞毛稀少,假鳞毛片状,稀丝状。叶腋毛高 2–6 个细胞,稀至 8 个,细胞通常为长轴形。茎叶和枝叶同形或异形。叶经常呈镰刀形弯曲,先端短渐尖或长渐尖;叶边通常平展,全缘或具齿;中肋通常短弱,双中肋,或缺失,稀单一。叶细胞多为线形,平滑,稀具疣,角细胞分化或不分化。雌雄同株或雌雄异株,稀同序混生。蒴柄长,光滑,常扭曲。孢蒴卵圆球形或圆柱形,多呈弓形弯曲,下垂至平列。环带分化。蒴齿双层。蒴盖圆锥形,具短喙。蒴帽兜形,多平滑。孢子平滑或具疣。

许安琪(1987)报道平齿藓属 *Leiodontium* Broth. 的大平齿藓 *L. robustum* Broth. 在山东有分布,前志曾收录偏叶藓属 *Campylophyllum* (Schimp.) M. Fleisch. 的偏叶藓 *C. halleri* (Hedw.) M. Fleisch. 一种,张艳敏等(2002)报道腐木藓属 *Callicladium* H. A. Crum 的腐木藓 *C. haldanianum* (Grev.) H. A. Crum 在山东有分布,本次研究未见引证标本,我们也未采到相关标本,因此将以上三属和三种存疑。

本科全世界有 52 属。中国有 22 属;山东有 8 属。

分属检索表

1. 角细胞明显分化,由多数小形细胞组成 ···································· 2
1. 角细胞不明显分化,或仅由少数大形细胞组成 ···························· 3
2. 叶先端呈镰刀状弯曲 ······································ 1. 扁灰藓属 *Breidleria*
2. 叶先端不呈镰刀状弯曲 ···································· 3. 美灰藓属 *Eurohypnum*
3. 茎、枝圆条形 ··· 5. 灰藓属 *Hypnum*
3. 茎、枝扁平形 ·· 3
4. 叶细胞较短,不呈线形 ·· 4
4. 叶细胞线形 ··· 5
5. 植物体具鳞毛;叶细胞长菱形,常具前角突,角细胞略分化 ········ 4. 粗枝藓 *Gollania*
5. 植物体无鳞毛;叶细胞长六边形,平滑,角细胞不分化 ········ 8. 明叶藓属 *Vesicularia*
6. 角细胞明显分化 ···································· 2. 偏蒴藓属 *Ectropothecium*
6. 角细胞不分化或略分化 ·· 6
7. 植物体具芽胞,无假鳞毛 ···························· 6. 拟鳞叶藓属 *Pseudotaxiphyllum*
7. 植物体无芽胞,具假鳞毛 ······························ 7. 鳞叶藓属 *Taxiphyllum*

Key to the genera

1. Leaf alar cells obviously differentiated, consisting of numerous small cells ··············· 2
1. Leaf alar cells weakly differentiated, or only a few enlarged cells ···················· 3
2. Leavf apex falcate ··· 1. *Breidleria*
2. Leavf apex not falcate ·· 3. *Eurohypnum*
3. Stems and branches rounded ··· 5. *Hypnum*
3. Stems and branches complanately foliose ··································· 3
4. Laminal cells rather short, not linear ····································· 4

4. Laminal cells linear ·· 5

5. Plants with pseudoparaphyllia; laminal cells long – rhomboidal, usually papillose at the front corner, alar cells weakly differentiated ·· 4. *Gollania*

5. Plants without pseudoparaphyllia; laminal cells long – hexagonal, smooth, alar cells not differentiated ·· 8. *Vesicularia*

6. Leaf alar cells obviously differentiated ···································· 2. *Ectropothecium*

6. Leaf alar cells not differentiated, or weakly differentiated ································· 6

7. Gemmae present, pseudoparaphyllia absent ··················· 6. *Pseudotaxiphyllum*

7. Gemmae absent, pseudoparaphyllia present ····························· 7. *Taxiphyllum*

1. 扁灰藓属 Breidleria Loeske Stud. Morph. Syst. Laubm. 172. 1910.

植物体形大，粗壮，黄绿色至暗绿色，具光泽。茎匍匐或倾立，不规则稀疏分枝或近羽状分枝。叶异形，背面叶短，腹面叶和侧面叶长，一侧弯曲，卵状披针形，基部不下延至略下延，先端渐尖；叶边平展，中上部具齿；中肋短，2 条或不明显。枝叶狭披针形，一侧弯曲，较小。叶细胞长线形，薄壁，基部细胞宽短，角细胞分化，较小，方形至长方形。雌雄异株。雌苞叶具纵褶。蒴柄细长。孢蒴长椭圆柱形或圆柱形，弓形弯曲。环带分化。蒴齿双层。蒴盖圆锥形。

本属全世界现有 2 种。中国有 2 种；山东有 1 种。

1. 扁灰藓（照片 116）

Breidleria pratensis (Koch ex spruce) Loeske, Stud. Morph. Syst. Laubm. 172. 1910.

Hypnum pratense Koch ex spruce, London J. Bot. 4: 177. 1845.

植物体粗壮，黄绿色至绿色，具光泽。茎匍匐，不规则分枝或近羽状分枝。假鳞毛片状。叶卵状披针形，内凹，先端渐尖，多一侧弯曲；叶边平展，中上部具细齿；中肋短，2 条或不明显。叶细胞长线形，平滑，角细胞小，方形至长方形。孢子体未见。

生境：生于岩面或土表。

产地：栖霞，牙山，海拔 630 m，黄正莉 20111783、20111832。招远，罗山，海拔 600 m，李林 20112017 – D。青岛，崂山，下清宫，海拔 300 m，李林 20112941 – B。临朐，沂山，赵遵田 90305 – 2 – C。蒙阴，蒙山，望海楼，海拔 1000 m，赵遵田 20111396。青州，仰天山，海拔 800 m，郭萌萌 20112211 – B。青州，仰天山，仰天寺，赵遵田 88124 – B。博山，鲁山，海拔 1000 m，李林 20112457 – D、20112489 – B。泰安，泰山，赵遵田 20110543 – A、20110547 – C、20110549。

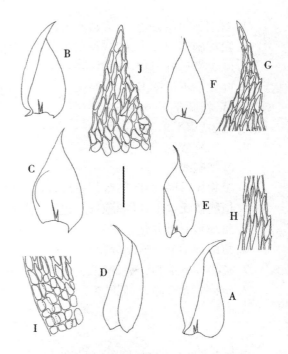

图 350　扁灰藓 *Breidleria pratensis* (Koch ex spruce) Loeske，A – D. 茎叶；E – F. 枝叶；G. 叶尖部细胞；H. 叶中部细胞；I. 叶基部细胞；J. 假鳞毛（任昭杰 绘）。标尺：A – F = 1.0 mm，G – J = 100 μm。

分布：中国（黑龙江、吉林、内蒙古、河北、山西、山东、陕西、甘肃、贵州、云南）。蒙古、日本、俄罗斯（远东地区和西伯利亚），欧洲和北美洲。

2. 偏蒴藓属 Ectropothecium Mitt. J. Linn. Soc. Bot. 10：180.1868.

植物体纤细至粗壮,黄绿色至深绿色,有时带棕色,具光泽。茎匍匐,单一或羽状分枝,分枝倾立,短而单一。鳞毛稀少,披针形或细长形,或缺失。叶多有背叶、侧叶和腹叶之分。茎叶卵形、卵状披针形或倒卵状披针形,多不对称,叶基不下延,先端渐尖或急尖,多一侧偏曲;叶边具齿;中肋2,短弱或缺失。枝叶与茎叶近同形,较小。叶细胞狭长线形,有时具明显前角突,基部细胞较宽短,角细胞分化,少且较小,方形至长方形。雌雄异株或同株异苞,稀雌雄杂株。内雌苞叶阔披针形,具长尖。孢蒴卵形、壶形或长圆柱形,下垂或平列。环带分化。蒴齿双层。蒴盖圆锥形或平凸,具短喙。蒴帽平滑,稀具单细胞纤毛。孢子多平滑。

本属全世界约205种。中国有16种;山东有1种。

1. 卷叶偏蒴藓

Ectropothecium ohosimense Cardot. & Thér., Bull. Acad. Int. Géogr. Bot. 18：251.1908.

植物体中等大小。茎匍匐,羽状分枝。假鳞毛细丝状。茎叶卵状披针形,先端长渐尖,一侧偏曲;叶边平展,具齿;中肋2,短弱。枝叶与茎叶近同形,较小。叶细胞线形,常具前角突,角细胞长圆形,较大,无色透明。

生境:生于土表或岩面。

产地:文登,昆嵛山,仙女池,海拔400 m,姚秀英20100527。文登,昆嵛山,二分场缓冲区,海拔350 m,黄正莉20101232 – B。牟平,昆嵛山,老师坟,海拔350 m,任昭杰20101232 – B。青岛,崂山,下清宫,赵遵田89335 – C。黄岛,小珠山,南天门,海拔450 m,任昭杰20111754 – A。黄岛,大珠山,海拔100 m,黄正莉20111498 – A、20111538 – C。五莲,五莲山,海拔320 m,任昭杰R20130158。泰安,泰山,赵遵田20110549 – F。

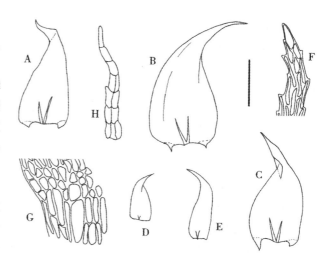

图 351　卷叶偏蒴藓 *Ectropothecium ohosimense* Cardot. & Thér., A – C. 茎叶;D – E. 枝叶;F. 叶尖部细胞;G. 叶基部细胞;H. 假鳞毛(任昭杰、付旭 绘)。标尺:A – E = 0.9 mm,F – H = 90 μm。

分布:中国(山东、浙江、江西、湖南、四川、贵州、云南、西藏、福建、海南、澳门)。日本和越南。

经检视标本发现,李林等(2013)和任昭杰等(2013)报道的平叶偏蒴藓 *E. zollingeri*(Müll. Hal.)A. Jaeger 系本种误定。

3. 美灰藓属 Eurohypnum Ando Bot. Mag.（Tokyo）79：760.1966.

属特征见种。

本属全世界仅1种。山东有分布。

1. 美灰藓(照片117)

Eurohypnum leptothallum（Müll. Hal.）Ando, Bot. Mag.（Tokyo）79：761.1966.

Cupressina leptothallum Müll. Hal., Nuovo Giorn. Bot. Ital., n. s., 3：119.1896.

Eurohypnum leptothallum var. *tereticaule*（Müll. Hal.）C. Gao & G. C. Zhang, J. Hattori Bot. Lab.

54：194.1983.

植物体纤细至粗壮,黄绿色至暗绿色,有时苍白色、红褐色,略具光泽。茎匍匐,不规则羽状分枝。茎叶阔卵状披针形,内凹,基部狭窄,先端急尖,直立或略偏斜;叶边平展,全缘,仅先端具微齿;中肋缺失,或2条短中肋,不明显。枝叶与茎叶同形,略小。叶细胞狭长菱形,平滑,角细胞分化明显,小形,厚壁,方形、多边形至圆多边形,斜向排列,沿叶边向上延伸,高达20－30个细胞。孢子体未见。

生境:多生于土表、岩面或岩面薄土上,稀见树基部。

产地:文登,昆嵛山,圣母宫,海拔350 m,任昭杰20100517。牟平,昆嵛山,泰礴顶下,海拔670 m,任昭杰20110041。牟平,昆嵛山,麻姑庙,海拔350 m,任昭杰20100726－A。栖霞,沂山,海拔590 m,赵遵田90863－A。栖霞,艾山,海拔500 m,赵遵田20113068－C。招远,罗山,海拔600 m,黄正莉20111952－D。招远,罗山,云屯潭,海拔520 m,黄

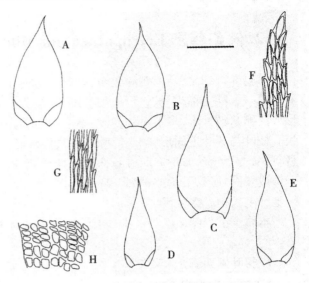

图352　美灰藓 Eurohypnum leptothallum（Müll. Hal.）Ando, A－C. 茎叶;D－E. 枝叶;F. 叶尖部细胞;G. 叶中部细胞;H. 叶基部细胞(任昭杰、付旭绘)。标尺:A－E＝1.1 mm, F－H＝110 μm。

正莉20112020。莱州,云峰山,任昭杰R00606。平度,大泽山,海拔550 m,石上土生,李林20112052、20112090。青岛,崂山,潮音瀑上,赵遵田88016－A、88030。青岛,崂山,海拔660 m,赵遵田91074－B。换到,积米崖,赵遵田89321。五莲,五莲山,海拔300 m,任昭杰R20130138－C。五莲,五莲山,赵遵田89286－B。临朐,沂山,赵遵田90171、90172－B。临朐,嵩山,海拔500 m,赵遵田、李荣贵90390－B、90393、90394、90395、90397。沂南,蒙山,海拔790 m,赵遵田R121003－C。蒙阴,蒙山,天麻顶,海拔850 m,赵遵田91205。蒙阴,蒙山,砂山,海拔600 m,任昭杰R20120034、R20120036。平邑,蒙山,龟蒙顶,张艳敏8－B(PE)。青州,仰天山,仰天寺,赵遵田88083。博山,鲁山,海拔700 m,黄正莉20112443－C、20112447－C。新泰,莲花山,海拔500 m,黄正莉20110592、20110594、20110598。泰安,徂徕山,太平顶,海拔1000 m,任昭杰20110706。泰安,徂徕山,光华寺,海拔850 m,任昭杰R11966。泰安,泰山,南天门,后坡,海拔1150 m,赵遵田34004。泰安,泰山,朝阳沟下,海拔1000 m,赵遵田34067。济南,千佛山,赵遵田20112188－C。

分布:中国(黑龙江、吉林、内蒙古、北京、山西、山东、河南、陕西、宁夏、甘肃、青海、新疆、安徽、江苏、上海、江西、湖南、湖北、四川、重庆、贵州、云南、西藏)。蒙古、日本、朝鲜和俄罗斯(远东地区和西伯利亚)。

本种在山东分布范围较为广泛,植株大小、颜色等变化范围较大。

4. 粗枝藓属 Gollania Broth. Nat. Pflanzenfam. ed. I（3）：1054.1908.

植物体大形,粗壮,黄绿色至深绿色,有时带褐色,具光泽。茎匍匐,羽状分枝或不规则分枝,生叶茎扁平或近圆柱形,稀圆柱形;中轴分化或不分化。假鳞毛披针形或卵形,稀三角形。叶有背叶、侧叶和腹叶之分。茎叶直立或镰刀状弯曲,卵圆形、披针形或长椭圆形,平展或内凹,多具褶皱或横波纹,先端具短尖或长尖,基部下延;叶边基部背卷,稀基部至上部皆背卷,下部全缘,中上部具粗齿或细齿,稀全缘;中肋2,长或短。枝叶狭窄,较小。叶细胞线形,薄壁或厚壁,有时具前角突,基部细胞较大,厚壁,有时具壁孔,角细胞分化,方形或圆多边形。雌雄异株。蒴柄细长,平滑,常扭曲。孢蒴卵圆柱形或长

柱形,平列,平滑。蒴齿双层。蒴盖圆锥形,具短喙。蒴帽兜形。孢子黄棕色,平滑或具疣。

本属全世界现有 20 种。中国有 16 种;山东有 4 种。

分种检索表

1. 叶中部细胞壁厚,具前角突 ·· 2
1. 叶中部细胞壁薄,平滑 ··· 3
2. 叶具长尖,且尖部具横皱纹 ····················· 1. 皱叶粗枝藓 G. ruginosa
2. 叶具短尖,尖部无横皱纹 ······················· 4. 多变粗枝藓 G. varians
3. 角细胞明显分化 ······························· 2. 中华粗枝藓 G. sinensis
3. 角细胞略分化 ···························· 3. 鳞粗枝藓 G. taxiphylloides

Key to the species

1. Median laminal cells thick – walled and papillse at the front corner ··············· 2
1. Median laminal cells thin – walled, smooth ·································· 3
2. Leaves gradually narrow to a long apex and transversely rugose at the apex ········· 1. G. ruginosa
2. Leaves abruptly narrow to a short apex, not transversely rugose at the apex ········· 4. G. varians
3. Alar cells obviously differentiated ································ 2. G. sinensis
3. Alar cells weakly differentiated ································· 3. G. taxiphylloides

1. 皱叶粗枝藓(照片 118)

Gollania ruginosa(Mitt.)Broth., Nat. Pflanzenfam. I(3):1055.1908.

Hyocomium ruginosum Mitt., Trans. Linn. Soc. Bot. London, Bot. 3:178.1891.

植物体中等大小,黄绿色,具光泽。茎匍匐,羽状分枝或不规则分枝。假鳞毛披针形。茎叶有分化,背面叶狭长卵状披针形,具纵褶,有时平展,基部近心形,向上渐成长尖,尖部具横皱纹,有时平展,略向一侧偏曲;叶边平展,或略背卷,上部具不规则齿;中肋 2,较短弱。腹面叶尖部横皱纹明显。枝叶较小。叶中部细胞线形,厚壁,具前角突,角细胞略分化,3 – 5 列,高 4 – 6 个细胞。孢子体未见。

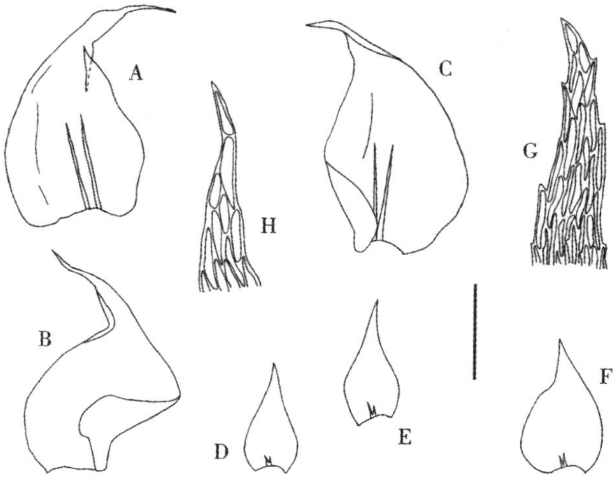

图 353 皱叶粗枝藓 *Gollania ruginosa*(Mitt.)Broth., A – C. 茎叶;D – F. 枝叶;G. 叶尖部细胞;H. 假鳞毛(任昭杰、付旭 绘)。标尺:A – F = 1.0 mm, G – H = 100 μm。

生境:生于土表或岩面。

产地:蒙阴,蒙山,望海楼,海拔 1000 m,赵遵田 20111371 – D。青州,仰天山,仰天寺,赵遵田 88074。泰安,泰山,赵遵田 20110559 – C。泰安,泰山,赵遵田 20110548 – A。泰安,药乡林场,陈锡典 2502(SDAU)。济南,藏龙涧至黑峪途中,任昭杰 R15472 – R15473.

分布:中国(黑龙江、吉林、辽宁、山西、山东、河南、陕西、甘肃、安徽、浙江、江西、湖北、四川、重庆、贵州、云南、西藏、台湾、广西)。日本、朝鲜、印度、不丹和俄罗斯(远东地区)。

本种在山东主要分布于鲁中南山区,叶多具褶皱,但部分标本叶略平展,经检视标本发现,任昭杰等(2014)报道的陕西粗枝藓 *G. schensiana* Dixon ex Higuchi 系本种误定。

2. 中华粗枝藓

Gollania sinensis Broth. & Paris. , Rev. Gén. Bot. 30：351. f. 3. 1918.

植物体粗壮。茎匍匐,不规则分枝。假鳞毛卵状披针形。茎叶有分化,背面叶阔长卵状披针形,稍具纵褶,直立至略弯曲,基部近心形,略下延,向上突成短尖;叶边平展,基部一侧略背卷,中上部具不规则齿;中肋2,多不及叶长1/2。腹面叶尖部平展。枝叶较小。叶中部细胞狭长线形,薄壁,多平滑,角细胞分化明显,5-7列,高6-8个细胞。孢子体未见。

生境:生于土表。

产地:黄岛,铁橛山,海拔280 m,付旭 R20130137-D、R20130187-E。新泰,莲花山,海拔500 m,黄正莉20110581-B、20110604。泰安,泰山,三岔,张艳敏1858(SDAU)。

分布:中国特有种(山东、陕西、甘肃、江西、四川、重庆、贵州、云南、西藏)。

经检视标本发现,张艳敏等(2002)报道的大金灰藓 *Pylaisia cristata* Cardot 系本种误定。

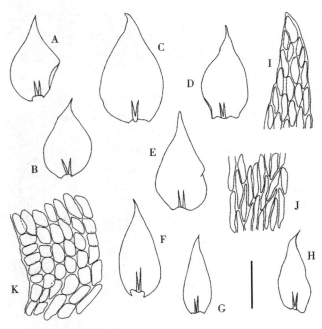

图354 中华粗枝藓 *Gollania sinensis* Broth. & Paris. , A-E. 茎叶;F-H. 枝叶;I. 叶尖部细胞;J. 叶中部细胞;K. 叶基部细胞(任昭杰 绘)。标尺:A-H=0.8 mm, I-K=80 μm。

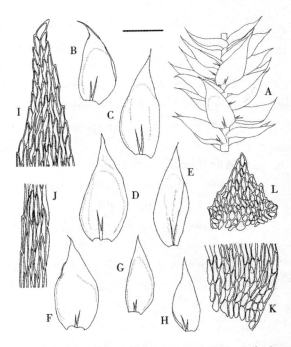

图355 鳞粗枝藓 *Gollania taxiphylloides* Ando & Higuchi, A. 植物体;B-F. 茎叶;G-H. 枝叶;I. 叶尖部细胞;J. 叶中部细胞;K. 叶基部细胞;L. 假鳞毛(任昭杰 绘)。标尺:A=1.7 mm, B-H=1.2 mm, I-L=104 μm。

3. 鳞粗枝藓(照片119)

Gollania taxiphylloides Ando & Higuchi, Hikobia, Suppl. 1：189. f. 1-2. 1981.

植物体中等大小,黄绿色,具光泽。茎匍匐,不规则分枝,分枝不等长,带叶枝扁平。假鳞毛披针形、三角形至圆三角形。叶卵状披针形,内凹,具褶皱,先端渐尖;叶边近全缘,或尖部具细齿;中肋2,较长,有时不清晰。叶中部细胞线形,薄壁,平滑,尖部和基部细胞略宽短,角细胞分化不明显,矩形或近方形。

生境:生于岩面或土表。

产地:青岛,崂山,柳树台至崂顶途中,仝治国169(PE)。济南,藏龙涧,任昭杰、卞新玉 R15495。济南,龙洞,海拔200 m,李林20113136。

分布:中国(山东)。日本。

4. 多变粗枝藓

Gollania varians（Mitt.）Broth.，Nat. Pflanzenfam. I（3）：1055. 1908.

Hylocomium varians Mitt.，Trans. Linn. Soc. London.，Bot. 3：183. 1891.

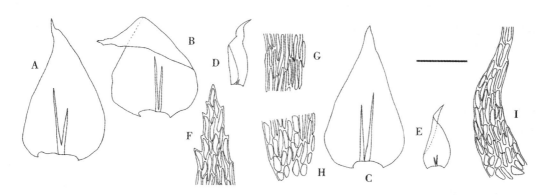

图 356　多变粗枝藓 *Gollania varians*（Mitt.）Broth.，A – C. 茎叶；D – E. 枝叶；F. 叶尖部细胞；G. 叶中部细胞；H. 叶基部细胞；I. 假鳞毛（任昭杰、李德利 绘）。标尺：A – E = 1.2 mm，F – I = 120 μm。

本种与中华粗枝藓 *G. sinensis* 相似，但本种叶中部细胞具明显前角突，而后者叶中部细胞平滑。

生境：生于岩面或土表。

产地：青岛，崂山，赵遵田 Zh89271。青岛，崂山，柳树台至崂顶途中，海拔 1000 m，全治国 169
（PE）。平邑，蒙山，龟蒙顶，张艳敏 18（SDAU）。泰安，泰山，赵遵田 20110549 – D。泰安，药乡林场，张
艳敏 89085（SDAU）。

分布：中国（山东、河南、陕西、甘肃、浙江、湖北、四川、重庆、贵州、云南）。朝鲜和日本。

5. 灰藓属 Hypnum Hedw. Sp. Musc. Frond. 236. 1801.

植物体中等大小至粗壮，黄绿色至深绿色，有时带褐色、红色，具光泽，大片交织生长。茎匍匐，不
规则分枝或规则羽状分枝，分枝末端呈镰刀状或钩状；中轴分化或不分化。假鳞毛披针形或卵圆形，稀
丝状，有时缺失。叶多卵状披针形，先端具短尖或长尖，镰刀状弯曲；叶边平展或背卷，全缘或上部具
齿；中肋 2，短弱或缺失，稀较长。叶细胞长线形，薄壁，平滑，稀具前角突，基部细胞厚壁，有时具壁孔，
角细胞明显分化，方形或多边形，膨大、透明。雌雄异株或雌雄同株异苞。蒴柄细长，平滑，干燥时常扭
转。孢蒴长卵圆柱形至圆柱形，略弯曲，平列至倾立，稀直立。蒴齿双层。蒴盖圆锥形，具喙。蒴帽兜
形，平滑无毛。孢子具疣。

本属全世界约 43 种。中国有 20 种和 1 亚种；山东有 8 种。

分种检索表

1. 茎表皮细胞分化明显，大形，薄壁，透明 ··· 2
1. 茎表皮细胞不分化，小形，不同程度上厚壁 ··· 3
2. 茎表皮细胞大形，外壁非薄壁 ·· 2. 多蒴灰藓 H. fertile
2. 茎表皮细胞大形，透明，外壁甚薄 ·· 4. 弯叶灰藓 H. hamulosum
3. 角细胞分化明显，多数，方形 ·· 4
3. 角细胞不分化或略分化 ··· 5
4. 叶具短尖；叶边平展或略背卷 ··· 1. 灰藓 H. cupressiforme
4. 叶具长尖；叶边明显背卷 ·· 7. 卷叶灰藓 H. revolutum

5. 雌雄异株 ·· 6

5. 雌雄同株 ·· 7

6. 叶具纵褶,叶边有时背卷;蒴盖具长喙 ·················· 3. 长喙灰藓 *H. fujiyamae*

6. 叶不具纵褶,叶边平展;蒴盖具短喙 ···················· 6. 大灰藓 *H. plumaeforme*

7. 植物体纤细,小形;孢蒴平列至倾立 ··················· 5. 黄灰藓 *H. pallescens*

7. 植物体粗壮,大形;孢蒴直立 ·························· 8. 湿地灰藓 *H. sakuraii*

Key to the species

1. Epidermal cells of stem well differentiated, large, thin – walled and hyaline ················ 2

1. Epidermal cells of stem not differentiated, small and more or less thick – walled ············ 3

2. Epidermal cells of stem large, without thin outer walls ························· 2. *H. fertile*

2. Epidermal cells of stem large, hyaline, with thin outer walls ·················· 4. *H. hamulosum*

3. Alar cells conspicuously differentiated, numerous, quadrate ······················· 4

3. Alar cells not differentiated or weakly differentiated ··························· 5

4. Leaves with short apex; leaf margin plane or lightly recurved ············· 1. *H. cupressiforme*

4. Leaves with long apex; leaf margin obviously recurved ················· 7. *H. revolutum*

5. Dioecious ·· 6

5. Monoicous ··· 7

6. Leaves plicate; leaf margins sometimes revolute below; operculum with a longer beak ····· 3. *H. fujiyamae*

6. Leaves not plicate; Leaf margins plane; operculum woth a shorter beak ········ 6. *H. plumaeforme*

7. Plants slender, small; capsules horizontal to inclined ················· 5. *H. pallescens*

7. Plants robust, large; capsules erect ···························· 8. *H. sakuraii*

1. 灰藓(照片 120)

Hypnum cupressiforme Hedw., Sp. Musc. Frond. 219. 1801.

植物体中等大小,具光泽。茎匍匐或倾立,不规则羽状分枝或规则羽状分枝,中轴分化。假鳞毛稀少,披针形或片状。茎叶长椭圆形或椭圆状披针形,镰刀形弯曲,稀直立,内凹,先端渐尖;叶边全缘或仅先端具细齿;中肋 2 ,短弱或不明显。枝叶与茎叶同形,较小。叶细胞狭长菱形,薄壁或厚壁,基部细胞短,厚壁,具壁孔,角细胞分化,方形或多边形。孢子体未见。

生境:多生于岩面、土表或岩面薄土上。

产地:荣成,伟德山,海拔 300 m,李林 20112397 – C。文登,昆嵛山,二分场缓冲区,海拔 350 m,任昭杰 20101123 – B、20101333 – B、牟平,昆嵛山,马腚,海拔 250 m,任昭杰 20101669、20111683。青岛,浮山,赵遵田 90368 – D。青岛,崂山,土石屋,赵遵田 91580 – A。青岛,崂山,下清宫,海拔 300 m,李林 20112915、20112942。黄岛,大珠山,海拔 100 m,黄正莉 20111509 – B、20111553。黄岛,小珠山,海拔 100

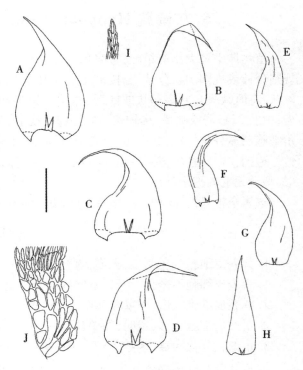

图 357 灰藓 *Hypnum cupressiforme* Hedw., A – D. 茎叶;E – H. 枝叶;I. 叶尖部细胞;J. 叶基部细胞(任昭杰、付旭 绘)。标尺:A – H = 1.2 mm, I – J = 120 μm。

m,任昭杰 20111627。黄岛,铁橛山,海拔 210 m,李林 R20130129 – B。五莲,五莲山,海拔 400 m,任昭杰 R20110013。日照,丝山,赵遵田 89262。蒙阴,蒙山,任昭杰 20120089。

分布:中国(吉林、辽宁、内蒙古、山西、山东、陕西、宁夏、甘肃、青海、新疆、安徽、江西、湖南、四川、贵州、云南、西藏、福建、台湾、广西)。巴基斯坦、蒙古、朝鲜、日本、俄罗斯(西伯利亚和远东地区)、斯里兰卡、印度、秘鲁、智利、坦桑尼亚,欧洲、北美洲和大洋洲。

2. 多蒴灰藓

Hypnum fertile Sendtn., Denkschr. Bot. Ges. Regensburg 3:147.1841.

植物体中等大小,具光泽。茎匍匐,近羽状分枝,横切面表皮细胞大形。假鳞毛片状。茎叶椭圆状披针形至阔椭圆状披针形,内凹,无纵褶或略具纵褶,先端渐尖,镰刀状一侧偏曲;叶边略背卷,中下部全缘,上部具细齿;中肋 2,短弱或缺失。枝叶与茎叶同形,较小。叶中部细胞线形,基部细胞短,具壁孔,角细胞分化,方形或长圆形,常由少数透明薄壁细胞组成。孢子体未见。

生境:生于岩面、土表或岩面薄土上。

产地:文登,昆嵛山,无染寺,海拔 350 m,任昭杰 20100512。文登,昆嵛山,二分场缓冲区,海拔 350 m,任昭杰 20101305。牟平,昆嵛山,三官殿,海拔 350 m,任昭杰 20100731。牟平,昆嵛山,五分场东山,海拔 350 m,成玉良 20100730。青岛,崂山,赵遵田 Zh91097 – C。

分布:中国(黑龙江、吉林、内蒙古、山东、浙江、湖南、四川、重庆、贵州、云南、西藏、广西)。日本、俄罗斯(西伯利亚和远东地区),欧洲、北美洲和非洲。

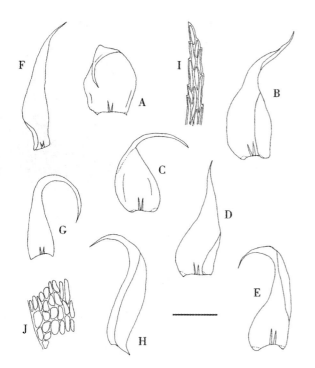

图 358 多蒴灰藓 Hypnum fertile Sendtn., A – E. 茎叶;F – H. 枝叶;I. 叶尖部细胞;J. 叶基部细胞(任昭杰、付旭 绘)。标尺:A – H = 1.1 mm, I – J = 110 μm。

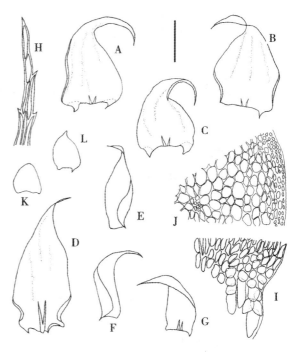

图 359 长喙灰藓 Hypnum fujiyamae(Broth.)Paris, A – D. 茎叶;E – G. 枝叶;H. 叶尖部细胞;I. 叶基部细胞;J. 茎横切面一部分;K – L. 假鳞毛(任昭杰 绘)。标尺:A – G, K – L = 0.8 mm, H – I = 92 μm, J = 120 μm。

3. 长喙灰藓

Hypnum fujiyamae(Broth.)Paris, Index Bryol. Suppl. 1:202.1900.

Stereodon fujiyamae Broth., Hedwigia 38:232.1899.

植物体粗壮。茎匍匐,不规则分枝或羽状分枝;中轴略分化。假鳞毛披针形或卵圆形。茎叶三角状披针形或卵状披针形,具纵褶,先端渐尖,镰刀状一侧偏曲;叶边下部常背卷,先端具细齿;中肋2,短弱。枝叶卵圆状披针形或椭圆状披针形,较小。叶细胞线形,基部细胞较短,厚壁,具壁孔,角细胞大形,薄壁,无色透明,有时带褐色。孢子体未见。

生境:生于土表或岩面。

产地:文登,昆嵛山,仙女池,海拔400 m,成玉良20100540。文登,昆嵛山,二分场缓冲区,海拔400 m,姚秀英20100543。牟平,昆嵛山五分场,海拔250 m,任昭杰20100643。牟平,昆嵛山,黄连口,海拔500 m,黄正莉20100176。栖霞,牙山,海拔300 m,黄正莉20111820。青岛,崂山,双石屋至蔚竹观途中,海拔350 m,任昭杰、卞新玉20150023。黄岛,铁橛山,海拔300 m,任昭杰R20130167 - B。黄岛,铁橛山,海拔200 m,黄正莉R20130177 - D。五莲,五莲山,海拔310 m,任昭杰R20130164 - E。五莲,五莲山,海拔300 m,付旭R20130110 - B。蒙阴,蒙山,冷峪,海拔500 m,李超R121023。

分布:中国(山东、河南、福建)。朝鲜和日本。

4. 弯叶灰藓

Hypnum hamulosum Schimp. , Bryol. Eur. 6:96. pl. 590. 1854.

Hypnum cupressiforme var. *hamulosum* Brid. , Muscol. Recent. Suppl. 2:217. 1812.

本种叶形与多蒴灰藓 *H. fertile* 相似,本种茎横切面皮层细胞大形,透明,外壁非常薄,常撕裂,后者皮层细胞虽也大形,但外壁明显较前者厚,不撕裂。

生境:生于岩面或土表。

产地:牟平,昆嵛山,林场西沟,海拔250 m,赵遵田84086。青岛,崂山,滑溜口,赵遵田20112843 - B。

分布:中国(黑龙江、吉林、辽宁、内蒙古、河北、山西、山东、河南、陕西、宁夏、甘肃、新疆、江苏、上海、浙江、江西、安徽、湖南、湖北、重庆、贵州、四川、西藏、云南)。俄罗斯(西伯利亚),欧洲和北美洲。

5. 黄灰藓

Hypnum pallescens (Hedw.) P. Beauv. , Prodr. Aethéogam. 67. 1805.

Leskea pallescens Hedw. , Sp. Musc. Frond. 219. pl. 55, f. 1 - 6. 1801.

植物体形小。茎匍匐,羽状分枝或近羽状分枝,中轴略分化。假鳞毛稀少,披针形。茎叶卵状披针形,内凹,先端渐尖,多镰刀状弯曲;叶边上部具细齿;中肋2,短弱。枝叶较小,狭窄,先端齿较为明显。叶细胞线形,具不明显前角突,基部细胞较宽短,角细胞多数,方形或圆方形。孢子体未见。

生境:多生于土表、岩面或岩面薄土上,偶见于树上。

产地:文登,昆嵛山,仙女池,海拔300 m,任昭杰20101438。文登,昆嵛山,仙女池,海拔300 m,任昭杰20101244、20101269 - B。牟平,昆嵛山,马

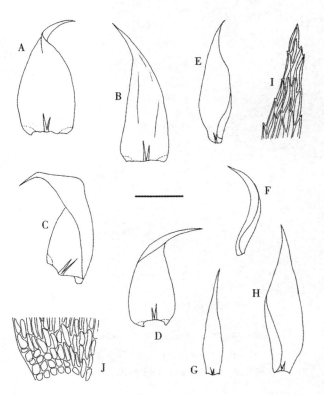

图360 黄灰藓 *Hypnum pallescens* (Hedw.) P. Beauv. , A - D. 茎叶;E - H. 枝叶;I. 叶尖部细胞;J. 叶基部细胞(任昭杰、付旭 绘)。标尺:A - H = 1.1 mm, I - J = 110 μm。

腔,海拔250 m,任昭杰20101473。牟平,昆嵛山,九龙池,海拔250 m,姚秀英20100238。青岛,崂山顶,赵遵田88007 - A。崂山,上清宫,赵遵田89001。日照,丝山,赵遵田89251、89259 - A。蒙阴,蒙山,小天麻岭,海拔650 m,赵遵田91279。博山,鲁山,海拔1030 m,赵遵田90578 - A。

分布:中国(吉林、辽宁、内蒙古、山西、山东、陕西、宁夏、甘肃、新疆、江西、湖北、四川、贵州、云南、西藏)。巴基斯坦、朝鲜、日本、俄罗斯(西伯利亚和远东地区),欧洲和北美洲。

6. 大灰藓(照片121)

Hypnum plumaeforme Wilson, London J. Bot. 7:277.1848.

植物体纤细至粗壮,黄绿色至暗绿色,有时带褐色,具光泽。茎匍匐,不规则分枝或规则羽状分枝;中轴略分化。假鳞毛稀少,黄绿色,丝状或披针形。茎叶阔椭圆形或近心形,渐上阔披针形,渐尖,多一侧偏曲;叶边平展,先端具细齿;中肋2,短弱。枝叶与茎叶近同形,较小。叶细胞线形,厚壁,基部细胞较短,厚壁,具壁孔,角细胞较大,薄壁,透明。孢子体未见。

生境:多生于土表、岩面或岩面薄土上。

产地:文登,昆嵛山,二分场缓冲区,海拔300 m,任昭杰20101172 - C。文登,昆嵛山,仙女池,海拔400 m,任昭杰20100528 - B。牟平,昆嵛山,马腚,海拔250 m,任昭杰20101502。牟平,昆嵛山,三官殿,海拔250 m,成玉良20100659。栖霞,牙山,海拔300 m,赵遵田90917。青岛,崂山,仰口,海拔80 m,任昭杰、杜超R00387、R00389。青岛,崂山顶,海拔1100 m,韩国营R11977。黄岛,小珠山,海拔120 m,黄正莉20111621 - B、20111716。黄岛,铁橛山,黄正莉R20130116。五莲,五莲山,土生,海拔300 m,付旭R20120731。蒙阴,蒙山,小天麻顶,海拔650 m,赵遵田91420。

分布:中国(吉林、内蒙、河北、山东、陕西、甘肃、新疆、河南、安徽、江苏、上海、浙江、江西、湖南、湖北、四川、重庆、贵州、云南、西藏、福建、台湾、广东、广西、海南、香港)。斯里兰卡、朝鲜、日本、尼泊尔、越南、缅甸、菲律宾、俄罗斯(远东地区)和美国(夏威夷)。

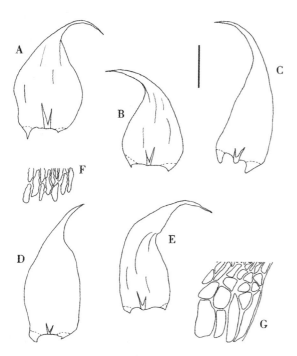

图361 大灰藓 Hypnum plumaeforme Wilson, A - B. 茎叶;C - E. 枝叶;F. 叶基中部细胞;G. 叶基边缘细胞(任昭杰、付旭 绘)。标尺:A - E = 1.0 mm, F - G = 100 μm。

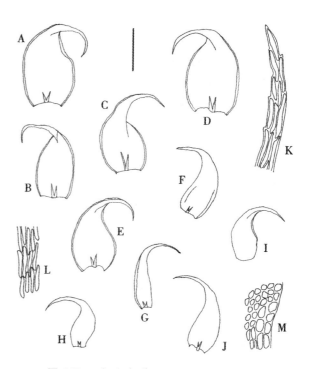

图362 卷叶灰藓 Hypnum revolutum (Mitt.) Lindb., A - E. 茎叶;F - J. 枝叶;K. 叶尖部细胞;L. 叶中部细胞;M. 叶基部细胞(任昭杰、李德利 绘)。标尺:A - J = 0.8 mm, K - M = 80 μm。

本种在胶东丘陵区分布较为广泛,植株及叶形变化幅度较大。经检视标本发现,罗健馨等(1991)报道的东亚灰藓 *H. fauriei* Cardot 系本种误定。

7. 卷叶灰藓

Hypnum revolutum (Mitt.) Lindb. , Öfvers. Förh. Kongl. Svenska Vetensk. – Akad. 23：542. 1867.

Stereodon revolutus Mitt. , J. Proc. Linn. Soc. , Bot. , Suppl. 1：97. 1859.

植物体中等大小,黄绿色至褐绿色,具光泽。茎匍匐,直立或近直立,羽状分枝,中轴略分化,表皮细胞不增大,厚壁。叶卵状披针形至长椭圆状披针形,先端长渐尖,镰刀形弯曲;叶边通体背卷;中肋2,稀缺失。枝叶与茎叶近同形,较小。叶中部细胞蠕虫形,薄壁至厚壁,基部细胞较宽短,角细胞较多,近方形。

生境:生于岩面薄土上。

产地:青岛,崂山,北九水,海拔 460 m,任昭杰 R20131452。

分布:中国(内蒙古、河北、山西、山东、陕西、宁夏、甘肃、青海、新疆、江苏、江西、湖南、重庆、四川、重庆、贵州、云南、西藏)。巴基斯坦、蒙古、俄罗斯(西伯利亚和远东地区),欧洲和北美洲。

8. 湿地灰藓

Hypnum sakuraii (Sakurai) Ando, J. Sci. Hiroshima Univ. , ser. B, Div. 2, Bot. 8：185. 1958.

Calohypnum sakuraii Sakurai, J. Jap. Bot. 25：219. 1950.

植物体粗壮。茎匍匐或近于直立,稀疏羽状分枝;中轴略分化。假鳞毛较宽阔,稀少。茎叶卵状披针形,具短尖,镰刀状弯曲,叶基一般为圆形;叶边平展,上部具细齿;中肋2,短弱或不明显。枝叶狭窄,较小。叶细胞线形,基部细胞较短,角细胞凹入,由少数大形透明细胞组成。孢子体未见。

生境:生于土表、岩面或岩面薄土上。

产地:牟平,昆嵛山,五分场,海拔 300 m,任昭杰 20100707。牟平,昆嵛山,黑龙潭,海拔 275 m,李林 20110165。五莲,五莲山,海拔 300 m,任昭杰 20120031 – B。蒙阴,蒙山,赵遵田 20111030 – B。

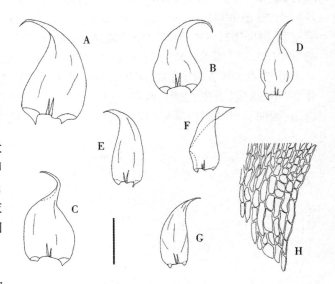

图 363　湿地灰藓 *Hypnum sakuraii* (Sakurai) Ando, A – C. 茎叶;D – G. 枝叶;H. 叶基部细胞(任昭杰、付旭 绘)。标尺:A – G = 1.7 mm, H = 170 μm。

分布:中国(山东、河南、陕西、安徽、四川、重庆、贵州、云南、福建)。日本。

6. 拟鳞叶藓属 Pseudotaxiphyllum Z. Iwats. J. Hattori Bot. Lab. 63：445. 1987.

植物体形小至中等大小,淡绿色至绿色,有时带红色或紫红色,多具光泽。茎匍匐,不规则分枝,中轴分化。无假鳞毛。叶腋处多生有无性芽胞。茎叶多卵圆形,两侧对称或不对称,先端渐尖或急尖;叶边平展,先端具细齿;中肋2,短弱或缺失。枝叶与茎叶同形,略小。叶细胞线形,尖部细胞较短,薄壁,角细胞多不分化。多雌雄异株。蒴柄细长,平滑。孢蒴倾立或平列。环带分化。蒴齿发育。

本属全世界有 11 种。中国有 4 种;山东有 1 种。

1. 东亚拟鳞叶藓(照片 122)

Pseudotaxiphyllum pohliaecarpum(Sull. & Lesq.)Z. Iwats., J. Hattori Bot. Lab. 63：449.1987.

Hypnum pohliaecarpum Sull. & Lesq., Proc. Amer. Acad. Arts. Sci. 4：280.1859.

植物体中等大小,绿色,多带红色,具光泽。茎匍匐,不规则分枝。无假鳞毛。茎叶阔卵圆形,先端渐尖;叶边平展,先端具细齿;中肋 2,短弱或缺失。枝叶与茎叶同形,较小。叶细胞线形,尖部细胞较短,薄壁,基部细胞长方形,角细胞不分化。孢子体未见。

生境:生于土表、岩面或岩面薄土上。

产地:文登,昆嵛山,仙女池,海拔 300 m,任昭杰 20101279 - B。文登,昆嵛山,二分场缓冲区,海拔 300 m,任昭杰 20101167 - E、20101333 - A。牟平,昆嵛山,流水石,海拔 400 m,任昭杰 20101775。

分布:中国(辽宁、山东、安徽、江苏、浙江、江西、湖南、湖北、重庆、贵州、云南、西藏、福建、台湾、广东、广西、海南、香港)。日本、印度、斯里兰卡、缅甸、泰国、越南、老挝、柬埔寨、马来西亚、菲律宾、印度尼西亚和瓦努阿图。

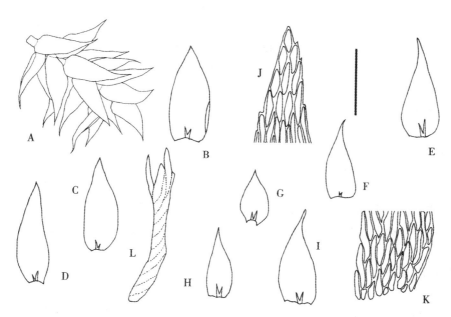

图 364 东亚拟鳞叶藓 *Pseudotaxiphyllum pohliaecarpum*(Sull. & Lesq.)Z. Iwats., A. 植物体一部分;B - D. 茎叶;E - I. 枝叶;J. 叶尖部细胞;K. 叶基部细胞;L. 无性芽胞(任昭杰、付旭 绘)。标尺:A = 2.6 mm, B - I = 1.1 mm, J - L = 110 μm。

经检视标本发现,李林等(2013)和任昭杰等(2013)报道的柔叶同叶藓 *Isopterygium tenerum*(Sw.)Mitt. 系本种误定。

7. 鳞叶藓属 Taxiphyllum M. Fleisch. Musci Buitenzorg 4：1434.192.

植物体柔弱至稍粗壮,扁平,绿色,具光泽。茎匍匐,稀疏不规则分枝或羽状分枝,分枝扁平。叶近两列着生,倾立,长卵形,具短尖或长尖;叶边平展,具细齿;中肋 2,短弱或缺失。叶细胞长菱形,平滑或具前角突。雌雄异株。内雌苞叶长卵形,急尖,呈芒状。蒴柄细长。孢蒴长卵形,具长台部,平列至直立。蒴齿两层。蒴盖具长喙。蒴帽兜形,平滑。

本属在山东各大山区分布极为广泛,常在林缘土坡形成大片群落,但未见孢子体。

本属全世界有 31 种。中国有 10 种;山东有 4 种。

分种检索表

1. 叶稀疏扁平排列 ·· 2. 凸尖鳞叶藓 *T. cuspidifolium*
1. 叶密集扁平排列 ··· 2
2. 叶细胞平滑 ·· 1. 细尖鳞叶藓 *T. aomoriense*
2. 叶细胞具前角突 ··· 3
3. 茎叶和枝叶与茎、枝成直角向两侧伸展;叶上部边缘具粗齿 ·········· 3. 陕西鳞叶藓 *T. giraldii*
3. 茎叶和枝叶与茎、枝成斜角向两侧伸展;叶上部边缘具细齿 ·············· 4. 鳞叶藓 *T. taxirameum*

Key to the species

1. Leaves loosely complanately arranged ································ 2. *T. cuspidifolium*
1. Leaves densely complanately arranged ·································· 2
2. Laminal cells smooth ·· 1. *T. aomoriense*
2. Laminal cells papillose at the front corner ··························· 3
3. Stem leaves and branch leaves rectangularly spreading; upper Leaf margins grossly toothed
·· 3. *T. giraldii*
3. Stem leaves and branch leaves obliquely spreading; upper Leaf margins finely toothed
·· 4. *T. taxirameum*

1. 细尖鳞叶藓

Taxiphyllum aomoriense (Besch.) Z. Iwats., J. Hattori Bot. Lab. 26: 67. 1963.

Plagiothecium aomoriense Besch., Ann. J. Sci. Ann. Nat., Bot., sér. 7, 17: 385. 1893.

植物体黄绿色,具光泽。茎匍匐,羽状分枝,扁平。假鳞毛叶状。叶卵圆形,具细短尖;叶边平展,上部具细齿;中肋2,短弱或不明显。叶中部细胞线形或长菱形,平滑,基部细胞较短,厚壁,角细胞长方形或六边形。

生境:生于土表、岩面或岩面薄土上。

产地:文登,昆嵛山,无染寺,海拔320 m,任昭杰20100411。文登,昆嵛山,二分场缓冲区,海拔410 m,姚秀英20100587。牟平,昆嵛山,三分场,海拔500 m,任昭杰20100888 – B、20100966 – A。平度,大泽山,海拔400 m,李林20112079 – E。青岛,崂山,小靛缸湾,付旭 R20131332。青岛,崂山,滑溜口,海拔500 m,李林20112910 – E。黄岛,大珠山,海拔150 m,黄正莉20111519 – C、20111544 – B。临朐,沂山,赵遵田90196、90252 – A。蒙阴,蒙山,小天麻顶,海拔500 m,赵遵田91424。蒙阴,蒙山,望海楼,海拔980 m,赵遵田91323 – C。青州,仰天山,海拔750 m,郭萌萌20112296 – B。博山,鲁山,海拔700 m,李超20112480。泰安,徂徕山,太平顶,海拔1000 m,黄正莉20110716 – C。泰安,泰山,桃花峪,海拔400 m,黄正莉R11955。济南,龙洞,海拔150 m,李林20113155。

分布:中国(吉林、山东、江苏、湖南、重庆、贵州、云南、广西)。朝鲜和日本。

2. 凸尖鳞叶藓

Taxiphyllum cuspidifolium (Cardot) Z. Iwats., J. Hattori Bot. Lab. 28: 220. 1965.

Isopterygium cuspidifolium Cardot, Bull. Soc. Bot. Genève, sér. 2, 4: 387. 1912.

植物体绿色,具光泽。茎匍匐,羽状分枝,扁平。假鳞毛披针形或三角形。叶卵圆形或长椭圆形,两侧略不对称,先端具突尖或细长尖;叶边平展,具细齿;中肋2,短弱。叶中部细胞狭长菱形至线形,上部细胞和基部细胞略短,角细胞少数,方形或长方形。

生境:生于土表、岩面或岩面薄土上。

产地：牟平，昆嵛山，三岔河，海拔450 m，任昭
杰20100151。牟平，昆嵛山，流水石，海拔400 m，
任昭杰20101900－C。栖霞，牙山，海拔590 m，赵
遵田90861－A。招远，罗山，海拔300 m，李林
20112023。青岛，崂山，明霞洞至崂顶，赵遵田
91590－B。青岛，崂山，滑溜口，海拔600 m，李林
20112909－C。黄岛，小珠山，海拔450 m，任昭杰
R11982。黄岛，小珠山，南天门，海拔500 m，黄正
莉20111705。临朐，沂山，百丈崖顶西，海拔650
m，赵遵田90408－B。临朐，嵩山，海拔600 m，赵
遵田90389－1－C。蒙阴，蒙山，望海楼，海拔850
m，赵遵田91470－A。蒙阴，蒙山，百花峪，海拔
500 m，黄正莉R11973－C青州，仰天山，海拔800
m，黄正莉20112255－B。博山，鲁山，海拔1000
m，李超20112572。新泰，莲花山，海拔600 m，黄

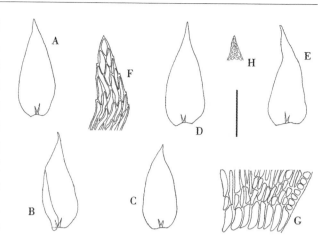

图365 凸尖鳞叶藓 *Taxiphyllum cuspidifolium*（Cardot）Z. Iwats.，A－E. 叶；F. 叶尖部细胞；G. 叶基部细胞；H. 假鳞毛（任昭杰、付旭 绘）。标尺：A－E＝1.1 mm，F－H＝110 μm。

正莉20110641。泰安，徂徕山，大寺，岩面薄土生，海拔500 m，刘志海、赵洪东91811、91814。泰安，泰山，赵遵田96583。济南，龙洞，海拔200 m，李林20113135－B。

分布：中国（山东、湖南、湖北、四川、重庆、贵州、云南、广东）。日本和北美洲。

3. 陕西鳞叶藓（照片123）

Taxiphyllum giraldii（Müll. Hal.）M. Fleisch.，Musci Buitenzorg 4：1435.1923.

Plagiothecium giraldii Müll. Hal.，Nuovo Giorn. Bot. Ital.，n. s.，3：114.1896.

植物体中等大小，绿色至暗绿色，具光泽。茎匍匐，不规则分枝。茎叶和枝叶与茎、枝成直角向两侧伸展。叶阔卵状披针形，两侧不对称，先端渐尖，具短尖头；叶边平展，中上部具粗齿；中肋2，不明显至明显，可达叶长1/3。叶细胞长菱形，具前角突，基部细胞较短，角细胞少数，方形。

生境：多生于土表、岩面或岩面薄土上，偶见于树上。

产地：牟平，昆嵛山，赵遵田89449－A。栖霞，牙山，海拔568 m，赵遵田90807－A、90838。平度，大泽山，海拔500 m，黄正莉20112114－B。青岛，崂山，仰口，海拔70 m，任昭杰、杜超R00382。崂山，潮音瀑，赵遵田89402。黄岛，大珠山，海拔150 m，黄正莉20111563、20111567－B。黄岛，小珠山，海拔150 m，任昭杰20111617－B、20111618－B。蒙阴，蒙山，天麻顶，海拔980 m，赵遵田91267、91271。青州，仰天山，仰天寺，赵遵田88088－C。博山，鲁山，海拔700 m，黄正莉20112461、20112527。曲阜，孔林，赵遵田84183－B。新泰，莲花山，海拔500 m，黄正莉20110567－B、20110631－B。泰安，徂徕山，光华寺，海拔880 m，任昭杰20110730－B。泰安，徂徕山，太平顶，海拔1000 m，李林R11971。泰安，泰山，中天门，海拔800 m，赵遵田34056－A、34058－A。长清，灵岩寺，赵遵田87187－A。济南，龙洞，海拔300 m，李林20113138－C。济南，朱凤山，任昭杰R20140014、R20140015。

分布：中国（吉林、辽宁、北京、山西、山东、河南、陕西、甘肃、重庆、云南、贵州、西藏）。日本。

4. 鳞叶藓（照片124）

Taxiphyllum taxirameum（Mitt.）M. Fleisch.，Musci Buitenzorg 4：1435.1923.

Stereodon taxirameum Mitt.，J. Proc. Linn. Soc.，Bot.，Suppl. 1：105.1859.

植物体柔弱至粗壮，黄绿色至绿色，有时带褐色，具光泽。茎匍匐，不规则分枝或近羽状分枝。假鳞毛三角形。茎叶和枝叶斜展，叶卵状披针形，两侧明显不对称，先端渐尖；叶边平展，基部一侧常内折，中上部具细齿；中肋2，短弱或不明显。叶细胞狭长菱形，平滑或具前角突，角细胞少数，方形或长方形。

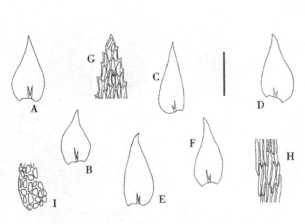

图 366　陕西鳞叶藓 *Taxiphyllum giraldii* (Müll. Hal.) M. Fleisch., A – B. 茎叶;C – F. 枝叶;G. 叶尖部细胞;H. 叶中部细胞;I. 叶角部细胞(任昭杰、付旭绘)。标尺:A – F = 1.1 mm,G – I = 110 μm。

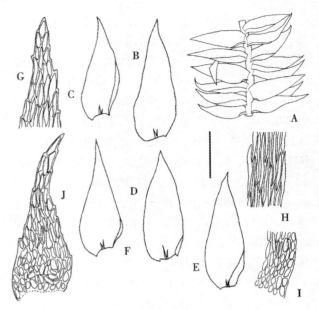

图 367　鳞叶藓 *Taxiphyllum taxirameum* (Mitt.) M. Fleisch., A. 植物体一部分;B – F. 叶;G. 叶尖部细胞;H. 叶中部细胞;I. 叶基部细胞;J. 假鳞毛(任昭杰 绘)。标尺:A = 1.6 mm, B – F = 1.0 mm, G – J = 100 μm。

生境:多生于土表、岩面或岩面薄土上,偶见于树上。

产地:文登,昆嵛山,二分场缓冲区,海拔 300 m,任昭杰 20101358 – A。文登,昆嵛山,无染寺,海拔 250 m,姚秀英 20101254 – C。牟平,昆嵛山,大学生实习基地,海拔 200 m,任昭杰 20101547。牟平,昆嵛山,马腚,海拔 200 m,任昭杰 20101579。栖霞,牙山,海拔 600 m,赵遵田 90856、90860。平度,大泽山,海拔 400 m,黄正莉 20112093 – B、20112136 – B。青岛,崂山,北九水,海拔 270 m,任昭杰、杜超 R00410。青岛,崂山,潮音瀑,海拔 600 m,邵娜 20112892 – D。青岛,崂山,蔚竹观,海拔 350 m,邵娜 20112878。黄岛,铁橛山,赵遵田 89292 – B、89296。黄岛,灵山岛,赵遵田 89325 – B。黄岛,小珠山,海拔 120 m,任昭杰 20111613。临朐,沂山,赵遵田 90030 – B、90035。临朐,嵩山,海拔 300 m,赵遵田、李荣贵 90375、90380。蒙阴,蒙山,小天麻顶,海拔 780 m,赵遵田 91265。蒙阴,蒙山,里沟,海拔 960 m,李林 R20120062 – C。青州,仰天山,海拔 800 m,黄正莉 20112221 – C、20112224 – C。博山,鲁山,海拔 700 m,李超 20112507、20112517。曲阜,孔林,赵遵田 84143。枣庄,抱犊崮,赵遵田 91407、911394。泰安,泰山,中天门下,海拔 800 m,赵遵田 34038 – A。泰安,泰山,普照寺,赵遵田 34152 – B。长清,灵岩寺,赵遵田 87164 – C、87177 – A。济南,柳埠跑马岭,海拔 80 m,陈汉斌 87196、87197 – A。济南,红叶谷,黄正莉 20113082。济南,千佛山,赵遵田 20112188 – D。济南,龙洞,海拔 250 m,李林 20113167。

分布:中国(黑龙江、吉林、辽宁、内蒙古、北京、山东、河南、陕西、宁夏、甘肃、安徽、江苏、上海、浙江、江西、湖南、湖北、四川、重庆、贵州、云南、西藏、福建、台湾、广东、广西、海南、香港)。朝鲜、日本、巴基斯坦、尼泊尔、印度、不丹、斯里兰卡、孟加拉国、缅甸、老挝、越南、泰国、马来西亚、新加坡、印度尼西亚、菲律宾、厄瓜多尔、澳大利亚、瓦努阿图、巴西和北美洲。

8. 明叶藓属 Vesicularia (Müll. Hal.) Müll. Hal.
Bot. Jahrb. 23:330.1896.

植物体纤细至略粗壮,淡绿色至深绿色。茎匍匐,单一或不规则分枝,稀羽状分枝;中轴不分化。

叶密集排列,略有背面叶、侧面叶和腹面叶的分化。侧面叶倾立或一侧偏斜,披针形、卵形至阔卵形,具短尖或长尖;叶边平展,全缘或仅尖部具细齿;中肋 2,短弱或缺失。背面叶和腹面叶较小。叶细胞卵形、六边形或近于菱形,平滑,排列疏松,叶边略分化一列不明显狭长细胞,角细胞不分化。雌雄同株异苞。蒴柄细长,光滑。孢蒴卵形或壶形,下垂至平列。环带分化。蒴齿双层。蒴盖圆锥形,有短尖。蒴帽兜形。孢子平滑。

本属全世界有 116 种。中国有 12 种;山东有 3 种。

分种检索表

1. 叶卵圆形或近圆形,具短尖 ┅┅┅┅┅┅┅┅┅┅┅┅┅┅┅┅┅┅┅┅┅┅┅ 2. 明叶藓 *V. montagnei*
1. 叶卵状披针形或阔卵状披针形,具长尖 ┅┅┅┅┅┅┅┅┅┅┅┅┅┅┅┅┅┅┅┅┅┅┅┅┅ 2
2. 叶尖部具细齿 ┅┅┅┅┅┅┅┅┅┅┅┅┅┅┅┅┅┅┅┅┅┅┅ 1. 柔软明叶藓 *V. flaccida*
2. 叶尖部平滑 ┅┅┅┅┅┅┅┅┅┅┅┅┅┅┅┅┅┅┅┅┅┅┅ 3. 长尖明叶藓 *V. reticulata*

Key to the species

1. Leaves ovate – rotundate or suborbicular, apex shortly acuminate ┅┅┅┅┅┅┅┅┅ 2. *V. montagnei*
1. Leaves ovate – lanceolate to broadly ovate – lanceolate, apex elongate acuminate ┅┅┅┅┅ 2
2. Leaf apex serrulate ┅┅┅┅┅┅┅┅┅┅┅┅┅┅┅┅┅┅┅┅┅┅┅ 1. *V. flaccida*
2. Leaf apex smooth ┅┅┅┅┅┅┅┅┅┅┅┅┅┅┅┅┅┅┅┅┅┅┅ 3. *V. reticulata*

1. 柔软明叶藓

Vesicularia flaccida(Sull. & Lesq.)Z. Iwats. , J. Hattori Bot. Lab. 26:70.1963.

Hypnum flaccidum Sull. & Lesq. , Proc. Amer. Acad. Arts 4:280.1859.

植物体形小,柔弱,黄绿色。茎匍匐,不规则分枝,分枝稀少。假鳞毛丝状。茎叶卵状披针形至阔卵状披针形,先端具长尖;叶边平展,全缘;中肋 2,短弱或缺失。枝叶与茎叶同形,较小。叶中部细胞狭菱形,薄壁,平滑,角细胞分化不明显。孢子体未见。

生境:生于土表。

产地:牟平,昆嵛山,老师坟南山,海拔 350 m,黄正莉 20101758 – C。栖霞,牙山,海拔 600 m,黄正莉 20111903。青岛,崂山,北九水,海拔 220 m,任昭杰、杜超 R00371 – D。

分布:中国(山东、四川、台湾)。日本。

经检视标本发现,李林等(2010)和任昭杰等(2013)报道的淡色同叶藓 *Isopterygium albescens*(Hook.)A. Jaeger 系本种误定。

2. 明叶藓

Vesicularia montagnei(Schimp.)Broth. , Nat. Pflanzenfam. I(3):1094.1908.

Hypnum montagnei Schimp. in Mont. , Hist. Phys. Cuba, Bot. , Pl. Cell. 9:530.pl. 2, f. 1.1842.

植物体中等大小,暗绿色。茎匍匐,不规则分枝或近羽状分枝。背面叶卵圆形至阔卵圆形,具短尖;叶边平展,全缘;中肋 2,短弱或缺失;侧面叶阔卵圆形,叶尖较长;叶边平展,全缘;中肋缺失。枝叶与茎叶相似,略小。叶中部细胞六边形或狭六边形,薄壁,叶边分化一列狭菱形细胞,角细胞不分化。孢子体未见。

生境:生于土表或岩面。

产地:牟平,昆嵛山,三岔河,海拔 450 m,姚秀英 20100075 – B、20100136。牟平,昆嵛山,房门,海拔 500 m,姚秀英 20100932。栖霞,牙山,海拔 620 m,黄正莉 20111844、20111781。蒙阴,蒙山,望海楼,海拔 1000 m,赵遵田 20111396。

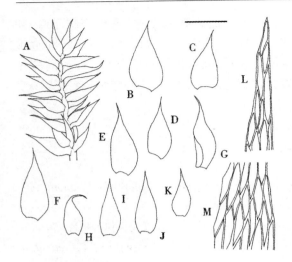

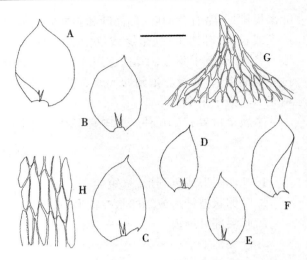

图368 柔软明叶藓 *Vesicularia flaccida* (Sull. & Lesq.) Z. Iwats., A. 植物体一部分;B – G. 茎叶;H – K. 枝叶;L. 叶尖部细胞;M. 叶中部细胞(任昭杰绘)。标尺:A – K = 1.1 mm, L – M = 110 μm。

图369 明叶藓 *Vesicularia montagnei* (Schimp.) Broth., A – C. 茎叶;D – F. 枝叶;G. 叶尖部细胞;H. 侧叶中部细胞(任昭杰 绘)。标尺:A – F = 1.1 mm, G – H = 140 μm。

分布:中国(山东、江西、湖南、重庆、云南、西藏、台湾、香港)。日本、印度、缅甸、斯里兰卡、孟加拉国、泰国、越南、马来西亚、新加坡、印度尼西亚、菲律宾、澳大利亚和非洲。

3. 长尖明叶藓

Vesicularia reticulata (Dozy & Molk.) Broth., Nat. Pflanzenfam. I (3):1094. 1908.

Hypnum reticulatum Dozy & Molk., Ann. Sci. Nat., Bot., sér. 3, 2:309. 1844.

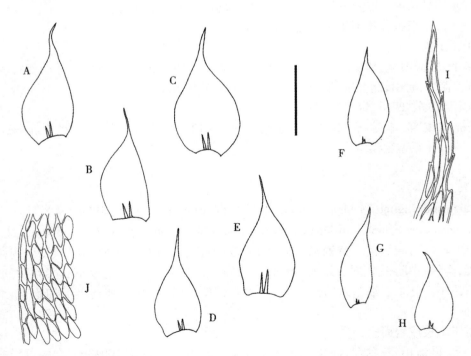

图370 长尖明叶藓 *Vesicularia reticulata* (Dozy &Molk.) Broth., A – E. 茎叶;F – H. 枝叶;I. 叶尖部细胞;J. 叶中部细胞(任昭杰 绘)。标尺:A – H = 1.1 mm, I – J = 170 μm。

本种叶形与柔软明叶藓 *V. flaccida* 相似,本种植物体密集羽状分枝,后者不规则分枝;本种叶尖全缘,后者叶尖具细齿。以上两点可区别二者。

生境:生于土表或岩面薄土上。

产地:文登,昆嵛山,二分场缓冲区,海拔 350 m,黄正莉 20100542 - A。青岛,崂山,北九水,海拔 220 m,任昭杰、杜超 R00371 - A。平邑,蒙山,任昭杰 R09035。

分布:中国(山东、陕西、江苏、江西、湖南、贵州、云南、西藏、福建、台湾、广东、海南、香港)。日本、巴基斯坦、尼泊尔、印度、孟加拉国、缅甸、泰国、越南、柬埔寨、马来西亚、新加坡、菲律宾、印度尼西亚、澳大利亚和土耳其。

42. 金灰藓科 PYLAISIACEAE

植物体小形至大形。茎匍匐至直立,不规则分枝或羽状分枝,中轴略分化或不分化。假鳞毛片状。茎叶卵形至披针形,直立或镰刀形弯曲;叶边多平展,全缘或具细齿;中肋 2,短弱或缺失。枝叶和茎叶同形或异形,较小。叶细胞线形,平滑,角细胞分化,方形或扁方形。雌雄异株或雌雄同株异苞。蒴柄细长,光滑,有时扭转。孢蒴卵圆柱形或圆柱形,直立或弯曲,平列至直立。环带分化或缺失。蒴齿双层。蒴盖圆锥形,具短喙或乳头状突起。

本科全世界有 5 属。中国有 3 属;山东有 3 属。

分属检索表

1. 雌雄异株;叶先端钝或渐尖 ·· 1. 大湿原藓属 Calliergonella
1. 雌雄同株异苞;叶先端短或长渐尖 ··· 2
2. 孢蒴平列至倾立 ·· 2. 毛灰藓属 Homomallium
2. 孢蒴直立 ··· 3. 金灰藓属 Pylaisia

Key to the genera

1. Dioicous; Leaf apex obtuse to acuminate ···································· 1. *Calliergonella*
1. Autoicous; Leaf apex short to long acuminate ···································· 2
2. Capsules horizontal to suberect ·· 2. *Homomallium*
2. Capsules erect ··· 3. *Pylaisia*

1. 大湿原藓属 Calliergonella Loeske Hedwigia 50:248.1911.

植物体形大,粗壮,黄绿色至绿色,具光泽。茎近羽状分枝,横切面椭圆形,中轴略分化。假鳞毛片状,较大。茎叶倾立,基部略狭而下延,向上呈阔长卵形或披针形,先端钝或渐尖;叶边全缘或具细齿;中肋 2,短弱或缺失。枝叶与茎叶同形,略小。叶中部细胞狭长形,基部细胞宽短,具壁孔,角细胞明显分化,由透明薄壁细胞组成,成耳状,与叶细胞形成明显界限。雌雄异株。蒴柄细长,紫红色。孢蒴长圆筒形,平列。环带分化。蒴齿双层。蒴盖短圆锥形。蒴帽兜形。孢子具密疣。

本属全世界现有 2 种。中国有 2 种;山东有 1 种。

1. 大湿原藓

Calliergonella cuspidata (Hedw.) Loeske, Hedwigia 50:248.1911.

Hypnum cuspidatum Hedw., Sp. Musc. Frond. 254.1801.

植物体形大,黄绿色至绿色,具光泽。茎匍匐,近羽状分枝。假鳞毛大,稀少。茎叶宽椭圆形或心状长圆形,上部兜形,先端钝,易开裂;叶边平展,全缘;中肋缺失,或具 2 条不明显短中肋。叶中部细胞线形,基部细胞宽短,具或不具壁孔,角细胞分化明显,由透明薄壁细胞组成,形成明显叶耳。

生境:多生于水湿环境。

产地:牟平,昆嵛山,三林区,海拔 700 m,赵遵田 89352。牟平,昆嵛山,三林区,海拔 400 m,张艳敏 463(PE)。青岛,崂山,李德利 20140001。栖霞,牙山,海拔 420 m,赵遵田 90812-1。青州,仰天山,赵遵田 88124 – A。章丘,明水,许令纲 911582 – B。

分布:中国(黑龙江、吉林、辽宁、内蒙古、山东、甘肃、浙江、四川、云南)。日本、印度、尼泊尔、不丹、俄罗斯、波多黎各、巴西,欧洲、北美洲、大洋洲和非洲北部。

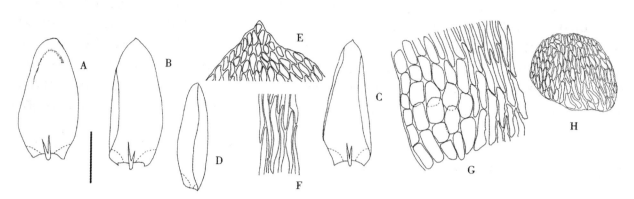

图 371 大湿原藓 *Calliergonella cuspidata*(Hedw.)Loeske, A – B. 茎叶;C – D. 枝叶;E. 叶尖部细胞;F. 叶中部细胞;G. 叶基部细胞;H. 假鳞毛(任昭杰 绘)。标尺:A – D = 1.6 mm, E – G = 110 μm, H = 170 μm。

2. 毛灰藓属 Homomallium(Schimp.)Loeske Hedwigia. 46:314. 1907.

植物体形小至中等大小,黄绿色至绿色,略具光泽。茎匍匐,不规则分枝或近羽状分枝,分枝较短。假鳞毛少。茎叶卵圆形或长披针形,先端急尖或渐尖,多一侧偏曲;叶边平展,全缘或先端具齿;中肋 2,细弱或缺失。枝叶与茎叶同形,较小。叶细胞狭长菱形或线形,平滑或具前角突,角细胞明显分化,小,方形,近边缘处向上延伸。雌雄同株异苞。蒴柄细长,红色。孢蒴长卵圆形,弯曲,平列至倾立。环带分化。蒴齿双层。蒴盖具短喙。蒴帽兜形。孢子具细疣。

本属全世界现有 12 种。中国有 7 种;山东有 3 种。

分种检索表

1. 叶阔卵状披针形,先端急尖 ······················· 1. 东亚毛灰藓 H. connexum
1. 叶狭卵状披针形至卵状披针形,先端渐尖 ··· 2
2. 角细胞少,边缘一列细胞 5 – 15 个 ··················· 2. 毛灰藓 H. incurvatum
2. 角细胞多,边缘一列细胞 15 – 25 个 ············· 3. 贴生毛灰藓 H. japonica – adnatum

Key to the species

1. Leaves broadly ovate – lanceolate, abruptly short – acute ············· 1. H. connexum
1. Leaves narrow ovate – lanceolate to ovate – lanceolate, acuminate ····················· 2
2. Alar cells rare, 5 – 15 cells along leaf margins ····················· 2. H. incurvatum
2. Alar cells numerous, 15 – 25 cells along leaf margins ············· 3. H. japonica – adnatum

1. 东亚毛灰藓(照片 125)

Homomallium connexum(Cardot)Broth. , Nat. Pflanzenfam. I(3):1027. 1908.

Amblystegium connexum Cardot, Beih. Bot. Centralbl. 17:39. 1934.

植物体细弱。茎匍匐,不规则分枝或羽状分枝。茎叶卵状披针形至阔卵状披针形,内凹,具短尖或长尖;叶边平展或背卷,全缘或先端具细齿;中肋 2,稀单一或上部分叉。枝叶与茎叶同形,较小。叶中部细胞六边形或狭菱形,平滑,或有时具前角突,角细胞方形,多数,6 – 10 列,沿叶边 20 – 30 个细胞。孢子体未见。

生境:生于岩面、土表或岩面薄土上。

产地:文登,昆嵛山,圣母宫,海拔 350 m,任昭杰 20100421。文登,昆嵛山,玉屏池,海拔 350 m,任昭杰 20100473。牟平,昆嵛山,五分场,海拔 350 m,任昭杰 20100806、20100835。招远,罗山,海拔 600 m,李林 20112017 – C。青岛,崂山,明霞洞,赵遵田 89351。青岛,崂山,北九水,海拔 420 m,任昭杰 R20131375。临朐,沂山,歪头崮,赵遵田 90204 – 1。临朐,嵩山,海拔 480 m,赵遵田、李荣贵 90389 – C。蒙阴,蒙山,天麻顶,海拔 800 m,赵遵田 91206、91207 – A。泰安,泰山,云步桥,海拔 880 m,赵遵田 34108。泰安,泰山,南天门,海拔 1360 m,赵遵田 34095。泰安,泰山,后石坞,海拔 1200 m,任昭杰 R20141003 – B。

分布:中国(黑龙江、内蒙古、山西、山东、陕西、宁夏、新疆、安徽、江苏、上海、浙江、湖南、湖北、四川、西藏、云南、福建、台湾)。朝鲜、日本和俄罗斯(远东地区)。

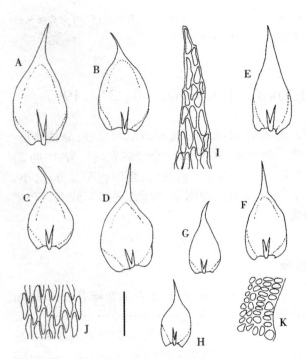

图 372 东亚毛灰藓 Homomallium connexum (Cardot) Broth. , A – D. 茎叶;E – H. 枝叶;I. 叶尖部细胞;J. 叶中下部细胞;K. 叶基部细胞(任昭杰 绘)。标尺:A – H = 0.8 mm, I – K = 80 μm。

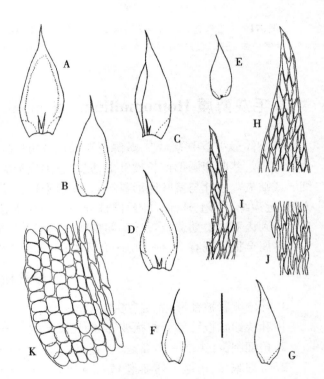

图 373 毛灰藓 Homomallium incurvatum (Brid.) Loeske, A – D. 茎叶;E – G. 枝叶;H. 茎叶尖部细胞;I. 枝叶尖部细胞;J. 叶中部细胞;K. 叶基部细胞(任昭杰 绘)。标尺:A – G = 0.8 mm, H – K = 110 μm。

2. 毛灰藓(照片 126)

Homomallium incurvatum (Brid.) Loeske, Hedwigia 46:314.1907.

Hypnum incurvatum Schrad. ex Brid. , Muscol. Recent. 2 (2):119.1801.

植物体细弱,黄绿色至绿色,略具光泽。茎匍匐,不规则分枝或羽状分枝。茎叶狭卵状披针形,内凹,先端渐尖;叶边平展,全缘;中肋 2,短弱。枝叶与茎叶同形,较小。叶中部细胞狭长菱形,平滑,角细胞,方形,小,少数,4 – 7 列,沿叶边 8 – 15 个细胞。孢子体未见。

生境:生于土表或树基部。

产地:青岛,崂山,赵遵田 91517 – A。蒙阴,蒙山,小天麻顶,海拔 510 m,赵遵田 91250 – B。泰安,泰山,后石坞,海拔 1200 m,任昭杰、李法虎 R20141022。

分布:中国(吉林、内蒙古、山西、山东、河北、河南、陕西、甘肃、新疆、重庆、湖北、湖南、江西、四川、贵州、西藏、云南)。蒙古、日本、俄罗斯(远东地区和西伯利亚),克什米尔地区,欧洲和北美洲。

3. 贴生毛灰藓

Homomallium japonico – adnatum(Broth.)Broth., Nat. Pflanzenfam. I(3):1027.1908.

Stereodon japonico – adnatum Broth., Hedwigia 38:235.1899.

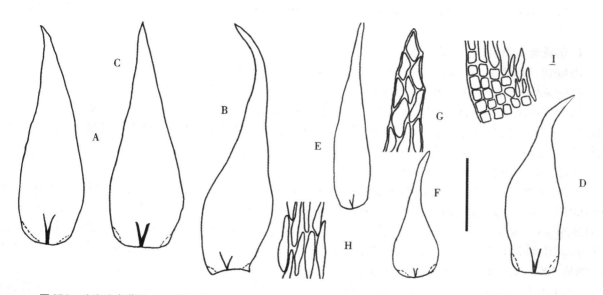

图 374 贴生毛灰藓 *Homomallium japonico – adnatum*(Broth.)Broth., A – D. 茎叶;E – F. 枝叶;G. 叶尖部细胞;H. 叶中部细胞;I. 叶基部细胞(任昭杰、付旭 绘)。标尺:A – F = 0.8 mm, G – I = 80 μm。

本种与毛灰藓 *H. incurvatum* 相似,本种叶中部细胞有时具前角突,而后者叶中部细胞平滑;本种叶角细胞较多,边缘为 15 – 25 个,而后者角细胞较少,为 8 – 15 个。

生境:生于树干或岩面。

产地:文登,昆嵛山,二分场缓冲区,海拔 400 m,任昭杰 20101359 – B。牟平,昆嵛山,泰礴顶,海拔 850 m,任昭杰 20110092。

分布:中国(山东、浙江、湖北、西藏、云南)。朝鲜和日本。

3. 金灰藓属 Pylaisia Bruck & Schimp. Bryol. Eur. 5:87.1851.

植物体形小至中等大小,黄色,黄绿色至暗绿色,具光泽。茎匍匐,不规则分枝或近羽状分枝,分枝短。茎叶卵状披针形或长卵状披针形,先端渐尖或急尖,具长尖或短尖;叶边平展或背卷,全缘或先端具齿;中肋 2,短弱或缺失。枝叶与茎叶同形,较小。叶细胞长菱形或线形,角细胞分化。雌雄同株异苞。内雌苞叶长卵形或披针形,叶尖具齿。蒴柄细长,平滑。孢蒴卵圆柱形或长圆柱形,直立,辐射对称。环带分化或缺失。蒴齿双层。蒴盖圆锥形,具短喙。蒴帽兜形,平滑。孢子球形,具密疣。

本属全世界约 30 种。中国有 13 种;山东有 3 种。

分种检索表

1. 叶阔卵形,先端急尖 ··· 2. 弯枝金灰藓 *P. curviramea*

1. 叶卵状披针形,先端渐尖 ………………………………………………………… 2
2. 叶角细胞多数,10 – 20 列 ……………………………………… 1. 东亚金灰藓 P. brotheri
2. 叶角细胞少数,在 10 列以下 ………………………………………… 3. 金灰藓 P. polyantha

Key to the species

1. Leaves broadly ovate, acute ……………………………………………………… 2. P. curviramea
1. Leaves ovate – lanceolate, acuminate ……………………………………………… 2
2. Alar cells numerous, 10 – 20 ranks ………………………………………… 1. P. brotheri
2. Alar cells rare, less than 10 ranks …………………………………………… 3. P. polyantha

1. 东亚金灰藓(照片 127)

Pylaisia brotheri Besch., Ann. Sci. Nat., Bot., Sér. 7, 17: 369. 1893.

Pylaisiella brotheri (Besch.) Z. Iwats. & Nog., J. Jap. Bot. 48: 217. 1973.

植物体细弱至粗壮,黄绿色,具光泽。茎匍匐,不规则分枝或羽状分枝。茎叶卵状披针形,内凹,先端渐尖,镰刀状弯曲;叶边平展,全缘;中肋 2,短弱或缺失。枝叶与茎叶同形,略小。叶细胞线形,平滑,角细胞多数,较小,方形或不规则多边形,沿叶边向上延伸。孢子体未见。

生境:多生于树干、岩面,偶见于土表。

产地:牟平,昆嵛山,老四坟,海拔 250 m,李林 20101752。牟平,昆嵛山,烟霞洞,海拔 250 m,李林 20110010 – A。平度,大泽山,西林区,海拔 450 m,赵遵田 91732。青岛,崂山,滑溜口,海拔 450 m,李林 20112934 – C。临朐,沂山,古寺,赵遵田 90074。蒙阴,蒙山,望海楼,赵遵田 91462。博山,鲁山,海拔 700 m,郭萌萌 20112493 – C。新泰,莲花山,海拔 400 m,黄正莉 20110625 – B、20110628。泰安,徂徕山,海拔 1000 m,任昭杰 20110761。泰安,徂徕山,马场,海拔 980 m,赵遵田 911059 – 1。

分布:中国(黑龙江、吉林、辽宁、内蒙古、河北、山东、陕西、宁夏、甘肃、浙江、江西、湖南、湖北、四川、重庆、贵州、西藏、云南)。朝鲜和日本。

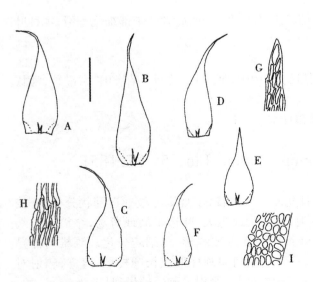

图 375 东亚金灰藓 *Pylaisia brotheri* Besch., A – C. 茎叶;D – F. 枝叶;G. 叶尖部细胞;H. 叶中部细胞;I. 叶基部细胞(任昭杰、付旭 绘)。标尺:A – F = 0.7 mm,G – I = 70 μm。

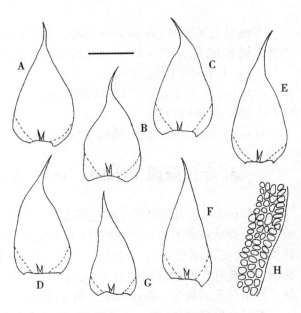

图 376 弯枝金灰藓 *Pylaisia curviramea* Dixon, A – C. 茎叶;D – G. 枝叶;H. 叶基部细胞(任昭杰、付旭 绘)。标尺:A – G = 0.9 mm, H = 90 μm。

2. 弯枝金灰藓

Pylaisia curviramea Dixon, Rev. Bryol., n. s. 1：186. 1928.

Pylaisiella curviramea（Dixon）Redf., B. C. Tan & S. He, J. Hattori Bot. Lab. 79：290. 1996.

植物体中等大小，淡绿色。茎匍匐，羽状分枝，分枝较短。叶阔卵形或阔卵状圆形，先端具短尖，多一侧弯曲；叶边平展，全缘或先端具细齿；中肋 2，短弱或缺失。枝叶与茎叶同形，较小。叶细胞狭菱形，角细胞多数，方形，较小。孢子体未见。

生境：生于岩面。

产地：牟平，昆嵛山，五分场，海拔 500 m，任昭杰 20100830。蒙阴，蒙山，望海楼，海拔 980 m，赵遵田 91319。

分布：中国（河北、山东、河南、湖北、云南）。蒙古和俄罗斯。

3. 金灰藓（见前志图 318）

Pylaisia polyantha（Hedw.）Bruch & Schimp., Bryol. Eur. 5：88 pl. 445. 1851.

Leskea polyantha Hedw., Sp. Musc. Frond. 229. 1801.

Pylaisiella polyantha（Hedw.）Grout, Bull. Torrey Bot. Club 23：229. 1896.

本种与东亚金灰藓 *P. brotheri* 相似，但本种角细胞较少，在 10 列以下，而后者角细胞多在 10 列以上。

生境：多生于树干、岩面，偶见于土表。

产地：牟平，昆嵛山，泰礴顶，海拔 900 m，任昭杰 20101089。牟平，昆嵛山，三分场，海拔 750 m，任昭杰 20110106。栖霞，牙山，海拔 780 m，赵遵田 90771 – D。青岛，崂山，蔚竹观，付旭 R20131327 – B。临朐，沂山，赵遵田 90274 – 1 – B。蒙阴，蒙山，砂山，海拔 800 m，任昭杰 20120161。蒙阴，蒙山，望海楼，海拔 780 m，赵遵田 91300 – C。青州，仰天山，海拔 800 m，黄正莉 20112267 – B。泰安，徂徕山，太平顶，海拔 1000 m，赵遵田 911181 – B。

分布：中国（黑龙江、吉林、辽宁、内蒙古、河北、山西、山东、河南、陕西、宁夏、甘肃、新疆、安徽、江西、四川、贵州、云南、西藏）。蒙古、朝鲜、日本、俄罗斯（远东地区和西伯利亚），欧洲、非洲和北美洲。

43. 毛锦藓科 PYLAISIADELPHACEAE

植物体小形至中等大小。茎匍匐或直立,不规则分枝或羽状分枝,中轴分化或不不分化。假鳞毛丝状。茎叶和枝叶同形或异形,两侧对称或不对称,叶形变化较大,卵形、长卵形、长卵状披针形或长披针形;叶边全缘或具齿;中肋2,短弱或缺失。叶细胞较长,通常平滑,角细胞明显分化。雌雄异株或雌雄同株异苞,稀叶生雌雄异株。蒴柄较长,平滑。孢蒴卵圆柱形或圆柱形,对称或不对称,平列至直立。环带分化或缺失。蒴齿双层。蒴盖圆锥形,具短喙。

本科全世界有 16 属。中国有 11 属;山东有 2 属。

分属检索表

1. 角细胞超过 6 个,形成连续的一列并达中肋 ························· 1. 小锦藓属 Brotherella
1. 角细胞少,4 – 5 个,不形成连续的一列达中肋 ···················· 2. 毛锦藓属 Pylaisiadelpha

Key to the genera

1. Alar cells more than 6, often forming a continuous basal row reaching costa ············ 1. Brotherella
1. Alar cells 4 – 5, not forming a continuous basal row reaching costa ················· 2. Pylaisiadelpha

1. 小锦藓属 Brotherella Loeske ex M. Fleisch.
Nova Guinea 12 (2): 119. 1914.

植物体纤细至粗壮,黄绿色至深绿色,具光泽。茎匍匐,密集分枝。茎叶基部长卵圆形,内凹,先端具长尖,镰刀形弯曲;叶边稍背卷,上部具细齿;中肋多缺失。枝叶与茎叶略同形,较小。叶细胞菱形至长菱形,角细胞明显分化,膨大,金黄色,其上部有少数短小的细胞。雌雄异株,稀雌雄同株异苞。内雌苞叶尖部长毛状,叶边上部具细齿。孢蒴长卵圆形或圆柱形,稍弯曲,倾立。环带分化。蒴齿双层。蒴盖圆锥形,具喙。

本属全世界现有 29 种。中国有 9 种和 2 变种;山东有 1 种。

1. 东亚小锦藓

Brotherella fauriei (Cardot) Broth., Nat. Pflanzenfam. (ed. 2), 11: 425. 1925.

Acanthocladium fauriei Besch. ex Cardot, Bull. Soc. Bot. Genève, sér. 2, 4: 382. 1912.

植物体纤细。茎匍匐,不规则分枝。茎叶卵状披针形,稍内凹,基部宽,向上渐成长尖,略弯曲;叶边先端具细齿;中肋缺失。枝叶较小。叶细胞线形,角细

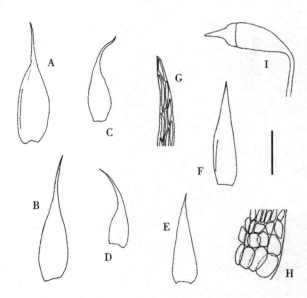

图 377 东亚小锦藓 *Brotherella fauriei* (Cardot) Broth., A – B. 茎叶;C – F. 枝叶;G. 叶尖部细胞;H. 叶基部细胞;I. 孢蒴(任昭杰、李德利 绘)。标尺:A – F = 1.0 mm, G – H = 80 μm, I = 0.6 mm。

胞明显分化,成一列膨大的细胞。孢子体未见。

生境:生于树上或岩面薄土上。

产地:青岛,崂山,潮音瀑,全治国 59(PE)。蒙阴,蒙山,里沟,海拔 700 m,任昭杰 R20130189。蒙阴,蒙山,橛子沟,海拔 900 m,任昭杰 R20130190。平邑,蒙山,大洼林场裤腿,张艳敏 261(SDAU)。

分布:中国(山东、安徽、江苏、浙江、江西、湖南、四川、贵州、重庆、云南、福建、台湾、广东、广西、海南、香港、澳门)。日本。

经检视标本发现,罗健馨等(1991)报道的直叶灰石藓 *Orthothecium intricatum* (Hartm.) Schimp. 系本种误定。

2. 毛锦藓属 Pylaisiadelpha Cardot Rev. Bryol. 39:57.1912.

植物体纤细,黄绿色至暗绿色,具光泽。茎匍匐,羽状分枝,枝短而直立。茎叶卵状披针形,先端具长尖,镰刀形弯曲;叶边多平展,先端具细齿;中肋缺失。枝叶与茎叶同形,略小。叶细胞线形,角细胞分化。雌雄异株。蒴柄细长。孢蒴直立或稍弯曲。蒴齿双层。蒴盖具长喙。

本属全世界现有 7 种。中国有 3 种;山东有 2 种。

分种检索表

1. 叶片强烈弯曲;叶细胞椭圆状线形 ·················· 1. 弯叶毛锦藓 *P. tenuirostris*
1. 叶片呈平直伸展的椭圆形;叶细胞椭圆形至短虫形 ·················· 2. 短叶毛锦藓 *P. yokohamae*

Key to the species

1. Leaves strongly falcate – secund; laminal cells oblong – linear ·················· 1. *P. tenuirostris*
1. Leaves erecto – patent; laminal cells oblong to short vermiculate ·················· 2. *P. yokohamae*

1. 弯叶毛锦藓(照片 128)

Pylaisiadelpha tenuirostris (Bruch & Schimp. ex Sull.) W. R. Buck, Yushania 1 (2):13.1984.

Leskea tenuirostris Bruch & Schimp. ex Sull. in A. Gray, Manual 668.1848.

植物体纤细。茎匍匐,羽状分枝或不规则分枝。叶椭圆状披针形,强烈弯曲;叶边平展,下部背卷,全缘或先端具细齿;中肋缺失。叶细胞线形,角细胞分化,少数,膨大。

生境:生于腐木上。

产地:牟平,昆嵛山,泰礴顶下,海拔 850 m,任昭杰 20110105、20110107。青岛,崂山,黑风口下,海拔 680 m,任昭杰、卞新玉 20150053。

分布:中国(黑龙江、吉林、内蒙古、山东、陕西、安徽、浙江、江西、湖北、四川、重庆、贵州、云南、西藏、福建、台湾、广东)。巴基斯坦、日本、美国和墨西哥。

2. 短叶毛锦藓(照片 129、130)

Pylaisiadelpha yokohamae (Broth.) W. R. Buck, Yushania 1 (2):13.1984.

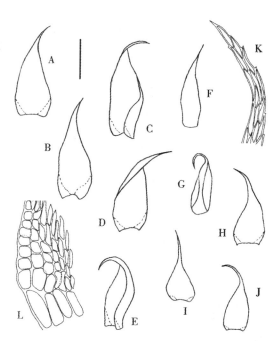

图 378 弯叶毛锦藓 *Pylaisiadelpha tenuirostris* (Bruch & Schimp. ex Sull.) W. R. Buck, A – E. 茎叶;F – J. 枝叶;K. 叶尖部细胞;L. 叶基部细胞(任昭杰、付旭 绘)。标尺:A – J = 0.7 mm, K – L = 110 μm。

Stereodon yokohamae Broth. , Hedwigia 38：235. 1899.

植物体纤细,黄绿色至暗绿色,具光泽。不规则分枝,分枝稀少。茎叶披针形,内凹,先端具长尖,稍弯曲;叶边平展,先端具细齿;中肋缺失。枝叶与茎叶近同形,较小。叶细胞椭圆形至短蠕虫形,角细胞分化,少数,膨大。雌苞叶长卵状披针形,先端长渐尖。蒴柄长约 1.5 cm,平滑。孢蒴椭圆柱形,直立。蒴盖具长喙。

生境:多生于树上或岩面,偶见于土表。

产地:荣成,伟德山,海拔 320 m,李林 20112418 - B。文登,昆嵛山,二分场缓冲区,海拔 410 m,姚秀英 20100629。牟平,昆嵛山,泰礴顶,海拔 900 m,任昭杰 20101078。牟平,昆嵛山,泰礴顶下,海拔 875 m,任昭杰 20110134。栖霞,牙山,海拔 720 m,赵遵田 90787 - 1。青岛,崂山,滑溜口,海拔 500 m,李林 20112906 - D、20112913。黄岛,小珠山,海拔 150 m,黄正莉 20111614。临朐,沂山,赵遵田 90226 - B。青州,仰天山,仰天寺,赵遵田 88114。博山,鲁山,海拔 650 m,黄正莉 20112445 - B、20112597。新泰,莲花山,海拔 500 m,黄正莉 20110615 - B、20110618 - B。泰安,泰山,朝阳峰,海拔 870 m,王晨磊 9811021 - B。

分布:中国(黑龙江、辽宁、山东、浙江、江西、四川、贵州、云南、西藏、福建、广东、广西)。日本和朝鲜。

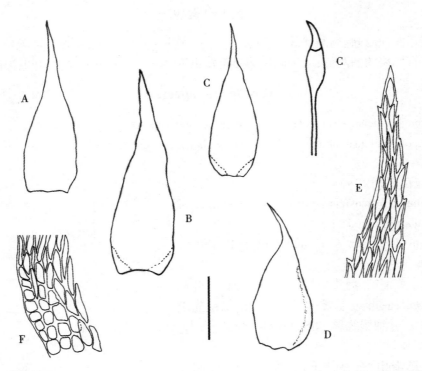

图 379　短叶毛锦藓 *Pylaisiadelpha yokohamae* (Broth.) W. R. Buck, A - D. 叶;E. 叶尖部细胞;F. 叶基部细胞;G. 孢蒴(任昭杰、付旭 绘)。标尺:A - D = 550 μm, E - F = 110 μm, G = 1.5 mm。

44. 锦藓科 SEMATOPHYLLACEAE

植物体小形至大形,通常黄绿色,具光泽。茎多匍匐至上升,不规则分枝,茎和枝多圆柱形,稀扁平;中轴分化或不分化。假鳞毛存在或缺失。茎叶直立,卵圆形至线状披针形;叶边全缘,或先端具细齿;中肋多缺失,稀短弱双中肋。枝叶与茎叶近同形,较小。叶细胞通常菱形至线形,平滑或具疣,具壁孔或无,角细胞明显分化或略分化。雌雄异株或雌雄同株异苞,稀雌雄杂株或叶生雌雄异株。蒴柄较长,平滑。孢蒴卵圆柱形或短圆柱形,常略弯曲,通常下垂。环带分化或缺失。蒴齿双层。蒴盖通常具长喙。

本科全世界有28属。中国有8属;山东有1属。

1. 锦藓属 Sematophyllum Mitt. J. Linn. Soc., Bot. 8:5.1865.

植物体小形至大形,具光泽。茎匍匐,羽状分枝或不规则分枝。茎叶卵形或长椭圆形,稍内凹,先端有时钝或具宽短的尖,有时急尖或渐尖,成长毛尖状;叶边平展,或先端具微齿;中肋缺失,或不明显双中肋。枝叶较狭小。叶细胞狭长菱形,平滑,角细胞明显分化,长而膨大。雌雄同株异苞,稀雌雄异株。内雌苞叶较长,尖部呈毛状。蒴柄细长,红色,平滑。孢蒴卵圆柱形至长卵圆柱形,平列或直立。蒴齿双层。蒴盖具长喙。孢子黄绿色,平滑或近平滑。

本属全世界现有170种。中国有4种和2变型;山东有1种。

1. 矮锦藓

Sematophyllum subhumile (Müll. Hal.) M. Fleisch., Musci. Buitenzorg 4:1264.1923.

Hypnum subhumile Müll. Hal., Syn. Musc. Frond. 2:330.1851.

植物体纤细,黄绿色至橙黄色,具光泽。茎匍匐,不规则稀疏分枝。叶长椭圆状披针形至长披针形,先端渐尖,内凹;叶边全缘,先端具微齿;中肋缺失。叶细胞长菱形,平滑,角细胞明显分化,基部一列为大形长方形细胞,上部数列正方形细胞。孢子体未见。

生境:生于树上。

产地:博山,鲁山,海拔700 m,黄正莉20112515。

分布:中国(山东、安徽、江苏、上海、浙江、江西、湖南、湖北、四川、贵州、云南、福建、广西、海南、香港、澳门)。尼泊尔、印度、缅甸、泰国、老挝、越南、柬埔寨、菲律宾、印度尼西亚和加罗林群岛。

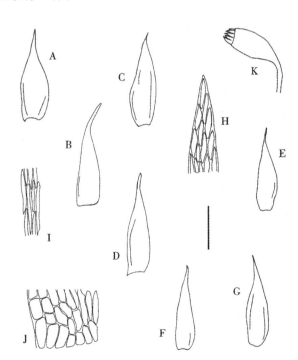

图 380 矮锦藓 *Sematophyllum subhumile* (Müll. Hal.) M. Fleisch., A – D. 茎叶;E – G. 枝叶;H. 叶尖部细胞;I. 叶中部细胞;J. 叶基部细胞;K. 孢蒴(任昭杰、付旭 绘)。标尺:A – G = 0.9 mm, H – J = 110 μm, K = 1.1 mm。

45. 垂枝藓科 RHYTIDIACEAE

植物体粗壮,硬挺,黄绿色至暗绿色,有时带棕色、褐色,略具光泽。主茎直立或倾立,支茎斜生,先端略一向弯曲,近羽状分枝。假鳞毛稀疏,仅生于茎上,狭三角形至卵圆形,有时具不规则齿。叶长卵状披针形,略内凹,具纵褶及横纹,基部有时下延,先端渐尖,常镰刀状一侧偏曲;叶缘具细齿;中肋单一,达叶中部以上。叶细胞线形或蠕虫形,厚壁,中上部细胞具前角突或粗疣,叶基近中肋细胞长方形,厚壁,具壁孔,角细胞明显分化,较小,方形或不规则多边形,多沿叶边向上伸展。雌雄异株。内雌苞叶狭卵状披针形,先端具细长尖,叶边上部具细齿,中肋缺失。蒴柄细长,红褐色,平滑,干时常扭转。孢蒴长卵圆柱形,下垂至直立。环带分化。蒴齿双层。蒴盖圆锥形,具短喙。蒴帽兜形,平滑或具少数纤毛。孢子黄色,具细疣。

本科全世界仅1属。山东有分布。

1. 垂枝藓属 Rhytidium (Sull.) Kindb. Bih. Kongl. Svenska Vetensk. – Akad. Handl. 6 (19):8.1882.

属特征同科。
本属全世界仅1种。山东有分布。

1. 垂枝藓

Rhytidium rugosum (Hedw.) Kindb., Bih. Kongl. Svenska Vetensk. – Akad. Handl. 7 (9):15.1883.

Hypnum rugosum Ehrh. ex Hedw., Sp. Musc. Frond. 293.1801.

种特征同科。

生境:生于岩面、土表或岩面薄土上。

产地:青岛,崂山,柳树台,海拔800 m,仝治国146、246(PE)。泰安,泰山,岱顶后坡,海拔1500 m,李法曾0012(PE)。泰安,泰山,玉皇顶,海拔1400 m,赵遵田33443 – A。泰安,泰山,由四槐树至岱顶途中,仝治国67(PE)。

分布:中国(吉林、内蒙古、河北、山东、宁夏、甘肃、青海、新疆、四川、云南、西藏)。朝鲜、日本、俄罗斯(西伯利亚和远东地区)、不丹,欧洲、北美洲和南美洲。

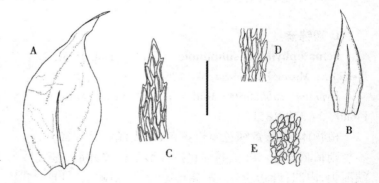

图381 垂枝藓 *Rhytidium rugosum* (Hedw.) Kindb., A. 茎叶;B. 枝叶;C. 叶尖部细胞;D. 叶中部细胞;E. 叶基边缘细胞(任昭杰 绘)。标尺:A – B = 1.7 mm, C – D = 160 μm。

46. 绢藓科 ENTODONTACEAE

植物体纤细至粗壮,具光泽。茎匍匐或倾立,规则分枝;中轴分化。无鳞毛。背面叶和侧面叶略分化,茎叶两侧对称或略不对称,卵形或卵状披针形,稀线状披针形,平展或内凹,先端钝、渐尖或急尖;叶边平展,全缘或中上部具细齿;中肋2,短弱或粗壮,或缺失。枝叶与茎叶通常同形,略小。叶中部细胞菱形至线形,平滑,角细胞多数,方形。雌雄同株或异株。蒴柄长,平滑。孢蒴直立或略弯曲,对称或略不对称。环带分化或缺失,蒴齿双层,或齿条退化至消失。孢子小。

许安琪(1987)报道赤齿藓属 Erythrodontium Hampe 穗枝赤齿藓 E. julaceum(Schwägr.)Paris 在山东有分布,本次研究未见到引证标本,因此将该属和种存疑。

本科全世界4属。中国有4属;山东有2属。

分属检索表

1. 孢蒴长圆柱形至矩圆形或椭圆形;叶平展或内凹,先端钝或渐尖 …………… 1. 绢藓属 Entodon
1. 孢蒴亚圆球形;叶强烈内凹,先端急尖,具一短尖头………………… 2. 螺叶藓属 Sakuraia

Key to the genera

1. Capsules cylindric, oblong or elliptic; leaves complanate or concave, apex obtuse or acuminate
………………………………………………………………………………… 1. Entodon
1. Capsules sub–globose; leaves strongly concave, apex acute, with a short tip ……… 2. Sakuraia

1. 绢藓属 Entodon Müll. Hal. Linnaea 18:704.1845.

植物体中等大小至大形,黄绿色至绿色,具光泽,多呈扁平状。茎多匍匐,偶斜升,羽状分枝或亚羽状分枝,分枝较短,扁平或圆条状。茎叶卵形、椭圆形或披针形,内凹,先端钝或渐尖,叶基不下延;叶边平展,全缘或先端具细齿;中肋2,短弱。枝叶与茎叶同形,略小。叶细胞线性,先端细胞较短,角细胞明显分化,矩形至方形,有的可延伸至中肋。雌雄同株,稀雌雄异株。雌苞叶披针形至椭圆状披针形,基部呈鞘状。蒴柄长。孢蒴圆筒形,直立,对称。蒴齿双层。蒴盖圆锥形,具喙。蒴帽兜形,平滑。孢子圆球形,具疣。

山东树生苔藓种类较少,且呈现逐渐减少的趋势,本属植物是山东树生苔藓群落的最主要成员。

前志曾收录贡山绢藓 E. kungshanensis R. L. Hu,本次研究未见到引证标本,我们也未能采到相关标本,因此将该种存疑。

本属全世界约115种。中国有33种和1变种;山东有16种和1变种。

分种检索表

1. 叶角区由2-4层细胞组成……………………………………… 3. 厚角绢藓 E. concinnus
1. 叶角区由单层细胞组成…………………………………………………………… 2
2. 蒴柄黄色至黄褐色……………………………………………………………… 3
2. 蒴柄红色至紫褐色……………………………………………………………… 6
3. 叶先端钝 ………………………………………………… 9. 钝叶绢藓 E. obtusatus

3. 叶先端渐尖 …… 4

4. 齿条具疣 …… 7. 长柄绢藓 *E. macropodus*

4. 齿条平滑 …… 5

5. 叶基部收缩,先端略钝 …… 16. 绿叶绢藓 *E. viridulus*

5. 叶基部不收缩,先端渐尖 …… 15. 宝岛绢藓 *E. taiwanensis*

6. 带叶的茎和枝呈扁平状 …… 7

6. 带叶的茎和枝不呈扁平状 …… 12

7. 叶先端钝 …… 8

7. 叶先端渐尖 …… 9

8. 齿条平滑 …… 13. 中华绢藓 *E. smaragdinus*

8. 齿条具疣 …… 1. 柱蒴绢藓 *E. challengeri*

9. 植物体纤细 …… 5. 细绢藓 *E. giraldii*

9. 植物体粗壮 …… 10

10. 齿条比齿片短 …… 14. 亚美绢藓 *E. sullivantii*

10. 齿条与齿片等长 …… 11

11. 齿片有由细疣排列成的横条纹或斜条纹 …… 2. 绢藓 *E. cladorrhizans*

11. 齿片基部 2 - 3 节片具横条纹,以上为纵条纹 …… 12. 亮叶绢藓 *E. schleicheri*

12. 茎叶三角状披针形 …… 4. 广叶绢藓 *E. flavescens*

12. 茎叶卵形,长卵形或长椭圆形 …… 13

13. 中肋粗壮,达叶 1/3 - 1/2 处 …… 10. 横生绢藓 *E. prorepens*

13. 中肋细弱,达叶 1/3 以下 …… 14

14. 角细胞较少,分化不达中肋 …… 6. 深绿绢藓 *E. luridus*

14. 角细胞多数,分化达中肋 …… 15

15. 植物体较细弱;外齿层齿片通体具细密疣 …… 8. 短柄绢藓 *E. micropodus*

15. 植物体较粗壮;外齿层齿片先端 1 - 2 节片平滑 …… 11. 陕西绢藓 *E. schensianus*

Key to the species

1. Alar region of leaves composed of 2 ~ 4 layers of cells …… 3. *E. concinnus*

1. Alar region of leaves composed of one layer cell …… 2

2. Setae yellow or yellowish brown …… 3

2. Setae reddish or purplish brown …… 6

3. Apical leaf obtuse …… 9. *E. obtusatus*

3. Apical leaf acuminate …… 4

4. Endostome teeth papillose …… 7. *E. macropodus*

4. Endostome teeth smooth …… 5

5. Leaf base contrated, apex obtuse …… 16. *E. viridulus*

5. Leaf base not contracted, apex acuminate …… 15. *E. taiwanensis*

6. Stems and branches complanate foliate …… 7

6. Stems and branches not complanate foliate …… 12

7. Apical leaf obtuse …… 8

7. Apical leaf acuminate …… 9

8. Endostome teeth smooth …… 13. *E. smaragdinus*

8. Endostome teeth papillose …… 1. *E. challengeri*

9. Plant delicate ··· 5. *E. giraldii*

9. Plant robust ·· 10

10. Endostome segments shorter than exostome teeth ·············· 14. *E. sullivantii*

10. Endostome segments and exstome teeth equal in length ·············· 11

11. Exostome teeth finely papillose and arranged into horizontal or oblique striolate

··· 2. *E. cladorrhizans*

11. Exostome teeth horizontal striolate in base 2 – 3 sections, vertically striolate above

··· 12. *E. schleicheri*

12. Stem leaves triangularly lanceolate ······················ 4. *E. flavescens*

12. Stem leaves ovate, oblong – ovate or elliptic ························ 13

13. Costa strong, resching 1/3 – 1/2 of leaf length ·············· 10. *E. prorepens*

13. Costa slender, less than 1/3 of leaf length ························ 14

14. Alar cells fewer, not extend to costa ····················· 6. *E. luridus*

14. Alar cells more, extend to costa ································· 15

15. Plants delicate; exostome teeth papillose throughout ·············· 8. *E. micropodus*

15. Plants robust; exostome teeth smooth in top 1 – 2 sections ·············· 11. *E. schensianus*

1. 柱蒴绢藓（照片 131）

Entodon challengeri（Paris）Cardot, Beih. Bot. Centrabl. 17：32. 1904.

Cylindrothecium challengeri Paris, Index Bryol. 296. 1894.

Entodon compressus Müll. Hal., Linnaea 18：707. 1844, hom. illeg.

Entodon nanocarpus Müll. Hal., Nuovo Giorn. Bot. Ital., n. s., 4：265. 1897.

Entodon compressus var. *parvisporus* X. S. Wen & Z. T. Zhao, Bull. Bot. Res., Harbin 17ä：359. 1997.

植物中等大小,体黄绿色至暗绿色,具光泽。茎匍匐,亚羽状分枝,带叶的茎和枝扁平。茎叶长椭圆形,强烈内凹,先端钝;叶边全缘;中肋 2,短弱,稀缺失。枝叶与茎叶同形,略小。叶中部细胞线形,先端较短,角细胞多数,方形,透明,在叶基部延伸至中肋。蒴柄红褐色。孢蒴椭圆形或卵圆形,直立。环带分化。蒴齿双层。蒴盖圆锥形,具喙。孢子具疣。

生境:生于树干、岩面、土表、腐木或岩面薄土上。

产地:荣成,伟德山,海拔 550 m,黄正莉 20112343。文登,昆嵛山,二分场缓冲区,海拔 300 m,任昭杰 20101356、20101387。牟平,昆嵛山,流水石,海拔 400 m,李林 20101786。牟平,昆嵛山,赵遵田 91695 – A。栖霞,牙山,海拔 400 m,李超 20111855、20111868。平度,大泽山,海拔 600 m,郭萌萌 20112092、20112130。青岛,浮山,赵遵田 90368 – B。青岛,崂山,滑溜口,海拔 450 m,李林 20112894。青岛,崂山,北九水,海拔 350 m,韩国营 20112924。黄岛,长门岩岛,赵遵田 89013。黄岛,铁橛山,海拔 300 m,任昭杰 R20130113。黄岛,铁橛山,海拔 200 m,付旭 R20130178。黄岛,小珠山,海拔 120 m,任昭杰 20111657。黄岛,小珠山,海拔 150 m,任昭杰 20111729。五莲,五莲山,海拔 400 m,任昭杰 R20120010 – B。五莲,五莲山,海拔 300 m,任昭杰 R20120017。临朐,沂山,古

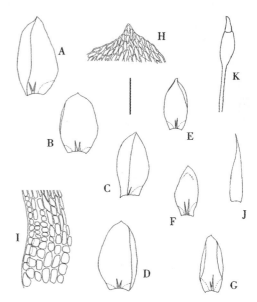

图 382 柱蒴绢藓 *Entodon challengeri*（Paris）Cardot, A – D. 茎叶;E – G. 枝叶;H. 叶尖部细胞;I. 叶基部细胞;J. 内雌苞叶;K. 孢蒴（任昭杰、付旭 绘）。标尺:A – G, J = 1.4 mm, H – I = 140 μm, K = 1.9 mm。

寺,赵遵田 90082 - B、90083 - B。蒙阴,蒙山,砂山,海拔 600 m,付旭 R20131347。蒙阴,蒙山,里沟,海拔 750 m,任昭杰 R20120032。青州,仰天山,海拔 700 m,黄正莉 20112179、20112197。博山,鲁山,海拔 600 m,黄正莉 20112454 - B、20112472 - B。曲阜,梁公林,任昭杰 R20131352。曲阜,孔庙,大成门内,任昭杰 R20120024。曲阜,孔林,赵遵田 84156、84159。枣庄,抱犊崮,海拔 300 m,赵洪东 911354、911363。莱芜,雪野镇南栾宫村下河,海拔 50 m,魏雪萍 20089198。新泰,莲花山,海拔 700 m,黄正莉 20110634。泰安,徂徕山,光华寺,海拔 890 m,任昭杰 20110688。泰安,徂徕山,太平顶,海拔 1000 m,黄正莉 20110716 - B。泰安,泰山,普照寺山坡,赵遵田 34153。泰安,泰山,回马岭,赵遵田 33920。济南,张庄坟地,赵遵田 88126。济南,藏龙涧,任昭杰 R15503。

分布:中国(黑龙江、吉林、辽宁、内蒙古、河北、山西、山东、陕西、新疆、安徽、江苏、上海、浙江、江西、湖南、湖北、四川、贵州、云南、福建、广东、广西)。蒙古、朝鲜、日本、俄罗斯和美国。

2. 绢藓(照片 132)

Entodon cladorrhizans(Hedw.)Müll. Hal., Linnaea 18:707. 1844.

Neckera cladorrhizans Hedw., Sp. Musc. Frond. 207. 1801.

Entodon verruculosus X. S. Wen, Acta Bot. Yunnan. 20:47. 1998.

植物体中等大小,黄绿色至绿色,有时带褐色,具光泽。茎匍匐,羽状分枝或亚羽状分枝。茎叶长椭圆形至阔长椭圆形,平展,或略内凹,先端锐尖;叶边全缘,或近先端具微齿;中肋 2,短弱。枝叶与茎叶同形,略小。叶中部细胞线形,先端细胞较短,角细胞多数,矩形至方形。蒴柄橙褐色至深红色。孢蒴长椭圆柱形,直立,对称,深褐色。环带分化。蒴齿双层。蒴盖圆锥形,具斜喙。孢子具疣。

生境:生于树干、岩面、土表或岩面薄土上。

产地:荣成,正棋山,海拔 380 m,黄正莉 20113023 - B。荣成,伟德山,海拔 500 m,黄正莉 20112372 - B、20112420 - B。文登,昆嵛山,无染寺,海拔 350 m,任昭杰 20100514。文登,昆嵛山,二分场缓冲区,海拔 350 m,姚秀英 20101427 - A。牟平,昆嵛山,三官殿,海拔 300 m,任昭杰 20100701。牟平,昆嵛山,房门,海拔 550 m,任昭杰 20100965 - A。栖霞,牙山,海拔 780 m,赵遵田 90771 - B、90773 - B。栖霞,艾山,海拔 520 m,赵遵田 R11986。平度,大泽山,山西区,海拔 550 m,赵遵田 91307。平度,大泽山,海拔 500 m,郭萌萌 20112107。青岛,崂山,太和观,付旭 R20131328。青岛,崂山,滑溜口,海拔 600 m,李林 20112931 - D。黄岛,小珠山,南天门下,海拔 500 m,任昭杰 20111619、20111661 - C。五莲,五莲山,海拔 350 m,任昭杰 R20120019。临朐,沂山,赵遵田 90137 - 2、90296。临朐,嵩山,赵遵田 90389 - B。青州,仰天山,海拔 700 m,李林 20112229。青州,仰天山,仰天寺,赵遵田 88107。博山,白石洞,海拔 400 m,任昭杰 R20131357。博山,鲁山,海拔 900 m,黄正莉 20112487 - B。曲阜,孔林,赵遵田 84141、84142。枣庄,抱犊崮,海拔 300 m,赵遵田 911440、911441。枣庄,赵遵田 20113140。新泰,莲花山,海拔 400 m,黄正莉 20110653 - B。泰安,徂徕山,太平顶,海拔 980 m,黄正莉 20110683。泰安,徂徕山,光华寺,海拔 870 m,李林 20110762。泰安,泰山,中天门,海拔 800 m,赵遵田 34055 - A。泰安,泰山,南天门后坡,海拔 1360 m,赵遵田 34070。济南,龙洞,海拔 150 m,李林 20113157、20113158。济南,朱凤山,任昭杰 R20140012、R20140017。

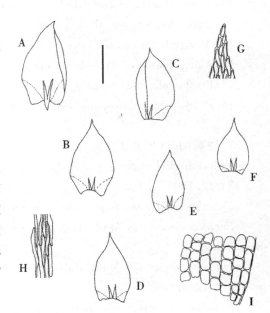

图 383 绢藓 *Entodon cladorrhizans*(Hedw.)Müll. Hal., A - C. 茎叶;D - F. 枝叶;G. 叶尖部细胞;H. 叶中部细胞;I. 角细胞(任昭杰、付旭绘)。标尺:A - F = 1.1 mm, G - I = 110 μm。

分布:中国(辽宁、内蒙古、河北、山西、山东、甘肃、安徽、江苏、浙江、江西、湖南、湖北、四川、重庆、贵州、云南、西藏、福建、广西、香港)。欧洲和北美洲。

3. 厚角绢藓(照片 133)

Entodon concinnus (De Not.) Paris, Index Bryol. 2: 103. 1904.

Hypnum concinnum De Not., Mem. Reale Accad. Sci. Torino 39: 220. 1836.

Entodon caliginosus (Mitt.) A. Jaeger, Ber. Thätigk. St. Gallichen Naturwiss. Ges. 1876 – 1877: 285. 1878.

Stereodon caliginosus Mitt., J. Proc. Linn. Soc., Bot., Suppl. 1: 108. 1859.

植物体大形,粗壮,黄绿色至绿色,有时带褐色,具光泽。茎匍匐,羽状分枝。茎叶椭圆形,内凹,先端钝或具小尖头;叶边全缘,先端常内卷呈兜状;中肋缺失,或 2 条短中肋。枝叶狭窄,较小。叶中部细胞线形或虫形,先端细胞短,角细胞分化明显,由 2 至 4 层方形或短长方形细胞组成。

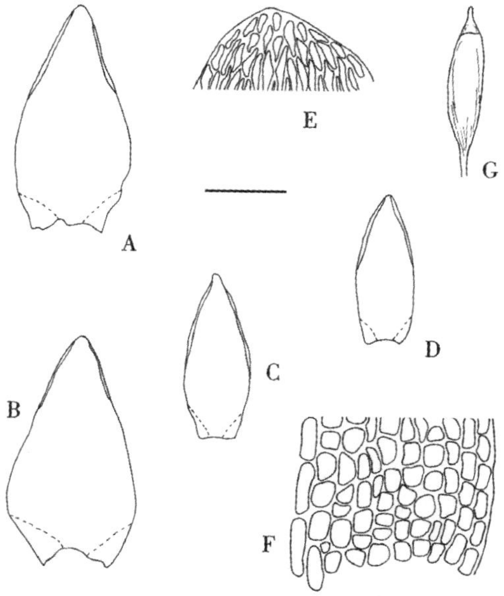

生境:多生于岩面。

产地:文登,昆嵛山,二分场缓冲区,海拔 400 m,任昭杰 20101177。牟平,昆嵛山,黑龙潭,海拔 275 m,黄正莉 20110164。牟平,昆嵛山,阳沟,赵遵田 91671 – D。栖霞,牙山,海拔 300 m,郭萌萌 20111840。黄岛,大珠山,海拔 150 m,黄正莉 20111580。蒙阴,蒙山,橛子沟,海拔 800 m,任昭杰 20120163、20120165。泰安,泰山,赵遵田 20110561 – C。泰安,泰山,赵遵田 20110563 – E。

分布:中国(黑龙江、吉林、内蒙古、河北、北京、山西、山东、河南、陕西、宁夏、甘肃、新疆、安徽、江苏、浙江、江西、湖北、四川、重庆、贵州、云南、西藏、香港)。尼泊尔、朝鲜、日本、巴布亚新几内亚、俄罗斯、欧洲和北美洲。

图 384　厚角绢藓 *Entodon concinnus* (De Not.) Paris, A – B. 茎叶;C – D. 枝叶;E. 叶尖部细胞;F. 叶基部细胞;G. 孢蒴(任昭杰、李德利绘)。标尺:A – D = 1.1 mm, E – F = 110 μm, G = 1.9 mm。

4. 广叶绢藓

Entodon flavescens (Hook.) A. Jaeger, Ber. Thätigk. St. Gallischen Naturwiss. Ges. 1876 – 1877: 293. 1878.

Neckera flavescens Hook., Trans. Linn. Soc. London 9: 314. 1808.

植物体黄绿色至绿色,具光泽。茎匍匐,密集羽状分枝。茎叶卵形、三角状卵形或卵状披针形,先端渐尖;叶边全缘,仅先端具细齿;中肋 2,短弱。枝叶长椭圆状披针形,先端具齿。叶中部细胞线形,向上渐短,角细胞多数,方形。

生境:生于树干、岩面和土表。

产地:栖霞,牙山,赵遵田 90854 – 1。平度,大泽山,海拔 400 m,李超 20112096 – C。青岛,崂山,潮音瀑,海拔 290 m,任昭杰、杜超 R00417。青岛,崂山,海拔 620 m,赵遵田 91087 – B。蒙阴,蒙山,海拔 750 m,赵遵田 91378 – 1。

分布:中国(黑龙江、吉林、辽宁、山东、河南、安徽、浙江、江西、四川、重庆、云南、福建、台湾、广东、广西)。朝鲜、日本、尼泊尔、不丹、印度、越南、菲律宾和缅甸。

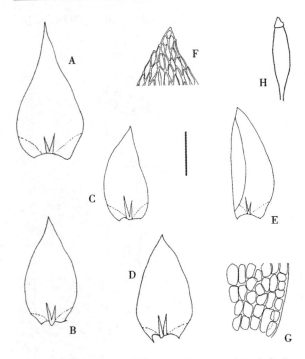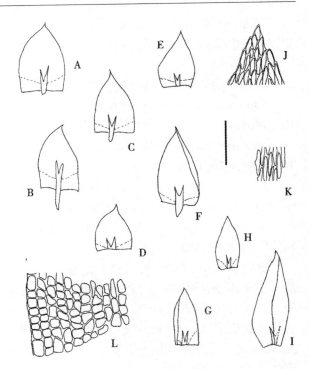

图 385 广叶绢藓 *Entodon flavescens*（Hook.）A. Jaeger, A. 茎叶；B－E. 枝叶；F. 叶尖部细胞；G. 叶基部细胞；H. 孢蒴（任昭杰、付旭 绘）。标尺：A－C = 1.5 mm，F－G = 140 μm，H = 2.8 mm。

图 386 细绢藓 *Entodon giraldii* Müll. Hal., A－D. 茎叶；E－I. 枝叶；J. 叶尖部细胞；K. 叶中部细胞；L. 角细胞（任昭杰、付旭 绘）。标尺：A－I = 0.9 mm，J－L = 90 μm。

5. 细绢藓（照片 134）

Entodon giraldii Müll. Hal., Nuovo Giorn. Bot. Ital., n. s., 4：264.1897.

植物体纤细，黄绿色至暗绿色，略具光泽。生叶茎和枝扁平。茎叶三角状卵形，多平展；叶边全缘；中肋 2，短弱，或缺失。枝叶长椭圆形，先端具细齿。叶中部细胞线形，向上渐短，角细胞多数，方形或矩形，在叶基部延伸至中肋。蒴柄红褐色。孢蒴圆柱形，直立，对称。蒴轴发达，与蒴盖相连。

生境：生于树干、岩面或土表。

产地：文登，昆嵛山，无染寺，海拔 400 m，成玉良 20100554。牟平，昆嵛山，马腚，海拔 200 m，任昭杰 20101671。牟平，昆嵛山，红松林，海拔 500 m，任昭杰 20100868－B。青岛，崂山，小靛缸湾，付旭 R20131326－A。青岛，崂山，滑溜口，李林 20112910－D。青州，仰天山，海拔 800 m，李林 20112289。博山，鲁山，海拔 800 m，李超 20112531－A。泰安，徂徕山，太平顶，海拔 960 m，黄正莉 20110690。济南，趵突泉公园，任昭杰 R15397。

分布：中国（黑龙江、吉林、辽宁、内蒙古、河北、北京、山东、陕西、浙江、湖南、四川、重庆、云南、广东）。朝鲜和日本。

6. 深绿绢藓

Entodon luridus（Griff.）A. Jaeger, Ber. Thätigk. St. Gallischen Naturwiss. Ges. 1876－1877：294.1878.

Neckera luridus Griff., Calcutta J. Nat. Hist. 3：66.1843［1842］.

本种与陕西绢藓 *E. schensianus* 类似，但本种叶长椭圆形，先端略钝，具小尖头，角细胞较少，不延伸至中肋处；而后者叶长卵形，先端渐尖，角细胞较多，在基部延伸至中肋处。

生境：生于树干、岩面和土表。

产地:文登,昆嵛山,仙女池,海拔 300 m,姚秀英 20101411 – A。牟平,昆嵛山,水帘洞,海拔 400 m,任昭杰 20100849。牟平,昆嵛山,老师坟南山,海拔 350 m,姚秀英 20101755。平度,大泽山,海拔 400 m,李林 20112086。青岛,崂山,海拔 670 m,赵遵田 91622 – A。黄岛,铁橛山,任昭杰 R20130119。临朐,沂山,歪头崮,海拔 980 m,赵遵田 90456。蒙阴,蒙山,赵遵田 91187 – 1。泰安,徂徕山,光华寺,任昭杰 20110722。泰安,徂徕山,海拔 600 m,黄正莉 20110687。泰安,泰山,斗母宫,任昭杰 R20131372。泰安,泰山,中天门下,赵遵田 33909 – C。

分布:中国(黑龙江、吉林、辽宁、内蒙古、河北、山西、山东、陕西、甘肃、新疆、安徽、上海、浙江、湖南、湖北、四川、重庆、贵州、云南、福建、广东、广西)。朝鲜、日本和俄罗斯(远东地区)。

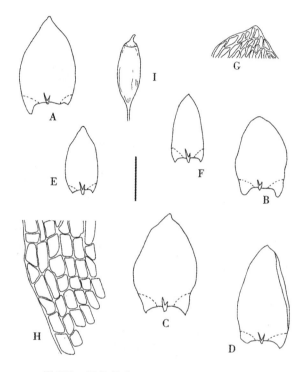

图 387　深绿绢藓 Entodon luridus(Griff.)A. Jaeger, A – D. 茎叶;E – F. 枝叶;G. 叶尖部细胞;H. 叶基部细胞;I. 孢蒴(任昭杰、付旭 绘)。标尺:A – F = 1.3 mm, G – H = 110 μm, I = 2.6 mm。

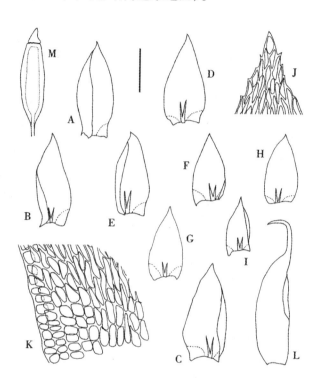

图 388　长柄绢藓 Entodon macropodus(Hedw.)Müll. Hal., A – E. 茎叶;F – I. 枝叶;J. 叶尖部细胞;K. 叶基部细胞;L. 内雌苞叶;M. 孢蒴(任昭杰、李德利 绘)。标尺:A – I, L = 0.9 mm, J – K = 90 μm, M = 2.8 mm。

7. 长柄绢藓(照片 135)

Entodon macropodus(Hedw.)Müll. Hal., Linnaea 18:707. 1845.

Neckera macropodus Hedw., Sp. Musc. Frond. 207. 1801.

植物体黄绿色至绿色,有时带褐色,具光泽。茎匍匐,亚羽状分枝,茎及枝扁平。茎叶矩圆形、矩圆状卵形或卵状披针形,先端渐尖,或略钝且具小尖头;叶边多平展,先端具齿;中肋 2,短弱。枝叶与茎叶同形,略狭小。蒴柄黄色。孢蒴圆筒形,直立,对称。无环带。

生境:生于岩面、土表或腐木上。

产地:荣成,伟德山,海拔 420 m,李林 20112344 – B。文登,昆嵛山,无染寺,海拔 350 m,任昭杰 20100509。文登,昆嵛山,二分场缓冲区,任昭杰 20101174。牟平,昆嵛山,泰礴顶,海拔 900 m,李林 20110085。牟平,昆嵛山,房门,海拔 550 m,任昭杰 20110055。栖霞,牙山,海拔 350 m,郭萌萌 20111799。平度,大泽山,郭萌萌 20112080。青岛,崂山,北九水疗养院,海拔 290 m,任昭杰 R20131355。青岛,崂山,蔚竹观,海拔 400 m,邵娜 20112842 – B。青岛,崂山,滑溜口,海拔 500 m,李林

20112933。黄岛,大珠山,海拔 100 m,李林 20111576。临朐,沂山,育林河东,海拔 880 m,赵遵田 90438 - B。临朐,沂山,赵遵田 90282 - C。蒙阴,蒙山,三分区,海拔 560 m,赵遵田 91180。蒙阴,蒙山,天麻岭,海拔 760 m,赵遵田 91220 - C。青州,仰天山,仰天寺,赵遵田 88089 - C。博山,鲁山,海拔 700 m,黄正莉 20112467 - B。枣庄,抱犊崮,海拔 530 m,赵遵田 911483 - B、911555 - A。泰安,泰山,朝阳洞,海拔 1050 m,赵遵田 34048 - B。泰安,泰山,五大夫松,海拔 1000 m,赵遵田 34099 - 1。长清,灵岩寺,赵遵田 87187 - B。济南,龙洞,海拔 150 m,李林 20113122 - 1。

分布:中国(黑龙江、吉林、内蒙古、河北、山西、山东、陕西、安徽、江苏、上海、浙江、江西、湖南、四川、重庆、贵州、云南、西藏、福建、台湾、广东、广西、海南、香港)。日本、尼泊尔、印度、缅甸、泰国、老挝、越南,南美洲、北美洲和非洲。

8. 短柄绢藓

Entodon micropodus Besch. , Ann. Sci. Nat. , Bot. , sér. 7, 15:87.1892.

植物体中等大小,较细弱,黄绿色,具光泽。茎匍匐,羽状分枝。茎叶卵形或倒卵形,先端略钝,具小尖头;叶边平展,先端具细齿;中肋 2,短弱,稀缺失。枝叶与茎叶近同形。叶细胞长菱形,角细胞分化明显,多数,延伸至中肋,沿叶边高 15 - 20 个细胞。蒴柄红褐色,长不及 1 cm。孢蒴长卵形。

生境:生于腐木上。

产地:长清,灵岩寺,张艳敏 782(PE)。

分布:中国特有种(内蒙古、河北、山东、安徽、上海、浙江、湖南、贵州、云南)。

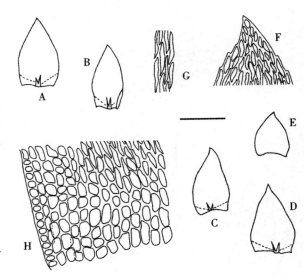

图 389 短柄绢藓 *Entodon micropodus* Besch., A-E. 叶;F. 叶尖部细胞;G. 叶中部细胞;H. 叶基部细胞(任昭杰、李德利 绘)。标尺:A-E=0.7 mm, G-H=80 μm。

9. 钝叶绢藓(见前志图 300)

Entodon obtusatus Broth. , Akad. Wiss. Wien Sitzungsber. , Math. - Naturwiss. Kl. , Abt. 1, 131:216.1922.

植物体形小,黄绿色,具光泽。茎叶长椭圆形、舌形或卵状舌形,先端钝具小尖头,或急尖;叶边多平展,全缘,仅先端具细齿;中肋 2,短弱或缺失。枝叶狭小。叶中部细胞线形,上部细胞较短,角细胞方形或矩形。蒴柄黄色。孢蒴长椭圆状圆筒形。蒴盖圆锥形,具喙。

生境:生于树干、岩面或土表。

产地:荣成,伟德山,海拔 300 m,李林 20112346 - C。牟平,昆嵛山,水帘洞,海拔 300 m,任昭杰 20101794。牟平,昆嵛山,泰礴顶,海拔 900 m,成玉良 20101098 - A。栖霞,牙山,海拔 300 m,郭萌萌 20111829。平度,大泽山,海拔 500 m,黄正莉 20112110、20112118。青岛,崂山,蔚竹观,海拔 400 m,邵娜 20112854 - B。青岛,崂山,北九水,海拔 300 m,韩国营 20112877。黄岛,大珠山,海拔 150 m,黄正莉 20111486 - B、20111296 - B。黄岛,铁橛山,任昭杰 R20120041。五莲,五莲山,海拔 300 m,任昭杰 R20130127 - B。临朐,沂山,古寺,赵遵田 90418。青州,仰天山,仰天寺,赵遵田 88089 - D。博山,鲁山,海拔 700 m,黄正莉 20112503 - C、20112577。新泰,莲花山,海拔 450 m,黄正莉 20110571。泰安,徂徕山,太平顶,海拔 1000 m,任昭杰 20110724。泰安,徂徕山,海拔 200 m,任昭杰 20110691 - B。

分布:中国(吉林、山西、山东、陕西、新疆、安徽、浙江、湖南、湖北、重庆、贵州、云南、福建、台湾、海南、香港)。日本和印度。

10. 横生绢藓

Entodon prorepens（Mitt.）A. Jaeger, Ber. Thätigk. St. Gallischen Naturwiss. Ges. 1876－1877：294.1878.

Stereodon prorepens Mitt., J. Proc. Linn. Soc., Bot., Suppl. 1：107.1859.

植物体粗壮，黄绿色至绿色，具光泽。茎匍匐，羽状分枝。叶长卵形或卵状披针形，内凹，先端渐尖，略钝；叶边平展，全缘，或仅先端具细齿；中肋2，强劲，可达叶中部。叶中部细胞线形，上部细胞短，角细胞多数，矩形至方形。蒴柄红色。孢蒴卵形至长卵形，直立，对称。

生境：多生于潮湿岩面，亦见于树干、土表。

产地：文登，昆嵛山，帷幄洞，海拔350 m，任昭杰20101413。文登，昆嵛山，二分场缓冲区，海拔300 m，任昭杰20101414。牟平，昆嵛山，马腚，海拔250 m，任昭杰20101512。牟平，昆嵛山，东至庵，海拔240 m，赵遵田84026。栖霞，牙山，赵遵田90812－1－A。平度，大泽山，海拔450 m，黄正莉20112142－B。青岛，崂山，凉清河，赵遵田89392。青岛，崂山，滑溜口，海拔500 m，李林20112901－B、20112911－D。黄岛，铁橛山，海拔300 m，任昭杰R20120018。黄岛，大珠山，海拔120 m，黄正莉20111571。临朐，沂山，赵遵田90310、90315－B。蒙阴，蒙山，三分区，赵遵田91356。博山，鲁山，海拔835 m，赵遵田90694。泰安，徂徕山，海拔200 m，任昭杰20110703－B、20110718。泰安，泰山，普照寺门前，赵遵田34158。济南，卧虎山水库，赵遵田86002。

分布：中国（吉林、内蒙古、河北、山东、陕西、安徽、浙江、江西、湖南、湖北、四川、贵州、云南、福建、广东、广西）。印度、尼泊尔、不丹和缅甸。

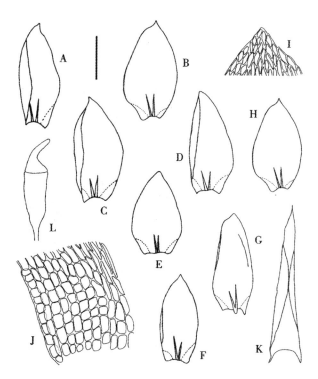

图390 横生绢藓 *Entodon prorepens*（Mitt.）A. Jaeger, A－E. 茎叶；F－H. 枝叶；I. 叶尖部细胞；J. 叶基部细胞；K. 内雌苞叶；L. 孢蒴（任昭杰 绘）。标尺：A－H, K＝1.4 mm, I－J＝140 μm, L＝2.8 mm。

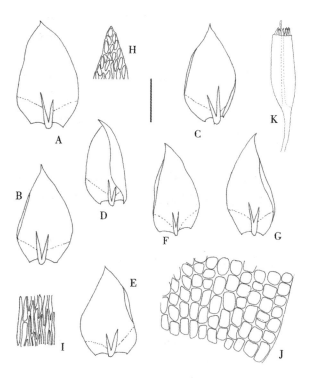

图391 陕西绢藓 *Entodon schensianus* Müll. Hal., A－E. 茎叶；F－G. 枝叶；H. 叶尖部细胞；I. 叶中部细胞；J. 叶基部细胞；K. 孢蒴（任昭杰 绘）。标尺：A－G＝1.1 mm, H－J＝110 μm, K＝1.7 mm。

11. 陕西绢藓

Entodon schensianus Müll. Hal. , Nuovo Giorn. Bot. Ital. , n. s. , 3：109. 1896.

植物体黄绿色，具光泽。茎匍匐，亚羽状分枝，圆条状。茎叶卵形至卵状披针形，先端渐尖；叶边平展，全缘，或仅先端具细齿；中肋2，短弱。枝叶与茎叶近同形，略小。叶中部细胞线形，角细胞多数，方形或矩形，从叶基边缘向上15个细胞高。蒴柄红色。孢蒴圆筒形，褐色。

生境：多生于树干上，亦见于岩面和土表。

产地：文登，昆嵛山，二分场缓冲区，海拔400 m，任昭杰20101359 - A。牟平，昆嵛山，马腚，海拔250 m，任昭杰20101606。牟平，昆嵛山，马腚，海拔200 m，黄正莉20101559。莱州，云峰山，海拔200 m，任昭杰20111262。青岛，崂山，明霞洞，赵遵田89350 - C。五莲，五莲山，海拔400 m，李林R20130156。临朐，沂山，古寺，海拔610 m，赵遵田90410。鲁山，博山，海拔800 m，赵遵田90622 - B。泰安，徂徕山，海拔700 m，黄正莉20110735。泰安，泰山，中天门下，赵遵田33909。泰安，泰山，回马岭，赵遵田33927 - A。

分布：中国（黑龙江、吉林、内蒙古、河北、山西、山东、陕西、湖南、四川、云南、西藏、广西）。泰国和越南。

经检视标本发现，任昭杰等（2010）报道的娇美绢藓 E. pulchellus（Griff.）A. Jaeger 为本种误定；任昭杰等（2014）报道的玉山绢藓 E. morrisonensis Nog. 亦系本种误定。

12. 亮叶绢藓

Entodon schleicheri（Schimp.）Demet. , Rev. Bryol. 12：87. 1885.

Isothecium schleicheri Schimp. , Musci Pyren. 71. 1847.

Entodon aeruginosus Müll. Hal. , Nuovo Giorn. Bot. Ital. , n. s. , 5：192. 1898.

本种与绢藓 E. cladorrhizans 类似，但本种叶先端长渐尖，外齿层齿片基部2 - 3节片具横条纹，以上为纵条纹，而后者叶先端一般为短渐尖，外齿层齿片具横条纹或斜条纹。

生境：生于岩面。

产地：文登，昆嵛山，帷幄洞，海拔350 m，黄正莉20101107。文登，昆嵛山，帷幄洞附近，海拔300 m，任昭杰20100455。

分布：中国（黑龙江、吉林、内蒙古、河北、山东、陕西、甘肃、新疆、安徽、江西、四川、贵州、云南、广东、海南）。朝鲜、蒙古，欧洲和北美洲。

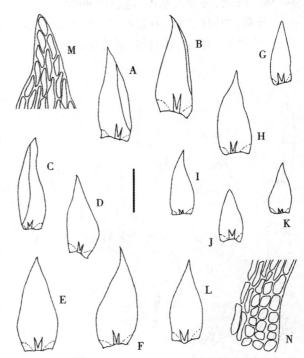

图392 亮叶绢藓 *Entodon schleicheri*（Schimp.）Demet. , A - F. 茎叶；G - L. 枝叶；M. 叶尖部细胞；N. 叶基部细胞（任昭杰、付旭 绘）。标尺：A - L = 0.7 mm，M - N = 70 μm。

13. 中华绢藓

Entodon smaragdinus Paris & Broth. Rev. Bryol. 36：10. 1909.

本种与柱蒴绢藓 E. challengeri 植物体及叶形均类似，但本种外齿层齿片披针形，基部4 - 5个节片平滑，上部具细疣，内齿层齿条平滑，而后者齿片线状披针形，通体具疣，齿条亦通体具疣。

生境：生于岩面。

产地：青岛，崂山，北九水停车场旁，海拔300 m，任昭杰 R11989 - D。

分布：中国特有种（河北、北京、山东、安徽、江苏、江西、湖南、四川、重庆、贵州）。

14. 亚美绢藓

Entodon sullivantii （Müll. Hal.）Lindb., Contr. Fl. Crypt. As. 233. 1873.

Neckera sullivantii Müll. Hal., Syn. Musc. Frond. 2：65. 1851.

14a. 亚美绢藓原变种

Entodon sullivantii var. **sullivantii**

植物体绿色,具光泽。茎匍匐,亚羽状分枝或不规则分枝。茎叶卵状披针形,略内凹,先端锐尖,基部略收缩;叶边先端具齿;中肋 2,短而强劲。枝叶与茎叶近同形,略狭小。叶中部细胞线形,上部细胞短,角细胞多数,矩形或方形。蒴柄橙色至红褐色。孢蒴圆筒形。

生境:生于岩面、土表或树干上。

产地:荣成,伟德山,海拔 550 m,黄正莉 20112353。荣成,正棋山,海拔 350 m,李林 20113011 – B。文登,昆嵛山,二分场缓冲区,海拔 400 m,任昭杰 20101384。文登,昆嵛山,无染寺,海拔 350 m,姚秀英 20100479。牟平,昆嵛山,水帘洞,海拔 350 m,任昭杰 20100367。牟平,昆嵛山,海拔 280 m,任昭杰 20101487 – A。平度,大泽山,海拔 450 m,李林 20112097、20112137。青岛,崂山,潮音瀑,赵遵田 88024。青岛,崂山,北九水,海拔 290 m,任昭杰、杜超 20070416。黄岛,小珠山,南天门,

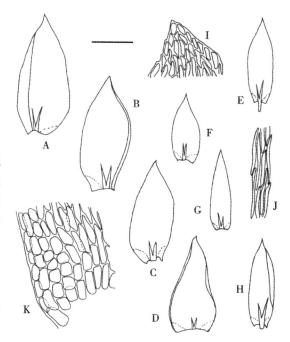

图 393 亚美绢藓原变种 *Entodon sullivantii* (Müll. Hal.) Lindb. var. *sullivantii*, A – D. 茎叶;E – H. 枝叶;I. 叶尖部细胞;J. 叶中部细胞;K. 叶基部细胞(任昭杰、付旭 绘)。标尺:A – H = 0.8 mm, I – K = 80 μm。

海拔 500 m,任昭杰 20111632、20111742。五莲,五莲山,赵遵田 89267、89275。临朐,沂山,赵遵田 90033、90034 – A。临朐,嵩山,海拔 480 m,赵遵田 90387 – A。蒙阴,蒙山,三分区,赵遵田 91333 – A。蒙阴,蒙山,花园庄,海拔 300 m,赵遵田 91345 – B。平邑,蒙山,龟蒙顶,张艳敏 8(PE)。青州,仰天山,海拔 800 m,李林 20112249 – B。博山,鲁山,海拔 700 m,赵遵田 90741、90751。枣庄,抱犊崮,海拔 530 m,赵遵田 901531 – C。新泰,莲花山,海拔 400 m,黄正莉 20110654。泰安,徂徕山,太平顶,海拔 1000 m,任昭杰 20110723。泰安,泰山,中天门,赵遵田 33945、33950、33955、33960。长清,灵岩寺,赵遵田 87177 – B。

分布:中国(黑龙江、吉林、辽宁、山东、河南、安徽、江苏、浙江、江西、湖南、四川、重庆、贵州、西藏、云南、福建、广东、广西)。日本和北美洲。

14b. 亚美绢藓多色变种

Entodon sullivantii var. **versicolor** （Besch.）Mizush. in Wijk & Marg., Taxon 14：197. 1965.

Entodon herbaceous Besch. var. *versicolor* Besch., Öfvers. Förh. Kongl. Svenska Vetensk. – Akad. 57 (2)：293. 1900.

本变种区别于原变种的特点是:枝叶更为狭窄,长宽比例是 4 – 5:1;角细胞分化达中肋。

生境:生于岩面或土表。

产地:荣成,正棋山,海拔 350 m,黄正莉 20112978、20113024。牟平,昆嵛山,四工区,海拔 260 m,赵遵田 84096。平度,大泽山,海拔 600 m,赵遵田 91047。青州,仰天山,仰天寺,赵遵田 88105。青州,仰天山,赵遵田 20112228 – B。枣庄,抱犊崮,海拔 350 m,赵遵田 911370。泰安,泰山,普照寺,赵遵田 34152 – A。

分布:中国(辽宁、河北、山东、安徽、江苏、浙江、江西、四川、云南、福建、台湾、广西)。朝鲜和日本。

15. 宝岛绢藓

Entodon taiwanensis C. K. Wang & S. H. Lin, Bot. Bull. Acad. Sin. 16: 200. 1975.

植物体黄绿色至绿色,具光泽。茎匍匐,稀疏分枝,茎和枝扁平。叶长椭圆形至长椭圆状披针形,略内凹,先端渐尖,中肋2,短弱。叶中部细胞线形,叶尖部细胞较短,角细胞方形或矩形。

生境:生于岩面、树干或土表上。

产地:牟平,昆嵛山,泰礴顶,石生,栖霞,牙山,海拔350 m,黄正莉 R11993。平度,大泽山,海拔500 m,黄正莉 20112088、20112127。青岛,崂山,蔚竹观,海拔400 m,邵娜 20112895。青岛,崂山顶,海拔1000 m,韩国营 20112937 – A。临朐,沂山,古寺,海拔640 m,赵遵田 90410 – 1 – B。青州,仰天山,仰天寺,赵遵田 88087 – F。泰安,徂徕山,天府,海拔870 m,任昭杰 20110754 – B。泰安,泰山,中天门下,赵遵田 33909 – B。

分布:中国特有种(山东、安徽、浙江、重庆、云南、广东、台湾)。

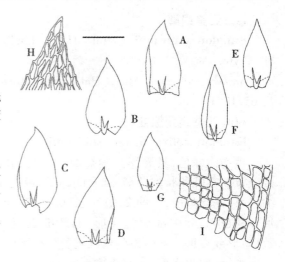

图 394 宝岛绢藓 *Entodon taiwanensis* C. K. Wang & S. H. Lin, A – D. 茎叶;E – G. 枝叶;H. 叶尖部细胞;I. 叶基部细胞(任昭杰、付旭 绘)。标尺:A – G = 1.1 mm, H – I = 110 μm。

16. 绿叶绢藓(见前志图299)

Entodon viridulus Cardot, Bull. Soc. Bot. Genève, sér. 2.3: 287. 1911.

本种与宝岛绢藓 *E. taiwanensis* 类似,但本种叶先端钝,叶基部明显收缩,而后者叶先端渐尖,叶基部不收缩。

生境:多生于岩面。

产地:牟平,昆嵛山,三岔河,海拔400 m,任昭杰 20100093。平度,大泽山,海拔500 m,赵遵田 91041、91043。青岛,崂山,赵遵田 89003。临朐,沂山,赵遵田 90105、90106。蒙阴,蒙山,三分区,海拔560 m,赵遵田 91360。蒙阴,蒙山,海拔760 m,赵遵田 91381 – D。青州,仰天山,仰天寺,赵遵田 88111 – B。泰安,泰山,普照寺,赵遵田 34122。

分布:中国(辽宁、山东、安徽、江苏、上海、浙江、江西、湖南、四川、重庆、贵州、云南、福建、广东、广西、海南、香港)。日本和朝鲜。

2. 螺叶藓属 Sakuraia Broth. Nat. Pflanzenfam. (ed. 2), 11: 392. 1925.

植物体中等大小至大形,黄绿色至绿色,有时带红色,具光泽。茎匍匐,长可达10 cm,不规则分枝。茎叶卵形至长椭圆形,内凹,叶基收缩,先端具狭长尖;叶边全缘;中肋2,短弱。枝叶与茎叶近同形。叶中部细胞线形,角细胞多数,方形至矩形,分化不达中肋。蒴柄红褐色。孢蒴卵形或长椭圆形,红褐色。环带分化。蒴齿双层。蒴盖圆锥形,具喙。蒴帽兜形。孢子具疣。

本属全世界有1种。山东有分布。

1. 螺叶藓

Sakuraia conchophylla (Cardot) Nog. J. Jap. Bot. 26: 52 f. 1 – 4. 1951.

Entodon conchophyllus Cardot, Bull. Soc. Bot. Genève, sér. 2, 3: 286. 1911.

种特征见属。

生境:生于树干上。

产地:青岛,崂山,明霞洞,海拔390 m,赵遵田 91381 – D。博山,鲁山,林场上部,海拔500 m,赵遵田 90476 – C、90477 – B、90478 – B。

分布:中国(山东、安徽、浙江、江西、湖北、四川、贵州、云南、广东、广西)。日本。

47. 白齿藓科 LEUCODONTACEAE

植物体纤细至粗壮,黄绿色至暗绿色,具光泽。主茎匍匐,支茎倾立至直立,单一或分枝;中轴分化或不分化。无鳞毛或有假鳞毛。叶多列,心状卵形或长卵形,具纵褶或无,具短尖或细长尖;叶边平展,全缘或仅先端具细齿;中肋缺失或具单中肋,稀双中肋。叶上部细胞菱形,厚壁,平滑,中下部为长菱形,厚壁,平滑,渐边呈斜方形和扁方形,从而构成明显的角部细胞群。雌雄异株。内雌苞叶较长大,具较高鞘部。蒴柄多较短。孢蒴卵形、长卵形或圆柱形,对称,直立,通常无气孔和气室。环带多分化。蒴齿双层。蒴盖圆锥形,具斜喙。蒴帽兜形,平滑或具少数纤毛。

本科全世界有 7 属。中国有 4 属;山东有 1 属。

1. 白齿藓属 Leucodon Schwägr. Sp. Musc. Frond., Suppl. 1, 2:1.1816.

植物体多粗壮,黄绿色至暗绿色,有时带褐色。主茎匍匐,支茎密集,上倾,不规则分枝或稀疏近羽状分枝;中轴分化或不分化,有时具悬垂枝,悬垂枝多无中轴分化。无鳞毛,假鳞毛丝状或披针形,稀缺失。叶腋毛高 3 – 7 个细胞,平滑。茎叶长卵形或狭披针形,内凹,具纵褶,先端渐成长尖或短尖;叶边平展,全缘或仅先端具细齿;中肋缺失。枝叶与茎叶同形。叶中部细胞菱形或线形,厚壁,近叶边或角部细胞较短,有多列不规则方形或椭圆形细胞构成明显的角部细胞群,角部细胞一般为叶长的 1/15 至 3/5。雌雄异株。蒴柄较长。孢蒴卵形或长卵形,多对称。环带分化。蒴齿双层,白色。蒴盖圆锥形。蒴帽兜形,黄色,平滑。孢子平滑或具疣。

本属全世界现有 37 种。中国有 16 种和 1 变种;山东有 2 种。

分种检索表

1. 茎中轴不分化 ……………………………………………… 1. 朝鲜白齿藓 L. coreensis
1. 茎中轴分化 …………………………………………………… 2. 白齿藓 L. sciuroides

Key to the species

1. Stems without a central strand ……………………………………… 1. L. coreensis
1. Stems with a central strand ………………………………………… 2. L. sciuroides

1. 朝鲜白齿藓

Leucodon corrensis Cardot, Beih. Bot. Centralbl. 17:23.1904.

植物体粗壮。主茎匍匐,稀疏分枝,具少数鞭状枝;中轴不分化。假鳞毛多数,披针形至线形。叶腋毛高 4 – 5 个细胞,平滑,褐色。叶卵圆形至卵状披针形,内凹,具纵褶,渐尖;叶边平展,全缘或尖部具细齿。叶细胞菱形,厚壁,常有壁孔,角部细胞方形,达叶长的 3/5,稀 1/2。孢子体未见。

生境:生于石上或岩面薄土上。

产地:青岛,崂山,海拔 1000 m,张艳敏 902967(SDAU)。泰安,泰山,南天门后坡,海拔 1300 m,赵遵田 34005、34052。泰安,泰山,赵遵田 20110542 – A、20110546 – A。

分布:中国(黑龙江、吉林、辽宁、河北、山西、山东、河南、陕西、宁夏、甘肃、湖北、湖南、四川、重庆、贵州、台湾）。朝鲜和日本。

经检视标本发现,李林等(2013)报道的偏叶白齿藓 *L. secundus*（Harv.）Mitt. 系本种误定。

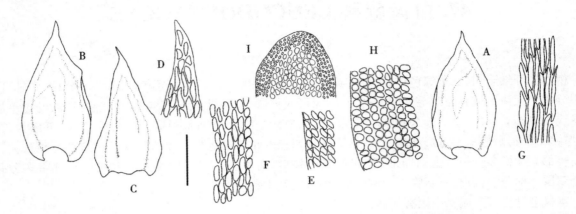

图 395 朝鲜白齿藓 *Leucodon corrensis* Cardot, A – C. 叶;D. 叶尖部细胞;E. 叶中上部边缘细胞;F. 叶中部细胞;G. 叶基中部细胞;H. 叶基边缘细胞;I. 茎横切面部分(任昭杰 绘)。标尺:A – C = 1.4 mm, D – H = 120 μm, I = 270 μm。

2. 白齿藓(见前志图 212)

Leucodon sciuroides（Hedw.）Schwägr. , Sp. Musc. Frond. , Suppl. 1, 2: 1. 1816.

Fissidens sciuroides Hedw. , Sp. Musc. Frond. 161. 1801.

本种与朝鲜白齿藓 *L. corrensis* 类似,但本种分枝密集,而后者分枝稀疏;本种茎中轴分化,而后者不分化;本种叶角部细胞达叶长 1/2,而后者达 3/5。

生境:生于岩面。

产地:泰安,泰山,南天门后坡,海拔 1400 m,赵遵田 34076 – B。泰安,泰山,玉皇顶,张艳敏 1783（SDAU）。

分布:中国(黑龙江、内蒙古、河北、山西、山东、河南、陕西、甘肃、青海、新疆、湖北、四川、贵州、云南)。巴基斯坦、日本、尼泊尔,俄罗斯和欧洲。

48. 平藓科 NECKERACEAE

植物体多粗壮,硬挺,黄绿色至暗绿色,有时带褐色,具光泽。主茎匍匐,支茎直立或下垂,一至三回羽状分枝;中轴不分化。叶扁平贴生,长卵形、舌形或卵圆形,多两侧不对称,平展或具横波纹,先端圆钝或具短尖,叶基一侧内折或具小瓣;叶边上部具齿,稀全缘;中肋单一,细弱,稀缺失或双中肋。叶细胞多平滑,稀具单疣,中上部细胞菱形、圆方形或圆多边形,厚壁,基部细胞狭长,厚壁,常具壁孔。雌雄异株或雌雄同株。蒴柄较短。孢蒴多隐生于雌苞叶内,稀高出。蒴齿双层。蒴盖圆锥形。蒴帽兜形或帽状,平滑或被毛。

许安琪(1987)报道树平藓属 *Homailodendron* M. Fleisch. 刀叶树平藓 *H. scalpellifolium*(Mitt.)M. Fleisch. 在山东有分布,本次研究未见到引证标本,因次将该属和种存疑。

本科全世界有 32 属。中国有 16 属;山东有 4 属。

分属检索表

1. 中肋缺失 ··· 2. 拟扁枝藓属 *Homaliadelphus*
1. 中肋单一,稀双中肋 ·· 2
2. 叶一般两侧对称;中肋达叶尖稍下部,背面先端常具刺 ············ 4. 木藓属 *Thamnobryum*
2. 叶一般两侧不对称;中肋一般达叶中部,背面先端光滑 ·· 3
3. 叶多紧密扁平贴生,一般无强烈波纹,具强光泽 ···················· 1. 扁枝藓属 *Homalia*
3. 叶多疏松贴生,多具横波纹,无光泽或具弱光泽 ···················· 3. 平藓属 *Neckera*

Key to the genera

1. Costa absent ··· 2. *Homaliadelphus*
1. Costa single, rarely double ·· 2
2. Leaves usually symmetry; costa ending below the apex, abaxial side of costa apex often with spines ··· 4. *Thamnobryum*
2. Leaves usually unsymmetry; costa only 1/2 of length of leaf, abaxial side of costa apex smooth ··· 3
3. Leaves mostly densely complanate, usually not strongly undulate, strongly shining ······ 1. *Homalia*
3. Leaves loosely appressed, usually undulate, not shining to weakly shining ············· 3. *Neckera*

1. 扁枝藓属 Homalia Brid. Bryol. Univ. 2:812.1827.

植物体黄绿色至暗绿色,具光泽。主茎匍匐,羽状分枝或不规则分枝,中轴不分化。无假鳞毛。叶扁平四列状着生,外观两列型,阔卵形、阔卵状椭圆形或阔舌形,平展,先端圆钝,基部趋狭,一侧略内折;叶边平展,全缘,或仅先端具细齿;中肋单一,细弱,达叶中上部,稀缺失。叶上部细胞菱形至六边形,中部细胞狭长,厚壁,无壁孔。雌雄同株或雌雄异株。蒴柄细长,平滑。孢蒴长卵形,红棕色,直立或近下垂。环带分化。蒴齿双层。蒴盖圆锥形,具斜喙。蒴帽兜形,多平滑。孢子近于平滑。

本属全世界有 6 种。中国有 1 种和 1 变种;山东有 1 种。

1. 扁枝藓(照片 136)

Homalia trichomanoides (Hedw.) Brid., Bryol. Univ. 2: 812. 1827.

Leskea trichomanoides Hedw., Sp. Musc. 231. 1801.

植物体中等大小,黄绿色,具明显光泽。主茎匍匐,单一,或不规则分枝。茎叶扁平交互着生,椭圆形,略呈弓形弯曲,两侧不对称,先端具钝尖或锐尖,基部着生处狭窄;叶边平展,叶基部一侧常狭内折,上部具细齿;中肋单一,细弱,达叶中部。枝叶与茎叶同形,略小。叶上部细胞长方形至菱形,中部细胞长六边形至椭圆形,基部细胞近于线形,薄壁,透明。孢子体未见。

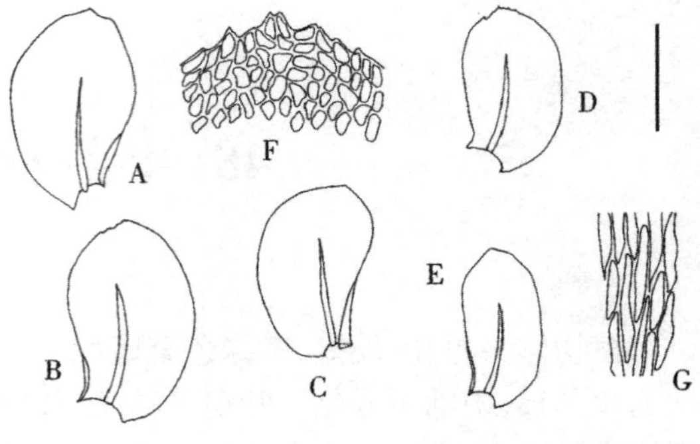

生境:多生于岩面,偶见于土表。

产地:牟平,昆嵛山,千米速滑,海拔 650 m,黄正莉 20110035 – B、20110050 – A、20110097 – B。牟平,昆嵛山,三岔河,赵遵田 89425 – A、89427 – A、89429 – A。青岛,崂山,海拔 900 m,赵遵田 89374 – D。五莲,五莲山,赵遵田 89280 – E。蒙阴,蒙山,望海楼,海拔 1000 m,赵遵田 20111371 – E。泰安,泰山,赵遵田 R11984。泰安,泰山,玉皇顶后坡,张艳敏 1920(SDAU)。

分布:中国(黑龙江、内蒙古、河北、山东、陕西、甘肃、江苏、上海、浙江、江西、湖北、四川、云南、台湾、广东、香港)。巴基斯坦、印度、不丹、日本、朝鲜、俄罗斯、墨西哥,欧洲和北美洲。

图 396　扁枝藓 *Homalia trichomanoides* (Hedw.) Brid., A – C. 茎叶;D – E. 枝叶;F. 叶尖部细胞;G. 叶基中部细胞(任昭杰 绘)。标尺:A – E = 1.1 mm, F – G = 110 μm。

2. 拟扁枝藓属 Homaliadelphus Dixon & P. de la Varde
Rev. Bryol. n. s., 4: 142. 1932.

植物体中等大小,黄绿色,有时带褐色,具明显光泽。主茎匍匐,支茎倾立,不分枝,或具不规则短分枝。叶圆形至圆卵形,后缘基部具狭椭圆形瓣;叶边平展,全缘或具细齿;中肋缺失。叶细胞方形至菱形,基部中央细胞狭长菱形,厚壁,多具壁孔。雌雄异株。内雌苞叶基部椭圆形,渐上呈狭舌形,尖部具细齿。蒴柄棕色,平滑。孢蒴椭圆柱形或圆柱形。蒴齿双层。蒴盖圆锥形,具斜喙。蒴帽兜形,被疏纤毛。孢子圆球形,被细疣。

本属全世界有 2 种。中国有 1 种和 1 变种;山东有 1 种。

1. 拟扁枝藓

Homaliadelphus targionianus (Mitt.) Dixon & P. de la Varde, Rev. Bryol., n. s., 4: 142. 1932.

Neckera targioniana Mitt., J. Proc. Linn. Soc., Bot., Suppl. 1: 117. 1859.

植物体黄绿色,具光泽。主茎匍匐,支茎密生,稀分枝,中轴不分化。叶扁平,卵圆形或卵状椭圆形,两侧不对称,后缘基部多具舌状瓣;叶边平展,全缘;中肋缺失。叶细胞方形至菱形,平滑,基部细胞长菱形或菱形,具明显壁孔,边缘细胞趋短而成方形。孢子体未见。

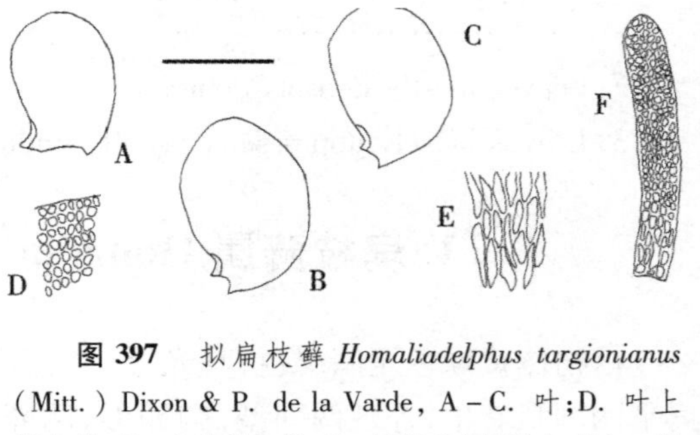

生境:生于岩面。

产地:牟平,昆嵛山,赵遵田 89429、91689。青岛,崂山,赵遵田 91510。青岛,崂山,仝治国 115 – B (PE)。五莲,五莲山,海拔 300 m,任昭杰 R20130105 – A。青州,仰天山,海拔 750 m,李林 20112294。

图 397　拟扁枝藓 *Homaliadelphus targionianus* (Mitt.) Dixon & P. de la Varde, A – C. 叶;D. 叶上部细胞;E. 叶基部细胞;F. 假鳞毛(任昭杰 绘)。标尺:A – C = 1.4 mm, D – F = 170 μm。

平邑,蒙山,大洼林场,海拔 800 m,张艳敏 134(SDAU)。

分布:中国(山东、河南、安徽、上海、江西、湖北、湖南、四川、重庆、贵州、云南、台湾)。日本、泰国、越南和印度。

3. 平藓属 Neckera Hedw. Sp. Musc. Frond. 200.1801.

植物体中等大小,黄绿色至暗绿色,有时带褐色,具光泽。茎匍匐,支茎倾立或下垂,羽状分枝,中轴不分化。叶一般 8 列扁平贴生,阔卵形、长舌形或卵状长舌形,多具横波纹,先端圆钝、渐尖或短尖;叶边平展或背卷,先端多具齿;中肋多单一,稀分叉或缺失,一般达叶中部或上部。叶上部细胞卵形或菱形,平滑,下部细胞狭长方形,厚壁,具壁孔,角细胞一般方形。雌雄同株或雌雄异株。孢蒴卵形或卵状椭圆形,隐生于雌苞叶之内或高出雌苞叶之外。蒴齿双层。蒴帽具纤毛。

本属全世界有 72 种。中国有 20 种和 1 变种;山东有 1 种。

1. 八列平藓

Neckera konoi Broth. in Cardot, Bull. Soc. Bot. Genève, sér. 2, 3: 277.1911.

植物体粗壮,暗绿色至灰绿色,略具光泽。主茎匍匐,老时叶片多脱落,支茎倾立,不规则羽状分枝,先端常具鞭状枝。茎叶椭圆状舌形,内凹,两侧不对称,上部具纵褶,先端渐尖或锐尖,基部趋狭,叶边基部一侧内折,上部具细齿;中肋单一,稀分叉,达叶中部。叶上部细胞长菱形,厚壁,中部细胞线形,胞壁厚而波曲,角细胞方形,具壁孔。孢子体未见。

生境:生于岩面薄土上。

产地:泰安,泰山,赵遵田 20110547 - A、20110558 - A。

分布:中国(山东、安徽、四川)。朝鲜和日本。

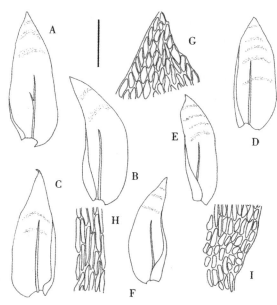

图 398 八列平藓 *Neckera konoi* Broth. ,A - C. 茎叶;D - F. 枝叶;G. 叶尖部细胞;H. 叶中部细胞;I. 叶基部细胞(任昭杰 绘)。标尺:A - F = 1.3 mm, G - I = 110 μm。

4. 木藓属 Thamnobryum Nieuwl. Amer. Midl. Naturalist 5: 50.1917.

植物体形大,硬挺,黄绿色。主茎匍匐,支茎直立,上部一回至二回羽状分枝呈树形,枝条常扁平展出。茎基部叶阔卵形,茎叶卵形至卵状椭圆形,常内凹;叶边平展,上部具齿;中肋单一,粗壮,达叶尖稍下部消失,先端背面常具刺。枝叶与茎叶相似,较小。叶尖部细胞圆方形,中部细胞菱形至六边形,厚壁,不具壁孔,叶基部细胞狭长方形,角细胞不分化。雌雄异株。蒴柄平滑。孢蒴椭圆形或卵状椭圆形,具台部。蒴齿双层。蒴盖具长斜喙。蒴帽兜形,平滑。

本属全世界有 46 种。中国有 6 种;山东 2 种。

分种检索表

1. 叶强烈内凹;中肋背面先端具刺 ······················· 1. 木藓 T. alopecurum
1. 叶平展或略内凹;中肋背面先端平滑 ······················· 2. 匙叶木藓 T. subseriatum

Key to the species

1. Leaves strongly concave; abaxial side of costa apex with spines ·················· 1. *T. alopecurum*

1. Leaves not concave to weakly concave; abaxial side of costa apex smooth ········· 2. *T. subseriatum*

1. 木藓(图 399A – E)

Thamnobryum alopecurum（Hedw.）Nieuwl. ex Gangulee, Mosses E. India 5：1452. 1976.

Hypnum alopecurum Hedw.，Sp. Musco. Frond. 267. 1801.

本种与匙叶木藓 *T. subseriatum* 类似,但本种叶平展或略内凹,而后者强烈内凹;本种中肋先端背面平滑,而后者先端常具刺。

生境:生于岩面或岩面薄土上。

产地:威海,张家山,张艳敏 361(SDAU)。牟平,昆嵛山,三林区,张艳敏 521(PE)。牟平,昆嵛山,三林区,赵遵田 84066 – 1 – A。青岛,崂山,赵遵田 Zh89154。青岛,崂山,柳树台,全治国 185(PE)。

分布:中国(吉林、辽宁、山东、陕西、浙江、贵州、台湾)。日本、俄罗斯(远东地区),欧洲、北美洲和非洲。

2. 匙叶木藓(图 399F – I)

Thamnobryum subseriatum（Mitt. ex Sande Lac.）B. C. Tan, Brittonia 41：42. 1989.

Thamnium subseriatum Mitt. ex Sande Lac., Ann. Mus. Bot. Lugduno – Batavi 2：299. 1866.

Thamnium sandei Besch., Ann. Sci. Nat., Bot., sér. 7, 17：381. 1893.

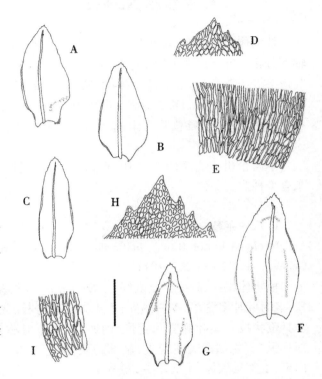

图 399　A – E. 木藓 *Thamnobryum alopecurum*（Hedw.）Nieuwl. ex Gangulee, A – B. 茎叶;C. 枝叶;D. 叶尖部细胞;E. 叶基部细胞;F – I. 匙叶木藓 *Thamnobryum subseriatum*（Mitt. ex Sande Lac.）B. C. Tan, F. 茎叶;G. 枝叶;H. 叶尖部细胞;I. 叶基部细胞(任昭杰 绘)。标尺:A – C, F – G = 1.7 mm, D – E, H – I = 170 μm。

Thamnobryum sandei（Besch.）Z. Iwats., Misc. Bryol. Lichenol. 6：33. 1972.

植物体形大,暗绿色。主茎匍匐,叶片多脱落,支茎直立,上部羽状分枝,分枝再次不规则分枝而呈树形。叶卵形,强烈内凹,具锐尖;叶边先端具粗齿;中肋单一,粗壮,达叶尖稍下部消失,背面先端具粗齿。叶细胞菱形至六边形,厚壁。孢子体未见。

生境:生于岩面。

产地:五莲,五莲山,赵遵田 Zh89280。蒙阴,蒙山,赵遵田 Zh911631。

分布:中国(山东、陕西、甘肃、安徽、江苏、上海、浙江、江西、湖南、湖北、重庆、贵州、四川、云南、台湾、广东、广西)。巴基斯坦、缅甸、泰国、越南、日本、朝鲜和俄罗斯(远东地区)。

49. 牛舌藓科 ANOMODONTACEAE

　　植物体形小至形大,黄绿色至暗绿色,有时带褐色,具光泽或不具光泽。主茎匍匐,支茎直立或倾立,不规则羽状分枝,分枝常卷曲;中轴分化或不分化。鳞毛存在或缺失。叶腋毛高 3 - 8 个细胞,基部细胞 1 - 2 个。茎叶基部卵形或椭圆形,向上渐尖或突成长舌形或披针形尖;叶边多平展,中上部具细齿或具不规则粗齿;中肋多单一,达叶中上部,稀双中肋或缺失。枝叶与茎叶近同形。叶中上部细胞菱形、卵状菱形或六边形,具多疣,稀具单疣或平滑,基部细胞卵形或椭圆状卵形,中肋两侧细胞透明。雌雄异株或同株。蒴柄纤细。孢蒴多卵形,稀圆柱形,平滑。环带分化或缺失。蒴齿双层,内齿层低或退化。蒴盖圆锥形,具喙。蒴帽兜形,平滑,稀具纤毛。孢子近球形,密被细疣。

　　本科全世界 6 属。中国有 4 属;山东有 4 属。

分属检索表

1. 中肋多缺失 ⋯⋯⋯⋯⋯⋯⋯⋯⋯⋯⋯⋯⋯⋯⋯⋯⋯ 4. 拟附干藓属 *Schwetschkeopsis*
1. 中肋单一,达叶中上部 ⋯⋯⋯⋯⋯⋯⋯⋯⋯⋯⋯⋯⋯⋯⋯⋯⋯⋯⋯⋯⋯⋯⋯⋯⋯ 2
2. 叶细胞平滑 ⋯⋯⋯⋯⋯⋯⋯⋯⋯⋯⋯⋯⋯⋯⋯⋯⋯ 3. 羊角藓属 *Herpetineuron*
2. 叶细胞具疣 ⋯⋯⋯⋯⋯⋯⋯⋯⋯⋯⋯⋯⋯⋯⋯⋯⋯⋯⋯⋯⋯⋯⋯⋯⋯⋯⋯⋯⋯⋯ 3
3. 植物体粗壮;叶尖部圆钝 ⋯⋯⋯⋯⋯⋯⋯⋯⋯⋯⋯⋯⋯⋯ 1. 牛舌藓属 *Anomodon*
3. 植物体纤细;叶尖部圆钝或具钝尖 ⋯⋯⋯⋯⋯⋯⋯⋯ 2. 多枝藓属 *Haplohymenium*

Key to the genera

1. Costa absent ⋯⋯⋯⋯⋯⋯⋯⋯⋯⋯⋯⋯⋯⋯⋯⋯⋯⋯⋯⋯⋯ 4. *Schwetschkeopsis*
1. Costa single, up to the middle of leaf length ⋯⋯⋯⋯⋯⋯⋯⋯⋯⋯⋯⋯⋯⋯⋯ 2
2. Laminal cells smooth ⋯⋯⋯⋯⋯⋯⋯⋯⋯⋯⋯⋯⋯⋯⋯⋯ 3. *Herpetineuron*
2. Laminal cells papillose ⋯⋯⋯⋯⋯⋯⋯⋯⋯⋯⋯⋯⋯⋯⋯⋯⋯⋯⋯⋯⋯⋯⋯ 3
3. Plants usually robust; leaf apices rounded ⋯⋯⋯⋯⋯⋯⋯⋯⋯⋯⋯ 1. *Anomodon*
3. Plants slender; leaf apices rounded or obtusely acute ⋯⋯⋯⋯ 2. *Haplohymenium*

1. 牛舌藓属 Anomodon Hook. & Taylor Muscol.
Brit. 79 pl. 3. 1818.

　　植物体中等大小至大形,硬挺,黄绿色至暗绿色,有时带褐色。主茎匍匐,支茎直立或倾立,稀疏不规则分枝,分枝常弯曲,常具匍匐枝。鳞毛缺失。茎叶基部卵形或长卵形,向上突成舌形至长舌形,稀披针形,先端圆钝,稀具短尖;叶边平展,或波曲;中肋单一,达叶中上部至近尖部。枝叶与茎叶同形。叶中上部细胞六边形或圆六边形,具密疣,稀具单疣,基部近中肋两侧细胞往往平滑透明。雌雄异株。蒴柄纤细。孢蒴卵形、卵状圆柱形或圆柱形。

　　前志曾收录单疣牛舌藓 *A. abbreviatus* Mitt. 和齿缘牛舌藓 *A. dentatus* C. Gao 两种,本次研究未见到引证标本,我们也未能采集到相关标本,因此将以上两种存疑。

　　本属全世界现有 20 种。中国有 10 种;山东有 3 种。

分种检索表

1. 叶先端具短锐尖 ……………………………………………………… 1. 尖叶牛舌藓 A. giraldii
1. 叶先端圆钝 ………………………………………………………………………… 2
2. 叶基下延呈小耳状 ………………………………………………… 3. 皱叶牛舌藓 A. rugelii
2. 叶基不下延呈小耳状 ……………………………………………… 2. 小牛舌藓 A. minor

Key to the species

1. Leaf apex acute ………………………………………………………………… 1. A. giraldii
1. Leaf apex rounded ……………………………………………………………………… 2
2. Leaf base auriculate ………………………………………………………………… 3. A. rugelii
2. Leaf base not auriculate ………………………………………………………… 2. A. minor

1. 尖叶牛舌藓

Anomodon giraldii Müll. Hal., Nuovo Giorn. Bot. Ital., n. s., 3: 117. 1896.

植物体硬挺。主茎匍匐,不规则羽状分枝,中轴不分化。叶阔卵形,具短锐尖;叶边全缘,或近先端具细齿;中肋单一,达叶尖稍下部消失。叶中上部细胞菱形至卵形,厚壁,具密疣,基部近中肋细胞较长且平滑。孢子体未见。

生境:生于岩面薄土上。

产地:青岛,崂山,北九水,赵遵田 20112867 – B。泰安,泰山,三岔,张艳敏 1807(SDAU)。

分布:中国(山东、河南、安徽、江苏、浙江、湖北、湖南、四川、重庆、贵州)。巴基斯坦、朝鲜、日本和俄罗斯(西伯利亚)。

本种叶具短锐尖,明显区别于属内其他种类。

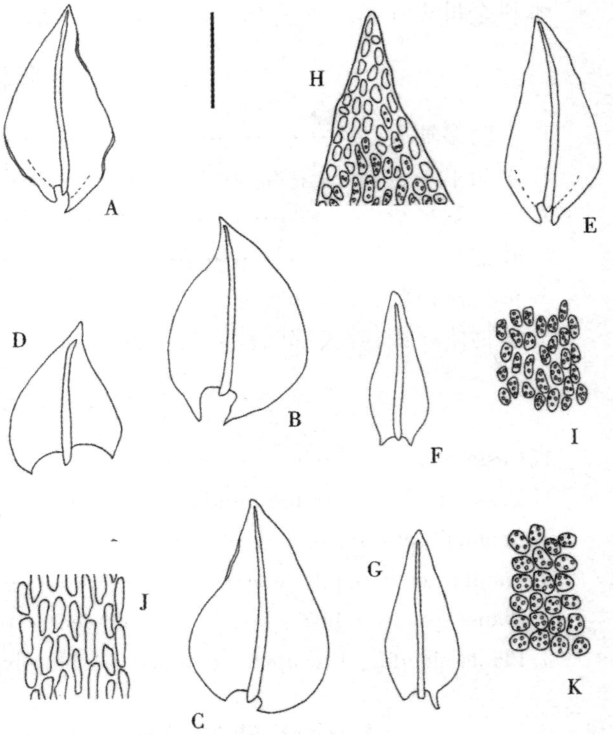

2. 小牛舌藓(照片 137)

Anomodon minor (Hedw.) Lindb., Bot. Not. 1865:126. 1865.

Neckera viticulosa Hedw. var. *minor* Hedw., Sp. Musc. Frond. 210.48. f. 6 – 8. 1801.

Anomodon minor (Hedw.) Lindb. subsp. *integerrimus* (Mitt.) Z. Iwats., J. Hattori Bot. Lab. 26: 41. 1963.

Anomodon integerrimus Mitt., J. Proc. Linn. Soc., Bot., Suppl. 1: 126. 1859.

植物体黄绿色至暗绿色,有时带褐色。主茎匍匐,规则或不规则羽状分枝,中轴不分化。叶基部卵形,向上呈舌形,叶尖宽阔圆钝;叶边平展,或具纵褶;中肋达叶尖之下,先端有时分叉。叶中上部细胞圆方形至六边形,厚壁,具多疣,基部近中肋细胞椭圆形至菱形。孢子体未见。

生境:生于岩面、土表、岩面薄土或树干上。

产地:牟平,昆嵛山,"昆嵛山"石碑后,海拔 450 m,任昭杰 20100820 – B。牟平,昆嵛山,三岔河,赵

图 400 尖叶牛舌藓 Anomodon giraldii Müll. Hal., A – D. 茎叶;E – G. 枝叶;H. 叶尖部细胞;I. 叶中上部细胞;J. 叶基近中肋处细胞;K. 叶基边缘细胞(任昭杰 绘)。标尺:A – G = 1.1 mm, H – K = 80 μm。

遵田 91698、91699。栖霞,牙山,海拔 630 m,黄正莉 20111879。青岛,崂山,赵遵田 89409 - C。青岛,崂山,邵娜 R11987。平度,大泽山,海拔 500 m,李林 20112074 - A。五莲,五莲山,赵遵田 89285 - I。临朐,沂山,古寺,赵遵田 90410 - 1 - C。临朐,嵩山,海拔 480 m,赵遵田、李荣贵 90389 - 1 - A。沂南,蒙山,海拔 790 m,赵遵田 R121003 - B。蒙阴,蒙山,望海楼,赵遵田 20111370 - B。青州,仰天山,仰天寺,赵遵田 88088 - A、88118。博山,鲁山,海拔 700 m,李林 20112551。枣庄,抱犊崮,海拔 530 m,赵遵田 901531 - A。泰安,徂徕山,上池,海拔 730 m,刘志海 91906、91907。泰安,泰山,中天门,赵遵田 20110525。泰安,泰山,玉皇顶,海拔 1500 m,黄正莉 R11961 - B。

分布:中国(内蒙古、河北、山东、河南、山西、陕西、宁夏、新疆、江苏、湖北、四川、重庆、贵州、云南、西藏)。巴基斯坦、缅甸、印度、尼泊尔、不丹、朝鲜和日本。

本种在山东分布较为广泛,常与盔瓣耳叶苔 *Frullania muscicola* Steph.、羊角藓 *Herpetineuron toccoae* (Sull. & Lesq.) Cardot 及暗绿多枝藓 *Haplohymenium triste* (Ces.) Kindb. 等混生,形成群落。

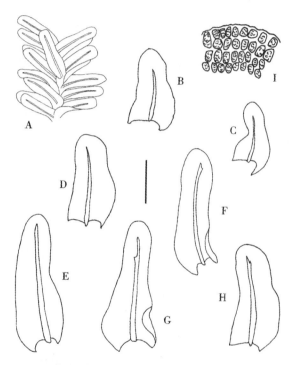

图 401　小牛舌藓 *Anomodon minor* (Hedw.) Lindb., A. 植物体一部分;B - C. 茎叶;D - H. 枝叶;I. 叶尖部细胞(任昭杰、付旭 绘)。A = 1.7 mm, B - H = 0.8 mm, I = 56 μm。

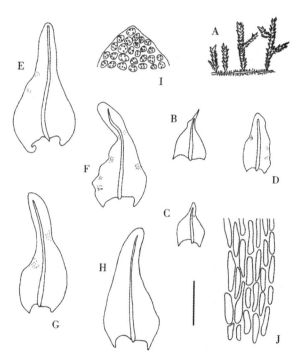

图 402　皱叶牛舌藓 *Anomodon rugelii* (Müll. Hal.) Keissl., A. 植物体;B - D. 茎叶;E - H. 枝叶;I. 叶尖部细胞;J. 叶基近中肋处细胞(任昭杰、李德利 绘)。A = 1.7 cm, B - H = 0.8 mm, I - J = 170 μm。

3. 皱叶牛舌藓

Anomodon rugelii (Müll. Hal.) Keissl., Ann. K. K. Naturhist. Hofmns. 15:214.1900.

Hypnum rugelii Müll. Hal., Syn. Musc. Frond. 2:473.1851.

本种与小牛舌藓 *A. minor* 相似,但本种叶基部具明显叶耳,可区别于后者。

生境:生于岩面。

产地:牟平,昆嵛山,三岔河,赵遵田 89424、89425、89426 - A。青岛,崂山,海拔 900 m,赵遵田 89374 - E。蒙阴,蒙山,望海楼,海拔 1000 m,赵遵田 20111370 - B。

分布:中国(吉林、辽宁、山西、山东、河南、甘肃、新疆、江苏、上海、浙江、江西、湖北、四川、重庆、贵州、云南、广东)。印度、越南、朝鲜、日本、俄罗斯(西伯利亚),高加索地区,欧洲和北美洲。

2. 多枝藓属 Haplohymenium Dozy & Molk. Musc.
Frond. Ined. Archip. Ind. 127. 1846.

植物体纤细,黄绿色至暗绿色,有时带褐色。不规则稀疏分枝。鳞毛缺失。叶干时多覆瓦状排列,茎叶基部卵形或长卵形,向上渐狭窄或突呈披针形或长舌形,尖部多锐尖,稀圆钝;叶边平展,尖部具细齿;中肋单一,达叶中部,稀达叶尖。枝叶与茎叶同形。叶中上部细胞六边形至圆六边形,薄壁,具多数粗疣,基部近中肋细胞透明,平滑。雌雄同株。孢蒴卵形,两侧对称,褐色。环带分化。蒴齿双层。蒴盖圆锥形,具喙。蒴帽兜形。

前志曾收录长肋多枝藓 H. longinerve (Broth.) Broth. 和多枝藓 H. sieboldii (Dozy & Molk.) Dozy & Molk.,本次研究未见到引证标本,我们也未能采集到相关标本,因将以上两种存疑。

本属全世界现有 8 种。中国有 5 种;山东有 2 种。

分种检索表

1. 叶基中部细胞较短 ··· 1. 拟多枝藓 *H. pseudo－triste*
1. 叶基中部细胞较长 ··· 2. 暗绿多枝藓 *H. triste*

Key to the species

1. Basal median laminal cells shorter ···················· 1. *H. pseudo－triste*
1. Basal median laminal cells longer ···················· 2. *H. triste*

1. 拟多枝藓(图 403A－E)

Haplohymenium pseudo－triste(Müll. Hal.) Broth., Nat. Pflanzenfam. I(3):986. 1907.

Hypnum pseudo－triste Müll. Hal., Bot. Zeitung (Berlin) 13:786. 1855.

本种与暗绿多枝藓 *H. triste* 类似,但本种叶基近中肋细胞较短,而后者叶基近中肋细胞较长。

生境:多生于岩面或岩面薄土上。

产地:牟平,昆嵛山,小井,海拔 750 m,任昭杰 20101017－B。牟平,昆嵛山,水帘洞,赵遵田 99023。黄岛,铁橛山,海拔 260 m,任昭杰 R20130183－D。临朐,沂山,赵遵田 90237－1－D。蒙阴,蒙山,小丫口,海拔 800 m,李林 R11926。青州,仰天山,海拔 700 m,黄正莉 20112227－B。泰安,泰山,玉皇顶,海拔 1500 m,黄正莉 20110519。

分布:中国(山东、江西、重庆、贵州、福建、台湾、香港)。斯里兰卡、越南、泰国、菲律宾、朝鲜、日本、澳大利亚、新西兰和南非。

2. 暗绿多枝藓(照片 138)(图 403F－L)

Haplohymenium triste(Ces.) Kindb., Rev. Bryol. 26:25. 1899.

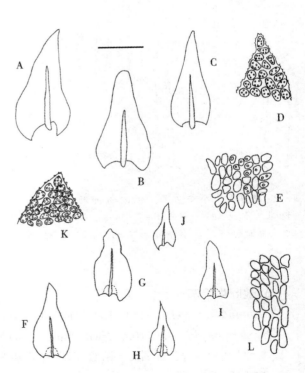

图 403 A－E. 拟多枝藓 *Haplohymenium pseudo－triste* (Müll. Hal.) Broth., A－B. 茎叶;C. 枝叶;D. 叶尖部细胞;E. 叶基近中肋处细胞;F－L. 暗绿多枝藓 *Haplohymenium triste* (Ces.) Kindb., F－G. 茎叶;H－J. 枝叶;K. 叶尖部细胞;L. 叶中部细胞(任昭杰、付旭 绘)。标尺:A－C＝440 μm, D－E, K－L＝80 μm, F－J＝1.1 mm。

Leskea tristis Ces. in De Not., Syllab. Musc. 67. 1838.

植物体纤细,黄绿色至暗绿色,有时带褐色,疏松交织生长。茎匍匐,不规则羽状分枝;中轴分化。叶基部卵形至阔卵形,向上突成披针形或舌形;叶边平展,具密疣状突起;中肋单一,达叶中上部。枝叶与茎叶同形,略小。叶中上部细胞圆方形,具密疣,基部近中肋处细胞椭圆形,平滑。孢子体未见。

生境:生于岩面、岩面薄土上或树上。

产地:文登,昆嵛山,仙女池,海拔 360 m,成玉良 20100523。牟平,昆嵛山,泰礴顶下,海拔 700 m,任昭杰 20110072 - A。栖霞,牙山,海拔 770 m,赵遵田 90776。平度,大泽山,北峰,海拔 750 m,赵遵田 91057 - B。平度,大泽山,山西区,赵遵田 91308 - 1。青岛,崂山,下清宫,赵遵田 88047。青岛,崂山,黑风口,赵遵田 89389 - A。黄岛,小珠山,赵遵田 91115。黄岛,铁橛山,海拔 200 m,任昭杰 20110985。临朐,沂山,古寺,海拔 870 m,赵遵田 90439 - E。临朐,沂山,歪头崮,赵遵田 90211。蒙阴,蒙山,海拔 900 m,赵洪东 91308 - A、91462。博山,鲁山,海拔 1030 m,赵遵田 90552 - B。枣庄,抱犊崮,赵遵田 911471 - B。泰安,徂徕山,海拔 550 m,赵洪东 91872 - A。泰安,泰山,天街,海拔 1400 m,赵遵田 20110524 - B、20110517 - B。

分布:中国(内蒙古、山东、河南、新疆、江苏、安徽、上海、浙江、江西、湖北、四川、贵州、西藏、台湾)。朝鲜、日本、俄罗斯(西伯利亚)、美国(夏威夷),欧洲和北美洲。

3. 羊角藓属 Herpetineuron (Müll. Hal.) Cardot Beih.
Bot. Centalbl. 19 (2): 127. 1905.

植物体中等大小至大形,硬挺,黄绿色至暗绿色,有时带褐色。主茎匍匐,支茎直立或倾立,不规则稀疏分枝,干燥时枝尖多向腹面弯曲,呈羊角状。茎叶卵状披针形至阔披针形,多具横波纹,先端渐尖;叶边平展,具不规则粗齿;中肋粗壮,达叶尖下部消失,渐上趋细,且上部明显扭曲。枝叶与茎叶同形,略小。叶细胞六边形,厚壁,平滑。雌雄异株。雌苞叶基部呈鞘状,渐上呈披针形。蒴柄红棕色。孢蒴卵圆柱形,对称,棕褐色,具气孔。环带分化。蒴齿双层。蒴盖圆锥形。蒴帽平滑。

本属全世界有 2 种。中国有 2 种;山东有 1 种。

1. 羊角藓(照片 139、140)
Herpetineuron toccoae (Sull. & Lesq.) Cardot, Beih. Bot. Centralbl. 19 (2): 127. 1905.

Anomodon toccoae Sull. & Lesq., Musci Hep. U. S. (repr.) 240 [Schedae 52]. 1856.

种特征基本同属。

生境:生于岩面、土表、岩面薄土上或树干上。

产地:荣成,伟德山,海拔 300 m,李林 20112341、20112346 - A。文登,昆嵛山,玉屏池,海拔 350 m,任昭杰 20100450。文登,昆嵛山,二分场缓冲区,海拔 350 m,姚秀英 20101187。牟平,昆嵛山,五分场东山,海拔 500 m,任昭杰 20100834。牟平,昆嵛山,泰礴顶下,海拔 800 m,任昭杰 R11992。

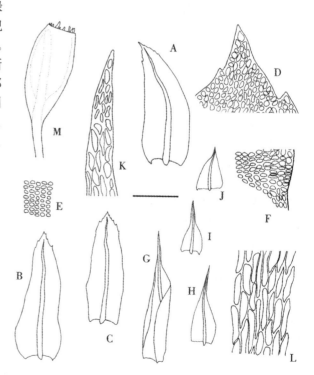

图 404　羊角藓 *Herpetineuron toccoae* (Sull. et Lesq.) Cardot, A - C. 叶;D. 叶尖部细胞;E. 叶中部细胞;F. 叶基部细胞;G - J. 雌苞叶;K. 雌苞叶尖部细胞;L. 雌苞叶中部细胞;M. 孢蒴(任昭杰 绘)。标尺:A - C, G - J = 1. 2 mm, D - F, K - L = 80 μm, M = 3.3 mm。

栖霞,牙山,海拔 700 m,赵遵田 90769、90771。莱州,云峰山,任昭杰 R00608。平度,大泽山,海拔 500 m,郭萌萌 20112053、20112060 - B。青岛,崂山,海拔 660 m,赵遵田 91081 - 1。青岛,崂山,崂顶下部,赵遵田 89377 - C。黄岛,灵山岛,赵遵田 89325 - A。黄岛,铁橛山,海拔 260 m,任昭杰 R20130183 - E。黄岛,小珠山,200 m,任昭杰 20111710。黄岛,大珠山,海拔 80 m,黄正莉 20111596 - A。日照,丝山,赵遵田 89248 - 1、89259 - B。五莲,五莲山,赵遵田 89285 - I - E。临朐,沂山,古寺,赵遵田 90082 - A。临朐,沂山,赵遵田 90036、90062。临朐,嵩山,海拔 560 m,赵遵田、李荣贵 90390 - A。蒙阴,蒙山,望海楼,海拔 980 m,赵遵田 91478、91479。蒙阴,蒙山,砂山,海拔 600 m,任昭杰 R20120038。博山,鲁山,圣母石,海拔 700 m,黄正莉 20112453 - A。博山,鲁山,海拔 1000 m,李林 20112457 - B。枣庄,抱犊崮,海拔 400 m,赵遵田 911458 - B、911459。泰安,徂徕山,上池,海拔 880 m,刘志海 91953 - A、91954 - B。泰安,泰山,中天门,赵遵田 33926。泰安,泰山,赵遵田 20110550 - C。济南,佛慧山,赵遵田 87169。

分布:中国(黑龙江、吉林、内蒙古、山西、山东、河南、安徽、江苏、上海、浙江、江西、湖南、湖北、四川、重庆、贵州、云南、福建、台湾、广东、海南、香港、澳门)。朝鲜、日本、印度、巴基斯坦、尼泊尔、不丹、斯里兰卡、泰国、老挝、越南、印度尼西亚、菲律宾、瓦努阿图、澳大利亚、新喀里多尼亚,南美洲和北美洲。

4. 拟附干藓属 Schwetschkeopsis Broth. Nat. Pflanzenfam. I(3):877.1907.

植物体纤细,黄绿色至绿色,略具光泽。茎匍匐,羽状分枝或不规则分枝,分枝较短,直立或倾立。鳞毛少,披针形或线形。叶干时覆瓦状贴生,湿时倾立至直立,卵状披针形,内凹,先端渐尖;叶边平直,先端具细齿;中肋缺失。叶中上部细胞长六边形或长椭圆形,具前角突,基部细胞短,角细胞分化,扁方形。雌雄异株或同株。内雌苞叶基部鞘状,渐上成披针形或毛尖状。蒴柄细长,橙黄色,干时扭转。孢蒴卵圆形,直立,对称或略不对称,具短的台部。蒴齿双层,等长。蒴盖圆锥形,具喙。

本属全世界有 4 种。中国有 2 种;山东有 1 种。

1. 拟附干藓(照片 141)

Schwetschkeopsis fabronia (Schwägr.) Broth., Nat. Pflanzenfam. I(3):878.1907.

Helicodontium fabronia Schwägr., Sp. Musc. Frond., Suppl. 3, 2(2):294.1830.

植物体纤细,黄绿色至绿色,具光泽。茎匍匐,羽状分枝。叶卵状披针形,渐成短尖;叶边平展,具细胞突出形成的细齿;中肋缺失。叶细胞长椭圆形,具前角突,角部细胞扁方形。孢子体未见。

生境:生于树干、岩面或土表。

产地:荣成,正棋山,海拔 350 m,李林 20112987

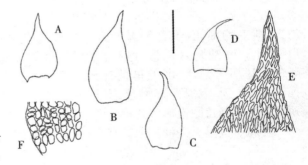

图 405 拟附干藓 *Schwetschkeopsis fabronia* (Schwägr.) Broth., A - D. 叶;E. 叶尖部细胞;F. 叶基部细胞(任昭杰、李德利 绘)。标尺:A - D = 1.1 mm, E - F = 110 μm。

- B、20113025 - B。威海,张家山,张艳敏 378(PE)。
文登,昆嵛山,圣母宫,海拔 300 m,任昭杰 20100501。文登,昆嵛山,玉屏池,海拔 350 m,任昭杰 20100452。牟平,昆嵛山,三岔河,海拔 450 m,任昭杰 20100079。牟平,昆嵛山,房门,海拔 350 m,任昭杰 20101812 - A。栖霞,牙山,海拔 780 m,赵遵田 90772 - B。栖霞,牙山,海拔 690 m,赵遵田 90788 - A。青岛,崂山,黑风口,赵遵田 89389 - B。青岛,崂山,滑溜口,海拔 500 m,李林 20112898 - D、20112901 - A。黄岛,大珠山,海拔 150 m,黄正莉 20111486 - A、20111519 - B。临朐,沂山,古寺,海拔 640 m,赵遵田 90409 - D。临朐,沂山,歪头崮,赵遵田 90200 - B。蒙阴,蒙山,花园庄,海拔 365 m,赵遵田 91341。蒙阴,蒙山,小天麻顶,海拔 750 m,赵遵田 91436 - B。博山,鲁山,海拔 700 m,黄正莉 20112447 - B。博山,鲁山,林场上部,海拔 550 m,赵遵田 90476 - D、90477 - A。枣庄,抱犊崮,赵遵田 911324 - B。

分布:中国(黑龙江、吉林、辽宁、山东、陕西、云南、西藏)。朝鲜、日本和北美洲。

主要参考文献

白学良. 1997. 内蒙古苔藓植物志. 呼和浩特:内蒙古大学出版社:1－541.

白学良. 2010. 贺兰山苔藓植物. 银川:宁夏人民出版社:1－281.

陈邦杰. 1963. 中国藓类植物属志(上册). 北京:科学出版社:1－304.

陈邦杰. 1978. 中国藓类植物属志(下册). 北京:科学出版社:1－331.

杜超,任昭杰,黄正莉,等. 2010. 山东省顶蒴藓类植物新记录. 山东科学,23(6):31－33.

高谦. 1994. 中国苔藓志(第1卷). 北京. 科学出版社:1－368.

高谦. 1996. 中国苔藓志(第2卷). 北京. 科学出版社:1－293.

高谦. 2003. 中国苔藓志(第9卷). 北京:科学出版社:1－323.

高谦,吴玉环. 2008. 中国苔藓志(第10卷). 北京:科学出版社:1－464.

高谦,赖明洲. 2003. 中国苔藓植物图鉴. 台北:南天书局:1－1313.

高谦,曹同. 2000. 云南植物志(第17卷). 北京:科学出版社:1－641.

高谦,吴玉环. 2010. 中国苔纲和角苔纲植物属志. 北京:科学出版社:1－636.

高谦. 1977. 东北藓类植物志. 北京:科学出版社:1－404.

高谦,张光初. 1981. 东北苔类植物志. 北京:科学出版社:1－220.

郭萌萌,任昭杰,李林,等. 2013. 环境变化对山东苔类植物影响的研究. 烟台大学学报(自然科学与工程版),26(4):265－270.

胡人亮,王幼芳. 2005. 中国苔藓志(第7卷). 北京:科学出版社:1－228.

黄正莉,任昭杰,李林,等. 2011. 油藓目(Hookeriales)苔藓植物在山东省的首次发现. 山东大学学报(理学版),46(11):5－7.

黎兴江. 1985. 西藏苔藓植物志. 北京. 科学出版社:1－581.

黎兴江. 2000. 中国苔藓志(第3卷). 北京:科学出版社:1－157.

黎兴江. 2006. 中国苔藓志(第4卷). 北京:科学出版社:1－263.

黎兴江. 2002. 云南植物志(第18卷). 北京:科学出版社:1－523.

黎兴江. 2005. 云南植物志(第19卷). 北京:科学出版社:1－681.

李林,任昭杰,黄正莉,等. 2013. 山东苔藓植物新记录. 山东科学,26(1):28－34.

刘倩,王幼芳,左勤. 2010. 中国青藓科新资料. 武汉植物学研究,28(1):10－15.

罗健馨,张艳敏. 1991. 崂山苔藓植物初报. 山东农业大学学报,1:63－70.

任昭杰,杜超,黄正莉,等. 2010. 山东省绢藓属植物研究. 山东科学,23(4):22－26.

任昭杰,黄正莉,李林,等. 2011. 苔藓植物对济南市环境质量生物指示的研究. 山东科学,24(1):28－32.

任昭杰,钟蓓,孟宪磊,等. 2013. 山东仰天山苔藓植物初步研究. 科学通报,58(增刊Ⅰ):235.

任昭杰,李林,钟蓓,等. 2014. 山东昆嵛山苔藓植物多样性及区系特征. 植物科学学报,32(4):340－354.

孙立彦,赵遵田. 2000. 沂山苔藓植物的区系研究. 山东科学,13(2):30－40.

王幼芳,胡人亮. 1998. 中国青藓科研究资料(Ⅰ). 植物分类学报36(3):255－267.

王幼芳,胡人亮. 2000. 中国青藓科研究资料(Ⅱ). 植物分类学报38(5):472－485.

王幼芳,胡人亮. 2003. 中国青藓科研究资料(Ⅲ). 植物分类学报41(3):271－281.

温学森. 1998. 山东绢藓属一新种. 云南植物研究,20(1):47－48.

吴德邻,张力. 2013.广东苔藓志.广州.广东科技出版社:1-552.

吴鹏程.2000.横断山区苔藓志.北京.科学出版社:1-742.

吴鹏程,贾渝.2011.中国苔藓志(第5卷).北京.科学出版社:1-493.

吴鹏程.2002.中国苔藓志(第6卷).北京.科学出版社:1-357.

吴鹏程,贾渝.2004.中国苔藓志(第8卷).北京.科学出版社:1-482.

吴鹏程,贾渝.2006.中国苔藓植物的地理及分布类型.植物资源与环境,15(1):1-8.

吴鹏程,贾渝,张力.2012.中国高等植物(第一卷).青岛:青岛出版社:1-1013.

熊源新.2014.贵州苔藓植物志(第一卷).贵阳.贵州科技出版社:1-509.

熊源新.2014.贵州苔藓植物志(第二卷).贵阳.贵州科技出版社:1-686.

许安琪.1986.山东蒙山苔藓植物种类调查初报.枣庄师专学报,1986,41-46.

衣艳君,刘家尧.1995.中国苔藓植物一新记录种——日本褶萼苔.新疆大学学报(自然科学版),12(2):85-86.

衣艳君,张爱民,王康满.1998.曲阜孔林苔藓植物的研究.曲阜师范大学学报,24(4):90-95.

衣艳君,刘家尧,郎奎昌.1994.山东崂山苔藓区系.CHENIA,2:103-114.

衣艳君,刘家尧.1993.山东凤尾藓属(*Fissidens* Hedw.)的初步研究.山东师大学报(自然科学版),8(3):87-90.

张力.2010.澳门苔藓植物志.澳门.澳门特别行政区民政总署园林绿化部:1-361.

张艳敏,林群,张锐.2002.山东苔藓植物新纪录.山东师范大学学报,17(4):81-85.

张艳敏,汪媚芝.2003.细疣高山苔——中国高山苔属一新纪录种.植物分类学报,41(4):395-397.

张玉龙,吴鹏程.2006.中国苔藓植物孢子形态.青岛.青岛出版社:1-339.

赵遵田,曹同.1998.山东苔藓植物志.济南.山东科学技术出版社:1-339.

赵遵田.1989.泰山苔藓植物的初步研究.山东师大学报(自然科学版),4(2):80-95.

赵遵田,樊守金,李法曾.1992.山东苔藓植物研究(Ⅰ).山东科学,2:36-51.

赵遵田,樊守金,李法曾,等.1993.山东苔藓植物研究(Ⅱ).山东科学,3:30-45.

赵遵田,樊守金,李法曾.1993.山东苔藓植物的初步研究.见:山西省植物学会,等.北方植物学研究(第一集).天津:南开大学出版社:236-241.

赵遵田,樊守金,魏旸培.1993.山东昆嵛山苔藓植物的调查.CHENIA,1:113-119.

赵遵田,李振华,邱军,等.1995.沂山苔藓植物研究.山东师大学报(自然科学版),10(1):70-74.

赵遵田,邱军,李兴堂.1995.牙山苔藓植物初报.见:李法曾,姚敦义.山东植物研究.北京:北京科学技术出版社:15-17.

赵遵田,鲁艳芹.1998.山东鲁山苔藓植物的研究.山东科学,11(2):43-50.

赵遵田,张恩然,黄玉茜.2003.山东泰山苔藓植物区系研究.山东科学,16(3):18-23.

赵遵田,张恩然,任强.2004.山东苔藓植物区系.山东科学,17(1):17-20.

赵遵田,任昭杰,黄正莉,等.2012.中国藓类植物一新记录种——木何兰小石藓.热带亚热带植物学报,20(6):615-617.

中国科学院西北植物研究所.1978.秦岭植物志(第3卷).北京.科学出版社:1-329.

Arikawa T A. 2004. Taxonomic study of the genus *Pylaisia* (Hypnaceae, Musci). J. Hattori Bot. Lab. , 95:71-154.

Bai X L, 2002. *Frullania* flora of Yunnan, China, Chenia, 7: 1-27.

Buck W R. 1980. A generic revision of the Entodontaceae. J. Hattori Bot. Lab. 48:71-159.

Buck W R. 1987. Note on asian Hypnaceae and associated taxa, Mem, New Yow Bot Gard, 45:519-527.

Cao T, Gao C. Wu Y H. 1998. A synopsis of Chinese *Racomitrium* (Bryopsida, Grimmiaceae). J. Hattori Bot Lab, 84: 11-19.

Chao R F, Lin S H. 1991. A taxonomic study of Frullaniaceae from Taiwan (Ⅰ). Yunshania, 8: 7－19.

Chao R F, Lin S H, Chan J R. 1992. A taxonomic study of Frullaniaceae from Taiwan (Ⅱ). *Frullania* in Abies forest, Yunshania, 9: 13－21.

Chao R F, Lin S H. 1992. A taxonomic study of Frullaniaceae from Taiwan (Ⅲ). Yunshania, 9: 195－217.

Enroth J. 1997. Taxonomic position of *Leptocladium* and new synonymy in Chinese Amblystegiaceae (Bryopsida). Ann. Bot. Fenn. 34: 47－49.

Fang Y M, Koponen T. 2001. A revision of *Thuidium*, *Haplocladium* and *Claopodium* (Music, Thuidiaceae) in China. Bryobrothera, 6: 1－81.

Frahm J P. 1992. A revision of the East－Asian species of *Campylopus*. J Hattori Bot Lab, 77: 133－164.

Frahm J P. 1997. A taxonomic revision of *Dicrandontium* (Musci). Ann Bot Fenn, 34: 179－204.

Fery W, Stech M, 2009. Bryophytes ang seedless vascular plants. 3: Ⅰ－Ⅳ,. In: Syl Pl Fam. 13. Gebr. Brontraeger Verlagsbuchhandlung, Berlin, Stuttgant, Germangy.

Gao C, Crosby M R. 1999. Moss Flora Of China Vol. 1. Science Press (Beijing, New York) & Missouri Botanical Garden (St. Louis): 1－273.

Gao C, Crosby M R. 2002. Moss Flora of China Vol. 3. Science Press (Beijing, New York) & Missouri Botanical Garden (St. Louis): 1－141.

Hattori S, Lin P J. 1985. A Prelimianry study of Chinese *Frullania* flora. J Hattori Bot Lab 59: 123－169.

Henschel J, Paton J A, Schneider H, et al. 2007. Acceptance of *Liochlaena* Nees and *Solenostoma* Mitt. the systematic position of *Eremonotus* Pearson and notes on *Jungermainnia* L. s. 1 (Jungermainnidea) based on cholorplast DNA sequence data. Pl Syst Evol, 268: 147－157.

Hedenäs L. 1997. A partial genric revision of *Campylium* (Musci). Bryologist 100 (1): 65－88.

Hedenäs L. 1997. Notes on some taxa of Amblystegiaceae. Bryologist 100 (1): 98－101.

Higuchi M. 1985. A Taxonomic revision of the Genus *Gollania* Broth. (Music). J Hattori Bot Lab. 59: 1－77.

Hofmann H. 1997. A monograph of the genus *Palamocladium* (Brachytheciaceae, Music). Lindbergia, 22: 3－20.

Hu R L. 1983. A revision of the Chinese species of *Entodon* (Musci, Entodontaceae). Bryologist 86: 193－233.

Hu R L, Wang Y F. 1980. Two new species of *Entodon* in China. Bryologist 11: 249－251.

Hu R L, Wang Y F. 1987. A review of the moss flora of East China. Memoirs New York Bot. Gard. 45: 455－465.

Hu R L, Wang Y F, Crosby M R. 2008. Moss Flora of China Vol. 7. Science Press (Beijing, New York) & Missouri Botanical Garden (St. Louis): 1－258.

Ignatov M S. 1998. Bryophyte Flora of Altai Mountain. Brachytheciaceae. Arctoa 7: 85－152.

Ignatov M S, Huttunen S. 2002. Brachytheciaceae (Bryophyta)－A family of sibling genera. Arctoa, 11: 245－296.

Ireland R R. 1969. A Taxonomic Revision of the Genus *Plagiothecium* for North America, North of Mexico. Publications in Botany. 1: 1－118.

Iwatsuki Z. 1970. A revision of *Plagiothecium* and its related genera from Japan and her adjacent areas. I. J. Hattori Bot. Lab. 33: 331－380.

Iwastsuki Z, 1980. A Preliminary Study of *Fissidens* in China. J. Hattori Bot Lab. 48: 171－186.

Ji M C, Enroth J. 2010. Contribution to *Neckera* (Neckeraceae, Music) in China. Acta Bryollichen Asiat, 3: 61－68.

Jia Y, Xu J M. 2006. A new species and a new record of *Brotherella* (Musci, Sematophyllaceae) from China, with a key to the Chinese species of Brotherella, Bryologist, 109 (4): 579 – 585.

Jiménez J A. 2006. Taxonomic revision of the genus *Didymodon* Hedw. (Pottiaceae, Bryophyta) in Europe, North Africa and Southwest and Central Asia. J. Hattori Bot. Lab., 100: 211 – 292.

Juslén A. 2006. Revesion of Asian *Herbertus* (Herterbertaceal, Marchantiophyta). Ann. Bot. Fennici, 43: 409 – 436.

Kanda H. 1975 – 1976. A revision of the family Amblystegiaceae of Japan. I. and n. J. Sci. Hiroshima Univ., Ser. B., Div. 2, 15: 201 – 276; ibid 16: 47 – 119.

Koponen T. 1967. *Eurhynchium angustirete* (Broth.) Kop, comb. n, (= *E. zetterstedtii* Störm.) and its distribution pattem. Memor. Soc. F. Fl, Fenn. 43: 53 – 59.

Koponen T. 1968. Generic revision of Mniaceae Mitt. (Bryophyta). Ann. Bot. Fenici, 5: 117 – 151.

Koponen T. 1987. Notes on Chinese *Eurhynchium* (Brachytheciaceae). Memoirs New York Bot. Gard. 45: 509 – 514.

Koponen T. 1988. The phylogeny and classification of Mniaceae and Rhizogoniaceae (Musci). J. Hattori Bot. Lab., 64: 37 – 46.

Koponen T. 1998. Notes on *Philonotis* (Musci, Bartramiaceae). 3. A synopsis of the genus in China. J Hattori Bot Lab, 84: 21 – 27.

Krayesky D M, Crandall – Stotler B, Stotler R E. 2005. A revision of the genus *Fossombronia* Raddi in East Asia and Oceania. J Hattori Bot Lab, 98: 1 – 45.

Li X J, Crosby M R. 2001. Moss Flora Of China Vol. 2. Science Press (Beijing, New York) & Missouri Botanical Garden (St. Louis): 1 – 283.

Li X J, Crosby M R. 2007. Moss Flora Of China Vol. 4. Science Press (Beijing, New York) & Missouri Botanical Garden (St. Louis): 1 – 211.

Matsui T, Iwatsuki Z. 1990. A taxonomic revision of family Ditrichaceae (Musci) of Japan, Korea and Taiwan. J Hattori Bot Lab, 68: 317 – 366.

Noguchi A. 1987. Illustrated Moss flora of Japan Par 1. Nichinan: Hattori Botanical Laboratory: 1 – 242.

Noguchi A. 1988. Illustrated Moss flora of Japan Par 2. Nichinan: Hattori Botanical Laboratory: 243 – 491.

Noguchi A. 1989. Illustrated Moss flora of Japan Par 3. Nichinan: Hattori Botanical Laboratory: 493 – 742.

Noguchi A. 1991. Illustrated Moss flora of Japan Par 4. Nichinan: Hattori Botanical Laboratory: 743 – 1012.

Noguchi A. 1994. Illustrated Moss flora of Japan Par 5. Nichinan: Hattori Botanical Laboratory: 1013 – 1253.

Ochi H. 1992. A revised infrageneric classification of Bryum and related genera (Bryaceae, Musci). Bryobrothera, 1: 231 – 244.

Ochyra R. 1994. The identincation of *Amblystegium relaxurm* (Musci, Amblystegiaceae) from China. Frag. Flori. et Geobot. 39: 670 – 672.

Oguri E, Yamaguchi T, Tsubota H, et al. 2003. A preliminary phylogenetic study of the genus *Leucobryum* (Leucobryaceae, Musci) in Asia and the Pacific based on ITS and *rbc*L sequences. Hikobia, 14: 45 – 53.

Piippo S. 1987. Notes on Asiatic Brachytheciaceae. Memoirs New York Bot. Gard. 45: 515 – 518.

Piippo S. 1990. Annotated catalogue of Chinese Hepaticae and Anthocerotae. J. Hattori Bot. Lab., 68: 1 – 192.

Pursell R A, Bruggeman – Nannenga M A. 2004. A revision of the infrageneric taxa of *Fissidens*. The Bryologist 107: 1 – 20.

Pursell R A. 2007. Fissidentaceae. in: Flora North Anerica Editorial Committee; Flora of North America

Vol. 27 bryophytes: Mosses, part 1. New York: Oxford University Press: 331 – 357.

Redfearn P L, Wu P C. 1986. Catalog of the mosses of China. Ann. Missouri Bot. Gard. , 73: 177 – 208.

Redfearn P L, Tan B C, He S. 1996. A newly updated and annotated checklist of Chinese mosses. J. Hattori Bot. Lab. , 79: 163 – 357.

Saito K. 1975. A monograph of Japanese Pottiaceae (Musci). J Hattori Bot Lab, 59: 241 – 278.

Smith A J E. 1990. The Liverworts of Britain and Ireland. Cambridge: Cambridge University Press: 1 – 349.

So M L. 2001. *Plagiochila* (Hepaticae, Plagiochilaceae) in China. Systematic Botany Monographs, 60: 1 – 214.

So M L. 2003. The Genus *Metzgeria* (Hepaticae) in Asia. J Hattori Bot Lab, 94: 159 – 177.

So M L, Zhu R L. 1995. Mosses and liverworts of Hong Kong (Volume 1). Hong Kong: Heavenly People Depot: 1 – 162.

Tan B C, Jia Y. 1999. A Preliminary Revision of Chinese Sematophyllaceae. J Hattori Bot Lab, 86: 1 – 70.

Touw A. 2001. A taxonomic revision of the Thuidiaceae (Musci) of tropical Asia, the western Pacific, and Hawaii. J Hattori Bot Lab, 91: 1 – 136.

Váňa J, Long D G. 2009. Jungermanniaceae of the Sino – Himalayan region. Nova Hedwigia, 89 (3 – 4): 485 – 517.

Wang C K, Lin S H. 1975. *Entodon taiwanensis* and *Floribundaria torquata*, new species of mosses from Taiwan. Bot Bull Acad Sin, 16: 200 – 204.

Watanabe R. 1991. Notes on the Thuidiaceae in Asia. J hattori Bot Lab. 69: 37 – 47.

Wu P C, Crosby M R. 2012. Moss Flora of China Vol. 5. Science Press (Beijing, New York) & Missouri Botanical Garden (St. Louis): 1 – 422.

Wu P C, Crosby M R. 2002. Moss Flora of China Vol. 6. Science Press (Beijing, New York) & Missouri Botanical Garden (St. Louis): 1 – 221.

Wu P C, Crosby M R. 2005. Moss Flora of China Vol. 8. Science Press (Beijing, New York) & Missouri Botanical Garden (St. Louis): 1 – 385.

Wu P C, But P P H, 2009. Hepatic Flora of Hong Kong. Harbin: Northeast Forestry University Press: 1 – 193.

Wu Y H, Cao T, Gao C. 2001. Two species and one variety of the Amblystegiaceae (Musci) new to China. Acta Phytotax. Sin. 39 (2): 163 – 168.

Wu Y H, Gao C, Cao T. 2002. Notes on Chinese Amblystegiaceae described by H. N. Dixon. Chenia, 7: 51 – 58.

Zhu R L, So M L. 1996. Mosses and liverworts of Hong Kong (Volume 2). Hong Kong: Heavenly People Depot: 1 – 130.

Zander R H. 1993. Genera of the Pottiaceae: Mosses of harsh environments. Bull. Buffalo Soc. Nat. Sci. , 32: 1 – 378.

Zander R H. 2006. The Potticaceae s. str. As an evolutionary lazarus taxon. J. Hattori Bot. Lab. , 100: 581 – 6 – 2.

拉丁文索引

A

Acanthocladium fauriei 388

Aloina 155

Aloina rigida 156

AMBLYSTEGIACEAE 281

Amblystegium 282

Amblystegium connexum 383

Amblystegium juratzkanum 283

Amblystegium kneiffii 291

Amblystegium polygamum 285

Amblystegium serpens 282,283

Amblystegium serpens var. serpens 282

Amblystegium serpens var. juratzkanum 283

Amblystegium squarrosulum 288

Amblystegium varium 283

Anacamptodon 284

Anacamptodon latidens 284

Aneura 70

Aneura latifrons 71

Aneura pinguis 70

ANEURACEAE 70

Anictangium ciliatum 209

Anoectangium 156

Anoectangium aestivum 157

Anoectangium euchloron 157

Anoectangium fauriei 157

Anoectangium obtusicuspis 164

Anoectangium sendtnerianum 184

Anoectangium stracheyanum 157,158

Anoectangium thomsonii 157

Anomobryum 219

Anomobryum filiforme 220

Anomobryum gemmigerum 220

Anomobryum julaceum 220

Anomodon 411

Anomodon abbreviatus 411

Anomodon dentatus 411

Anomodon giraldii 412

Anomodon integerrimus 412

Anomodon minor 412,413

Anomodon minor subsp. integerrimus 412

Anomodon rugelii 413

Anomodon toccoae 415

ANOMODONTACEAE 411

Anthoceros laevis 75

Aongstromia micro – divaricata 117

Aplozia cordifolia 23

Aplozia schiffneri 24

Apometzgeria pubescens 72

Apometzgeria 72

ARCHIDIACEAE 106

Archidium 106

Archidium japonicum 106

Archidium ochioense 106

Archilejeunea 64

Archilejeunea kiushiana 64

Asterella 3

Asterella tenella 3

Asterella yoshinagana 3

Astomum exsertum 206

Athalamia glauco – virens 11

Atrichum 79,84

Atrichum crispulum 80

Atrichum rhystophyllum 80,82

Atrichum semiserratum 79

Atrichum undulatum var. gracilisetum 81

Atrichum undulatum var. undulatum 82

Atrichum yakushimense 82

Aulacopilum 124

Aulacopilum japonicum 124

Aytonia rupestre 4

AYTONIACEAE 3

B

Barbula 158

Barbula amplexifolia 159,163

Barbula anomala 190

Barbula constricta var. flexicuspis 170

Barbula convoluta 160

Barbula coreensis 159

Barbula ditrichoides 170

Barbula ehrenbergii 160,164

Barbula fallax 171

Barbula ferruginea 171

Barbula gracilenta 160

Barbula humilis 193

Barbula inaequalifolia 165

Barbula indica 161

Barbula javanica 162

Barbula leucostoma 195

Barbula longicostata 170

Barbula michiganensis 172

Barbula nigrescens 172

Barbula paludosa var. coreensis 159

Barbula pseudo - ehrenbergii 162

Barbula reflexa 171

Barbula rigida 156

Barbula rigidula 173

Barbula rivicola 173

Barbula rufidula 174

Barbula sinensis 189

Barbula sordid 162

Barbula tectorum 174

Barbula tenii 165

Barbula tophacea 174

Barbula unguiculata 163

Barbula vinealis 175

Barbula willamsii 164

Bartramia falcata 211

Bartramia mollis 214

Bartramia setschuanica 215

Bartramia turneriana 215

BARTRAMIACEAE 210

Bellibarbula 164

Bellibarbula obtusicuspis 164

Bellibarbula recurva 164

Blepharostoma 36

Blepharostoma minus 36

Blepharostoma trichophyllum 36

BLEPHAROSTOMATACEAE 36

Blindia 96

Blindia japonica 96

Brachymenium 221

Brachymenium acuminatum 222

Brachymenium exile 89,117,222

Brachymenium leptophyllum 224

Brachymenium muricola 223

Brachymenium nepalense 224

Brachymenium pendulum 224

BRACHYTHECIACEAE 321

Brachythecium camptothecioides 322

Brachythecium 322

Brachythecium albicans 325

Brachythecium amnicola 326,327

Brachythecium angustirete 344

Brachythecium brachydictyon 351

Brachythecium brotheri 326

Brachythecium buchananii 327

Brachythecium campylothallum 327

Brachythecium coreanum 328

Brachythecium eustegium 346

Brachythecium fasciculirameum 328

Brachythecium formosanum 329

Brachythecium garovaglioides 329

Brachythecium glareosum 329

Brachythecium helminthocladum 329

Brachythecium kuroishicum 330

Brachythecium moriense 330

Brachythecium noguchii 331

Brachythecium perminusculum 332

Brachythecium piligerum 332

Brachythecium pinnatum 334

Brachythecium pinnirameum 332

Brachythecium plumosum 333,340

Brachythecium plumosum var. mimmayae 333

Brachythecium populeum 333

Brachythecium procumbens 334

Brachythecium propinnatum 334

Brachythecium pulchellum 335

Brachythecium reflexum 336

Brachythecium rhynchostegielloides 335

Brachythecium rivulare 336

Brachythecium rotaeanum 337

Brachythecium rutabulum 337

Brachythecium salebrosum 338

Brachythecium starkei 295

Brachythecium turgidum 322

Brachythecium uncinifolium 338

Brachythecium velutinum 339

Brachythecium viridefactum 340

Brachythecium wichurae 329

Breidleria 364

Breidleria pratensis 364

Brothera 132

Brothera leana 132

Brotherella 388

Brotherella fauriei 388

BRUCHIACEAE 112

BRYACEAE 219

Bryhnia 340

Bryhnia brachycladula 340

Bryhnia hultenii 341

Bryhnia novae – angliae 342

Bryhnia tokubuchii 342

Bryhnia trichomitria 342

Brynm exile 222

Bryoerythrophyllum 164

Bryoerythrophyllum gymnostomum 165

Bryoerythrophyllum inaequalifolium 165

Bryoerythrophyllum recurvirostrum 166

Bryoerythrophyllum tenerrimum 164

Bryonoguchia 309

Bryonoguchia molkenboeri 309

Bryum 224

Bryum algovicum 228

Bryum alpinum 229

Bryum annotinum 261

Bryum apiculatum 229

Bryum arcticum 229

Bryum argenteum 89,117,223,230

Bryum atrovirens 230,238

Bryum attenuata 90

Bryum billarderi 231

Bryum blandum 237

Bryum blindii 231

Bryum bornholmense 232,241

Bryum caespiticium 233

Bryum capillare 233

Bryum cellulare 234

Bryum coronatum 234

Bryum cyclophyllum 235

Bryum demissum 246

Bryum dichotomum 235

Bryum filiforme 220

Bryum funkii 236

Bryum handelii 237

Bryum heterophyllun 251

Bryum julaceum 220

Bryum kashmirense 237

Bryum knowltonii 237

Bryum lonchocaulon 237

Bryum marginatum 252

Bryum neodamense 238

Bryum ontariense 247

Bryum pallens 238

Bryum pallescens 239

Bryum paradoxum 240,242

Bryum porphyroneuron 229

Bryum pseudotriquetrum 240

Bryum purpurascens 241

Bryum radiculosum 241

Bryum recurvulum 242

Bryum riparium 243

Bryum rutilans 243

Bryum sauteri 244

Bryum sphagnicola 263

Bryum thomsonii 244

Bryum tozeri 250

Bryum turbinatum 245

Bryum uliginosum 239,245
Bryum zierii 246

C

Callicladium 363
Callicladium haldanianum 363
Calliergon 297
Calliergon cordifolium 297
CALLIERGONACEAE 297
Calliergonella 382
Calliergonella cuspidata 382
Calohypnum sakuraii 374
Calypogeia 28
Calypogeia arguta 28
Calypogeia tosana 29
CALYPOGEIACEAE 28
Camptothecium 321
Camptothecium lutescens 321
Campyliadelphus 284
Campyliadelphus chrysophyllus 286
Campyliadelphus polygamum 284
Campyliadelphus protensus 284
Campyliadelphus stellatus 284
Campylium 285
Campylium chrysophyllum 286,288
Campylium commutatum 290
Campylium hispidulum 286
Campylium hispidulum var. hispidulum 286
Campylium hispidulum var. sommerfeltii 287
Campylium protensum 284
Campylium radicale 288
Campylium squarrosulum 288
Campylium stellatum 284
Campylophyllum 363
Campylophyllum halleri 363
Campylopus 133
Campylopus atrovirens 134
Campylopus Flexosus 137
Campylopus flexuosus 135
Campylopus fragilis 136
Campylopus fragilis var. pyriformis 136
Campylopus japonicus 137
Campylopus laevigatus 101

Campylopus pyriformis 136
Campylopus schimperi 136
Campylopus schwarzii 130
Campylopus sinensis 137
Campylopus subulatus var. schimperi 136
Campylopus taiwanensis 138
Campylopus umbellatus 138
Catharinea rhystophylla 80
Catharinea yakushimensis 82
Cephalozia 31
Cephalozia ambigua 31
CEPHALOZIACEAE 31
Cephaloziella 32
Cephaloziella breviperianthia 32
Cephaloziella ciaeri 32
Cephaloziella divaricata 32,33
Cephaloziella rubella 32
Cephaloziella spinophylla 32
CEPHALOZIELLACEAE 32
Ceratodon 107
Ceratodon purpureus 107
Chenia 167
Chenia leptophylla 167
Chiloscyphus 42
Chiloscyphus integristipulus 43,44
Chiloscyphus minor 43
Chiloscyphus polyanthos 44
Chiloscyphus polyanthos var. rivularis 45
Chiloscyphus profundus 45
Cirriphyllum 342
Cirriphyllum cirrosum 343
Cirriphyllum piliferum 343
Cladodium uliginosum 245
Claopodium 298
Claopodium aciculum 299,300
Claopodium pellucinerve 300
CLEVEACEAE 11
Clevea 11
Clevea pusilla 11
CLIMACIACEAE 280
Climacium 280
Climacium japonicum 280
Codriophorus 99

Codriophorus anomodontoides 100,101
Codriophorus fascicularis 100
Cololejeunea 65
Cololejeunea japonica 66
Conocephalum 7
Conocephalum conicum 7
Conocephalum japonicum 8
Cratoneuron 289
Cratoneuron commutatum 290
Cratoneuron filicinum 289
Cratoneuron filicinum var. atrovirens 290
Cratoneuron filicinum var. filicinum 289
Cupressina leptothallum 365
Cylindrothecium challengeri 395
Cyrto – hypnum fuscatum 313
Cyrto – hypnum pygmaeum 313

D

Desmatodon gemmascens 189
Desmatodon latifolius 194
Desmatodon suberectus 195
DICRANACEAE 127
Dicranella 114
Dicranella cerviculata 115
Dicranella divaricatula 115
Dicranella ditrichoides 114
Dicranella gonoi 116,118
Dicranella heteromalla 116
Dicranella micro – divaricata 117
Dicranella varia 118
DICRANELLACEAE 114
Dicranodontium 138
Dicranodontium asperulum 139
Dicranodontium denudatum 139
Dicranodontium filifolium 130
Dicranum 127
Dicranum asperulum 139
Dicranum cerviculatum 115
Dicranum denudatum 139
Dicranum flexuosum 135
Dicranum fragilis 136
Dicranum heteromallum 116
Dicranum japonicum 128

Dicranum juniperoideum 140
Dicranum latifolium 195
Dicranum longifolium 130
Dicranum majus 128
Dicranum ovale 102
Dicranum purpureum 107
Dicranum pyriform 136
Dicranum scoparium 128
Dicranum sinense 137
Dicranum starkei 120
Dicranum varium 118
Didymodon 167
Didymodon asperifolius 169
Didymodon constrictus 169,171
Didymodon constrictus var. constrictus 169
Didymodon constrictus var. flexicuspis 170
Didymodon cuspidatus 200
Didymodon ditrichoides 170
Didymodon fallax 171,175
Didymodon ferrugineus 171
Didymodon fragilis 192
Didymodon gymnostomus 165
Didymodon michiganensis 172
Didymodon nigrescens 172,174
Didymodon pusillus 110
Didymodon rigidulus 173
Didymodon rigidulus var. imcadophyllus 173
Didymodon rivicola 173, 174
Didymodon rufidulus 174
Didymodon tectorus 174
Didymodon tenerrimus 164
Didymodon tophaceus 174
Didymodon vaginatus 122
Didymodon vinealis 175
DIPHYSCIACEAE 86
Diphyscium 86
Diphyscium lorifolium 86
DITRICHACEAE 107
Ditrichum 108
Ditrichum heteromallum 109
Ditrichum pallidum 110
Ditrichum pusillum 110
Drepanocladus 290

Drepanocladus aduncus 290

Drepanocladus aduncus var. aduncus 290

Drepanocladus aduncus var. kneiffii 291

Drummondia 95

Drummondia sinensis 95

DRUMMONDIACEAE 95

E

Ectropothecium 365

Ectropothecium ohosimense 365

Ectropothecium zollingeri 365

Elodium paludosum 312

Encalypta lanceolata 195

Encalypta ligulata 188

Entodon 393

Entodon aeruginosus 402

Entodon caliginosus 397

Entodon challengeri 395,402

Entodon cladorrhizans 396,402

Entodon compressus 395

Entodon compressus var. parvisporus 395

Entodon conchophyllus 404

Entodon concinnus 397

Entodon flavescens 397

Entodon giraldii 398

Entodon herbaceous var. versicolor 403

Entodon kungshanensis 393

Entodon luridus 398

Entodon macropodus 399

Entodon micropodus 400

Entodon morrisonensis 402

Entodon nanocarpus 395

Entodon obtusatus 400

Entodon prorepens 401

Entodon pulchellus 402

Entodon schensianus 398,402

Entodon schleicheri 402

Entodon smaragdinus 402

Entodon sullivantii 403

Entodon sullivantii var. sullivantii 403

Entodon sullivantii var. versicolor 403

Entodon taiwanensis 404

Entodon verruculosus 396

Entodon viridulus 404

ENTODONTACEAE 393

Entosthodon 88

Entosthodon buseanus 88

Epipterygium 249

Epipterygium tozeri 250

ERPODIACEAE 124

Erpodium sinense 125

Erythrodontium 393

Erythrodontium julaceum 393

Eurhynchium 344

Eurhynchium angustirete 344, 347

Eurhynchium asperisetum 345

Eurhynchium coarctum 333

Eurhynchium eustegium 346

Eurhynchium filiforme 346

Eurhynchium hians 347

Eurhynchium kirishimense 346

Eurhynchium laxirete 347

Eurhynchium longirameum 345

Eurhynchium pulchellum 348

Eurhynchium riparioides 358

Eurhynchium savatieri 349

Eurhynchium serpenticaule 359

Eurhynchium subspeciosum 359

Eurohypnum 365

Eurohypnum leptothallum 365

Eurohypnum leptothallum var. tereticaule 365

F

Fabronia 276

Fabronia ciliaris 276

Fabronia matsumurae 276

FABRONIACEAE 276

Fimbraria yoshinagana 3

Fissidens 142

Fissidens adelphinus 152

Fissidens anomalus 144

Fissidens brevinervis 146

Fissidens bryoides 144,152

Fissidens bryoides var. bryoides 144

Fissidens bryoides var. esquirolii 145

Fissidens bryoides var. ramosissimus 145

Fissidens crispulus 145

Fissidens cristatus 146

Fissidens dubius 144

Fissidens esquirolii 145

Fissidens gardneri 146

Fissidens geminiflorus 146

Fissidens gymnogynus 147,148

Fissidens hyalinus 148

Fissidens incognitus 148

Fissidens involutus 148

Fissidens linearis var. obscurirete 148

Fissidens microcladus 146

Fissidens nobilis 149

Fissidens obscurirete 148

Fissidens osmundoides 148

Fissidens papillosus 151

Fissidens pellucidus 149

Fissidens plagiochiloides 148

Fissidens polypodioides 149,150

Fissidens sciuroides 406

Fissidens shandongensis 150

Fissidens taxifolius 151

Fissidens teysmannianus 152

Fissidens tosaensis 152

Fissidens zippelianus 145

FISSIDENTACEAE

Fossombronia 16

Fossombronia pusilla 16

FOSSOMBRONIACEAE 16

Frullania 56

Frullania davurica 57

Frullania delavayi 59

Frullania dilatata 56

Frullania diversitexta 56

Frullania ericoides 58

Frullania inflata 58

Frullania inflexa 59

Frullania koreana 56

Frullania major 60

Frullania moniliata 59

Frullania muscicola 60,413

Frullania nepalensis 61

Frullania parvistipula 59,61

Frullania pedicellata 56

Frullania rhystocolea 62

Frullania schensiana 62

Frullania valida 63

FRULLANIACEAE 56

Funaria 89

Funaria attenuata 90

Funaria hygrometrica 90,91

Funaria microstoma 91

Funaria muhlenbergii 91

Funaria sinensis 88

FUNARIACEAE 88

G

Glyphomitrium 120

Glyphomitrium hunanense 120

Glyphomitrium nymanianum 181

Glyphomitrium sinense 97

Gollania 366

Gollania ruginosa 367

Gollania schensiana 367

Gollania sinensis 368,369

Gollania taxiphylloides 368

Gollania varians 369

Grimmia pilifera 101

Grimmia 101

Grimmia apiculata 101

Grimmia decipiens 103

Grimmia donniana 101

Grimmia elongata 103

Grimmia laevigata 101

Grimmia longirostris 102

Grimmia macrotheca 103

Grimmia ovalis 101,102

Grimmia pilifera 102,103

Grimmia pulvinata 103

Grimmia stricta 105

GRIMMIACEAE 99

Gymnostomiella 175

Gymnostomiella longinervis 175

Gymnostomum 176

Gymnostomum aeruginosum 176,177

Gymnostomum aestivum 157

Gymnostomum aurantiacum 178

Gymnostomum barbula 182

Gymnostomum calcareum 177

Gymnostomum curvirostrum 177

Gymnostomum euchloron 157

Gymnostomum inconspicum 186

Gymnostomum involutum 179

Gymnostomum japonicum 93,180

Gymnostomum pyriforme 93

Gymnostomum recurvirostrum 177

Gymnostomum recurvum 164

Gymnostomum spathulatum 182

Gymnostomum sphaericum 94

Gyroweisia brevicaulis 182

H

Habrodon 279

Habrodon perpusillus 279

HABRODONTACEAE 279

Haplocladium 309

Haplocladium angustifolium 310,311

Haplocladium microphyllum 311

Haplocladium strictulum 311,314

Haplohymenium 414

Haplohymenium longinerve 414

Haplohymenium pseudo – triste 414

Haplohymenium sieboldii 414

Haplohymenium triste 413,414

Hedwigia 209

Hedwigia ciliata 209

HEDWIGIACEAE 209

Helicodontium fabronia 416

Helodium 312

Helodium blandowii 312

Helodium paludosum 312

HERBERTACEAE 39

Herbertus 39

Herbertus aduncus 39

Herbertus chinensis 40

Herbertus dicranus 39,40

Herbertus minor 39

Herbertus pusillus 39

Herpetineuron 415

Herpetineuron toccoae 413,415

HETEROCLADIACEAE 319

Heterocladium 319

Heterocladium angustifolium 319

Heterocladium leucotrichum 320

Heterocladium papillosum 319

Homailodendron 407

Homailodendron scalpellifolium 407

Homalia 407

Homalia trichomanoides 408

Homaliadelphus 408

Homaliadelphus targionianus 408

Homalothecium 349

Homalothecium leucodonticaule 349

Homalothecium perimbricatum 350

Homomallium 383

Homomallium connexum 383

Homomallium incurvatum 384,385

Homomallium japonico – adnatum 385

Hookeria 270

Hookeria acutifolia 270

Hookeria leskeoides 352

Hydrogonium amplexifolium 159

Hydrogonium consanguineum 162

Hydrogonium ehrenbergii 160

Hydrogonium gracilentum 160

Hydrogonium javanicum 162

Hydrogonium pseudo – ehrenbergii 162

Hydrogonium sordidum 163

Hydrogonium williamsii 164

Hygroamblystegium 291

Hygroamblystegium noterophilum 290

Hygroamblystegium tenax 291

Hygrohypnum 292

Hygrohypnum eugyrium 292

Hygrohypnum luridum 293,394

Hygrohypnum montanum 292

Hygrohypnum ochraceum 294

Hygrohypnum smithii 292

Hylocomium varian 369

Hymenostylium 177

Hymenostylium aurantiacum 178

Hymenostylium glaucum var. cylindricum 178

Hymenostylium recurvirostrum 177

Hymenostylium recurvirostrum var. cylindricum 178

Hymenostylium recurvirostrum var. recurvirostrum 177

Hyocomium ruginosum 367

Hyophila 178

Hyophila acutifolia 179

Hyophila anomala 203

Hyophila aristatula 201

Hyophila barbuloides 200

Hyophila involuta 179

Hyophila javanica 180

Hyophila nymaniana 181

Hyophila plicata 203

Hyophila propagulifera 181

Hyophila rosea 181

Hyophila spathulata 182

HYPNACEAE 363

Hypnum 369

Hypnum albicans 325

Hypnum alopecurum 410

Hypnum angustifolium 310

Hypnum asperisetum 345

Hypnum buchananii 327

Hypnum cavifolium 273

Hypnum chrysophyllum 286

Hypnum ciliare 276

Hypnum cirrosum 343

Hypnum concinnum 397

Hypnum cordifolium 297

Hypnum cupressiforme 370

Hypnum cupressiforme var. hamulosum 372

Hypnum cuspidatum 382

Hypnum cymbifolium 316

Hypnum fauriei 374

Hypnum fertile 371

Hypnum filicinum 289

Hypnum flaccidum 379

Hypnum fujiyamae 371

Hypnum glareosum 329

Hypnum hakoniense 351

Hypnum hamulosum 372

Hypnum hastatum 212

Hypnum hians 347

Hypnum hispidulum 286

Hypnum humile 295

Hypnum inclinatum 355

Hypnum incurvatum 384

Hypnum inflexum 278

Hypnum jungermannioides 275

Hypnum luridum 293

Hypnum maximowiczii 350

Hypnum microphyllum 311

Hypnum montagnei 379

Hypnum novae – angliae 342

Hypnum ochraceum 294

Hypnum pallescens 372

Hypnum pallidifolium 357

Hypnum piliferum 343

Hypnum plumaeforme 373

Hypnum plumosum 333

Hypnum pohliaecarpum 375

Hypnum populeum 333

Hypnum pratense 364

Hypnum pristocalyx 317

Hypnum procumbens 334

Hypnum pseudo – triste 414

Hypnum pulchellum 348

Hypnum radicale 288

Hypnum recognitum 317

Hypnum reflexum 336

Hypnum reticulatum 380

Hypnum revolutum 374

Hypnum riparioides 358

Hypnum riparium 295

Hypnum rugelii 413

Hypnum rugosum 392

Hypnum rutabulum 337

Hypnum sakuraii 374

Hypnum salebrosum 338

Hypnum serpens 282

Hypnum sommerfeltii 287

Hypnum subhumile 391

Hypnum tectorum 308

Hypnum tenax 291

Hypnum tokubuchii 342

Hypnum vallis – clausae var. atro – virens 290

Hypnum velutinum 339

Hypnum wichurae 329

Hypnum zippelii 306

I

Isopterygiopsis 271

Isopterygiopsis muelleriana 272

Isopterygiopsis pulchella 272

Isopterygium albescens 379

Isopterygium cuspidifolium 376

Isopterygium tenerum 375

Isothecium buchananii 361

Isothecium nilgeheriense 352

Isothecium schleicheri 402

Iwatsukiella 320

Iwatsukiella leucotricha 320

J

Jamesoniella autumnalis 30

JAMESONIELLACEAE 30

Jungermannia obovata 21

Jungermannia pyriflora 21

Jungermannia 21

Jungermannia adunca 39

Jungermannia atrovirens 22

Jungermannia autumnalis 30

Jungermannia cavifolia 68

Jungermannia collaris 27

Jungermannia complanata 54

Jungermannia divaricata 33

Jungermannia endiviifolia 20

Jungermannia epiphylla 19

Jungermannia erecta 21

Jungermannia ericoides 58

Jungermannia exsertifolia subsp. cordifolia 23

Jungermannia fusiformis 23

Jungermannia hyalina 24

Jungermannia lanceolata 22

Jungermannia lyellii 18

Jungermannia moniliata 59

Jungermannia nepalensis 61

Jungermannia palmata 71

Jungermannia pinguis 70

Jungermannia platyphylla 51

Jungermannia polyanthos 44

Jungermannia pusilla 16

Jungermannia reptans 38

Jungermannia schiffneri 24

Jungermannia sparsofolia 25

Jungermannia sublanceolata 25

Jungermannia subulata 25

Jungermannia tomentella 37

Jungermannia torticalyx 26

Jungermannia tristis 22

Jungermannia truncata 26

JUNGERMANNIACEAE 21

K

Kantia tosana 29

Kiaeria 120

Kiaeria starkei 120

Kindbergia 321

Kindbergia praelonga 321

L

Lasia fruticella 304

Leiocolea 27

Leiocolea collaris 27

Leiodontium 363

Leiodontium robustum 363

Lejeunea 66

Lejeunea anisophylla 67

Lejeunea aquatica 67

Lejeunea boninensis 67

Lejeunea cavifolia 68

Lejeunea japonica 68

Lejeunea libertiae 66

Lejeunea parva 68

Lejeunea patens var. uncrenata 69

Lejeunea roundistipula 69

LEJEUNEACEAE 64

Lepidozia 38

Lepidozia reptans 38

LEPIDOZIACEAE 38

Leptobryum 218

Leptobryum pyriforme 218

Leptodictyum 294
Leptodictyum humile 295
Leptodictyum riparium 295
Leptotrichella 118
Leptotrichella brasiliensis 118
Lescuraea 307
Lescuraea incurvata 307
Leskea 300
Leskea assimilis 315
Leskea incurvata 307
Leskea pallescens 372
Leskea pellucinerve 300
Leskea polyantha 387
Leskea polycarpa 300,301
Leskea pulchella 272
Leskea scabrinervis 301
Leskea subtilis 275
Leskea tenuirostris 389
Leskea trichomanoides 408
Leskea tristis 415
Leskea varia 283
LESKEACEAE 298
Leskeella 301
Leskeella nervosa 302
Leskeella tectorum 308
LEUCOBRYACEAE 132
Leucobryum 140
Leucobryum glaucum 141
Leucobryum juniperoideum 140
Leucodon 405
Leucodon corrensis 405,406
Leucodon sciuroides 406
LEUCODONTACEAE 405
Leucophones leanum 132
Lichen Japonicus 8
Limnobium eugyrium 292
Lindbergia 302
Lindbergia brachyptera 303
Lindbergia sinensis 303
Lophocolea compacta 43
Lophocolea integristipula 43
Lophocolea minor 43
Lophocolea profunda 45

LOPHOCOLEACEAE 42
Lopholejeunea kiushiana 64
Lophozia collaris27
Luisierella 182
Luisierella barbula 182

M

Macromitrium 266
Macromitrium cavaleriei 267
Macromitrium ferriei 267
Macromitrium gymnostomum 267
Macromitrium japonicum 266, 268
Macromitrium sinense 267
Macvicaria 46
Macvicaria ulophylla 46
Madotheca caespitans 48
Madotheca cordifolia 49
Madotheca macroloba 50
Madotheca nitens 50
Madotheca obtusata 50
Madotheca setigera 50
Madotheca tosana 48
Madotheca ulophylla 46
Makinoa 17
Makinoa crispata 17
MAKINOACEAE 17
Marchantia 9
Marchantia conicum 7
Marchantia hemisphaerica 6
Marchantia paleacea 9
Marchantia polymorpha 9
MARCHANTIACEAE 9
Marsupella fengchengensis 33
MEESIACEAE 218
Merceya ligulata 188
Merceyopsis sikkimensis 187
METEORIACEAE 361
Meteorium 361
Meteorium buchananii 361
Meteorium buchananii subsp. helminthocladulum 361
Meteorium helminthocladulum 362
Metzgeria 72
Metzgeria conjugata 72

METZGERIACEAE 72
Microdus brasiliensis 118
Microlejeunea rotundistipula 68
Miyabea 304
Miyabea fruticella 304
MNIACEAE 249
Mnium 250
Mnium acutum 255
Mnium arbuscula 255
Mnium crudum 261
Mnium cuspidatum 255
Mnium cyclophyllum 235
Mnium ellipticum 256
Mnium fontanum 212
Mnium heterophyllum 251
Mnium integrum 256
Mnium japonicum 257
Mnium laevinerve 251,252
Mnium lycopodioiodes 252
Mnium marchicum 213
Mnium marginatum 252
Mnium maximoviczii 257
Mnium medium 257
Mnium micro – ovale 257
Mnium microphyllum 264
Mnium pseudotriquetrum 240
Mnium rhynchophorum 258
Mnium rostratum 258
Mnium rostratum var. micro – ovale 257
Mnium stellare 253
Mnium succulentum 259
Mnium thomsonii 253
Mnium turbinatum 245
Mnium ussuriense 265
Mnium venustum 259
Mnium vesicatum 259
Molendoa 183
Molendoa schliephackei 183
Molendoa sendtneriana 183
Molendoa sendtneriana var. sendtneriana 184
Molendoa sendtneriana var. yuennaensis 184
Molendoa yuennanensis 184
Myuroclada 350

Myuroclada maximowiczii 350

N

Nardia fusiformis 23
Neckera 409
Neckera cladorrhizans 396
Neckera flavescens 397
Neckera konoi 409
Neckera luridu 398
Neckera macropodus 399
Neckera sullivantii 403
Neckera targioniana 408
Neckera viticulosa var. minor 412
NECKERACEAE 407
Niphotrichum 103
Niphotrichum japonicum 104
NOTOTHYLADACEAE 75

O

Okamuraea 350
Okamuraea brachydictyon 351
Okamuraea hakoniensis 351
ONCOPHORACEAE 120
Oncophorus 122
Oncophorus crispifolius 122
Oncophorus wahlenbergii 122,123
Orthodicranum flagellare 121
Orthodicranum strictum 121
Orthothecium intricatum 389
ORTHOTRICHACEAE 266
Orthotrichum 269
Orthotrichum anomalum 269
Oxystegus cuspidatus 200
Oxystegus cylindricus 200

P

Palamocladium 352
Palamocladium nilgheriense 352
Palamocladium leskeoides 352
Pallavicinia 18
Pallavicinia lyellii 18
PALLAVICINIACEAE 18
Paraleucobryum 129

Paraleucobryum longifolium 130,131

Paraleucobryum schwarzii 130

Pedinophyllum 41

Pedinophyllum major – perianthium 41

Pelekium fuscatum 313

Pelekium pygmaeum 313

Pellia 19

Pellia crispata 17

Pellia endiviifolia 19

Pellia epiphylla 19

PELLIACEAE 19

Phaeoceros 75

Phaeoceros laevis 75

Phascum leptophyllum 167

Phascum muhlenbergianum 207

Phascum subulatum 111

Philonotis fontana 214

Philonotis 210

Philonotis cernua 211

Philonotis falcata 211

Philonotis fontana 212

Philonotis fontana var. seriata 214

Philonotis hastata 212

Philonotis lancifolia 213

Philonotis marchica 213

Philonotis mollis 214

Philonotis nitida 215

Philonotis roylei 216

Philonotis runcinata 215

Philonotis seriata 214

Philonotis setschuanica 215

Philonotis thwaitesii 215

Philonotis turneriana 215

Philonotis yezoana 216

Phragmicoma sandvicensis 69

Physcomitrium 89,91

Physcomitrium courtoisii 92

Physcomitrium eurystomum 92

Physcomitrium japonicum 93

Physcomitrium limbatulum 93

Physcomitrium pyriforme 93

Physcomitrium sphaericum 94

Plagiobryum 246

Plagiobryum demissum 246

Plagiobryum zierii 246

Plagiochasma 4

Plagiochasma intermedium 4

Plagiochasma rupestre 4

Plagiochila 41

Plagiochila asplenioides 41

Plagiochila biondiana 41

Plagiochila ovalifolia 41

PLAGIOCHILACEAE 41

Plagiomnium 253

Plagiomnium acutum 255

Plagiomnium arbusculum 255

Plagiomnium cuspidatum 255

Plagiomnium ellipticum 256

Plagiomnium integrum 256

Plagiomnium japonicum 257

Plagiomnium maximoviczii 257

Plagiomnium medium 257

Plagiomnium rhynchophorum 258

Plagiomnium rostratum 258

Plagiomnium succulentum 259

Plagiomnium venustum 259

PLAGIOTHECIACEAE 271

Plagiothecium 273

Plagiothecium aomoriense 376

Plagiothecium cavifolium 273,274

Plagiothecium euryphyllum 273

Plagiothecium giraldii 377

Plagiothecium laetum 274

Plagiothecium muellerianum 272

Plagiothecium nemorale 274

Plagiothecium platyphyllum 273

Platydictya 274

Platydictya jungermannioides 275

Platydictya subtilis 275

Pleuridium 111

Pleuridium subulatum 111

Pleuroweisia schliephackei 183

Pogonatum 82

Pogonatum aloides 82

Pogonatum contortum 83

Pogonatum inflexum 79,83

Pogonatum spinulosum 84
Pogonatum urnigerum 85
Pohlia 260
Pohlia annotina 261
Pohlia arctica 229
Pohlia cruda 261
Pohlia crudoides 262
Pohlia elongata 262,263
Pohlia flexuosa 262
Pohlia longicolla 263
Pohlia proligera 263
Pohlia purpurascens 241
Pohlia sphagnicola 263
Pohlia wahlenbergii 260
POLYTRICHACEAE 79
Polytrichastrum 85
Polytrichastrum formosum 85
Polytrichastrum longisetum 85
Polytrichum contortum 83
Polytrichum formosum 85
Polytrichum gracile 85
Polytrichum inflexum 83
Polytrichum urnigerum 85
Porella 47
Porella acutifolia subsp. tosana 48
Porella caespitans 48
Porella caespitans var. caespitans 48
Porella caespitans var. cordifolia 49
Porella caespitans var. nipponica 49
Porella caespitans var. setigera 50
Porella chinensis 47
Porella heilingensis 47
Porella japonica 47
Porella macroloba 50
Porella nitens 50,51
Porella obtusata 50,51
Porella pinnata 51
Porella platyphylla 51
Porella vernicosa 52
PORELLACEAE 46
Pottia 153
Pottia lanceolata 195
Pottia truncata 153

POTTIACEAE 133,153
Pseudobryum 249
Pseudobryum cinclidioides 249
PSEUDOLESKEACEAE 307
Pseudoleskeella 308
Pseudoleskeella catenulata 308
Pseudoleskeella tectorum 308
PSEUDOLESKEELLACEAE 308
Pseudoleskeopsis 304
Pseudoleskeopsis tosana 305,306
Pseudoleskeopsis zippelii 305
Pseudosymblepharis 185,192
Pseudosymblepharis angustata 185,186
Pseudosymblepharis duriuscula 186
Pseudosymblepharis papillosula 185
Pseudotaxiphyllum 374
Pseudotaxiphyllum pohliaecarpum 375
PTERIGYNANDRACEAE 278
Pterigynandrum nervosum 302
Pterogonium brachypterum 303
Pterogonium perpusillum 279
Ptychanthus 64
Ptychanthus striatus 64
Ptychocoleus 64
Ptychocoleus nipponicus 64
Ptychodium leucodoticule 350
PTYCHOMITRIACEAE 97
Ptychomitrium 97
Ptychomitrium sinense 97
Pylaisia 385
Pylaisia brotheri 386,387
Pylaisia cristata 368
Pylaisia curviramea 387
Pylaisia polyantha 387
PYLAISIACEAE 382
Pylaisiadelpha 389
Pylaisiadelpha tenuirostris 389
Pylaisiadelpha yokohamae 389
PYLAISIADELPHACEAE 388
Pylaisiella brotheri 386
Pylaisiella curviramea 387
Pylaisiella polyantha 387

R

Racomitrium anomodontoides 100

Racomitrium canescens 104

Racomitrium fasciculare 101

Racomitrium japonicum 104

Racomitrium sudeticum 104

Radula 54

Radula aquilegia 54

Radula complanata 54

Radula japonica 55

Radula lindenbergiana 55

RADULACEAE 54

Rauia angustifolia 319

Reboulia 5

Reboulia hemisphaerica 6

Reimersia 186

Reimersia inconspicua 186

Rhamphidium crassicostatum 190

Rhizomnium 249

Rhizomnium pseudo – punotatum 249

Rhizomnium striatulum 249

Rhodobryum 247

Rhodobryum ontariense 247

Rhodobryum roseum 248

Rhynchostegiella 352

Rhynchostegiella japonica 353,354

Rhynchostegiella laeviseta 353

Rhynchostegiella leptoneura 354

Rhynchostegium 354

Rhynchostegium fauriei 355

Rhynchostegium inclinatum 355

Rhynchostegium muelleri 356

Rhynchostegium ovalifolium 356

Rhynchostegium pallenticaule 357

Rhynchostegium pallidifolium 357

Rhynchostegium riparioides 305,356,358

Rhynchostegium serpenticaule 359

Rhynchostegium subspeciosum 359

RHYTIDIACEAE 392

Rhytidium 392

Rhytidium rugosum 392

Riccardia 70

Riccardia latifrons 71

Riccardia palmata 71

Riccia 12

Riccia fluitans 12

Riccia frostii 13

Riccia glauca 13

Riccia huebeneriana 14

Riccia sorocarpa 14

Riccia glauca var. subinermis 14

Riccia nigrella 12

RICCIACEAE 12

S

Sakuraia 404

Sakuraia conchophylla 404

Scapania 34

Scapania ligulata subsp. stephanii 34

Scapania massalongoi 35

Scapania stephanii 34

SCAPANIACEAE 34

Schistidium 105

Schistidium strictum 105

Schistidium trichodon 105

Schwetschkea latidens 284

Schwetschkea sinensis 303

Schwetschkeopsis 416

Schwetschkeopsis fabronia 416

Scleropodium coreense 341

Scopelophila 186

Scopelophila cataractae 187

Scopelophila ligulata 188

Scopelophila sikkimensis 187

SELIGERIACEAE 96

SEMATOPHYLLACEAE 391

Sematophyllum 391

Sematophyllum subhumile 391

Semibarbula orientalis 161

Sendtnera dicrana 40

Solenostoma cordifolia 23

Solenostoma erectum 21

Solenostoma hyalinum 24

Solenostoma microphyllum 25

Solenostoma obovatum 21

Solenostoma pyriflorum 21

Solenostoma torticalyx 26

Solenostoma triste 22

Solenostoma truncatum 26

SPLACHNACEAE 217

Splachnum 217

Splachnum sphaericum 217

Stereodon caliginosus 397

Stereodon fujiyamae 371

Stereodon japonico – adnatum 385

Stereodon nemorale 274

Stereodon prorepens 401

Stereodon revolutus 374

Stereodon taxirameum 377

Stereodon yokohamae 340

Streblotrichum convolutum 160

Symblepharis 122

Symblepharis papillosula 185

Symblepharis vaginata 122

Syntrichia 189

Syntrichia gemmascens 189

Syntrichia sinensis 189

Syzygiella 30

Syzygiella autumnalis 30

T

Tamarisicella pycnothalla 315

Taxiphyllum 375

Taxiphyllum aomoriense 376

Taxiphyllum cuspidifolium 376

Taxiphyllum giraldii 377

Taxiphyllum taxirameum 377

Tayloria 217

Tayloria acuminata 217

Thamnium sandei 410

Thamnium subseriatum 410

Thamnobryum 409

Thamnobryum alopecurum 410

Thamnobryum sandei 410

Thamnobryum subseriatum 410

Theriotia lorifolia 86

THUIDIACEAE 309

Thuidium 314

Thuidium aciculum 299

Thuidium assimile 315

Thuidium cymbifolium 315,316

Thuidium fuscatum 313

Thuidium kanedae 316

Thuidium lepidoziaceum 314

Thuidium minutulum 314

Thuidium philibertii 315

Thuidium pristocalyx 317

Thuidium pycnothallum 315

Thuidium pygmaeum 313

Thuidium recognitum 317

Thuidium strictulum 311

Thuidium submicropteris 318

Thysanomitrium umbellatum 138

Timmia 87

Timmia bavarica 87

Timmia megapolitana var. bavarica 87

TIMMIACEAE 87

Timmiella 190

Timmiella anomala 190,191

Timmiella diminuta 191

Tortella 192

Tortella fragilis 192

Tortella humilis 193

Tortella platyphylla 199

Tortella tortuosa 193

Tortula 194

Tortula amplexifolia 159

Tortula angustata 185

Tortula consanguinea 162

Tortula duriuscula 186

Tortula hoppeana 194,195

Tortula indica 161

Tortula lanceola 195

Tortula leucostoma 195

Tortula muralis 196,197

Tortula pagorum 194

Tortula planifolia 196

Tortula reflexa 172

Tortula sinensis 189

Tortula subulata 197

Tortula tortuosa 193

Trachycystis 264

Trachycystis microphylla 264,265

Trachycystis ussuriensis 265

Trachyphyllum 278

Trachyphyllum inflexum 278

Trachypus 362

Trachypus bicolor 362

Trematodon 112

Trematodon ambiguus 113

Trematodon longicollis 112

Trichocolea 37

Trichocolea tomentella 37

TRICHOCOLEACEAE 37

Trichostomum 197

Trichostomum aristatulum 201

Trichostomum barbuloides 200

Trichostomum brachydontium 198,200

Trichostomum brevicaule 182

Trichostomum brevisetum 204

Trichostomum crispulum 198

Trichostomum diminuta 191

Trichostomum ehrenbergii 160

Trichostomum fasciculare 101

Trichostomum hoppeanum 194

Trichostomum orientale 161

Trichostomum pallidum 110

Trichostomum planifolium 199,200

Trichostomum platyphyllum 199

Trichostomum sinochenii 200

Trichostomum svihlae 202

Trichostomum tenuirostre 200

Trichostomum tophaceum 174

Trichostomum zanderi 201

Trocholejeunea 69

Trocholejeunea sandvicensis 69

Tuerckheimia 202

Tuerckheimia svihlae 202

V

Venturiella 125

Venturiella sinensis 125

Vesicularia 378

Vesicularia flaccida 379,380

Vesicularia montagnei 379

Vesicularia reticulata 380

W

Webera longicolla 263

Webera proligera 263

Webera pyriformis 218

Weisiopsis 202

Weisiopsis anomala 203

Weisiopsis plicata 203

Weissia 204

Weissia brasiliensis 118

Weissia breviseta 204

Weissia cataractae 187

Weissia controversa 205

Weissia cylindrica 200

Weissia edentula 205

Weissia exserta 206,208

Weissia heteromalla 109

Weissia longifolia 206,208

Weissia muhlenbergiana 207

Weissia planifolium 199

Weissia recurvirostris 166

Weissia semipallida 205

Weissia tenuirostris 200

中文索引

A

矮锦藓 391
暗绿多枝藓 413
暗绿多枝藓 414
暗色扭口藓 162

B

八齿碎米藓 276
八列平藓 409
白齿藓 406
白齿藓科 405
白齿藓属 405
白发藓 141
白发藓科 132
白发藓属 140
白色同蒴藓 349
白氏藓 132
白氏藓属 132
半齿仙鹤藓 79
苞叶小金发藓 84
宝岛绢藓 404
宝岛绢藓 404
北地对齿藓 171,175
北地拟同叶藓 272
北方长蒴藓 113
北方墙藓 195
北方紫萼藓 103
比拉真藓 231
鞭枝直毛藓 121
扁萼苔 54
扁萼苔科 54
扁萼苔属 54
扁灰藓 364

扁灰藓属 364
扁枝藓 408
扁枝藓属 407
变形小曲尾藓 118
波边毛口藓 200
勃氏青藓 326
薄罗藓 300,301
薄罗藓科 298
薄罗藓属 300
薄囊藓 218
薄囊藓属 218
薄网藓 291,295
薄网藓属 294

C

侧立大丛藓 183
侧枝匐灯藓 257
叉肋藓 278
叉肋藓属 278
叉钱苔 12
叉苔科 72
叉苔属 72
长柄绢藓 399
长齿连轴藓 105
长齿藓属 103
长萼叶苔心叶亚种 23
长喙灰藓 371
长喙藓属 354
长尖对齿藓 170
长尖明叶藓 380
长尖墙藓 194,195
长角剪叶苔 39,40
长肋多枝藓 414
长肋青藓 333

长肋疣壶藓 175
长蒴藓 112,113
长蒴藓属 112
长蒴紫萼藓 103
长叶拟白发藓 130,131
长叶牛角藓 290
长叶纽藓 193
长叶青藓 337
长叶曲柄藓 134
长叶提灯藓 252
长枝扁萼苔 54
长枝褶藓 351
长枝紫萼藓 103
朝鲜白齿藓 405,406
朝鲜耳叶苔 56
朝鲜扭口藓 159,163
陈氏藓 167
陈氏藓属 167
橙色真藓 243
匙叶毛尖藓 343
匙叶木藓 410
匙叶湿地藓 182
齿萼苔科 42
齿缘牛舌藓 411
齿缘泽藓 214
赤齿藓属 393
赤藓属 189
川滇蔓藓 361
垂蒴棉藓 274
垂蒴泽藓 211
垂蒴真藓 239,245
垂枝藓 392
垂枝藓科 392
垂枝藓属 392
刺苞叶拟大萼苔 32
刺边葫芦藓 91
刺叶护蒴苔 28
刺叶真藓 237
丛本藓 157
丛本藓属 156
丛毛藓 111
丛毛藓属 111
丛生短月藓 224

丛生光萼苔 48
丛生光萼苔尖叶变种 50
丛生光萼苔日本变种 49
丛生光萼苔心叶变种 49
丛生光萼苔原变种 48
丛生真藓 233
丛藓 153
丛藓科 133,153
丛藓属 153
丛枝无尖藓 100
粗萼耳叶苔 62
粗尖泽藓 216
粗肋薄罗藓 301
粗肋凤尾藓 149
粗肋细湿藓 288
粗裂地钱 9
粗叶青毛藓 139
粗疣连轴藓 105
粗疣异枝藓 319
粗枝藓属 366
脆枝曲柄藓 136
脆枝曲柄藓 136

D

达呼里耳叶苔 57
大丛藓属 183
大萼平叶苔 41
大萼苔科 31
大萼苔属 31
大凤尾藓 149
大灰藓 373
大金灰藓 368
大平齿藓 363
大湿原藓 382
大湿原藓属 382
大丝瓜藓 263
大叶匐灯藓 259
大叶藓 248
大叶藓属 247
大羽藓 315,316
带叶苔 18
带叶苔科 18
带叶苔属 18

单胞红叶藓 165
单疣牛舌藓 411
淡色同叶藓 379
淡叶长喙藓 357
刀叶树平藓 407
倒齿泽藓 215
地钱 9
地钱科 9
地钱属 9
垫丛紫萼藓
东亚长齿藓 104
东亚花萼苔 3
东亚灰藓 374
东亚金灰藓 386,387
东亚毛灰藓 383
东亚拟鳞叶藓 375
东亚碎米藓 276
东亚苔叶藓 124
东亚万年藓 280
东亚仙鹤藓 82
东亚小金发藓 79,83
东亚小锦藓 388
东亚小石藓 206,208
东亚小穗藓 96
东亚小羽藓 311,314
东亚疣鳞苔 66
东亚原鳞苔 64
东亚泽藓 215
兜叶细鳞苔 68
短柄绢藓 400
短柄小曲尾藓 116,118
短柄小石藓 204
短萼拟大萼苔 32
短尖美喙藓 344,347
短尖燕尾藓 341
短角苔科 75
短茎芦氏藓 182
短颈藓科 86
短颈藓属 86
短颈小曲尾藓 115
短肋凤尾藓 146
短肋羽藓 316
短叶对齿藓 174

短叶毛锦藓 389
短月藓 224
短月藓属 221
短枝燕尾藓 340
短枝羽藓 318
短枝褶藓 351
断叶直毛藓 121
对齿藓属 167
对耳苔属 30
钝瓣大萼苔 31
钝叶匐灯藓 258
钝叶光萼苔 50,51
钝叶绢藓 400
钝叶梨蒴藓 88
钝叶芦荟藓 156
钝叶水灰藓 292
钝叶藂藓 266,268
多瓣苔 46
多瓣苔属 46
多苞裂萼苔水生变种 45
多变粗枝藓 369
多毛藓属 307
多蒴匐灯藓 257
多蒴灰藓 371
多蒴曲尾藓 128
多态细湿藓 284
多形小曲尾藓 116
多疣鹤嘴藓 313
多疣麻羽藓 300
多褶青藓 327
多枝短月藓 224
多枝青藓 328
多枝藓 414
多枝藓属 414
多姿柳叶藓 283

E

耳叶苔科 56
耳叶苔属 56
二形凤尾藓 146

F

反齿藓属 284

反纽藓
反纽藓 191
反纽藓属 190
反叶对齿藓 171
泛生凯氏藓 120
泛生墙藓 196,197
泛生丝瓜藓 261
肥果钱苔 14
凤城钱袋苔 33
凤尾藓科
凤尾藓属 142
腐木藓属 363
匐灯藓 255
匐灯藓属 253
匐枝长喙藓 359
匐枝青藓 334
福氏蓑藓 267
福氏蓑藓 267
腐木合叶苔 35
腐木藓

G

高领藓属 120
高山赤藓 189
高山大丛藓 183
高山大丛藓原变种 184
高山大丛藓云南变种 184
高山砂藓 104
高山真藓 229
根生细湿藓 288
贡山绢藓 393
钩叶青藓 338
钩叶羽藓 317
光柄细喙藓 353
光萼苔 51
光萼苔科 46
光萼苔属 47
光泽棉藓 274
广叶绢藓 397

H

海林光萼苔 47
寒藓科 218

韩氏真藓 237
合睫藓 122
合睫藓属 122
合叶苔科 34
合叶苔属 34
褐黄水灰藓 294
黑对齿藓 172
黑对齿藓 174
黑鳞钱苔 12
横生绢藓 401
红对齿藓 169
红色拟大萼苔 32
红蒴立碗藓 92
红蒴真藓 230,238
红叶藓 166
红叶藓属 164
厚角绢藓 397
厚叶短颈藓 86
壶藓科 217
壶藓属 217
湖南高领藓 120
葫芦藓 90
葫芦藓 91
葫芦藓科 88
葫芦藓属 89
虎尾藓 209
虎尾藓科 209
虎尾藓属 209
护蒴苔科 28
护蒴苔属 28
花萼苔属 3
花叶溪苔 19
花状湿地藓 181
华北青藓 332
黄灰藓 372
黄角苔 75
黄角苔属 75
黄牛毛藓 110
黄色真藓 239
黄无尖藓 100,101
黄叶凤尾藓 145
黄叶细湿藓 286,288
灰白青藓 325

灰黄真藓 238
灰土对齿藓 174
灰藓 370
灰藓科 363
灰藓属 369
灰羽藓 317
桧叶白发藓 140
喙瓣耳叶苔 56

J

极地真藓 229
假细罗藓 308
假细罗藓科 308
假细罗藓属 308
尖瓣光萼苔东亚亚种 48
尖顶紫萼藓 101
尖毛鹤嘴藓 313
尖叶短月藓 222
尖叶对齿藓 169,171
尖叶对齿藓芒尖变种 170
尖叶匐灯藓 255
尖叶美喙藓 346
尖叶美叶藓 164
尖叶拟草藓 305,306
尖叶牛舌藓 412
尖叶平蒴藓 246
尖叶青藓 328
尖叶湿地藓 179
尖叶小壶藓 217
尖叶油藓 270
剪叶苔 39
剪叶苔科 39
剪叶苔属 39
剑叶对齿藓 174
剑叶舌叶藓 187
江岸立碗藓 92
娇美绢藓 402
角齿藓 107
角齿藓属 107
节茎曲柄藓 138
睫毛苔 36
睫毛苔科 36
睫毛苔属 36

截叶叶苔 26
金发藓科 79
金灰藓 387
金灰藓科 382
金灰藓属 385
锦藓科 391
锦藓属 391
近高山真藓 240,242
近土生真藓 243
近缘紫萼藓 102
净口藓 177
净口藓属 176
具齿墙藓 195
具喙匐灯藓 258
具缘提灯藓 252
聚疣凤尾藓 148
卷苞叶苔 26
卷边紫萼藓 101
卷尖真藓 238
卷叶丛本藓 157
卷叶凤尾藓 144,146
卷叶灰藓 374
卷叶扭口藓 160
卷叶偏蒴藓 365
卷叶曲背藓 122
卷叶湿地藓 179
卷叶真藓 244
绢藓 396,402
绢藓科 393
绢藓属 393

K

喀什真藓 237
凯氏藓属 120
克氏苔属 11
宽片叶苔 71
宽叶耳叶苔 56
宽叶美喙藓 347
宽叶扭口藓 160,164
宽叶真藓 236
盔瓣耳叶苔 60,413
阔边匐灯藓 256
阔叶反齿藓 284

阔叶毛口藓 199
阔叶棉藓 273
阔叶拟细湿藓 284
阔叶紫萼藓 101

L

梨蒴管口苔 21
梨蒴立碗藓 93
梨蒴曲柄藓 136
梨蒴纤毛藓 118
梨蒴藓属 88
立膜藓 177
立膜藓橙色变种 178
立膜藓原变种 177
立膜藓属 177
立碗藓 94
立碗藓属 89,91
连轴藓属 105
镰刀藓 290
镰刀藓原变种 290
镰刀藓直叶变种 291
镰刀藓属 290
亮叶光萼苔 50,51
亮叶绢藓 402
列胞耳叶苔 59,60
裂萼苔 44
裂萼苔属 42
林地青藓 295
鳞粗枝藓 368
鳞叶凤尾藓 151
鳞叶拟大萼苔 32
鳞叶藓 377
鳞叶藓属 375
瘤柄匐灯藓 259
瘤根真藓 232,241
柳叶藓 282,283
柳叶藓长叶变种 283
柳叶藓科 281
柳叶藓原变种 282
柳叶藓属 282
芦荟藓属 155
芦氏藓属 182
绿片苔 70

绿片苔科 70
绿片苔属 70
绿叶绢藓 404
绿羽藓 315
绿枝青藓 340
卵蒴丝瓜藓 263
卵蒴真藓 231
卵叶长喙藓 356
卵叶管口苔
卵叶壶藓 217
卵叶青藓 337
卵叶羽苔 41
卵叶紫萼藓 101,102
罗氏泽藓 216
螺叶藓 404
螺叶藓属 404
裸萼凤尾藓 147,148

M

麻羽藓属 298
蔓藓科 361
蔓藓属 361
芒尖毛口藓 201
毛叉苔 72
毛叉苔属 72
毛灯藓属 249
毛灰藓 384,385
毛灰藓属 383
毛尖青藓 332
毛尖藓 343
毛尖藓属 342
毛尖燕尾藓 342
毛尖紫萼藓 101,102,103
毛锦藓科 388
毛锦藓属 389
毛口藓 198,200
毛口藓属 197
毛叶青毛藓 139
毛叶泽藓 213
毛羽藓 309
毛羽藓属 309
毛缘光萼苔 52
毛状真藓 229

美灰藓 365
美灰藓属 365
美喙藓 348
美喙藓属 344
美丽长喙藓 359
美丽拟同叶藓 272
美叶藓属 164
美姿藓北方变种 87
美姿藓科 87
美姿藓属 87
密叶美喙藓 349
密叶泽藓 212
密枝青藓 326,327
密执安对齿藓 172
棉藓科 271
棉藓属 273
明叶藓 379
明叶藓属 378
木何兰小石藓 207
木灵藓 269
木灵藓科 266
木灵藓属 269
木藓 410
木藓属 409
木衣藓科 95
木衣藓属 95

N

内卷凤尾藓 148
南京凤尾藓 152
南溪苔 17
南溪苔科 17
南溪苔属 17
南亚瓦鳞苔 69
尼泊尔耳叶苔 61
拟白发藓属 129
拟扁枝藓 408
拟扁枝藓属 408
拟薄罗藓科 307
拟草藓 305
拟草藓属 304
拟长蒴丝瓜藓 263
拟大萼苔科 32

拟大萼苔属 32
拟多枝藓 414
拟附干藓 416
拟附干藓属 416
拟合睫藓属 185,192
拟金发藓属 85
拟鳞叶藓属 374
拟扭口藓 162
拟三列真藓 240
拟扇叶毛灯藓 249
拟同叶藓属 271
拟细湿藓属 284
拟小凤尾藓 152
拟真藓 249
拟真藓属 249
牛角藓 289
牛角藓宽肋变种 290
牛角藓原变种 289
牛角藓属 289
牛毛藓 109
牛毛藓科 107
牛毛藓属 108
牛舌藓科 411
牛舌藓属 411
扭尖美喙藓 346
扭口藓 163
扭口藓属 158
扭叶丛本藓 157,158
扭叶水灰藓 292
扭叶藓 362
扭叶藓属 362
扭叶小金发藓 83
纽藓 193
纽藓属 192

O

欧耳叶苔 60
欧叶苔 24
欧洲凤尾藓 148

P

膨叶青藓 322
片叶苔属 70

偏蒴藓属 365
偏叶提灯藓 253
偏叶藓 363
偏叶藓属 363
偏叶泽藓 211
平叉苔 72
平齿藓属 363
平肋提灯藓 251,252
平蒴藓 246
平蒴藓属 246
平藓科 407
平藓属 409
平叶毛口藓 199,200
平叶偏蒴藓 365
平叶墙藓 196
平叶苔属 41
平枝青藓 329

Q

钱苔 13
钱苔刺边变种 14
钱苔科 12
钱苔属 12
墙藓 197
墙藓属 194
秦岭羽苔 41
青毛藓 139
青毛藓属 138
青藓 335
青藓科 321
青藓属 322
球根真藓 241,244
曲背藓 122
曲背藓 123
曲背藓科 120
曲背藓属 122
曲柄藓 135,137
曲柄藓属 133
曲肋薄网藓 295
曲尾藓 128
曲尾藓科 127
曲尾藓属 127
全缘匐灯藓 256

全缘裂萼苔 43,44
缺齿蓑藓 267
缺齿小石藓 205

R

日本扁萼苔 55
日本匐灯藓 257
日本光萼苔 47
日本立碗藓 93
日本曲尾藓 128
日本无轴藓 106
日本细喙藓 353,354
日本细鳞苔 68
日本褶鳞苔 64
绒苔 37
绒苔科 37
绒苔属 37
绒叶青藓
柔齿藓 279
柔齿藓科 279
柔齿藓属 279
柔软明叶藓 379,380
柔叶青藓 330
柔叶同叶藓 375
柔叶泽藓 214
柔叶真藓 234
蕊形真藓 234
锐齿凤尾藓 151

S

沙氏真藓 244
砂生短月藓 223
砂藓 104
山地水灰藓 292
山东凤尾藓 150
陕西粗枝藓 367
陕西耳叶苔 62
陕西绢藓 398,402
陕西鳞叶藓 377
舌叶合叶苔多齿亚种 34
舌叶毛口藓 200
舌叶藓 188
舌叶藓属 186

舌叶叶苔 25
蛇苔 7
蛇苔属 7
深绿绢藓 398
深绿叶苔 22
湿地灰藓 374
湿地藓 180
湿地藓属 178
湿柳藓 291
湿柳藓属 291
湿生细鳞苔 37
湿原藓 297
湿原藓科 297
湿原藓属 297
石地钱 6
石地钱属 5
石地青藓 329
石生耳叶苔 58
疏网美喙藓 347
疏叶小曲尾藓 115
疏叶叶苔 25
鼠尾藓 350
鼠尾藓属 350
树平藓属 407
树生藓科 124
树形疣灯藓 265
双齿护蒴苔 29
双色真藓 235
水灰藓 293,294
水灰藓属 292
水生长喙藓 305,356,358
丝瓜藓 262,363
丝瓜藓属 260
碎米藓科 276
碎米藓属 276
穗枝赤齿藓 393
梭萼叶苔 23
蓑藓属 266
缩叶藓科 97
缩叶藓属 97

T

台湾拟金发藓 85

台湾青藓 329
台湾曲柄藓 138
苔叶藓属 124
提灯藓科 249
提灯藓属 250
贴生毛灰藓 385
挺枝拟大萼苔 32,33
同蒴藓属 349
铜绿净口藓 176,177
筒瓣耳叶苔 56
筒萼对耳苔 30
透明凤尾藓 148
透明叶苔 24
凸尖鳞叶藓 376
土生对齿藓 175
托氏藓属 202

W

瓦氏丝瓜藓 260
瓦叶假细罗藓 308
瓦叶藓 304
瓦叶藓属 304
弯叶多毛藓 307
弯叶灰藓 372
弯叶毛锦藓 389
弯叶青藓 336
弯叶真藓 242
弯枝金灰藓 387
万年藓科 280
万年藓属 280
网孔凤尾藓 149,150
威氏扭口藓 164
温带光萼苔 51
无齿红叶藓 165
无尖藓属 99
无纹紫背苔 4
无褶苔属 27
无轴藓科 106
无轴藓属 106

X

稀枝钱苔 14
溪边对齿藓 173,174

溪边青藓 336
溪苔 19
溪苔科 19
溪苔属 19
细喙藓属 352
细尖鳞叶藓 376
细绢藓 398
细肋对齿藓 173
细肋细喙藓 354
细鳞苔
细鳞苔科 64
细鳞苔属 66
细柳藓 275
细柳藓 275
细柳藓属 274
细罗藓 302
细罗藓属 301
细拟合睫藓 186
细湿藓 286
细湿藓稀齿变种 287
细湿藓原变种 286
细湿藓属 285
细叶金发藓 85
细叶牛毛藓 110
细叶扭口藓 160
细叶藓科 96
细叶小曲尾藓 117
细叶小羽藓 311
细叶羽藓 314
细叶泽藓 215
细叶真藓 233
细羽藓 314
细枝毛灯藓 249
细枝藓 303
细枝藓属 302
狭瓣细鳞苔 67
狭边大叶藓 247
狭网真藓 228
狭叶长喙藓 355
狭叶葫芦藓 90
狭叶麻羽藓 299,300
狭叶美喙藓 333
狭叶拟合睫藓 185,186

狭叶小羽藓 310,311
狭叶叶苔 25
狭叶异枝藓 319
狭叶沼羽藓 312
仙鹤藓多蒴变种 81
仙鹤藓原变种 82
仙鹤藓属 79,84
纤毛藓属 118
纤枝短月藓 117,222
纤枝短月藓 89
线叶凤尾藓暗色变种 148
线叶托氏藓 202
小孢钱苔 13
小胞仙鹤藓 80,82
小反纽藓 191
小凤尾藓 144,152
小凤尾藓多枝变种 145
小凤尾藓厄氏变种 145
小凤尾藓原变种 144
小壶藓属 217
小睫毛苔 36
小金发藓 82
小金发藓属 82
小锦藓属 388
小克氏苔 11
小孔紫背苔 4
小口葫芦藓 91
小牛舌藓 412,413
小扭口藓 161
小墙藓 203
小墙藓属 202
小青藓 332
小曲尾藓科 114
小曲尾藓属 114
小柔齿藓 320
小柔齿藓属 320
小蛇苔 8
小石藓 205
小石藓属 204
小丝瓜藓 262
小穗藓属 96
小无褶苔 27
小细柳藓 275

小仙鹤藓 80
小叶美喙藓 346
小叶苔 16
小叶苔科 16
小叶苔属 16
小叶细鳞苔 68
小叶藓 250
小叶藓属 249
小羽藓属 309
小烛藓科 112
楔形耳叶苔 59
斜蒴青藓 322
斜蒴藓 321
斜蒴藓属 321
斜枝长喙藓 355
斜枝青藓 327
辛氏曲柄藓 136
星孔苔科 11

Y

芽胞扁蒴苔 55
芽胞赤藓 189
芽胞裂蒴苔 43
芽胞墙藓 194
芽胞湿地藓 181
芽胞银藓 220
亚美绢藓 403
亚美绢藓多色变种 403
亚美绢藓原变种 403
燕尾藓 342
燕尾藓属 340
羊角藓 413
羊角藓 415
羊角藓属 415
仰叶细湿藓 284
仰叶藓 186
仰叶藓属 186
夭命丝瓜藓 261
野口青藓 331
叶苔科 21
叶苔属 21
腋苞藓科 278
异形凤尾藓 144

异叶裂萼苔 45
异叶提灯藓 251
异叶藓 321
异叶藓属 321
异枝藓科 319
异枝藓属 319
银藓 220
银藓属 219
硬叶对齿藓 173
硬叶耳叶苔 63
硬叶提灯藓 253
油藓科 270
油藓属 270
疣柄美喙藓 345
疣柄藓 341
疣齿丝瓜藓 262
疣灯藓 264,265
疣灯藓属 264
疣冠苔科 3
疣壶藓属 175
疣肋拟白发藓 130
疣鳞苔属 65
疣小金发藓 85
羽苔 41
羽苔科 41
羽苔属 41
羽藓科 309
羽藓属 314
羽枝美喙藓 345
羽枝青藓 333,340
羽枝青藓狭叶变种 333
羽状青藓 334
玉山绢藓 402
原鳞苔属 64
圆条棉藓 273,274
圆叶匐灯藓 259
圆叶苔科 30
圆叶真藓 235
圆枝青藓 329

Z

泽藓 212,214
泽藓属 210

掌状片叶苔 71
沼生湿柳藓 290
沼生真藓 237
沼羽藓 312
沼羽藓属 312
折叶纽藓 192
褶鳞苔属 64
褶藓属 350
褶叶长喙藓 356
褶叶青藓 338
褶叶藓 352
褶叶藓属 352
褶叶小墙藓 203
真藓 89,117,223,230
真藓科 219
真藓属 224
直立管口苔 21
直叶灰石藓 389
直叶棉藓 273
直叶泽藓 213
指叶苔 38
指叶苔科 38
指叶苔属 38
中华粗枝藓 368,369
中华光萼苔 47
中华绢藓 402

中华木衣藓 95
中华曲柄藓 137
中华蓑藓 267
中华缩叶藓 97
中华无轴藓 106
中华细枝藓 303
钟瓣耳叶苔 59,61
钟帽藓 125
钟帽藓属 125
皱萼苔 64
皱萼苔属 64
皱叶粗枝藓 367
皱叶耳叶苔 58
皱叶匐灯藓 255
皱叶毛口藓 198
皱叶牛舌藓 413
皱叶青藓 330
皱叶小石藓 206,208
珠藓科 210
柱蒴绢藓 395,402
爪哇扭口藓 162
紫背苔属 4
紫萼藓科 99
紫萼藓属 101
紫色真藓 241

图版
PLATE

照片 1　小孔紫背苔 *Plagiochasma rupestre* (Forst.) Steph.，拍摄于蒙山

照片 2　石地钱 *Reboulia hemisphaerica* (L.) Raddi，拍摄于蒙山

照片 3 小蛇苔 *Conocephalum japonicum* (Thunb.) Grolle，拍摄于蒙山

照片 4 地钱 *Marchantia polymorpha* L.，拍摄于昆嵛山

照片 5　钱苔 *Riccia glauca* L.，拍摄于铁橛山

照片 6　小叶苔 *Fossombronia pusilla* (L.) Dumort.，拍摄于昆嵛山

照片 7　花叶溪苔 *Pellia endiviifolia* (Dicks.) Dumort.，拍摄于蒙山

照片 8　透明叶苔 *Jungermannia hyalina* Lyell.，拍摄于崂山

照片 9 刺叶护蒴苔 *Calypogeia arguta* Nees & Mont. ex Nees，拍摄于昆嵛山

照片 10 全缘裂萼苔 *Chiloscyphus integristipulus* (Steph.) J. J. Engel & R. M. Schust.，拍摄于泰山

照片 11 芽胞裂萼苔 *Chiloscyphus minor* (Nees) J. J. Engel & R. M. Schust.，拍摄于小珠山

照片 12 裂萼苔 *Chiloscyphus polyanthos* (L.) Corda，拍摄于昆嵛山

照片 13　光萼苔 *Porella pinnata* L.，拍摄于崂山

照片 14　温带光萼苔 *Porella platyphylla* (L.) Pfeiff.，拍摄于崂山

照片 15　皱叶耳叶苔 *Frullania ericoides* (Nees ex Mart.) Mont.，拍摄于泰山

照片 16　盔瓣耳叶苔 *Frullania muscicola* Steph.，拍摄于曲阜梁公林

照片 17 陕西耳叶苔 *Frullania schensiana* C. Massal.，拍摄于牙山

照片 18 兜叶细鳞苔 *Lejeunea cavifolia* (Ehrh.) Lindb.，拍摄于崂山

照片 19　日本细鳞苔 *Lejeunea japonica* Mitt.，拍摄于小珠山

照片 20　干旱状态下的日本细鳞苔 *Lejeunea japonica* Mitt.，拍摄于泰山

照片 21 南亚瓦鳞苔 *Trocholejeunea sandvicenis* (Gottsche) Mizut.，拍摄于铁橛山

照片 22 干旱状态下的南亚瓦鳞苔 *Trocholejeunea sandvicenis* (Gottsche) Mizut.，拍摄于五莲山

照片 23　黄角苔 *Phaeoceros laevis* (L.) Prosk.，拍摄于铁橛山

照片 24　小胞仙鹤藓 *Atrichum rhystophyllum* (Müll. Hal.) Paris，拍摄于泰山

照片 25　干旱状态下的仙鹤藓多蒴变种 *Atrichum undulatum* (Hedw.) P. Beauv. var. *gracilisetum* Besch.，拍摄于昆嵛山

照片 26　东亚小金发藓 *Pogonatum inflexum* (Lindb.) Sande Lac.，拍摄于蒙山

照片 27　葫芦藓 *Funaria hygrometrica* Hedw.，拍摄于济南中井庄

照片 28　中华缩叶藓 *Ptychomitrium sinense* (Mitt.) A. Jaeger，拍摄于铁橛山

照片 29 黄无尖藓 *Codriophorus anomodontoides* (Cardot) Bednarek‒ Ochyra & Ochyra，拍摄于昆嵛山

照片 30 毛尖紫萼藓 *Grimmia pilifera* P. Beauv.，拍摄于崂山

照片 31 干旱状态下的毛尖紫萼藓 *Grimmia pilifera* P. Beauv.，拍摄于崂山

照片 32 东亚长齿藓 *Niphotrichum japonicum* (Dozy & Molk.) Bednarek–Ochyra & Ochyra，拍摄于昆嵛山

照片 33　黄牛毛藓 *Ditrichum pallidum* (Hedw.) Hampe，拍摄于昆嵛山

照片 34　长蒴藓 *Trematodon longicollis* Michx.，拍摄于正棋山

照片 35　多形小曲尾藓 *Dicranella heteromalla* (Hedw.) Schimp.，拍摄于昆嵛山

照片 36　曲背藓 *Oncophorus wahlenbergii* Brid.，拍摄于昆嵛山

照片 37 钟帽藓 *Venturiella sinensis* (Vent.) Müll. Hal.，拍摄于蒙山

照片 38 疣肋拟白发藓 *Paraleucobryum schwarzii* (Schimp.) C. Gao & Vitt，拍摄于昆嵛山

照片 39　辛氏曲柄藓 *Campylopus schimperi* J. Mild.，拍摄于昆嵛山

照片 40　桧叶白发藓 *Leucobryum juniperoideum* (Brid.) Müll. Hal.，拍摄于昆嵛山

照片 41 小凤尾藓原变种 *Fissidens bryoides* Hedw. var. *bryoides*，拍摄于济南朱凤山

照片 42 卷叶凤尾藓 *Fissidens dubius* P. Beauv.，拍摄于蒙山

照片 43 短肋凤尾藓 *Fissidens gardneri* Mitt.，拍摄于五莲山

照片 44 裸萼凤尾藓 *Fissidens gymnogynus* Besch.，拍摄于昆嵛山

照片 45　鳞叶凤尾藓 *Fissidens taxifolius* Hedw.，拍摄于蒙山

照片 46　宽叶扭口藓 *Barbula ehrenbergii* (Lorentz) M. Fleisch.，拍摄于泰山

照片 47　爪哇扭口藓 *Barbula javanica* Dozy & Molk.，拍摄于济南泉城公园

照片 48　干旱状态下的扭口藓 *Barbula unguiculata* Hedw.，拍摄于蒙山

照片 49　尖叶对齿藓原变种 *Didymodon constrictus* (Mitt.) Satio var. *constrictus*，拍摄于沂山

照片 50　长尖对齿藓 *Didymodon ditrichoides* (Broth.) X. J. Li & S. He，拍摄于泰山

照片 51　北地对齿藓 *Didymodon fallax* (Hedw.) R. H. Zander，拍摄于鲁山

照片 52　短叶对齿藓 *Didymodon tectorus* (Müll. Hal.) Saito，拍摄于昆嵛山

照片 53　净口藓 *Gymnostomum calcareum* Nees & Hornsch. 砖生群落，拍摄于山东师范大学校园

照片 54　立膜藓原变种 *Hymenostylium recurvirostrum* (Hedw.) Dixon var. *recurvirostrum*，拍摄于小珠山

照片 55　卷叶湿地藓 *Hyophila involuta* (Hook.) A. Jaeger，拍摄于泰山

照片 56　反纽藓 *Timmiella anomala* (Bruch & Schimp.) Limpr.，拍摄于济南泉城公园

照片 57　平叶毛口藓 *Trichostomum planifolium* (Dixon) R. H. Zander，拍摄于济南中井庄后山

照片 58　逐渐被碳酸钙沉积物覆盖的线叶托氏藓 *Tuerckheimia svihlae* (E. B. Bartram) R. H. Zander 群落，拍摄于济南藏龙涧

照片 59 褶叶小墙藓 *Weisiopsis anomala* (Broth. & Paris) Broth.，拍摄于泰山

照片 60 小石藓 *Weissia controversa* Hedw.，拍摄于泰山

照片 61　缺齿小石藓 *Weissia edentula* Mitt., 拍摄于济南朱凤山

照片 62　偏叶泽藓 *Philonotis falcata* (Hook.) Mitt., 拍摄于泰山

照片 63　泽藓 *Philonotis fontana* (Hedw.) Brid.，拍摄于泰山

照片 64　细叶泽藓 *Philonotis thwaitesii* Mitt.，拍摄于昆嵛山

照片 65　东亚泽藓 *Philonotis turneriana* (Schwägr.) Mitt.，拍摄于昆嵛山

照片 66　芽胞银藓 *Anomobryum gemmigerum* Broth.，拍摄于济南藏龙涧

照片 67　纤枝短月藓 *Brachymenium exile* (Dozy & Molk) Bosch & Sande Lac.，拍摄于莱州云峰山

照片 68　短月藓 *Brachymenium nepalense* Hook.，拍摄于鲁山

照片 69　真藓 *Bryum argenteum* Hedw.，拍摄于莱州云峰山下

照片 70　圆叶真藓 *Bryum cyclophyllum* (Schwägr.) Bruch & Schimp.，拍摄于昆嵛山

照片 71　拟三列真藓 *Bryum pseudotriquetrum* (Hedw.) Gaertn.，拍摄于泰山

照片 72　弯叶真藓 *Bryum recurvulum* Mitt.，拍摄于艾山

照片 73　垂蒴真藓 *Bryum uliginosum* (Brid.) Bruch & Schimp.，拍摄于昆嵛山

照片 74　小叶藓 *Epipterygium tozeri* (Grev.) Lindb.，拍摄于昆嵛山

照片 75 平肋提灯藓 Mnium laevinerve Cardot，拍摄于崂山

照片 76 具缘提灯藓 Mnium marginatum (With.) P. Beauv.，拍摄于大泽山

照片 77 尖叶匐灯藓 *Plagiomnium acutum* (Lindb.) T. J. Kop.，拍摄于铁橛山

照片 78 具喙匐灯藓 *Plagiomnium rhynchophorum* (Hook.) T. J. Kop.，拍摄于昆嵛山

照片 79　圆叶匐灯藓 *Plagiomnium vesicatum* (Besch.) T. J. Kop.，拍摄于泰山

照片 80　疣齿丝瓜藓 *Pohlia flexuosa* Harv.，拍摄于昆嵛山

照片 81　尖叶油藓 *Hookeria acutifolia* Hook. & Grev.，拍摄于昆嵛山

照片 82　垂蒴棉藓 *Plagiothecium nemorale* (Mitt.) A. Jaeger，拍摄于崂山

照片 83　柳叶藓长叶变种 *Amblystegium serpens* (Hedw.) Bruch & Schimp. var. *juratzkanum* (Schimp.) Rau & Herv.，拍摄于沂山

照片 84　阔叶反齿藓 *Anacamptodon latidens* (Besch.) Broth.，拍摄于泰山

照片 85　黄叶细湿藓 *Campylium chrysophyllum* (Brid.) J. Lange，拍摄于昆嵛山

照片 86　细湿藓稀齿变种 *Campylium hispidulum* (Brid.) Mitt. var. *sommerfeltii* (Myrin) Lindb.，拍摄于牙山

照片 87 牛角藓原变种 *Cratoneuron filicinum* (Hedw.) Spruce var. *filicinum*，拍摄于沂山

照片 88 扭叶水灰藓 *Hygrohypnum eugyrium* (Bruch & Schimp.) Broth.，拍摄于趵突泉公园

照片 89 褐黄水灰藓 *Hygrohypnum ochraceum* (Wilson) Loeske，拍摄于崂山

照片 90 薄罗藓 *Leskea polycarpa* Ehrh. ex Hedw.，拍摄于崂山

照片 91　细枝藓 *Lindbergia brachyptera* (Mitt.) Kindb.，拍摄于泰山

照片 92　尖叶拟草藓 *Pseudoleskeopsis tosana* Cardot，拍摄于昆嵛山

照片 93　狭叶小羽藓 *Haplocladium angustifolium* (Hampe & Müll. Hal.) Broth.，拍摄于祖徕山

照片 94　绿羽藓 *Thuidium assimile* (Mitt.) A. Jaeger，拍摄于泰山

照片 95 大羽藓 *Thuidium cymbifolium* (Dozy & Molk.) Dozy & Molk.，拍摄于昆嵛山

照片 96 短肋羽藓 *Thuidium kanedae* Sakurai，拍摄于昆嵛山

照片 97　短枝羽藓 *Thuidium submicropteris* Cardot，拍摄于泰山

照片 98　多褶青藓 *Brachythecium buchananii* (Hook.) A. Jaeger，拍摄于铁橛山

照片 99　斜枝青藓 *Brachythecium campylothallum* Müll. Hal.，拍摄于昆嵛山

照片 100　尖叶青藓 *Brachythecium coreanum* Cardot，拍摄于小珠山

照片 101　平枝青藓 *Brachythecium helminthocladum* Broth. & Paris，拍摄于崂山

照片 102　羽枝青藓 *Brachythecium plumosum* (Hedw.) Bruch & Schimp.，拍摄于泰山

照片 103　长肋青藓 *Brachythecium populeum* (Hedw.) Bruch & Schimp.，拍摄于泰山

照片 104　卵叶青藓 *Brachythecium rutabulum* (Hedw.) Bruch & Schimp.，拍摄于崂山

照片 105　褶叶青藓 *Brachythecium salebrosum* (F. Weber & D. Mohr) Bruch & Schimp.，拍摄于昆嵛山

照片 106　绒叶青藓 *Brachythecium velutinum* (Hedw.) Bruch & Schimp.，拍摄于崂山

照片 107　宽叶美喙藓 *Eurhynchium hians* (Hedw.) Sande Lac.，拍摄于趵突泉

照片 108　疏网美喙藓 *Eurhynchium laxirete* Broth.，拍摄于蒙山

照片 109　密叶美喙藓 *Eurhynchium savatieri* Schimp. ex Besch.，拍摄于鲁山

照片 110　鼠尾藓 *Myuroclada maximowiczii* (G. G. Borshch.) Steere & W. B. Schofield，拍摄于蒙山

照片 111　斜枝长喙藓 *Rhynchostegium inclinatum* (Mitt.) A. Jaeger，拍摄于小珠山

照片 112　褶叶长喙藓 *Rhynchostegium muelleri* A. Jaeger.，拍摄于蒙山

照片 113　生于水边的卵叶长喙藓 *Rhynchostegium ovalifolium* S. Okamura 群落，拍摄于昆嵛山

照片 114　淡枝长喙藓 *Rhynchostegium pallenticaule* Müll. Hal.，拍摄于昆嵛山

照片 115　水生长喙藓 *Rhynchostegium riparioides* (Hedw.) Cardot，拍摄于泰山

照片 116　扁灰藓 *Breidleria pratensis* (Koch ex spruce) Loeske，拍摄于鲁山

照片 117 美灰藓 Eurohypnum leptothallum (Müll. Hal.) Ando，拍摄于莱州文峰山

照片 118 皱叶粗枝藓 Gollania ruginosa (Mitt.) Broth.，拍摄于济南藏龙涧至黑峪途中

照片 119　鳞粗枝藓 *Gollania taxiphylloides* Ando & Higuchi，拍摄于济南藏龙涧

照片 120　灰藓 *Hypnum cupressiforme* Hedw.，拍摄于昆嵛山

照片 121　大灰藓 *Hypnum plumaeforme* Wilson，拍摄于小珠山

照片 122　东亚拟鳞叶藓 *Pseudotaxiphyllum pohliaecarpum* (Sull. & Lesq.) Z. Iwats.，拍摄于昆嵛山

照片 123　陕西鳞叶藓 *Taxiphyllum giraldii* (Müll. Hal.) M. Fleisch.，拍摄于泰山

照片 124　鳞叶藓 *Taxiphyllum taxirameum* (Mitt.) M. Fleisch.，拍摄于大泽山

照片 125 东亚毛灰藓 *Homomallium connexum* (Cardot) Broth.，拍摄于泰山

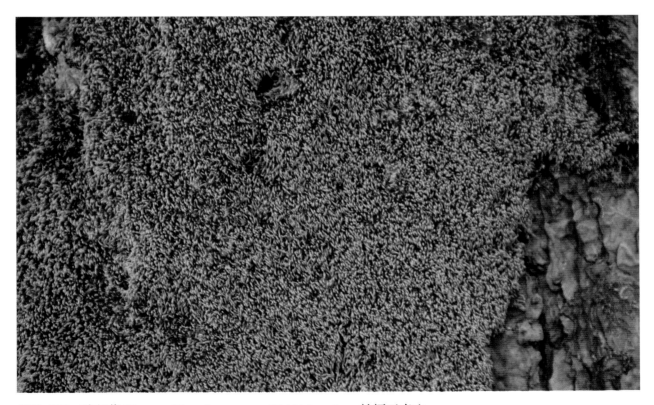

照片 126 毛灰藓 *Homomallium incurvatum* (Brid.) Loeske，拍摄于泰山

照片 127 东亚金灰藓 *Pylaisia brotheri* Besch.，拍摄于徂徕山

照片 128 弯叶毛锦藓 *Pylaisiadelpha tenuirostris* (Bruch. et Schimp. & Sull.) W. R. Buck.，拍摄于崂山

照片 129　短叶毛锦藓 *Pylaisiadelpha yokohamae* (Broth.) W. R. Buck，拍摄于蒙山

照片 130　密林下大片短叶毛锦藓 *Pylaisiadelpha yokohamae* (Broth.) W. R. Buck 石生群落，拍摄于崂山

照片 131 柱蒴绢藓 *Entodon challengeri* (Paris) Cadot，拍摄于曲阜梁公林

照片 132 绢藓 *Entodon cladorrhizans* (Hedw.) Müll. Hal.，拍摄于济南藏龙涧

照片 133　厚角绢藓 *Entodon concinnus* (De Not.) Paris，拍摄于泰山

照片 134　细绢藓 *Entodon giraldii* Müll. Hal.，拍摄于趵突泉

照片 135 长柄绢藓 *Entodon macropodus* (Hedw.) Müll. Hal.，拍摄于崂山

照片 136 扁枝藓 *Homalia trichomanoides* (Hedw.) Brid.，拍摄于昆嵛山

照片 137　小牛舌藓 *Anomodon minor* (Hedw.) Lindb.，拍摄于昆嵛山

照片 138　暗绿多枝藓 *Haplohymenium triste* (Ces.) Kindb.，拍摄于崂山

照片 139　羊角藓 *Herpetineuron toccoae* (Sull. & Lesq.) Cardot，拍摄于泰山

照片 140　干旱状态下的羊角藓 *Herpetineuron toccoae* (Sull. & Lesq.) Cardot，拍摄于蒙山

照片 141 拟附干藓 *Schwetschkeopsis fabronia* (Schwägr.) Broth.，拍摄于崂山

主编简介

赵遵田（1952- ），汉族，山东沂南人。山东师范大学教授、博士生导师。1977年毕业留校任教至今，培养硕士60名、博士10名。

三十余年来致力于苔藓、地衣资源与系统学研究，先后主持国家自然科学基金8项，省部级科研课题10项，主编《山东苔藓植物志》《内蒙古苔藓植物志》及《中国地衣志》等著作8部，参编著作及植物学教材11部；发表论文100余篇，其中SCI收录论文45篇。现主持国家自然科学基金两项、山东省自然科学基金一项、省科技厅课题一项。

荣获国务院政府特殊津贴，全国师范院校优秀教师曾宪梓基金奖，全国优秀科技工作者，山东省专业技术拔尖人才，山东省科技教育春晖奖等。现为国际苔藓植物学会会员，中国植物学会理事及苔藓专业委员会委员，山东省科协常委，山东科普专家团团长，山东植物学会理事长。

任昭杰（1984- ），汉族，山东莱州人，硕士。自2006年，师从赵遵田教授从事苔藓植物资源与系统学研究，在Journal of Bryology、《科学通报》《植物科学学报》和《植物研究》等国内外学术期刊发表论文20余篇，参编植物学著作3部，参研国家自然科学基金4项。现就职于山东博物馆。